논쟁거리로 배우는

통계학

STATISTICS Concepts and Controversies

SIXTH EDITION

DAVID S. MOORE • WILLIAM I. NOTZ 저
심규박 • 조태경 • 신미영 역

홍릉과학출판사

STATISTICES

Concepts and Controversies

Sixth Edition

David S.Moore · William I.Notz 저
심규박, 조태경, 신미영 공역

Printed in the United States of America

통계가 필요한 사람들에게 - 저자 서문

이 책은 통계계산 방법들보다는 일상생활, 공공정책 등 여러 분야에서 사용되는 통계학의 개념과 영향력에 대해서 다루고 있다. 통계계산 방법들도 중요하지만, 평균, 표준편차 및 상관계수 등을 구하는 기능이 내장된 계산기가 있다면 계산과정에 대한 부담은 덜 수가 있다.

다시 말하면 통계의 개념을 이해하는데 수학 공식은 그리 중요하지 않으며, 간단한 질문들을 이해하고 사용할 줄만 안다면 그것으로도 나쁘지 않다고 할 수 있다. 그렇다고 해도 주의해야 할 것은 통계적 개념의 올바른 적용을 위해서 수학적 방법을 추종하지 않는 대신 여러 가지 사례들을 매우 깊게 고려해야 할 필요는 있다. 이 책은 아래와 같이 4개의 부분으로 통계적 개념을 설명하고 있다.

Ⅰ. 「자료생성」은 특정한 질문에 명확한 답을 줄 수 있는 자료를 생성하는 방법에 대해서 설명하고 있다. 어떻게 자료가 생성되었는지는 매우 중요하다. 즉, 표본을 어떻게 추출할 것인가, 그리고 실험계획을 어떻게 세울 것인가에 관한 기본 개념들은 통계학에서 가장 중요한 것들이다.

Ⅱ. 「자료분석」은 그래프나 숫자 요약을 이용하여 자료를 탐색하고, 체계화하고, 그리고 설명하는 방법들에 관한 것이다. 간단한 도구를 가지고도 자료를 이해할 수 있는 방법을 배울 수 있다.

Ⅲ. 「확률」은 기회, 변화, 그리고 위험을 묘사할 때 사용하는 말이다. 편차는 어디에나 있기 때문에 확률적 사고는 이면의 주장으로부터 사실을 분리하는데 도움이 된다.

Ⅳ. 「통계적 추론」은 편차는 어디에나 있다는 것과 결론은 불확실하다는 것을 고려해서 자료로부터 얻은 정보를 바탕으로 모집단에 관한 결론을 얻는 것이다.

통계적 개념들을 이해하기 위해 많은 자료들을 이용할 수 있다. 2세기 전에 천문학자들은 주의를 기울여 관측했던 자료가 정확하게 측정되지 않은 사실을 알고 이들의 처리에 고심하게 되었다. 그들이 소장한 자료와 취득된 자료와의 편차를 최소화하려는 노력을 통해 많은 통계적 계산방법들이 발달하게 되었다. 19세기 사회과학의 연구성과들로 인해 비현실적인 통계개념들이 많이 바뀌었고 개인들과 사회계층들 사이의 편차를 다루는 새로운 개념들이 나타나게 되었다. 생물학의 발달로 유전과 관계된 많은 연구는 통계학 개념의 정립에 더 발전을 가져왔다. 20세기 전반기에는 자료를 생성하기 위해 통계적 계획을 수립하는 것과 확률에 근거를 둔 통계적 추론이 개념화되었으며, 통계학은 20세기 중반에 이르러 확실하게 새로운 학문 분야의 하나로 자리매김하게 되었다.

모든 분야의 연구에서 자료가 중요시되고, 자료를 다룸에 있어 변동은 피할 수 없는 것이라는 인식이 증가됨에 따라 통계학은 지적인 학문의 중심에 서게 되었다. 어느 분야이든 올바른 사회생활을 영위하기 위해 누구나 통계에 대한 개념을 알아야만 한다.

이 책을 공부하면 통계와 친숙하게 되리라 생각한다.

역자 서문

오늘날 모든 학문분야에 있어 통계학의 필요성은 높아지고 있으며, 그 응용분야는 매우 다양해지고 있다. 즉, 의학, 생물학, 농학 등과 같은 자연과학 분야 뿐 아니라 경제학, 정치학, 사회학 등과 같은 사회과학 분야에서도 발생된 현상의 분석에 통계적 방법의 사용이 반드시 필요하게 되었다. 사실 요즘 우리는 정부기관이나 각종 매체를 통해 날마다 쏟아져 나오는 통계 숫자들에 파묻혀 살고 있다고 해도 과언이 아니다. 올바른 정보를 얻기 위해서는 사실에 근거한 숫자와 통계가 필요하다. 그러나 각종 매체들이나 단체로부터 발표되는 숫자들은 그 값이 옳은지의 여부를 판단할 겨를도 없이 우리들의 삶의 질을 결정하는 가장 중요한 근거가 되어 버리기 일쑤이다. 또한 '통계에 의해 얻어진 값'이라는 말은 늘 사용하면서도, 그 값이 '통계학적으로' 어떤 의미를 갖는 값인지, 적절한 절차에 의해 얻어진 값인지의 여부는 잘 모르는 경우가 대부분이다. 이것은 통계에 대한 적절한 교육을 받지 않았거나, 복잡한 수학적 원리만을 강조하는 현재의 교양통계 교육과 무관하지 않다고 생각한다. 이 책은 되도록 많은 수식을 사용하지 않고도 복잡한 통계적 개념들을 쉽게 설명할 수 있는가에 대한 의문에서 출발하고 있다.

역자들도 '통계'가 사회 전반적 분야에서 일상적으로 사용되고 있는 오늘날에도, 소수의 통계 전문가만을 위한 기존의 관련 서적들 대신, 일반인들도 쉽게 접할 수 있는 책을 쓰는 것이 바람직하다는 생각을 하던 차에 이 책을 만나게 되었다. 이 책의 특징은 복잡한 수식들을 생략한 대신 주위에서 흔히 일어나는 일들을 가지고 통계의 개념을 설명하였다는데 있다. 따라서 정치, 경제, 사회, 의학, 정보 및 메스컴으로 누구나 경험할 수 있는 많은 사례들을 각 단원의 예제로 들고 있어 교양과정으로서 통계학을 배우려는 학생들이나, 통계에 대한 개념을 쉽게 이해하고자 하는 일반인들에게 권장하기에 적절한 책이라 생각한다.

이 책은 미국 Purdue 대학교에 재직 중인 David S. Moore와 William I. Notz 교수가 쓴 "Statistics – Concept and Controversies, Ver.6"을 번역한 책이다. 역자들은 이미 지난 2002년에 David, S. Moore 교수가 쓴 같은 제목의 책 Ver.5를 번역하여 『통계학, 개념과 논쟁거리』라는 제목으로 출간한 바 있다. Ver.6은 Ver.5에 비해 사례로 든 자료들이 현실에 맞게 update 되었고, 여러 개의 특징적인 항목들이 신설되었다. 우선,

통계자료의 검색을 위해 연습문제에 “Web을 이용하기”라는 문제를 별도로 만들어, 단원과 관련된 실제적인 사례를 Web 사이트를 많이 활용하는 방법을 제시하였으며, 각 단원마다 “독자들에게”라는 항목을 만들어 예제 및 연습문제에서 다루지 않았던 사례들을 독자 스스로 해결하는 방법을 제시하였다. 또한 “EESEE(Electronic Encyclopedia of Statistical Example and Exercises)”에서는 다양한 분야에서 통계적으로 적용할 수 있는 사례인, Ohio States Ever-growing archive of case studies에서의 연구 결과도 소개하였다. 그 동안 많은 사람들을 감싸고 있던 ‘숫자’와 ‘계산’이라는 갑옷을 벗은 ‘통계’는 어떤 모습일까? 그 해답은 이 책에 있다.

마지막으로 Ver.5에 이어 Ver.6의 번역과 출판에 많은 도움을 주신 홍릉과학출판사 관계자들과 이 책을 보다 알차게 만들어 내기 위해 도와준 주위의 많은 분들께도 감사를 드리는 바이다.

2009년 9월

역자 일동

CONTENTS

Part IV 추론

PART I

자료생성

Calvin and Hobbes by Bill Watterson

여러분과 여러분의 친구들이 전형적이지는 않다. 예를 들어, 여러분의 음악 취향은 우리와 다를 수 있다. 나와 내 친구들 역시 전형적이지는 않다. 전체적인 음악 취향을 이해하기 위해서는 우리가 주로 듣는 것과는 다른 여러 종류의 음악이 있다는 사실을 인정해야 한다. 음반 가게에서 얻은 자료에 의하면 리듬 앤 블루스(2003년 1억5100만장의 앨범이 팔렸다)와 얼터너티브 음악(1억2800만장 판매)이 최근 제일 잘 팔리는 음악 장르였다. 여러분은 메탈(7천4백만장 판매)을 좋아하고 나는 재즈(겨우 2천3백만장 판매)를 좋아한다면 전체 음악 취향에 대한 단서를 얻지 못할 수 있다. 만약 우리가 음악에 관련된 사업을 하거나 혹은 팝 문화에 관심이 있다면 우리 자신의 취향은 무시한 채 자료를 조사해야 할 것이다.

내가 음반 판매량에 대한 자료를 찾은 것처럼 여러분들도 도서관이나 인터넷에서 자료를 찾을 수 있다. 자료를 믿을 것인지 아닌지 어떻게 알 수 있을까? 좋은 자료는 울 스웨터나 DVD처럼 인간에 의해 만들어지며 적당히 만들어진 자료는 적당히 만들어진 스웨터처럼 여러분을 실망시킬 것이다. 하자가 있는 스웨터를 사는 사람은 없는 것처럼 잘 만들어지지 않은 자료를 분석에 사용해서는 안 된다. 1부에서는 자료가 잘 만들어졌는가의 여부를 어떻게 판단하는지 살펴본다.

CHAPTER 1

자료는 어디서 오는가?

단순히 봄으로써 알 수는 없다

대수학 수식과 관계없이 몇 달 동안 TV 뉴스를 접하고 신문을 읽을 수 있으므로 대수학이 실생활과 무관한 것처럼 보인다. 그러나 단 하루도 통계적 수치나 자료를 접하지 않고 살 수 있을까? 지난달 실업률이 4.5%였다는 뉴스를 듣고, 65세 이상 유권자의 59%는 선거에 항상 참여한 반면 18세부터 29세 유권자의 21%만이 투표했다는 신문 사설을 읽게 된다. 또한 좋은 보육시설에서 지낸 저소득층 어린이들은 비슷한 환경의 다른 어린이들보다 일 년 뒤 학업테스트 점수가 상대적으로 높았으며 대학에 진학하여 좋은 직업을 갖게 될 가능성도 더 높다는 사설도 있었다.

이러한 자료는 어디서 오는가? 그런 자료를 믿을 수 있는가? "봄으로써 많은 것을 관측할 수 있다"고 Yogi Berra가 말한 바 있다. 그러나 21%의 젊은이들만이 투표를 하고, 좋은 보육시설에서 지낸 어린이들이 15년 뒤 대학에 진학하여 좋은 직업을 갖게 될 가능성이 높다는 사실을 보는 것만으로는 알 수 없다. 좋은 자료는 이성적인 노력의 결과인 것이며 나쁜 자료는 게으름, 이해의 부족, 다른 방향으로 오도하려는 의도에 의한 것이다. 따라서 숫자가 주어졌을 때 "자료는 어디서 오는가?"는 물어야만 할 첫 번째 질문인 것이다.

자료 : 개체와 변수

통계는 자료의 과학이다. 우리가 가진 관심을 명백하게 만들어 줄 자료를 생성하기 위해 무엇을 측정할 것인가를 결정하는 것은 중요하다. 가공하지 않은 재료를 자료로 설명하기 위해서 다음 몇 가지 용어를 이해해야 한다.

개체와 변수

개체는 자료를 설명하는 대상으로 사람, 동물, 혹은 물체일 수 있다.
변수는 개체의 어떤 특징으로 개체마다 다른 값을 가질 수 있다.

예를 들어, 통계학을 강의한 담당 교수가 가진 자료가 다음과 같다고 하자.

이름	전공	점수	성적
Advani, Sura	컴퓨터공학	397	B
Barton, David	역사학	323	C
Brown, Annette	문학	446	A
Chiu, Sun	심리학	405	B
Cortez, Maria	심리학	461	A

*개체*는 이 과목을 수강한 학생들이며 각 학생들의 이름 외에 세 개의 *변수*를 사용하였다. 첫 번째 변수는 학생들의 전공을 나타내며, 두 번째 변수는 500점 만점 중 학생이 받은 총점수이고, 세 번째 변수는 성적을 나타낸다.

통계학은 숫자를 다루지만 모든 변수가 숫자만을 나타내지는 않는다. 세 개의 변수 가운데 '점수'만이 숫자를 그 값으로 갖고 있다. 통계학에서 많이 사용하는 변수의 다른 형태는 *총계*와 *퍼센트*이다. 예를 들어, A학점을 받은 학생들의 퍼센트 혹은 심리학을 전공한 학생들의 퍼센트를 계산할 수 있다.

변수를 잘못 선택하면 많은 시간과 경비를 낭비하게 됨은 물론 상황을 잘 설명하지 못하는 자료를 만들 수도 있다. 변수를 바르게 선택하는 방법은 무엇인가에 대해서는 논란의 여지가 있다. 어떤 자료를 수집해야 하는가를 결정하는 예를 보자.

예제 1 누가 재활용을 하는가?

누가 힘들여 재활용에 참여하는가? 연구자들은 많은 시간과 경비를 들여 캘리포니아에 있는 두 지역에서 재활용을 위해 내놓은 물건들의 무게를 측정하였다. 여기서 *개체*는 가구이며 *변수*는 매주 길거리에 내놓은 재활용품의 무게이다.

한 지역에서 일주일 동안 측정된 재활용품의 평균 무게가 다른 지역보다 무겁다고 해서 그 지역 사람들이 재활용에 더 적극적으로 참여한다고 말할 수 있는가? 항상 그렇다고 말하기는 어렵다. 재활용품 무게가 무거웠던 지역의 재활용 수집통에는 와인병과 무거운 유리그릇이 담겨 있었다. 다른 지역에서는 가벼운 플라스틱 음료수병과 맥주와 음료수 캔을 분리하여 내놓았던 것이다. 무게로는 재활용 참여에 대해 거의 아무 것도 알 수 없다.

예제 2 어느 인종인가?

미국 인구조사에서는 각 가구에 속한 모든 사람에게 "어느 인종인가?"라는 질문을 한다. 여기서 변수는 "인종"이 된다. 인구조사국은 조사표에 인종 목록을 나열하고 자신의 인종을 선택하도록 하였다. 이 목록이 작성되기까지 오랜 정치적 논쟁이 있었다.

얼마나 많은 인종을 나열해야 하며 어떤 명칭을 사용해야 하는가? 혼혈인종을 위한 범주를 만들어야 하는가? 아시아 사람들은 필리핀인, 베트남인 등과 같은 다양한 국가명을 범주로 원했으며 태평양 섬 주민은 다수의 아시아인 집단으로부터 분리되기를 원했다. 흑인 지도자들은 많은 흑인들이 혼혈인종을 선택함으로써 공식적인 흑인인구가 감소되는 것을 두려워하여 혼혈인종 범주가 목록에 포함되는 것을 원하지 않았다.

결국 2000년 인구조사 형식은 6개의 아시아인 그룹과 기타 아시아인, 3개의 태평양 섬 그룹과 기타 태평양 섬 주민으로 이루어졌다. "혼혈인종"은 목록에 없었지만 한 인종 이상을 선택할 수 있게 하였다. 따라서 2000년 인구조사에서는 인종 그룹의 총 인원이 실제 인구보다 많게 되었다. 흑인을 표현할 적절한 용어를 결정할 수 없었던 인구조사국은 "Black, African American, 혹은 Negro"로 결정하였다. 또한 Hispanic이란 어떤 인종인가? Hispanic을 어떤 인종이라 명확히 정의할 수 없으므로 인국조사국은 "Spanish/Hispanic/Latino"라는 목록을 만들었다.

"인종"에 대한 논쟁은 자료가 사회를 반영한다는 것을 보여준다. 우리가 스스로를 어떤 인종이라고 말할 때 인종은 생물학적 사실일 뿐 아니라 사회적 관념인 것이다. 미국에서 인종은 예민한 문제이기 때문에 위와 같은 논쟁이 있게 되었으며 인구조사국은 정치적으로 잘 타협한 것 같다.

관측연구

침팬지가 야생에서 어떻게 행동하는지 알기 위해, 혹은 선생님과 어린 학생들이 어떻게 상호 작용하는지 연구하기 위해 그 과정을 관찰하듯 단지 바라보는 것이 자료 수집을 위해 우리가 할 수 있는 전부일 수도 있다. 관찰자가 무엇을 관찰해야 하는지 안다면 연구에 도움이 될 것이다.

침팬지 전문가는 침팬지 암컷과 수컷이 어떻게 상호 반응하는지, 무리를 지배하는 침팬지는 몇 마리나 되는지, 혹은 어떤 방법으로 사냥을 하고 섭생을 하는지 등에 관심이 있을 것이다. 사실 Jane Godall이 탄자니아에 있는 Gombe 국립공원에서 침팬지를 관찰하기 전까지 침팬지는 채식동물로 알려졌으나 육류는 침팬지의 일상 음식 중 한 부분이라는 것을 이제는 모두가 알게 되었다.

처음에는 관찰자가 무엇을 기록해야 할지 잘 모른다. 여러 번 관측하면 패턴을 알 수 있으며 어떤 변수를 측정해야 하는지 결정할 수 있게 된다. 침팬지는 얼마나 자주 사냥을 할까? 혼자서 사냥을 할까 아니면 집단으로 할까? 사냥에 참여하는 집단의 규모는 얼마나 클까? 수컷만 사냥을 할까? 아니면 암컷과 수컷이 같이 할까? 먹는 음식 중 육류는 어느 정도일까? 우두커니 바라보는 것보다는 계획하고 분명하게 정의된 변수를 측정하는 관찰이 더 설득력을 갖는다. 다음은 경비가 많이 들기는 하지만 세밀하게 계획된 관찰의 예이다.

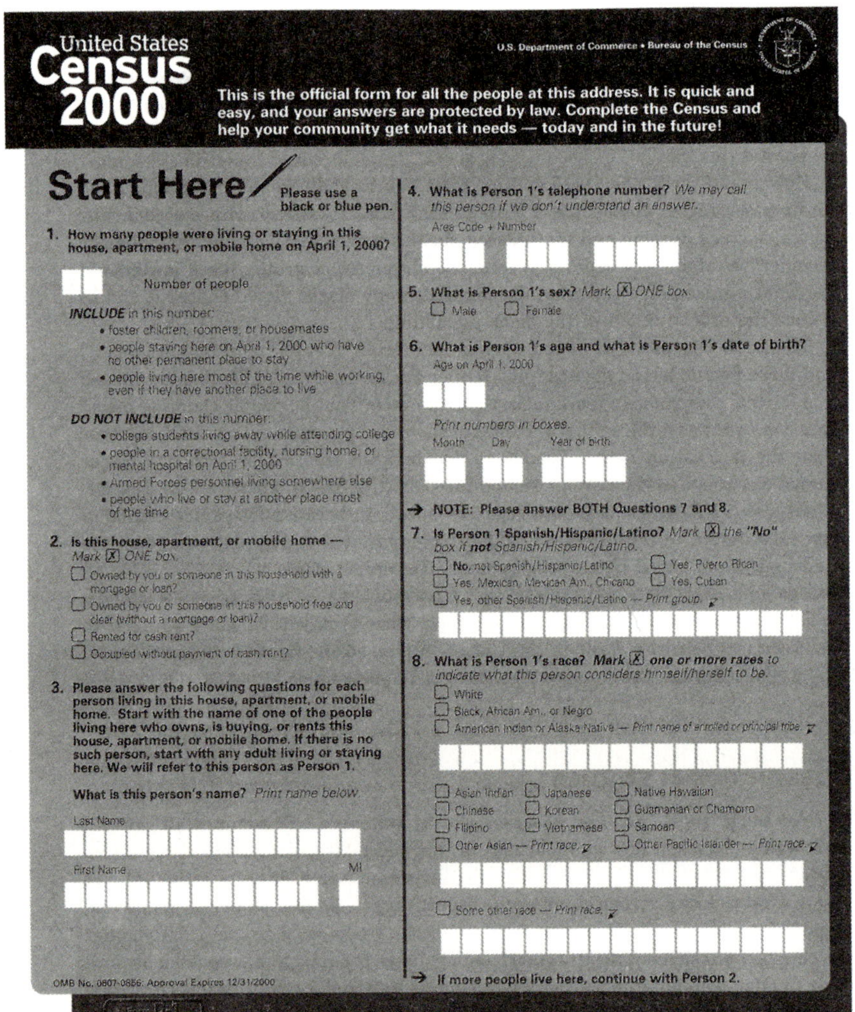

United States Census 2000

U.S. Department of Commerce • Bureau of the Census

This is the official form for all the people at this address. It is quick and easy, and your answers are protected by law. Complete the Census and help your community get what it needs — today and in the future!

Start Here Please use a black or blue pen.

1. How many people were living or staying in this house, apartment, or mobile home on April 1, 2000?
   Number of people
   INCLUDE in this number:
   - foster children, roomers, or housemates
   - people staying here on April 1, 2000 who have no other permanent place to stay
   - people living here most of the time while working, even if they have another place to live

   DO NOT INCLUDE in this number:
   - college students living away while attending college
   - people in a correctional facility, nursing home, or mental hospital on April 1, 2000
   - Armed Forces personnel living somewhere else
   - people who live or stay at another place most of the time
2. Is this house, apartment, or mobile home — *Mark* ☒ *ONE box.*
   - ☐ Owned by you or someone in this household with a mortgage or loan?
   - ☐ Owned by you or someone in this household free and clear (without a mortgage or loan)?
   - ☐ Rented for cash rent?
   - ☐ Occupied without payment of cash rent?
3. Please answer the following questions for each person living in this house, apartment, or mobile home. Start with the name of one of the people living here who owns, is buying, or rents this house, apartment, or mobile home. If there is no such person, start with any adult living or staying here. We will refer to this person as Person 1.
   What is this person's name? *Print name below.*
   Last Name
   First Name MI

OMB No. 0607-0856: Approval Expires 12/31/2000

4. What is Person 1's telephone number? *We may call this person if we don't understand an answer.*
   Area Code + Number
5. What is Person 1's sex? *Mark* ☒ *ONE box.*
   ☐ Male ☐ Female
6. What is Person 1's age and what is Person 1's date of birth?
   Age on April 1, 2000
   Print numbers in boxes.
   Month Day Year of birth

→ NOTE: Please answer BOTH Questions 7 and 8.

7. Is Person 1 Spanish/Hispanic/Latino? *Mark* ☒ *the "No" box if **not** Spanish/Hispanic/Latino.*
   - ☐ No, not Spanish/Hispanic/Latino
   - ☐ Yes, Puerto Rican
   - ☐ Yes, Mexican, Mexican Am., Chicano
   - ☐ Yes, Cuban
   - ☐ Yes, other Spanish/Hispanic/Latino — *Print group.*
8. What is Person 1's race? ***Mark*** ☒ ***one or more races*** *to indicate what this person considers himself/herself to be.*
   - ☐ White
   - ☐ Black, African Am., or Negro
   - ☐ American Indian or Alaska Native — *Print name of enrolled or principal tribe.*
   - ☐ Asian Indian ☐ Japanese ☐ Native Hawaiian
   - ☐ Chinese ☐ Korean ☐ Guamanian or Chamorro
   - ☐ Filipino ☐ Vietnamese ☐ Samoan
   - ☐ Other Asian — *Print race.* ☐ Other Pacific Islander — *Print race.*
   - ☐ Some other race — *Print race.*

→ If more people live here, continue with Person 2.

그림 1.1 미국 내 모든 가구에 배달된 2000 인구조사 형식의 첫 번째 쪽

예제 3 송전선이 소아 백혈병의 원인인가?

전류는 자장을 만들어내므로 전기와 함께 생활하는 것은 자장에 노출된다는 것을 의미한다. 송전선 근처에 산다면 자장에 더 많이 노출되게 된다. 아주 강한 자장은 세포 성장을 방해할 수 있다는 실험 결과가 있다. 송전선 근처에 살면서 받는 약한 자장은 어떤가? 한 자료에 의하면 송전선 부근 지역에 사는 어린이들이 백혈병에 걸릴 가능성이 더 높을지도 모른다고 한다.

어린이들을 자장에 노출시키는 실험을 직접 행할 수는 없다. 백혈병은 매우 희귀한 병이며 주거지역은 자장 외에도 여러 가지 많은 다양한 환경으로 구성되어 있기 때문에 자장에 더 많이 노출되는 지역과 그렇지 않은 지역에서의 소아암 발병률을 비교하기가 어렵다. 따라서 이미 백혈병에 걸린 어린이와 그렇지 않은 어린이의 성장 환경을 비교하는 것이 더 좋은 방법이 될 것이다. 백혈병에 걸린 어린이가 사는 지역과 그렇지 않은 지역을 비교하기 위해 식사습관, 식수, 자장 등과 같은 많은 가능한 원인을 고려할 수 있다.

자장을 아주 세밀하게 관찰하는데 5년의 시간과 $5억의 경비가 들었다. 연구자들은 백혈병에 걸린 638명의 어린이와 그렇지 않은 620명의 어린이를 비교하였다. 어린이들의 집을 방문하여 그들이 사용하는 침실과 가족들의 방 그리고 현관문 등에서 자장의 세기를 측정하였다. 또한 어린이의 집 주변과 그들을 임신하였을 때 엄마가 생활했던 곳 근처에 송전선이 있는지의 여부를 기록하였다. 그 결과 소아 백혈병과 자장 사이에 직접적인 관계가 있다는 증거가 없다는 결론을 내렸다.

자장이 소아 백혈병과 관계가 있다는 "증거가 없다"는 결론이 자장으로 인한 위험이 없다는 것을 증명하는 것은 아니다. 단지 백혈병에 대한 자장의 위험을 찾을 수 없었다는 것이다. 이 연구는 중요한 변수를 측정하지 못했거나 연구에 참여한 어린이들이 전체 어린이들을 대표하지 못한다고 비평가들은 주장한다.

관측연구

관측연구에서는 개체를 관측하고 관심이 있는 변수값을 측정하지만 반응에 영향을 주려고 의도하지는 않는다. 반응은 실험의 결과를 측정하는 변수이다. 관측연구의 목적은 어떤 집단 혹은 상황을 표현하는 것이다.

표본조사

"고기가 질기다는 것을 알기 위해 소 한 마리를 모두 먹을 필요는 없다." 일부분을 조사하여 전체에 관한 정보를 얻는 것이 바로 표본추출의 개념이다. **표본조사**는 관측

이해하지 못할 뿐이다.

언론인과 과학자들에 대한 표본 조사결과 서로 의사소통이 잘 안 되는 것을 알게 되었다.

과학자들은 언론인들이 무지하다고 생각하는 한편 언론인들은 과학자들이 거만하다고 생각한다. 어느 한 편을 들지 않겠지만 여기 흥미로운 조사 결과가 있다: 과학자들의 82%가 "매스컴은 의약이나 다른 분야에서 발견된 새로운 내용을 잘 설명할 만큼 통계를 이해하지는 못한다."는 사실에 동의하였다.

연구의 중요한 방법 중 하나다. 어떤 의도가 있어서 선택된 것이 아니라 전체 집단을 대표하기 때문에 선택된 개체를 연구함으로써 집단 전체를 조사하는 효과를 얻는다. 표본조사를 논의하기 위해 필요한 몇 가지 용어들은 다음과 같다.

모집단과 표본

정보를 얻기 원하는 개체의 전체 집단을 **모집단**이라고 한다.

모집단의 일부분으로서 전체에 관한 결론을 얻기 위해 실제로 정보를 수집하게 되는 집단을 **표본**이라 한다.

*모집단*은 우리가 연구하기 원하는 집단을 의미한다. 미국 대학생에 대한 정보를 원한다면 오직 한 대학교의 학생들만이 표본으로 가능하다 할지라도 미국 대학생 전체가 모집단이 되는 것이다. 표본으로 나온 결과가 의미가 있으려면 표본이 어떤 모집단을 대표하는지 알아야 한다. 예를 들어, 사전선거 여론 조사에서 의견을 물을 때 모든 성인들에게 물었는가? 아니면 시민권자의 의견만 물었는가? 혹은 등록된 유권자에게만 물었는가? 또는 민주당 당원에게만 질문하였는가? 표본은 실제 정보를 가지고 있는 사람들로 구성되어 있다. 만약 선택된 사람들 중 일부를 여론조사에서 접촉할 수 없었다면 그 사람들은 표본에 포함되지 않게 되는 것이다.

모집단과 표본을 구별하는 것은 통계학의 기본이다. 다음 예제에서 이러한 구별과 표본조사를 실시하는 이유를 설명하며 표본의 개체로부터 측정된 변수가 무엇인가를 알려준다.

예제 4 여론조사

갤럽과 많은 뉴스기관에서는 다양한 문제에 대해 사람들의 의견을 묻는 조사를 실시한다. 이 경우 질문한 문제에 대한 반응이 *변수*가 된다. 이러한 여론조사는 선거기간에 더 많은 주목을 받지만 사실 일년 내내 정기적으로 이루어지고 있다. 전형적인 미국 여론조사에서 모집단과 표본은 다음과 같다.

모집단 : 비 시민권자와 불법 체류자까지도 포함된 18세 이상의 미국거주자

표 본 : 전화로 인터뷰한 1000~1500명의 사람들

예제 5 인구조사

경제와 사회에 관한 정부 자료는 개인, 가구, 혹은 기업으로부터 표본조사를 하여 얻는다.

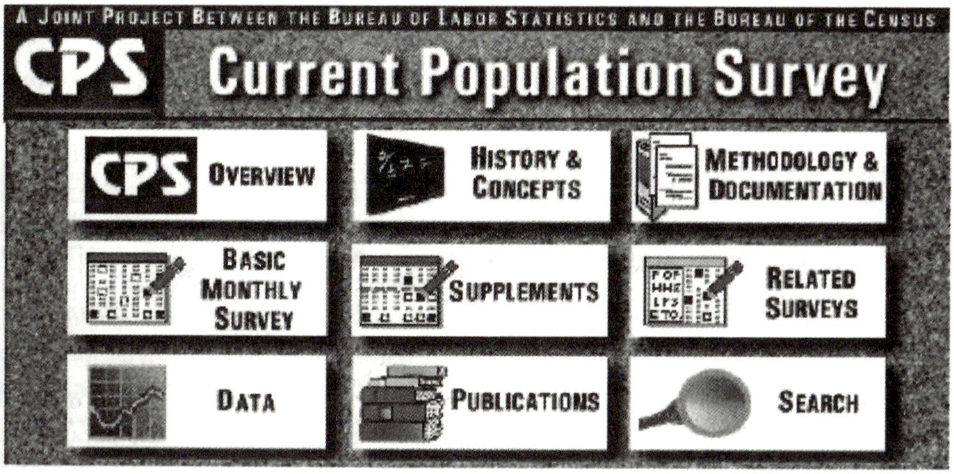

그림 1.2 인구조사 홈페이지: 노동통계국 웹사이트(www.bls.census.gov/cps/)

인구조사(Current Population Survey : CPS)는 미국에서 가장 중요한 정부 표본조사이다. 동일한 가구에 속하는 16세 이상인 모든 사람들의 취업과 실업에 관련된 많은 *변수*들이 이 조사에 의해 기록되고 있으며, 실업률은 매 월 단위로 조사된다. 뿐만 아니라, 사회 경제에 관한 많은 변수 값이 이 조사에서 기록된다.

모집단 : 1억 천백만 이상의 미국 가구. 개체는 개인이나 가족이 아니라 가구이다. 가구는 그들이 서로 어떤 관계이든 한 주거공간에 지내는 사람들의 집합을 의미한다.

표　본 : 매월 인터뷰하는 60,000 정도의 가구

예제 6 TV 시청률

소비자가 무엇을 원하며 어떤 상품을 사용하는지 알아보기 위해 *시장조사*를 실시한다. 시장 조사의 한 예로 Nielsen 매체 연구소의 TV 시청률 조사를 들 수 있다. Nielsen의 시청률은 광고주가 방송 프로그램에 얼마를 지불해야 하는지 혹은 광고를 계속할 것인지를 결정하는 데 영향을 미친다.

모집단 : TV를 갖고 있는 1억 천만 미국 가구

표　본 : 가족들의 TV 시청내역을 기록하는 "people meter"를 사용하는데 동의한 약 5100 세대의 가구

기록된 *변수*는 가족의 수, 그들의 나이, 성별, 매 시간동안 TV를 시청했는지 여부 그리고 시청했었다면 누가 어떤 프로그램을 시청했는가이다.

예제 7 General Social Survey

사회과학에서는 표본추출을 많이 사용한다. 시카고 대학의 전국여론조사기관에서 2년마다 시행하는 The General Social Survey(GSS)는 가장 중요한 사회과학 관련 표본조사이다. 이 조사에서는 개인과 가족의 배경, 경험, 습관, 낙태에서 전쟁까지 다양한 사회문제에 대한 의견과 태도 등이 *변수*로 기록된다.

모집단 : 미국 가구에 살고 있는 18살 이상의 성인. 감옥이나 대학기숙사와 같은 공공시설에서 거주하는 성인은 포함되지 않는다. 영어로 인터뷰가 가능하지 않은 사람도 모집단에서 제외된다.

표 본 : 집에서 인터뷰한 약 3000명의 성인

독자들에게

펜실베니아 대학에서는 2004년 7월 30일부터 8월 5일까지 다음과 같은 선거관련여론조사를 하였다.

> 인간배아줄기세포를 이용하여 알츠하이머와 같은 병을 연구하는 실험에 주 예산을 지원하는 것에 찬성하는가 혹은 반대하는가?

이 조사는 임의로 선택된 미국내 성인 1345명을 대상으로 실시되었다. 모집단과 표본이 무엇인가? 표본의 수는 얼마인가?

대부분의 통계연구에서 넓은 의미로 표본을 사용한다. 예를 들어, 예제 3에서 백혈병 환자 638명은 백혈병에 걸린 어린이 전부를 대표한다고 가정한다. "표본조사"라는 용어는 특정한 모집단을 대표하는 표본을 추출하기 위해 계획된 연구를 하는 경우에 사용한다. 소아 백혈병 환자들은 시설이 좋은 소아암 전문병원에서 왔지만 전문가들은 그들이 전형적인 백혈병 환자라고 판단했다. 표본조사는 판단에 의존하지 않는다. 표본조사는 모집단을 대표하는 표본을 선택하기 위해 구체적이고 정량화 할 수 있는 방법을 사용하여야 한다. 2장, 3장 및 4장에서 표본조사에 대해 논의한다.

전수조사

표본조사가 모집단의 일부분만 조사하는 것이라면 전수조사는 모집단 전체를 조사하는 것이다.

전수조사

모집단 전체를 표본으로 하는 표본조사를 **전수조사**라 한다.

인구조사는 구식인가?

미국은 1790년 이후 10년마다 인구조사를 하고 있다. 과학기술의 발달로 전국적인 인구조사를 대체할 방법은 다양해졌다. 덴마크에는 인구조사가 없다. 덴마크는 모든 국민들이 ID 카드를 갖고 있어 이사를 할 때마다 기록을 바꾸는 전국 등록부 자료를 정부가 갖고 있다. 프랑스는 전수조사를 지역별로 돌아가며 조사하는 표본 조사로 바꿀 계획이다. 미국 인구조사국도 비슷한 계획을 갖고 있어 2000년 이후에는 “long form” 형식의 조사는 하지 않을 것이다.

미국 헌법은 매 10년마다 인구조사를 하도록 규정하고 있다. 이와 같은 큰 모집단의 전수조사는 시간이 오래 걸리고 경비가 많이 들게 된다. 전수조사를 시행할 능력이 있는 연방 정부조차도 취업이나 다른 변수에 관한 시기적절한 자료를 얻기 위해 Current Population Survey와 같은 표본조사를 사용한다. 만약 취업 상황에 대해 모든 성인에게 질문한다면 이번 달의 실업률을 다음 달이 아닌 내년에야 알 수 있을 것이다. 10년마다 하는 인구조사도 표본조사를 포함하고 있다. 전체 가구의 1/6만 표본으로 선정하여 기본적인 조사보다 더 많은 질문을 담고 있는 “long form” 형식의 질문을 하고 있다.

시간과 경제성 때문에 전수조사보다 표본조사를 선호하기도 하지만 실제로 표본조사에는 많은 장점이 있다. 만약 퓨즈 또는 불꽃놀이용 불꽃을 시험한다면 표본으로 사용된 개체는 소실될 것이다. 경우에 따라 표본조사는 전수조사보다 더 정확한 자료를 생성할 수도 있다. 예비부품 목록으로부터 얻은 표본은 창고에 있는 모든 500,000개 부품을 일일이 세는 것 보다 더 정확한 결과를 줄 것이다.

조사국 경험에 의하면 인구조사는 전체 모집단을 표본추출하려는 시도의 하나일 뿐이다. 조사국은 2000년에는 전체 미국 인구의 0.12%가 조사되지 않았다고 추정하고 있다. 조사되지 않은 사람들 가운데는 전체 흑인의 2.78%로 추정되는 시내 중심의 거주자들도 포함되어 있다. 정부의 노력에도 불구하고 인구조사는 잘못될 수 있다. 그렇다면 왜 인구조사를 하는 것일까? 동등한 인구수를 갖는 선거구를 만들기 위해 인구분포를 알아야 것이 미국 인구조사의 주요 목적 가운데 하나이다.

실험

표본추출의 목적은 모집단의 특징을 훼손하지 않은 채 모집단의 일부 개체를 이용하여 모집단에 대한 정보를 얻는 것이다. 모든 관찰 연구에는 “관찰하라. 그러나 방해하지는 말아라.”는 원칙이 있다. Jane Goodall이 탄자니아에서 침팬지를 처음 관찰하기 시작했을 때 침팬지가 바나나를 먹을 수 있는 급식장소를 설치하였다. 이것이 침팬지의 행동을 인위적으로 변화시켰을지도 모르기 때문에 실수였다고 말하였다.

"통계학자가 보고 있으니까 이제 바나나를 먹어!"

한편 *실험에서는* 행동의 변화가 있기를 원한다. 실험을 할 때는 단순히 개체를 관찰하거나 질문하지 않고 반응을 관측하기 위해 적극적으로 실험과 관련된 처리를 하게 된다. "아스피린은 심장병에 효과가 있는가?" "어떤 상표의 콜라인지 모르는 상태에서 콜라를 시음할 때 대부분의 대학생들은 코카콜라보다 펩시콜라를 더 선호하는가?"와 같은 질문은 실험을 통해 해답을 얻을 수 있다.

실험

실험에서는 개체들의 반응을 관찰하기 위해 의도적으로 어떤 처리를 하게 된다. 실험의 목적은 처리에 따라 개체들의 반응에 어떤 변화가 있는가를 연구하는 것이다.

예제 8 생활보조금

복지혜택을 받는 성인의 대부분은 어린 자녀를 둔 어머니들이다. 생활보조를 받는 어머니들을 관찰한 결과 그들 중 많은 사람들이 수입을 늘리고 생활보조를 받지 않을 수 있다는 사실을 알아냈다. 어떤 이들은 기량을 높이기 위해 자발적으로 직업훈련 프로그램을 이용하였다. 생활보조를 받는 모든 어머니들의 직업훈련과 구직 프로그램 참여를 의무화할 것인가? 관측연구로는 이와 같은 정책의 효과를 알 수 없다. 연구에서 관측된 어머니들이 복지혜택을 받는 모든 사람들로부터 올바르게 선택된 표본이라 해도 직업훈련을 받고 직업을 찾은 사람들은 그렇게 하지 않은 사람들과는 여러 면에서 차이가 있을 것이다. 예를 들어, 교육수준의 차이 뿐 아니라 가치관과 동기 같이 관측될 수 없는 부분에서도 차이가 있을 것이다.

필수적인 직업 프로그램이 생활보조를 받는 삶으로부터 벗어나는 수단이 되는지 알아보기 위해서는 그와 같은 프로그램을 실제로 실행해 보아야 한다. 어머니들이 생활보조를 신청할 때 이들을 두 개의 비슷한 집단으로 나눈 후 한 집단은 직업훈련에 참여하도록 하고 다른 집단에게는 직업훈련을 실시하지 않는다. 몇 년 후 두 집단의 수입과 일한 기록을 비교하면 필수 직업훈련이 기대한 효과를 가져왔는지 알 수 있다.

생활보조금 예제는 관측연구와 비교하여 실험이 갖는 큰 **장점**을 보여 주고 있다: *원칙적으로 실험으로 원인과 결과에 대한 훌륭한 증거를 얻을 수 있다.* 실험을 잘 설계한다면 아주 비슷한 두 집단의 생활보조자들을 대상으로 시작할 수 있다. 물론 각 개인은 나이, 교육, 자녀의 수 등 여러 면에서 다르겠지만 각 *집단*의 모든 개인을 살펴보면 두 집단은 서로 비슷하게 닮은 점이 있을 것이다. 실험을 실행하는 동안 개인의 생활은 다르겠지만 두 집단 사이에서 의도된 차이점은 그들의 직업훈련 프로그램 참여 여부이다. 모든 사람들은 불경기 혹은 호경기를 같이 겪게 될 것이다. 직업훈련을 받은 집단이 다른 집단보다 직업을 더 잘 유지하고 수입이 더 좋다면 직업훈련으로 인해 이런 결과를 얻었다고 말할 수 있을 것이다.

처리가 반응의 원인이 된다는 확실한 증거를 실험에 의해 얻을 수 있다는 것이 통계학의 중요 개념이다. 이러한 개념을 이해하기 위해서는 특별한 주의가 필요하다. 직업훈련 프로그램에 참여한 여성들이 *평균적*으로 수입이 더 많다는 것은 프로그램이 그 목적을 달성했다는 것을 말해 주는 것이지 모든 여성들이 도움을 받았다는 것은 아니다. 만약 생활보조를 받는 여성들이 직업훈련을 통해 더 많은 수입을 갖게 되기를 희망한다면 어떤 여성들에게는 그 프로그램을 권하고 다른 집단에게는 권하지 않는 것이 윤리적인가? 5장과 6장에서 어떻게 좋은 실험을 계획하는가를, 7장에서는 윤리적인 문제를 다룬다.

요약

모든 통계적 연구에서는 각 **개체**(사람, 동물, 혹은 사물)에 한 개 또는 한 개 이상의 **변수**를 사용함으로써 이에 관한 자료를 기록한다. 나이나 수입과 같은 변수들은 숫자로 된 값을 갖지만 직업과 성별은 그렇지 않다. 연구에서 다루는 변수들이 실제로 우리가 알고 싶어 하는 것을 말해 주는지 주의해야 한다.

통계적 연구에서 가장 중요한 것은 어떻게 자료가 생성되는가이다. **관측연구에서**는 관측 현장을 방해받지 않은 채 정보를 얻으려고 노력한다. **표본조사**는 특정한 **모집단**으로부터 **표본**을 선택하고 전체 모집단에 대한 정보를 얻기 위해 표본을 이용하는 방법이다. **전수조사**는 모집단에 있는 모든 개체들을 측정하려고 시도한다. **실험**은 개체가 어떻게 반응하는지 알기 위해 개체에게 무엇인가를 실제로 가하게 된다. 일반적으로 실험의 목표는 어떤 처리에 대하여 개체가 실제로 어떤 반응을 일으키는지 알아보는 것이다.

EESEE

1992년 미국 대통령선거의 무소속 후보였던 Ross Perot은 정부개혁의 지지자였다. 선거에서 그는 일반투표의 19%를 얻음으로써 1912년 선거의 루즈벨트 이후 가장 많은 일반투표를 얻은 성공적인 제3당 대통령 후보가 되었다.

"The Perot Poll"은 1992년 선거 몇 달 후 Ross Perot에 의해 진행된 설문조사에 대하여 설명하고 있다. 이 글을 읽고 설문조사의 모집단을 묻는 1(a) 질문에 답하여라.

EXERCISES

1.1 **연료효율** 다음은 2004년형 자동차 모델의 연비(겔론당 주행한 마일수)를 설명한 자료 가운데 일부분이다.

회사명과 모델	차종	트랜스미션 타입	실린더 수	시내 연비	고속도로 연비
⋮	⋮	⋮		⋮	
BMW 325CI	소형차	자동	6	19	27
BMW 325CI	소형자	수동	6	20	29
Buick Regal	중형차	자동	6	20	30
Chevrolet Blazer	2륜 구동 스포츠카	자동	6	16	21
⋮	⋮	⋮		⋮	

1.2 **운동선수들의 수입** 2004년 시즌이 시작되었을 때 메이저리그 야구선수들에 관한 자료의 일부이다.

선수	팀	위치	나이	임금
⋮	⋮	⋮	⋮	
Cordero, Wi.	Marlins	외야수	32	600
Perez, Odalis	Dodgers	투수	26	5,000
Pettitte, Andy	Astros	투수	31	5,500
Rodriguez, Alex	Yankees	삼루수	28	22,000
⋮	⋮	⋮	⋮	

(a) 이 자료는 어떤 개체들을 설명하고 있는가?

(b) 선수 이름 외에 몇 개의 변수가 있는가? 이들 중 어떤 것이 숫자 변수인가?

(c) 각 숫자 변수에서 단위는 무엇이라고 생각하는가? 예를 들어, Andy Pettitte의 임금 5,500은 얼마를 의미한다고 생각하는가?

1.3 **누가 재활용 하는가?** 예제 1에서 무게는 재활용 프로그램 참여도 차이를 측정하는 좋은 척도가 아니었다. 어떤 변수로 참여도를 측정하겠는가?

1.4 **여성고용인 표본** 어느 사회학자는 주간 탁아소의 정부보조에 관한 직장 여성의 의견을 알고자 한다. 개인사업과 전문직업 여성 클럽의 580명 명단을 얻은 후 임의로 100명의 여성을 선택하여 설문지를 우편으로 보냈으나 겨우 41개의 설문지만 돌아왔다. 이 연구에서 모집단은 무엇인가? 정보를 실제로 얻을 수 있는 표본은 무엇인가? 그 사회학자가 접촉하려 했던 여성들 가운데 몇 퍼센트가 응답하였는가?

1.5 **거슬리는가?** 갤럽조사에 의하면 미국인의 75%는 연예사업자들이 영화, 텔레비전 그리고 음악에서 성과 폭력의 분량을 줄이는 노력을 해야만 한다고 말한다. 이 기사의 끝에는 "이 결과는 임의로 선택된 성인 1008명과의 전화인터뷰에 의한 것이다"라고 되어 있다. 이 조사에서 측정한 변수는 무엇인가? 갤럽 조사에서 어떤 모집단의 정보를 얻기 원했다고 생각하는가? 무엇이 표본인가?

1.6 **정치적인 성별의 격차** 여성이 남성보다 민주당 후보를 더 선호하는 것처럼 미국내 정당선호도에는 성별차이가 있을 것이다. 한 정치학자가 등록된 유권자들로부터 추출한 표본과 인터뷰하여 지난 국회의원 선거에서 민주당과 공화당 후보 중 누구를 선택했는지 물었다. 이 연구를 실험이라 할 수 있는가? 그렇게 생각하는 이유는 무엇이며, 이 연구에서 측정한 변수는 무엇인가?

1.7 **무엇이 모집단인가?** 다음 각 표본추출 상황에서 가능한 한 정확하게 모집단을

설명하여라. 즉, 정확하게 어떤 개체가 모집단에 포함되는가? 주어진 정보가 충분하지 않다면 모집단에 관한 설명을 상식적으로 완성하여라.

(a) 어느 여론조사는 1011명의 성인에게 "지난 12개월 동안 복권을 산 경험이 있는가?"라고 질문한다.

(b) 비디오 어댑터 케이블의 핀은 부러지거나 구부러지면 작동을 하지 않는다. 한 컴퓨터 판매점에서 비디오 어댑터 케이블을 여러 상자를 구입한 후 각 상자에서 5개씩 선택하여 케이블을 검사한다. 만약 검사한 케이블 중 하나라도 구부러지거나 부러졌다면 전체 상자를 모두 반품한다.

(c) American Comunity Survey는 미국 내 모든 지역사회의 가구가 포함되도록 300만 가구를 접촉하여 주택, 경제, 사회적 지위에 대해 묻는 질문을 보낸다. 이 새로운 표본조사는 2010년 인구조사에서 "long form" 조사를 대신하게 될 것이다.

1.8 **무엇이 모집단인가?** 다음 각 표본추출 상황에서 가능한 한 정확하게 모집단을 설명하여라. 즉, 정확하게 어떤 개체가 모집단에 포함되었는가? 주어진 정보가 충분하지 않다면 모집단에 관한 설명을 상식적으로 완성하여라.

(a) 어떤 사회학자는 어떤 청소년들이 자발적 동기를 갖는지 알아보기 위해 한 대도시에서 4개의 고등학교를 선택한 후 각 고등학교에 있는 모든 1학년 학생들을 인터뷰한다.

(b) 한 수학 교수는 조교에 의해 채점된 선다형 시험의 결과가 정확한지 알아보기 위해 가장 최근 채점된 선다형 시험지 중 일부를 선택하여 교수 스스로 채점한다.

(c) 한 지방 방송국 토크쇼 진행자는 종교 활동에 적극적인 사람들이 그렇지 않은 사람들보다 더 행복한지 알아보기 위해 방송국에 전화를 걸은 48명의 청취자들로부터 그들의 의견을 듣는다.

1.9 **지출과 학업성과** 학교 지출과 학업성과의 관계를 알아보기 위해 오하이오주 모든 지역들의 기록을 조사하였다. 각 지역에서 학생 한 명당 지출액과 지역의 학업 성취 기준을 만족한 횟수를 비교하였다. 이 연구 결과 학업 성취 기준을 가장 많이 만족 시킨 지역이 학생당 지출이 가장 많음을 알 수 있었다. 이것은 실험, 표본조사, 관측연구 중 어느 것에 해당되는가? 이유를 설명하여라.

1.10 **송전선과 백혈병** 송전선과 백혈병을 연구한 예제 3은 두 집단을 비교하고 각

집단에 영향을 줄 것으로 예상되는 많은 변수를 측정하였다. 이 연구가 왜 실험이 아닌지 자세히 설명하여라.

1.11 **전립선 질환 치료** 전립선 질환을 치료하는 전통적인 수술방법과 수술이 필요 없는 새로운 방법의 효과를 비교하기 위해 캐나다 전국 의료복지 시스템의 기록을 사용하였다. 이 연구 결과 새로운 방법으로 치료를 받은 환자가 치료 후 8년 안에 사망하는 경우가 더 많음을 알았다.

(a) 이 연구가 왜 실험이 아니고 관측연구인지 설명하여라.

(b) 전립선 질환을 치료하는 두 가지 방법을 비교하는 실험의 성격을 간단히 설명하여라.

1.12 **오트밀과 콜레스테롤** 오트밀을 섭취하는 것이 나쁜 콜레스테롤(LDL)의 수치를 낮추는가? 이 질문에 답하기 위한 다음 두 연구 방법을 고려하자.

1. 한 연구자는 오트밀을 규칙적으로 먹는 40세 이상의 성인 500명을 규칙적으로 먹지 않는 비슷한 조건의 성인들과 비교하여 각 집단의 성인들의 LDL 수치를 측정한다.
2. 또 다른 연구자는 오트밀을 규칙적으로 먹지 않는 40세 이상의 성인 1000명을 선택하여 그 중 500명은 매일 아침 오트밀이 포함된 식사를 하도록 하고 나머지 500명은 평소 습관대로 식사를 하도록 한다. 6개월 후 각 집단의 LDL 수치를 측정한다.

(a) 첫 번째 방법은 관측연구이고 두 번째는 실험이라 할 수 있는 이유를 설명하여라.

(b) 오트밀이 LDL 수치를 낮추는지에 대해 더 많은 정보를 실험으로부터 얻을 수 있는 이유를 설명하여라.

1.13 **건강상태와 지도력** 운동 프로그램에 자발적으로 참여한 중년의 임원들을 실험대상으로 기초 체력과 지도력의 관계를 연구한다. 연구에 참여한 임원들을 체력검사에 의해 "건강 상태 우수"와 "건강 상태 나쁨" 집단으로 분류한 후, 지도력을 측정하는 심리테스트에 의해 두 집단의 지도력을 비교하였다.

(a) 이 연구는 실험인가?

(b) 운동 프로그램에 자발적으로 참여한 사람들로부터 표본조사 한다면 모집단은 무엇이며 어떤 변수들을 측정하게 되는가?

1.14 종이표지 책 가격 한 학생은 종이표지 책 가격은 책의 쪽수에 의해 결정되는지 알아보기 위해 서점에서 임의로 종이표지 책을 선택한 후 가격과 쪽수를 기록한다. 이 연구의 모집단은 무엇인가? 표본은 무엇인가? 측정된 변수는 무엇인가?

1.15 연구종류의 선택 실험, 표본조사, 관측연구 중 다음 질문에 답하는 가장 좋은 방법은 무엇인가? 선택한 이유를 설명하여라.

(a) 여러분 학교의 축구팀은 원정경기보다 홈경기에서 반칙 선언을 덜 받는가?

(b) 대학생들은 음악이 연주되지 않을 때보다 모차르트 음악이 부드럽게 연주될 때 시험을 더 잘 보는가?

(c) 대학생들은 학교 교육에 만족하는가?

1.16 연구 목적의 선택 다음 연구 방법에 의해 가장 답을 잘 얻을 수 있는 대학생(그들의 행동, 혹은 의견)에 관한 질문의 예를 만들라.

(a) 표본조사

(b) 관측연구

(c) 실험

1.17 Web을 이용하기 아래 "웹 탐색"에 주어진 갤럽여론조사 사이트를 방문하여 비회원 열람이 가능한 이야기 하나를 선택한 후 모집단과 표본을 가능한 한 정확하게 찾아내어라. 표본의 수는 얼마인가?

웹탐색

송전선에 노출되었을 때 올 수 있는 건강에 관한 효과를 www.niehs.nih.gov/emfrapid에 있는 전국환경건강과학연구소의 보고서에서 찾을 수 있다.

예제 4부터 7까지 언급된 모든 표본조사는 다음 웹사이트에 있다:

- 갤럽 여론조사(예제 4) : www.gallup.com/poll
- 인구조사(예제 5) : stats.bls.gov/cpshome.htm
- Nielsen매체연구소(예제 6) : www.nielsenmedia.com
- 사회조사(예제 7) : www.norc.uchicago.edu/gss/homepage.htm

표본조사 방법의 명확한 설명과 현재 투표 결과를 위해 갤럽사이트를 권한다.

CHAPTER 2

올바른 표본, 잘못된 표본

여론조사를 하다

루이지애나주의 Rapides Parish에서는 오직 한 회사만이 앰뷸런스 서비스를 할 수 있다. 1999년 이 지역 신문인 *Town Talk*은 이런 독점이 유지되어야 하는지에 관해 독자들에게 전화로 의견을 알려달라고 했다. 찬성하는 경우에는 특정 번호로 전화를 걸고 반대하는 경우에는 다른 번호로 전화를 걸게 된다.

이 신문은 3763회라는 예상외의 많은 전화를 받았다. 조사결과 638회의 전화가 앰뷸런스회사 사무실, 혹은 회사 임원 집으로부터 온 것이었으며 그보다 더 많은 횟수의 전화가 회사 직원들로부터 온 것이었다. 부사장은 "직원들은 이 문제와 그들 직장의 안정성에 깊은 관심을 갖고 있으며, 직원 가족들이 아마도 필요 이상의 많은 전화를 했을 것이다."라고 말했다. 다른 정보에 의하면 직원들은 빨리, 자주 전화하도록 회사로부터 지시 받았다고 한다.

표본추출에 대한 설계가 제대로 되었다면 표본의 크기가 3763인 것은 꽤 괜찮은 것이다. 그러나 독자들에게 전화를 걸도록 부탁하는 것은 올바른 표본 설계가 아니다. 전문가들이 어떻게 표본을 추출하는지 그리고 그러한 방법이 *Town Talk* 방법보다 나은지 그 이유를 알아보고자 한다.

잘못된 표본추출방법

위의 예에서 보았듯이 표본을 잘 추출하는 것보다 잘못 추출할 가능성이 더 높다. 신문사가 스스로 표본조사를 실시하지 않고 *자발적*으로 반응하게 함으로써 표본 내에서 앰뷸런스 독점을 선호하는 사람들의 비중이 일방적으로 더 높아졌다. 즉, 결과가 *편의*를 갖게 되는 것이다. 자발적 반응표본은 질문에 강한 의견을 갖고 있는 사람들의 관심을 끌기가 쉽다. 앰뷸런스 회사 직원처럼 이런 강한 의견을 갖고 있는 사람들은 전체 모집단의 의견을 공정하게 반영시키지 못할 것이다.

표본을 잘못 추출하는 다른 경우를 보자. 매주 여러 상자의 오렌지를 여러분 회사에 판매한다고 가정하자. 오렌지의 품질을 알아보기 위해 각 상자로부터 오렌지를 표본추출하여 검사할 것이다. 이 때 상자 맨 위에 있는 몇 개의 오렌지를 검사할 수도 있지만 배달과정에서 상자 바닥에 있는 오렌지들이 더 자주 파손되기 때문에 상자 위의 오렌지들이 전체 상자의 품질을 대표한다고 할 수는 없다. 만약 내가 정직하지 않다면 썩은 오렌지는 상자 바닥에 넣고 품질 좋은 것은 상자 위에 오도록 포장하여 검사를 받을 것이다. 상자 위 부분에서만 표본을 추출한다면 그 표본은 모집단보다 의도적으로 더 좋은 품질을 가지므로 그 결과는 편의 될 가능성이 높다.

편의된 표본추출법

통계 연구를 위한 설계가 어떤 특정한 결과를 염두에 두고 계획적으로 설계되었다면 그 설계는 **편의**되었다고 한다.

어떤 개체든 구하기 쉬운 개체를 선택하는 방법을 **편리표본추출**이라 한다.

자발적 반응표본은 일반적인 물음에 자발적으로 반응하여 표본으로 추출되는 방법으로 전화 응답과 서면응답이 한 예이다.

편리표본추출과 자발적 반응표본은 종종 편의 된 결과를 낳는다.

예제 1 백화점에서의 면접 조사

상자 맨 위에서 오렌지를 꺼내는 것처럼 백화점에서의 면접은 또 다른 편리표본의 예라 할 수 있다. 제조업자와 광고 대행 업자들은 소비자들의 성향과 광고의 효과를 알아보기 위해 백화점에서의 면접 조사를 자주 한다. 백화점에서의 표본추출은 경비와 시간 면에서 경제적이다. 그러나 백화점에서 조사에 응한 사람들이 전체 모집단을 대표한다고 할 수는 없을 것이다. 다시 말해 백화점을 이용하는 사람들은 부유층이거나 청소년 또는 은퇴한 노인들일 가능성이 많다. 뿐만 아니라 면접 조사원은 소비자들 가운데 깔끔하고 안전해 보이는 사람들을 면접 대상자로 선택하는 경향이 있다. 이처럼 백화점에서의 표본은 부유층, 청소년, 은퇴한 노인들과 같은 모집단의 한 부분을 과도하게 대표하며 다른 부분은 과소 표현함으로써 편의를 갖게 된다. 이와 같은 편리표본의 의견은 전체 모집단의 의견과 아마도 많은 차이를 보일 것이다.

예제 2 서면 여론조사

Ann Landers는 그녀가 담당하고 있는 신문 상담 난을 통해 독자들에게 만약 다시 아이를 낳을 처지에 있다면 낳겠는가 라고 물었다. 10,000명에 가까운 사람들로부터 응답이 왔는데

"아빠, 어제 Ann Landers에게 보낸 편지가 뭐예요?"

그들 중 70%는 부정적 답변을 하였다. 이 결과로 부모의 70%가 아이를 낳은 사실을 후회한다고 할 수 있겠는가? 그렇지 않다. 이것은 자발적 반응표본의 한 예로 이러한 질문에 강한 의견, 특히 부정적으로 강한 의견을 가진 사람들이 더 응답을 많이 한 것이다. Ann Landers의 표본에서 아이를 다시 안 낳겠다는 부모의 비율은 전체 부모 모집단에서의 비율보다 훨씬 높게 나타남으로써 편의 되었다.

서면응답 혹은 전화응답 여론조사는 강한 편의를 나타낼 가능성이 매우 높다. 사실 국민의 15%만이 전화 조사에 응답을 보낸 적이 있고 이들은 라디오 토론 프로그램에 전화를 거는 사람들인 경향이 있다. 이들이 전체 모집단을 대표한다고 할 수는 없다.

단순임의표본

자발적인 반응표본에서는 사람들이 응답할 것인지 말 것인지를 선택하지만 편리표본에서는 면접 조사원이 면접대상자를 선택하게 된다. 두 경우 모두 개인적인 선택이 편의를 갖게 하는 것이다. 이러한 문제를 해결하는 통계적인 방법은 표본을 객관적인 방법에 의해 확률적으로 추출하는 것이다. 우연히 선택된 표본은 응답자나 표본을 추출하는 사람의 편파적인 성향에 영향을 받지 않게 된다. 모든 개체들이 선택될 가능성을 동일하게 함으로써 우연히 선택된 표본은 편의의 문제를 해결할 수 있다. 예를 들어, 부유한 자와 가난한 자, 젊은 사람과 노인, 흑인과 백인 모두 표본으로 추출될 가능성을 갖게 하는 것이다.

표본을 우연히 추출하는 가장 간단한 방법은 모자(모집단)에 이름을 적어 넣고 한 줌(표본) 꺼내는 것이며 이것은 단순임의추출의 아이디어이다.

단순임의표본

n개의 개체로 이루어진 각 집합이 표본으로 선택될 가능성이 같도록 모집단으로부터 추출된 표본을 **단순임의표본**(simple random sample)이라 한다.

난수들은 정말로 임의인가?

그렇지 않다. 표 A에 있는 난수들은 컴퓨터로 생성되었다. 컴퓨터 프로그램은 여러분의 지시를 정확하게 수행한다. 같은 내용을 입력한다면 컴퓨터는 정확하게 같은 난수를 생성할 것이다. 물론 난수처럼 보이는 "의난수(pseudo-random numbers)"를 생성하는 프로그램이 만들어졌고 표 A에 있는 난수들은 바로 의난수인 것이다. 통계분석에 필요한 임의화에는 의난수가 제 역할을 하지만 여전히 숨겨진 비임의(nonrandom) 패턴이 있어 좀 더 정교한 작업에서는 문제가 될 수 있다.

단순임의표본은 모든 개체가 표본으로 추출될 가능성을 동일하게 할 뿐만 아니라 모든 가능한 표본 집합도 추출될 동일한 가능성을 갖게 한다. 100명의 이름을 같은 종류의 종이에 적어 모자에 넣어 섞은 후 한 장씩 10장을 꺼낸다면, 어떤 10장도 표본으로 추출될 가능성이 같으므로 단순임의추출이라 할 수 있다.

모자에서 이름을 꺼내는 것은 단순임의표본의 개념을 잘 설명한다. 그러나 1억 세대의 이름표를 이와 같은 방법으로 처리하는 것은 불가능할 것이다. 실제로는 표본을 추출하기 위해 컴퓨터에서 생성된 난수를 이용한다. 많은 통계 소프트웨어들은 난수생성 기능이 있다. 크지 않은 크기의 표본은 *난수표*를 이용할 수도 있다.

난수

0, 1, 2, 3, 4, 5, 6, 7, 8, 9로 이루어져 있으며 다음 두 가지 성질을 만족시키는 표를 **난수표**라 한다.

1. 0부터 9까지의 숫자들이 같은 상대도수를 갖고 나열되어 있다.
2. 표에 기재된 숫자는 서로 독립이다. 즉, 표의 한 부분에 대한 정보가 다른 부분의 정보를 알려주지는 않는다.

난수표는 교재 뒤에 있는 표 A에 있다. 표 A는 모자에 0부터 9까지의 숫자를 섞어 넣은 후 한 개를 뽑고 다시 집어넣은 후 다른 한 개를 뽑는 방법을 반복하여 얻은 결과라고 생각할 수 있다. 표 A는 19223950340575628713으로 시작된다. 테이블을 읽기 쉽도록 5개씩 숫자로 묶어 나열하였으며, 행 번호는 각 행을 표시할 뿐 집단과 행 번호에 특별한 의미가 있는 것은 아니다. 단순임의표본을 추출하기 위해 난수표를 어떻게 이용하는지 알아보자.

예제 3 단순임의표본을 선택하는 방법

한 작은 회계회사는 30명의 고객을 도와주고 있다. 고객 만족도를 높이는 방법을 찾기 위해 5명의 고객으로 이루어진 단순임의표본을 선택한다.

단계 1 번호 매기기 각 고객에게 가능한 한 작은 자리의 숫자로 번호를 표시한다. 30명의 고객을 표시하기 위해서는 두 자리 숫자가 필요하므로 다음과 같은 번호를 사용한다.

01, 02, ⋯, 28, 29, 30

00부터 29까지의 숫자를 사용할 수도 있고 다른 30개의 두 자리 숫자도 사용할 수 있다. 여기 번호를 표시한 고객의 명단이 있다.

01	A-1 Plumbing	16	JL Records
02	Accent Printing	17	Johnson Commodities
03	Action Sport Shop	18	Keiser Construction
04	Anderson Construction	19	Liu's Chinese Restaurant
05	Bailey Trucking	20	MagicTan
06	Balloons, Inc.	21	Peerless Machine
07	Bennett Hardware	22	Photo Arts
08	Best's Camera Shop	23	River City Books
09	Blue Print Specialties	24	Riverside Tavern
10	Central Tree Service	25	Rustic Boutique
11	Classic Flowers	26	Satellite Service
12	Computer Answers	27	Scotch Wash
13	Darlene's Dolls	28	Sewer's Center
14	Fleisch Reality	29	Tire Specialties
15	Hernandez Electronics	30	Von's Video Store

단계 2 표 표 A에서 시작점을 임의로 선택하여 두 자리 숫자를 읽는다. 예를 들어, 행 130에서 난수를 읽기 시작했다면 처음 10개의 두 자리 숫자는 다음과 같다.

69 05 16 48 17 87 17 40 95 17

표 A에 있는 각각의 두 자리 숫자가 00, 01, ⋯, 99 중 하나일 가능성은 같다. 01부터 30까지의 번호만을 사용했으므로 다른 두 자리 숫자는 무시하고 01부터 30번 중 표에서 읽게 되는 처음 5개의 번호를 표본으로 선택한다. 행 130에서 선택된 처음 10개의 번호 중 30보다 큰 수를 제외하면 05, 16, 17, 17, 17이 남는다. 그러므로 05, 16, 17번 고객이 표본이 되며 두 번째와 세 번째 17은 이미 표본에 포함되었으므로 무시한다. 5명의 표본이 추출될 때까지 행 130을 계속 읽으면 05, 16, 17, 20, 19번 고객이 표본이 될 것이다.

예제 3에서 살펴 본 바와 같이 두 단계를 거쳐 단순임의표본을 선택하게 된다.

단순임의표본을 선택하는 두 단계

단계 1 번호 매기기 모집단에 있는 각 개체를 같은 자리 숫자로 표시한다.
단계 2 소프트웨어 혹은 표 난수를 사용하여 매겨진 번호를 임의로 선택한다.

이름의 알파벳순으로 번호를 매기는 것과 같이 편리한 대로 번호를 표시할 수 있다. 같은 자릿수의 번호를 갖는 한 모든 개체들은 표본으로 추출될 동일한 가능성을 가질 것이다. 모집단의 크기가 10까지인 경우에는 한 자리 수를, 11부터 100까지인 경우에는 두 자리 번호를 사용하여 개체를 표시하는 것처럼 가능한 작은 자릿수를 사용하라. 번호는 1(혹은 01, 001)로 시작하기를 권한다. 표 A는 특별한 순서가 없으므로 행을 따라 옆으로 읽어도 되고 열을 따라 아래로 읽어도 되지만, 행을 따라 옆으로 읽도록 권한다.

표본조사에서는 단순임의표본을 선택하기 위해 컴퓨터 소프트웨어를 사용한다.

예제 4 소프트웨어를 이용한 단순랜덤표본 추출

소프트웨어를 이용한 단순랜덤표본 추출 방법을 알아보기 위해 www.randomizer.org에 있는 'Research Randomizer'를 이용한다. "Randomizer"를 클릭한 후 빈 칸을 채운다. 표본을 크기순으로 정렬하도록 명령할 수도 있다.

예제 3을 반복하기 위해 5개의 숫자로 구성된 한 세트를 생성하였다. 숫자의 범위는 1부터 30까지로 제한하였다. 각 숫자들은 중복되지 않으며 작은 수에서 큰 수의 순으로 정렬하였다(그림 2.1). 이제 "Randomized Now!" 버튼을 눌러 얻은 수는 4, 7, 14, 16 그리고 23이다.

이렇게 얻어진 표본은 고객 번호 중 04, 07, 14, 16, 23인 Anderson, Bennett, Fleisch, JL 그리고 River이다.

독자들에게

통계학과에서는 조교들을 평가하기 위해 매 주 임의로 3명의 조교를 선택하여 수업을 평가하기로 하였다. 현재 20명의 조교 명단은 아래와 같다. "Research Randomizer"와 같은 소프트웨어를 이용하든지 표 A 난수표의 116줄에서 3명의 조교를 선택하라. 각 조교들은 01부터 20번으로 번호를 매긴다.

Bautista	Nemeth
Bolen	Podboy
Clottey	Ray

Counts	Schumacher
Draper	Tower
Hoffman	Walters
Kumar	Wang
Li	Weimer
Lovesky	Yu
marin	Zhang

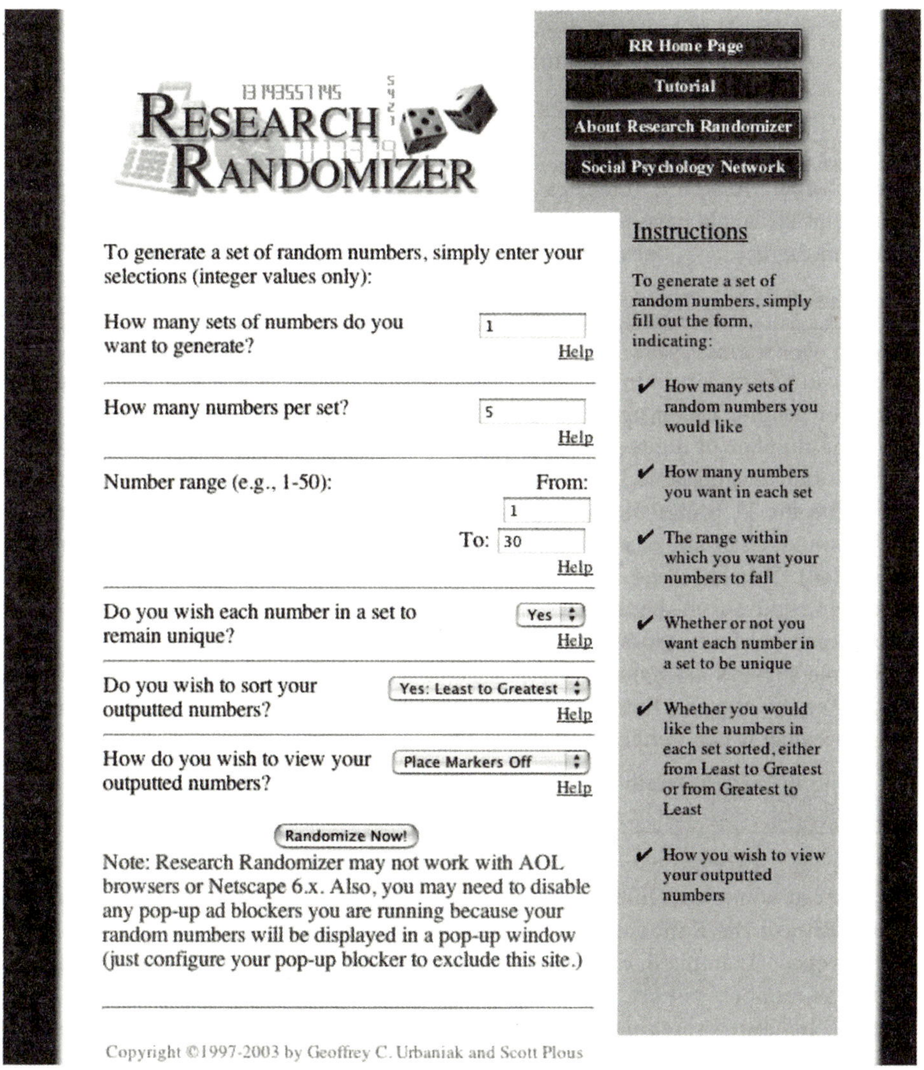

그림 2.1 www.randomizer.org : 'Research Randomizer'

임의로 골프하기

임의추출은 표본으로 선택될 가능성을 모두 동일하게 갖게 함으로써 공정하게 골프예약을 할 수 있게 한다. 많은 골퍼들은 스코트랜드 St. Andrews에 있는 유명한 Old Course에서 골프치기를 원하지만 오직 소수만이 미리 예약할 수 있고 대부분의 사람들은 매일 임의로 뽑는 추첨에서 자신이 선택되기를 바랄 뿐이다. 여름 성수기에는 오직 6명 중 1명이 한 라운드에 $120 하는 돈을 지불하며 게임을 할 수 있게 된다.

표본을 믿을 수 있는가?

Town Talk, Ann Landers 그리고 백화점 인터뷰 예제에서는 표본을 생성하였지만 편의가 있게 추출된 표본이라 그 결과를 믿을 수 없었다. 편의를 제거하고 객관적인 방법으로 선택한 단순임의표본으로부터 얻은 결과를 더욱 신뢰할 것이다. 어떤 표본이든 물어야 할 첫 번째 질문은 임의로 선택되었는가 이다. 잘 계획된 여론조사나 표본조사는 임의표본추출을 사용한다.

예제 5 갤럽 여론조사

갤럽은 텔레비전에서 성과 폭력에 관한 여론조사를 하기 위해 "영화, 텔레비전 쇼, 그리고 음악에서 성과 폭력의 빈도수를 대폭 축소하기 위해 연예사업은 심각하게 노력해야 한다고 생각하는가?"라고 물었다. 결과를 발표한 신문에 의하면 미국인의 75%는 그래야 한다고 대답하였고, 24%는 그럴 필요가 없다고 대답하였다. 이 사실을 믿을 수 있는가? 추후 발표된 신문 내용에 의하면 이 결과는 2004년 2월 6일부터 8일까지 18세 이상의 성인 중 1008명을 임의추출하여 전화 인터뷰한 것이다.

모집단은 미국 내 거주자 중 18세 이상의 성인이며, 표본 크기는 1008이고, 이 표본들은 임의 추출되었다는 중요한 사실을 갤럽은 알려주었다. "임의 추출"되었다는 것만으로도 이제 발표내용에 대하여 신뢰를 가질 수 있는 준비는 되었다.

요약

모집단에 대한 정보를 얻기 위해 **표본**을 추출한다. **모집단**을 잘 대표하는 표본을 어떻게 추출할 것인가? **편리표본**과 **자발적 반응표본**은 흔하지만 믿을 만한 자료를 주지는 못한다. 이런 표본추출방법은 보통 **편의** 되어 있다. 즉, 표본을 추출하는데 있어서 모집단 속의 특정 집단을 선호하게 된다.

자료를 생성할 때 계획적으로 우연을 사용하는 것은 통계학의 큰 아이디어 중의 하나이다. 임의표본은 표본을 추출할 때 우연을 사용함으로써 개인적인 선택에 의한 편의를 없앨 수 있다. 임의표본의 기본적인 방법은 **단순임의표본**으로 같은 크기의 모든 표본집합이 추출될 가능성을 동일하게 선택하는 것이다. 단순임의표본은 교재 뒤에 있는 표 A와 같은 **난수표**를 이용하여 얻을 수 있다.

EESEE

"Anecdotes of Bias"에는 보고된 결과에 편견이 영향을 주었을 수 있다는 연구의 예가 있다. 이 글을 읽고 *USA Today*에 의해 진행된 투표에 관한 1(d) 질문에 답하라.

EXERCISES

2.1 **국회에 보내는 편지** 요양원에 정부보조 보험을 적용시키는 법안을 고려 중인 어느 국회의원은 이 문제와 관련하여 1128통의 편지를 받았는데 그 중 871통이 입법에 반대하였다고 한다. 그 국회의원은 "이 법안이 꽤 인기가 있을 것이라고 생각했는데 내 선거구에 있는 대부분의 유권자들이 이 법안에 반대를 하여 나는 무척 놀랐다"고 말했다. 유권자의 대부분이 법안에 반대했다고 여러분은 확신하는가? 이 국회의원에게 통계적인 문제를 어떻게 설명하겠는가?

2.2 **즉흥적인 의견** The Excite 즉흥 여론조사는 http:/poll.excite.com/poll/results.jsp에서 할 수 있다. 질문이 화면에 뜨면 "예", "아니오", "모르겠다" 혹은 "상관없다"의 버튼을 눌러 투표하면 된다. 2004년 2월 17일에 제시된 질문은 "맥주광고는 소외계층을 목표로 한다고 생각하는가?"였다. 4315명(30%)이 "예"라고 답하였으며 8984명(62%)이 "아니오", 780명(5%)이 "모르겠다" 그리고 나머지 402명(3%)이 "상관없다"라고 답하였다.

(a) 이 조사에서 표본 크기는 얼마인가?

(b) 일반적인 표본조사보다 훨씬 큰 표본임에도 불구하고 정확하게 정의된 모집단에 대한 올바른 정보를 주는 결과라고 믿기 어렵다. 그 이유를 설명하여라.

(c) 위 여론조사 질문은 다음과 같은 로이터통신의 뉴스 직후에 조사되었다. "음주운전을 한 미성년자에 의한 교통사고로 20살 딸을 잃은 한 캘리포니아 거주 부부는 Busch와 Miller 맥주회사를 상대로 그들의 맥주 광고가 소외계층을 목표로 하고 있다며 소송을 제기하였다" 이 사실이 여론 조사 결과에 어떤 영향을 주었을 것이라고 생각하는가?

2.3 **Ann Landers의 표본** 상담기고가 Ann Lander는 여성 독자들에게 성생활 없는 따뜻한 애정표현에 만족할 수 있을지를 물었다. 90,000명 이상의 여성들이 서면응답을 했으며 그 중 72%는 "예"라고 답하였다. 많은 편지들은 남성들의 냉담함에 대하여 불만을 나타냈다. 왜 이 표본이 편의 되었는지 설명하여라. 즉, 72%라는 수치는 모든 성인 여자의 모집단에서의 실제 값보다 더 높거나 낮다고 할 수 있는가?

2.4 **일방통행을 싫어한다** 고속도로 설계자들은 인디애나주 West Lafayett에 있는 큰 거리를 일방통행으로 만들기로 결정하였다. 한 신문사에서 독자들에게 전화를 걸어 이 계획에 대한 의견을 남기도록 하고 하루 동안 여론조사를 한 후 다음과 같이 보도하였다.

> *독자들은 West Lafayette 지역에서 일방통행보다 양쪽 통행을 압도적으로 선호하고 있다. 전화를 건 98명 중 84명이 일방통행에 반대하였고 지난 5월 이후 설치된 일방통행에 대해 불만을 이야기했다.*

(a) 이 신문사는 어떤 모집단에 대한 정보를 얻기 원했는가?
(b) 일방통행을 선호한 표본비율 14/98보다 모집단에서 선호하는 비율이 더 높거나 낮을 것이라고 생각하는가? 그 이유를 설명하여라.

2.5 **스스로 잘못된 표본을 설계하여 보아라** 교내 학생주차에 관한 학생들의 의견을 얻고자 한다. 모든 학생들의 의견을 묻는 것은 현실적으로 불가능하다.
(a) 자발적인 반응에 의존함으로써 잘못된 표본을 얻게 되는 방법의 예를 들어라.
(b) 자발적인 반응을 사용하지 않으면서 잘못된 표본을 얻게 되는 방법의 예를 들어라.

2.6 **전화응답 여론조사** UN 본부를 계속 미국에 두어야 하는가? 한 TV 프로그램은 시청자들에게 이 질문에 대한 의견을 전화응답 해줄 것을 부탁하였다. 186,000명이 전화응답을 하였으며 그중 67%는 "아니오"라고 대답하였다. 전국에서 임의로 추출한 성인 500명 중 72%는 같은 질문에 대해 "예"라고 답하였다. 186,000명의 전화응답자의 의견보다 임의로 선택된 500명의 의견이 모든 미국인의 의견을 더 잘 나타내는 이유를 통계학을 모르는 사람에게 설명하여라.

2.7 **단순임의표본의 선택** 한 회사는 경영능력을 평가하는 회사 방식에 대한 소수민족 출신 경영자들의 의견을 알고자 한다. 다음은 그 회사에 근무하는 모든 소수민족 출신 경영자의 목록이다. 평가 방법에 대하여 구체적으로 인터뷰할 6명의

경영자를 표 A의 행 137을 이용하여 선택하여라.

Agarwal	Dewald	Huang	Puri
Aikens	Edeards	Johnson	Reynolds
Alfonseca	Fleming	Kim	Richards
Baxter	Fonseca	Liao	Rodriguez
Bowman	Gates	Mourning	Santiago
Brown	Goel	Nunez	Shen
Cortez	Gomez	Peters	Vega
Cross	Hernandez	Pliego	Watanabe

2.8 **단순임의표본 선택** 학생들은 고대 우카리트의 종교에 관한 수업이 만족스럽지 않게 진행되어 학장에게 불만을 전하기로 하였다. 행 140에서 시작하는 난수를 사용하여 학장에게 불만을 전할 4명의 학생으로 단순임의표본을 선택하여라.

Burkett	Howry	Nixon
Damon	Jackson	Ortiz
Embree	Lowe	Person
fossum	Lyon	Ramirez
Fox	Martinez	Timlin
Garciaparra	Mendoza	Varit다
Giambi	Millar	Vaughan
Gonzales	Mirabelli	Williams
Hillenbrand	Mueller	Young

2.9 **선거일 표본** 선거당일의 선거범죄를 감시하기 위해 480개의 선거구역 중 20개 구역을 단순임의추출하려고 한다.

(a) 480구역에 어떻게 번호를 부여할 것인지 구체적으로 설명하여라. 즉, 몇 자리 숫자를 사용하여 번호를 매길 것인가? 선택한 자릿수로 번호를 매길 수 있는 구역의 최대 수는 몇 개인가?

(b) 표 A의 행 107을 사용하여 단순임의추출 한 후 선택된 구역의 번호를 나열하여라.

2.10 **단순임의표본인가?** 한 대학에는 1000명의 남자 대학원생과 500명의 여자 대학원생이 있다. 대학원생을 위한 건강관리 프로그램에 대한 대학원생들의 의견을 알아보기 위해 남학생 1000명 중 100명을, 여자 교수 500명 중 50명을 임의로 추출하였다.

(a) 이 표본추출 방법에 의하면 모든 대학원생들이 표본으로 추출될 가능성이

같다. 그 이유를 설명하여라.

(b) 그럼에도 불구하고 이 표본은 단순임의표본이 아닌 이유를 설명하여라.

2.11 **학생들의 주택비용** 한 대학의 학생주택담당 사무실에서는 학생들이 기숙사가 아닌 학교 밖 주택에 어느 정도 지불하고 있는지 알아보려 한다. 충분한 기숙사가 없는 그 대학에서는 이 정보를 학생들 주택에 대한 정보로 활용할 것이다. 모집단은 학교밖에 주거하는 학생 12,304명이며 알파벳순으로 정리된 학생 목록에서 200명을 단순임의표본 추출하여 질문한다.

(a) 표본을 추출하기 위해 학생들을 어떻게 번호를 매길 것인지 설명하여라.

(b) 표 A의 행 125를 사용하여 처음 5명의 학생을 선택하여라.

2.12 **아파트 생활** 대학가 아파트 단지에서의 생활에 대한 보고를 하려고 한다. 아파트 거주자들과 자세한 인터뷰를 하기 위해 3개의 단지를 임의로 선택하려고 한다. 표 A의 행 117을 이용하여 다음 아파트단지 중 세 개를 단순임의추출하여라.

Abbington Village	French Run	Old Cape Colony
Bayberry Place	Glenchester	Olentangy Terrace
Blendon Square	Grand Haven	Peppermill
Cabot's Mill	Harvest Glen	Pinecrest
Carlin Manor	Highland terrace	Raccoon Creek
Cedar Grove	Iuka Park	Royal James Plaza
Creekside	Jefferson Chase	Slate Ridge
Dartmouth Place	Kensington Commons	Summerview
Eaglecrest	Lantern Square	Timber Trail
Emerald Glen	Laurel Lake	Walnut Glen
Fair Oaks	Meadowbrook	Williamsburg
Fox and Hounds	Millstream Village	Yearling Green

2.13 **난수** 난수표에 대한 다음 설명 중 어떤 것이 옳고 어떤 것이 옳지 않은가? 그 이유를 설명하여라.

(a) 두 자리 숫자로 이루어진 난수가 33일 가능성은 1/100이다.

(b) 40자리 숫자의 각 행에는 정확하게 4개의 4가 있다.

(c) 99999는 그 패턴이 임의가 아니므로 난수가 될 수 없다.

2.14 **전화응답** *USA today : The Television Show*는 신문에 다음과 같은 광고를 게재하였다.

총기소지에 대한 규제가 더 강화되어야 한다고 생각합니까? 오늘밤 전화로 응

답하세요. 그렇다고 생각하면 1-900-720-6181로 그렇지 않다고 생각하면 1-900-720-6182로 전화를 거세요. [처음 1분 동안 50센트가 부과됩니다.]

이 여론조사가 편의 되었을 가능성이 매우 높은 이유를 설명하여라.

2.15 **임의화** 대부분의 여론조사에서는 주민들의 전화번호를 임의로 선택한다. 그러나 전화를 받은 사람에게 질문을 하는 대신 그 집에 사는 성인이 누군지 물은 후 그들 중 한 명을 임의로 선택하여 표본으로 삼는다. 이렇게 하는 것이 왜 좋은 생각인가?

2.16 **경찰 평가** 덴버 경찰국은 덴버에 거주하는 히스파닉계 주민들은 경찰이 자동차 검문시 인종을 고려한다고 믿는지 알아보려고 한다. 한 사회과학자는 경찰에 관한 여러 종류의 질문을 준비하였다. 경찰국은 히스파닉계들이 많이 사는 지역에서 200개의 주소를 단순임의추출하여 선택한 후 그 주소에 사는 성인에게 경찰에 관한 질문을 하기 위해 경찰복을 입은 히스파닉계 경찰을 직접 파견하였다.

(a) 이 문제에서 모집단과 표본은 무엇인가?

(b) 단순임의표본임에도 불구하고 결과가 편의 되었을 가능성이 있는 이유를 설명하여라.

2.17 **임의 선택?** 임의추출에서 표본으로 선택될 가능성은 모두가 동일하다. 그러나 임의 선택이 항상 좋은 것은 아니다. 어떤 사람은 선택되어야 할 더 합당한 이유를 갖고 있기 때문에 때로는 모든 사람을 동등하게 취급하고 싶지 않을 수도 있다. 다음 각 상황에서 임의로 표본을 선택하겠는가? 각 경우에 이유를 설명하여라.

(a) 농구장의 학생좌석은 4000석인데 좌석을 원하는 학생은 7000명일 때 7000명 중 4000명을 임의로 추출해야 하는가?

(b) 이식 가능한 간 보다 이식을 기다리고 있는 사람이 훨씬 많다. 누가 간이식을 받을 것인가를 객관적인 우연에 의해 결정하여야 하는가?

(c) 베트남전 중 젊은이들은 "제비뽑기"에 의해 임의로 선택되어 징병되었다. 누가 참전하게 되는지 결정하는 최선의 방법인가?

2.18 **Web을 이용하기** 인터넷에는 자발적 반응 여론조사를 할 수 있는 곳이 많다. www.misterpoll.com을 방문하여 현재 진행되고 있는 여론조사의 다음 질문들을 검토하여라. 표본의 크기는? 누가 투표할 수 있는가? 한 번 이상 투표할 수 있는가? 이 사이트의 투표 결과를 믿을 수 있는가? 그 이유는?

웹탐색

인터넷은 자발적 반응 조사를 여러분과 좀 더 가깝게 만들었다. www.misterpoll.com을 방문하면 진행 중인 온라인 여론조사의 표본이 될 수 있다. "이 여론조사는 '과학적이지 않지만' 참여한 모든 사람들의 의견을 나타낸다."고 그 사이트는 말한다.

소프트웨어가 얼마나 빨리 단순임의표본을 선택하는지 보려면 www.randomizer.org에 있는 Research Randomizer를 찾아가 "Randomizer"를 클릭한 후 상자들을 채워 보라. 표본을 순서대로 정렬하도록 요구할 수도 있다.

CHAPTER 3

표본은 무엇을 말하는가?

동성 결혼

동성 결혼에 대한 논란은 계속되고 있으며 많은 사람들은 종교적 신념에 따라 동성 결혼을 반대한다. 일부 사람들은 동성 결혼이 전통적 가족형태와 결혼을 파괴한다고 믿고 동성 결혼을 찬성하는 사람들은 동성 결혼은 평등한 권리의 문제라고 생각한다. 2004년 2월 이 문제는 주요 뉴스거리가 되었다. 동성 결혼이 주법에 위배됨에도 불구하고 여러 주, 특히 샌프란시스코에서 동성 결혼이 진행되었다. 부시대통령은 "결혼은 남편과 부인으로써 남자와 여자를 결합하는 것이라고 규정하도록 하는 헌법 개정안을 조속히 통과시킬 것을 의회에 촉구한다."고 발표하였다. 그런 개정안에 얼마나 많은 사람들이 지지하는가? 갤럽은 2003년 7월부터 2004년 2월까지 다음과 같은 질문을 갖고 여론조사를 하였다: "동성간의 결혼을 금지하고, 결혼은 여자와 남자만의 결혼을 의미하는 헌법 개정안에 당신을 찬성하는가 반대하는가?" 갤럽은 조사결과를 "미국인의 51%는 개정안에 찬성하였고, 45%는 반대하였다."고 발표하였다.

발표 내용을 살펴보면 갤럽에서는 2527명의 성인을 임의로 선택하여 조사하여 이러한 결론을 얻었음을 알 수 있다. 표본을 임의로 선택하였다는 것은 중요한 정보이다. 만약 샌프란시스코에서 동성 결혼식 참석 중인 사람들에게 물었다면 편의되지 않은 정보를 얻을 수 없었을 것이다. 그러나 최근 인구조사에 의하면 미국에 사는 성인의 수는 약 2억9백만명 정도인데, 비록 임의로 선택되었다 하더라도 어떻게 2527명이 2억9백만명의 의견에 대한 정보를 줄 수 있겠는가?

표본은 모집단에 대해 완전히 정확한 진실을 말해주지는 않으므로, 갤럽에서는 다음과 같이 오차의 한계를 사용하였다. "이와 같은 표본 크기에 근거하여 내린 결론은 표본추출과 다른 임의효과에 의한 오차가 ±2% 포인트라고 95% 신뢰수준을 갖고 말할 수 있다." 신문에서는 이 문장이 다음과 같이 간단하게 표현된다. "여론조사에 대한 오차한계는 ±2% 포인트이다." 위에서 언급한 두 경우 모두 무엇을 말하고자 하는지 정확하지 않으므로 그 의미를 알아보도록 하자.

표본에서 모집단까지

갤럽이 조사한 "미국인의 51%가 그러한 헌법에 찬성한다"라는 결과는 2억9백만명의 성인을 개체로 한 모집단에 대한 주장이다. 그러나 갤럽은 모집단에 대한 사실을 알지 못한다. 단지 2527명을 조사하였고, 그들 중 51%가 그런 헌법에 찬성한다고 답했을 뿐이다. 2527명은 임의로 선택된 표본이므로 전체 모집단을 잘 대표할 것이라고 믿어도 괜찮을 것이다. 그러므로 갤럽은 표본의 51%가 찬성한다는 *사실*을 가지고 전체 성인의 51%가 찬성한다고 *추정*하게 되었다. 표본으로부터 얻은 사실로 전체 모집단을 추정하는 것이 통계학의 기본 수단이다. 숫자가 표본을 설명하는 것인지 모집단을 설명하는 것인지 잘 알아야 한다. 다음 용어들을 이해하여 보자.

모수와 통계량

모집단의 특성을 나타내는 숫자를 **모수**라 한다. 모수는 고정된 값이지만 현실적으로 그 값을 알지는 못한다.

표본을 설명하는 숫자를 **통계량**이라 한다. 통계량 값은 표본으로부터 알 수 있으나 표본에 따라 그 값이 달라진다. 미지의 모수를 추정하는데 통계량을 사용하게 된다.

통계량이 표본을 설명하는 것처럼 모수는 모집단을 설명한다. 미지의 모수를 추정하기 원한다면 갤럽이 했던 것처럼 모집단으로부터 표본을 추출하고 표본 통계량을 추정량으로 사용하면 된다.

예제 1 법 개정에 찬성하는가?

결혼을 이성간의 결혼만으로 정의하는 헌법 개정에 찬성하는 성인의 비율은 2억9백만 성인이 개체가 되는 모집단의 *모수*가 된다. 모집단 비율을 p라 하자. p값을 추정하기 위해 갤럽은 2527명을 표본으로 선택하였다. 표본에서 개정에 찬성하는 사람의 비율은 *통계량*이 된다. 표본비율을 $\hat{p}$이라 표시하고 "p-hat"이라고 읽는다. 2527명 중 1289명이 찬성했다면 $\hat{p}$은 다음과 같다.

$$\hat{p}=\frac{1289}{2527}=0.51 \text{ (즉, 51\%)}$$

모든 성인은 선택된 2527명 중 한 명이 될 동일한 가능성을 가지므로, $\hat{p}=0.51$을 미지의 모수 p의 추정량으로 사용할 수 있다. 표본의 51%가 찬성했다는 것은 사실이다. 전체 성인 중 몇 %가 찬성하는지는 모르지만 약 51%가 찬성할 것이라고 추정한다.

표본조사 변이성

만일 갤럽이 크기 2527명인 두 번째 표본을 뽑는다면 아마 새로운 사람들로 이루어질 것이다. 새 표본에서 찬성하는 사람의 수가 정확하게 1289일 가능성은 거의 없다. 즉, 통계량 $\hat{p}$의 값은 표본에 따라 달라진다. 한 표본에서 51%가 찬성하고 다른 표본에서는 37% 정도가 찬성할 가능성이 있을까? 임의표본은 표본추출로 인한 *편의*를 제거해 주지만 결과들의 *변이성*이라는 문제가 여전히 남아 있다. 만약 같은 모집단으로부터 반복적으로 표본을 추출하였을 때 결과의 변동이 너무 크다면 어느 표본으로부터 얻은 결과든지 믿을 수 없게 된다.

이 문제점은 임의표본의 두 번째 장점으로 해결할 수 있다. 첫 번째 장점은 임의로 선택함으로써 편의가 있는 표본이 추출되는 것을 막을 수 있다는 것이다. 두 번째 장점은 같은 모집단으로부터 같은 크기의 임의표본을 여러 번 반복하여 추출하면 표본에 따른 변동이 예측 가능한 패턴을 따른다는 것이다. 크기가 작은 표본의 결과보다 큰 표본의 결과가 적은 변이성을 갖는다.

예제 2 많은 표본들

임의의 표본이 얼마나 믿을 만한지 알아보기 위한 방법으로 같은 모집단에서 수많은 표본을 뽑았을 때 어떤 변화가 있는지 알아보자. 이것은 통계학에서 다루는 중요한 개념 가운데 하나이다. 실제로 지난 1년 동안 정확히 성인 50%가 복권을 구입했었지만 우리는 그 사실을 모른다고 가정하자. 즉, 모집단 비율이 $p=0.5$인 것이다. 미지의 모비율 p를 추정하기 위해 표본의 크기가 100인 단순임의표본으로부터 얻은 표본비율 $\hat{p}$을 사용한다면 어떻게 될까?

그림 3.1은 많은 수의 표본을 선택하고 각 표본에서 $\hat{p}$을 구하는 과정을 보여주고 있다. 첫 번째 표본에서는 100명 중 56명이 복권을 산 경험이 있으므로 $\hat{p}=56/100=0.56$이다. 다음

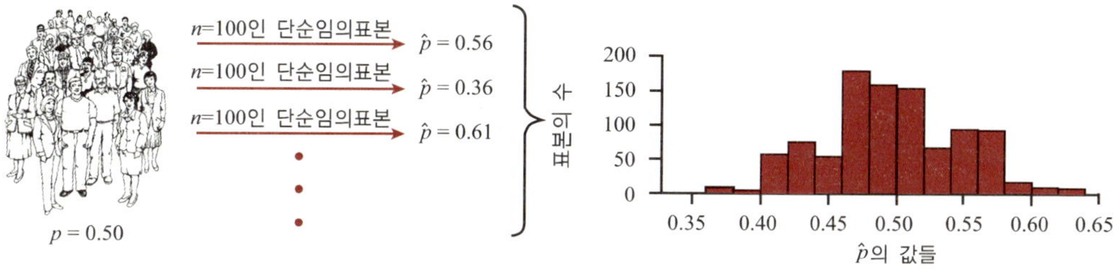

그림 3.1 많은 단순임의표본의 결과들은 규칙적인 패턴을 갖는다. 모비율이 p=0.5인 같은 모집단으로부터 표본 크기 100인 1000개의 단순임의표본을 선택하였다. 표본에 따라 표본비율은 다양한 값을 갖지만 모비율 근처에 집중되어 있다.

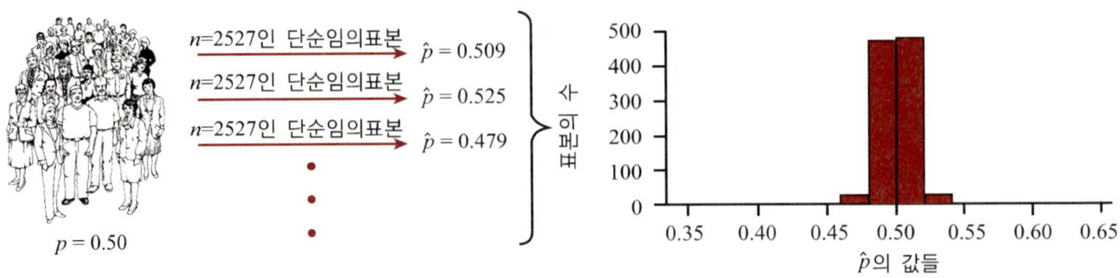

그림 3.2 그림 3.1과 같은 모집단에서 표본 크기 2527명인 1000개의 표본을 선택한다. 표본 크기가 작은 경우보다 표본비율이 퍼져 있는 정도가 작다.

표본에서는 오직 36명이 복권을 구입했으므로 $\hat{p}$ =0.36이다. 그림 3.1의 오른쪽 그래프는 1000개의 표본으로부터 구한 $\hat{p}$ 값의 히스토그램이다. 수평축에는 다양한 $\hat{p}$ 값을 표시하며 각 구간에 속하는 $\hat{p}$ 값의 빈도는 직사각형의 높이로 표시한다.

물론 갤럽은 100명이 아니라 2527명을 인터뷰하였다. 그림 3.2는 p =0.5인 모집단으로부터 선택한 표본 크기 2527인 1000개의 단순임의표본으로부터 얻는 결과를 보여주고 있다. 같은 척도에 그려진 그림 3.1·3.2로부터 표본 크기를 100명에서 2527명으로 증가시켰을 때 어떤 변화가 있는지 비교할 수 있다.

그림 3.1·3.2를 보면 모집단으로부터 많은 표본을 추출하고 각 표본으로부터 $\hat{p}$값을 구하였다. 이 값들을 모아 작성한 히스토그램을 살펴보자.

- 두 경우 모두 표본에 따라 표본비율 $\hat{p}$ 이 다양한 값을 갖지만 모비율인 0.5 근처에 집중되어 있다. 어떤 표본에서는 $\hat{p}$ 값이 0.5보다 크기도 하고 어떤 표본에서는 작기도 하지만 항상 큰 값을 갖는다거나, 혹은 작은 값을 갖는 것과 같은 특별한 경향은 없다.
- 표본 크기가 2527명인 경우보다 100명인 경우 $\hat{p}$ 값이 훨씬 넓게 퍼져 있다. 사실 표본 크기가 2527명인 경우 1000개 중 95%의 $\hat{p}$ 이 0.4804와 0.5204 사이 값을 가졌으며, 이는 모비율 0.5의 ±0.0204 안에 포함되는 값이다. 표본 크기가 100명인 경우에는 95%의 $\hat{p}$ 값이 0.4와 0.59 사이 값이었다. 이는 참값인 0.5에서 0.1 만큼 멀리 떨어진 값으로 표본 크기가 1000인 경우에 비해 5배 정도 더 멀어진 것이다. 즉, 표본 크기가 클수록 **변이성**이 작음을 알 수 있다.

결론적으로 표본 크기 2527인 표본에서는 거의 언제나 모집단의 참값과 비슷한 $\hat{p}$ 값으로 참값을 추정한다고 믿을 수 있다는 것이다. 그림 3.1은 이러한 사실을 모비율이 0.5인 경우에 대해서만 설명하고 있지만 어떤 모집단에 대해서도 이 사실은 적용된다. 한편 표본 크기 100인 표본에서는 참값이 50%일 때 추정값으로 40%, 혹은 60%를 얻을지 모른다.

그림 3.1·3.2는 모수 p를 통계량 $\hat{p}$로 추정할 때 나타나는 편의를 이해하도록 도와준다.

추정에 있어서 두 가지 오류

표본을 여러 번 선택할 때 모수에서 한 방향으로 일관되고 반복적으로 벗어나는 통계량의 편차를 **편의**라 한다.

변이성은 표본을 여러 번 선택할 때 통계량의 값이 얼마나 퍼져있는가를 의미한다. 변이성이 크다는 것은 같은 표본 결과가 반복하여 나타나지 않는다는 것을 의미한다.

올바른 표본추출 방법을 택할수록 편의와 변이성은 줄어든다.

모집단의 참값은 과녁의 중심으로, 표본 통계량은 발사되어 과녁에 꽂혀 있는 화살로 생각할 수 있다. 편의와 변이성은 궁사가 목표를 향해 많은 활을 쏘았을 때 나타나는 결과로 설명된다. *편의*는 화살이 과녁의 중심에서 한 방향으로 반복적으로 벗어남을 의미하며, *변이성*은 목표에서 산발적으로 퍼져있음을 의미한다. 그림 3.3은 두 종류에 대한 과녁 예제를 보여 주고 있다.

작은 변이성(반복된 발사결과가 한 곳에 집중)이 큰 편의(과녁의 중심으로부터 한 방향으로 벗어남)를 가질 수 있다. 그리고 작은 편의(과녁의 중심에 집중)가 큰 변이성(반복되는 발사 결과 화살이 넓게 퍼짐)을 가질 수도 있다. 올바른 표본 계획은 훌륭한 궁사처럼 작은 편의와 작은 변이성을 가져야만 한다. 그 방법은 다음과 같다:

편의와 변이성 처리

편의를 줄이기 위해 임의표본을 사용하여라. 모집단의 목록으로부터 단순임의추출하면 *불편추정값(unbiased estimate)*을 얻게 된다–단순임의표본으로부터 계산된 통계량의 값은 모수의 값을 일관되게 과대, 혹은 과소 추정하지 않는다.

단순임의표본의 변이성을 줄이기 위해 크기가 **큰 표본**을 사용하기를 권한다. 충분히 큰 표본을 선택함으로써 원하는 만큼 변이성을 줄일 수 있다.

현실적으로는 오직 하나의 표본만을 선택하게 된다. 모집단의 참값이 무엇인지 모르기 때문에 이 표본으로부터 얻은 추정값이 얼마나 참값과 근사한지 알 수 없다. 그러나 표본 크기가 큰 표본에서는 참값과 비슷한 추정값을 대부분 얻을 수 있다.

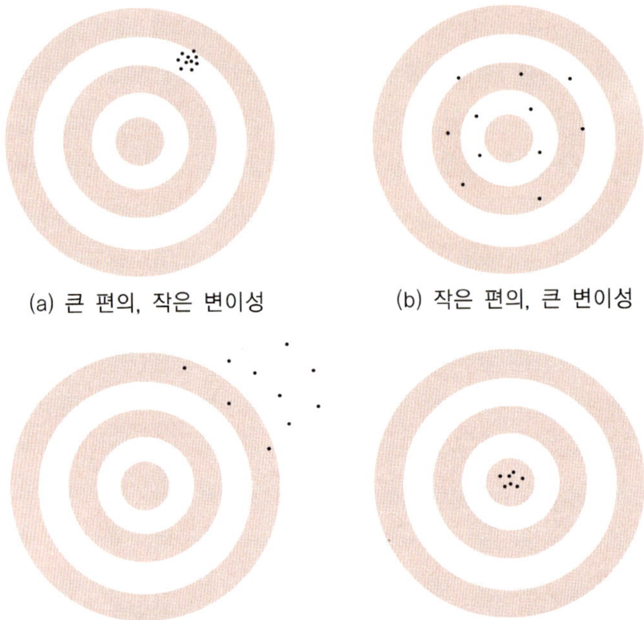

(a) 큰 편의, 작은 변이성 (b) 작은 편의, 큰 변이성

(c) 큰 편의, 큰 변이성 (d) 작은 편의, 작은 변이성

그림 3.3 과녁에 활을 쏘았을 때 편의와 변이성. 편의는 궁사가 계속 한 방향으로 빗맞히는 것을 의미하며 변이성은 화살이 과녁에 산만하게 흩어져 맞추어진 것을 의미한다.

오차한계

표본조사에서 "오차한계"는 그림 3.1·3.2에서 보았던 것과 같이 표본 변이성을 이용하여 조사에서 얻은 결과를 얼마나 신뢰할 수 있는가를 설명해 준다. 뉴스에서 자주 듣게 되는 용어로 시작해 보자.

오차한계가 무엇을 의미하는가?

"±2% 포인트 오차한계"는 다음 문장을 짧게 표현한 것이다.

만약 많은 표본을 같은 방법으로 뽑는다면 표본의 95%는 그 결과가 모집단 참값의 ±2% 포인트 내에 있을 것이다.

임의로 선택된 표본은 일반적으로 모집단의 참값을 정확하게 추정하지는 못한다. 참값에 추정값이 얼마나 근접한지 알기 위해 오차한계가 필요하다. 그러나 참값과 추정값의 차이가 오차한계보다 크지 않다고 *확신*할 수 없다. 모든 표본의 95%는 참값에 오차한계 만큼 가까운 결과를 갖지만 5%는 오차한계 이상 차이가 나게 된다. 모집단에 대해서 알지 못하므로 우리가 선택한 표본이 95% 중의 하나인지, 5% 중의 하나인지 알 수 없다. 단지 참값은 오차한계 안에 있을 것이라고 **95% 신뢰**한다고 말한다.

예제 3 뉴스의 이해

TV 뉴스를 진행하던 앵커가 다음과 같이 말했다: "갤럽의 최근 조사에 의하면 미국 성인 51%는 결혼을 여자와 남자의 결혼만으로 정의하여 동성간의 결혼을 금지한 헌법조항에 찬성한다고 한다. 이 조사의 오차한계는 ±2% 포인트이다." 51%에서 ±2%이면 49~53%이다. 전체 모집단의 참값이 그 범위 안에 놓인다고 갤럽은 주장하고는 것이라 대부분의 사람들은 생각한다.

갤럽이 실제 말한 내용은 다음과 같다: "이와 같은 크기의 표본으로부터 얻은 결과에 대해 표본추출과 다른 임의효과로 인한 오차는 ±2% 포인트라고 95% 신뢰를 갖고 말할 수 있다." 즉, 이 오차한계는 오직 전체 표본의 95%에게만 의미가 있다. "95% 신뢰"는 이러한 내용을 짧게 표현한 것이다. 뉴스 리포터는 "95% 신뢰"를 누락했던 것이다.

오차한계를 구하는 것은 통계학자들의 몫이지만 간단한 공식으로 오차한계의 크기에 대한 대략적인 정보를 얻을 수 있다.

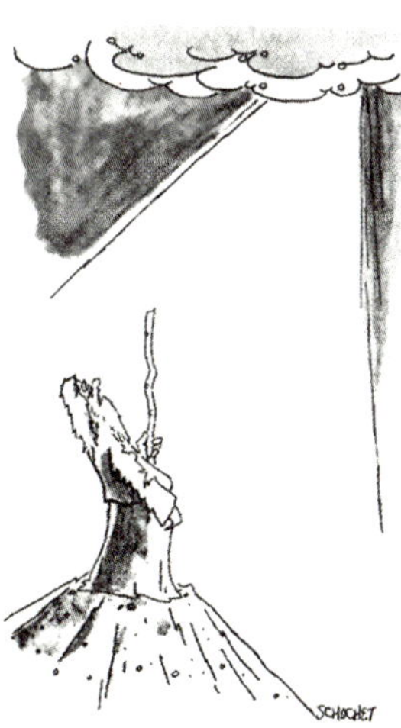

"73%는 숫자 1부터 5를 선호하며, 41%는 6이 불공평하다고 생각하고, 13%는 7에 반대하며, 62%는 8에 열광하고, 37%는… "

빠른 오차한계 계산법

미지의 모비율 p를 추정하기 위해 표본 크기 n인 단순임의표본으로부터 $\hat{p}$을 구할 수 있으며 95% 신뢰의 오차한계는 대략 $1/\sqrt{n}$ 이다.

예제 4 오차한계는 얼마인가?

예제 1에서 조사를 위해 갤럽에서는 2527명을 인터뷰하였다. 그러므로 95% 신뢰의 오차한계는 약

$$\frac{1}{\sqrt{2527}}=\frac{1}{50.27}=0.020\ (\text{즉, } 2.0\%)$$

이다. 갤럽은 오차한계가 2%라고 발표하였으며 이는 빠른 오차한계 계산법으로 계산한 값과 일치한다. 그러나 일반적으로 빠른 오차한계 계산법으로 계산된 결과와 갤럽의 발표가 일치하지 않을 수 있는 이유는 두 가지가 있다. 첫 번째, 여론조사 보도 자료를 명료하게 표현하기 위해 보통 오차한계를 반올림한다. 두 번째, 빠른 오차한계 계산법은 단순임의표본에서 의미가 있다. 다음 장에서 언급하겠지만 대부분의 전국적인 표본추출은 단순임의표본보다 복잡하여 오차한계가 조금 더 커지는 경향이 있다.

빠른 오차한계 계산 방법으로부터 오차한계가 어떻게 작용하는지에 대한 중요한 사실을 알 수 있다. 분모에 표본 크기 n이 있으므로 표본 크기가 클수록 오차한계는 작아짐을 알 수 있다. 공식에서 $\sqrt{n}$을 사용하므로 오차한계를 반으로 줄이려면 4배 많은 표본을 사용해야만 한다.

예제 5 표본크기와 오차한계

같은 모집단으로부터 선택한 $n=2527$인 단순임의표본의 결과와 $n=100$인 단순임의표본의 결과를 예제 2에서 비교하였다. 표본 결과의 중앙 95%의 산포도는 표본의 크기가 작은 경우 5배 더 큼을 알았다.

오차한계를 계산하는 간단한 방법에 의하면 표본 크기가 2527인 단순임의표본 경우 오차한계는 2.0%로 추정된다. 표본 크기가 100인 단순임의표본의 오차한계는 약

$$\frac{1}{\sqrt{100}}=\frac{1}{10}=0.1\ (\text{즉, } 10\%)$$

이다. 2527은 100의 약 25배이며 $\sqrt{25}=5$이므로 100명의 표본인 경우 2527명의 표본보다 오차한계가 약 5배 더 크다.

독자들에게

갤럽은 2000년 1월 임의로 선택된 1633명의 성인에게 다음과 같은 질문을 하였다. "현재 미국에서 진행되는 일들에 일반적으로 만족하는가 아니면 만족하지 못하는가?" 69%는 만족한다고 답하였다. 95% 신뢰에서 오차한계는 얼마인가?

신뢰에 대한 설명문

다음은 부시대통령이 제안한 헌법 개정안에 대한 갤럽이 내린 간단한 결론이다: "조사에 의하면 미국 성인의 51%는 그러한 개정에 찬성한다. 모든 성인의 51%±2%가 찬성한다고 95% 확신한다." 더 간단히 말하면 "49~53%의 성인이 그러한 개정에 찬성한다고 95% 확신한다." 이것이 **신뢰에 대한 설명문**이다.

신뢰에 대한 설명문

신뢰에 대한 설명문은 두 부분으로 이루어져있다: **오차한계**와 **신뢰수준**. 오차한계는 표본 통계량이 모수에 얼마나 근접하는가를, 신뢰수준은 전체 가능한 표본의 몇 %가 오차한계를 만족하는가를 알려준다.

신뢰에 대한 설명문은 모든 가능한 표본에 관한 사실을 말해준다. "95% 신뢰"는 "모든 표본의 95%가 참값에 이만큼 가까운 결과를 주는 표본추출 방법을 사용하였다"는 것을 의미한다. 신뢰에 대한 설명문을 다르게 해석하여 보자.

- *신뢰에 대한 설명문의 결론은 표본이 아닌 모집단에 적용된다.* 갤럽은 그들과 인터뷰를 했으므로 표본에 있는 2527명에 대해서는 정확하게 알 수 있다. 신뢰에 대한 설명문은 모집단에 있는 모든 성인에 대해 설명하기 위해 표본 결과를 사용한다.
- *모집단에 관해 우리가 내린 결론을 완벽하게 확신할 수 없다.* 갤럽의 표본은 2% 포인트 이상 벗어나는 5%의 표본 중 하나일 수 있다.
- *표본조사에서 95% 이외의 다른 신뢰수준을 사용할 수 있다.* 신뢰수준이 커질수록 오차한계도 커진다. 같은 표본에서 99%의 신뢰에 대한 설명문은 95%의 신뢰에 대한 설명문보다 더 큰 오차한계가 요구된다. 만약 90% 신뢰에 대한 설명문과 비교한다면 오차한계는 작아질 것이다. 본문에서 언급한 빠른 오차한계 계산법은 95% 신뢰를 갖는 오차한계를 위한 것임을 명심하여라.

- *보고서에서는 보통 95% 오차한계를 사용한다.* 만약 뉴스에서 오차한계를 보도하며 신뢰수준을 언급하지 않는다면, 95% 신뢰수준을 가정해도 무방할 것이다.
- *같은 신뢰수준에서 작은 오차한계를 원하는가? 아니면 큰 오차한계를 원하는가?* 표본 크기가 클수록 변이성이 적었음을 기억하여라. 충분히 큰 표본을 선택함으로써 높은 신뢰수준을 유지하며 원하는 만큼 작은 오차한계를 얻을 수 있다.

통신판매

표본조사를 하는 사람들은 통신판매를 매우 싫어한다. 우리는 원하지 않는 판매 광고전화를 너무 자주 받는다. 그 결과 많은 사람들은 판매 광고전화가 아니라 여론조사 전화라는 것을 말하기도 전에 전화를 끊어버린다. 통신판매자와 표본조사 모두 임의의 대상자들에게 전화를 건다. 통신판매에서는 많은 번호에 자동으로 전화를 걸고 고객이 전화를 받은 후에야 판매원이 통화를 시작한다. 이처럼 판매원이 통화를 시작하기 전 잠깐의 정지 상태가 있다는 것을 알면 그 동안 전화를 끊을 수 있다. 표본조사에서는 인터뷰하는 사람이 직접 전화하여 여러분과 통화를 한다.

예제 6 2004 선거 조사

2004 미국 대통령 선거 하루 전인 11월 1일 여론조사 기관인 SurveyUSA는 누구에게 투표할 것인지를 유권자들에게 물었다. 아이오와주에서 표본으로 선택된 유권자 519명 중 50%는 Kerry에게, 47%는 Bush에게 투표할 것이라고 답하였으며 오차한계는 ±4.4%라고 발표하였다. 메인주에서는 표본으로 선택된 유권자 1008명 중 52%는 Kerry에게, 44%는 Bush에게 투표할 것이라고 답하였으며 오차한계는 ±3.2%였다.

아이오와주의 경우 표본의 수가 더 작아 오차한계는 더 커졌다. 아이오와주에서 Kerry에게 투표할 유권자의 비율은 95% 신뢰에서 50% ±4.4%인 45.6%와 54.5%사이에 있다. 실제 2004년 선거 결과 아이오와주에서 49%는 Kerry에게, 50%는 Busch에게 투표하였다. 이 결과는 오차한계 포함되는 것이다.

대표본에서의 표본추출

갤럽의 2527명 표본은 미국에 살고 있는 모든 성인의 82,700명당 1명일 뿐이다. 2527명이라는 표본이 모집단에서 100명당 한 명인지, 82,700명당 한 명인지가 조사 결과의 해석에 문제가 되는가?

모집단 크기는 상관없다

모집단의 크기가 표본 크기의 최소 100배 이상이면 표본에서 구한 통계량의 **변이성**은 모집단 크기와 상관이 없다.

모집단의 크기가 임의표본에서 구한 통계량에 큰 영향을 주지 않는 이유는 무엇일까? 많은 옥수수 낟알에 주걱을 집어넣어 옥수수 표본을 뽑는 것을 상상해 보자. 트럭 한 대에서 표본을 뽑는 것과 한 자루에서 뽑는 것은 차이가 없을 것이다. 옥수수를 대상으로 한 임의추출의 변이성은 오직 주걱의 크기에 좌우될 것이다.

이런 사실은 갤럽 조사와 같이 전국을 대상으로 하는 표본조사에서는 반가운 이야기이다. 표본 크기가 1000 혹은 2500인 임의표본은 표본 크기가 크므로 작은 변이성

통계적 논쟁거리들

선거 조사는 금지되어야 하는가?

사전 선거 조사에서 오하이오주 유권자의 58%가 어느 상원의원을 선호한다고 알려졌다. 대중 매체들은 이런 조사를 좋아한다. 그러나 비록 올바른 모든 통계방법을 사용하여 여론조사를 하더라도 선거결과는 종종 예상대로 나타나지 않기 때문에 통계학자들은 이런 조사를 좋아하지 않는다. 조사에 응답했던 사람들 가운데 많은 수가 선거직전 마음을 바꿀 가능성이 있다. 많은 사람들은 아직 결정하지 않았다고 대답하기도 하며 어떤 사람들은 후보들 가운데 어떤 사람을 지지하기는 하지만 선거에 기권하기도 한다. 미래에 누구를 선택할 것인가를 지금 물어야만 하므로 선거예측은 만족스럽지 못한 결과를 주는 표본조사 중 하나이다.

투표소를 떠날 때 유권자와 인터뷰하는 출구 조사에서는 이런 문제점이 없다. 표본에 포함된 사람들은 방금 투표를 마친 사람들인 것이다. 전국 선거구로부터 선택한 표본에 근거한 올바른 출구조사는 투표가 끝나기 훨씬 오래 전에 대통령선거의 결과를 정확히 알려준다. 그러나 2004년 미국 대통령 선거 경우와 같이 선거 결과를 정확하게 알려주는데 실패할 수도 있다. 이러한 사실은 선거예측의 정치적 효과에 대한 논쟁을 더욱 심하게 한다.

사전 선거조사에 반대할만한 좋은 논리가 있는가? 이런 조사들이 유권자에게 어떤 영향을 줄 것인지 생각해보라. 출구조사를 반대하는 것은 어떻게 생각하는가? 미국 동부지역은 서부지역보다 몇 시간 일찍 선거가 마무리 된다.

사전 선거조사에 찬성하는 것에 대해서는 어떻게 생각하는가? 예를 들어 표현의 자유를 고려하자. 출구조사에 찬성하는 것은 어떻게 생각하는가?

2004년 미국대통령 출구조사 결과가 실패한 예를 포함한 투표에 관한 기사를 다음 사이트에서 찾을 수 있다.

Daemmirch/Stock, Boston.

www.washingtonpost.com/wp-dyn/articles/A47000-2004Nov12_2.html
www.washingtonpost.com/wp-dyn/articles/A64906-2004Nov20.html
www.exit-poll.net/
www.ilcaonline.org/freeman.pdf
www.hilnews.com/morris/110404.aspx

을 갖는다. 그러나 자발적 반응표본과 편리표본에서는 매우 큰 표본조차 편의로 인해 의미가 없었음을 기억하자.

그러나 표본의 변이성이 모집단의 크기가 아니라 표본 크기에 의존한다는 사실은 대학이나 작은 도시에서 표본조사를 계획하는 사람에게는 반갑지 않은 소식이다. 예를 들어, 오하이오 주립대학 학생들 중 정치적으로 보수적인 학생의 비율을 추정하기 위해 필요한 단순임의표본의 크기와 미국 전체 성인 중 보수적인 사람의 비율을 같은 오차한계로 추정하기 위해 필요한 단순임의표본의 크기는 동일한 것이다. 미국 내에 2억 9백만의 성인이 있고 오하이오주에는 48,000명이 있다고 해서 오하이오주에서 더 작은 크기의 단순임의표본을 사용할 수 없다.

요약

표본추출의 목적은 표본을 이용하여 모집단에 관한 정보를 얻는 것이다. 우리는 표본 통계량으로 모집단의 **모수**를 추정하게 된다. 이 장에서는 통계학의 중요한 개념을 설명하였다: 표본이 얼마나 믿을 만한가를 설명하기 위해 "같은 모집단으로부터 많은 표본을 추출하면 어떤 일이 일어날까?"라는 질문을 한다. 대부분의 표본들이 참값에 가까운 결과를 준다면, 선택한 표본이 참값에 근사한 값인지 확신할 수 없다 할지라도 그 결과를 믿을 수 있다.

표본조사를 계획할 때, 임의표본을 사용하고 자발적 반응과 같은 표본추출 방법을 피함으로써 작은 **편의**를 갖도록 해야 한다. 그리고 결과의 **변이성**을 줄이기 위해 충분히 큰 표본을 선택해야 한다. 크기가 큰 표본을 사용하면 대부분의 표본들로부터 정확한 결과를 얻을 수 있다는 것을 보장해 준다. 모집단에 대한 결론이 얼마나 정확한지를 설명하기 위해 **신뢰에 대한 설명문**을 작성하여라. 뉴스 리포트는 자주 **오차한계**만 언급한다. 대부분의 경우 이 오차한계는 **95% 신뢰**를 의미한다. 즉, 만약 많은 표본을 반복적으로 추출하면 모집단의 참값이 오차한계 안에 있게 되는 경우가 전체 표본의 95%이다. 모집단의 크기가 표본 크기보다 매우 큰 경우 크기 n인 단순임의표본에서 얻는 결과의 95% 오차한계는 $1/\sqrt{n}$로 추정한다. 이 공식에서 보듯이 모집단의 크기가 아니라 표본의 크기에 의해 오차한계는 영향을 받는다.

EESEE

"The Perot Poll"은 1992년 선거 몇 달 후 Ross Perot에 의해 진행된 설문조사에 대하여 설명하고 있다. 이 글을 읽고 질문 7에 답하여라. 7(b)에서 95% 신뢰의 오차한계가 주어진다.

EXERCISES

문제 3.1부터 3.4까지에 있는 굵은 숫자는 모수이거나 통계량이다. 각 숫자가 **모수**인지 **통계량**인지 설명하여라.

3.1 노동부 통계조사에 의하면 지난 달 50,000세대의 표본에 있는 모든 노동자와 인터뷰한 결과 **5.6%**가 실업자였다고 한다.

3.2 한 상자에 들어 있는 베어링의 평균 지름이 **2.503cm**이다. 이것은 그 상자를 구매자의 선택 기준 안에 드는 값이다. 그러나 검사관이 이 상자로부터 100개의 베어링을 우연히 검사한 결과 평균 지름이 **2.515cm이었다**. 이는 검사기준을 넘는 것으로 이 상자는 우연한 결과에 의해 선택되지 않았다.

3.3 선거인등록부에 의하면 필라델피아 유권자의 **18%**가 공화당으로 등록되었다. 그러나 필라델피아에서 방송되는 라디오 쇼에 최근 전화를 건 20명의 거주자 중 **60%**는 공화당인 것으로 나타났다.

3.4 전국여론조사 기구에서는 미국 내 회원들에게 임의로 전화를 걸기 위해 난수를 이용한 전화기를 사용한다. 전화를 건 처음 100개의 번호 중 **33**개는 등록되지 않은 번호들이었다. 미국 내 가정용 전화번호의 **30%**가 전화번호부에 실리지 않았으므로 이런 결과는 놀라운 일이 아니다.

3.5 **표본추출 실험** 그림 3.1·3.2는 같은 모집단으로부터 많은 표본을 뽑았을 때 표본비율 $\hat{p}$이 어떻게 변화하는가를 보여주고 있다. 이 과정의 각 단계들을 작은 규모에서 따라 할 수 있다.

그림 3.4는 작은 규모의 모집단이다. 각 동그라미는 성인 한 명을 나타낸다. 흰색 동그라미는 결혼을 남자와 여자와의 결혼만을 의미하는 헌법조항에 찬성하는 사람을 의미하며 채색한 동그라미는 반대하는 사람을 의미한다. 100개의 동그라미 중 흰색이 50개이므로 모집단에서 찬성하는 사람의 비율은 $p=50/100=0.5$이다.

(a) 동그라미들은 00, 01,..., 99로 번호가 매겨졌다. 표 A의 행 101을 이용하여 크기 4인 단순임의표본을 구하여라. 그 표본에서 헌법에 찬성하는 사람의 비율 $\hat{p}$은 얼마인가?

(b) 표 A의 행 102부터 행 110을 이용하여 크기 4인 표본을 9개 더 추출하여라 (총 10개의 표본). 이제 10개의 표본비율 $\hat{p}$을 구하여라.

(c) 표본은 4명으로 이루어져 있으므로 $\hat{p}$이 취할 수 있는 값은 0/4, 1/4, 2/4, 3/4, 4/4 중 하나이다. 즉, $\hat{p}$은 항상 0, 0.25, 0.5, 0.75 혹은 1이다. 이 값들을 수평축에 표시한 후 10개의 표본으로부터 구한 $\hat{p}$값의 빈도수로 직사각형의 높이를 삼아 히스토그램을 작성하여라.

(d) 크기 100인 모집단으로부터 표본 크기 4인 표본을 뽑는 것이 현실적이지는 않지만 결과를 살펴보기로 하자. 10개의 표본 중 몇 개의 표본비율이 모비율 $p=0.5$을 정확하게 추정하였는가? 여러분이 구한 표본비율은 대략 모집단의 참값인 0.5에 집중되어 있는가? 만약 많은 표본을 구한다면 표본 값은 0.6에 집중될 것이다. 그 이유를 설명하여라.

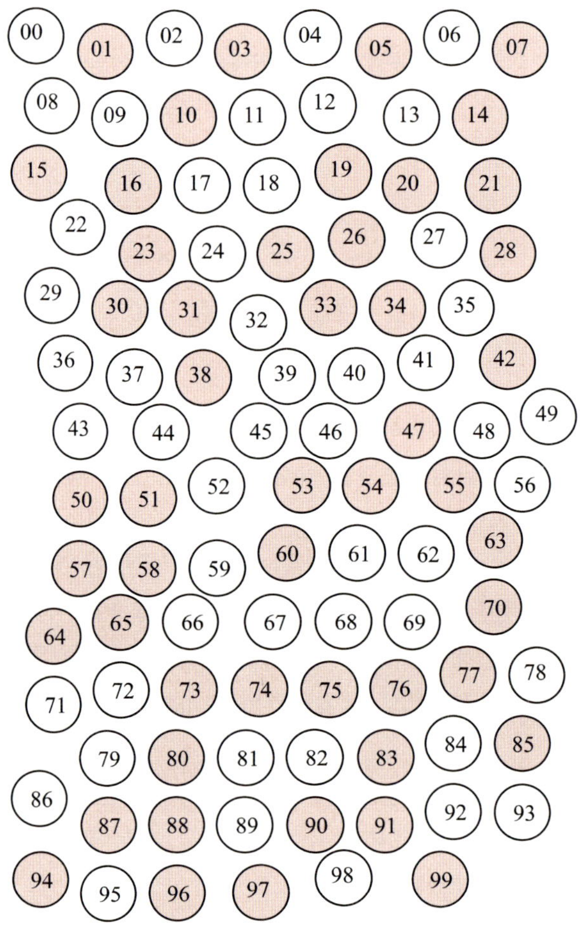

그림 3.4 연습문제 3.5를 위한 100명의 모집단. 흰색 동그라미는 헌법에 찬성하는 사람을 다른 동그라미는 반대하는 사람을 나타낸다.

3.6 **표본추출 실험** 작은 모집단으로부터 뽑은 소표본에 있어서의 변이성을 설명하여 보자. 아래에 실린 25명의 클럽 회원 중 10명의 회원은 여성들이며 이름에 별표로 표시하였다. 전국전당대회에 참석할 수 있는 자유여행권을 받을 5명의 회원을 임의로 선택한다.

Alonso	Darwin	Herrnstein	Myrdal	Vogt*
Binet*	Epstein	Jimenez*	Perez*	Went
Blumenbach	Ferri	Luo	Spencer*	Wilson
Chase*	Gonzales	Moll*	Thomson	Yerkes
Chen*	Gupta*	Morales*	Toulmin	Zimmer

(a) 매번 표 A의 새로운 행을 이용하여 표본 크기 5인 20개의 단순임의표본을 선택하여라. 표본 결과를 살펴보기 위해 그림 3.1과 같은 히스토그램을 만들어라. 20개 표본 중 여성의 비율은 얼마인가?

(b) 여성 회원이 한 장의 자유여행권도 받지 못했다면 차별이 있었다고 의심할 수 있는가?

3.7 **Canada 전국 의료복지** 온타리오주의 보건장관은 전국적인 건강관리 시스템이 그 주에서 목적을 달성하고 있는지 알아보고자 한다. 대부분의 건강관리에 관한 정보는 병원 기록으로부터 얻게 된다. 그러나 이 자료로부터는 건강 서비스를 이용하는 사람과 그렇지 않는 사람을 비교할 수 없다. 그래서 보건장관은 온타리오주에 사는 61,239명을 임의로 선택하여 인터뷰하는 건강 조사를 실시하였다.

(a) 이 표본조사에서 무엇이 모집단인가? 무엇이 표본인가?

(b) 이 조사에 의하면 표본의 76%의 남성과 86%의 여성이 지난 한 해 동안 적어도 한 번 일반 개업의를 방문했었다고 한다. 이 추정값들이 전체 모집단의 참값과 근접하다고 생각하는가? 그 이유는?

3.8 **더 큰 표본이 필요한가?** 표본조사에서 크기가 더 큰 임의표본의 장점을 설명하여라.

3.9 **표본조사의 변이성** 2527명의 표본을 이용한 갤럽 문제에서 "한 표본에서는 51%가 헌법에 찬성하고, 다른 표본에서는 오직 37%만이 찬성할 수 있을까?"라는 질문을 하였다. 모비율이 $p=0.5$인 모집단에서 표본크기가 2527인 1000개의 표본으로 얻은 결과가 그림 3.2에 있다. 이 모집단으로부터 선택한 표본비율이 51%라면 놀라운 결과라고 생각하는가? 만약 표본비율이 37%라면?

3.10 **노인을 위한 약** 성인 815명을 조사한 결과 497명은 의료보장이 노인을 위한 처

방약을 부담할 만큼 충분하지 않다고 생각하였다. 이 조사의 오차한계는 ±4% 포인트이며 신뢰수준은 95%이다.

(a) 의료보장이 노인을 위한 처방약을 부담할 만큼 충분하지 않다고 믿는 사람의 표본 비율 $\hat{p}$은 얼마인가? 모수 p는 무엇을 나타내는지 설명하여라.

(b) 모수 p에 대한 신뢰에 관해 설명문을 작성하여라.

3.11 **편의와 변이성** 그림 3.5는 많은 표본에서 계산된 통계량의 움직임을 네 가지 상황으로 보여주고 있다. 그림 3.1·3.2처럼 직사각형의 높이는 같은 모집단으로부터 얻은 많은 표본에서 구한 통계량 값의 빈도를 나타낸다. 모집단의 참값을 각 그래프에 표시하였다. 그림 3.5에 있는 각 그래프의 편의와 변이성의 크고 작음을 설명하여라.

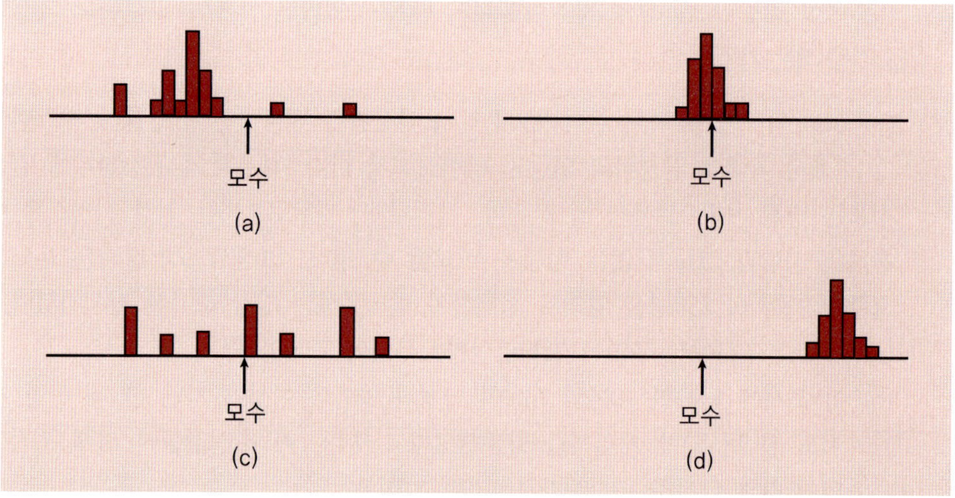

그림 3.5 같은 모집단으로부터 많은 표본을 추출한 후 표본 통계량 값의 히스토그램을 작성한다. 연습문제 3.11을 위한 네 가지 다른 표본추출방법의 결과가 여기 있다.

3.12 **큰 표본이 항상 더 좋은가?** 2004년 2월 *USA today*는 온라인 여론조사를 하였다. 신문사 웹사이트를 방문한 사람들은 "미국은 동성 결혼을 금지하는 법률을 통과시켜야 하는가?"라는 질문에 투표하였다. 2월 25일 오후 3시 30분 마감된 투표결과 투표자 63,046명 중 68.61%가 "아니오"에, 31.39%가 "예"에 투표하였으며, 빠른 오차한계 계산법에 의하면 95% 신뢰의 오차한계는 0.4% 포인트이었다. *USA today* 온라인 여론조사 결과에 의하면 미국 내 성인의 68.51%±0.4%가 동성 결혼 금지 법안 통과에 반대한다고 95%의 확신을 가질 수 있는가?

3.13 선거예측 전국여론조사 기관에서는 평소 일주일에 1500명 추출하던 표본을 대통령 선거 직전에는 4000명으로 늘린다. 더 큰 표본크기는 여론조사의 편의를 줄이는가? 변이성은 줄이는가?

3.14 더 큰 표본을 추출하여라 한 경영학과 학생은 대학 재학 중 시간제 근무에 대한 학생들의 의견을 조사하는 프로젝트를 계획 중이다. 그 학생은 질문지를 만들어 임의로 선택된 25명의 학생에게 질문에 답하도록 부탁할 계획이다. 지도교수는 질문서를 승인하였지만 표본 크기를 최소 100명으로 늘릴 것을 제안하였다. 더 큰 표본의 장점이 무엇인가? 표본 크기가 25명인 경우와 100명인 경우에 빠른 오차한계 계산법으로 오차한계를 추정하여 설명하여라.

3.15 각 주에서의 표본추출 연방정부는 부동산을 소유하고 있는 주민의 비율을 추정하기 위해 각 주에 살고 있는 주민들로부터 단순임의표본을 뽑을 계획이다. 각 주의 모집단은 약 494,000명이 사는 와이오밍부터 3천 3백만이 살고 있는 캘리포니아까지 다양하다.

(a) 각 주에서 크기 2000인 단순임의표본이 추출된다면 표본비율의 변이성이 주마다 다를 것인가? 이유를 설명하여라.

(b) 각 주에서 그 주에 거주하는 주민의 0.1%를 단순임의표본으로 추출한다면 표본비율의 변이성은 주마다 다를 것인가? 이유를 설명하여라.

3.16 여성에 관한 조사 *New York Times*는 알래스카와 하와이를 제외한 미국전역에서 임의로 선택한 1025명의 여성들을 인터뷰하여 여성에 관한 문제를 조사하였다. 이 조사에 의하면 47%의 여성들은 자신을 위해 충분한 시간을 갖지 못한다고 대답하였다.

(a) 위의 결론은 95% 신뢰에서 오차한계가 ±3% 포인트라고 한다. 자신을 위한 시간이 충분하지 않다고 생각하는 전체 여성의 비율에 관한 95% 신뢰에 대한 설명하여라.

(b) 전체 여성의 47%가 자신들을 위한 충분한 시간을 갖지 못한다고 대답한 이유를 통계학을 잘 모르는 사람에게 설명하여라.

(c) "95% 신뢰"가 무엇을 의미하는지 명확하게 설명하여라.

3.17 Harris 여론조사 Harris 여론조사는 결과의 정확도를 설명하기 위해 다음과 같이 말했다. "이론적으로 말해 이와 같은 표본 크기에서 구한 값은 모집단 전체를 완벽하게 조사하여 얻을 수 있는 값의 ±3% 포인트 안에 있다고 95% 확신을

갖고 통계적으로 예측할 수 있다." 여기서 "95% 확신"은 무엇을 의미하는가?

3.18 여성과 남성으로부터의 여론조사 문제 3.16의 표본조사에서 472명의 남성과 1025명의 여성들을 임의로 선택하였다. 여성들에 관한 결론의 95% 오차한계는 ±3% 포인트였고 남성들에 관한 결론의 오차한계는 ±5% 포인트였다고 한다. 왜 남성들의 오차한계가 더 큰가?

3.19 신뢰에 대한 설명 젊은이의 전국교육평가 시험 중 양적 부분의 평균점수는 267.8부터 276.2 사이라고 95% 확신을 한다는 발표를 한 학생이 읽었다. 이 문장의 의미를 해석하라는 질문에 그 학생은 다음과 같이 말했다. "모든 젊은이의 95%가 267.2부터 276.2 사이의 점수를 갖는다." 이 학생의 설명이 맞는가? 여러분의 답을 설명하여라.

3.20 사형제도 Harris Poll 여론조사는 성인 993명에게 다음 질문을 하였다. "당신은 사형제도에 찬성하는가? 반대하는가?" 찬성하는 비율이 69%이었다.

(a) 인터뷰한 993명 중 몇 명이 사형제도에 찬성하였는가?

(b) 이 여론조사의 오차한계는 ±3% 포인트라고 할 때, 통계학을 모르는 사람에게 "±3% 포인트 오차한계"의 의미를 설명하여라.

3.21 오차한계 계산 대통령 선거에 대한 SurveyUSA 여론조사를 다룬 예제 6에서 아이오와주 유권자 516명 중 50%가 John Kerry에게 투표할 것이라고 답하였다. 빠른 오차한계 계산법을 사용하여 아이오와 유권자들의 투표 경향에 대하여 설명하여라. 예제 6에 인용된 SurveyUSA의 오차한계와 여러분이 계산한 오차한계를 비교하여라.

3.22 오차한계 계산 문제 3.20에서는 993명의 Harris Poll 여론조사 표본을 다루었다. 빠른 오차한계 계산법으로 오차한계를 추정하여라. 이 결과는 Harris가 발표한 3% 오차한계와 근사한가?

3.23 오차한계 계산 문제 3.7은 온타리오주에 거주하는 61,239명 성인의 표본조사를 설명하고 있다 온타리오주 전체 성인 모집단에 대한 결론의 95% 오차한계는 얼마인가?

3.24 신에 대한 믿음 2003년 10월 실시된 Harris Poll 여론조사에 의하면 표본으로 선택된 성인 2306명 중 79%는 신의 존재를 믿는다고 답하였으며, 29%는 신이 세상의 일들을 조정한다고 믿었다.

(a) 이 표본에서의 오차한계를 빠른 계산법으로 구하여라.

(b) 신이 있다고 믿는 성인의 모비율에 대한 신뢰에 대한 설명문을 작성하여라.

3.25 범죄에 대한 두려움 갤럽은 임의표본으로 선택된 1493명의 성인에게 다음과 같은 질문을 했다. "집 근처 1마일 안에 있는 곳으로 밤에 외출하는 것이 범죄 때문에 두려운가?" 그들 중 672명은 "그렇다"라고 답했다. 범죄 때문에 밤 외출을 두려워하는 전체 성인의 비율에 관한 신뢰에 대한 설명문을 작성하여라(빠른 계산법으로 오차한계를 구하여라).

3.26 작은 오차한계 문제 3.22는 993명을 인터뷰한 여론조사를 설명하였다. 이 문제에서 구한 오차한계를 반으로 줄이려면 몇 명을 인터뷰해야 하는가?

3.27 의원을 만족시켜라 문제 3.10의 표본조사에서는 1190명을 조사하였으며 95%의 오차한계는 ±4% 포인트였다.

(a) 한 의원은 95% 신뢰는 충분하지 않다고 생각하여 99% 신뢰를 원한다. 같은 표본에 근거한 95% 신뢰의 오차한계를 99% 신뢰의 오차한계와 어떻게 비교하겠는가?

(b) 다른 의원은 95% 신뢰는 만족하나 ±4% 포인트 보다 작은 오차한계를 원한다. 95% 신뢰를 유지하며 더 작은 오차한계를 얻을 수 있는가?

3.28 인구조사 대부분 여론조사에서 95% 신뢰에 대한 설명문을 작성하지만 다른 신뢰수준을 사용할 때도 있다. 예를 들어, 매달 실업률은 60,000세대의 인구조사로부터 얻게 되며 실업률의 오차한계는 90% 신뢰로 약 0.2%라고 한다. 95% 신뢰의 오차한계는 더 커지겠는가 아니면 작아지겠는가? 그 이유를 설명하여라.

3.29 월스트리트에 대한 신뢰? 2004년 2월 Harris Poll은 임의로 선택된 성인 1020명에게 다음 질문을 하였다. "월스트리트의 운영 결과에 오직 사람만이 책임이 있다고 생각할 때 월스트리트에 신뢰 정도를 매우 신뢰, 약간 신뢰, 전혀 신뢰하지 않는다 중 어느 것을 선택하겠는가?" 이들 중 173명이 매우 신뢰한다고 답하였다. 여러분이 신문기사를 쓴다고 가정하고 이 결과를 이용하여 오차한계의 의미를 포함한 기사를 써라.

3.30 모의실험 난수를 사용하여 임의표본을 모의실험 할 수 있다. 학생의 20%가 여름방학 동안 미취업 상태인 한 대학에서 25명의 단순임의표본을 선택한다고 가정하자. 모의실험을 위해 표 A에서 선택된 25개의 숫자로 표본으로 선택되는

25명의 학생을 나타낸다. 10개의 숫자 중 0과 1이 선택될 가능성은 20%이므로 0과 1은 미취업상태의 학생을, 다른 숫자는 취업한 학생을 나타낼 수 있다.

표 A의 50개 행에서 각 행의 처음 25개 숫자 중 0과 1의 개수를 세어 50개의 표본을 구한다. 50개 표본 결과를 이용하여 그림 3.1과 같은 히스토그램을 작성하라. 20%가 미취업상태인 모집단의 값이 그래프의 중심 근처에 있는가? 50개의 표본 중 가장 작은 미취업상태인 학생의 수와 가장 큰 수는 얼마인가? 미취업 학생의 수가 4명, 5명, 6명인 표본은 50개 중 각각 몇 %인가?

3.31 Web을 이용하기 www.gallup.com/poll/에서 Daily Discourse를 읽고 "Read More"를 클릭하여라. 그 기사는 95% 신뢰의 오차한계에 대해 무엇을 말해주는가?

웹탐색

아주 작은 표본으로부터 큰 모집단에 관해 믿을 만한 결과를 얻을 수 있는 이유를 갤럽 사이트를 통해 알 수 있다. www.gallup.com/help/FAQs/poll1.asp

CHAPTER 4

현실에서의 표본조사

여론조사에 대한 진실

한 여론조사에서 임의로 선택한 1000명을 인터뷰한 결과를 오차한계와 함께 발표하였다고 하자. 여러분은 이 조사 결과를 얼마나 믿는가? 아마 믿지 않을 수도 있다. 많은 조사 결과를 놓고 보면 표본에 관한 모든 진실을 알려주는 경우는 극히 드물다. Pew 연구소는 모의 여론조사를 실시한 후 그 결과를 다음과 같이 발표했다.

임의로 선택된 사람에게 전화를 걸어 표본값을 얻는 경우는 흔한 일이다. Pew 연구소는 1000명에 대한 표본값을 얻기 위해 팩스와 사업용 번호를 제외한 2879개의 가정용 전화번호에 전화를 걸어 다음과 같은 결과를 얻었다.

전화를 받지 않음	938
전화는 받았으나 인터뷰를 거절함	678
18세 이상의 사람이 없었거나 언어 장벽이 있음	221
인터뷰를 마무리하지 못함	42
인터뷰를 마무리 함	1000
총 전화한 횟수	2879

가정용 전화번호 2879개 중 33%는 전화를 받지 않았으며 전화를 받은 사람 중 35%는 인터뷰하기를 거절하였다. 전체적으로 응답하지 않은(전화를 받지 않음, 조사를 거절함, 인터뷰를 마무리하지 못함) 비율은 1658/2879(58%)인 셈이다. 이 연구소는 각 전화번호에 다른 요일과 시간대를 선택하여 5일 동안 5번 전화를 하였지만, 대부분의 조사에서는 한 번만 전화를 걸며 전화를 받은 사람의 반 이상이 인터뷰를 거절하는 경우가 많다. 현실에서는 단순임의표본이 단순하지 않고 임의(random)하지 않을 수도 있다. 이것이 이 장에서 다루고자 하는 내용이다.

표본조사는 어떻게 잘못 되는가?

임의표본을 사용하면 표본 선택의 편의가 제거되고 변이성이 조절된다. "임의로 선택된"과 "오차한계"라는 용어를 보면 그 자료들이 믿을 만한지 알 수 있는가? 자발적 반응표본보다는 당연히 믿을 만하지만 항상 그런 것은 아니다. 실제 표본조사는 연습문제에서 제시된 명단에서 단순임의표본을 선택하는 것 보다 훨씬 복잡하여 믿기 어려운 결과를 낳기도 한다. 신뢰에 대한 설명문이 실제 표본조사를 할 때 나타나는 모든 오차의 원인을 반영한다고는 할 수 없다.

표본추출에서의 오차

표본오차는 표본을 선택함으로써 발생하는 오차이다. 표본오차로 인해 표본은 전수조사와 다른 결과를 갖게 된다.

임의 표본오차는 임의표본을 선택할 때 발생한 모수와 표본 통계량의 편차이다. 신뢰에 대한 설명문에 있는 오차한계는 오직 임의표본만 설명한다.

비표본오차는 표본 선택과 관계가 없는 오차로 전수조사에서도 있을 수 있다.

대부분의 표본조사는 임의표본오차 외에 다른 오차의 영향을 받는다. 이러한 오차들은 편의를 가져와 신뢰에 대한 설명문이 의미가 없게 될 수 있다. 올바른 표본조사는 오차의 원인을 감소시키는 기술을 갖추어야 한다. 표본조사에 나타나는 오차의 원인을 살펴보고 조사자들이 어떻게 그 오차들을 다루는지 알아보자.

표본오차

*임의표본오차*는 표본오차의 한 종류이다. 오차한계는 임의표본오차가 얼마나 심각한지 알려주며 표본의 크기를 선택함으로써 임의표본오차를 조절할 수 있다. 자발적 반응 조사와 같이 *올바르지 않은 표본추출 방법*은 표본오차의 또 다른 원인이 된다. 이와 같이 올바르지 않은 방법은 피할 수 있지만 다른 종류의 표본오차는 다루기가 쉽지 않다. 표본조사는 표본으로 선택 될 수 있는 개체의 목록을 확보함으로써 시작되며 이러한 목록을 **표본틀**이라 부른다. 표본틀에 모집단의 모든 개체가 나열되어 있으면 이상적이겠으나 모집단 전체를 목록화하는 것은 거의 불가능하므로 대부분의 표본틀은 모집단의 일부만을 확보하고 있다.

누락추출(undercoverage)

모집단의 한 집단이 표본추출 과정에서 제외되었을 때 **누락추출**이 발생한다.

표본틀이 특정계층의 사람들을 제외한다면 임의표본이라 할지라도 편의를 갖게 된다. 예를 들어, 전화 조사를 위해 전화번호부를 이용한다면 전화번호부에 실리지 않은 사람들은 표본에서 제외될 수 있다. 많은 대도시에서는 가정용 전화번호의 반 이상이 전화번호부에 실리지 않아 대규모의 누락추출과 대도시에 대한 편의가 발생하였을 수 있다. 실제 전화 조사에서는 표본틀이 모든 가정용 전화번호를 포함하고 있고 난수 이용 전화기를 사용하여 전화조사를 한다.

현대 사회를 벗어난 생활이 한 때 힘들었으나 여론조사에서 누락추출 될 가능성이 점점 높아지는 것만으로 가치가 있다고 생각한다.

예제 1 우리는 누락되었어

미국에 거주하는 모든 성인을 조사하는 것은 대부분의 여론조사에서는 시도조차 하기 힘들 일이다. 전화 인터뷰로 인해 전화가 없는 약 2%의 가정이 제외된다. 오직 가정집에 대하여 표본조사를 함으로써 기숙사에 있는 학생들, 감옥에 있는 죄수, 군대에 소속된 대부분의 사람들이 제외되며 집 없는 사람들과 임시수용소에 사는 사람들 역시 제외된다. 알래스카와 하와이에 전화를 거는 것은 비싸므로 대부분의 조사에서는 해당 주들을 표본에서 제외하며, 대다수의 인터뷰가 영어로 이루어지므로 이민 온 가구도 표본에서 제외된다.

대부분의 표본조사에서 발생하는 누락추출은 젊거나 가난한 사람, 혹은 자주 이사하는 사람이 제외되는 것이다. 그래도 난수 이용 전화기를 사용함으로써 알래스카와 하와이를 제외한 가구로부터 임의표본을 추출하는 것과 유사한 표본을 얻는다. 신중하게 표본조사를 하면 표본오차는 대부분 아주 작다. 실제 문제가 되는 것은 비표본오차이다.

비표본오차

비표본오차는 전수조사에도 문제가 된다. 응답결과를 컴퓨터에 입력할 때나 계산 같은 기계적인 처리 과정에서 발생하는 실수와 같은 **처리 오차**가 비표본오차이다.

예제 2 컴퓨터 도움을 받는 인터뷰

필기도구를 사용하여 인터뷰하는 시대는 이제 지났다. 요즘은 직접 마주 보고하는 인터뷰를 위해 휴대용 컴퓨터를 가지고 다니며 전화 조사를 실시하면서 컴퓨터 화면을 살핀다. 컴퓨터 소프트웨어를 이용하여 다음과 같이 인터뷰 과정을 관리할 수 있다. 컴퓨터 화면에서 질문을 읽고 응답결과를 키보드로 입력한다. 컴퓨터는 불필요한 문항은 질문에서 제외시킨다. 즉, 응답자가 자녀가 없다고 했다면 자녀에 관한 질문은 나타나지 않게 하는 것이다. 서로 관계된 질문에 대한 답변이 일관성이 있는가를 컴퓨터로 검사할 수 있다. 항상 같은 순서로 질문함으로써 오는 편의를 피하기 위해 질문 순서를 임의로 바꿀 수 있다.

컴퓨터 소프트웨어를 이용하여 표본추출 과정도 관리할 수 있다. 컴퓨터는 응답한 사람들의 기록을 보관하며 응답 내용을 즉시 자료 파일로 만든다. 한때 처리 오차의 원인이었던 종이에서 컴퓨터로 옮기는 귀찮은 과정이 사라졌다. 처음 전화를 걸었을 때 인터뷰할 의사는 있었으나 통화할 시간이 없었던 사람들과 약속한 한 다음 전화 인터뷰를 실시하거나 응답자들의 시간대를 고려하는 등 전화 조사의 스케줄 관리까지 컴퓨터가 한다.

또 다른 형태의 **비표본오차**는 응답자가 정확하지 않게 응답했을 때 나타나는 응답오차이다. 응답자는 나이, 수입, 혹은 불법 마약의 경험에 대해서는 거짓말을 할 가능성이 높다. 지난주에 몇 갑의 담배를 피웠는가에 대한 질문을 받았을 때 응답자는 아마도 정확하게 기억을 못할 것이다. 질문을 이해하지 못한 경우 모른다고 하기보다는 추측하여 응답할 수도 있다. 일정 기간 동안의 행동에 관한 질문은 잘못된 기억으로 인해 매우 큰 응답 오차가 발생한다. 예를 들어, 전국 건강 조사에서 지난 일 년 동안 병원에 몇 번 갔는지 사람들에게 물었다. 그들의 응답과 병원기록을 비교한 결과 병원에 갔던 경우의 60%를 기억하지 못했다. 다음 예제에서 보듯 예민한 문제에 관한 조사 역시 응답 오차를 일으킬 수 있다.

예제 3 인종효과

1989년 뉴욕주에서 첫 번째 흑인 시장이 선출되었고, 버지니아주에서는 첫 번째 흑인 주지사가 선출되었다. 출구 조사로 얻은 표본에 의하면 두 경우 모두 공식적으로 발표된 선거 결과보다 더 큰 차이로 이기는 것으로 추측되었다. 일부 유권자들은 흑인 후보자에 반대투표를 했다는 사실을 밝히는 것을 불편하게 느껴 인터뷰 때 거짓말을 했다고 조사팀은 확신했다.

세부적인 것에 주의를 기울이면 처리 오차를 최소화할 수 있다. 숙련된 조사자는 특히 직접 마주 보고 하는 인터뷰에서 반응 오차를 크게 줄일 수 있다. 그러나 가장 심각한 *비표본오차*인 무응답에 대한 간단한 해결 방법은 없다.

무응답

무응답은 표본으로 선택된 개체로부터 자료를 얻지 못하는 것이다. 대부분의 무응답은 응답 대상자를 만날 수 없었거나 만나기는 했지만 응답하기를 거부하는 경우에 발생한다.

무응답은 표본조사에서 직면하는 가장 심각한 문제이다. 시대가 발전함에 따라 사람들은 점점 더 질문에 대답하기를 원하지 않는 경향이 있는데 특히 전화 질문에 대해서 그렇다. 통신판매, 자동응답기, 발신자 표시 서비스의 증가는 전화 조사에 대한 응답률을 감소시키는 원인이 되고 있다. 출입문으로 차단된 공동지역과 경비원이 있는 건물에서는 직접 면담하여 인터뷰하는 것이 쉽지 않다. 집단에 따라 무응답률이 다르기 때문에 표본조사 결과에 편의가 있을 수 있다. 예를 들어, 대도시 거주자와 노인들의 응답 거부율이 높다. 무응답으로 인한 편의는 오차한계로 설명되는 임의표본오차를 쉽게 압도할 수 있다.

"전화를 하든, 이메일을 보내든, 하루 종일 문 앞에 서있든 내 대답은 여전히 '아니오'란 말이야!"

예제 4 무응답이 얼마나 나쁜 영향을 미치는가?

인구조사(Current Population survey: GPS)는 우리가 아는 어떤 조사보다 높은 응답률을 갖고 있다: 최근 실시된 GPS에서는 약 7%, 혹은 8%의 가구만이 응답을 하지 않았다. 인구조사와 같은 정부 차원의 조사의 응답률은 비교적 높으며, GPS는 전화 인터뷰를 하기 전 표본과 미리 직접 접촉한다.

General Social survey(1장 예제 7)에서도 대학에서 표본을 직접 만나 조사가 진행된다. 그럼에도 불구하고 최근 조사에서의 무응답률은 24%였다.

대중매체, 시장 조사 및 여론조사 회사에 의해 실시되는 조사는 어떠한가? 이들 회사 대부분이 무응답률을 공개하지 않아 그 규모를 알 수 없는데, 이것은 바람직하지 않다. Pew 연구소의 발표는 무응답률을 공개하지 않는 것이 얼마나 좋지 않은지 알 수 있는 좋은 예이다. 1000명의 표본을 목표로 했던 연구에서 1221명으로부터 응답을 받았는데, 표본으로 추출하기 위해 접촉했던 다른 1658명은 집에 없었거나 응답을 거절했으며 혹은 인터뷰조차 끝낼 수 없었다. 즉, 무응답률이 1658/2879(58%)나 되었다. 다른 여론조사 기관의 관계자들에 의하면 무응답률은 대부분의 조사에서 공표된 표본의 75% 혹은 80%까지 이른다고 한다.

표본조사자들은 무응답률을 의도적으로 줄이는 기술을 알고 있다. 잘 훈련받은 조사자들은 응답자가 전화를 받기만 하면 인터뷰를 계속 진행할 수 있는 재치가 있다. 비교적 오랜 기간에 걸쳐 전화를 다시 하거나 미리 편지를 보내는 것이 무응답률을 줄이는데 도움이 된다. 편지를 보내거나 전화를 다시 거는 것은 표본조사 진행을 느리게 하기 때문에 빠른 응답결과로 대중매체를 만족시키려는 여론조사에서는 사용하지 않는다. 아주 신중한 조사에서조차 무응답은 극복할 수 없는 문제인 것이다.

오차한계로부터 알 수 없는 정보는 무엇인가?

표본조사에서 발표되는 오차한계는 오직 임의표본오차만을 나타낸다. 누락추출, 무응답 그리고 다른 현실적인 어려움은 오차한계에 의해 표현되지 않는 큰 편의의 원인이 된다.

갤럽은 "표본오차 외에도 질문 표현과 표본조사를 수행할 때 따르는 현실적인 어려움으로 인해 여론조사를 실시할 때 편의나 오차가 생길 수 있다"라고 말한다.

무응답으로 인해 표본조사들이 쓸모없게 되는가? 그렇지는 않을 것이다. 이 장을 Pew 연구소에 의해 실시된 "전형적인" 전화 조사에 의한 보고서로 시작하였다. Pew의 연구자들은 미리 편지 보내기, 8주 동안 계속 전화하기, 응답을 거부한 사람들에게 제1종 우편으로 편지 보내기 등과 같은 "정밀한" 조사도 실시하였다. 전형적인 조사에서

58%였던 무응답률이 이런 정밀한 조사에 의해 30%로 낮아졌다. 그리고 같은 질문에 답한 두 조사의 결과를 비교하였는데, 두 표본은 나이, 성별, 인종 면에서 매우 비슷했으며 인종문제를 제외한 모든 질문에 두 표본은 비슷한 의견을 보였다. 대체적으로 전형적인 조사로 꽤 정확한 결과를 얻을 수 있으나 예제 3에서 보았듯이 인종문제는 역시 예외이다.

설문지 작성

질문내용을 정확하게 표현하는 것은 표본조사에서 중요하지만 완벽하게 명확한 설문 작성은 매우 어려운 문제이다. 한 조사에서 "stock(주식) 소유"에 관한 질문을 하였을 때, 뉴욕증권거래소에서 거래되는 stock을 말하는 것임에도 불구하고 대부분의 텍사스 농장주들은 stock(가축)을 갖고 있다고 답하였다.

예제 5 몇 개의 단어가 큰 차이를 만든다.

정부가 빈민자를 도와주는 것에 대해 미국인들은 어떻게 느낄까? 오직 13%만이 "빈민 보조"에 너무 많이 지출한다고 생각하지만 44%는 "생활보호"에 너무 많이 지출한다고 생각한다. 영국으로부터의 독립 운동에 대해 스코틀랜드 사람들은 어떻게 생각할까? 51%가 "스코틀랜드의 독립"을 지지하고 오직 34%만이 "영국으로부터 분리된 독립국 스코틀랜드"를 지지하였다.

"빈민 보조"와 "독립"은 희망적이며 괜찮은 단어처럼 보이지만 "생활보호"와 "분리"는 부정적인 단어로 보인다. 이렇게 질문을 표현하는데 있어서의 작은 변화가 응답에서 큰 차이를 만들 수 있다.

질문의 표현은 항상 대답에 큰 영향을 미친다. 질문이 특정한 반응을 선택하도록 편향되어 있다면 우리는 또 다른 형태의 비표본오차를 갖게 된다. 가장 흔한 예는 어떤 정책에 찬성하도록 하기 위해 그 정책이 갖고 있는 바람직한 목적을 첨부하여 묻는 것이다: "난폭한 범죄를 줄이기 위해 개인이 권총을 소유하는 것을 금지하는데 찬성합니까?"라는 물음과 "난폭한 범죄를 줄이기 위해 사형을 집행하는 것에 찬성합니까?"라는 질문은 범죄를 우려하는 사람들로부터 긍정적인 반응을 유도하는 저의가 있는 질문들이다. 다음은 한쪽에 치우친 질문의 영향에 대한 예제이다.

예제 6 선거유세 자금

선거유세 자금을 보조해야 하는가에 대한 논쟁이 계속되고 있다. 이 논쟁에 대한 여론조사에서 사용된 서로 다른 두 가지 질문 문항을 보자:

특정한 이해와 관련된 단체가 거액의 자금을 해당 후보에게 줄 가능성을 제거하도록 관련 법이 통과되어야 한다.

특정 관심을 공통으로 가진 사람들의 모임이 선거에 기부하는 것을 금지하는 법이 통과되어야 하겠는가 아니면 지지하는 후보자에게 기부할 권리가 있는가?

첫 번째 질문은 1992년 대통령 선거에 출마했던 Perot가 사용했던 것인데 우편 조사에서 응답자의 99%가 "예"라고 답하였다. 자발적 응답 조사는 의미가 없으므로 Yankelovich 조사 회사에서는 같은 질문을 전국에서 추출한 임의표본에게 물었다. 그 결과 80%가 "예"라고 답하였다. Perot의 질문은 거의 "예"를 답하도록 유도되었기 때문에 Yankelovich는 같은 논쟁에 대하여 좀 더 중립적인 방법으로 두 번째 질문을 작성하였다. 전국 임의표본에게 이 질문을 물었을 때 오직 40%만이 기부금 금지를 원한다고 답하였다.

독자들에게

아래 질문은 원하는 반응을 얻기 위해 왜곡되었는가?

환경파괴와 자원고갈이 가속화된다는 관점에서 살펴볼 때, 자원집약적인 소비제의 재활용을 위한 경제적 장려에 찬성하겠는가?

비표본오차를 다루는 방법

비표본오차, 특히 무응답은 어느 조사에서나 있게 마련이다. 이에 대해 신중한 표본조사에서는 무엇을 해야 하는가? 첫째, 무응답자를 **다른 가구로 대치한다.** 무응답률은 도시에서 비교적 높으므로 같은 지역에 있는 다른 가구로 대치하여 편의를 줄일 수도 있다. 자료가 수집된 후에는 편의를 교정하기 위해 응답자들에게 **가중치**를 주는 통계 방법을 모든 전문 조사에서 사용한다. 만약 도시지역의 많은 가구에서 응답하지 않았다면 응답한 가구에 더 많은 가중치를 준다. 만약 표본에 여성이 너무 많다면 남성에게 더 많은 가중치를 준다. 다음은 어떤 여론조사를 다룬 *New York Times* 기사의 일부이다:

> *지리학적 지역, 성별, 인종, 나이 그리고 교육에 관계된 표본의 변동을 조절하기 위해 가구의 규모와 사용하고 있는 전화 회선의 수를 고려한 가중치를 사용하였다.*

저쪽이 먼저 시작했어요!

술집에서 일어난 싸움으로 사람이 사망한 사건을 연구한 결과 90%의 경우 사망한 사람이 싸움을 먼저 건 것으로 나타났다. 이 결과를 믿을 수 있을까? 만약 여러분이 싸움 중 누군가를 죽였다면 누가 싸움을 시작했냐고 경찰이 물을 때 어떻게 대답하겠는가? 결국 죽은 자는 말이 없다. 이것도 일종의 무응답인 것이다.

나이, 성별, 거주지역 그리고 다른 변수들이 모집단과 표본에서 마치 같은 분포를 갖는 것처럼 만들기 위해 가중치를 사용한다.

가중치를 실행하는 것은 표본조사에서 발표되는 결과가 보이는 것처럼 그렇게 단순하지 않다는 것을 의미한다. 갤럽은 1523명의 성인을 인터뷰한 후 그들 중 57%가 지난 1년 동안 복권을 구입한 경험이 있다고 밝혔다. 1523명의 57%는 868명이므로 표본에 있는 868명이 복권을 구입한 것처럼 보인다. 그러나 그렇지 않다. 갤럽은 실제 응답에 가중치를 사용한 복잡한 통계방법을 사용하였던 것이다: 57%라는 결과는 무응답이 없었다고 가정할 때 갤럽이 얻을 수 있는 최상의 추정값이다. 가중치는 편의를 교정하는데 도움이 되지만 일반적으로 변이성을 증가시킨다. 발표된 오차한계를 이해할 때 이것을 염두에 두어야 한다.

현실에서의 표본 설계

표본추출의 기본적인 아이디어는 매우 단순하다: 모집단으로부터 단순임의표본을 뽑은 후 이로부터 얻은 통계량으로 모집단의 모수를 추정한다. 이제 표본 통계량은 무응답을 정정하여 얻어졌음을 알았다. 또한 현실에서는 대부분의 표본조사가 단순임의표본보다 복잡한 표본 설계를 사용한다.

예제 7 인구조사

알래스카와 하와이를 포함한 미국 내 모든 가구가 인구조사(Current Population Survey : CPS)의 모집단을 이루고 있다. 이 조사에서 표본은 **단계별로 선택**된다. 인구조사국은 전국을 일차표집단위(Primary Sampling Units : PSU)라 불리는 2007개의 지리적 지역으로 나눈다. 이들은 일반적으로 근처에 있는 지역을 묶어 하나의 집단으로 만든 것이다. 첫 단계에서 754개의 일차표집단위를 선택하였는데 이것은 단순임의표본이 아니다. 만약 모든 일차표집단위가 표본으로 선택될 가능성이 같다면 시카고나 로스앤젤레스는 표본으로 추출이 되지 않을 수도 있다. 따라서 인구밀도가 매우 높은 428개의 일차표집단위는 표본에 자동으로 포함되게 한다. 나머지 1579개는 여러 면에서 비슷한 일차표집단위끼리 묶어 326개의 **계층**으로 집단을 만든 후 각 층을 대표하는 한 개의 일차표집단위를 임의로 선택한다.

일차 단계에서 선택된 754개의 일차표집단위는 인구조사 구획(더 작은 지리적 지역)으로 나눠진다. 이 구획은 다시 주택 종류, 소수민족 주민 수와 같은 사실에 의해 계층으로 집단 지어진다. 위치에 따라 각 구획에 있는 가구를 배열하고 4가구를 하나의 **집락**으로 묶는다. 마지막 단계에서는 각 구획으로부터 개별 가구가 아닌 집락들을 표본추출한다. 조사자는 표본으로 선택된 집락에 포함된 모든 가구를 방문한다. 구획으로부터 뽑은 집락들도 단순임의표본이 역시 아니다. 집락들이 지역적으로 널리 퍼져 있게 하기 위해 첫 번째 집락을 임의로 선택한 후 일정한 간격으로 배열된 집락을 목록으로부터 선택한다.

CPS의 계획은 개별 인터뷰를 사용하는 실제 표본의 여러 가지 아이디어를 설명해준다. 조사자들은 마지막 단계에서 **집락**을 표본으로 선택하는 **여러 단계** 표본추출을 실시함으로써 조사시간을 절약할 수 있다. 예제 7에서 가장 중요한 내용은 *층화표본추출*이다.

층화 표본

층화임의표본 선택하기 :

단계 1 계층이라 불리는 여러 집단으로 표본틀을 나눈다. 특별히 관심이 있는 계층을 선택하거나 각 층에 있는 개체들이 서로 유사하도록 계층을 선택한다.

단계 2 각 층에서 개별적으로 단순임의표본을 추출한 후 결합하여 표본을 완성한다.

표본추출 전에 우리가 이미 알고 있는 모집단의 특성에 따라 계층을 선택해야 한다. 대학교에 재학 중인 학생들을 학부학생과 대학원생 집단으로 분류하거나 기숙사에 사는 학생과 통학하는 학생 집단으로 분류할 수 있다. 층화 표본은 단순임의표본에 비해 다음과 같은 장점이 있다. 첫째, 각 층에서 개별적으로 단순임의표본을 추출함으로써 각 층에 관한 개별적인 결론은 얻을 수 있게 표본 크기를 결정할 수 있다. 둘째, 층화 표본은 같은 크기의 단순임의표본보다 일반적으로 작은 오차한계를 갖는다. 그 이유는 각 층에 있는 개체가 모집단에서보다 서로 유사하기 때문이다. 따라서 계층별로 작업을 하면 표본 변이성을 줄일 수도 있다.

층화 표본은 단순임의표본이 갖고 있는 가장 좋은 특성 중의 하나를 위배한다는 사실이 놀라울지 모르겠다. 층화 표본에서는 모집단에 있는 모든 개체가 표본으로 선택될 가능성이 같을 필요가 없다. 어떤 계층은 의도적으로 표본에 과도하게 포함될 수 있다.

예제 8 학생들을 층화하기

30,000명의 학생 중 3000명이 대학원생인 대학에서 500명의 단순임의표본을 추출한다면 각 학생이 표본으로 추출될 가능성은

$$\frac{500}{30,000}=\frac{1}{60}$$

이다.

모집단의 10%가 대학원생이므로 단순임의표본에는 표본의 10%인 50명의 대학원생이 포함될 것이라 기대할 수 있다. 50명의 표본은 대학원생의 의견을 어느 정도의 정확도를 갖고 추정하기에 충분한 크기가 아니다. 200명의 대학원생과 300명의 학부생으로 이루어진 층화임의표본이 더 나을 수 있다.

대학원생들을 0001부터 3000까지 번호를 매긴 후 표 A를 이용하여 200명의 단순임의표본을 선택한다. 또한 학부생들을 00001부터 27000까지 번호를 매긴 후 표 A를 이용하여 300명을 선택한다. 이 두 개의 단순임의표본들을 결합하여 층화 표본을 얻는다.

층화 표본에서 각 대학원생이 선택될 가능성은

$$\frac{200}{3000}=\frac{1}{15}$$

이며 각 학부생이 표본으로 선택될 가능성은

$$\frac{300}{27,000}=\frac{1}{90}$$

이다.

두 집단은 각각 개별적인 단순임의표본을 갖고 있으므로 각 집단의 의견을 개별적으로 추정할 수 있다. 3장의 빠른 계산 방법에 의한 표본비율의 오차한계는 대학원생의 경우

$$\frac{1}{\sqrt{200}}=0.070\ \text{(즉, 7.0\%)}$$

이며 학부생의 경우

$$\frac{1}{\sqrt{300}}=0.058\ \text{(즉, 5.8\%)}$$

이다.

예제 8에 있는 표본은 의도적으로 대학원생들을 과다 추출하였으므로 편의되지 않은 전체학생들의 의견을 추정하기 위해서는 마지막 분석단계에서 이러한 사실을 조정하여야만 한다. 빠른 오차한계 계산법은 단순임의표본에서만 의미가 있음을 기억해야 한다.

예제 9 전화 표본의 문제점

이론적으로는 임의로 거는 전화조사가 단순임의표본인 것처럼 보인다. 층화추출이 변이성을 줄일 수 있으므로 전화조사에서는 종종 두 단계로 표본을 추출하는데, 먼저 지역번호와 국번으로 층화표본추출을 한 후 나머지 4자리 번호를 선택하여 전화를 한다.

단순임의표본이 가지고 있는 현실적인 문제는 선택된 번호 중 아주 일부가 가정집 번호라는 것이다. 팩스, 모뎀, 휴대전화를 위한 새로운 번호가 많이 생긴 것이다. 1988년부터 1999년 사이에 미국 내 가구 수는 11% 증가하였지만 가정용 전화번호는 90%나 증가하였다. 일부 분석가들은 지역번호를 포함한 전화번호 자리 수가 현재 10자리에서 12자리로 조만간 증가해야만 할 것이라고 말한다.

최근의 전화조사에서는 전자전화번호부 목록을 사전에 점검하여 전자전화부에 등록된 번호가 없는 국번은 제외한다. 이 방법에 의하면 모든 번호가 전자전화보에 등록되지 않은 지역에 사는 사람들은 표본에서 제외된다. 그러므로 목록에 번호가 없는 국번에서는 따로 표본추출을 실시한다.

예제 7, 8, 9로부터 표본 설계는 전문가가 해야 할 일임을 알았다. 중요한 것은 올바른 표본 설계에 의하면 모집단으로부터 개체를 우연히 선택한다는 것이다. 즉, 모든 올바른 표본들은 *확률표본*인 것이다.

뉴욕, 뉴욕

뉴욕시는 점점 더 커지고 부유해지며 빨라지고 거칠어지고 있다고 한다. 한 표본조사 회사에 의하면 한 사람과 통화하기 위해 전화를 거는 전국적인 평균 횟수는 5회인데 반해 뉴욕에서는 12회라고 한다. 표본조사 회사에서는 뉴욕에 전화를 걸기 위해 가장 능력 있는 조사자를 배치하고 있으며, 그들이 받는 스트레스에 대한 보상으로써 충분한 보너스를 지급하고 있다.

확률표본

확률표본은 우연에 의해 선택된 표본을 말한다. 어떤 표본이 가능하며 가능한 각 표본이 선택될 가능성은 얼마인지 알아야만 한다. 층화 표본과 같은 일부 확률표본은 모든 가능한 표본을 선택할 수 없으며, 모든 표본의 선택 가능성이 같지 않을 수도 있다.

예를 들어, 300명의 학부생과 200명의 대학원생으로 구성된 층화 표본에서는 정확하게 정해진 대로 표본이 선택된다. 단순임의표본에서는 어떤 학생이든 500명의 표본이 될 수 있다. 두 경우 다 확률표본이다. 어떤 확률표본을 사용하든 단순임의표본의 좋은 성질을 갖고 있다. 표본 크기가 증가할수록 오차한계는 작아지고 편의없이 신뢰에 대한 설명문을 작성할 수 있다. 자발적 반응표본과 같은 비확률표본은 이런 장점이 없으며 모집단에 대해 믿을 만한 정보를 줄 수 없다. 따라서 대부분의 전국적인 표본조사는 단순임의추출보다 복잡하지만 타당한 방법으로 추출된 표본은 마치 단순임의표본인 것처럼 생각하고 사용할 수 있다.

조사 결과를 믿기 전에 물어야 할 질문들

조사원이 올바른 통계기법을 사용하고 표본틀 준비와 질문지 작성을 성실히 수행하며 무응답을 감소시키기 위해 노력한다면 여론조사와 표본조사에서 정확하고 유익한 정보를 얻을 수 있다. 그러나 많은 조사들, 특히 국민의 의견을 단순히 기록하기보다 결과에 영향을 주도록 설계된 조사는 정확하고 의미 있는 정보를 주지 않는다. 여론조사 결과를 믿기 전에 물어야 할 몇 가지 질문이 여기 있다.

- **누가 조사를 수행하였는가?** 올바른 표본조사를 수행하는 전문적인 표본조사 회사를 고용해야 한다.
- **무엇이 모집단이었는가?** 즉, 누구의 의견을 알고자 한 것인가?
- **표본은 어떻게 선택되었는가?** 임의표본추출에 대한 설명을 참고하여라.
- **표본 크기는 얼마인가?** 표본크기와 함께 오차한계를 조사하라.
- **응답률은 얼마인가?** 즉, 원래 실험대상의 몇 %로부터 얻은 정보인가?
- **실험대상들은 어떻게 접촉하였는가?** 전화? 우편? 개별 인터뷰?
- **조사는 언제 수행되었는가?** 사건 직후에 조사하여 그 사건에 대한 의견에 영향을 주지는 않았는가?
- **질문이 정확하게 무엇을 묻고 있는가?**

학술적인 조사센터와 정부 통계사무국은 표본조사의 결과를 발표할 때 이런 질문에 대한 정보를 준다. 전국적인 규모의 여론조사에서는 응답률을 밝히지 않는 경우가 대부분이지만 다른 많은 정보를 알 수 있다. 편집자나 방송 진행자들은 표본 결과만 발표하고 이런 지루한 질문을 생략하는 경향이 있다. 특정 이익 집단, 지역 신문 그리고 방송국에서 사용한 많은 표본조사 방법은 신뢰할 수 없기 때문에 이런 질문에 대한 답을 하지 않는다. 만약 정치가, 광고주, 혹은 지방 방송국이 완전한 정보 없이 조사 결과를 발표한다면 그 결과는 의심해도 좋다.

요약

전문적인 표본조사조차 모집단에 대한 완벽한 정보를 주지는 못한다. 표본추출에는 많은 잠재적 오차 요인이 존재한다. 표본조사에서 발표되는 오차한계는 **임의표본오차**만 나타낸다. 오차한계 외에 다른 종류의 오차는 직접 측정할 수 없다. 표본오차는 표본을 선택함으로써 발생하는 오차이다. 임의표본오차와 **누락추출**은 전형적인 **표본오차**이다. 표본이 실제로 선택되어지는 **표본틀**에서 모집단의 특정 부분이 제외될 때 누락추출이 일어난다.

그러나 대부분의 조사에서 가장 심각한 오차는 **비표본오차**이다. 이들은 전수조사에서도 존재하는 것으로 표본추출과는 상관없다. 표본조사에서 가장 큰 문제는 실험대상에게 연락이 안 되거나 대답을 거절한 경우와 같은 **무응답**이다, 자료를 다루는 과정에서 생기는 실수(**처리 오차**)와 응답자에 의한 부정확한 대답(**반응 오차**)은 비표본오차의 또 다른 예이다. **질문의 정확한 표현은** 결과에 큰 영향을 준다. 표본조사를 계획하는 사람들은 비표본오차를 정정하는 통계 기법을 사용하며 **층화표본**처럼 단순임의표본보다 복잡한 **확률표본**을 사용한다. 임의표본의 사용 여부, 표본 크기와 오차한계, 무응답률 그리고 질문의 표현 등과 같은 기본적인 내용을 살펴봄으로써 표본조사의 질을 평가할 수 있다.

EESEE

"Survey response by Sports Fans"는 스포츠 경기에서 조사원이 사용하는 설문조사 설계에 대해 설명하고 있다. 이 글을 읽고 다섯 개의 질문에 답하여라.

EXERCISES

4.1 **오차한계에 없는 오차** 갤럽은 2004년 6월3일부터 6일까지 O. J. Simpson 재판이 미국 내 인종사이의 관계를 더 악화시켰는지 혹은 도움을 주었는지 여론 조사하였다. 68%는 인종관계를 퇴보시켰다고 답하였다. 갤럽은 아래와 같이 발표하였다.

> *이 크기의 표본에서 표본추출과 다른 임의 효과에 의한 최대오차는 ±3% 포인트라고 95% 확신을 갖는다고 할 수 있다.*

여론조사 결과에서 오차한계에 포함되지 않은 다른 종류의 오차의 예를 찾아라.

4.2 **어떤 종류의 오차인가?** 다음 중 어떤 것이 *표본오차*의 원인이고 어떤 것이 *비표본오차*의 원인인가? 이유를 설명하여라.

(a) 실험대상이 마약 사용 경험에 대해 거짓말한다.

(b) 자료를 기록할 때 타이핑 오류를 범한다.

(c) 웹사이트에서 온라인으로 질문하고 답한 자료를 수집한다.

4.3 **어떤 종류의 오차인가?** 다음은 표본조사에서 발생하는 오차의 원인들이다. *표본오차*인지 *비표본오차*인지 결정하고 그 이유를 설명하여라.

(a) 전화번호부를 표본틀로 사용한다.

(b) 다섯 번을 전화해도 실험대상과 연락이 되지 않는다.

(c) 인터뷰할 사람을 길거리에서 선택한다.

4.4 **인터넷 사용자** 인터넷 사용자 조사에 의하면 남성 사용자 수가 여성 사용자 수보다 2:1의 비율로 높다. 예전 조사에서는 남성과 여성의 비율이 약 9:1이라고 알려졌었기에 이번 조사는 의외였다. 다음과 같은 정보를 나중에 알게 되었다.

> *인터넷에 등재된 13,000 이상의 단체에게 구체적인 조사표를 보냈었다. 1468개의 사용 가능한 응답이 돌아왔다. 95% 신뢰의 오차한계는 ±2.8%이다.*

(a) 이 조사에서 응답률은 얼마인가?(계획된 표본 중 응답한 표본의 비율이 응답률이다)

(b) 빠른 계산법을 사용하여 오차한계를 추정하여라. 여러분의 결과가 이 문제에서 주장하는 2.8%와 비슷한가?

(c) 작은 오차한계가 조사 결과의 정확도의 좋은 척도라고 생각하는가? 이유를 설명하여라.

4.5 **학생들을 표본추출하다** 학생 생활에 대하여 인터뷰하기 위해 등록된 모든 학부생 중 100명의 학생을 단순임의표본으로 선택하였다. 만약 표본 크기 100인 두 개의 단순임의표본을 동시에 선택한다면 두 표본은 서로 다른 결과를 줄 것이다. 이런 차이는 표본오차가 원인인가 아니면 비표본오차가 원인인가? 조사에서 발표되는 오차한계는 이 오차의 원인을 고려한 것인가?

4.6 **대답 없는 전화** 전화 조사에서 흔한 형태의 무응답은 사용 중인 전화번호에 전화를 하였지만 아무도 전화를 받지 않는 "통화불능"이다. 이탈리아 전국통계 연

구소에서는 1월 1일부터 부활절까지 그리고 7월 1일부터 8월 31일까지 이탈리아 정부가 실시한 조사에 대한 무응답률을 조사하였다. 모든 전화는 오후 7시부터 10시 사이에 시도되었다. 첫 번째 기간 동안에는 21.4%가 "통화불능"이었고 두 번째 기간 동안에는 41.5%가 "통화불능"이었다. 어느 기간이 더 높은 무응답률을 갖는다고 생각하는가? 이유는 무엇인가? 높은 무응답률은 표본결과를 신뢰할 수 없게 만드는 이유를 설명하여라.

4.7 **사임해야 할 것인가?** 1998년 12월 미 하원은 클린턴 대통령을 대통령직에서 물러나게 하려는 첫 번째 단계로 대통령을 탄핵하였다. 상원의원의 조사 결과 무죄라고 판정하였다. 하원이 탄핵을 한 후 다음 두 가지 여론조사를 하였다:

클린턴 대통령이 어떻게 해야 한다고 생각하는가? 상원에서 탄핵에 맞서 싸워야 하는가? 아니면 사임해야 하는가?

클린턴 대통령이 어떻게 해야 한다고 생각하는가. 대통령직을 계속 수행하며 상원에서의 재판을 견뎌야 하는가, 아니면 사임해야 하는가?

첫 번째 질문에 응답한 사람의 58%가 대통령은 사임해야 한다고 답한 반면 두 번째 질문에 응답한 사람의 오직 43%만이 사임해야 한다고 답하였다. 첫 번째 표현이 더 많은 사람이 사임을 선호하게 한 이유를 설명하여라.

4.8 **헌법수정** 제의된 헌법 수정안에 대한 여론 조사 질문을 만든다고 하자. 수정안 동의여부를 "헌법에 첨부"와 "헌법 수정"이라는 두 가지 표현으로 질문하였다. 두 표현 중 하나가 훨씬 높은 퍼센트로 동의를 얻었다면 어떤 표현이 그렇다고 생각하는가? 이유는 무엇인가?

4.9 **수지 균형?** 2004년 3월 Associated Press-Ipsos는 수지 균형에 관한 두 가지 질문에 대하여 임의로 선택된 성인을 대상으로 여론 조사하였다.

선택해야 한다면, 수지 균형을 선호하는가?

선택해야 한다면, 수지 균형을 선호하는가? 아니면 교육, 의료복지, 경제 발전을 위해 더 많은 예산을 쓰는 것을 선호하는가?

두 질문 중 하나는 수지 균형에 찬성하는 비율이 61%이었고 다른 질문에서는 36%이었다. 어느 질문이 수지 균형을 선호하는 결과를 유도했을까? 이유는?

4.10 **표본조사 문항 작성** 다음 잠정적인 표본조사 질문에 대하여 평하여라. 질문이 분명한가? 기대하는 반응을 보이도록 질문이 의도되어 있는가?

(a) 총기 관리에 대한 여러분의 생각을 어떤 것이 더 잘 표현하였는가?

i. 정부는 우리가 소지하고 있는 총을 압수해야 한다.

ii. 우리는 무기를 소지하고 무장할 권리가 있다.

(b) 기름값이 천정부지로 치솟는 상황에서 외국오일의존도를 낮추기 위해 알라스카 야생지역의 극히 일부 개발을 허용해야 한다. 찬성하는가? 반대하는가?

(c) 법집행기관에 대한 과도한 규제가 911 공격을 탐지하는 능력을 방해하였다고 한다. 이 의견에 찬성하는가? 반대하는가?

4.11 **잘못된 표본조사 질문** 잘못된 표본조사 질문의 예를 스스로 만들어라.

(a) 원하는 답을 얻도록 편의가 있게 작성된 질문을 만들어라.

(b) 질문이 분명하지 않아 답하기 어려운 질문을 작성하여라.

4.12 **여론조사 평가** *Wall Street Journal*은 표본조사를 이용하여 사회보장 시스템에 대한 의견을 기사화하였다. 예를 들어, 18세부터 34세 사람들의 36%는 그들이 퇴직하였을 때 사회보장이 역할을 제대로 하지 못할 것이라고 생각한다. 뉴스 기사들은 표본조사의 결과를 간단하게 설명하는 경향이 있다. 다음은 이 여론조사를 설명한 *Wall Street Journal* 기사의 일부분이다:

> *Wall Street Journal과 NBC 방송국이 함께 한 여론조사는 목요일부터 일요일까지 전국의 2,012명 성인과 전화 인터뷰에 의한 것이며 Peter Hart and Robert Teeter 여론조사 기관에 의해 실시되었다.*
>
> *미 대륙에서 임의로 선택된 520 지역으로부터 표본을 뽑았다. 각 지역은 인구에 비례하여 결정되었으며 모든 전화번호가 표본으로 선택될 가능성이 동일하도록 설계하였다.*

본문에는 여론조사에 대해 "물어야 할 질문들"의 여러 목록이 있다. Wall Street Journal 조사에서는 각 질문에 대해 어떻게 대답하겠는가?

4.13 **여론조사 평가** *New York Times* 기사에 의하면 성인의 44%는 민주당이 "21세기를 이끌어나갈 더 좋은 아이디어를 갖고 있다"라고 생각한다고 한다. 37%는 공화당을 선택하였고 나머지는 특별한 의견이 없었다. 여기 "여론조사가 어떻게 실행되었는가?"에 대한 신문기사의 일부가 있다.

> *최근 New York Times/CBS 여론조사는 미국 내 1162명의 성인을 11월 4일부터 7일까지 전화 인터뷰한 결과이다.*

전국에 걸쳐 사용 중인 42,000개 이상의 전화 교환국 목록으로부터 전화교환국이 임의표본으로 선택되었다.

난수에 의해 각 교환국에 있는 모든 전화번호가 표본으로 가능하도록 한다. 각 가정에서는 어른 한 명이 임의로 선택되어 조사에 응답한다.

본문에는 여론조사에 대해 "물어야 할 질문들"의 여러 목록이 있다. Times 조사에서는 각 질문에 대해 어떻게 대답하겠는가?

4.14 **폐쇄형 질문 대 개방형 질문** 폐쇄형 질문과 개방형 질문은 기본적인 질문 형태이다. 폐쇄형 질문은 고정된 한 개 이상의 답을 갖고 실험대상에게 질문한다. 개방형 질문에서는 실험대상이 자신의 표현으로 답하도록 한다. 면접관은 반응을 적은 후 정리한다. 개방형 질문의 예가 여기 있다.

브로컬리에 대하여 어떻게 생각하는가?

폐쇄형 질문의 예는 다음과 같다.

브로컬리에 대한 여러분의 의견은 무엇인가?
a. 매우 좋아한다.
b. 좋아한다.
c. 좋아하지도 싫어하지도 않는다.
d. 싫어한다.
e. 매우 싫어한다.

각 질문 형태의 장·단점은 무엇인가?

4.15 **진실을 말하고 있는가?** 많은 실험대상들은 불법인 행동과 예민한 문제에 대해 솔직한 답변을 하지 않는다. 백인 집단을 임의로 세 집단으로 나눈 후 코카인을 사용한 적이 있는지 물었다. 전화 인터뷰를 한 첫 번째 집단은 21%가 "그렇다"고 대답하였고 면담자가 직접 집으로 방문한 두 번째 집단은 25%가 "그렇다"고 대답하였다. 세 번째 집단은 집에서 인터뷰를 하였고 익명으로 처리되는 질문지에 답한 후 봉투에 넣어 밀봉하였다. 이 집단에서는 28%가 코카인 사용 경험이 있다고 답했다.

(a) 어떤 결과가 진실에 가깝다고 생각하는가? 이유는?

(b) 전화 조사에서 누락추출될 거라고 생각되는 다른 두 개의 예를 들어라.

4.16 **투표를 했습니까?** 50,000개의 가구로 이루어진 표본에서 2000년 대통령 선거 때 투표하였는지 인구조사(CPS)에서 물었을 때 55%는 했다고 대답하였다. 그러

나 실제로는 그 선거에서 모집단의 51%만이 선거를 했었다. 인구조사 결과가 오차한계를 훨씬 벗어나는 이유가 무엇이라고 생각하는가?

4.17 **파티에서의 조사** 한 파티에 21세 이상인 학생이 20명, 21세 미만인 학생 40명이 있다. 21세 이상인 학생들로부터 두 명을 임의로 선택하고 21세 미만인 학생들로부터 네 명을 선택하여 알코올에 대한 의견을 인터뷰한다. 파티에 있는 모든 학생이 표본으로 선택될 가능성이 동일하도록 표본을 추출하였다: 그 가능성이 얼마인가? 이 표본은 왜 단순임의표본이 아닌가?

4.18 **층화 표본** 한 클럽에는 25명의 학생 회원과 10명의 교수 회원이 있다. 학생 명단은 다음과 같다.

Barrett	Frazier	Hu	Liu	Ren
Brady	Gibellato	Jimenez	Marin	Santos
Chen	Gulati	Katsaounis	Nemeth	Sroka
Draper	Han	Kim	O'Rourke	Tordoff
Duncan	Hostetler	Kohlschmidt	Paul	Wang

교수 명단은 다음과 같다.

Berliner	Dean	Goel	Moore	Stasny
Chaigmile	Fligner	Lee	Pearl	Wolfe

그 클럽에서는 전당대회에 네 명의 학생과 두 명의 교수를 보낼 수 있다. 누가 갈 것인지 임의로 선택한다.

(a) 표 A를 사용하여 네 명의 학생과 두 명의 교수를 층화임의표본으로 선택하여라.

(b) Hostetler는 학생이 선택될 가능성은 얼마인가? Dean 교수가 선택될 가능성은 얼마인가?

4.19 **층화 표본** 한 대학에는 1000명의 남자 교수와 500명의 여자 교수가 있다. 고용균등위원회는 임의표본으로부터 여론조사를 하려고 한다. 여자 교수의 의견을 충분히 듣기 위해 200명의 남자 교수와 200명의 여자 교수를 층화임의표본추출하기로 결정하였다. 위원회는 교수들 이름을 알파벳순으로 정리한 목록을 갖고 있다.

(a) 교수들을 번호 매기고 난수를 사용하여 원하는 표본을 선택하는 방법을 설명하여라. 표 A에 있는 행 122를 이용하여 여러분의 표본에 포함된 교수 중 처음 5명의 여자 교수와 처음 5명의 남자 교수를 선택하여라.

(b) 1000명 남자 교수 중 한명이 표본에 포함될 가능성은 얼마인가? 500명의 여자 교수 중 한 명이 표본에 포함될 가능성은 얼마인가?

4.20 **회계사에 의한 표본** 회계감사기간 동안 수취계정과 같은 회사의 기록을 확인하기 위해 회계사들은 층화 표본을 사용한다. 품목의 총액에 따라 층화가 이루어지고 총액이 가장 큰 품목의 경우에는 종종 전체를 표본으로 선택한다. 한 회사가 5000개의 수취계정을 보고하였다. 이 중 100개는 $50,000가 넘었고 500개는 $1000~$50,000 사이였으며 나머지 4400개는 $1000 미만이었다. 이 집단들을 계층으로 삼아 가장 금액이 큰 집단의 모든 경우와 중간 크기 계정의 5% 그리고 가장 작은 크기 계정의 1%를 확인하기로 하였다. 표본을 선택해야만 하는 두 계층에 있는 계정에 어떻게 번호를 매기겠는가? 표 A의 행 115를 사용하여 각 계층으로부터 처음 5개의 표본을 선택하여라.

4.21 **표본추출의 모순?** 예제 8에서는 학부학생과 대학원생으로 이루어진 두 개의 단순임의표본을 비교하였다. 학부학생은 90명 중 1명이 표본으로 선택되었고 대학원생은 15명 중 1명이 표본으로 선택되었다. 더 낮은 비율로 선택된 학부생 표본 이 더 작은 오차한계를 가졌다. 왜 그런지 그 이유를 설명하여라.

4.22 **투표결과 평가** 문제 4.12에서는 *Wall Street Journal*이 수행한 표본조사에 대한 설명의 일부를 알려주었다. 표본은 여러 단계에서 선택된 것처럼 보인다. 그렇게 말할 수 있는 이유는 무엇인가? 비록 언급은 없었지만 첫 단계에서는 층화표본을 사용한 게 분명해 보인다. 전국에 걸친 많은 "지리적 지역"으로부터 층화표본을 선택하는 것보다 단순임의표본을 사용하는 것이 왜 올바르지 않은지 설명하여라.

4.23 **다단계 표본추출** *Science* 잡지에 실린 한 기사는 유전자 조작 음식에 대한 미국과 유럽의 태도 차이를 보도하였다. 유럽 조사에서는 17개 유럽 국가로부터 각각 1000명의 성인을 표본으로 뽑았다. 다음은 이 표본조사에 대한 설명의 일부이다. "이 조사는 다단계, 임의확률 개별 면담 조사이다."

(a) "다단계"가 무엇을 의미하는가?

(b) 첫 단계는 층화되었음을 알 수 있다. 이 조사에서 무엇이 계층인가?

(c) "임의확률표본"은 무엇을 의미하는가?

4.24 **학생들은 무엇을 원하는가?** 학생들에게 가장 중요한 목표는 무엇일까? 소년과 소녀는 서로 다른 목표를 갖고 있는가? 도시와 도시 인근지역, 농촌에 따라 학

생들의 목표는 다른가? 이런 질문에 대해 알아보기 위해 연구자들은 4학년, 5학년, 6학년 학생들에게 다음과 같은 질문을 하려고 한다.

학교에서 가장 하고 싶은 일이 무엇인가?
A. 좋은 성적을 받는 것
B. 스포츠를 잘하는 것
C. 인기가 있는 것

대부분의 어린이들이 인구 밀도가 높은 도시와 도시 인근지역에 살고 있으므로 단순임의표본에 농촌학생은 거의 포함되지 않았을 수 있다. 더구나 넓은 지역에서 임의로 어린이들을 선택하는 것은 경비가 많이 든다. 어린이를 표본으로 추출하기 전에 학교를 선택하는 것으로써 표본조사를 시작해야 한다. 이 연구를 위한 적당한 표본 계획을 설계하고 그런 계획을 선택한 이유를 설명하여라.

4.25 계통임의표본 예제 7 인구조사의 마지막 단계에서 **계통임의표본**을 사용하였다. 계통임의표본을 예를 들어 설명하자. 100개의 기숙사 방 중 4개를 선택한다고 가정하자. 100/4=25이므로 100개의 목록을 각각 25개로 이루어진 4개의 목록으로 생각할 수 있다. 표 A를 이용하여 첫 번째 25개 중 1개를 임의로 선택하여라. 이 방과 그 방으로부터 25번째, 50번째, 75번째 방을 표본으로 선택한다. 예를 들어, 13이 선택되었다면 계통임의표본은 13, 38, 63, 88로 이루어진다. 표 A의 행 120을 사용하여 200개의 방 중 크기 5인 계통임의표본을 선택하여라.

4.26 계통 추출은 단순하지 않다 문제 4.25에서 계통임의표본을 설명하였다. 단순임의표본처럼 계통임의표본도 모든 개체에게 동일한 선택 가능성을 부여한다. 그 이유를 설명하고 그럼에도 불구하고 계통추출표본은 단순임의표본이 아닌 이유를 신중하게 설명하여라.

4.27 표본조사를 계획하여라 학생회는 임의로 뽑은 학생들에게 학교생활을 변화시키기 위해 필요한 우선순위를 질문하려 한다. 그 대학에 등록한 5000명의 학적부를 표본틀로 삼는다.

(a) 250명의 단순임의표본을 어떻게 선택하겠는가?
(b) 250명의 계통임의표본을 어떻게 선택하겠는가?(문제 4.25를 참고하여라)
(c) 2800명은 학교 기숙사에서 살며 2200명은 학교 밖에서 산다. 200명의 학생은 기숙사에서, 50명의 학생은 학교 밖에서 사는 학생 중에서 계통 추출하는 방법을 설명하여라.

4.28 학생들을 표본추출 하여라 성희롱에 관한 학교의 정책에 대하여 학생들의 의견을 조사하고자 한다. 약 500명의 학생을 면담할 때 필요한 보조금은 받을 수 있다고 하자.

(a) 여러분 연구의 정확한 모집단을 규정하여라. 예를 들어, 시간제 학생을 모집단에 포함할 것인가?

(b) 여러분의 표본 계획을 설명하여라. 예를 들어, 남성과 여성을 계층으로 하는 계통 표본을 사용할 것인가?

(c) 표본조사에서 현실적으로 어떤 어려움이 있을 것이라 예측하는지 간단히 설명하여라. 예를 들어, 표본에 포함된 학생들을 어떻게 면담할 것인가?

4.29 백화점에서의 인터뷰 2장 예제 1은 쇼핑센터에서의 인터뷰를 설명하였다. 이는 편리표본의 한 예이다. 백화점에서의 인터뷰로부터 확률표본을 얻지 못하는 이유를 설명하여라.

4.30 부분 낙태 다음은 같은 문제에 대한 3개의 다른 여론조사 질문지와 여론조사 결과이다.

"부분낙태"라고 알려진 부시대통령과 미의회가 최근에 승인한 낙태 금지 법률에 찬성하는가? 반대하는가?: 결과: 47%는 찬성, 40%는 반대라고 답하였다.

"부분낙태"로 알려진 임신 마지막 몇 달 기간 동안 시행하는 특별한 낙태 과정에 대한 의견을 묻고자 한다. 정부는 이런 시행을 불법으로 처리해야 한다고 생각하는가? 합법화 시켜야 한다고 생각하는가? 결과: 68%는 불법, 25%는 합법이라고 답하였다.

산모의 생명을 보호해야 할 경우를 제외하고는 임신 마지막 6개월 동안의 낙태는 불법으로 하는 법률에 찬성하는가? 반대하는가? 결과: 57%는 찬성, 38%는 반대라고 답하였다.

대중의 의견을 이해하는데 있어 여론조사 결과를 이용하는 것의 어려움을 이 예제를 사용하여 토론하여라.

4.31 Web을 이용하기 Pew 연구소(www.people-press.org) 사이트를 방문하여 소개된 여론조사를 읽고 본문에서 설명한 여론조사에서 "물어야 할 질문들" 목록에 있는 질문들에 대하여 답하라. 소개된 여론조사 말미에 이들 질문에 대한 답을 찾을 수 있을 것이다.

웹탐색

이 장은 Pew 연구소(www.people-press.org) 의 연구를 언급하며 시작하였다. 우리가 살펴본 것과 같은 연구에 대한 결과와 연구소에서 직접 수행한 여론조사 결과를 연구소 사이트에서 알 수 있다. "Commentary" 부분을 살펴보면 요즘 진행 중인 여론조사에 대한 설명을 알 수 있다. 이 연구소와 갤럽 같은 다른 조사기관은 중요한 쟁점에 대한 국민들의 관점을 알게 해준다.

CHAPTER 5

올바른 실험, 잘못된 실험

세 가지 연구에 관한 이야기

플로리다 Fort Lauderdale에 있는 Nova Southeastern 대학에서 시행된 온라인 강의에 관한 연구에 대해 긍정적으로 서술한 보고서를 접한 바 있다. 그 보고서의 저자는 학부 수업을 온라인으로 듣는 것과 강의실에서 듣는 것에 차이가 없다고 주장했다. 또한 대학 강의를 웹사이트로 대치함으로써 대학은 경비를 줄일 수 있으므로 모든 강의가 온라인으로 진행되어야 한다고 제안하였다.

크론씨병은 주로 소장에 생기는 염증성 장 질환이다. 영국 의학잡지 *Gut* 에 발표된 실험에 의하면 돼지편충알이 수천 개 들어있는 음료수는 크론씨병으로 인한 출혈, 복부통증 그리고 설사를 감소시키는데 효과가 있다고 한다.

저소득 가정의 어린이를 위해 정부는 보육시설을 마련해 주어야만 하는가? 만약 보육시설이 이런 어린이들을 교육시키고 졸업한 후 안정된 직장을 갖도록 도와준다면, 이들이 성장하였을 때 세금을 더 많이 걷을 수 있게 되며 복지에 대한 지출을 줄일 수 있으므로 결과적으로 정부는 국민을 위해 일을 한 것이 된다. 그러므로 아주 인색한 사람들조차 보육시설 프로그램을 지지할지도 모른다. Carolina Abecedarian Project는 연구를 위해 한 어린이 집단을 1972년 이후 계속 관찰하였다. 그 결과 보육시설의 상태가 좋고 나쁨이 훗날 학교생활에 잘 적응하는가의 여부와 좋은 직장을 구하는가의 여부에서 큰 차이가 있음을 알았다.

세 가지 논쟁에 대해 그 논쟁들을 정리한 각각 다른 세 개의 연구 결과가 있다. 사실 첫 번째 연구는 관측연구로서 대학의 온라인 강좌에 대해 유익한 정보를 준다고 믿을 수 없다. 크론씨병을 치료하기 위한 돼지편충알에 대한 실험은 흥미롭기는 하나 확실하지는 않다. 한편 세 번째 연구의 결과는 보육시설의 장기적인 효과에 대한 증거로서 신빙성이 있어 보인다. 무엇이 연구, 특히 실험 결과들을 믿을 만하게 만드는가? 다른 연구들은 왜 믿을 수 없는 것일까? 이 장에서는 이 질문에 대한 답을 찾도록 한다.

실험에 대해 이야기해 보자

관측연구는 수동적인 자료 수집 방법이다. 우리는 관찰하고, 기록하고, 측정하지만 간섭하지는 않는다. 반면에 실험은 능동적인 자료 생성 방법이다. 무엇이 일어날지 관찰하기 위해 처리를 가함으로써 실험에 능동적으로 개입한다. 모든 실험과 많은 관측연구에서는 한 변수가 다른 변수에 어떤 영향을 주는지에 관심이 있다. 영향을 주는 변수와 영향을 받는 변수를 구별하기 위해 사용하는 용어는 다음과 같다.

실험에서 사용되는 용어

연구 결과 혹은 성과를 측정하는 변수를 **반응변수**라 한다.

반응변수의 변화를 일으키는 혹은 설명하는 변수를 **설명변수**라 한다.

실험에서 연구되는 개체를 **실험대상**이라 한다.

실험대상에 특정 실험 조건을 가하는 것을 **처리**라고 한다. 만약 실험이 여러 설명변수를 갖고 있다면 처리는 이 변수들의 특정한 값의 조합이 된다.

예제 1 웹에서 공부하기와 보육시설의 효과

Nova Southeastern 연구에서 *실험대상*은 대학생이며 *설명변수*는 학습환경(강의실, 혹은 온라인)이고, *반응변수*는 강의 후 학생들의 시험성적이다.

The Abecedarian Project에서 *실험대상*은 1972년 노스캐롤라이나 Chapel Hill에 사는 111명의 건강한 저소득층 흑인 유아이며 이들은 모두 사회복지사들의 도움을 받았다. 유아들의 반은 임의로 선택되어 집중적인 보육원 프로그램에도 참가하였다. 두 처리를 비교하는 방법으로 실험을 진행하였다. *설명변수*는 "보육원 프로그램 참가 여부"이며 학업성적, 대학 진학 여부 그리고 취업을 포함한 20년 동안의 기록이 *반응변수*들에 해당된다.

반응변수는 설명변수에 의존하게 되므로 설명변수는 독립 변수로, 반응변수는 종속 변수로 종종 불리기도 한다. 통계학에서 "독립"은 전혀 다른 의미를 가질 수도 있으므로 우리는 이 용어를 사용하지 않겠다.

어떻게 실험을 잘못할까?

웹을 통해 수업을 받은 학생들은 전통적인 방법으로 강의실에서 수업을 받은 학생들만큼 성과가 있었는가? 이 질문에 대한 답을 찾는 가장 좋은 방법은 일부 학생들은 강의실에서 수업을 받게 하고 나머지 학생들은 웹에서 수업을 받게 하는 것인데, 이것이 바로 실험이다. The Nova Southeastern 연구에서는 학생들에게 어떤 처리도 가하지 않았기 때문에 실험이라 할 수 없다. 학생들 스스로 강의실 수업과 온라인 수업을 선택하였고 단순히 그들의 학습결과를 측정한 것이 실험의 전부였다. 온라인 강의를 선택한 학생과 강의실 수업을 선택한 학생들 사이에는 큰 차이가 있었다. 예를 들어, 강의 시작 전 치른 수업내용에 관한 사전 테스트에서 강의실 수업을 택한 학생들의 평균이 27.64였던 것에 반해 온라인 수업 신청 학생들의 평균점수는 40.70이었다. 이처럼 온라인 수업을 신청한 학생들이 유리한 출발을 한 경우 두 수업 방식을 비교하기는 어렵다. 수업 방식의 효과는 학생들의 배경에 숨어 있는 효과와 섞여있다. 그림 5.1은 혼합된 효과를 보여주고 있다.

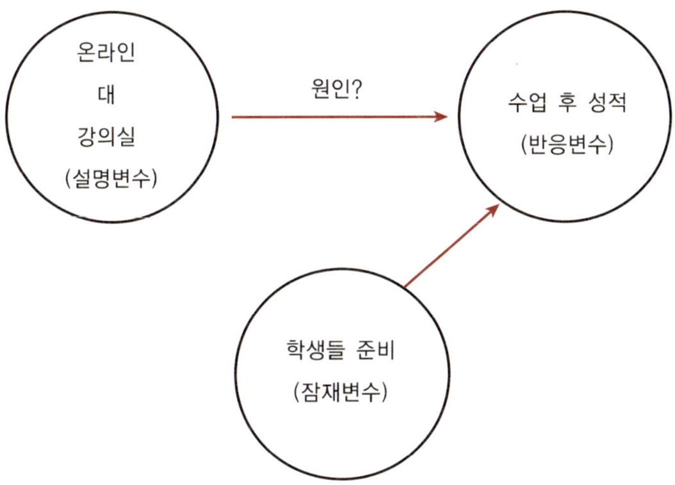

그림 5.1 Nova Southeastern 대학 연구에서 교락의 예. 수업방식(설명변수)의 효과가 학생들의 준비 상태(잠재변수)와 구별될 수 없다.

교락(Confounding)

변수들 관계에 중요한 영향을 주지만 설명변수나 연구에 포함되지 않은 변수를 **잠재변수**라 한다.

반응변수에 영향을 주는 두 변수의 효과를 구별해낼 수 없을 때 두 변수는 **교락**되었다고 한다. 교락된 변수들은 설명변수일 수도 있고 잠재변수일수도 있다.

Nova Southeastern 연구에서 학생의 준비 상태(잠재변수)는 설명변수와 교락되었다. 이 연구 결과 학기말 시험에서 두 집단 모두 다 잘했다고 발표되었다. 온라인 집단의 성적이 얼마나 유리한 출발로 인한 것인지 알 수 없었다. 수업 준비가 잘 되어 있는 온라인 수업 집단이 그렇지 못한 강의실 수업 집단보다 뛰어나게 잘하지 못했다는 것은 온라인 수업의 장점을 잘 보여준다고 할 수 없다. 다음 예에서는 교락효과를 해결하는 다른 실험방법을 보여준다.

예제 2 돼지편충에 대한 연구

의학적 처리가 실제 환자에게 주는 효과를 연구하는 실험을 **임상실험**이라 한다. 돼지편충 알에서 만들어진 음료수를 제안하였던 임상실험은 다음과 같은 "단일방향" 디자인에 의해 이루어졌다.

처리 → 반응 측정
돼지편충 → 증상이 감소되었는가?

환자들은 증상이 감소되었다고 말하였지만 돼지편충 처치에 의해 고통이 감소되었는지는 알 수 없다. 증상이 감소된 것은 단순히 **위약효과**(placebo effect)일 수 있다. **위약**은 특별한 성분이 포함되지 않은 가짜 처리를 말한다. 많은 환자들은 어떤 처리에도 긍정적으로 반응을 하는데 이를 위약효과라 한다. 의사에 대한 신뢰와 치료에 대한 기대감 때문에 위약효과가 아마 나타날 것이다. 많은 환자들이 특별한 이유 없이 증상이 호전된 것을 나타내는 이름일 수도 있다. 단일방향 실험에서는 위약효과가 돼지편충 음료수 효과와 교락되었을 수 있다.

연구자들은 이 사실을 파악하고 다음과 같은 더 좋은 실험방법으로 연구를 실시하도록 지시하였다. 크론씨병을 앓는 실험대상을 두 집단으로 나누어 첫 번째 집단은 돼지편충 음료수를 마시도록 하고 다른 집단은 위약을 복용하게 하였다. 실험대상들은 본인들이 어떤 음료수를 마셨는지 모르도록 하였으며 증상을 기록하는 의사들도 실험대상들이 어떤 음료수를 마셨는지 모르게 하여 음료수에 대한 사전 지식이 진단결과에 영향을 주지 않도록 하였다.

"내 처방전이 무기력증을 분명히 치료할 거라고 확신하오."

관찰 연구와 단일방향 실험은 잠재변수와의 교락으로 인해 가끔 의미없는 자료를 만들어 낼 때도 있다. 관찰만 가능할 때는 교락을 피하기가 어렵다. 돼지편충알 실험에서 보듯 실험으로부터 더 나은 결과를 알 수 있다. 위약만을 처방받은 실험대상을 포함하도록 실험설계 할 수 있으며 그렇게 함으로써 검사하는 처리가 위약 효과 이상의 효과가 있는지 알 수 있다. 효율적인 의약 처리는 위약 테스트를 통과한다.

임의비교실험

실험 계획의 첫 번째 목표는 반응변수에 영향을 주는 설명변수의 효과를 측정하는 것이다. 단일방향 실험은 교락으로 인해 이 목적을 이루지 못하는 경우가 가끔 있다. 두 개 이상의 처리를 *비교*함으로써 이 문제를 해결할 수 있다. 다음은 단순 비교를 통해 위약 테스트를 통과한 새로운 의학 치료의 예이다.

예제 3 겸상 적혈구성 빈혈

겸상 적혈구성 빈혈은 미국에서 대부분 흑인에게 나타나는 적혈구 유전 장애 가운데 하나인데 대개 심한 고통과 합병증을 수반한다. 전국건강연구소는 수산화 요소 치료제를 이용한 임상실험을 실시하였다. 실험대상은 지난 해 겸상 적혈구성 빈혈로 인한 고통을 적어도 3번 이상 겪은 적이 있는 299명의 성인이다.

수산화 요소를 299명 모두에게 주는 것은 치료제의 효과와 다른 위약효과 혹은 본인이 실험에 포함되었다는 사실을 아는 것과 같은 잠재변수와 교락될 수 있다. 대신 실험대상의 반은 수산화 요소를, 나머지 반은 모양과 맛이 수산화 요소와 같은 위약을 복용하게 한다. 모든 실험대상은 복용하는 약 외에 다른 조건은 같게 한다(예를 들어, 같은 건강진단 계획표). 그러므로 잠재변수는 두 집단에 똑같이 영향을 주고 평균 반응값에 어떤 차이도 만들지 않아야 한다.

두 집단은 약을 복용하기 전에 모든 면에서 비슷해야 한다. 표본조사와 마찬가지로 어떤 집단이 수산화 요소를 복용할 것인지 선택할 때 발생하는 편의를 피하는 가장 좋은 방법은 약의 종류를 우연에 의해 선택하는 것이다. 152명의 단순임의표본은 수산화 요소를 복용하고 나머지 147명은 위약을 복용한다. 그림 5.2는 이 실험계획의 내용을 보여준다.

수산화 요소 복용 집단이 위약 복용 집단보다 훨씬 적은 고통 경험 횟수를 보였기에 실험은 계획보다 일찍 중단되었다. 이는 수산화 요소가 겸상 적혈구성 빈혈에 효과가 있다는 뛰어난 증거이며 이 병으로 고통 받고 있는 사람들에게 희소식이었다.

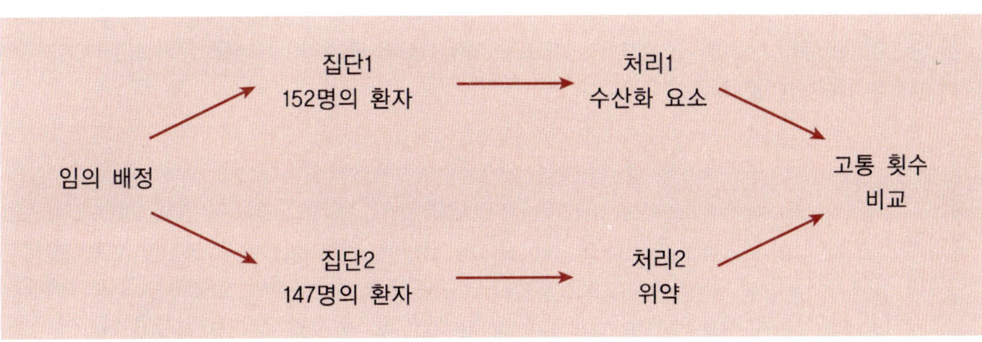

그림 5.2 겸상 적혈구성 빈혈 치료를 위한 수산화 요소의 임의비교실험 계획

그림 5.2는 두 개의 처리를 비교하는 가장 간단한 **임의비교실험**이다. 그림으로부터 실험계획의 기본적인 개요를 알 수 있다: 임의 배정, 각 처리에 하나의 집단 배정, 각 집단에 있는 실험대상의 수(일반적으로 집단크기를 비슷하게 하면 좋다), 각 집단이 받은 처리, 비교할 반응변수. 실험대상을 다음과 같이 임의 배정할 수 있다. 299명의 실험대상을 001부터 299까지 번호를 매긴 후 난수표(표 A)로부터 3자리 숫자를 읽어 152명을 선택하여 집단 1에 배정한다. 나머지 147명은 집단 2에 배정한다.

예제 3에 있는 위약집단을 **대조집단**이라 하며 대조집단은 잠재변수로 인한 효과를 억제할 수 있게 해준다. 대조집단이 위약과 같은 가짜 처리만을 받을 필요는 없다. 임상실험에서는 위약 대신 이미 시장에서 판매되고 있는 약과 새로운 약을 자주 비교한다. 이 경우 기존의 약을 복용하는 환자가 대조집단을 이루게 된다. 2개 이상의 처리를 비교하기 위해 처리 수만큼 많은 집단으로 실험대상을 임의로 배정할 수 있다. 다음은 세 개의 집단을 비교한 예이다.

예제 4 에너지 절약

많은 전기 회사들은 소비자들의 에너지 절약을 권장하는 프로그램을 소개해 왔다. 한 전기 회사가 일정한 시간에 전기를 사용하면 그 달 전기요금이 얼마가 될 것인지를 보여주는 전기 계량기를 가정에 설치하는 것을 고려하고 있다. 계량기의 사용으로 전기 사용량을 줄일 수 있을 것인가? 계량기보다 저렴한 다른 방법도 같은 효과를 가져 올 수 있을 것인가? 회사에서는 이와 같은 사실들을 확인하기 위해 실험계획을 실시하기로 결정하였다.

저렴한 방법 중 하나는 소비자에게 전기 사용량을 모니터하는 도표를 나누어 주는 것이다. 실험에서는 두 방법(계량기, 도표)을 비교한다. 에너지 절약에 대한 정보는 들었지만 전기 사용량을 모니터하는 도움을 받지 못한 집단이 대조집단이 된다. 반응변수는 일 년 동안 사용한 총 전력이다. 실험에 참여하기를 희망한 단일 가구만으로 이루어진 60개 가정을 선택한 후 각 20개 가정을 3개의 처리에 임의로 배정하였다. 그림 5.3은 실험계획의 내용을 보여준다.

임의 배정을 위해 60개 가정을 01부터 60까지 번호를 매긴 후 표 A에서 계량기를 받을 20개 단순임의표본을 선택한다. 계속해서 도표를 받을 20개 단순임의표본을 선택하고 나머지 20개 가정은 대조집단을 이룬다.

독자들에게

규칙적인 운동이 심장발작을 줄이는가? 이 질문에 답하기 위해 심장발작 경험이 없는 40세 이상의 남자 4000명을 대상으로 실험을 하였다. 2000명은 감독 하에 운동하는 프로그램에 참여시키고 나머지 2000명은 평소 습관대로 생활하도록 한 후 5년 동안 관찰을 한다. 이 실험의 윤곽을 그림 5.2와 그림 5.3같은 그림으로 설명하여라.

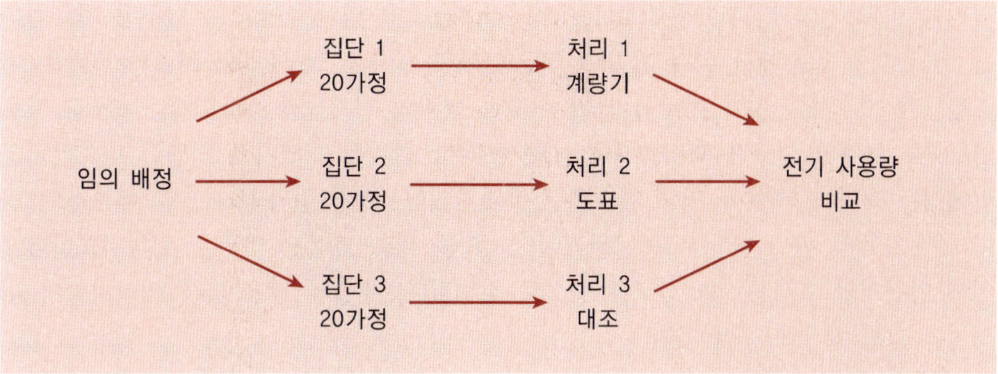

그림 5.3 가정에서 전기 사용을 줄이는 3개의 프로그램을 비교하는 임의비교실험 계획

실험계획의 논리

임의비교실험은 통계학의 가장 중요한 아이디어 중 하나로 원인과 결과에 대한 결론을 이끌어낼 수 있게 도와준다. 다음 논리를 이해해 보자.

- 임의화를 거친 실험대상 집단은 처리를 받기 전 모든 면에서 비슷한 조건이어야 한다.
- 처리효과 외에 다른 효과는 모든 집단에서 동등해야 한다.
- 그리하여 반응변수의 차이는 처리효과에 의한 것이어야 한다.

실험대상을 집단에 배정하는데 있어서 규칙적 편의를 제거하기 위해 집단을 임의로 선택한다. 예를 들어, 겸상 적혈구성 빈혈에 관한 연구에서 의사들은 무의식적으로 증세가 심각한 환자를 수산화 요소 집단에 배정하고 치료가 되기를 희망할 수도 있다. 이런 실험은 수산화 요소 처리에 대한 편의를 갖게 한다. 단순임의표본을 선택하여 집단 1에 배정함으로써 모든 사람들은 집단 1, 혹은 집단 2에 속하게 될 가능성이 같게 된다. 두 집단은 나이, 병세, 흡연 여부 등 모든 면에서 비슷하다고 기대한다. 예를 들어, 어떤 실험대상이 흡연가인지 모르지만 두 집단에 같은 수의 흡연가가 배정될 가능성이 같도록 배정하는 것이다.

많은 의사들은 새 치료법이 치료에 도움이 되는지를 "단지 바라만 봄"으로써 알 수 있다고 생각한다. 그러나 그렇지 않다. 단일방향 실험 결과에 의해 대중화된 되었던 약의 효과가 나중에 임의비교실험에 의해 단지 위약효과였음이 밝혀진 경우가 많다.

적절한 비교 실험과 "과거통제(historical control)"에 의한 실험으로 연구된 치료법들을 어느 의학 논문에서 살펴 보았다. 과거통제를 사용한 연구는 새 치료의 결과를 대조집단과 비교하는 것이 아니라 과거 비슷한 병력의 환자들과 비교한다. 56개의 치료 연구 중 44개의 연구가 과거통제에 대해 우세한 결과를 보였지만 적절한 임의비교실험에서는 오직 10개만이 위약 테스트를 통과하였다. 과거 환자와 비교할 때조차도 의학 전문가들의 판단은 너무도 낙관적이다. 요즘 새로 개발된 약품은 임의비교실험에 의해 안전성과 효과를 증명하도록 법으로 정해졌다. 수술과 같은 다른 의약치료에 대해서는 그와 같은 요구가 없다.

임의화 실험을 행할 때 주의해야 할 점은 다음과 같다. 임의표본처럼 임의화 실험은 우연의 법칙을 따르게 된다. 단순임의표본에 속한 모든 유권자가 우연히 거의 모두 공화당원일 수 있듯이 임의 배정에서 모든 흡연가를 한 집단에 우연히 배정할 수도 있다. 만약 매우 큰 임의표본을 뽑는다면 표본은 모집단과 유사할 것이라고 알고 있다. 마찬가지로 많은 실험대상을 사용하면 임의 배정에 의해 서로 비슷한 조건의 집단을 만들 수 있다. 실험대상이 많을수록 처리집단 안에서의 변동이 작고 실험 결과의 변동도 작다. "충분한 크기의 실험대상 사용"은 "두 개 이상의 처리 비교"와 "임의화"와 함께 실험계획의 기본 원리이다.

실험계획의 기본원리

실험계획의 기본원리는 다음과 같다:

1. 두 개 이상의 처리를 비교함으로써 반응에 대한 잠재변수의 효과를 **통제**하여라.
2. **임의화**—실험대상을 우연에 의해 처리에 배정하여라.
3. 결과의 변동을 줄이기 위해 **충분한 실험대상**을 사용하여라.

통계적 유의성

확률적 변동을 이해하기 위해 임의비교실험의 논리를 좀 더 자세히 살펴보자. 수산화 요소와 대조 집단 사이에 있는 평균 고통 횟수의 차이가 모두 약의 효과로 인한 것이라고 말할 수는 없다. 실험대상자들은 항상 서로 다르기 때문에 비록 두 집단에 같은 처리를 사용한다 해도 다소의 차이는 있을 것이다. 임의화는 단지 두 집단 사이의 규칙적인 차이를 제거해준다.

> **통계적 유의성**
>
> 그 값이 너무 커서 우연에 의해 좀처럼 발생할 것 같지 않은 관측된 효과를 **통계적으로 유의하다**라고 한다.

수산화 요소 집단과 대조 집단에서 겪은 고통의 평균 횟수의 차이가 "통계적으로 매우 유의하다."는 의미는 이런 큰 차이는 단지 우연에 의해 나타날 가능성이 없다는 것이다. 우리는 사실 수산화 요소가 겸상 적혈구성 빈혈을 치료하는데 위약보다 뛰어나다는 확실한 증거를 가지고 있다. 많은 연구 보고서에서 "통계적으로 유의한"이라는 표현을 자주 보게 될 것이다. 이 말은 연구자가 그들이 찾고 있던 효과의 뛰어난 증거를 찾았다는 것을 의미한다.

물론 통계적 유의성에 의한 승인보다 실제 실험 결과가 더 중요하다. 겸상 적혈구성 빈혈 실험에서 치료집단의 연 평균 고통 횟수는 2.5번인 반면 대조 집단의 평균 횟수는 4.5번이었다. 이 병을 앓고 있는 사람들에게는 이 수치는 매우 의미가 있을 만큼 큰 차이이다. 예를 들어, 2.5대 2.8의 차이는 통계적으로 유의하다 하더라도 환자들에게 주는 의미는 더 적을 것이다.

관찰된 효과가 얼마나 커야 통계적으로 유의하다고 할 수 있는지는 실험대상의 수에 달렸다. 실제적으로는 중요하게 여겨지지 않을 만큼 작은 효과라 하더라도 표본의 크기가 매우 크다면 통계적으로는 유의하다고 판단될 수 있다. 따라서 겸상 적혈구성 빈혈 실험에서 치료집단의 연 평균 고통 횟수는 2.50번이고, 대조 집단의 평균 횟수는 2.51번이라도 실험대상의 수가 매우 크다면 통계적으로 유의한 차이로 해석 될 수 있다. 실험대상의 수가 작은 경우에는 큰 효과도 우연에 의해 나타난 결과이며 통계적으로 유의하지 않다고 해석될 수 있다. 이에 관한 것은 Part III과 IV에서 좀 더 다루게 될 것이다.

따라서 관찰된 효과의 크기와 실험대상의 수를 아는 것은 통계적 유의성을 파악하는데 도움이 된다. "통계적으로 유의한"이라는 표현보다 "통계적으로 같지 않은"이라는 표현이 더 좋을 수도 있겠다.

관측연구의 이해

교회에 규칙적으로 가는 것이 수명의 연장에 도움이 되는가? 심장병을 치료할 때 의사들은 남성에 비해 여성들을 차별하는 경향이 있는가? 운전 중 휴대폰 사용이 사고를 증가시키는 원인이라 할 수 있는가? 이들은 원인-효과를 묻는 질문들이므로 임의비교실험을 통해 결과를 알 수 있다. 종교적인 행사에 참석하는 것은 개인의 신념에 관한 일이므로 교회에 참석하도록 혹은 참석하지 않도록 사람들을 임의로 배정할 수 없으며 심장병환자가 남성 혹은 여성이도록 난수를 사용할 수 없다. 운전 중 통화는 위험할 수 있으므로 실험을 위해 운전자에게 운행 중 휴대폰을 사용하라고 요구하기는 어렵다. 이런 질문들과 다른 많은 원인-효과 질문에 대한 가장 좋은 자료는 관측연구로부터 얻는다. 관측은 실험의 어쩔 수 없는 차선의 방법이지만 쓸모없지는 않다. 무엇이 올바른 관측연구인가?

좋은 연구는 실험이 아니더라도 **비교 가능**하다. 교회에 규칙적으로 참가하는 사람들로부터 얻은 임의표본과 그렇지 않은 사람을 비교할 수 있으며 남자와 여자 환자를 의사가 어떻게 대하나 비교할 수 있다. 운전 중 통화하는 운전자를 **그** 운전자가 운전하지 않을 때와 비교할 수 있다. 대조 집단을 만들기 위해 비교와 **대응**을 결합할 수 있다. 임신 중 진통제 복용의 효과를 알기 위해 임신 중 복용했던 사람과 그렇지 않았던 사람을 비교한다. 진통제를 복용하지 않았던 많은 여성들의 나이, 교육 수준, 자녀의 수 그리고 다른 잠재변수가 비슷한 복용 집단 여성들과 대응시킨다. 이런 모든 조건이 비슷한 두 집단을 얻었다면 잠재변수들은 두 집단의 비교에 영향을 주지 않는다.

비교방법을 사용하더라도 교락은 완전히 제거되지 않는다. 교회, 사찰, 혹은 이슬람교 사원에 정기적으로 참석하는 사람들은 그렇지 않은 사람보다 스스로 몸가짐에 유의한다. 그들은 담배를 피우지 않고 운동을 하는 경우가 많으며 또한 과체중인 경우가 드물다. 대응에 의해 이런 차이점들의 일부는 감소될 수도 있다. 교회 참석자와 그렇지 않은 사람이 사망했을 때 나이를 직접 비교하는 것은 건강한 생활로 인한 효과와 종교의 효과를 교락시킨다. 올바른 비교 연구는 **교락 변수를 조정하고 측정**한다.

예제 5 종교를 믿으면 더 오래 산다.

규칙적인 종교의식 참석의 효과를 연구하기 위해 임의표본으로 선택된 3167명의 성인으로부터 자료를 얻어 **실험**을 실시하였다. 조사자는 설명변수(종교활동) 뿐만 아니라 많은 다른 변수들과 반응변수(수명)를 측정하였다. 이 연구결과를 보도한 신문기사의 내용은 다음과 같다:

교회에 가는 사람들은 비흡연자인 경우가 많으며 육체적으로 활동적이고 정상 체중인 경우가 많았다. 건강상태를 고려하더라도 종교 행사에 규칙적으로 참여하지 않는 사람들의 사망률은 25% 더 높았다.

"고려하여"라는 것은 최종 결론이 두 집단간의 차이를 조절하여 얻어졌다는 것을 의미한다. 조절에 의한 차이가 감소되기는 하였지만 여전히 종교로 인한 장점은 있었다.

예제 6 심장병 치료에 성차별이 있는가?

의사들은 심장병 증상이 있는 여성을 치료할 때는 비슷한 증상이 있는 남성을 치료할 때보다 상대적으로 덜 적극적이라고 한다. 의사들이 성차별주의자라서 그런가? 그렇지는 않다. 여성은 남성에 비해 심장병의 증상이 더 늦게 나타나는 경향이 있기 때문에 여자 심장병 환자의 나이가 더 많으며 다른 건강상의 문제가 있는 경우도 많이 있다. 그것이 여자 환자를 더 신중하게 다루는 이유일 것이다.

이것은 교락 변수의 효과를 통계적으로 조절한 비교 연구인 경우이다. 이와 관련된 몇 번의 연구에서 모순된 결론을 얻은 바 있다. 한 연구에 참여했던 의사는 "다른 모든 조건이 같다면 여자 환자와 남자 환자에 대한 치료는 매우 비슷함을 알 수 있다."라고 주장하였다. 그러나 다른 연구의 결과에 의하면 여자 환자와 남자 환자의 차이를 감안하더라도 여성 환자가 소홀하게 치료받은 것으로 나타났다.

예제 6에서 보듯이 통계적 조절은 쉬운 일이 아니다. 임의화는 알려지거나 알려지지 않은 모든 변수들이 비슷하도록 집단을 만든다. 그러나 대응과 조정은 측정하려 하지 않았던 변수를 다루지는 못한다. 연구원이 모든 것을 고려했다고 믿어도 통계적 조절에 대하여 의심해야 한다. 어떤 변수들이 조절될 것인가를 결정할 때 속임수를 쓸 가능성은 많다. 그리고 "조절된" 결론은 다음과 같아야 한다:

만약 여자 심장병 환자가 실제보다 더 젊고 건강하며 남자 심장병 환자가 실제보다 더 늙고 덜 건강하다면 두 집단은 같은 치료를 받게 될 것이다.

이 결론이 우리가 얻을 수 있는 최선일지 모른다. 통계학 덕분에 이와 같은 결론을 얻을 수 있다는 것에 감사해야 할까? 올바른 실험으로부터 좀 더 명쾌한 결과를 얻기를 기대한다.

"통계학자들에 의하면, 종교를 믿는 사람들이 더 오래 산다고 하네요. 그래서 매일 다른 신을 섬겨요."

요약

통계적 연구를 통해 한 변수(**설명변수**)의 변화가 다른 변수(**반응변수**)를 변화시킨다는 것을 보여줄 수 있다. **실험**에서는 설명변수를 단순히 관찰하기보다는 우리 스스로 조절한다. 관측연구 및 단순히 하나의 처리만 하는 단일방향 실험에서는 **잠재변수**와의 **교**

락때문에 유용한 자료를 얻지 못하는 경우도 있다. 이 문제에 대한 해결 방법은 **임의비교실험**을 사용하는 것이다. 두 개 이상의 처리를 비교하고, 실험대상이 받게 되는처리를 우연으로 결정하며 충분한 실험대상을 사용해야 한다. 두 개 이상의 처리를 비교함으로써 **위약효과**와 같은 잠재변수를 조절할 수 있다.

우연에 의해 좀처럼 발생하지 않았을 것이라고 생각되는 효과의 차이를 **통계적으로 유의하다**고 한다. 임의비교실험으로부터 얻은 통계적으로 유의한 결과는 설명변수의 변화가 반응변수의 변화를 **일으킨다**는 증거이다. 원인-효과 질문에 대한 관측연구는 **대응 집단을 비교**하고 **통계적 조절**이 가능한 많은 잠재변수를 측정할 때 더 의미가 있다. 관측연구는 인과 관계를 알아보기 위한 실험에 대한 어쩔 수 없는 차선의 선택이다.

EESEE

"Checkmating and Reading skills"는 서양장기 실력이 향상되면 읽기 능력이 향상되는지 알아보는 연구에 대하여 설명하고 있다. 이 글을 읽고 3번 질문에 답하여라.

EXERCISES

5.1 **유방암 치료** 초기 유방암 치료를 위해 선호되는 방법은 무엇인가? 한때 가장 많이 사용했던 방법은 유방 제거였다. 요즘은 주로 종양과 임파선 근처를 제거하고 방사선 치료를 한다. 두 방법을 비교하기 위해 한 의료 팀은 25개 대형 병원 기록을 조사한 후 각 방법으로 치료 받은 환자들의 생존 기간을 비교하였다.

(a) 무엇이 설명변수와 반응변수인가?

(b) 이 연구가 실험이 아닌 이유를 자세히 설명하여라.

(c) 교락으로 인해 어떤 방법이 더 효과적인지 이 연구로 알아내기 어려운 이유를 설명하여라(현재 사용 중인 치료방법은 대규모 임의비교실험 후 채택되었다).

5.2 **수학교육에 음악을 이용하기** 교육전문가들은 수 개념과 세는 법을 가르치는데 일반 교육과정과 음악을 사용하는 교육과정의 효과를 비교하려 한다. 수 개념과 세는 법을 검사한 후 유치원생들을 두 집단으로 분류하였다. 한 집단은 일반교육과정으로, 다른 집단은 음악을 이용한 교육과정으로 수 개념과 세는 법을 배

운 후 일 년 뒤에 다시 검사받았다. 이 연구는 실험인가? 그 이유는? 설명변수와 반응변수는 무엇인가?

5.3 **아기 양육** 여성 잡지 기사에 의하면 모유를 수유한 여성들이 분유를 먹인 엄마들보다 신생아를 더 잘 받아들이고 친밀하게 느낀다고 한다. 저자는 수유가 아기에 대한 엄마의 태도에 긍정적인 효과를 준다고 결론지었다. 그러나 모유와 분유는 실험자가 아닌 여성 스스로 선택한다. 이 사실이 왜 원인과 효과에 대한 결론을 믿을 수 없게 하는지 잠재변수와 교락을 사용하여 설명하고 그림 5.1과 같은 그림으로써 그 내용을 묘사하여라.

5.4 **직업훈련 프로그램은 효과가 있는가?** 제조업체 실업자를 위한 직업훈련 프로그램을 한 주에서 실시한다. 5년 후 그 프로그램이 어떻게 운영되는지 알아본다. 프로그램 시작 당시 6%였던 제조업체 실업률이 5년 후 10%이므로 이 프로그램은 효과가 없었다고 비평가들은 주장한다.

높은 실업률이 반드시 프로그램의 실패를 의미하는 것은 아니라는 이유를 설명하여라. 특히 훈련 프로그램 효과에 영향을 줄 수 있는 잠재변수들을 설명하여라. 그림 5.1과 같은 그림을 이용하여 설명하라.

5.5 **아스피린과 심장마비** 아스피린이 심장마비를 예방할 수 있을까? 22,000명 남자 내과 의사를 대상으로 한 대규모 의학 실험에서 이 질문에 대한 답을 얻으려했다. 11,000명으로 이루어진 한 집단은 하루걸러 아스피린을 복용했고, 다른 집단은 위약을 복용했다. 몇 년 후 아스피린 복용 집단의 심장마비 발생률이 위약 집단의 발생률보다 유의적으로 낮음을 알았다.

(a) 실험대상, 설명변수와 그 변수가 취할 수 있는 값, 반응변수를 찾아라.

(b) 도형을 이용하여 이 실험의 계획을 설명하여라. 처리집단의 크기와 반응변수를 나타내어라.

(c) "유의적으로 낮다"에서 "유의적"의 의미가 무엇이라고 생각하는가?

5.6 **시장 배우기** 한 경제학 교수는 온라인에서의 시장게임이 실제 시장에서의 가격 결정을 이해하는데 도움을 주는지 알아보고자 실험을 한다. 어떤 학생들은 온라인 시장게임을 사용하고 다른 학생들은 연습시간에 시장에 대해 토론한다. 이 과목은 오전 8:30 반과 오후 2:30 반이 있으며 각 수업에 8번의 연습시간이 있다. 학생들은 이미 연습시간에 배정되어 있다. 각 연습시간 동안 모든 학생들은 동일한 프로그램을 따라야 한다. 교수가 "오전 8:30 반 연습시간에는 온라인 게

임을 하고 오후 2:30 반은 시장에 대해 토론하시오"라고 지정하는 것이 좋은 방법이 아닌 이유를 설명하여라.

5.7 선전 효과 심리학자들은 외국정부에 대한 선전 효과에 대한 실험을 1940년 실시하였다. 독일 정부에 대한 미국 학생들의 태도를 알아보기 위해 학생들은 독일의 선전을 몇 달 동안 읽은 후 그들의 태도에 변화가 있었는지 조사하였다.

불행히도 실험이 진행되는 동안 독일은 프랑스를 공격하고 점령하였다. 왜 이 사건이 실험과 교락되어 선전을 읽은 효과를 결정할 수 없게 만드는지 설명하여라. 그림 5.1과 같은 그림을 이용하라.

5.8 시장 배우기(계속)

(a) 시장에 관한 두 가지 수업 방법을 비교하는 실험에서 문제 5.6보다 더 나은 실험 계획의 윤곽을 설명하여라. 16개 연습시간을 개체로 사용하여라. 반응변수로서 어떤 것을 제안하겠는가? 실험의 윤곽을 설명할 때 처리집단의 크기와 반응변수를 나타내며 그림 5.2와 5.3을 참고하여라.

(b) 표 A 행 119를 이용하여 계획을 임의화 하여라.

5.9 웹에서의 학습 예제 1에서는 웹을 선택한 학생들이 훨씬 수업준비가 잘되어 있었기 때문에 웹과 강의실 학습의 차이에 대해 Nova Southeastern 연구로부터 알 수 없었다. 더 나은 정보를 얻기 위한 실험계획을 설명하여라.

5.10 산화방지제가 암을 예방하는가? 과일과 야채를 많이 먹는 사람들은 그렇지 않은 사람보다 결장암 발병률이 낮다. 과일과 채소에는 비타민 A, C, E와 같은 "산화방지"요소가 풍부하다. 산화방지제 복용이 결장암을 예방할 것인가? 한 임상 실험에서는 결장암으로 위험한 상태에 있는 864명을 대상으로 연구하였다. 실험대상은 4집단으로 분류되었다: 베타 카로틴을 매일 복용, 비타민 C와 E를 매일 복용, 모든 비타민을 매일 복용, 위약을 매일 복용. 4년 후 연구자들은 이 집단들 사이에서 결장암에 유의적인 차이를 보이지 않았음을 알고 놀랐다.

(a) 이 실험에서 무엇이 설명변수와 반응변수인가?

(b) 실험계획의 윤곽을 설명하여라. 그림 5.2·5.3에 있는 도형을 참고하여라.

(c) 864명의 실험대상에게 번호를 매긴 후 표 A 행 118을 사용하여 베타 카로틴 집단의 처음 다섯 명의 실험대상을 선택하여라.

(d) 연구 결과를 설명함에 있어 "유의적인 차이 없음"이 무엇을 의미하는가?

(e) 과일과 채소를 많이 섭취하는 사람들이 결장암 발병률이 낮은 이유를 설명

할 수 있는 잠재변수는 무엇인가?

5.11 **에너지 절약** 예제 4에서는 가정에 전기 계량기를 설치하는 것과 도표를 주는 것 중 어느 것이 전기 절약에 더 효과적인지 알아보기 위한 실험을 설명하였다. 전기 회사의 한 직원은 대조집단을 실험에 포함하는 것에 반대한다. "작년과 같은 기간의 올해 사용량을 단순히 비교하는 것이 더 경제적이다. 올해 전기 사용이 줄었다면 미터기나 도표 사용이 효과가 있는 것이다."라고 주장한다. 예제 4에 언급된 실험계획보다 이 계획이 못한 이유를 설명하여라.

5.12 **시카고 공립학교의 개선** 전국 과학재단(NSF)은 공립교육시스템 개혁을 위한 프로그램을 지원하였다. 시카고에서는 고등학교 수학 교육의 개선에 중점을 두었다. 이 프로그램을 실시한지 2년 후 시카고에 있는 60개 고등학교 중 51개 학교 학생들의 평균 수학 성적이 향상되었다. 이는 시카고 프로그램이 성공적인 증거라고 NSF는 주장한다. 그러나 이 사실로부터 프로그램의 효과에 대해 아무것도 알 수 없다고 비평가들은 말한다. 이 비평가들의 견해가 옳은 이유를 설명하여라. 지난 2년 동안 성적을 향상시켰을 것으로 생각되는 잠재변수들은 무엇인가?

5.13 **음식 포장** 식품 생산업자들은 가열된 압축기를 사용하여 포장 입구를 밀봉하는 포장 기계를 사용한다. 소비자는 포장을 열기 위해 밀봉된 것을 뜯는다. 압축기의 온도는 포장을 뜯기 위해 필요한 힘에 어떤 영향을 줄까? 이를 알아보기 위해 20개의 포장 용기를 구한다. 화씨 250°, 275°, 300°, 325°에서 각각 5개를 포장한 후 각 포장을 열기 위해 드는 힘을 측정한다.

(a) 이 실험에서 연구된 개체는 사람이 아니다. 무엇이 개체인가?

(b) 설명변수는 무엇이며 그것이 취하는 값은 얼마인가?

(c) 반응변수는 무엇인가?

5.14 **의료비 지출 삭감** 의료 경비의 일정 부분을 피보험자가 지불해야 한다면 사람들은 의료비 지출을 줄일 것인가? 보험회사에 의해 지불되는 의료 경비의 비율이 피보험자들의 의료비 지출에 영향을 주는지 네 가지 보험 상품을 비교하여 알아본다. 각 상품에서 최고 한도는 모든 의료 경비를 지불하는 것이며 최저 한계는 의료 경비의 100%, 75%, 50%, 혹은 0%를 지불하는 것이었다.

(a) 이 연구를 위한 임의비교실험의 윤곽을 설명하여라.

(b) 이 실험에서 발생할지 모를 현실적이고 윤리적인 어려움을 간략히 설명하여라.

5.15 음식 포장 문제 5.13에서 포장 기계의 온도를 비교한 임의비교실험 계획을 도형을 사용하여 설명하여라. 여러분의 계획에서 요구되는 임의화를 위해 표 A 행 120을 사용하여라.

5.16 음주 운전자 치료 음주 운전으로 판결 받은 사람을 처벌하거나 법원에서 지시한 치료를 받게 하는 목적 중의 하나는 동일한 위반의 재발을 예방하는 것이다. 세 가지 종류의 치료를 법원은 요구한다. 치료법을 비교하는 실험 계획을 간단히 설명하여라. 실험에서 측정하게 될 반응변수를 구체적으로 설명하여라.

5.17 통계적 유의성 임의 비교실험을 통해 memantine 투여가 알츠하이머 환자들의 인지력을 향상시키는지 알아보려한다. 실험대상들은 24주 동안 memantine 혹은 위약을 섭취한다. 실험 후 인지력을 측정한 결과 memantine을 섭취한 집단이 위약 집단보다 유의적으로 더 좋은 결과를 얻었다고 결론지었다. 이 결론에서 "유의하다"는 통계적 유의성을 의미한다. 통계적 유의성이 무엇을 의미하는지를 여러분이 의사라고 가정하고 통계를 전혀 모르는 사람에게 이 문제의 맥락에서 설명하여라.

5.18 통계적 유의성 한 대학의 장학 사무실은 학생들의 취업과 수입에 대하여 표본조사하였다. 보고서에 의하면 재학 중 남학생들의 평균 수입이 더 많아 성별간 수입에서 유의적 차이가 보였고, 흑인과 백인 학생들 수입에서는 유의적 차이가 없었다. "유의적 차이"와 "유의적 차이가 없음"의 의미를 통계용어가 아닌 평범한 용어로 설명하여라.

5.19 Memantine과 알츠하이머 병 어떤 의학 연구가들은 memantine 투여가 알츠하이머 환자들의 인지력을 향상시키는 것에 의구심을 갖는다. 실험대상자로 참여의사를 밝힌 알츠하이머 환자 50명을 대상으로 실험한다.

(a) 위약을 고려하여 적절한 실험 계획을 세워라.

(b) 실험대상의 명단이 아래에 있다. 표 A의 행 131를 사용하여 여러분의 계획에서 요구되는 임의화를 실시하고 약을 복용할 실험대상의 이름을 나열하여라.

Alomar	Cranston	Fratianna	Hruska	Liang
Asihiro	Curtis	George	Imrani	Maldonado
Bennett	Demman	Green	James	Marsden
Bikalis	Durr	Guillen	Kaplan	Mondesi
Chen	Edward	Han	Krushchev	O'Brian
Clemente	Farouk	Howard	Lawless	Ogle

Orosco	Rosen	Tompkins	Tullock	Veras
Rodriguez	Solomon	Townsend	Underwood	Zhang

5.20 전립선 질환 치료 캐나다 전국건강복지 시스템으로부터 얻은 자료를 사용하여 전립선 질환을 치료하는 전통적인 수술 방법과 수술이 필요없는 새로운 방법의 효과를 비교한 대규모 연구가 있었다. 이 연구에 의하면 새로운 방법으로 치료를 받은 환자들은 8년 내에 사망할 가능성이 더 높았다.

(a) 자료를 좀 더 연구한 결과 이 결론은 틀렸음을 알았다. 새로운 치료 집단에서의 높은 사망률은 잠재변수에 의해 설명될 수 있을 것이다. 어떤 잠재변수들이 의사들이 선택한 치료 방법과 교락될 수 있겠는가?

(b) 두 방법을 비교하는 실험에 실험대상으로 참여할 300명의 전립선 환자가 있다. 임의비교실험 계획을 도형을 이용하여 설명하여라.

5.21 기도와 명상 어느 잡지 기사에 의하면 "기도와 명상 같은 비물질적 치료들은 고혈압, 불면증, 궤양, 천식과 같은 만성질환에 대한 대조연구에서 효과를 나타냈다"고 한다. "대조연구"가 무엇을 의미하는지 간단히 설명하여라.

5.22 운동과 심장마비 규칙적인 운동이 폐경기 여성의 골밀도 감소를 줄이는가? 이 질문에 대한 두 가지 실험 방법이 여기 있다. 두 번째 방법으로부터 더 믿을 만한 자료를 얻을 수 있는 이유를 설명하여라.

(a) 규칙적으로 운동을 하는 1000명의 폐경기 여성과 규칙적으로 운동을 하지 않지만 다른 조건은 비슷한 1000명의 폐경기 여성을 선택하여 5년 동안 관찰하여 비교한다.

(b) 실험에 참여를 원하는 2000명의 폐경기 여성을 선택하여 1000명은 통제된 운동프로그램에 참여하게 하고 나머지 1000명은 평소 습관대로 생활하도록 한 후 5년 동안 관찰하여 비교한다.

5.23 마취제의 안정성 수술시 사용한 마취제의 종류에 따라 수술환자의 사망률이 다르다. 관측연구로부터 4종류의 마취제에 대한 사망률을 얻었다.

마취제	Halothane	Pentothal	Cyclopropane	Ether
사망률	1.7%	1.7%	3.4%	1.9%

이 결과는 Cyclopropane이 다른 마취제보다 더 위험하다는 것을 의미하지는 않는다. 수술시 선택한 마취제와 교락이 되어 사망률에 영향을 주었을 수 있는 잠

재변수들을 무엇인가?

5.24 임의화 임의화가 어떻게 교락을 감소시키는지 알아보기 위해 다음 상황을 살펴보자. 식이요법 A와 B로 사육된 쥐들의 체중 증가를 비교하려고 한다. 각각의 식이요법으로 10마리씩 실험을 시행하려고 한다. 유전적 특징 1을 갖고 있는 10마리의 쥐와 특징 2를 갖고 있는 10마리의 쥐가 있다. 만약 특징 1을 갖고 있는 10마리의 쥐 모두 식이요법 A로 사육한다면 유전적 특징과 식이요법은 교락될 것이며 식이요법 A를 선호하는 쪽으로 실험이 편의를 가질 것이다.

(a) 쥐를 00,01,....,19로 번호를 매긴다. 표 A를 사용하여 식이요법 A에 10마리의 쥐를 배정하라. 표의 다른 부분을 사용하여 이 과정을 네 번 반복한 후 식이요법 A에 배정된 번호를 적어라.

(b) 실험자는 모르고 있지만 00, 02, 04, 06, 08, 10, 12, 14, 16, 18번 쥐는 유전적 특징 1을 갖고 있다고 하자. 여러분이 구한 네 집단에서는 몇 마리의 쥐가 특징 1을 갖고 있는가? 식이요법 A에 배정된 특징 1을 갖고 있는 쥐는 평균 몇 마리인가?

5.25 Web을 이용하기 *NewEngland Journal of Medicine*(http://content.nejm.org) 사이트에서 Milpied 등에 의해 2004년 3월 25일 발표된 "Initial Treatment of Aggressive Lymphoma with Hight-Dose Chemotherapy and Autologous Stem-Cell Support" 기사를 찾아라. 이는 비교실험인가? 임의화는 사용되었는가? 얼마나 많은 대상이 실험에 참여하였는가? 실험결과는 통계적으로 유의한가?

웹탐색

Journal of the American Medical Association(jama.ama-assn.org)과 *New England Journal of Medicine* (www.nejm.org)에서 최근 발표된 의학 논문들을 찾을 수 있다. 많은 논문들이 임의비교실험을 설명하고 통계적 유의성도 사용한다.

CHAPTER 6

현실에서의 실험

예민한 상태의 쥐

임의비교실험은 통계학의 가장 중요한 개념 가운데 하나일 것이다. 실험 결과는 한 변수의 변화가 다른 변수의 변화를 일으킨다는 것을 보여주는 중요한 증거가 된다. 그러나 현실적으로 실험이 항상 순조롭게 진행되지는 않으며 순조롭게 진행된다 하더라도 결과를 확신할 수는 없다. 예민한 상태에 있는 쥐의 예를 살펴보자.

우리들의 행동양식은 유전자에 암호화되어 있다는 것이 요즘 논의되고 있는 과학적 논쟁거리이다. 인간을 도구로 실험을 할 수 없으므로 쥐를 이용하여 실험을 한다. 유전자를 변형한 쥐의 집단과 정상적인 쥐들로 이루어진 대조집단의 행동을 비교하는 방법을 사용한다. 처리를 받기 전 같은 유전적 구조를 갖고 있는 쥐들을 임의로 두 집단에 배정한다. 실험결과 두 집단의 행동이 다르다면 변형된 유전자가 행동의 차이에 영향을 주었을 것이다. 그러나 *Science*의 어느 필자에 의하면 "한 연구팀이 유전자와 행동의 관계를 연구하게 되면 멀지 않아 다른 연구팀에서는 그런 관계가 있는지 의심을 가질 뿐만 아니라 그 유전자들이 정확하게 반대효과를 나타낸다는 것을 다투어 증명하려 할 것이다"고 한다.

이는 우리의 행동이 모두 유전자에 의한 것임을 "과학이 입증한다"라고 말하기 원하는 과학자들과 뉴스 리포터들을 실망시키기에 충분하다. 무엇이 잘못된 것일까?

일부 과학자들은 이것을 밝혀내려고 노력하였다. 그들은 같은 유전자 계통을 가진 쥐들을 대상으로 3개의 다른 실험실에서 실험하였다. 한 연구원은 오레곤, 캐나다, 뉴욕에서 실시하는 실험 조건을 정확히 같게 만드는 일은 "정말 미칠 지경이었다"고 말했다. 그러나 실험실 환경의 매우 작은 변화도 쥐들의 행동 변화에 큰 영향을 주는 것으로 나타났다. 행동을 유전자가 제어한다는 기사를 읽을 때 이를 기억하기 바란다.

모두에게 같은 처리를

확률표본은 통계학에서 중요한 개념이지만 임의표본만으로 해결되지 않는 현실적인 어려움이 있다. 임의비교실험도 중요한 개념이지만 실험에서의 모든 문제점을 해결하지는 못한다. 표본 수집자는 어떤 정보가 필요한지 정확하게 알아야 하며 표본으로부터 그 정보를 얻을 수 있도록 질문을 잘 만들어야 한다. 실험자는 정보를 얻기 원하는 반응과 처리를 정확히 알고 있어야 하며 처리를 적용하고 반응을 측정하는데 필요한 장치를 계획해야 한다. 이것이 바로 심리학자, 의학 연구자, 공학자들이 말하는 "실험계획"인 것이다. 우리는 심리학, 의학, 공학 그리고 다른 많은 분야의 실험에 적용되는 실험계획의 *통계적* 부분에 관심이 있다. 유용한 자료를 생산하는데 어려움을 주는 실험의 현실적인 문제점을 이해해야 한다.

임의비교실험에서는 비교하고자 하는 처리를 제외한 다른 조건은 모든 실험대상에서 같다고 가정한다. 동등하지 않은 조건은 편의를 일으킬 수 있지만 실험대상들을 정확히 동등하게 취급하는 것은 쉬운 일이 아니다.

예제 1 생쥐, 쥐 그리고 토끼

동등한 여건에서 자란 생쥐, 쥐, 토끼들은 여러 실험에서 실험대상이 된다. 예민한 상태에 있는 쥐의 경우에서 보듯이 동물들도 어떻게 취급되는가에 따라 사람처럼 아주 민감할 수도 있다. 동등하지 않은 처리가 어떻게 편의를 만드는지 예를 보자.

새로 나온 아침 식사용 시리얼은 영양소를 보충하였는가? 이를 알아보기 위해 기본식이요법으로 사육된 쥐들과 새로운 시리얼로 사육된 쥐들의 몸무게 증가를 비교하였다. 쥐들을 임의로 식이요법에 배정하여 큰 우리에 수용하였다. 그 결과 위층 우리에 있는 쥐들이 아래층 우리에 있는 쥐들보다 성장 속도가 더 빨랐다. 실험자가 새로운 식이요법으로 사육되는 쥐를 위층 우리에 넣었다면 이 실험은 새로운 제품을 선호하도록 편의가 생길 것이다. 이 문제의 해결 방법은 쥐들을 우리에 임의로 배정하는 것이다.

다른 예로 토끼의 콜레스테롤 수치와 사람과의 애정 관계를 관찰한 연구가 있다. 모든 토끼들은 같은 식이요법을 사용하였다. 임의로 선택된 일부 토끼들을 규칙적으로 우리에서 꺼내 따뜻한 손길로 머리를 쓰다듬어 주었다. 이렇게 사랑을 받은 토끼들은 낮은 콜레스테롤 수치를 보였다. 즉, 일부 토끼들에 대한 애정을 보이는 것은 콜레스테롤 수치가 반응변수인 다른 실험에서 편의를 일으킬 수 있다는 것이다.

이중눈가림 실험

위약은 효과가 있다. 이 단순한 사실은 의학 연구에서의 새로운 처리가 단지 위약이 아니라는 것을 보이기 위한 특별한 주의를 기울여야 한다는 것을 의미한다. 모든 실험대상에 동등한 처리를 하는 이유 중 하나는 위약효과가 모든 실험대상에서 똑같이 작용하길 원해서이다.

통계적 논쟁거리들
위약인가 아닌가?

자연치료제(예를 들어, 운동선수의 실력을 높이기 위한 녹용, 스트레스와 두통 그리고 생리불순을 위한 길초근, 성생활을 도와주는 요임비 나무껍질 등)는 큰 사업거리이다. 가게와 웹사이트는 건강을 증진시킨다고 주장하는 특이한 것들로 넘쳐나고 있다.

임의화된 실험으로 위약과 비교되지 않은 치료약의 효과는 단지 위약일 수 있다. 미국에서는 새로운 처방약과 새로운 의료기구는 임의실험에서 안정성과 효과를 보이도록 법으로 정하고 있다.

"자연치료제"는 어떠한가? 허브, 비타민 및 기타 보조식품은 "자연적 상태"를 도와주며 안전하다는 주장을 증거없이도 할 수 있지만 "병"을 치료한다는 주장은 할 수 없다. 물론 자연적 상태와 병의 경계는 모호하다. 'Moore 박사의 Old Indiana Extract'가 심장 건강을 증진시킨다고 아무런 증거 없이 주장할 수 있지만 임상실험과 FDA의 허락 없이 심장병의 위험을 감소시킨다고 주장할 수는 없다.

"심장 건강 증진"이라는 광고를 본 많은 사람들은 "심장병 위험 감소"와 같은 의미라고 생각할 것이다. 이 약의 성분이 무엇인지 혹은 유해한지 걱정할 필요가 없다.

FDA는 자연치료제에 대해 처방약과 같은 기준을 적용해야 할까? 잘 설계된 실험에 의해 검증되지 않은 효과에 대해 통계적으로 어떻게 설명할 수 있는가? 이런 자유치료제들이 때로는 효과가 있는 것에 대해서는 어떻게 생각하는가? 그것만으로 FDA 승인을 받기에 충분하지 않는가?

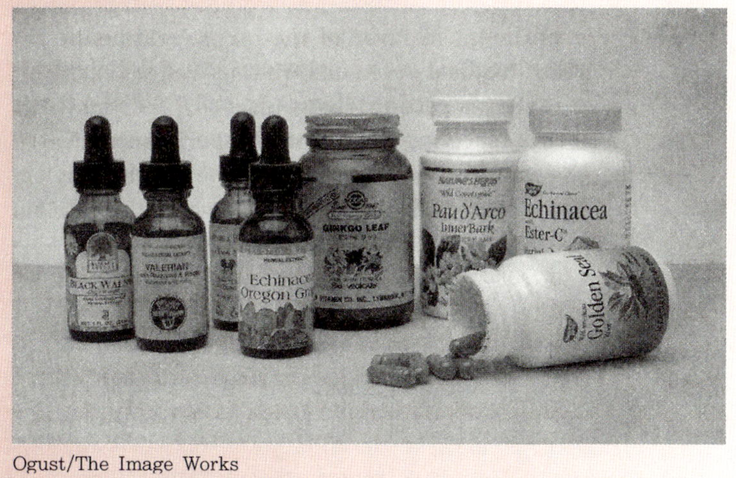

Ogust/The Image Works

예제 2 위력적인 위약

대머리 남성들의 탈모방지 노력에 도움을 주고 싶은가? 한 연구에 의하면 위약 처방을 받은 대머리 남성들의 42%가 머리카락이 증가하였거나 현 상태를 유지하였다고 한다. 또 다른 연구에서는 덩굴옻나무에 아주 예민한 13명에게 한쪽 팔에 문지른 것이 덩굴옻나무였다고 말하였다. 그것이 위약이었음에도 불구하고 13명 모두에게서 발진 현상이 나타났다. 다른 한쪽 팔에 문지른 것은 실제로 덩굴옻나무였지만 실험대상자들에게는 해롭지 않은 것이라 말해주었다. 이 실험에서 13명 중 2명만이 발진현상을 보였다.

우울증처럼 증상이 모호하거나 심리적일 때 주로 사용되는 약의 경우 그 효과의 3/4은 위약효과라고 어떤 전문가들은 생각하지만 그렇게 생각하지 않는 전문가들도 있다. 의학 실험에서 위약효과의 정도는 환경에 의존하므로 정확하게 표현하기는 어렵다. 의사가 환자 치료에 얼마나 적극적인가 하는 것은 위약효과에 영향을 주는 것으로 나타났다.

위약효과의 정도는 임의비교실험에 대한 강한 논쟁을 유발하고 있다. 대머리 연구에서 위약집단의 42%가 머리카락이 증가하거나 유지되었지만 새로운 약품을 사용한 남성들은 86%가 머리카락이 증가하거나 현재 상태로 유지되었다. 새로운 약이 위약을 능가했으며 위약 효과 외에 다른 무엇인가가 있다는 것이다.

위약효과는 무척 크므로 의학 실험대상에게 위약을 처방하였는지 새로운 약을 처방하였는지 알려주는 것은 어리석은 일이다. "위약 만"을 처방 받았다는 것을 환자가 안다면 위약 효과가 약해질 것이며 다른 처리 효과가 더 뛰어나다고 결론 나도록 실험이 편의될 수 있다. 의사 혹은 병원 직원에게 각 실험대상이 어떤 처리를 받았는지 알려주는 것도 어리석은 일이다. 만약 의사들이 어떤 환자에게 "위약 만" 사용하였는지 안다면 유망한 실험약을 사용한 실험대상자들보다 기대하는 정도가 낮을 것이다. 의사들의 기대는 환자들과 어떻게 상호 작용하는지를 변화시키고 환자들의 상태를 검진하는 방법조차 변화시키기도 한다. 가능하다면 사람을 실험대상으로 하는 실험은 이중눈가림을 실시해야만 한다.

이중눈가림 실험

이중눈가림 실험은 실험대상자들과 실험자 모두가 실험대상자들이 어떤 처리를 받았는지 모르는 방법으로 실험하는 것이다.

실험이 끝나고 결과를 얻을 때까지 실험에 관여한 통계전문가만이 위약에 대하여 알아야 한다. 의학 전문지에 실린 보고서들의 주로 다음과 같이 시작된다. "이 연구는

"의사선생님, 통계학자들이 이런 것을 이중눈가림 실험이라고 하는 게 확실해요?"

임의화, 이중눈가림, 위약-대조 시행이었다. 실험대상자들은 1997년 9월 중순부터 11월 중순까지 미국 대륙의 13개 지역에서 선발하였다." 의사들은 이 말이 의미하는 바가 무엇인지 알 것이고 이제 여러분도 알 수 있을 것이다.

참여거절, 비협조자 그리고 탈락

표본조사에서는 표본으로 선택된 사람들을 접촉할 수 없거나 참여하기를 거절하는 것과 같은 무응답의 어려움이 있었다. 사람을 실험대상으로 하는 실험에서도 비슷한 문제점이 있다.

예제 3 임상실험에서의 소수민족

암과 같은 심각한 병 치료에 대한 의학 실험에 참여하기를 거부하는 것은 의학 실험에서 심각한 문제이다. 표본조사와 마찬가지로 실험에 참여하기를 거부한 사람이 협조한 사람들과 규칙적인 형태의 차이가 있다면 실험에 편의가 생길 수 있다.

소수민족, 여성, 가난한 사람들, 노인들은 임상실험에서 오랫동안 소외되었다. 많은 경우 참여 여부의 질문조차 받지 못했다. 이제는 실험에 여성과 소수민족을 포함하는 것을 법으로 정하고 있으며 최근 실시된 대부분의 임상실험은 모든 대상을 고르게 포함하고 있다. 그러나 참여 거부는 여전히 문제가 된다. 소수민족, 특히 흑인들은 참여 거부 가능성이 더 높다. "최근 연구에 의하면 암 의학 실험에 긍정적인 태도를 보이는 흑인들이 증가하고 있지만 임상실험에 대해서는 여전히 냉소적임을 알 수 있다. 참여성이 부족한 것은 의학 성과에 대한 신뢰가 부족하기 때문이다"라고 소수민족 위생청은 밝혔다. 실험 처리에 대한 보험 적용, 흑인 연구자의 참여 그리고 흑인 지역사회에 있는 의료단체와의 협조 같은 실험에 관한 명확하고 완전한 정보는 신뢰 부족의 해결책이 된다.

실험에 참여하지만 실험 처리를 따르지 않는 **비협조자들은** 실험에 편의를 발생시킬 수 있다. 예를 들어, 새로운 약의 임상실험에 참여한 AIDS 환자는 환자 스스로 다른 처방을 사용하기도 한다. 어떤 AIDS 실험대상은 새로운 약을 처방받지 않았을 경우 실험참여를 취소하거나 다른 약을 복용하기도 한다.

실험이 장기간 진행되는 경우에도 실험대상이 실험에 끝까지 참여하지 못하는 문제가 있다. 실험에서 탈락한 이유가 실험 처리와 관계없다면 단지 실험대상의 수가 줄어드는 것 이상의 피해는 없다. 그러나 처리의 결과로 실험에서 탈락한 것이라면 실험에 편의가 발생할 수 있다.

예제 4 의학 연구에서의 탈락

orlistat은 섭취한 음식물로부터 지방 흡수를 막아 비만 감소를 도울지도 모를 새로운 약품이다. 이 약은 이중눈가림 임의 실험에서 위약과 다음과 같이 비교하였다.

실험은 1187명의 비만 실험대상으로 시작한다. 이들에게 먼저 위약을 4주 동안 처방하고 규칙적으로 약을 복용하지 않는 실험대상을 탈락시킨다. 이렇게 함으로서 비협조자에 대한 문제점을 해결한다. 남은 892명을 orlistat그룹과 위약그룹으로 임의 배정 후 체중 감량 식이요법을 병행하였다. 실험에 참여한지 일 년 후 576명이 여전히 실험에 참여를 하고 있었으며 orlistat 집단은 위약 집단보다 평균 3.15kg의 체중이 더 감량되었다. 처음 일 년 동안 감량한 체중을 유지할 것을 강조하며 일 년을 더 실험하였다. 두 번째 해에는 403명이 실험에 남아있었다. 이는 임의로 배정한 892명의 45%에 불과하다. orlistat은 위약보다 효과가 있었으며 체중 재 증가는 평균 2.25kg으로 감소하였다.

이처럼 많은 실험대상이 탈락되었을 때 그 결과를 믿을 수 있는가? 두 집단에서의 전반적인 탈락 비율은 비슷했다. orlistat 집단의 54%, 위약 집단의 57%가 탈락하였다. 탈락은 처리와 관계가 있는가? 체중 감량 실험에 참여한 위약 집단 실험대상은 체중이 줄지 않기 때문에 실험참여를 자주 취소한다. 따라서 실험이 끝날 때 위약 집단에 남아 있는 사람들은 단지 식이요법으로 체중이 감량된 사람일지 모르기 때문에 실험이 편의될 수 있다. 두 집단으로부터 탈락한 실험대상자를 자세히 검토한 결과 실험에 남아있는 사람들보다 체중이 적게 줄었음을 알았지만 통계적 연구 결과 편의는 거의 나타나지 않았다. 그렇다하더라도 실험 결과가 예상했던 것만큼 뚜렷하지는 않았다.

일반화할 수 있는가?

"요원 B, 당신은 실험실 토끼의 머리를 쓰다듬으시오. 요원 Q, 당신은 의학실험에 참여한 후 약을 복용하지 마시오. 요원 K, 당신은 실험에 참여한 후 실험 종료 직전에 참여를 취소하시오."

잘 설계된 실험을 통해 설명변수의 변화가 반응변수의 변화를 가져온다는 것을 알 수 있다. 다시 말하면 특정한 실험은 특정 환경에서 특정 실험대상에게 변화를 준다. 우리는 새로운 수학 교육법이 일반적으로 고등학교 학생들에게 효과가 있다거나 새로운 약이 광범위한 환자계층에서 위약보다 효과가 있다는 주장이 받아들여지길 원한다. 작은 실험대상 집단에서 얻은 결론을 더 큰 모집단으로 일반화할 수 있을까?

우선 실험 결과가 우연에 의해 일어나기에는 너무 강해 *통계적으로 유의하다고 할 수 있는지 확인해야 한다.* 이는 중요한 문제이지만 연구에 관여한 통계 전문가가 해야 할 기술적인 항목인 것이다. 심각한 문제는 처리, 실험대상, 실험환경이 현실적이지 않을 수 있다는 것이다. 다음 예를 보자.

예제 5 좌절에 관한 연구

한 심리학자는 좌절과 실패가 직장 구성원들에게 어떤 영향을 주는지 연구하고자 한다. 학생들로 팀을 구성한 후 심리실험실에서 협동 작업이 필요한 게임을 하도록 한다. 게임은 규칙적으로 실행되도록 설계되어 있다. 심리학자는 한쪽에서만 볼 수 있는 창문을 통하여 게임이 진행되는 동안 학생들의 행동 변화를 관찰하고 기록한다.

게임이 곧 끝날 것을 알면서 실험실에서 내기 게임을 하는 것은 새로운 생산품을 개발하기 위해 몇 달 동안 고생하였으나 결과가 좋지 않아 회사로부터 해고당하는 일과는 성질이 다르다. 실험실에서 관찰한 학생들의 행동을 보고 생산품 개발에 실패한 팀의 행동을 이해할 수 있겠는가?

심리학자의 연구 목적이 직장에서 협동작업의 실패와 좌절의 효과를 알아보는 것이라면 예제 5에서 사용한 실험대상(실험에서 실험대상임을 알고 있는 학생들), 처리(계획된 게임), 환경(심리 실험실)은 현실적인 조건이 아니다. 인간 행동 연구를 위한 현실적인 실험 장치를 위해 심리학자들은 최선을 다하지만 한계가 있다.

예제 6 중앙 브레이크등

1986년 이후 미국에서 판매되는 차는 두 개의 브레이크등외에 중앙 브레이크등을 부착하도록 규정되어 있다. 이 안전규칙의 타당성은 렌터카와 상용 자동차를 이용한 임의비교실험으로 검증되었다. 이 실험에 의하면 중앙 브레이크등이 자동차 추돌을 50%까지 감소시켰다.

실제로 10년 동안 사용해 본 결과 추돌 감소율은 실험에서 예측한 것보다 훨씬 적은 단 5%이었다. 왜 그랬을까? 실험이 진행될 때는 대부분의 차에 중앙 브레이크등을 부착하지 않았으므로 다른 운전자들의 시선을 끌 수 있었던 것이다. 대부분의 자동차가 중앙 브레이크등을 부착하고 있는 요즘에는 더 이상 운전자의 주의를 집중시키지 못한다. 환경이 바뀜으로써 안전 전문가가 기대했던 만큼 실험의 결론이 일반화되지 못했다.

예제 7 실험대상은 너무 좋은 대접을 받는가?

의학실험은 현실적인가? 실험대상은 실제로 병을 앓고 있어 병원에서 진료를 받는 환자들이다. 실험에 참여한 환자들은 위약 집단에 있다하더라도 다른 환자들보다 더 나은 치료를 받는다. 의사들은 실험대상들이 앓고 있는 특정 질병을 연구하는 전문가들이며 다른 환자들보다 더 주의 깊게 실험대상들을 관찰한다. 실험대상들은 지속적이고 규칙적으로 약을 복용하도록 지시를 받게 되어 다른 환자들에 비해 더 규칙적으로 약을 복용할 가능성이 크다. 실험 처리 외의 처리는 "모든 실험대상에게 같게" 제공하라는 것이 "모두에게 가능한 한 최상의 치료를 제공하여라"라는 말로 해석되고 있다. 그 결과 새로운 치료 방법이 일반화되었을 때 보통 환자들에게는 임상실험 참가자처럼 효과가 나타나지 않을 수 있다. 임상실험에서 위약보다 효과가 뛰어났던 처리는 실제 치료에서도 뛰어난 효과를 보이겠지만 실험에서의 "치료율" 에는 많이 못 미칠 것이다.

Carolina Abecedarian Project 연구(5장)에서도 "현실에 비해 너무 좋은 환경"에 대한 의문점이 남아 있다. 오랫동안 진행되어 많은 경비가 소비된 이 실험을 통해 보육시설에서의 엄격한 생활이 성장 후 생활에 큰 효과가 있음을 보여줬다. 이 연구의 보육시설에는 수준 높은 교사, 부모들의 적극적인 참여 그리고 아주 어린 나이에 시작된 구체적인 특별 활동 프로그램이 있었으며, 어린이 한 명당 일년에 $11,000의 경비가 드는 집중적인 과정을 진행하였다. 현실적으로 저소득층 어린이들이 그와 같은 보육시설을 이용할 가능성은 거의 없다. 어린이들의 성장에 실제로 도움을 주기 위해서는 보육시설은 얼마나 좋아야 하는가?

실험이 완전히 현실적이지 않으면 실험으로부터 얻은 자료의 통계분석 결과를 얼마나 일반화 할 수 있는지 알 수 없다. 실험실 학생들의 행동을 실제 작업장 근로자의 행동으로 일반화시키려면 단지 자료에 의존해서가 아니라 사람들이 어떻게 행동하는지에 대한 이해를 바탕으로 이루어져야 한다. 실험실의 쥐로부터 현실의 사람들로 일반화하는 것은 더욱 어려운 일이다. 그렇기 때문에 단 한 번의 실험 결과를 완전히 수긍하기는 어렵다. 새로운 발견은 여러 다른 환경에서 실시된 여러 실험에 의해 검증되어야 한다.

실험자가 실험대상에 대한 연구관련 지식이 있어야 유용한 정보를 얻을 수 있을 정도로 실험을 현실적으로 실행할 수 있으며 숨겨진 편의를 제거하기 위한 세부적인 주의도 기울일 수 있다. 올바른 실험은 통계원칙과 연구 분야의 이해를 겸비해야 한다.

Meta 분석

중요한 문제에 대한 결론은 단 한 번의 연구로 결정되지 않는다. 같은 문제에 대해 다른 실험 환경, 계획, 수준으로 진행되는 연구를 자주 본다. 일반적인 결론을 얻기 위해 여러 연구 결과를 결합할 수 있는가? 이것이 바로 "meta 분석"의 아이디어이다. 물론 연구 결과를 단순히 결합할 수 없다. 그러나 통계학자들은 결과를 결합하는 좀 더 복잡한 방법을 알고 있다. 간접흡연 문제부터 개인지도가 SAT 성적을 향상시키는지에 대한 문제까지 meta 분석은 응용된다.

현실에서의 실험계획

우리가 다룬 실험계획은 모두 같은 모형을 갖고 있다: 실험대상들을 처리 수만큼의 집단으로 임의 배정한 후 각 집단에 각각의 처리를 적용한다. 이를 *완전임의계획*이라 한다.

완전임의계획

완전임의실험계획에서 모든 실험대상은 모든 처리에 임의로 배정된다.

지금까지의 예제에서는 한 개의 설명변수(약/위약, 강의실/웹수업)만 있었다. 완전임의계획에서는 여러 개의 설명변수를 가질 수 있다. 다음은 두 개의 설명변수를 사용한 예이다.

예제 8 TV광고 효과

광고에 반복적으로 노출되는 효과는 무엇일까? 광고시간의 길이와 얼마나 자주 반복되느냐에 따라 다를 것이다. 대학생을 대상으로 이 질문에 대한 실험을 진행하였다. 모든 실험 대상자들은 디지털 카메라 광고를 포함한 40분짜리 TV 프로그램을 시청하였다. 어떤 학생들에게는 30초 광고를 다른 학생들에게는 90초 광고가 들어있는 프로그램을 보여주었다. 프로그램 중 같은 광고를 한 번, 세 번, 다섯 번씩 반복하였다. 시청을 끝낸 후 모든 실험대상들은 광고

		변수 B(반복 수)		
		한 번	세 번	다섯 번
변수 A(길이)	30초	처리 1	처리 2	처리 3
	90초	처리 4	처리 5	처리 6

그림 6.1 예제 8 실험에서의 처리. 두 개의 설명변수의 조합으로 6개의 처리를 갖는다.

에 대한 기억, 카메라에 대한 그들의 태도 그리고 카메라를 구입할 의사가 있는지에 대한 질문에 답하였다. 학생들이 대답한 응답내용들이 반응변수이다.

이 실험에는 두 개의 설명변수가 있다: 두 개의 수준을 가지고 있는 광고 시간과 세 개의 수준을 가지는 반복 수. 각 변수의 조합으로 6개의 처리가 있다. 그림 6.1은 처리별 내용이다.

독자들에게

한 식품 회사가 새로운 케이크 믹스를 출시하려고 한다. 빵 굽는 시간과 온도의 작은 변화에 따라 케이크의 맛이 변하지 않는 것이 중요하다. 새로운 케이크 믹스를 이용하여 화씨 300°, 320°, 340°에서 각각 1시간, 1시간 15분 동안 구웠다. 온도와 시간의 조합에서 각각 10개의 케이크를 구운 후 각 케이크의 맛과 감촉을 감별사들이 점수 매겼다. 이 실험에서 설명변수와 반응변수는 무엇인가? 그림 6.1과 같은 도형을 사용하여 처리를 설명하여라. 몇 개의 처리가 있으며 몇 개의 케이크가 필요한가?

실험자들은 주로 여러 변수의 결합으로 인한 효과를 연구하려 한다. 여러 요인의 상호작용은 각 요인을 개별적으로 관찰할 때는 예측할 수 없는 효과를 나타낼 수 있다. 긴 광고시간이 제품에 대한 관심을 증가시키고 자주 광고를 보는 것 역시 관심을 증가시킬지 모르지만, 광고를 더 길게 만들고 더 자주 방송한다면 시청자는 광고가 귀찮아지고 제품에 대한 관심도 떨어질 것이다.

대응쌍계획과 블록계획

완전임의계획은 실험에서 사용되는 가장 간단한 통계 계획이다. 이 계획은 제어와 임의화의 원리를 분명하게 보여주지만 더 정교한 다른 통계 계획과 비교하면 다소 뒤

떨어진다. 특히 실험대상을 여러 가지 방법으로 대칭 시킴으로써 단순히 임의화 하는 것보다 더 정확한 결과를 얻을 수 있다.

대칭과 임의화를 결합하는 대표적인 방법이 **대응쌍계획**이다. 대응쌍계획은 두 가지 처리만을 비교하며 실험대상의 쌍을 가능한 한 서로 비슷하도록 선택한다. 표 A로부터 홀수와 짝수의 난수로 결정하거나 동전을 던져 각 쌍의 실험대상에게 한 가지 처리를 배정한다. 때로는 대응쌍계획에서 각 "쌍"은 한 번 처리 후 다른 처리를 받는 단지 하나의 실험대상으로 이루어져 있다. 이 경우 처리 순서가 실험대상자의 반응에 영향을 줄 수 있으므로 동전던지기로 순서를 임의화 한다.

예제 9 코카콜라 대 펩시콜라

펩시 측에서는 코카콜라 소비자들이 눈을 가리고 콜라 시음을 한다면 펩시콜라를 더 선호한다는 것을 보이고 싶어 했다. 코카콜라를 즐겨 마시는 사람들에게 상표를 알 수 없도록 미리 컵에 담아 놓은 두 종류의 콜라를 시음하게 한 후 어떤 것을 더 좋아하는지 알아보았다. 이 실험은 각 실험대상들이 두 종류의 콜라를 비교하는 대응쌍계획이다. 어떤 콜라를 먼저 시음하느냐에 따라 반응이 달라질 수 있으므로 각 실험대상의 시음 순서를 임의로 정해야 한다.

그 동안 코카콜라를 마셨다는 사람들의 반 이상이 펩시를 선택하였는데 이 결과에 대해 코카콜라 측에서는 이번 실험의 결과가 편의되었다고 주장했다. 펩시콜라가 담긴 컵은 M, 코카콜라가 담긴 컵은 Q와 같이 서로 다른 문자로 미리 표시되어 있었다. 이 실험 결과는 사람들이 단지 글자 M보다 Q를 더 좋아한다는 의미라고 코카콜라 측에서는 주장했다. 대응쌍계획을 실시하는 것은 옳았지만 더 주의 깊게 실험했더라면 맛에 대한 차이 이외의 다른 시비를 피할 수 있었을 것이다.

대응쌍계획은 처리의 비교와 임의화의 원리를 모두 사용하지만 임의화가 완벽하다고 할 수는 없다. 모든 실험대상을 두 종류 처리에 동시에 임의 배정하지 않는다. 대신 각 대응쌍 안에서 임의 배정한다. 대응쌍계획은 *블록계획*의 한 예이다.

블록계획

블록은 반응에 영향을 줄 것으로 기대되며 여러 면에서 비슷하다고 실험 전에 알려진 실험대상들의 집단이다. 블록계획에서는 임의배정을 각 블록별로 따로 실시한다.

블록계획에서는 블록을 만드는데 실험외의 변수를 사용함으로써 그 변수의 효과를 제어할 수 있다. 다음은 전형적인 블록계획의 예이다.

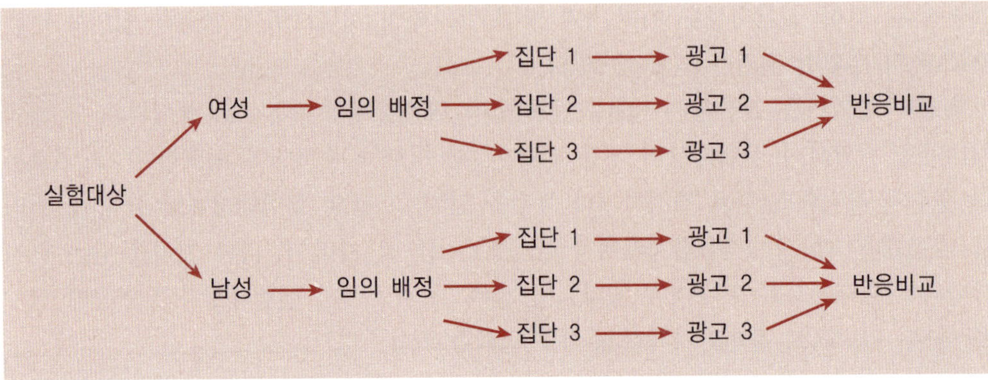

그림 6.2 세 종류의 TV광고를 비교하기 위한 블록계획. 여성과 남성이 두 개의 블록을 형성한다.

예제 10 남성, 여성 그리고 광고

여성과 남성은 동일한 광고라도 다르게 반응한다. 같은 제품에 대한 세 가지 서로 다른 TV 광고의 효과를 비교하는 실험에서 전반적인 반응뿐만 아니라 여성과 남성의 반응을 따로 관찰할 필요가 있다.

완전임의계획은 여성과 남성을 모두 같은 실험대상으로 간주하여 성별과 상관없이 세 개의 처리에 임의 배정한다. 블록계획은 여성과 남성을 따로 고려하는 것이다. 여성들을 각 광고를 시청할 세 개의 집단으로 임의 배정하며 남성들도 같은 방법으로 세 개의 집단으로 분류한다. 그림 6.2는 이 계획을 보여준다.

예제 11 복지정책의 비교

사회정책 실험은 새로 제안된 여러 복지 시스템의 가족 수입에 대한 효과를 평가하고 현재 복지 시스템과 비교할 것이다. 미래의 가족 수입은 현재 수입과 매우 밀접한 관계가 있으므로 실험에 참여한 가족을 같은 수입 수준의 블록으로 나누었다. 각 블록에 속한 가족들은 임의로 복지 시스템에 배정된다.

블록은 실험이 시작되기 전에 형성된 실험대상의 집단이다. "처리"라는 용어는 실험대상에게 부과할 조건을 의미할 때만 사용한다. 예제 10에서 두 블록(여성, 남성)과 세 개의 광고에 의한 6개 집단의 반응을 비교하더라도 6개의 처리라고 하지는 않는다. 블록계획은 층화추출과 비슷하다. 블록과 계층 모두 비슷한 개체를 한 집단으로 삼는다. 표본추출과 실험계획에서 별도로 아이디어가 발전되었기 때문에 두 개의 다른 명칭을 사용하는 것일 뿐이다. 블록계획의 장점은 층화표본의 장점과 같다. 예제 10의 광고 실험에서 여성과 남성의 경우처럼 각 블록에 대하여 개별적인 결론을 얻을 수 있다. 블록화를 함으로써 세 개 광고의 전반적인 효과를 비교할 때도 성별에 의한 규칙적인 차이를 제거하고 더 정확한 결론을 얻게 된다. 실험계획의 원리와 더불어 블록화는 중요한 개념이다. 현명한 연구자는 실험대상 사이에 존재하는 변동을 최소화할 수 있도록 블록을 만들 것이다. 임의화는 남아 있는 변동의 효과를 평균화시키고 편의가 없이 처리를 비교할 수 있게 해준다.

독자들에게

저탄수화물 다이어트와 저지방 다이어트의 효과를 비교하기 위해 실험을 실시하였다. 다이어트의 효과는 성별에 따라 다를 것이라고 생각하여 성별을 블록 변수로 사용하였다. 심각하게 과체중인 122명이 실험에 참여하였으며 이들 중 52명은 남자, 70명은 여자이다. 그림 6.2와 같은 도형을 이용하여 블록계획을 설명하여라.

표본계획처럼 복잡한 실험 계획은 전문가가 해야 할 일이다. 여러 실험계획을 살펴보았지만 대부분의 실험은 완전 임의화 된 것으로 간주한다.

요약

실험에서는 올바른 통계 계획과 현실적인 문제를 다루는 방법의 조화가 요구된다. **위약효과**가 매우 강하므로 **임상실험**과 인간을 실험대상으로 하는 실험에서는 가능하다면 **이중눈가림**을 해야 한다. 실험에서 실제로 비교하고자 하는 처리를 제외한 **모든 처리를 실험대상들이 동등하게 받도록 이중눈가림** 방법은 도와준다.

표본에서 무응답의 문제가 있는 것처럼 실험에서는 비협조 실험대상으로 인한 어려움이 있다. 어떤 실험대상은 참여하길 거부하고; 어떤 실험대상은 실험이 완결되기 전에 탈락을 하며; 약품 실험에 참여한 사람이 지시사항(예를 들어, 약을 지정한 시간에 복용하는 것)을 따르지 않는 경우가 있다. 실험의 가장 큰 단점은 결론을 광범위하게 **일반화**할 수 없다는 것이다. 어떤 실험에서는 비현실적인 처리를 적용하며, 어떤 실험에서는 대학생과 같은 특정 집단으로부터 실험대상을 사용한다. 또한 모든 실험은 특정한 시간과 장소에서 일어난다. 중요한 발견을 확인하기 위해 다른 장소와 시간에서 비슷한 실험을 시행하길 원한다.

많은 실험은 모든 실험대상을 모든 처리로 임의 배정하는 **완전임의계획**보다 복잡한 실험계획을 사용한다. **대응쌍계획**은 비슷한 실험대상의 쌍에게 각각의 처리를 가하거나 같은 실험대상에게 임의 순서대로 두 종류의 처리를 주는 방법으로 두 종류의 처리를 비교한다. **블록계획**에서는 비슷한 실험대상으로 블록을 만들고 각 블록에 처리를 임의로 배정한다. 임의화, 제어, 적절한 수의 실험대상은 실험의 중요한 요소이다.

EESEE

"Is Caffeine Dependence Real?"은 카페인 중독으로 분류되는 사람들에게 정말로 카페인 금단효과가 있는지 알아보기 위한 연구에 대하여 설명하고 있다. 이 글을 읽고 질문 2에 대하여 답하여라.

EXERCISES

6.1 **의학 소식** 수산화 요소가 겸상 적혈구성 빈혈의 증상을 완화시킨다는 것이 알려졌을 때 전국건강연구소는 다음과 같은 의학 보고서를 발표하였다. "이 발견은 이중눈가림과 환자의 반은 수산화 요소를 복용하고 나머지 반은 위약을 복용 한 위약-제어 실험으로 얻은 자료의 결과이다." 통계를 모르는 사람에게 "위약-제어"와 "이중눈가림"의 의미를 설명하여라.

6.2 **명상이 불안을 감소시키는가?** 명상이 불안을 감소시킨다는 것을 증명하려는 실험이 다음과 같이 진행되었다. 실험자는 실험대상을 면접하여 그들의 불안 정도를 측정한 후 두 집단으로 임의 배정하였다. 한 집단에게 명상 방법을 교육하고 한 달 동안 매일 명상하도록 하였다. 다른 집단에게는 단지 좀 더 긴장을 풀고 지내라고 말하였다. 한 달 후 모든 실험대상을 다시 면접하여 불안 정도를 측정하였다. 명상 집단은 불안 정도가 줄어들었다. 심리학자들은 평가가 눈가림 되지 않았기 때문에 그 결과가 의심스럽다고 했다. 눈가림이 되지 않았다는 것이 무엇을 의미하는지 그리고 그것으로 인해 어떻게 보고된 결과가 편의될 수 있는지 설명하여라.

6.3 **여드름 치료** 의학잡지에 게재된 한 논문은 레이저가 여드름 치료에 효과가 있는지 알아보는 실험을 보고하였다. 이 논문은 실험이 2002년 8월부터 2004년 9월까지 여드름이 있는 13세 이상의 환자 40명을 대상으로 한 "임의화, 제어된, 단일눈가림 그리고 얼굴분할 임상실험"이라고 설명하였다. 얼굴분할 실험은 얼굴의 한쪽에는 치료를 하고 다른 반쪽에는 치료를 하지 않는 방법이다. 이 실험

에서 "단일눈가림"이 무엇을 의미한다고 생각하는가? 이중눈가림이 가능하지 않은 이유는 무엇인가?

6.4 **자동 전조등** 캐나다에서는 차가 출발하면 자동으로 헤드라이트가 작동하는 "자동 전조등"을 자동차에 장착하도록 요구한다. 몇몇 제조업자는 미국에 판매하는 자동차에도 자동 전조등을 장착한다. 자동전조등이 자동차를 눈에 더 잘 띄게 하여 사고를 줄일 것인가?

(a) 이 질문에 답하기 위한 실험계획을 간단히 설명하여라. 어떤 반응변수를 측정할 것인가?

(b) 예제 6은 중앙 브레이크등에 대하여 토론하였다. 자동 전조등의 효과 실험에 적용될 수 있는 예제에서 알게 된 주의점은 무엇인가?

6.5 **음식과 암** 암을 유발하는 물질이 우리 음식에 있어서는 안 된다. 어떤 물질이 암을 유발하는지 사람에게 실험할 수 없으므로 대신 쥐를 사용하여 실험한다. 쥐는 사람보다 더 많은 종양을 갖도록 특별히 사육된다. 쥐는 자연 수명의 대부분인 약 2년 동안 많은 양의 실험 약품으로 사육된다. 인간 음식에서 무엇이 안전한지 결정하기 위해 이 실험을 사용할 때 발생할 수 있는 질문을 간단히 논의하여라.

6.6 **저지방 대 저탄수화물** 한 의학연구팀은 저탄수화물 다이어트가 체중감량에 미치는 영향을 연구하였다. 심각하게 과체중인 132명을 저탄수화물 다이어트와 저지방 다이어트 집단으로 나누었다. 6개월 후 저탄수화물 다이어트 집단이 저지방 다이어트 집단보다 일반적으로 체중감량이 더 컸음을 알았다. 그러나 연구자들조차도 이 결과를 저탄수화물 다이어트의 효과로 일반화하여 해석하는 것에 주의를 주었다. 그 이유는 무엇인가?

6.7 **자연치료 실험** 법으로 요구되지는 않지만 Dr. Moore's Old Indiana Extract을 임상실험하기로 결정하였다. 이 추출물이 관절염 통증을 감소시킨다는 것을 보이길 원한다. 관절염으로 고통 받고 있고 진통제가 필요한 60명의 환자가 있다. 각 환자에게 알약을 주고 한 시간 뒤에 물을 것이다. "약 몇 퍼센트의 통증 감소를 경험했습니까?"

(a) 단순히 추출물을 모든 60명 환자에게 주고 반응을 기록하지 않은 이유가 무엇인가?

(b) 추출물, 아스피린 그리고 위약의 효과를 비교하기 위한 실험계획의 윤곽을

설명하여라.

(c) 어떤 치료를 받았는지 환자에게 알려주어야 할까? 이런 정보가 반응에 어떤 영향을 줄 수 있는가?

(d) 어떤 치료를 받았는지 환자에게 알려주지 않았다면 그것은 단일눈가림 실험이다. 이 실험이 이중눈가림이어야 한다고 생각하는가? 이유를 설명하여라.

6.8 **자연치료 실험** 전국건강연구소는 드디어 어떤 자연 치료의 적절한 임상실험을 후원한다. 듀크대학의 한 연구에서는 St. John의 맥아즙, 위약 그리고 우울증을 치료하는 처방약인 Zoloft와 비교하기 위한 실험에 가벼운 우울증 환자 330명이 등록하였다. Beck Depression Inventory는 우울증 정도를 0~3까지 평가하는 도구이다.

(a) 처리 이후 우울증의 변화를 측정하는 반응변수로 무엇을 사용하겠는가?

(b) 이 연구를 위한 완전임의 임상실험의 윤곽을 설명하여라.

(c) 이 실험에서 주의해야 할 사항이 무엇인가?

6.9 **위약 효과** 의사들을 조사한 결과 어떤 의사들은 환자가 통증을 호소하지만 통증의 원인을 찾을 수 없는 경우 위약을 처방한다고 한다. 만약 환자의 통증이 감소하면 의사는 통증의 육체적 원인은 없다고 결론짓는다. 이 조사를 실시한 의과대학 연구팀은 의사들이 위약효과를 이해하지 못하고 있다고 주장한다. 왜 그런가?

6.10 **편안한 무릎 치료** 부상당한 무릎은 무릎 절개가 필요 없는 관절경 수술로 치료된다. 비스테로이드성 소염 진통제(Nonsteroidal Anti-Inflammatory Drug : NSAID)를 환자들에게 투여함으로써 환자들의 불편함을 줄일 수 있는가? 83명의 환자들을 세 집단으로 나누었다. 집단 A는 수술 전과 후에 모두 NSAID를 받았다. 집단 B는 수술 전에는 위약을 받고 수술 후에는 NSAID를 받았으며 집단 C는 수술 전과 후에 모두 위약을 처방 받았다. 환자들은 수술 하루 후 고통을 점수로 기록하였다.

(a) 이 실험계획의 윤곽을 설명하여라.

(b) 이 연구에서 "환자, 의사, 실험자는 눈가림을 하였다"고 한다. 이는 무엇을 의미하는가?

(c) "집단 A의 고통지수는 집단 C 보다는 유의적으로 작았지만 집단 B보다 유의적으로 작지 않았다"라고 한다. 무엇을 의미하는가? 이로부터 NSAID의 사용에 대하여 어떤 결론을 얻을 수 있는가?

6.11 **옥수수 품종 비교** 변형 아미노산을 포함하고 있는 새로운 옥수수 품종은 아미노산을 적게 갖고 있는 보통 옥수수보다 영양가가 높을지 모른다. A, B라고 불리는 두 가지 새로운 옥수수 품종을 보통 옥수수와 비교하였다. 연구원들은 3종류 단백질 수준(12%, 16%, 20%)에서 각 종류의 옥수수를 사용한 옥수수-콩 식사를 만들었다. 각 식이요법으로 생후 하루가 지난 병아리 10마리를 키우고 21일 후에 체중증가를 기록하였다. 병아리들의 체중 증가로 그들이 섭취한 식이요법의 영양 상태를 측정한다.

(a) 이 실험에서 개체와 반응변수는 무엇인가?

(b) 몇 개의 설명변수와 처리가 있는가? 그림 6.1과 같은 도형을 이용하여 처리를 설명하여라. 이 실험에서는 몇 개의 실험개체가 필요한가?

(c) 완전임의계획을 도형을 이용하여 설명하여라.

6.12 **땅콩과자** 한 식품학자는 땅콩 과자를 만드는데 들어가는 소금의 양과 사용되는 팬의 종류에 따른 맛의 차이를 비교하려한다. 실험에서는 4종류의 팬(철, 알루미늄, 스테인리스, 특수가공 스테인리스)과 0, 2 그리고 4g의 소금을 사용한다. 팬과 소금의 조합에서 각각 10묶음의 과자를 구운 후 각 묶음의 땅콩과자의 강도, 당도, 맛을 감별사들이 점수 매겼다.

(a) 이 실험에서 설명변수와 반응변수는 무엇인가?

(b) 그림 6.1과 같은 도형을 사용하여 처리를 설명하여라. 몇 개의 처리가 있으며 몇 개의 과자가 필요한가?

(c) 한 처리의 10묶음을 한 번에 구운 후 두 번째 처리의 10묶음을 다음에 굽는 방법으로 실험하는 것은 좋은 계획이 아닌 이유를 설명하여라. 실험자는 이 방법 대신 과자 묶음을 임의의 순서대로 구울 것이다.

6.13 **손의 힘 비교** 오른손잡이들은 오른손 힘이 왼손보다 강한가? 체중계를 끝이 앞으로 나오도록 선반 위에 놓은 후 엄지를 체중계 아래에, 나머지 네 손가락을 체중계 위에 얹고 꽉 당김으로써 손의 강도를 대략 측정할 수 있다. 10명의 오른손잡이를 실험대상으로 양손의 힘을 비교하는 대응쌍계획을 설명하여라.

6.14 **도표가 투자자들을 도와주는가?** 어떤 투자자들은 유가증권의 가격 변동 경향을 나타낸 도표가 미래 가격을 예측하는데 도움이 된다고 믿지만 대부분의 경제학자들은 찬성하지 않는다. 도표의 효과를 검증하기 위해 경영학과 학생들이 컴퓨터에서 외환을 가상 거래한다. 편의상 A, B, ..., T라고 불리는 학생 20명이 실험대상이라 하자. 학생들의 목적은 가능한 한 많은 돈을 버는 것이며 가장 많이

번 학생에게 상금이 주어진다. 학생들의 컴퓨터에는 과거 외환 가격 변동 정보가 있다. 학생들은 변동 경향을 강조하여 보여주는 소프트웨어를 갖고 있을 수도 있고 없을 수도 있다. 완전임의계획과 대응쌍계획을 설명하여라. 두 경우 모두 임의화를 시행하여라.

6.15 **온도와 작업능률** 작업능률에 관한 어느 전문가는 손재간을 요구하는 업무 수행능력에 대한 방 온도의 효과에 관심이 있다. 방 온도를 화씨 70°와 90°로 선택하였다. 양손을 동시에 사용하여 구멍에 못을 끼우는 기구에 30분 동안 정확히 삽입한 못의 개수를 반응변수로 한다. 실험대상들은 기구 다루는 법을 익힌 후 30분 동안 계속하여 가능한 한 많은 못을 끼워 넣는다.

(a) 20명을 실험대상으로 하여 70°와 90°에서 손재주를 비교하기 위한 완전임의실험의 윤곽을 설명하여라.

(b) 각 집단에 아주 많은 실험대상이 있지 않다면 온도의 차이가 아닌 개인별 손재주에 따라 실험결과가 다르게 나올 수 있다. 실험대상이 스스로 제어 역할을 하는 대응쌍계획을 상세히 설명하여라.

6.16 **암 치료 비교** 어떤 암의 진행과정은 성별에 따라 차이가 있다. 한 임상실험에서 성별을 블록 변수로 사용하여 이 암을 치료하는 세 가지 치료법을 비교하였다.

(a) 실험대상으로 참여할 의사가 있는 남자 환자 500명과 여자 환자 300명이 있다. 이 실험의 블록계획을 그림 6.2와 같은 도형을 이용하여 설명하여라.

(b) 800명의 실험대상을 사용한 완전임의 계획과 비교하여 블록계획의 장점은 무엇인가?

6.17 **체중감량 치료 비교** 과체중인 여성 20명이 네 가지 체중 감량 방법 A, B, C, D의 효과를 비교하는 연구에 참여하기로 동의하였다. 먼저 연구원들은 "이상적" 체중과 실제 체중을 비교하여 얼마나 초과하는지를 측정하였다. 실험대상과 초과 체중(단위: 파운드)은 다음과 같다.

Birnbaum	35	Hernandez	25	Moses	25	Smith	29
Brown	34	Jackson	33	Nevesky	39	Stall	33
Brunk	30	Kendall	28	Obrach	30	Tran	35
Cruz	34	Loren	32	Rodriguez	30	Wilansky	42
Deng	24	Mann	28	Santiago	27	Williams	22

8주 동안 처리를 받은 후 측정한 체중 감량이 반응변수이다. 실험대상의 초과체중은 반응변수에 영향을 주기 때문에 블록계획이 적당하다.

(a) 초과체중 크기 순서로 실험대상을 배열하여라. 초과체중이 적은 순서로 4명씩 집단을 지어 5개의 블록을 만든다.

(b) 표 A를 사용하여 각 블록에 있는 4명의 실험대상에게 네 종류의 체중감량 치료법을 배정하여라. 표를 어떻게 사용했는지 정확하게 설명하여라.

6.18 **옥수수 밭에서** 농업경제학자들이 네 종류의 옥수수 수확을 비교하고자 한다. 실험이 실시될 농지는 남쪽으로 갈수록 더 비옥하기 때문에 농지를 동서로 5개 행으로 나누고 각 행은 4개의 열로 나누어 20개의 같은 크기의 구획을 만든 후 각 행을 블록으로 하여 블록계획을 실시하였다.

(a) 농지의 블록을 블록 1부터 블록 5까지 이름을 붙여라.

(b) 블록계획에서 필요한 임의화를 시행하여라. 즉, 네 종류의 옥수수 A, B, C, D를 각 블록에 있는 네 개 구획에 임의 배정하고 각 구획에 어떤 종류가 심어졌는지 그림에 표시하여라.

6.19 **우편물 빨리 보내기?** 다른 도시로 편지가 배달되기까지 걸리는 시간은 하루 중 어느 시간에 우편물을 발송했는가와 우편번호 사용여부에 따라 영향을 받는가? 이 질문에 답하기 위해 두 종류의 설명변수를 사용한 실험을 설명하여라. 처리를 정확하게 설명하고 편지가 발생되는 요일과 같은 잠재변수를 어떻게 다룰 것인지 설명하여라.

6.20 **맥도널드 대 웬디즈.** 소비자들은 상표를 볼 수 없도록 한 눈가림 실험에서 맥도널드와 웬디즈의 치즈버거 중 어느 것을 선호하는가? 이 질문에 답하기 위한 대응쌍계획을 간략히 설명하여라.

6.21 **무엇을 알기 원하는가?** 앞의 두 문제는 일상생활에서 일어나는 질문에 답하기 위해 통계적으로 계획한 실험을 보여주었다. 여러분이 흥미롭게 생각하고 실험으로 답을 얻을 수 있는 질문을 선택한 후 적절한 실험 계획을 간략히 설명하여라.

6.22 **의사와 간호사** 간호전문가는 종종 일차치료의사 같은 역할을 하게 되는 고도의 자격을 갖춘 간호사이다. 한 실험에서는 정규적인 의료 치료를 받을 수 없었던 1316명의 환자 중 510명을 의사에게, 806명을 간호전문가에게 배정하였다. 모든 환자들은 배정되기 전에 천식, 당뇨, 혹은 고혈압 증상이 있음이 진단되었다. 6개월 동안 그들이 받은 의료 치료에 대한 만족도와 환자의 건강지수가 반응변수이다.

(a) 천식과 같은 진단 결과는 처리 변수인가 아니면 블록인가? 이유를 설명하여라.

(b) 치료 방법(의사, 간호사)은 처리 변수인가 아니면 블록인가? 이유는?

6.23 Web을 이용하기 위약이 의학적으로 효과가 있다고 모든 연구자들의 동의하지는 않는다. *NewEngland Journal of Medicine*(http://content.nejm.org) 사이트에서 Hrobjartsson과 Gotzsche에 의해 2001년 5월 24일 발표된 "Is the Placebo Powerless? An Analysis of clinical Trials Comparing Placebo with No Treatment" 기사를 찾아라. 연구자들은 어떤 결론을 얻었는가? 같은 날 Bailar가 발표한 사설 "The Powerful Placebo and the Wizard of OZ"도 읽어라. Bailar는 Hrobjartsson과 Gotzsche의 의견에 동의하는가?

웹탐색

소수민족 위생국 소식지 *Closing the Gap*에는 임상실험에 대한 특별호가 있다. www.omhrc.gov/ctg/ctg-ct.htm에서 볼 수 있는 이 특별호에는 의학 실험에 소수민족의 참여에 관해 연구 논문들이 있다. "Quackwatch" 사이트인 www.quackwatch.com에서는 적절한 임상실험으로 증명되지 않은 건강 관련 의심스러운 주장들을 찾아 볼 수 있다.

CHAPTER 7

자료 윤리

허위 수술은 윤리적인가?

파킨슨병 치료에 대해 토론한 *New England Journal of Medicine*에 의하면 "임의화, 이중눈가림, 위약-대조 시행은 새로운 방법을 평가하는 훌륭한 기준이 되며 새로운 의학 치료를 평가하는데 관례적으로 사용된다"고 한다. 그 기사는 파킨슨병으로 인한 떨림과 통제부족을 감소시킬 것으로 기대되는 새로운 치료 방법에 대하여 토론한 것이 아니라 치료 연구의 윤리적인 부분에 대해 이야기하고 있는 것이다.

새로 개발된 약품이 효과가 있고 안전하다는 것을 보이기 위해 올바르게 계획된 실험을 해야 하는 것은 법으로 요구된다. 수술에 대해서는 그런 요구가 없다. 수술에 관한 연구의 오직 7%만이 임의 비교를 사용하였다. 외과의사들은 수술이 성공적이라고 생각하는 반면 발명가들은 그들의 발명이 효과가 있다고 늘 생각한다. 환자들이 도움을 받았다 할지라도 위약 효과일지 모른다. 그러므로 흔히 하고 있는 수술이 위험을 감수할 가치가 있는지 알 수 없다. 그것을 알아보기 위해 적절한 실험을 한다고 하자. 허위(placebo) 수술인 "샴 수술"을 실험에 포함한다. 파킨슨병의 경우 새로운 세포를 이식하는 수술이 유망한 치료방법이다. 허위 수술 환자는 같은 수술을 받지만 새로운 세포를 이식받지는 않는다.

이 수술은 윤리적인가? 한편에서는 오직 임의 비교실험에 의해서만 새로운 치료가 효과가 있는지 알 수 있다고 주장한다. 만약 새로운 치료방법이 효과가 없다면 수천 명의 환자들은 불필요한 수술을 받을 필요가 없으며, 만약 효과가 있다면 위약 이상의 효과가 있다는 것을 알고 수천 명의 환자들에게 수술을 할 것이다. 다른 한편에서는 다음과 같이 주장한다. 어떤 수술이든 위험이 따르고 허위 수술은 수술이 도움이 될 것이라는 희망도 없이 환자를 위험에 놓이게 한다. 의사는 미래의 환자가 받게 될 혜택을 위해 현재의 환자를 위험에 빠뜨려서는 안 된다.

상식적인 사람이라면 파킨슨병 치료를 위한 수술을 검증하기 위해 샴 수술(허위 수술)이 진행되는 것에 반대할 것이다. 그러나 통계 연구를 위해 윤리적 기본 원칙에 대한 광범위한 합의가 있다. 우선 이런 원칙들에 대해 생각해보아야만 한다.

첫 번째 원칙

자료의 생성과 사용은 인간의 다른 모든 행위처럼 윤리적 질문을 일으킨다. 전화판매를 하며 "여론조사 중입니다"라고 하는 것처럼 명백한 비윤리적인 문제는 언급하지 않겠다. 또한 위조된 자료로 이익을 취하는 극히 소수의 연구원들에 대한 토론도 하지 않을 것이다. 자신의 이익을 위해 조작된 자료를 사용하는 것은 단순히 윤리적인 문제가 범죄인 것이다. 연구자는 조작되지 않은 자료에 대해 얼마나 정직해야만 하는가?

예제 1 세부사항의 누락

과학적 연구 논문은 부연 설명 없이 간략하게 작성되어져야 한다. 간략하게 작성함으로써 논문에 사용한 자료에 대해 완전히 정직하지 않을 수 있다. 편의가 있는 방법으로 실험대상을 선택하였는가? 실험대상 일부의 자료만 보고하였는가? 여러 통계분석을 시행한 후 최상의 결과를 주는 방법만 보고하지는 않았는가? *New England Journal of Medicine*의 상담자로서 10년 이상 4000편 이상의 의학 논문을 심사한 John Bailar에 의하면 "통계 심사를 하다보면 결정적인 정보임에도 불구하고 누락된 경우가 자주 있으며 그로 인해 연구 결과가 실제 보다 더 확실한 것처럼 보인다"고 한다. 심사가 덜 엄격하게 진행되는 영역에서 발표되는 논문의 경우 그 문제는 더 심각함을 알 수 있다.

자료윤리의 가장 복잡한 문제는 사람들로부터 자료를 수집할 때 발생한다. 단순히 정보를 수집하는 표본조사보다 사람에게 처리를 하는 실험에서 윤리적 어려움은 더욱 심각하다. 예를 들어, 새로운 의학 치료의 실험은 실험대상에게 이로울 수도 있지만 또 해가 될 수도 있다. 표본조사든 혹은 실험이든 사람을 실험대상으로 하여 자료를 얻는 연구가 지켜야할 기본적인 자료윤리의 원칙은 다음과 같다.

기본 자료윤리

연구를 수행하는 단체에는 실험대상자를 발생 가능한 해로움으로부터 보호하기 위해 계획된 연구를 검열하는 **윤리위원회**가 반드시 있어야 한다.

자료를 수집하기 전 연구에 참여한 모든 사람들로부터 자세한 **정보에 의한 동의**를 받아야 한다.

모든 개인의 자료는 **비밀**이 보장되어야 하며 오직 실험대상 전체의 통계적 요약만이 발표되어야 한다.

연방정부로부터 지원 받은 연구는 이 원칙을 지키도록 법으로 규정하고 있지만 상세한 적용 방법은 명확하지가 않다.

윤리위원회

"그게 내가 말하고 싶은 요점일세. 이제 근거가 될 만한 통계를 찾아주게"

윤리위원회의 목적은 제시된 연구로부터 유용한 정보를 얻을 수 있는지 혹은 연구가 통계적으로 완전한지 결정하는 것이 아니다. 한 대학 위원회의 표현에 의하면 윤리위원회의 목적은 "연구에 참여하기 위해 선택된 실험대상(환자 포함)의 권리와 이익을 보호하는 것"이다. 위원회는 연구 계획을 검토하고 수정을 요구할 수도 있다. 실험대상자들이 실험의 특성과 잠재적 위험에 대해 잘 이해했는지 확인하기 위해 위원회는 동의서를 검토한다. 실험이 시작되면 적어도 일 년에 한 번 실험의 진행과정을 감시한다.

위원회의 업무가 너무 많아져 실험대상의 권리와 이익을 효과적으로 보호하고 있는가하는 것이 윤리위원회의 가장 긴급한 문제이다. 정부가 1999년 듀크대학 의학연구소에서의 임상실험을 실험대상에 대한 부적절한 보호를 이유로 임시 중단시켰을 때 이미 2000개 이상의 연구가 듀크대학에서 진행되고 있었다. 실험대상의 최소 위험에 대해 관여하는 좀 더 간단한 검열 과정이 있다. 윤리위원회의 업무가 과중해질수록 업무 처리 속도를 높이기 위해 더 많은 연구계획을 최소 위험 범주로 처리하려는 유혹을 받게 된다.

자세한 정보에 의한 동의

"자세한 정보에 의한 동의"에서 "자세한 정보"와 "동의" 는 중요한 의미를 갖고 있는 단어이며 이들에 대해 논란이 있을 수 있다. 실험대상자는 연구의 성격과 그 연구로 인해 발생할 수 있는 위험에 대한 *정보*를 알아야만 한다. 표본조사의 경우에는 육체적인 위험은 없다. 어떤 종류의 질문을 할 것인지, 조사 기간이 얼마나 장기화될 것인지 실험대상에게 알려주어야만 한다. 실험의 경우 실험자는 연구의 목적, 성질 그리고 가능한 위험에 대해 실험대상에게 알려주어야 한다. 그런 후 실험대상은 서면으로 *동의*해야만 한다.

예제 2 누가 동의할 수 있는가?

어쩔 수 없이 실험에 동의해야만 하는 실험대상이 있는가? 예를 들어, 한때는 죄수들이 새로운 백신 실험에 동의하고 선행 점수를 대가로 받는 일이 흔한 일이었다. 죄수들이 실험을 거부할 만큼 자유롭지 않았기 때문일 것이다. 그러나 지금은 감옥에서의 의학 실험을 법으로 금하고 있다.

어린이들도 모든 실험에 대해 동의를 할 수 없기 때문에 대개 부모에게 동의를 받게 된다. 한 초등학교에서 새로운 읽기 교육법에 관한 연구를 시행하기 위해 학부모들에게 동의서를 보냈지만 많은 학부모들이 회답하지 않았다. 부모들이 "아니오"라고 대답하지 않았기 때문에 그들의 자녀들을 연구에 참여시킬 수 있겠는가? 아니면 동의서를 보내오고 "예"라고 대답한 부모의 자녀들만 실험에 참여하도록 해야 하는가? 정신장애가 있는 사람들을 위한 의학적 치료에 대한 연구는 어떠한가? 의식 불명이거나 심장마비 상태인 응급실 환자를 돕는 새로운 방법의 연구는 어떠한가? 대부분의 경우 가족의 동의조차 얻을 시간이 없다. 동의를 받아야 한다는 원칙으로 인해 의식불명 환자를 위해 개발된 새로운 치료를 막아야 하는가?

이러한 질문에 대한 명확한 답은 없으며 또한 간단한 문제가 아닌 것이다.

독자들에게

한 병원에 72살 남자가 심각한 병으로 입원하였다. 의사는 그 환자의 적절한 영양 상태를 위해 음식 투여관을 사용해야 한다고 판단하여 환자의 동의를 아침에 얻었다. 그러나 저녁이 되자 음식 투여관을 사용하는 것에 대한 본인의 결정이 옳았는지 혼동이 되어 사용하지 않겠다고 의사에게 말하였다. 의사는 환자의 정신이 맑은 상태인 아침에 다시 방문하였고 전날 저녁의 상태를 기억하지 못하는 환자는 다시 음식 투여관 사용에 동의하였다. 이 환자는 자세한 정보에 의한 동의를 한 것이라고 생각하는가?

동의를 할 수 있는 상태의 실험대상에게도 동의여부는 어려운 문제이다. 어떤 연구원들은 동의를 연구에 참여할 환자를 구하는데 있어 장애물이라고 생각한다. 연구원들은 아마 가능한 모든 위험에 대해 설명하지 않을 수 있다. 연구하려는 방법보다 더 나을 수도 있는 치료법에 대해 알려주지 않을 수도 있다. 동의서가 모든 자세한 정보를 알려준다고 해도 연구원들은 환자들에게 실험 결과에 대해 지나치게 긍정적으로 설명할 수 있다. 한편 모든 가능한 위험에 대해 언급하다보면 아주 긴 동의서가 필요하게 된다. 한 변호사에 의하면 동의서가 "자동차대여 계약서처럼 보였다"고 한다. 어떤 실험대상자는 다섯, 여섯 쪽에 달하는 서류를 읽지 않으며 어떤 참가자들은 발생 가능한 여러 가지 위험(일어날 가능성이 거의 없는)의 가짓수에 놀라 참여를 거절하기도 한다. 물론 일어날 것 같지 않은 재앙이 때론 발생하기도 한다. 그때는 소송이 진행되고 동의서는 더 길어지고 더 상세해지게 된다.

비밀성

윤리위원회로부터 승인을 받고, 실험대상으로부터 동의서를 받았으며 실험대상으로부터 실제 자료를 얻었어도 윤리적 문제가 사라지는 것은 아니다. 개개인에 대한 자료의 비밀을 보장함으로써 실험대상자들의 사생활을 지켜주는 것은 중요한 일이다. 여론조사에서 1500명 응답자의 몇 퍼센트가 합법적 이민을 줄여야 한다고 생각하는지는 보고할 수 있지만 *한 개인*이 이 문제에 대해 어떻게 대답하였는지는 보고하지는 않는다.

비밀성은 **익명성**과는 다른 문제이다. 익명성은 연구를 진행하는 사람조차 실험대상이 누구인지 모르는 것을 의미한다. 익명성은 통계 연구에서 흔하지는 않다. 익명성이 가능한 경우에도(주로 우편으로 여론조사가 진행되는 경우) 실험대상에게 결과를 알려주거나 무응답을 줄이기 위한 역추적을 방지하도록 한다.

비밀성의 어떠한 위배도 자료윤리의 심각한 위반이 된다. 실험대상의 신원 정보를 자료와 즉시 분리하는 것이 가장 좋은 방법이다. 예를 들어, 표본조사의 경우 오로지 누가 응답을 하지 않았는지 알아보기 위해 신원확인을 한다. 그러나 첨단 기술의 시대

"이 연구 참가자는 익명이어야 하지만 눈은 보여주셔야 합니다."

통계학자의 정직성

선진국에서는 정직한 자료를 만들기 위해 정부의 통계학자를 통해 자료를 얻는다. 예를 들어, 정부가 발표하는 월 실업률에 따라 국가나 개인의 정책을 결정하게 된다. 정직성이 모든 곳에서 당연하게 여겨지는 것은 아니다. 1998년 러시아 정부는 통계국 고위 통계학자들을 구속하였다. 그들은 한 회사의 탈세를 도와주기 위해 날조된 자료를 주고 뇌물을 받은 혐의로 고소되었던 것이다. 한 신문 사설은 "이 사건은 우리 모두가 러시아 회사들의 실적에 대해 아무것도 모르고 있음을 의미한다"고 말했다.

에는 각 자료에 대한 개인의 사생활 보호만으로는 더 이상 충분하지가 않게 되었다. 예를 들어, 정부는 많은 다른 종류의 데이터베이스(납세 신고, 사회보장 정보, 인구조사로부터 얻은 자료 등등)로부터 국민 개개인에 대한 엄청난 양의 정보를 가지고 있다. 이런 데이터베이스 중 많은 것들은 통계 연구를 위해 컴퓨터로 찾아볼 수 있다. 여러분의 이름과 신원을 확인할 다른 정보들이 자료로부터 삭제되었다 할지라도 여러 데이터베이스로부터 컴퓨터로 얻은 정보를 종합하여 여러분의 신원을 알아낼 수 있다. 컴퓨터 시대에 자료의 비밀성과 사생활은 통계학자들 사이에 뜨거운 논쟁거리이다.

예제 3 정부 데이터베이스의 이용

정부는 국민들에 대한 여러 가지 정보를 필요로 한다. 세금 환불과 사회복지보험을 생각해 보라. 정부는 국민들이 정당한 금액의 세금을 내고 있는지 혹은 은퇴 후 얼마만큼의 사회복지 혜택을 받을 수 있을지 알아보기 위해 이런 자료가 필요하다. 자신의 신상정보가 모두 제거된 자료라도 다른 목적으로 사용되는 것을 금할 수 있어야 한다고 생각하는 사람도 있다. 그렇게 되면 나이, 수입, 사회복지 수령인의 가구 크기와 같은 정부의 기록이 사회복지 개혁에 중요한 영향을 줄 수 있는 연구에 이용되지 못할 수도 있다.

임상실험

임상실험이란 의학적 처리가 실제 환자에게 주는 효과를 연구하는 실험이다. 의학적 처리는 치료를 할 수도 있지만 오히려 해를 줄 수도 있기 때문에 사람을 실험대상으로 하는 임상실험에서는 윤리적인 문제에 주목하게 된다. 다음 문장으로 토론을 시작하자.

- 임의비교실험만이 새로운 처리의 실제 효과를 알 수 있는 유일한 방법이다. 임의비교실험을 하지 않는다면 위약보다 나을 것이 없는 위험한 처리가 대중화될 것이다.
- 임상실험을 통해 많은 이익을 얻게 되지만 대부분의 혜택은 미래의 환자들이 받게 된다. 임상실험은 심각한 위험을 내포할 수 있는데 그 위험은 고스란히 실험대상자의 몫이 되는 것이다. 그러므로 미래의 혜택과 현재의 위험 사이의 균형을

이루어야 할 것이다.

- 의학 윤리와 국제 인권기준에 의하면 "실험대상자의 이익이 과학과 사회의 이익에 우선되어야 한다."

위 문장은 가장 높이 평가되는 윤리 기준인, 1964년 세계의학협회 헬싱키 선언문으로부터 인용된 것이다. 비윤리적인 실험의 가장 부당한 예는 실험대상의 이익이 무시된 경우이다.

예제 4 Tuskegee 매독 연구

1930년대 의료혜택을 받기 어려웠던 남부 시골에 사는 흑인 남성에게 매독은 흔한 질병이었다. 국립건강연구소는 치료를 하지 않는 경우 매독이 어떻게 진행되는지 알아보기 위해 가난한 흑인 소작인 중 매독에 걸린 399명과 병에 걸리지 않은 201명을 선발하였다. 1943년초 페니실린이 매독치료제로 쓰이기 시작했지만 실험대상자들은 치료를 받지 못하였다. 사실 국립건강연구소는 1972년 실험에 관한 정보가 유출되고 연구를 종료하도록 압박을 받을 때까지 어떤 치료도 실험대상자들이 받을 수 없도록 금하였다.

Tuskegee 연구는 실험대상의 권익을 무시하고 연구가들이 그들 자신의 이익만 추구한 극단적인 예이다. 1996년 보고서는 "이 사건은 의학 분야에서 인종차별의 상징이 되었으며 인간 실험에서의 윤리적 비행을 보여주었다"고 표현하였다. 클린턴 대통령은 생존하고 있는 실험 참여자들에게 1997년 공식적으로 사과하였다.

Tuskegee 연구는 임상실험에 마지못해 참여했던 흑인에 대한 숨겨진 진실을 설명하는데 도움을 준다.

"실험대상의 권익은 반드시 우선되어야 한다." 그렇기 때문에 실험에 참여하는 환자들의 상태를 호전시킬 것이라 믿을 수 있을 때에만 의학 처리에 관한 실험을 할 수 있다. 미래의 혜택은 인간을 실험대상으로 하는 실험을 정당화할 충분한 이유가 될 수 없다. 물론 환자들에게 이미 효과와 안정성이 충분히 입증된 처리를 해주지 않는 것도 비윤리적이라 하겠다. 아스피린이 심장마비 위험률을 감소시킨다는 것을 증명하는 대규모 임상실험을 실시했던 하버드 의과대학의 Hennekens 박사는 다음과 같이 말했다.

> *임의실험을 해야 할 때와 해서는 안 될 때 사이에 미묘한 균형의 문제가 있다. 실험대상의 반에게 새로운 처리를 하는 것에 대한 충분한 믿음이 있어야만 한다. 한편으로는 실험대상의 나머지 반에게 위약을 주는 것을 정당화할 수 있을 만큼 새로운 처리에 대해 충분한 의심을 가져야만 한다.*

대조 집단에게 위약을 주는 것이 왜 윤리적인가? 위약은 부작용이 없지만 때론 치료 효과가 있다는 것을 알고 있다. 뿐만 아니라 위약은 부작용도 없다. Hennekens 박사가 표현한 균형 잡힌 의심 상태에서라면 위약 집단은 처리집단보다 더 나은 치료 효과를 얻을지도 모른다. 어떤 처리가 효과가 있는지 *안다면* 모든 사람에게 그 처리를 해줄 것이다. 알 수 없을 때는 두 경우 모두 시도한 후 비교하는 것이 윤리적인 것이다. 위약에 관한 좀 더 어려운 질문이 다음에 있다.

예제 5 위약 통제?

새로운 약에 관한 실험을 한다고 하자. 이미 효과적인 치료약이 있음에도 불구하고 대조집단에게 위약을 주는 것은 윤리적인가?

예: 위약은 새로운 약의 효과에 대한 기준을 준다. 실험에는 새로운 약, 현재 가장 효과가 좋은 약, 위약 이렇게 세 집단이 있다. 각 임상실험은 조금씩 차이가 있으며 정말 효과가 있는 처리법이라도 모든 조건에서 적용되는 것은 아니다. 위약 통제는 실험에 결함이 있어 현재 가장 효과가 좋은 약조차 위약을 이기지 못하게 하는지 알 수 있게 해준다. 때로는 위약이 새로운 약이나 기존의 가장 좋은 약보다 효과가 더 좋다. 생명에 위협을 주는 조건이 아니라면 위약 통제는 윤리적이다.

아니오: 효과가 떨어지는 처치법을 의도적으로 환자에게 주는 것은 윤리적이지 않다. 새로운 약이 현재의 약보다 더 효과적인지 알 수 없으므로 그것을 알아보기 위해 두 약을 가지고

통계적 논쟁거리들
판매를 위한 희망?

인간을 실험대상으로 하는 실험, 특히 임상실험에서의 윤리적 문제를 지적해 왔다. 적절한 실험을 하지 않는 것도 문제를 일으킬 수 있다. 다음은 그 예이다. 말기 유방암 환자는 궁극적으로 사망하게 된다. 치료효과가 있을 것 같기는 하나 시도된 적 없는 새로운 치료법이 나타났다.

그 치료법은 "골수이식"이다. 골수이식은 환자의 뼈에서 골수세포를 채취하여 많은 양의 약물로 암을 치료한 후 다시 환자에게 골수를 투여하는 것이다. 골수이식은 대중화되었지만 고통스럽고 경비가 많이 들며 위험한 치료법이다.

새로운 항암치료제는 임상실험을 통해 처음으로 사용 가능하지만 골수이식과 같은 치료법에는 그와 같은 강제성이 없다. 규모가 작은 실험이 성공적으로 보이자 골수이식은 광범위하게 사용되기 시작했다. 이는 치료기술의 경제성과 깊은 관계가 있다. 초기 골수이식의 선두주자는 이윤을 목적으로 환자들을 유치하기 위해 많은 선전을 했던 병원들이었다. *New York Times*에 따르면 "실험적 치료를 제공하는 모든 병원은 각자 다른 방법으로 판매를 촉진하려 노력하였다. 어떤 곳은 그들의 명성을, 어떤 곳은 병원의 편리한 위치를, 또는 환자에 대한 간호 태도 등을 선전하였다." 이로 인해 병원과 의사들에게 돌아가는 이익은 컸다.

치료가 효과가 있음을 보이기 위한 의학 실험 결과를 기다렸어야만 했는가? 아니면 즉시 사용하도록 한 것이 옳은 결정이었는가? 여러분의 의견은 무엇인가? 어떤 문제들을 고려해야만 하는가?

실험하는 것이 윤리적일 것이다. 과거 실험에 의해 현재의 약이 위약보다 더 효과적이라는 것을 알았다면 환자에게 위약을 주는 것은 더 이상 올바른 일이 아니다. 결국 현재의 약은 위약효과가 고려된 것이다. 현재 사용 중인 약이 오래된 것이라 적절한 임상실험을 거치지 않았거나, 효과가 없거나, 혹은 위험한 경우에만 위약 집단은 윤리적이다.

예제 6 허위 수술

위약은 효과가 있다. 많은 의사들이 이 사실을 인지할수록 더 많이 다음 질문을 하게 된다. "약품 실험에서 위약 약품을 받아들인다면 외과수술 실험에서 이를 받아들이는 것은 어떠한가?" 이 장 처음에 소개한 파킨슨병의 경우처럼 이 질문은 논쟁의 여지가 많은 질문이다.

예: 대부분의 수술은 비교 실험을 통해 검증되지 않았으며, 어떤 경우는 의심의 여지없이 위약효과인 경우가 있다. 위약 약품과 달리 수술은 위험을 동반한다. 실제 수술과 허위(placebo) 수술을 비교함으로써 수천 건의 불필요한 수술을 피하고 많은 생명을 구할 수 있다. 허위 수술을 매우 안전하게 할 수 있다. 예를 들어, 실제 위험한 수술에 요구되는 위험한 마취제 대신 허위 수술 환자에게는 안전한 약을 사용 할 수 있다. 실험대상들에게는 그들이 위약-통제 실험에 참여하게 된다는 것을 알려주고 동의를 얻는다. 위약 집단의 위험이 매우 적고 자세한 정보에 의한 동의가 있었다면 수술에서의 위약-통제 실험은 윤리적이다.

아니오: 위약 약품과 달리 허위 수술은 항상 위험을 동반하고 있다. "실험대상의 권익은 반드시 우선되어야 한다."는 것을 기억하여라. 실험대상이 어떤 혜택을 지금 받을 수 없다면 미래에 받게 될 아무리 큰 혜택도 현재 실험대상이 겪을 위험을 정당화 할 수 없다. 위약 약품이 효과가 있고 위험하지 않기 때문에 치료 방법으로서 환자에게 그것을 줄 수 있다. 위험이 따르므로 어떤 의사도 평범한 치료법으로서 샴 수술을 하지는 않을 것이다. 의학치료로서 사용하지 않는 것을 임상실험에서 사용하는 것은 비윤리적이다.

행동과학과 사회과학 실험

행동과학과 사회과학에서는 실험대상에게 실험이 주는 직접적인 위험이 의학보다 덜 심각한 반면 실험대상에게 주는 가능한 혜택도 그만큼 낮아지게 된다. 심리학자에 의해 진행된 인간 행동 연구 실험을 생각해 보자.

예제 7 개인 공간

심리학자들은 사람들이 "개인 공간"을 갖고 있으며 다른 사람들이 너무 가까이 접근하면 불쾌감을 느낀다고 관찰하였다. 커피숍에서 낯선 사람이 빈자리가 있는데도 우리 테이블에 같이 앉는 것을 좋아하지 않는다. 엘리베이터에 빈 공간이 있다면 사람들은 서로 멀리 떨어져 서

> 있는 것을 본다. 미국인은 대부분의 다른 문화권 사람들보다 더 많은 개인 공간을 요구하는 경향이 있다. 개인 공간을 침해하는 것이 정서적 효과와 마찬가지로 육체적 효과가 있는가?
>
> 연구자들은 남자 공중 화장실에 실험환경을 다음과 같이 설치하였다. 실험대상자들이 실험자 옆의 소변기(처리집단)와 실험자로부터 멀리 떨어진 소변기(대조집단) 중 하나를 사용하도록 나머지 소변기들은 사용할 수 없도록 하였다. 또 다른 실험자는 화장실 안에서 실험대상자들이 소변을 보기 시작할 때까지의 시간과 소변보는 시간을 잠망경을 이용하여 측정하였다.

다음은 이 개인 공간 실험에서 행동연구를 계획하고 관찰하는 연구자들이 직면하는 어려움들이다.

- 실험대상들이 잠망경을 통해 관찰되어지는 했지만 해를 입을 어떤 위험도 없다. 육체적 해로움은 없을 때 실험대상자들을 무엇으로부터 보호해야 하는가? 정서적 해로움? 품위 없는 상황? 사생활 침해?
- 실험에 대한 동의서는 어떠한가? 예제 7의 실험대상자들은 그들이 실험에 참여하고 있다는 사실조차 몰랐다. 많은 행동연구의 경우 연구의 목적을 숨긴 실험에 의존하게 된다. 실험자가 무엇을 하려고 하는지 사전에 알려준다면 실험대상들은 그들의 행동을 아마도 바꿀 것이다. 실험대상들은 대강의 정보에 근거하여 실험에 동의하며 오직 실험 후에야 실험에 관한 자세한 정보를 얻게 된다.

공공장소에서의 단순한 행동 관찰이 아닌 연구에 대해 미국 심리학회는 "윤리적 원칙"에 따른 동의서를 요구하고 있다. 실험 참여 결정에 영향을 줄지 모를 정보를 숨기지 않으며, 실험이 끝나는 즉시 실험대상에게 설명을 하고 연구에 필요한 경우에만 실험대상을 속이는 것을 허락한다. 1970년대에 시행된 "개인 공간" 실험은 현재 윤리적 기준에 부합되지 않는다.

"스트레스에 대한 긴밀한 연구를 하는 중이오. 이제 조수로부터 도끼를 받으시오"

의학과 심리학의 경우 동의서에 대한 기본적인 요구가 달리 이해됨을 알았다. 여기에 윤리적이라는 것이 달리 해석되어지는 예제가 있다. 실험대상자들은 아무런 정보를 얻지 못하며 동의서도 제출하지 않는다. 실험 결과로 감옥에 갈 수 있다는 것조차 알지 못한다.

예제 8 가정폭력

가정폭력 신고 전화에 경찰은 어떻게 대응하여야 하는가? 과거에는 가해자를 집 밖에다 격리하여 하룻밤 동안 머물게 하는 것이 관례였다. 경찰은 피해자들이 고소하는 경우가 드물기 때문에 체포하는 것을 꺼렸다. 여성 단체에서는 고소가 이루어지지 않았더라도 가해자 체포가 미래의 폭력을 예방할 것이라고 주장했다. 가해자 체포가 미래의 범죄를 감소시킨다는 증거가 있는가? 실험자들이 이것을 알아보고자 했다.

전형적인 가정폭력 실험에서는 두 가지 처리 방법을 비교 한다: 가해자 구속과 하룻밤동안 감금하거나 경고 후 가해자를 방면하는 것이다. 가정폭력 현장에 경찰이 도착하면 가해자와 피의자를 진정시킨 후 조사를 한다. 가해자가 무기를 사용하였거나 목숨을 위협한 경우에는 구속한다. 구속할 수도 있겠지만 꼭 필요한 경우가 아니라면 본부에 연락을 취한다. 임무 중인 경찰은 통계학자에 의해 미리 준비된 봉투를 개봉한다. 그 봉투에는 두 가지 처리법이 임의의 순서로 들어있다. 봉투의 내용에 따라 가해자를 구속하거나 경고 후 방면한다. 연구원은 경찰의 기록을 살펴보고 피해자를 방문하여 가정폭력이 다시 발생하였는지 알아본다.

이와 같은 실험에 의해 가정폭력 가해자 구속이 미래 폭력 행동을 감소시키는 것으로 나타났으며, 그 결과 경찰이 가정폭력범을 체포하는 것이 흔한 일이 되었다.

가정폭력 실험은 공공정책의 중요한 문제점을 명백하게 해주었다. 실험에 대한 동의가 없었다는 이유로 대부분의 사회과학 연구와 임상실험에 적용되는 윤리적 원칙에 의해 이들 실험을 금지해야 할 것인가? 이 질문은 검열 위원회에 의해 해결이 되었으며, 가정폭력 연구가의 말을 빌리면 "이 가해자들은 경찰이 구속할 수 있는 범죄를 저지름으로써 실험대상이 되었다. 범죄자를 구속하는데 동의는 필요 없다"

요약

평범한 의미의 정직성에 의하면 실제로는 물건을 판매하면서 여론조사 중이라고 주장하거나 자료를 조작해서는 안 될 것이다. 자료윤리는 단순히 정직한 것 이상의 것이다. 인간을 실험대상으로 하는 연구는 **윤리위원회**로부터 사전 검열을 받아야만 한다. 모든 실험대상들은 실험에 참가하기 전에 **자세한 정보에 의한 동의**를 해야만 하며, 개인의 모든 정보는 **비밀**이 보장되어야 한다. 이 원칙들이 좋은 기준이 되기는 하지만 인간을 실험대상으로 하는 실험 영역에서는 여전히 많은 윤리적 논쟁거리가 남아있다. 많은 논쟁은 실험으로부터 얻게 되는 미래의 혜택과 실험대상의 현재 혜택의 올바른 균형에 관한 것이다. 임의비교실험은 그 실험 없이는 답을 얻을 수 없는 질문에 관한 답을 준다는 것을 기억하라. 또한 "과학과 사회의 이익보다 실험대상의 권익이 우선되어야 한다."는 것도 명심하여야 한다.

EESEE

"Blood Alcohol Content"는 혈중 알코올 농도와 음주량, 성별, 체중 나이와 같은 요인과의 관계를 알아보기 위한 두 개의 연구에 대하여 설명하고 있다. 미연방 법규에서 "최소 위험"은 "일상생활 또는 일반적인 육체적, 정신적 검사에서 흔히 접하게 되는 위험"보다 크지 않은 위험을 의미한다고 규정되어있다. 오하이오 주립대학에서 실행된 연구를 읽고 이 연구가 "최소 위험"에 적합한지 판단하여라.

EXERCISES

이 장에 있는 대부분의 연습문제는 토론을 해야 할 논쟁거리로 되어 있다. 정확히 옳고 틀린 답은 없겠지만 좀 더 나은 답은 있을 수 있다.

7.1 **최소위험?** 여러분이 대학 윤리위원회의 위원이라 하자. 여러분은 계획된 연구가 실험대상에게 오직 최소의 위험만을 주기 때문에 간단한 검사를 거쳐도 되는지 결정해야 한다. 연방정부 규정에 의하면 "최소위험"은 "일상생활 또는 일반적인 육체적, 정신적 검사에서 흔히 접하게 되는 위험"보다 크지 않은 위험을 의미한다. 다음 중 어떤 경우가 "최소위험"에 해당된다고 생각하는가?
(a) 혈당을 측정하기 위해 손가락에서 한 방울의 피를 채혈하는 것
(b) 혈액검사를 위해 팔에서 채혈하는 것
(c) 규칙적으로 채혈하기 위해 팔에 관을 집어넣은 상태로 두는 것

7.2 **누가 윤리위원회에서 일하는가?** 정부 규정에 의하면 제도적 윤리위원회는 최소한 과학자 한 명, 과학자가 아닌 사람 한 명, 그리고 기관 밖의 외부인 한 명을 포함한 최소한 다섯 명의 위원으로 구성되어야 한다. 대부분의 위원회는 규모가 이보다 크지만 많은 경우 오직 한 명의 외부인만이 위원으로 포함되어 있다.
(a) 과학자가 아닌 위원이 검열 위원회에 포함되어야 하는 이유는 무엇인가?
(b) 외부인이 한 명인 것이 충분하다고 생각하는가? 여러분은 외부인을 어떻게 선택하겠는가?(예를 들어, 의사를 선택하겠는가? 성직자 중에서 선택하겠는가? 아니면 환자인권보호 운동가를 선택하겠는가?)

7.3 **윤리위원회** 만약 인간을 실험대상으로 하는 모든 연구를 검사하기 위해 여러분의 대학에 윤리위원회가 있다면, 이 위원회를 설명하는 서류 사본을 구하여라. 큰 대학이라면 사회과학을 위한 위원회와 의학 실험을 위한 위원회를 따로 두는 것처럼 여러 위원회가 있을 수 있다.

(a) 이 서류에 의하면 위원회의 의무는 무엇인가?

(b) 위원들은 어떻게 선택되었는가? 위원 중 과학자가 아닌 사람은 몇 명인가? 대학직원이 아닌 위원은 몇 명인가? 위원들은 전문직에 종사하는 사람들인가 아니면 단순히 "일반인"인가?

7.4 **구체적 정보에 의한 동의** 한 연구원은 전통적 종교 믿음이 권위적 성격과 관계가 있다고 의심한다. 그 연구원은 권위적 성향을 측정하는 질문과 다양한 종교적 질문을 준비하였다. 실험대상으로부터 동의를 받기 위한 이 연구의 목적을 기술하여라. 질문으로부터 응답자에 관해 알아내는 것이 무엇인지 속이지 않는 것과 종교적인 사람들을 겁주어 표본에 편의가 생기지 않게 하는 것 사이에서 균형을 지켜야만 한다.

7.5 **동의가 필요한가?** 다음 어느 경우 실험대상의 동의 없이 개인적 정보를 수집하도록 허락되겠는가?

(a) 정부는 직업별 평균 수입을 알아보기 위해 납세 신고서로부터 임의표본을 추출한다. 오직 수입과 직업에 관한 정보를 신고서로부터 얻는다.

(b) 한 사회심리학자는 종교집단 구성원의 행동 패턴을 연구하기 위해 그 종교집단의 공공모임에 참여한다.

(c) 한 사회심리학자는 종교집단 구성원의 행동 패턴을 연구하기 위해 개종한 것처럼 위장한 후 그 종교집단의 사적인 모임에 참여한다.

7.6 **학생들이 실험대상** 심리학 001 수강생은 의무적으로 실험대상이 되어야만 한다. 심리학 002 수강생은 의무적으로 실험대상이 되지는 않지만 실험대상이 되는 경우 추가점수를 얻게 된다. 심리학 003 수강생은 실험대상이 되는 것에 서명을 하든지 아니면 학기말 보고서를 제출해야 한다. 실험대상이 되는 것이 어쩌면 교육적일 수 있지만 현행 윤리 기준에 의하면 죄수, 혹은 자선 병원 환자와 같은 "종속적인 실험대상"을 이용하는 것은 금하고 있다. 학생들은 어느 정도 교수들의 영향을 받게 된다. 위 심리학 과목 정책 중 반대하는 과목이 있는가? 그렇다면 어느 과목을 반대하며 그 이유는 무엇인가?

7.7 HIV 감염은 얼마나 흔한가? 탄자니아 의료팀과 같이 일하는 예일대학의 연구원은 아프리카 국가에 있는 임산부들의 AIDS 바이러스 감염이 얼마나 흔한 일인지 알아보기 위해 임산부들로부터 혈액을 채취하는 계획을 세웠다. 예일대학 윤리위원회는 각 임산부로부터 자세한 정보에 의한 동의서를 받아야하며 검사 결과를 알려주어야만 한다고 주장한다. 선진국에서는 일반적인 절차이다. 탄자니아 정부는 임산부에게 왜 채혈을 하는지 그리고 그 결과가 어떠한지 알려주길 원하지 않았다. 탄자니아 정부는 많은 사람이 그 나라의 의료 시스템으로는 치료할 수 없는 치명적인 병에 감염되었을까봐 공포에 떨었기 때문이다. 이 연구는 결국 취소되었다. 예일대학은 실험대상을 보호하는 일반적인 기준을 이 경우에 적용할 권한이 있다고 생각하는가?

7.8 익명성 혹은 비밀성? 미국에서 국가가 수행하지 않는 여론조사 중 가장 중요한 여론조사는 사회조사(1장 예제 7)이다. 사회조사(General Social Survey: GSS)는 정치 사회의 광범위한 문제에 대해 여론조사를 정규적으로 실시한다. 인터뷰는 실험대상의 집에서 개별적으로 이루어진다. 사회조사의 질문에 대한 실험대상의 응답은 익명인가? 비밀이 보장되는가? 아니면 두 가지 모두 만족하는가? GSS 웹사이트를 방문하여 보아라. www.norc.org/projects/gensoc.asp

7.9 익명성 혹은 비밀성? 다른 많은 대학과 마찬가지로 위스콘신 대학에서는 HIV 검사를 무료로 실시한다. 대학의 발표에 의하면 "당신의 이름대신 암호가 사용되며, 암호로 본인 확인을 받은 후 검사결과를 통보 받는다"고 한다. 이름을 밝히지 않고 결과 보고를 직접 찾아가 받을 수도 있다. 이 시행은 익명성을 보장하는가 아니면 단순히 비밀만 보장하는가?

7.10 정말로 익명은 아니다 실제로는 단지 비밀성만 보장하는 많은 실험이 익명성을 보장하는 것처럼 보일 수도 있다. 시장 조사자들은 응답자의 신원을 묻지 않는 우편 조사를 자주 사용하지만 응답자의 신원을 확인할 수 있는 숨겨진 암호를 질문에 포함한다. 익명성이 보장된다고 거짓 주장 하는 것은 명백히 비윤리적이다. 사실은 비밀성만 보장되면서 응답자가 익명성이 보장된다고 믿게 만들지도 모른다면, 신원을 확인 할 수 있는 암호에 대해 언급하지 않는 것은 비윤리적이라고 하겠는가?

7.11 인간 생체 물질 오래 전에는 경미한 빈혈을 치료하는 방법의 하나로 환자로부터 혈액 표본을 채취하였다. 환자에게 알려지지는 않았지만 그 표본들은 저장되었

었다. 이제 연구원들은 빈혈에 영향을 주는 유전자 연구를 위해 저장된 혈액 표본을 사용할 계획을 세우고 있다. 환자들은 이미 사망한 상태이므로 동의서를 받는 것은 더 이상 가능하지 않다. 현대 과학은 혈액 표본으로부터 환자의 전체 유전자 구조를 읽어낼 수 있다.

(a) 만약 여러분의 혈액이 저장되고 나중에 연구에 사용될 수 있다는 것을 몰랐을 때, 여러분의 이름이 쓰여 있는 혈액표본을 실험에 사용하는 것은 구체적인 정보에 의한 동의 원칙에 위배된다고 생각하는가?

(b) 여러분의 신원이 표본에 첨부되지 않았으며 표본은 "빈혈 치료를 받은 20세 백인 여성"으로부터 얻은 것이라는 정보만 알려졌다. 연구를 위해 표본을 이용하는 것은 괜찮다고 생각하는가?

(c) 연구를 위해 저장 후 사용을 허락한 환자들로부터 얻은 혈액 표본과 같은 생체 물질만 사용해야 할 것이다. 어떤 종류의 연구에 사용될지 미리 말하는 것은 불가능하기 때문에 동의서에 대한 일반적인 기준을 만족시키지 못한다. 그럼에도 불구하고 완벽한 비밀성이 보장되고 표본을 사용하는 것이 환자를 육체적으로 해를 끼치지 않는다면 이 연구는 받아들여도 되는가?

7.12 **동일한 처리** 노화 관련 연구원들이 노인 생활에 미치는 건강 보조 서비스의 효과에 대해 조사하려 한다. 큰 병원의 환자들을 임의로 처리 집단과 대조집단에 배정하였다. 처리 집단은 보청기, 의치, 운송 수단과 대조집단에서는 요금을 지불해야만 사용할 수 있는 서비스를 제공받았다. 같은 기관에 있는 사람 중 일부만이 이런 서비스를 받고 다른 사람은 받지 못하는 것은 윤리적인 문제를 야기한다고 윤리위원회는 생각했다. 여러분도 동의하는가?

7.13 **허위 수술?** 이 장 첫 부분에서 인용한 파킨슨병 연구와 같은 임상실험은 점점 더 대중화되고 있다. 예제 6에서는 약품을 테스트하는 것처럼 수술을 테스트하는 것에 찬반 주장을 설명하였다. 새로운 수술의 임상실험에서 허위 수술을 어느 경우에 허락하겠는가?

7.14 **AIDS 임상실험** AIDS를 치료하는 효과적인 처리법을 이용할 수 있게 되었다고 하자. 효과가 덜할지도 모를 치료법을 실험하는 것이 윤리적인가? 강력한 여러 약을 함께 복용함으로써 혈중 HIV 바이러스 수치를 감소시키며, 병의 진전과 AIDS로 인한 사망을 최소한 지연시킬 수 있다. 그러나 그 효과는 환자의 면역 시스템이 얼마만큼 손상되었는지, 예전에 어떤 약을 복용하였는지에 따라 달라진다. 또한 심한 부작용이 있으며 환자는 매일 정기적으로 12개 이상의 약을 복

용할 수 있어야만 한다. AIDS는 대부분 치명적이며 위에서 설명한 약품 결합 요법이 효과가 있으므로 새로운 AIDS 치료법을 실험하기 위해 약품 결합 요법을 중지하는 것은 윤리적이지 않다고 주장할지 모른다. 그러나 약품 결합 요법은 더 좋은 치료법을 발견하는 것을 막을 수 있다. 이것은 현재 환자에게 최상인 방법을 사용하는 것과 미래 환자를 위한 더 나은 치료법을 발견하는 것 사이에 있는 갈등의 좋은 예이다. AIDS를 위한 새로운 약을 어떻게 윤리적으로 실험할 수 있겠는가?

7.15 **아프리카에서의 AIDS 임상실험** AIDS를 치료하는 효과적인 약은 매우 비싸기 때문에 대부분의 아프리카 국가들은 많은 환자들에게 그 약을 제공할 수 없다. 그러나 AIDS는 다른 어느 지역보다도 아프리카에서 흔한 질병이다. 몇몇 임상실험은 아프리카에서 HIV 감염의 주요 원인인 HIV에 감염된 산모로부터 태아에게 감염되는 것을 방지하는 여러 방법을 찾고 있다. 어떤 이들은 선진국에서 사용되는 효과적인 AIDS 치료약이 실험대상에게 주어지지 않기 때문에 이 실험은 비윤리적이라고 말한다. 다른 한편에서는 이 실험은 아프리카 현실에 적용할 수 있는 처리법을 찾고 있으며 적어도 실험대상의 어린이들에게 실험의 혜택을 줄 수 있다고 말한다. 여러분은 어떻게 생각하는가?

7.16 **아프리카에서의 AIDS 임상실험** AIDS 연구의 가장 중요한 목표중 하나는 백신을 발견하는 것이다. 아프리카 일부에서는 AIDS가 아주 흔하므로 백신을 실험하기에 가장 쉬운 장소이다. 그러나 백신이 너무 비싸 적어도 개발 초기 단계에는 아프리카에서 광범위하게 사용될 수 없을 것이다. 만일 백신 개발 혜택이 주로 선진국으로 간다면 아프리카에서 실험하는 것은 윤리적이라고 할 수 있는가? 처리집단은 백신을 복용할 것이며, 위약 집단은 백신이 효과가 있다고 밝혀진다면 나중에 백신을 복용할 것이다. 그러므로 미래의 혜택은 다른 지역에서 받겠지만 실제 실험대상도 혜택을 받는 것이다. 이에 대해 어떻게 생각하는가?

7.17 **여론조사** 대통령 선거 운동이 한창 진행 중이다. 한 후보자가 유권자들의 의견을 정기적으로 알아보기 위해 여론조사기관에 의뢰하였다. 여론조사원은 어떤 정보를 유권자에게 주어야만 하는가?

(a) 구체적 정보에 의한 동의의 기준에 의하면 여론조사원은 잠재적 응답자에게 무엇을 알려주어야 하는가?

(b) 여론조사기관 기준에 의하면 여론조사를 수행하는 기관의 이름과 주소를 응답자에게 알려주도록 되어 있다. 왜 알려주어야 한다고 생각하는가?

(c) 여론조사기관은 흔히 "Samples Incorporated"와 같은 전문적인 이름을 사용하기 때문에 여론조사가 특정 후보 혹은 정당과 같은 스폰서에 의해 고용되어 이루어지고 있는 것을 모른다. 응답자에게 스폰서를 밝히는 것이 조사에 편의를 만들 것인가? 여론조사 결과가 발표될 때마다 스폰서를 밝혀야만 하는가?

7.18 **알아야 할 권리?** 일부 사람들은 모든 정치관련 여론조사는 법적으로 공개되어야 한다고 생각한다. 그렇지 않다면 여론조사 결과를 갖고 있는 사람은 자신의 이익을 위해 그 정보를 사용할 수 있다. 조사 결과를 갖고 있는 사람은 정보의 일부만 선택하거나 혹은 최고의 효과를 보일 수 있는 시간을 선택하여 발표할 수 있다. 후보자 정당에서는 대중을 만족시키기 위해서가 아니라 자신들이 필요한 정보를 얻기 위해 여론조사 기관에 대금을 지불하고 있다고 응답하였다. 여러분은 정치적 여론조사 결과를 완전히 공개하는 것을 선호하는가? 소비자 취향을 알아보는 시장 조사와 같은 다른 여론조사에서는 어떻게 생각하는가?

7.19 **정부의 물음에 대답하기** 2000년 인구조사 양식에서는 53개의 자세한 문항이 있다. 예를 들면,

> *이 집(아파트, 혹은 이동 주택에)는 완벽한 수도 시설을 갖추고 있는가; 즉, (1) 냉·온수관 시설, (2) 수세식 화장실, (3) 욕실, 혹은 샤워실*

그 양식에는 수입이 얼마인지, 어떤 "육체적, 정신적, 정서적 조건"이 "학습, 기억, 집중"에 어려움을 주는지도 물었다. 국회에서 이 설문에 대해 승인을 하기는 했지만 일부 국회의원들은 반대하였다.

정부는 그와 같은 정보의 합법적인 용도를 갖고 있지만, 질문들은 국민의 사생활을 침해하는 것처럼 보인다. 이 양식에 관해 찬반 토론하여라.

7.20 **자료 요금 청구** 정부가 수집한 자료는 대부분 무료이거나 저렴한 가격으로 개인이 사용할 수 있다. 예를 들어, 미국 기상청이 수집한 위성 날씨 정보는 날씨 정보를 알려주는 모든 TV 방송국과 웹에 무료로 제공된다. 한편 유럽 정부들은 날씨 정보에 대해 TV 방송국에 요금을 부과한다.

의견 1 : 정부 자료는 최소의 비용으로 모든 사람이 사용할 수 있어야 한다.

의견 2 : 위성은 매우 비싸고 TV 방송국은 날씨 정보로부터 이익을 얻으므로 경비를 부담해야만 한다.

어떤 의견을 지지하는가? 이유는 무엇인가?

7.21 젊은이의 여론조사 질병예방센터는 십대의 실험대상에게 현재 성생활을 하고 있는지 묻고 "예"라고 대답한 실험대상에게는 처음으로 성경험 한 나이는 몇 살인지 물었다. 미성년자에게 성, 마약과 같은 질문을 하기 위해 부모의 동의가 꼭 필요한가? 아니면 미성년자 자신의 동의서면 충분한가? 여러분의 의견에 제시하고 그 이유를 설명하여라.

7.22 실험대상을 속이는 것 학생들은 심리 실험에 실험대상으로 참여하기 위해 서명을 한다. 학생들은 인터뷰가 지연되었다는 것을 알게 되었고 대기실로 안내되었다. 실험자는 대기실에 있는 값진 물건을 훔치는 연기를 한다. 어떤 실험대상은 도둑 역할을 하는 실험자와 단 둘이 있으며, 처리 집단에서는 실험대상 둘이 도둑과 같이 대기실에 있게 된다. 실험대상은 도둑을 신고할 것인가?

실험대상들은 특별히 설명되지 않은 실험에 참여하는 것을 동의하였고 실험의 실제 성격은 나중에 설명되어졌다. 이 실험이 윤리적으로 문제가 없다고 생각하는가?

7.23 실험대상 유혹 한 심리학자가 다음 실험을 실시하였다 : 속임수에 대한 실험대상의 태도를 측정한 후 속임수 없이는 이길 수 없도록 조작된 컴퓨터 게임을 하게 한다. 게임을 진행하는 컴퓨터는 실험대상이 속임수를 쓰는지 여부를 몰래 기록한다. 그런 후 속임수에 대한 태도를 다시 검사한다.

게임에서 속임수를 사용했던 실험대상들은 속임수를 용인할 수 있다고 그들의 태도를 바꾸는 경향이 있다. 속임수의 유혹을 이겨낸 실험대상들은 두 번째 검사에서 더욱 강하게 속임수를 비난하는 경향이 있다. 이 결과는 심리학자의 이론을 확인시켜준다.

이 실험은 속임수를 쓰도록 실험대상을 유혹하였다. 사실은 관찰되고 있음에도 불구하고 비밀스럽게 속일 수 있다고 믿도록 실험대상들을 유도하였다. 이 실험은 윤리적으로 반대할 만한 것인가? 여러분의 의견을 설명하여라.

7.24 체면과 공적자금 국회는 공적자금을 "점잖지 못한" 혹은 "저급한 취향의" 과제에 사용하는 것을 자주 반대해왔다. 예술 분야가 가장 많이 영향을 받았지만 과학 분야도 그 대상이 될 수 있다. 마리화나의 성적 반응에 대한 효과를 알아보는 실험의 지원을 한때 반대하였다. Science 잡지는 다음과 같이 보고하였다.

> *Southern Illinois 의과대학에 있는 Harris 박사와 동료들은 마리화나를 피운 사람에게 포르노 영화를 보여준 후 성기에 부착된 센서로 그들의 반응을 측정*

하는 실험을 제안하였다.

마리화나, 성, 포르노 영화를 다루는 이 실험은 $120,000의 경비가 필요했다. 상원의원들은 화려한 웅변과 은유로써 이 연구를 강력하게 반대했다.

"붉은 잉크와 '푸른' 영화, Acapulco '금'의 조합이 없이도 우리는 할 수 있다고 확신합니다." Arkansas의 상원위원 John McClellan은 조롱석인 말투로 익살스럽게 의견을 말했다.....

(a) 실험대상들은 구체적인 정보에 의하여 동의서를 제출한 자발적 지원자였다. 여러분이 윤리위원회의 위원이라면, "체면"과 "고상한 취향"에 근거하여 이 실험에 반대하겠는가?

(b) 자유세계에서는 자발적 실험대상으로 이루어지는 어떤 합법적 실험도 승인해야한다는 것을 인정한다고 가정하자. 일반적인 검열 절차에 의해 과학적 가치가 있다고 판단되는 어떤 실험도 정부 지원금을 받을 자격이 있다고 말하는 것은 더 앞서 가는 이야기이다. 여러분이 국회의원이라면 "체면"과 "고상한 취향"에 근거하여 실험에 지원하는 것을 반대하겠는가?

7.25 Web을 이용하기 미네소타 대학은 '자세한 정보에 의한 동의'를 교육하기 위한 웹사이트 www.research.umn.edu/consent/을 운영하고 있다. 이 사이트를 방문하여 건강과 생명과학 혹은 사회행동과학 링크의 '자세한 정보에 의한 동의'의 개략을 선택하여 읽은 후 퀴즈를 보아라.

웹탐색

피츠버그 대학의 www.irb.pitt.edu/ 사이트에서 윤리위원회의 업무를 찾아볼 수 있다. 검열과정이 어떻게 만들어지는지 알아보려면 *Reference Manual for the Use of Human Subjects in Research*를 참고하여라.

이 장에서 다룬 문제와 그 외 많은 문제들을 미국통계학회(www. amsta.org/profession/index.cfm?fuseaction=ethicalstatistics)와 미국심리학회(www.apa.org/ ethics/code2002.html)의 공식윤리규정에서 찾아볼 수 있다.

CHAPTER 8

측정하기

시간 있으세요?

우리는 지난 세대보다 더 많은 여가시간을 누리고 있는가? *The Overworked Americans*이라는 책은 지금 세대 사람들이 과거 어느 때보다도 많은 일을 하고 있다고 주장한다. 그런가 하면 또 다른 책 *Time for Life*는 과거 어느 때보다도 여가시간이 많다고 주장한다. 누군가 통계를 이용해 거짓말을 하는 것일까?

여가시간이 증가하였는지 알아보기 위해 우리는 "여가시간"을 **측정**해야 한다. 즉 여가시간이 무엇을 의미하는지 결정해야 것이다. "일하지 않는 것, 직장에 출퇴근하지 않는 것, 집안일을 하지 않는 것 등등"과 같은 정의에서 "하지 않는 것"의 내용을 바꿈으로써 다른 자료를 얻을 수 있다.

여가시간의 정의가 결정되면 실제로 숫자를 얻어야 한다. 표본으로 추출된 사람에게 어제 하루를 어떻게 보냈는지 질문해야 한다. 그들의 기억을 믿지 못하거나 얼마나 오랫동안 일했는지 과장해서 대답할 것이라 의심이 된다면, 오늘 하루 시간을 어떻게 보내는지 기록하도록 요구할 수도 있다. 물론 너무 바쁜 사람들은 하루 일과를 기록하는 것을 잊어버릴지도 모른다. "여가시간"의 정의뿐만 아니라 그것을 측정하여 숫자화하는 것도 어려운 일이다.

임의 표본과 임의비교실험은 많은 장점을 갖고 있다. 그러나 결국에는 "여가시간", "진통", "수입"과 같은 항목들을 계량화 하여야 한다. 어떻게 계량화 되었는지 알기 전에는 계량화된 숫자를 믿지 않는 것이 좋다.

측정의 기초

통계는 숫자를 다룬다. 표본이나 실험을 계획하는 것만으로 숫자를 얻지는 못한다. 표본 응답자나 실험대상이 주어지면 관심이 있는 특성이 무엇이든 *측정*해야 한다. 올바른 내용을 측정하려고 하는가? 측정이 어렵다고 해서 중요한 결과를 빠뜨린 것은 아닌가?

단위가 무엇인가?

측정 단위에 주의하지 않아 문제가 발생할 수 있다. 1999년 *Mars Climate Orbiter* 우주선이 화성 대기권에서 불타버렸다. 그 우주선은 행성 93마일(150km) 위에 있었어야 함에도 불구하고 단지 35마일(57 km)위에 머물러 있었다.

*Orbiter*를 설계한 Lockheed Martin은 중요 측도를 영국 단위(파운드, 마일)로 표기하였고, 우주선을 운행한 전국 우주항공국은 미터법(kg, km)을 사용하였던 것이다. 이로 인해 일억 이천오백만 달러가 허비되었다.

예제 1 환자들은?

임상실험에서는 혈압, 종양크기, 혈액 내 바이러스 밀도와 같이 측정하기 쉬운 것만 측정하려는 경향이 있다. 그런 항목들은 환자들에게 가장 문제가 되는 치료가 효과적이었는가를 직접 측정하지는 못한다. 1980년부터 1997년 사이에 발표된 실험의 오직 5%만이 치료가 환자의 감정 상태와 사회활동 능력에 미치는 영향에 대해 측정하였다.

무엇을 측정할 것인지 결정되면 어떻게 측정할 것인지에 대해 생각할 수 있다.

측도

특성을 표현하기 위해 숫자를 부합으로써 사람 혹은 물체의 성질을 **측정**한다.

측정을 위해 때론 **도구**를 사용한다. 측정을 기록하기 위해 **단위**를 선택한다.

측정의 결과는 다른 특성을 갖고 있는 사람 혹은 물체마다 다른 값을 부여하는 숫자 **변수**이다.

예제 2 길이, 학습 능력 그리고 고속도로 안전성

침대 길이를 측정하기 위해 줄자를 도구로 사용한다. 인치나 센티미터를 *측정 단위*로 선택할 수 있다. 센티미터를 단위로 선택하였다면 센티미터로 표현된 침대 길이가 *변수*이다.

한 학생의 대학 학습 능력을 측정하기 위해 SAT 시험을 보도록 요구할 수 있다. 시험 양식이 *도구*이며 학생의 점수가 *변수*이다.

고속도로에서의 안전성은 어떻게 측정할 수 있는가? 일 년 동안 교통사고 사망자 수를 셀 수도 있다. 교통안전관리공단에서는 치명적인 충돌 사고에 대한 자료를 수집한다. 고속도로의 안전성을 측정하는 변수로써 이 자료를 사용할 수 있다.

어떤 통계 연구에서든 변수에 대해 다음 질문을 물어야 한다.

1. 변수가 정확히 어떻게 정의되었는가?
2. 변수는 측정하려는 특성을 올바른 방법으로 설명하는가?
3. 측정이 얼마나 정밀한가?

많은 경우 측정도구를 우리 스스로 설계하지 않기 때문에 정밀성에 대해서는 깊이 다루지는 않겠다.

변수를 알라

측정은 길이 혹은 취업 상태와 같은 개념을 정확하게 정의된 변수로 바꾸는 과정이다. 길이가 무엇을 의미하는지 정확히 알기 때문에 "길이"라는 개념을 숫자로 바꾸기 위해 줄자를 이용하는 것은 간단하다. SAT 점수의 경우는 적어도 숫자를 어떤 과정을 통해 얻는지 알 수 있다. 그러나 여가시간을 측정하려면 우선 어떤 시간을 여가로 계산할지 결정해야 한다. 고속도로 사고 사망자수를 세는 것도 어떤 경우를 고속도로 사망사고로 계산할지 알아야 한다. 자동차에 부딪힌 보행자? 건널목에서 기차에 부딪힌 차에 있던 승객? 사고 6개월 후 부상으로 사망한 사람? 정부의 집계를 단순히 받아들일 수는 있지만 어떤 숫자를 집계한 것인지 알기 위해 제기한 질문에 누군가는 답을 주어야만 한다. 예를 들어, 사고 후 30일 이내에 사망한 경우에만 교통사고 사망으로 간주한다. 이런 자세한 정보를 고려하는 것은 귀찮은 일이지만 결과에 차이를 만들 수 있다.

예제 3 실업률 계산

노동통계국은 매달 전월 *실업률*을 발표한다. 일할 능력이 없는 사람들(퇴직자, 재학 중에는 일하길 원하지 않는 학생 등)은 단지 직업이 없다는 이유만으로 실업자로 계산되어서는 안 된다. 실업자로 분류되려면 우선 노동인구이어야 한다. 즉 실업자란 노동 능력이 있으며 일을 찾는 사람이다. 실업률은 다음과 같다.

$$\text{실업률} = \frac{\text{실업자 수}}{\text{노동인구의 수}}$$

실업률의 정확한 정의를 위해 노동통계국은 "노동인구"와 "취업"이 무엇을 의미하는지 아주 자세히 설명해 놓았다. 예를 들어, 여러분이 파업 중이지만 같은 직장으로 복귀할 계획이라면 취업상태로 계산된다. 현재 일을 하고 있지 않고 지난 2주 동안 구직 활동을 하지 않았다면 노동인구로 분류되지 않는다. 따라서 일하기 원하지만 구직을 계속할 의욕을 잃었다고 말하는 사람은 실업자로 분류되지 않는다. 정확한 기준을 제시하는 것이 중요하다. 정부가 실업자의 정의를 다르게 사용하면 공식적인 실업률이 달라질지 모른다.

노동통계국은 매달 시행하는 인구조사로부터 얻은 표본과 인터뷰에 근거하여 실업

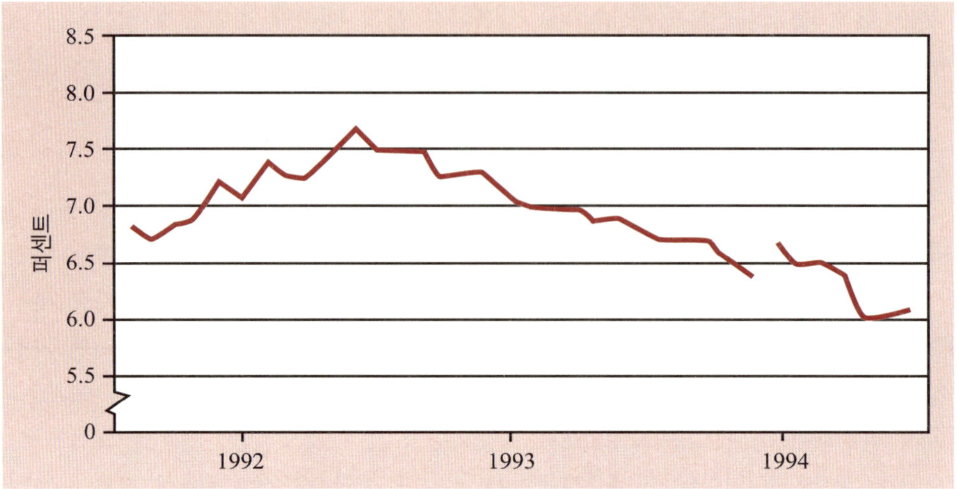

그림 8.1 1991년 8월부터 1994년 7월 사이의 실업률. 공백 부분은 정부가 실업률 측정 방법을 바꿈으로써 나타난 결과이다.

률을 추정한다. 인터뷰를 하는 사람은 단순히 "당신은 노동인구입니까?" 혹은 "취업을 하였습니까?"라고 물을 수 없다. 사람들을 취업, 실업, 혹은 노동인구가 아님 상태로 분류하기 위해서는 많은 질문이 필요하다. 질문을 변경함으로써 실업률을 바꿀 수 있다. 노동통계국은 컴퓨터의 도움을 받는 인터뷰를 소개함으로써 질문을 좀 더 정확하게 향상시켰다. 그림 8.1은 취업상태에 대해 발표한 노동통계국 월간 소식지 제1면에 실렸던 실업률 그래프이다. 1994년 1월에 나타난 공백은 인터뷰 방법을 바꿈으로써 나타난 결과이다. 기존의 방법에 의하면 실업률이 6.3%였지만 새로운 방법에 의하면 6.7%였다. 이는 정치가들이 신경쓰일 만큼 큰 변화이다.

"이게 우리대학의 새로운 입학 측정기라네. 공항에서 기내 반입 수화물 크기 측정기로부터 아이디어를 얻었지"

타당한 측도

침대 길이를 측정하기 위해 줄자를 사용하는 것에 아무도 반대하지 않을 것이다. 대학 학습 능력을 측정하기 위해 SAT 점수를 사용하는 것에 많은 사람들이 반대한다. 대학 응시자들의 키를 측정한 후 가장 키가 큰 학생을 선발한다고 한다면 바보 같은 일이라고 할 것이다. 왜 그런가? 키는 대학 수학 능력과 아무런 관계가 없기 때문이다. 전문적인 용어로 표현하자면 키는 학생의 수학 능력을 측정하는 *타당한* 측도가 아닌 것이다.

타당한 측도

변수가 어떤 특성을 적절하고 적합하게 표현하다면 그 특성의 **타당한 측도**이다.

길이를 줄자로 측정하는 것은 타당하지만 학생들의 수학 능력을 키를 측도로 측정하는 것은 타당하지 않다. 실업의 정의를 달리함으로써 어느 정도 다른 실업률을 얻게 되기는 하지만 노동통계국의 실업률은 타당한 측도이다. 다음 예를 통해 타당한 측도와 타당하지 않은 측도에 대해 생각해 보자.

예제 4 고속도로 안정성 측정

도로 상태는 더 좋아졌으며 제한 속도도 더 높아졌다. 대형 SUV가 대중화 되었다. 지속적인 캠페인으로 음주 운전이 감소되었다. 이러한 운전 환경의 변화가 고속도로의 안정성 변화에 어떤 영향을 주었을까?

단순히 자동차로 인한 사망자를 집계할 수도 있다. 교통안전관리공단에 의하면 1994년 40,716명이 사망하였었고, 8년 후인 2002년에는 사망자 수가 42,815명으로 증가하였다. 그러나 운전면허 소지자도 1994년 1억7천5백만 명에서 2002년 1억9천4백만 명으로 증가하였으며, 운전 거리는 2358조 마일에서 2856조 마일로 증가하였다. 더 많은 사람이 더 많은 거리를 운전한다면 도로 상태가 더 안전해졌다고 할지라도 아마 사망자는 더 많아질 것이다. 단순한 사망자 숫자는 고속도로 안전성의 타당한 측도가 아닌 것이다.

총 사망자 수보다는 비율을 사용해야 한다. 예전보다 더 많은 운전자들이 더 많은 거리를 운전한다는 사실을 감안하여 운전 거리당 사망자 수를 계산한다. 2002년 미국에서의 운전 거리는 2856조 마일이었다. 흔히 1마일당 사망자 수보다 100만 마일당 사망자 수를 계산한다. 2002년의 경우 사망률은

$$\frac{\text{자동차 사망자 수}}{\text{운전거리(단위 : 백만 마일)}} = \frac{42,815}{28,560} = 1.5$$

사망률은 1994년 100만 마일당 1.7명 사망에서 2002년 1.5명으로 감소했다. 이것은 1994년보다 사망률이 12% 감소하였음을 의미한다. 따라서 총 교통사고 사망자 수는 증가하였지만 고속도로는 더 안전해졌다고 할 수 있다.

총계와 비율

단순한 총계보다 비율(분수 혹은 퍼센트)이 더 **타당한** 경우가 많다.

독자들에게

많은 경우 교통사고는 운전자의 피로에 의한 것으로 연구되었다. 연구자는 이른 오후(1시부터 2시)보다 늦은 오후(5시부터 6시)에 교통사고 빈도수가 더 높음을 알았다. 따라서 운전자의 피로가 이른 오후보다 늦은 오후에 교통사고의 더 중요한 요인이 된다고 결론지었다. 이 결론이 옳다고 생각하는가?

키로 대학 학습 능력을 측정하거나 비율이 사용되어야 할 때 총계를 사용하는 것은 명백하게 타당하지 않은 측도의 예이다. 그러나 사용하는 측도가 타당한지 아닌지 명백하지 않은 경우도 있다.

예제 5 성취도 검사

여러분이 통계학 시험을 본다면 수업에서 언급된 주요 문제들이 출제되길 바랄 것이다. 그렇게 출제되었다면 그 시험은 여러분이 과목을 얼마나 이해했는지 측정하는 타당한 측도가 된다. SAT를 관장하는 대학 위원회는 다양한 분야의 성취도 검사를 실시한다. 이런 성취도 검사는 전문가들이 검사에 포함되어야 할 내용을 설명하는 계획서와 검사 문항을 비교함으로써 검사의 타당성을 판단할 수 있다.

예제 6 IQ 검사

심리학자들은 "지능" 혹은 "권위적 성격"처럼 직접 관찰될 수 없는 특징을 측정하길 원한다. IQ 검사가 지능을 측정하는가? 어떤 심리학자는 "그렇다"고 자신 있게 답한다. 심리학자들은 일반적인 지능이라는 특징이 있으며 완벽하지는 않지만 다양한 수준의 IQ 검사로 그것을 측정한다고 주장한다. 한편 다른 전문가들은 "그렇지 않다고" 역시 자신있게 답한다. 단 하나의 지능이 있는 것이 아니라 단일 도구로 측정될 수 없는 다양한 정신적 능력만 존재한다고 주장한다.

이 예제들의 경우 통계는 아무 도움이 되지 못한다. "통계학 지식" 혹은 "지능"과 같은 아이디어로 시작하였다. 아이디어가 모호하면 타당성은 주관적이 된다. 그러나 타당성의 개념을 조금 더 명확하게 한다면 통계가 도움이 될 수 있다.

예제 7 SAT 시험

1999년 SAT 점수가 발표되었을 때 Fair Test 기관은 "SAT 편의로 인해 수천 명의 여학생들이 뛰어난 학업 성적으로 받았던 장학금과 대학 입학 허가를 잃게 될 것이다"라고 말했다. 수학 시험에서 여학생의 평균은 495점이었으며 남학생의 평균은 531점으로 성별에 따라 차이가 크게 나타났다. 연방 인권위원회는 여학생과 소수민족 학생의 점수가 낮게 나온 시험은 차별적인 것이라고 말한다.

SAT를 관장했던 대학 위원회는 한 집단이 다른 집단보다 낮은 성적을 얻게 되는 것에는 많은 이유가 있다고 응답했다. 예를 들어, 교육수준이 낮고 저소득층인 가정의 경우 남학생보다 여학생이 SAT 시험에 더 많이 응시하였다. 부모의 교육수준이 낮고 수입이 적은 학생은 부유한 가정의 학생보다 가정과 학교에서 받는 혜택이 평균적으로 적다. 그들은 대학 입시 준비를 제대로 할 수 없는 환경으로 인해 낮은 SAT 점수를 받게 된다. 한 집단의 점수가 낮다는 사실이 그 시험이 타당하지 않다는 것을 의미하지는 않는다.

SAT는 대학 학습 능력의 타당한 측도인가? "대학 학습 능력"은 타고난 지능, 지식, 시험 기술 그리고 학업에 대한 동기가 조합된 모호한 개념이다. SAT 성적이 이런 모호한 개념을 정확히 반영하는지에 대한 논쟁은 끊임없을 것이다.

그 대신 좀 더 간단하고 쉽게 답할 수 있는 질문을 한다. SAT 점수는 성공적인 대학생활을 예측하는데 도움이 되는가? 성공적인 대학생활은 졸업 여부와 평점에 의해 측정될 수 있는 명확한 개념이다. 높은 SAT 성적을 얻은 학생은 그렇지 않은 학생보다 졸업할 가능성이 더 높으며 평균 평점도 더욱 높다. 이 경우 SAT 점수는 학습 능력 측도로서 *예측타당성*을 갖는다. 이것은 자료로 직접 평가할 수 있는 유일한 타당성이다.

예측타당성

관련 업무의 성공여부를 예측하는데 측정된 특성이 사용될 수 있다면 그 측도는 **예측타당성**을 갖는다고 한다.

측정될 수 없었던 중요한 것

1981년 Edmonton Oilers 하키팀의 한 어린 선수는 체력, 속력, 반사 능력, 시력과 같이 우리가 측정할 수 있는 모든 분야에서 꼴찌를 하였다. 그러나 그 선수가 바로 "위대한 선수"라고 불리게 된 Wayne Gretzky이다. 그는 NHL에 진출한 해에 최다득점의 기록을 세웠으며 일곱 번이나 그 기록을 갱신하였다. Gretzky가 최고의 하키 선수가 될 수 있었던 무엇인가를 체력검사에서는 찾아내지 못했던 것이다. 중요한 모든 것이 측정될 수는 없다.

예측타당성은 통계적 관점에서 볼 때 가장 명백하고 유용한 형태의 타당성이다. "SAT 점수가 대학 학점을 예측하도록 도와주는가?"는 "IQ 점수가 지능의 높고 낮음을 측정하는가?"보다 더 명확한 질문이다. 그러나 예측타당성은 예-아니오로 답할 수 있는 개념이 아니다. SAT 점수가 *얼마나 정확히* 학점을 예측하는지 그리고 *어떤 집단*에서 SAT 점수가 예측타당성을 갖는지 물어야만 한다. 예를 들어, SAT 점수로 남학생의 점수는 잘 예측되지만 여학생의 경우에는 그렇지 않을 수 있다. "*얼마나 정확히*"라는 개념을 설명하는 통계적 방법들이 있다. 아래에 있는 통계적 논쟁거리들에서는 이 문제를 생각해보자.

정밀한 측정

체중계를 이용하여 몸무게를 측정하는 것은 타당하다. 그러나 사용한 체중계가 대부분의 체중계와 비슷하다면 측정이 매우 정확하지 않을 수 있다. 체중계로 몸무게를 측정하기는 하지만 아마도 정확한 몸무게를 알기는 어려울 것이다. 내 체중계는 실제 체

통계적 논쟁거리들
대학 입학에서의 SAT 시험

입학 여부를 결정하기 위해 다양한 평가방법을 사용한다. 학교 성적이 가장 중요하지만 SAT 성적도 중요하다. SAT는 전국적인 시험이라는 장점이 있다. 고등학교 수학 성적이 A라는 것은 학교마다 그 의미의 차이가 있을 수 있으나, SAT 수학 점수가 625점이라는 것은 어디에서든 같은 의미를 갖는다. SAT로는 창의성이나 성실성을 측정할 수 없어 대학에서의 활동을 정확히 예측할 수 없지만, 대부분의 대학에서는 SAT 성적이 의미 있음을 경험에 의해 알고 있다.

아래 표는 1998년 48,039명의 학생 자료로부터 SAT 점수가 대학 1학년 성적을 얼마나 잘 예측하는지 알려준다. 표에 있는 숫자는 SAT 성적, 고등학교 성적 그리고 SAT와 고등학교 성적을 모두 사용하였을 때 학생들의 학점이 예측 가능한 경우의 퍼센트를 나타낸다. 0%는 예측 타당성이 전혀 없음을 의미하며, 100%는 완벽한 예측 타당성을 의미한다. SAT 성적이 대학 첫 해의 성적을 얼마나 잘 예측한다고 생각하는가? SAT 성적이 대학 입학 여부를 결정하는데 사용되어야 한다고 생각하는가?

Mark Richards/Photo Edit

	모든 학생	남학생	여학생	흑인 학생
SAT	27%	26%	31%	25%
고등학교 성적	29%	28%	28%	24%
고등학교와 SAT 성적	37%	36%	38%	34%

중보다 3파운드 많게 측정한다고 하자. 즉,

측정된 몸무게 = 정확한 몸무게 + 3파운드

문제가 이것뿐이라면 그 체중계는 같은 몸무게에 항상 같은 측정값을 줄 것이다. 그러나 대부분의 체중계는 항상 같은 측정값을 주지 않는다. 내 체중계는 오래되고 낡아서 항상 3파운드 많게 측정할 뿐만 아니라 일정한 값을 측정하지 못한다고 하자. 오늘 아침 체중계가 고장 나서 보통 때보다 0.5파운드 적게 측정했다면 측정된 몸무게는 다음과 같다.

측정된 몸무게 = 정확한 몸무게 + 3파운드 − 0.5파운드

체중계에서 내려온 후 바로 다시 올라섰을 때, 0.25파운드 더 많이 측정되었다면, 이번에 측정된 몸무게는 다음과 같다.

측정된 몸무게 = 정확한 몸무게 + 3파운드 + 0.25파운드

만약 할 일이 없어 계속해서 체중을 측정하였다면 실제 몸무게보다 3파운드 높은 숫자에 집중되기는 하지만 다양한 다른 측정값을 계속 얻을 것이다.

내가 가진 체중계는 두 종류의 오차가 있다. 고장이 안 났다면 누구의 체중을 측정해도 실제 보다 항상 3파운드 많게 측정할 것이다. 이런 규칙적인 오차를 *편의*라 한다. 그러나 고장난 경우에는 평균적으로 3파운드 많게 측정하지만 같은 무게를 반복하여 측정할 때마다 다른 측정값을 줄 것이다. 고장으로 인해 예측할 수 없는 오차를 *임의오차*라 한다.

측정에서의 오차

측정에서의 오차는 다음과 같다:

측정된 값 = 참값 + 편의 + 임의오차

어떤 특성을 측정하는 과정에서 규칙적으로 틀린 값을 준다면 그 측정과정은 **편의**를 갖는다고 한다.

같은 개체를 반복 측정할 때마다 다른 결과를 얻는다면 그 측정과정은 **임의오차**를 갖는다고 하며 임의오차가 작은 경우 그 측정은 **신뢰할 만**하다고 한다.

편의가 있어도 같은 물건을 항상 같은 무게로 측정하는 저울은 신뢰할 만하다. 신뢰성은 반복해서 같은 결과를 주는 것을 의미한다. 편의와 신뢰성 결여는 다른 종류의 오차이다. 따라서 신뢰성과 타당성을 혼동해서는 안 된다. 신뢰할 수 없는 저울이라

할지라도 저울을 이용하여 무게를 측정하는 것은 타당한 것이다. 다음은 신뢰할 수 있지만 타당하지 않은 측정의 예이다.

예제 8 큰 두개골이 높은 지능을 의미하는가?

19세기 중엽에는 인간의 두개골 부피를 측정함으로써 지능을 측정할 수 있다고 생각하였다. 시신으로부터 분리된 두개골이라 해도 그 부피를 정확히 측정하는 것은 어려웠다. 외과 의사인 Paul Broca는 두개골에 납을 채운 후 다시 쏟아내어 무게를 측정함으로써 두개골의 부피를 측정하는 꽤 신뢰할 만한 방법을 사용하였다. 그러나 이 신뢰할 만한 측정 방법이 지능을 측정하는 타당한 방법을 의미하지는 않는다. 왜냐하면 두개골 부피는 지능과 아무런 관계가 없음이 밝혀졌기 때문이다.

독자들에게

매년 Zagat Survey는 로스앤젤레스 지역 레스토랑의 순위를 발표한다. Nobu Malibu는2003년에는 3위, 2002년에는 37위이었다. Derek's는 2003년 8위, 2002년 35위이었다. 이 순위는 편의 되어있는가? 아니면 신뢰할 수 없는가?

편의 감소, 신뢰성 증가

지금 몇 시인가? 위성신호를 이용하여 여러분의 현재 위치를 알려주는 Global Positioning System과 현대 기술은 매우 정확한 시간 측정을 요구한다. 일반적인 시계는 온도, 습도, 압력에 의해 영향을 받는다. 세슘 원자는 영향을 받지 않는다. 매우 정밀한 시간이 필요한 사람들은 원자시계를 사면된다. 국립 표준 기술 연구소(National Institute of Standard and Technology: NIST)는 더 정밀한 원자시계를 보유하

By permission of Johnny Hart and Creators Syndicate, Inc.

고 있으며 라디오, 전화, 인터넷을 통해(전송 과정에서의 오차는 있지만) 매우 정밀한 시각을 알려준다.

예제 9 매우 정밀한 시간

NIST의 원자시계는 매우 정밀하지만 완벽하지는 않다. 세계표준 시간은 프랑스에 있는 도량형 국제기구(International Bureau of Weights and Measures: BIPM)에 의해 정해진다. BIPM의 시계가 NIST의 시계보다 더 정확하지는 않다. BIPM은 세계 여러 곳에 있는 200개 이상의 원자시계의 평균 시간으로 시간을 계산한다. NIST는 세계표준시간이 정확한 시간에서 얼마나 벗어났는지 알려준다. 초 단위로 기록한 최근 12개의 오차가 여기 있다.

0.0000000075	0.0000000012
0.0000000069	−0.0000000020
0.0000000067	−0.0000000045
0.0000000063	−0.0000000046
0.0000000041	−0.0000000042
0.0000000032	−0.0000000036

장기간으로 보면 NIST의 시간 측정은 편의가 없다. NIST의 시간이 BIPM의 시간보다 빠르기도 하고 느리기도 하지만 특별한 방향서이 있지는 않다. NIST의 시간은 신뢰할 수 있으나 위에 기록한 숫자들은 어느 정도의 변동을 보여주고 있다. 완벽하게 신뢰할 만한 측정은 없다. 하나의 측정보다 여러 측정 결과의 평균이 더 신뢰할만하다. 그렇기 때문에 세계표준 시간은 많은 원자시계로부터 측정된 시간의 평균을 사용하는 것이다.

더욱 더 신뢰할 만한 결과를 얻기 위해 과학자들은 측정을 반복하여 평균을 사용한다. 화학 실험실에 있는 학생들조차도 실험을 반복하여 평균을 구한다. 더 많은 표본이 표본 통계에서의 변이성을 감소시키는 것과 같이 더 많은 측정의 평균은 결과의 변이성을 줄인다.

신뢰성을 높이기 위해 평균을 사용하여라.

어떤 측정도 완벽하지 않다. 같은 개체로부터 여러 번 반복된 측정의 평균은 한 번 측정한 값 보다 신뢰할 만하다.

측정도구가 얼마나 정밀한지에 따라 편의는 영향을 받는다. 편의를 줄이기 위해 더 좋은 도구가 필요한 것이다. 그림 8.2의 NIST 시계는 6백만년에 1초의 오차를 갖는 정밀도를 갖고 있지만 여러분들 침실에 놓기에는 조금 크지 않은가?

그림 8.2 NIST의 이 시계는 6백만년에 1초의 오차가 있다.

예제 10 실업률 재측정

실업률을 측정하는 것 역시 "측도"이다. 편의와 신뢰성의 개념은 시간과 길이의 측정에 적용된 것처럼 실업률에도 적용된다.

노동통계국은 감독관이 표본의 5%를 다시 인터뷰함으로써 실업률 측정의 *신뢰성*을 검사하였다. 이는 화학 실험실에서 학생이 반복하여 무게를 측정하는 것과 같이 같은 개체로부터 측정을 반복하는 것이다.

노동통계국은 측정 도구를 개량함으로써 *편의*를 줄였다. 최근 50년 안에 가장 정밀한 인구조사가 이루어졌다고 평가된 1994년에서도 측정도구를 개량하였다. 예를 들어, 예전 시스템에서는 구체적인 조사 과정이 여성들의 직업 패턴 변화를 따라가지 못해 여성들의 실업률이 과소평가 되었다. 새로운 측정 시스템에서는 이런 부분을 수정하였고 보고된 실업률은 증가하였다.

심리학자에 대한 동정

통계학자들은 표본조사와 측도를 비슷한 방식으로 이해한다. 두 경우 모두 중요 아이디어는 "여러 번 반복한다면 어떤 일이 일어날 것인가?"이다. 표본조사에서는 모집단의 모수를 추정하길 원하며 추정치가 편의되었거나 표본마다 너무 다른 추정치를 얻게 되는 것을 염려한다. 이제 어떤 특징을 측정하길 원하며 측정이 편의되었거나 같은 개체를 반복하여 측정하였을 때 너무 다른 값을 얻게 되는 것을 염려한다. 편의는 매번 발생하는 규칙적 오차이다. 높은 변이성(낮은 신뢰성)은 반복 측정하였을 때 같은 결과를 주지 않으므로 결과를 믿을 수 없다는 것을 의미한다.

체중을 측정할 때는 편의와 변이성의 의미가 분명하다. "정확한 체중"에 대한 명확한 개념을 알고 있다고 하자. 병원에서부터 실험실 그리고 NIST에 이르기까지 주변에서 아주 정확한 저울을 구할 수 있다. 이들을 이용해 실제 체중을 가능한 정확하게 측정할 수 있다. 이 값을 이용해 내 체중계가 실제 체중보다 항상 3파운드 많은 값으로 측정한다는 것을 알 수 있다. 여러 번 반복해서 체중을 측정하고 매번 얼마나 다른 측정값을 얻는지 확인함으로써 신뢰성도 쉽게 설명할 수 있다.

"여러 번 반복한다면 어떤 일이 일어날 것인가?"는 "지능"과 "학습능력" 측정에서는 현실적으로 답하기 훨씬 어려운 질문이다. "권위적인 성격"을 측정하길 원하는 어느 심리학자의 예를 보자.

예제 11 권위적인 성격인가?

성격이 완고하며 강한 지도자를 따르려는 경향을 보이는 성격 유형을 가진 사람이 있는가? 제2차 세계대전 후 나치에 대해 회고해 본 심리학자들은 있을 수 있다고 생각했다. 1950년 심리학자들은 "권위적인 성격"을 측정하는 도구로서 "F-scale"을 개발하였다. F-scale은 다음과 같은 문장에 얼마나 강하게 찬성, 혹은 반대하는지 물었다.

- *권위에 대한 복종과 존경은 어린이들이 익혀야 할 가장 중요한 미덕이다.*
- *과학이 중요한 역할을 하기는 하지만 인간에 의해 이해되어질 수 없는 많은 중요한 것들이 존재한다.*

위와 같은 문장에 강한 긍정을 하면 여러분은 권위주의로 분류되는 것이다. F-scale과 권위주의적 성격의 개념은 심리학, 특히 편견과 극우운동에 관한 연구에서 중요한 자리를 차지하게 되었다.

"권위적 성격" 측정을 위해 F-scale을 사용하는 것에 대해 몇 가지 질문이 있다. IQ 검사, 혹은 SAT 시험에 대해서도 같은 질문을 갖게 된다.

1. 무엇이 "권위적인 성격"인가? 체중처럼 이해가 쉬운 개념이 아니다. "F-scale이 측정하는 것이 무엇이든" 현실적으로 그게 답인 것처럼 보인다. 높은 F-scale 점수를 얻은 사람들이 어떤 행동을 하는지에 따라 검사의 타당성은 결정될 것이다. 즉, 예측타당성을 측정할 수밖에 없다.
2. F-scale이라는 이름 유쾌하게 들리지 않으며 F는 파시스트를 의미한다. 예제 11의 두 번째 질문이 암시하듯 전통적인 종교적 신념을 갖고 있는 사람은 그런 신념이 없는 비슷한 부류의 다른 사람보다 높은 F-scale를 얻을 가능성이 있다. 이 도구는 그것을 개발한 사람들의 믿음을 반영하는가? 그리하여 다른 믿음을 갖고 있는 사람은 전혀 다른 측정 도구를 만들게 될 것인가?
3. 우리는 정확한 체중이 무엇인지 이해한다고 생각한다. F-scale 점수는 무엇을 의미하는가? NIST의 도움으로 정확한 체중을 알 수 있지만 정확한 권위적 점수는 알 수 없다. 종교적 신념에 의해 그 도구가 "권위적 성격"의 측도로써 편의되었다고 의심한다면 어떻게 그것을 확인할 수 있는가?
4. 내 체중계의 신뢰성을 알아보기 위해 체중을 여러 번 반복하여 측정할 수 있다. 만약 F-scale 검사를 여러 번 받는다면 처음 어떤 답을 말하였는지 기억하게 된

다. 즉, 같은 심리 검사를 반복하는 것은 사실상 반복이 아닌 것이다. 따라서 심리 검사의 신뢰성을 검토하는 것은 현실적으로 매우 어렵다. 심리학자들은 측정을 반복하기 위해 같은 척도를 여러 양식으로 개발할 수 있다. 이 양식들이 서로 동등한 것인지 어떻게 알 수 있는가?

심리학자들이 이런 질문들에 답을 하지 못한다는 것이 중요한 것은 아니다. 모든 심리학자들이 인간의 성격에 대해 같은 방식으로 이해하지 않기 때문에 처음 두 질문은 논란의 여지가 있다. 나머지 두 질문은 간단하지는 않지만 적어도 부분적으로는 답을 갖고 있다. 체중을 측정할 때는 단순한 것처럼 보였던 "척도"가 인간의 성격을 측정하려 할 때는 사실 복잡해지는데 문제가 있다.

권위적 성격, 지능, 학습 능력과 같은 주제에 대한 통계적 "사실"을 조심하여라. 늘 그렇듯이 숫자들은 믿을 만하게 보인다. 그러나 자료는 인간이 만들어낸 것이며 인간의 욕구, 편견, 취약점을 반영하고 있다. 우리가 측정하는 것에 대해 동의하고 이해하지 못한다면 그 숫자들은 우리에게 명료한 답보다는 혼란을 줄 것이다.

요약

측정이란 한 개체가 갖고 있는 어떤 특성에 숫자를 부여하는 것을 의미한다. 많은 개체를 측정할 때 개체를 나타내는 **변수**의 값을 갖게 된다. 자료를 다루거나 통계를 이용한 연구 결과를 읽을 때 변수가 정확히 어떻게 정의되었으며 알고자 하는 내용을 빠뜨리지는 않았는지 살펴보아라. 연구하는 개념의 측도로써 그 변수가 **타당**한지 의문을 가져라. 길이, 무게, 시간과 같은 물리적 특성의 측도에서는 타당성은 간단한 문제이다. 인간의 성격이나 다른 모호한 특성을 측정할 때는 **예측타당성이** 측도의 타당성을 판별하는 가장 유용한 방법이다.

자료의 가치를 떨어뜨리는 **측정 오차**가 있는지 의문을 가져라. 측정 오차는 다음과 같이 생각할 수 있다:

$$\text{측정된 값} = \text{참 값} + \text{편의} + \text{임의오차}$$

어떤 특성을 측정하는 과정에서 규칙적으로 다른 값을 준다면 그 측정은 **편의** 되었다고 한다. 편의를 줄이기 위해 더 좋은 **도구**를 사용해야만 한다. **신뢰성**이 결여된 측정에서는 **임의오차** 때문에 같은 개체를 반복 측정할 때마다 매우 다른 결과를 얻게 된다. 반복 측정 결과의 평균값을 사용함으로써 신뢰성을 높일 수 있다.

EESEE

"Brain Size and Intelligence"는 지능과 뇌 크기가 서로 연관성이 있는지 알아보는 연구에 대하여 설명하고 있다. 이 글을 읽고 첫 번째 질문에 답하여라.

EXERCISES

8.1 **실업자 계산?** 실업자 수나 실업률로써 실업의 정도를 측정할 수 있다. 1980년 1억7백만 명이었던 노동인구는 1990년 1억2천6백만 명으로 증가하였으며, 2000년 초에는 1억4천만 명이 되었다. 이 사실을 근거로 실업자의 총계는 실업 상태를 측정하는 타당한 측도가 아님을 설명하여라.

8.2 **체력상태 측정** 대학생들의 "체력 상태"를 측정하려고 한다. 너무나 명확하게 타당하지 않은 측정방법의 예를 들어라. 타당하다고 생각되는 측정 과정을 간략히 설명하여라.

8.3 **통학버스의 안전성** 전국 고속도로 교통 안전청에 의하면 통학버스 사고로 인해 매년 평균 13명의 학생이 사망하며, 통학시간에 자동차 사고로 인해 600명의 취학 연령의 어린이가 사망한다고 한다. 이 숫자에 의하면 부모와 함께 자동차로 통학하는 것보다 통학버스를 이용하는 것이 더 안전한 것 같아 보인다. 그러나 총계는 완전히 믿을 만하지 못하다. 두 교통수단의 안전성을 비교하기 위해 어떤 비율을 사용하겠는가?

8.4 **비율 대 총계** 올해 말 휴가 기간 동안 A백화점에는 36벌의 코트가 환불되었고 그 옆에 있는 B백화점에는 12벌만이 환불되었다. 이번 휴가 기간 동안 B백화점이 200벌의 코트를 판매한 반면 A는 1100벌의 코드를 판매하였다.

(a) A백화점에 돌아온 코트의 총계는 훨씬 많았다. 그러나 A백화점의 코트 고객이 B백화점 코트 고객보다 덜 만족스럽다는 것을 의미하지는 않는 이유는 무엇인가?

(b) 각 백화점에 반품된 코트의 비율은 얼마인가?

8.5 **사형** 미국에서는 1977년과 2004년 사이에 917건의 사형이 집행되었다. 다음은 7개 주의 2000년도 인구와 위 기간 동안 사형집행 횟수이다.

주	인구(단위: 천명)	사형집행
Alabama	4,447	28
Arkansas	2,673	26
Delaware	784	13
Florida	15,982	59
Indiana	6,080	11
Nevada	1,998	10
Oklahoma	3,451	74
Texas	20,852	323

텍사스와 플로리다는 높은 사형집행 건수를 보인다. 백만 명당 사형집행의 비율을 각 주마다 계산하여라. 주어진 인구수가 천 단위로 되었으므로 백만 명당 비율은 다음과 같이 구할 수 있다.

$$\text{백만 명당 비율} = \frac{\text{사형 집행수}}{\text{인구 수(단위 : 천명)}} \times 100$$

사형집행 비율 순서로 주 이름을 배열하여라. 텍사스와 플로리다가 여전히 가장 높은 비율을 갖는가?

8.6 **지능 측정** "지능"은 "일반적인 문제 해결 능력"같은 것을 의미한다. 다음과 같은 질문을 하는 검사가 타당한 지능검사가 아닌 이유를 설명하여라.

누가 The Star-Spangled Banner라는 책을 썼는가?
어느 나라가 지난 번 월드컵에서 우승하였는가?

8.7 **생활수준 측정** 영국의 생활환경은 더 좋아지고 있는가 아니면 나빠지고 있는가? 일반적인 정부 자료로는 알 수 없다. 따라서 영국 정부는 주거, 교통, 공기오염 상태를 측정한다고 발표하였다. 총리실 대변인은 "생활수준은 단순히 경제적인 것에만 의해 결정되지 않는다"고 말했다. "교통"과 그것이 생활수준에 미치는 영향을 어떻게 측정할 것인가?

8.8 **고통 측정** 재향군인 사무국은 3백4십만 환자에게 의료 혜택을 주고 있다. 사무국은 의사와 간호사들이 혈압, 맥박, 체온, 호흡 비율과 함께 고통을 "다섯 번째 치명적 징후"로 다루어 주길 원한다. 환자의 고통을 어떻게 측정하겠는가?

8.9 **암 치료** 국회는 암 치료에 진전이 있다는 것을 병원이 입증하길 원한다. 사용될 수 있는 변수는 다음과 같다.

(a) 암으로 인한 사망자의 총계. 사망자 총계는 1970년 331,000명에서 1990년

505,000명으로 그리고 2001년 553,768명으로 급격히 증가하였다.

(b) 암으로 사망한 미국인의 비율. 암으로 인한 사망률은 1970년 17.2%에서 1990년 23.5%로 꾸준히 증가하다 2001년 22.9%로 감소하였다.

(c) 병을 최초로 발견한 후 5년 동안 생존한 암 환자의 비율. 이 비율은 천천히 증가하고 있다. 백인의 경우 5년 동안 생존율은 1974년부터 1976년 사이에는 50.3%의 증가율을, 1992년부터 1998년에는 62.4%의 증가율을 보였다.

이들 변수 중 어떤 것도 암 치료의 효과를 완전히 타당하게 측정하지는 못한다. 처리법의 효과가 증가한다 할지라도 (a)와 (b) 변수 모두 증가할 가능성이 있는 이유와 처리법의 효과가 감소한다 할지라도 (c) 변수가 감소할 가능성이 있는 이유를 설명하여라.

8.10 취직 시험 취업지원자에게 부과되는 시험은 직업과 직접적인 관계가 있음을 보여야 하는 것이 법으로 요구되고 있다. 노동청은 General Aptitude Test Battery (GATB)라는 시험이 광범위한 직종에서 타당성을 갖는다고 믿는다. SAT와 마찬가지로 흑인과 히스패닉계열은 백인보다 GATB시험에서 낮은 평균 성적을 받는다. GATB가 직장에서 앞으로의 업무 능력을 평가하는 측도로서 예측타당성을 얻으려면 어떻게 해야 하는지 간략히 설명하여라.

8.11 타당성, 편의, 신뢰성 타당성은 충분하지만 편의가 큰 측정 과정의 예와 타당성은 부족하지만 신뢰성이 높은 예를 들어라.

8.12 편의 실험 직관적인 측정의 편의에 대해 알아보자. 그림 8.3은 기울어진 컵의 그림이다. 이 그림을 10장의 종이에 똑같이 옮겨 그린다. 5명의 남성과 여성을 선택하라. 이 그림은 물이 담겨 있는 기울어진 컵이라고 설명한 후, 각 실험대상에게 컵에 물이 가득 찼을 때 수면 위치를 그리도록 한다.

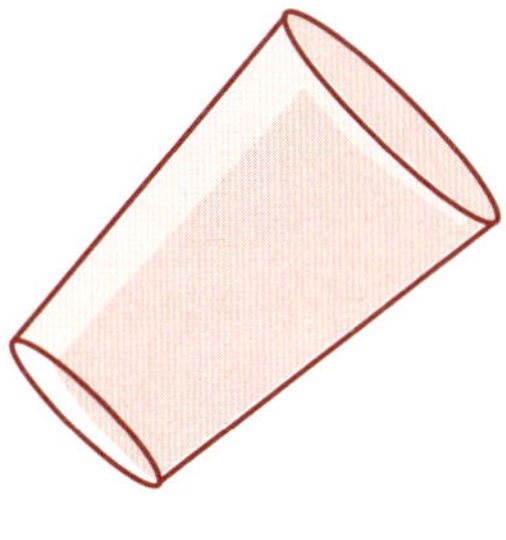

그림 8.3 문제 8.12를 위한 기울어진 컵. 컵에 물이 가득 찼을 경우 수면 위치를 그릴 수 있는가?

정답은 입구의 낮은 부분부터 직선으로 그은 수평선이다. 많은 사람들은 높이를 추정하는데 큰 오차를 보인다. 실험대상들이 그린 그림에서 각도의 오차를 측정하라. 실험대상은 규칙적으로 한 방향으로만 틀렸는가? 평균 오차는 얼마인가? 성별에 따라 평균 오차의 명백한 차이가 있는가?

8.13 **편의와 신뢰성 실험** 다음 크기(단위: 인치)로 줄을 다섯 등분하라.

2.9 9.5 5.7 4.2 7.6

(a) 다른 학생에게 이 조각들을 한 개씩 보여주고 소수점 두 자리로 조각의 길이(단위: 인치)를 추측하도록 한다. 참값에서 측정값을 뺀 값이 실험대상이 측정한 값의 오차이다. 5개 오차의 평균은 얼마인가? 다섯 조각보다 많은 줄을 사용하여 실험하고 편의가 없다면 오차의 평균은 0에 가까울 것이다. 이유를 설명하라?

(b) 다음 날 각 줄의 길이를 다시 추측하도록 한다(두 번째 날은 다른 순서로 줄을 보여준다). 실험대상의 측정이 완벽하게 신뢰할만하다면 5개 줄의 첫 번째와 두 번째 추측의 차의 합은 0이 될 것이다. 그 이유는? 추측의 차가 클수록 실험대상은 신뢰할 만하지 않다. 여러분의 실험대상의 경우 평균 차이는 얼마인가?

8.14 **편의와 신뢰성 실험** 앞의 문제에서는 5개의 참값이 주어졌으며 실험대상은 각 길이를 눈으로 두 번 측정하였다. 다음 설명에 부합되게 결과를 구성하여라. 편의는 매번 측정된 오차라고 가정한다.

(a) 실험대상은 0.5인치 길게 측정하는 편의를 갖고 있으며 완벽하게 신뢰할 수 있다.

(b) 실험대상은 편의를 갖고 있지 않으며 완벽하게 신뢰할 수도 없다. 그리하여 반복된 측정에서 얻은 평균 차이가 0.5인치이다.

8.15 **직업훈련이 효과가 있는가?** 정부 직업훈련 프로그램의 효율성을 측정하기 위해 흔히 훈련 전과 후의 임금을 비교한다. 그러나 많은 노동자들은 해고되거나 임금이 삭감되었을 때 프로그램에 등록한다. 그리하여 일반적으로 훈련 전 임금은 매우 낮으며 훈련 후 임금이 크게 상승한 것처럼 보인다.

(a) 프로그램의 효과를 측정하는데 있어서 위에서 언급한 내용은 편의인가 아니면 임의 오차인가?

(b) 프로그램의 성공 여부를 어떻게 측정하겠는가?

8.16 **빈약한 신뢰성을 만드는 방법** 정부는 매월 “개인 저축”에 관한 자료를 발표하여 개인이 지난 달 얼마나 많은 금액을 저축하였는지 알려준다. 개인 수입(엄청나게 큰 수)에서 개인 지출(또 다른 엄청나게 큰 수)을 뺀 값으로써 저축은 계산된다. 이 자료는 정부의 통계발표 중 가장 신뢰할 수 없는 것이다.

매우 큰 두 수의 작은 퍼센트 변화가 두 수의 차에서는 큰 퍼센트 변화를 가져올 수 있는 예를 들어라. 매우 큰 두 수의 차는 보통 신뢰할 만한 변수가 아니다.

8.17 **범죄 측정** 범죄에 관한 자료는 신문 머리기사의 주요 제목이 된다. 범죄의 양은 범죄를 저지른 횟수나 범죄율(인구 100,000명당 범죄 건수)로 측정한다. FBI는 경찰서에 보고된 범죄를 모아 미국 내 범죄 자료를 발간한다. FBIs 자료는 미국 전역에 있는 약 17,000 법집행기관의 보고서에 근거한다. 전국 범죄희생 여론조사는 42,000가구 이상으로부터 추출한 확률표본에 근거한 자료를 발간한다. 범죄여론조사의 결과는 FBI가 보고한 범죄보다 약 2배 더 많았다. FBI의 보고서가 많은 종류의 범죄에 대해 하향 편의 되어 있는 이유를 설명하여라. 이는 자료생성의 편의가 자료 측정의 편의로 나타난 예이다.

8.18 **범죄 측정** 매년 전국 범죄희생 여론조사는 42,000가구 이상으로부터 추출한 확률표본에게 범죄에 희생된 적이 있는지, 있으면 구체적인 내용이 무엇인지 질문한다. 모두 76,000명 이상이 이 질문에 답한다. 질문에 답할 때 같은 방안에 다른 사람이 있다면 측정은 편의 될 수 있다. 예를 들어 성폭행에 대한 질문에 답하는 상황을 상상해 보라. 다른 사람의 존재로 인해 성폭행을 과장 보고하게 되겠는가 아니면 축소 보고하게 되겠는가?

8.19 **맥박 측정** 휴식 상태 맥박을 측정하자. 일 분당 맥박수를 얻기 위해 6초간 맥박을 잰 후 10을 곱할 수도 있다. 일 분 동안 맥박을 측정하는 것보다 이 방법을 덜 신뢰하는 이유는 무엇인가?

8.20 **힘든 과목** “미국 역사 과목에서 19명이 낙제하였고, 러시아 역사 과목에서는 단지 10명만 낙제하였다. 미국역사 과목 교수가 러시아 역사 교수보다 더 성적에 박한 것 같다”고 한다. 이는 옳지 않은 결론일 수 있는 이유를 설명하라. 두 과목을 비교하기 위해 추가로 필요한 정보는 무엇인가?

8.21 **구직자 테스트** 한 회사는 모든 취업 응시자에게 IQ 테스트를 실시했었다. 그러나 회사 업무 실행 능력과 IQ 점수는 상관이 없다는 이유로 지금은 구직자들을

상대로 IQ 테스트하는 것을 법으로 금하고 있다. 구직자들의 IQ 테스트가 불법이 된 이유는 입사 후 업무 실행 능력을 측정하는 측도의 신뢰성, 편의 그리고 타당성 중 어느 것과 관련이 있는가?

8.22 **더 나은 식기세척기** 어느 소비자 잡지 구독자를 대상으로 가전제품의 신뢰성에 대하여 설문 조사한 결과로 기사를 쓴다고 하자. A상표 식기세척기를 갖고 있는 12,376명의 독자 중 2642명이 지난 1년 동안 서비스를 요청했으며, B상표를 갖고 있는 480명의 독자 중 오직 192명만이 서비스를 요청하였다. 식기세척기의 신뢰성을 측정하는 적절한 변수를 설명하고 그 변수를 각 제품의 경우에 계산하여라. 어떤 제품이 더 신뢰할 만한가?

8.23 **어디에서 살 것인가?** *Forbes*지는 매년 가장 사업하기 좋은 도시에 관한 기사에서 미국 내 가장 큰 150개 도시의 순위를 알려준다. 2004년 1위는 위스콘신주의 Madison이었다. Madison은 2003년에는 5위, 2002년에는 80위에 올랐었다. 네바다주의 Las Vegas는 2002년에는 3위, 2003년에는 78위이었으며 2004년에는 64위였다. 이런 사실들은 *Forbes*지의 순위가 타당하지 않으며 편의되어 있거나 신뢰할 수 없다는 증거인가?

8.24 **Web을 이용하기** *U. S. News & World Report*는 매년 대학들의 순위를 발표한다. 올해의 발표 내용은 www.usnews.com 에서 찾아볼 수 있다. 대학들은 종종 순위의 타당성에 대하여 문제를 제기한다. *U. S. News*가 매년 평가 방법을 조금씩 바꿈으로써 새로운 우승자를 만들어내고 새로운 뉴스거리를 만들어낸다고까지 주장하고 있다. 평가방법은 잡지사 웹사이트에 있다. 대학의 "학문적 우수성"을 평가하는 지표로 사용될 수 있는 변수 3개를 예를 들어 설명하라.

웹탐색

NIST의 원자시계 시간은 www.time.gov 사이트에서 직접 알 수 있다. 인터넷 지연으로 인한 약간의 오차가 있으나 화면에 나타난 시간이 대략 얼마나 정확한 시간인지도 알려준다.

일상생활에서 측정하는 길이, 무게, 시간 뒤의 정교한 시스템에 대해서 알고 싶으면 도량형 국제기구의 홈페이지를 방문하여라: www.bipm.fr/en/home

CHAPTER 9

숫자들은 의미가 있는가?

사라진 밴

자동차 생산업체는 판매업자들에게 영업소에서 자동차들을 전시할 수 있도록 돈을 대출해 준다. 대출금은 자동차가 팔리면 상환하도록 한다. Long Island에 있는 자동차 판매업자 McNamara는 1985년부터 1991년까지 General Motors(GM)로부터 $60억를 대출받았다. 해외 수출을 주장하는 인디애나의 한 회사가 주문한 17,000대의 GM 밴을 구매하기 1990년 한 해에만 $4억2천5백만를 대출 받았다. 그는 대출금을 항상 제때에 상환하였기 때문에 GM은 기꺼이 대출해 주었다.

GM이 고려했어야만 했으나 그러지 않았던 숫자에 대해서 살펴보자. 전체 자동차 업계에서 주문 생산되는 밴은 한 달에 약 17,000대이다. 따라서 McNamara는 한 달 생산량 전체를 구매하겠다고 청구한 것이었다. 차체가 크고, 근사하며, 연료소비가 많은 밴은 미국 고속도로에 맞도록 설계되었다. 여가차량 매매 조합에 의하면 1990년도에 생산된 밴의 1.35%만 수출되었다고 한다. 수출을 하기 위해서 한 달 동안 17,000대의 밴을 구매하겠다고 청구한 것은 믿기지 않는다. 그의 구매 청구는 밴의 전체 생산량과 비교해도 너무 많은 것이다. 예를 들어 Chevrolet는 1990년 일년 동안 100,067대의 대형 밴을 생산하였다.

숫자를 살펴보았다면 그 밖의 여러 가지 상황에 대해서도 발견할 수 있었을 것이다. 1992년 McNamara는 GM에게 사기 행위를 했다는 것을 연방 법원에서 인정하였다. Indiana 회사는 McNamara에 의해서 설립된 유령회사였고, 청구서들은 가짜였으며, 밴을 구입하지도 않았다. 그는 막대한 금액을 GM으로부터 대출 받아 대부분을 전에 대출받은 금액을 상환하는데 사용하여 높은 신용도를 유지할 수 있었고 자신의 소득을 감출 수 있었다. 감춘 소득의 총액은 $4억가 넘었다. GM은 손실액 중 $2억7천5백만를 찾을 수 있었다. 이 사건과 관련된 두 명의 GM 임원이 해고되었다.

매일 접하는 영업자료, 광고의 주장, 공공의 문제에 대한 토론 등에서 접하는 숫자를 이용하여 그들의 주장을 증명하거나 뒷받침하려고 한다. MaNamara와 같이 어떤 경우에는 위조된 자료를 제공하기도 한다. 숫자를 주의를 기울여 다루는 기술이 부족한 경우도 있다. 다음은 항상 물어야 할 질문들이다.

- 어떻게 자료가 산출되었는가?
- 무엇이 정확하게 측정되었는가?

이러한 질문에 대해 정확한 답을 알고 있다는 것은 좋은 일이지만 그것만으로는 충분하지 않다. McNamara의 계획을 받아들인 GM 임원들은 임의표본과 신뢰할 만한 측도들에 대해서 알고 있었을 것이다. 임원들은 숫자가 이치에 맞는지 묻는 습관인 "숫자 감각"이 부족했던 것이다. 숫자 감각을 개발하기 위해 자료가 얼마나 잘못되었는지, 충분한지 혹은 잘못 사용되었는지 살펴 볼 것이다.

숫자들로부터 알 수 없는 것이 무엇인가?

자료를 오도하는 가장 흔한 방법은 올바른 자료이기는 하지만 자료에 관한 모든 정보를 알려주지 않음으로써 사실을 왜곡하도록 유도하는 것이다. 자료가 꾸며진 것은 아니다 정보가 완전하지 않을 뿐이다. 이에 관한 몇 가지 예는 아래와 같다.

예제 1 눈! 눈! 눈!

Crested Butte는 콜로라도주의 어느 스키 타운보다 가장 많은 평균 적설량을 보이고 있다는 선전으로 스키어들을 유혹하고 있다. 이것은 사실이나 스키어들은 스키장이 있는 도시가 아닌 스키 슬로프에 많은 눈이 오길 바란다. 사실 많은 콜로라도주의 다른 스키 슬로프들이 더 많은 적설량을 보인다.

예제 2 더 많은 눈

"겨울 태풍으로 전국에 눈이 내렸고 28건의 경미한 교통사고의 원인이 되었다."는 뉴스가 있었다. 위스콘신주 Milwaukee의 Eric Meyer 기자는 교통사고 발생 건수를 알아보기 위해서 경찰서에 자주 전화를 한다. 어느 날 그는 경찰서에 전화를 걸어 날씨가 좋은 날 경미한 사고가 보통 몇 건 발생하는지 물어보았다. 경찰은 약 48건이라고 대답하였다. 뉴스에서 "오늘 겨울 태풍은 20건의 경미한 교통사고를 방지했다."고 보도해야 할지 모른다.

예제 3 좋은 학생들을 유치하자

대학은 장래가 유망한 많은 학생들이 대학 선택을 위해 시중에 배포된 안내서를 참고 한다는 것을 알고 있다. 안내서는 대학 자체에서 제공한 정보를 싣고 있다. 예를 들어, 대학은 신입생의 평균 SAT 점수를 속이지는 않겠지만 높은 점수로 보이길 원할 것이다. 외국학생과 학력 부족학생들을 제외시키면 어떻게 될까? Northeastern 대학은 일부 신입생을 제외시켜 모든 신입생을 포함하는 경우보다 신입생의 평균 SAT 점수를 50점 높였다. 뉴욕 대학이 그랬던 것처럼 만약 주 정부의 지원을 받는 경제 사정이 어려운 신입생의 SAT 성적을 SAT 점수의 평균 계산에 포함시키지 않는다면 불평하는 사람은 없겠는가?

예제에서 알 수 있는 것은 숫자는 전후 문맥 속에 있다는 것이다. 만약에 숫자의 전후 관계를 모른다면 숫자 그 자체로부터는 많은 정보를 얻을 수 없다.

Reproduced by permission of Bob Schoechet.

"당신 환자들의 충치 비율이 50% 낮은 것 맞소. 그것은 그들이 50% 적은 치아를 갖고 있기 때문이오!"

숫자들 사이에 일치성이 있는가?

GM이 John McNamara가 제시한 숫자와 다른 숫자를 비교하지 않았기 때문에 속일 수 있었다. 전체 밴 업계에서 주문 생산되는 밴은 한 달에 약 17,000대이고 이 중 고작 1%만이 수출되고 있다. 어떻게 한 명의 자동차 판매상이 수출을 위해서 단 한 달 안에 17,000대의 밴을 구매할 수 있는가에 대해 아무도 의문을 갖지 않았다. 여기 숫자들이 서로 맞지 않는 또 다른 GM의 예가 있다.

예제 4 승리!

GM의 캐딜락은 미국에서 57년 동안 연속적으로 가장 잘 팔리는 고급 자동차였다. 1998년 포드의 링컨이 마침내 캐딜락의 기록을 깨는 것처럼 보였다. *New York Times*는 "12월에 믿기 어려운 판매 실적이 보고된 후에 캐딜락이 겨우 222대를 앞서 역전승했다."라고 했다. 최종 판매대수는 캐딜락 187,343대이고 링컨 187,121대였다. 그리고 GM은 캐딜락 판매가 1월에는 38% 감소했다고 발표했다. 어떻게 캐딜락 판매가 12월과 1월에 그렇게 차이가 날 수 있는가? 1월의 판매대수가 전년도 판매대수에 포함된 것은 아닌가? 222대 차이로 충분히 앞섰다고 할 수 있는가? 그렇다고 할 수도 있다. 그러나 GM은 그들이 주장했던 것보다 더 적은 4773대 캐딜락을 12월에 판매했다고 5월에 고백했다.

GM 예제의 경우 예상과 일치하지 않는 숫자들 때문에 무엇인가 잘못되었음을 의심할 수 있다. 다음은 숫자들 간의 일치성 결여 때문에 무엇인가 잘못되었다는 것을 알 수 있는 예제이다. 자료 변조로 인한 과학적 범죄 행위로 기소된 Sloan-Kettering Institute(SKI)의 암 연구원에 대한 기사의 일부이다.

예제 5 조작된 자료

"한 암 전문가가 미네소타 쥐를 이용한 실험에 관한 논문을 마무리하였다.… 누구나 찾아낼 수 있는 기초적인 오류가 있는 통계표를 포함하고 있는 이 논문은 SKI에서 검토되었고 *Journal of Experimental Medicine*에 채택되었었다. 20마리씩의 쥐로 구성된 6개 집단에서 암 치료의 성공 백분율을 기록하였다. 20마리 중 성공 백분율은 모두 5의 배수가 되어야 한다. 그러나 그 논문에는 성공 백분율이 53, 58, 63, 46, 48, 67로 기록되었다."

숫자들은 이치에 맞는가?

GM 예제에서 살펴 본 것처럼 숫자들이 이치에 맞지 않기 때문에 의심하게 되는 경우가 자주 있다. *Statistical Abstract of the United States*처럼 믿을 만한 출처로부터 구한 자료에서도 때로는 이치에 맞지 않는 경우를 발견한다. 다음 예제처럼 계산을 통해 숫자가 이치에 맞지 않음을 보일 수 있다.

예제 6 기름진 멜론 밭

식물을 공격하는 곤충들이라는 논문이 수록된 매우 우수한 잡지인 Science는 에이커 당

750,000개의 멜론을 수확하는 캘리포니아의 밭에 대해 거론하고 있다. 한 독자는 "1에이커는 43,560제곱 피트이기 때문에 1제곱 피트 당 약 17개 멜론을 생산한다는 것은 놀랄 만한 일이다. 만약 이들 멜론의 종류가 칸타로프라면 1개 당 약 1제곱 피트를 차지하기 때문에 그것들은 17개를 쌓아 올린 더미처럼 성장해야 할 것으로 추측된다."라고 지적하고 다음과 같은 계산을 하였다.

$$\text{1제곱 피트당 멜론수} = \frac{\text{1에이커 당 멜론 수}}{\text{1에이커 당 제곱피트}}$$

$$= \frac{750000}{43560} = 17.2$$

당황한 편집위원은 1에이커 당 약 11,000개 멜론이 올바른 자료라고 응답하였다.

독자들에게

1976년 5월 8일 *New York Times* 지 기사는 "전국적으로 30개 연합 침례교인들은 8천만명이며 이는 로마가톨릭 다음으로 가장 많은 수이다."라고 한다. 8천만이라는 숫자는 믿을만한가? 웹사이트 www.census.gov/popest/archives/1990s/popclockest.txt에서 1976년 미국 인구를 찾아보아라.

숫자들이 사실이라고 하기에는 너무 그럴듯한가?

예제 5와 같이 일치성의 결여는 자료가 조작되었다는 것을 의심하게 한다. 학생들의 실험 보고서에 나타난 자료가 너무 정확하거나 규칙성이 있는 경우는 의심을 하게 된다. 실험조교는 실험도구의 정확도나 학생들의 부족한 실험기술로는 그렇게 정확한 결과를 얻을 수 없다는 것을 알기 때문에 학생들이 자료를 조작했다는 의심을 하게 된다.

다음 예제는 조작된 자료를 사용한 의학 연구에 관한 *Science* 기사의 일부이다.

예제 7 조작된 자료

"Laker는 추천서를 써달라는 요청을 받았다. Slutsky의 두 논문을 나란히 놓고 자세히 검토한 결과 같은 '통제 집단' 동물들이 두 논문에 사실 언급없이 사용되었다는 의심을 하게 되었다. 동일한 자료값이 두 논문에 실렸으나 각 논문에 인용된 동물의 숫자는 달랐다. 통계적 불일치에 대한 질문을 받자 Slutsky는 사임하였고 샌디애고를 떠났다."

이 경우 의심스러운 규칙성(동일한 자료값)은 불일치성(동물 숫자가 다름)과 결합되어 조작의 의심을 갖게 하였다.

계산은 맞게 되었는가?

결론이 틀리거나 이해할 수 없는 것은 대부분 평범한 실수에 의한 것이다. 비율과 퍼센트를 계산할 때 특히 주의해야 한다.

예제 8 퍼센트

호주 신문 *Canberra Times*는 "60세 이상인 사람 가운데 혼자 사는 사람은 여성이 34%이고 남성은 15%뿐이다."라고 보도하였다. 이들 49%가 혼자 사는 남녀라면 나머지 51%는 남성도 여성도 아니란 말인가.

똑똑한 사람들도 퍼센트 계산에서 실수를 한다. 한 신문에서 여자 교수에게 다음과 같은 질문을 하였다. "여성들이 전문적인 일에 임명되는 비율이 남성들보다 550%(5.5배) 적다는 것이 문제가 되는가?" 100%는 전체를 나타낸다. 무엇인가의 100%를 제거하면 아무것도 남지 않게 되는 것이다. "550% 적다"는 것이 무엇을 의미하는지 알 수 없다.

대부분의 사람들은 학교를 졸업한 후에 거의 셈을 하지 않는 것 같다. 셈을 자주 했던 사람들은 의미 없는 숫자들에 속는 경우가 적다.

단지 작은 계산 실수

1994년 한 노인여성 투자모임에서는 'Beardstown 여자들이 말하는 상식적인 투자 가이드: 어떻게 주식에서 이길 것인가'라는 베스트셀러 책을 썼다. 어수룩해 보이는 저자들은 책 커버와 TV 출현에서 년 수익률이 23.4%라고 주장하였다. 이는 가장 우수한 투자자들의 수익률을 앞지르는 것이다. 모임의 회계담당자가 자료를 잘못 입력하였다는 것이 4년 후 밝혀졌다. 그들의 실제 년 수익률은 9.1%로 같은 기간 동안 평균 수익률 14.9%보다 훨씬 낮았다. 우리 모두 실수를 한다. 그러나 대부분의 사람들은 실수로 이들 만큼 돈을 벌지는 않는다.

예제 9 도난사고

한 가정보안업체는 "당신이 휴가를 갈 때 도둑은 일을 합니다. FBI의 통계에 의하면 현충일과 노동절 사이에 가정 도난의 26%가 발생한다고 합니다."라고 광고를 하였다.

이 광고는 여름 휴가기간 동안 더 많은 도난사고가 발생할 것이라고 믿기를 기대하는 것이다. 현충일부터 노동절까지는 14주이다. 일 년을 52주로 하여 14주의 퍼센트를 계산하면

$$\frac{14}{52}=0.269 \quad (\text{즉, } 26.9\%)$$

이 된다. 따라서 일 년의 27% 기간 중 도난사고의 26%가 발생하는 것이다. 이 광고는 그렇게 큰 인상을 주지 못한다.

예제 10 노년층이 늘고 있다

1976년 *Science* 잡지의 한 투고자는 "현재 천만 명인 65세 이상의 인구는 2000년까지 3천만 명이 될 것이며 전체 인구의 25%를 차지하게 될 것이다."라고 주장하였다. 노년층이 25년간 3배가 증가하고 전체 인구의 4분의 1이나 된다는 것은 놀라운 일이다.

계산을 검토하여 보자.

$$\frac{30}{120}=0.25$$

즉, 3천만은 1억 2천만의 25%이다. 따라서 투고자가 지적한 숫자는 인구가 2000년에 1억 2천만 명인 경우에만 의미가 있다. 미국의 인구는 이미 1975년에 2억천6백만 명이었다. 무엇인가 잘못되었다.

*Statistical Abstract*을 통해 사실을 확인할 수 있다. 1975년에 65세 이상의 인구는 천만이 아니라 2천2백4십만 명이었으며 이것은 전체인구의 10%가 넘는 것이다. 2000년까지 3천만 명이 될 것이라는 추정은 2000년 전체인구 2억8천백만 명의 약 11%에 불과한 것이다. 이제 2000년에 65세 이상의 인구는 전체 인구의 12%라는 것을 알고 있다. 수명이 늘어나면서 노년층도 늘어나고 있으나 25년 동안 노년층의 비율이 10%에서 12%로 증가한 것은 *Science*의 주장보다 훨씬 느린 것이다.

어떤 양의 증감을 퍼센트로 계산하는데 주로 실수를 하는 경향이 있다. 퍼센트의 변화는 다음과 같다.

$$\text{퍼센트의 변화} = \frac{\text{변화한 양}}{\text{기준값}} \times 100$$

예제 11 주가의 변화

2001년 9월 10일 NASDAQ 주가지수는 1695.38로 마감하였다. 그 다음날에는 911테러가 있었다. 일 년 후인 2002년 9월 9일 NASDAQ 주가지수는 1304.60이었다. 몇 % 하락하였는가?

$$\begin{aligned}\text{퍼센트 변화} &= \frac{\text{변화한 양}}{\text{기준값}}\times 100\\ &= \frac{1304.60-1695.38}{1695.38}\times 100\\ &= \frac{-390.78}{1695.38}\times 100 = -0.230\times 100 = -23.0\%\end{aligned}$$

이것은 꽤 큰 하락이다 . 물론 주식 시세는 오르기도 하고 내리기도 한다. NASDAQ 지수는 2002년 9월 10일 1320.09에서 2003년 9월 9일 1873.43으로 증가하였다. 이것을 퍼센트로 나타내면

$$\frac{\text{변화한 양}}{\text{기준값}} \times 100 = \frac{553.34}{1320.09} \times 100 = 41.9\%$$

이다. 변화량 식의 분모로 기준값을 사용한다는 것을 항상 기억해야 한다.

독자들에게

한 학생이 첫 번째 퀴즈에서는 5점, 두 번째 퀴즈에서는 10점을 받았다. 첫 번째 퀴즈에서 두 번째 퀴즈로 퍼센트 변화는 100% 증가임을 보여라. 세 번째 퀴즈 점수는 다시 5점이었다. 두 번째 퀴즈에서 세 번째 퀴즈로 퍼센트 변화는 100% 감소인가?

감추어진 의도가 있는가?

사람들은 여러 문제에 대하여 확고한 의견을 가지고 있고 숫자로서 자신의 주장을 뒷받침하길 좋아한다. 어떤 숫자를 보고할 것인지 조심스럽게 선택하거나, 원하는 형태로 숫자를 조합함으로써 자신의 주장을 입증할 수 있다. 다음 두 예제를 살펴보자.

예제 12 여성의 심장병

고속도로 광고 게시판에 단순히 "심장병 환자의 반은 여성이다."라고 쓰여 있었다. 이 문장 뒤에 숨어 있는 의도는 무엇인가? 아마 광고주들이 원하는 것은 여성들이 심장병의 위험에 많이 노출되어 있으니 그들 스스로 인식하라는 뜻일지도 모른다(조사에 의하면 많은 여성들이 심장병의 위험을 과소평가하고 있다는 것을 알 수 있다).

다른 한편으로 광고주들은 남성의 심장병이 지나치게 강조된 것에 대해 논쟁하려는 것인지도 모른다. 그 경우 비록 심장병 환자의 반이 여성이라 할지라도 여자 환자의 평균 연령은 남자 환자의 평균 연령보다 훨씬 높다는 사실을 알아야 한다. 대략 65세 이하의 여성 50,000명과 남성 100,000명이 매년 심장병으로 사망한다. 미국 심장협회에 의하면 "여성의 경우 관상동맥 심장병에 의한 사망의 위험도는 대략 10살 정도 젊은 남성의 경우와 비슷하다."

예제 13 수입 불균형

1980년대와 1990년대 경제 호황기 동안 미국의 빈부격차는 더 커졌다. 1980년도 전체 가

구의 하위 5%와 상위 5%는 전체 수입의 4.3%와 43.7%를 각각 차지하고 있었다. 1998년도 하위 5%의 수입은 전체 수입의 3.6%로 감소하였으나 상위 5%의 수입은 전체 수입의 49.2%로 증가하였다. 즉, 상위 5%의 수입은 하위 5%의 수입보다 거의 14배 많아졌다.

수입의 차이가 줄어들도록 숫자를 조작할 수 있는가? 주로 부유층에서 구독하는 잡지인 *Forbes*가 다음과 같은 방법으로 조작을 시도하였다. 첫째, 부유한 가구에는 그렇지 못한 가구보다 평균적으로 더 많은 사람들이 살기 때문에 1인당 수입을 계산한다. 부자들은 더 많은 세금을 내기 때문에 세금을 제외한 것을 순수입이라 하고, 가난한 사람들은 식품 할인권과 기타 보조금을 그들의 수입으로 포함한다. 둘째, 소득이 높은 사람은 낮은 사람보다 일반적으로 더 많은 시간을 일하기 때문에 시간당으로 소득을 계산한다. 이러한 방법으로 수입을 계산하면 상위 5%의 수입은 하위 5%의 수입보다 단지 3배가 많을 뿐이다. 물론 근무시간은 질병, 무능력, 어린이나 고령자 돌보기 등에 의해서 줄어들 수 있다. 만약 수입의 불균형이 별로 크지 않다는 것을 보이는 것이 *Forbes*의 감추어진 의도라면 그러한 사실에 동의할 수 없을지 모른다.

수입의 차이를 줄이는 다른 방법도 가능하다. 예를 들어, 인구조사국은 주식을 매각해서 생기는 소득을 수입에 포함시키지 않는다. 주식으로 인한 소득은 대부분 부유층의 몫이므로 이를 수입에 포함시키면 수입의 차이는 더 커질 것이다. *Forbes*는 이러한 점을 지적하지 않았다. 수입으로 고려될 수 있는 모든 것을 조정한 후 인구조사국은 1998년도 하위 5%의 수입은 전체 수입의 4.7%이고 상위 5%의 수입은 전체 수입의 45.8%라고 발표하였다.

요약

통계학의 목적은 숫자라는 도구를 이용해 통찰력을 갖는 것이다. 숫자를 주의 깊게 살펴보는 사람만이 숫자에 대한 통찰력을 갖게 된다. 자발적 반응표본과 교락에 대해서도 주의하라. 정확하게 무엇이 측정되었는지 질문하고 타당한 측도인지 판단하여라. 숫자를 문맥 속에서 판단하고 중요한 정보가 누락되지는 않았는지 살펴보아라. 숫자간의 **불일치성**을 살펴보고 **잘못된 계산**이 있는지를 조사하라. 그 값이 너무 크거나 작아 **이치에 맞지 않는** 숫자를 옳다고 생각되는 숫자와 비교하라. **너무 규칙적인** 숫자나 저자들이 보여주고자 하는 내용과 **너무 잘 맞는** 숫자에 대해서는 의심하라. 숫자에 어떤 **감추어진 의도**가 있다고 의심이 드는 경우에는 각별한 주의가 필요하다.

EESEE

"Quality of College rankings"는 1995년 U.S. News & World Report의 공인된 4년제 대학의 연간 순위에 대한 "의심스러운" 자료에 대하여 설명하고 있다. 이 이야기를 읽고 첫 번째 질문에 답하여라.

EXERCISES

9.1 **음주운전** 한 신문은 음주운전에 대한 보도를 하면서 Rhode Island의 교통사고 사망에 대한 자료를 인용하였다: "주말의 음주 증가 때문에 치명적인 사고 중 42%가 금요일, 토요일, 일요일에 발생하였다." 금요일, 토요일, 일요일이 일주일의 몇 %를 차지하는가? 이 3일 동안에 치명적인 사고의 42%가 발생했다는 것이 놀라운 일인가?

9.2 **진통제 광고** 진통제 타이레놀은 "왜 의사들은 아스피린이 포함된 모든 유명 상표보다 타이레놀을 더 많이 추천하는가?"라고 광고한다. 베이어 아스피린 회사는 "타이레놀 회사여 부끄러운 줄 알라!"라는 광고로 응답하면서 사실의 일부만 제공하여 잘못된 판단을 유도하였다고 타이레놀 회사를 비난하였다. 어떻게 잘못된 판단을 유도하였던 것일까?

9.3 **진통제 광고** Anacin은 자신들의 약품에 "의사들이 가장 많이 추천하는 성분이 다른 회사 제품보다 더 많이" 들어 있다고 오랫동안 선전을 해왔다. 다른 제약

회사에서는 의사들이 다른 상표보다 "Bufferin을 가장 많이 추천"한다고 주장했다. 두 주장 모두 문맥상으로는 사실이다. 그러나 연방 무역 위원회는 두 주장 모두 소비자를 오도하고 있음을 발견했다. 그 내용이 무엇인지 설명하여라.

9.4 **도시 근교에 있는 사슴** Westchester는 뉴욕시 북쪽 438제곱 마일을 포함하고 있는 근교 지역이다. 한 잡지는 이 지역에 800,000마리의 사슴들이 서식하고 있다고 주장한다. 이 주장이 이치에 맞지 않다는 사실을 계산을 통해서 보여라.

9.5 **베트남 참전 용사의 자살** 베트남 전쟁에서 얻은 후유증이 참전 용사들을 자살하게 만들었는가? 베트남 전쟁이 끝난 후 20년 동안 참전 용사들 중 150,000명이 자살했다는 것은 널리 인용되어졌다. 다음과 같은 사실을 참고하여 이 숫자가 이치에 맞지 않는 이유를 설명하라: 매년 미국 성인 남성 20,000~25,000명이 자살한다. 베트남 전쟁 동안 동남아시아 지역에서 군인으로서 근무한 사람은 3백만 명이다. 전쟁 20년 후 미국 내 성인 남자의 수는 약 9천3백만 명이다.

9.6 **바다의 쓰레기** 다음은 휴양선들이 바다에 쓰레기를 버림으로써 바다를 오염시키는 문제에 관한 글의 일부이다.

> *7일 동안 운행하는 중간 크기의 휴양선(약 1,000명의 승객)은 약 222,000개의 컵의 컵, 72,000개의 음료수 캔, 40,000개의 맥주 캔과 병 그리고 11,000개의 와인 병을 싣고 있다.*

이들 숫자들은 이치에 맞는가? 계산을 통해서 답을 확인하여라. 예를 들어 승무원의 수가 승객의 수와 같다고 가정하면 한 사람이 매일 커피 몇 잔을 마시는 건가?

9.7 **우스운 숫자들** 다음은 과학 잡지에 실린 서평을 인용한 것이다.

> *... 20개 연구에서 57%가 유의한 결과를 보고하였는데, 그 중 42%가 한 이론에 동의하였고 나머지 15%는 반대되는 결론에 찬성하였다.*

이 인용문에 나타난 숫자들이 의미가 있는가? 20개의 연구 중 몇 개가 한 이론에 동의하는지 계산할 수 있는가? 몇 개가 다른 결론에 찬성하였고 유의한 결과를 보고하지 않은 연구는 몇 개인가?

9.8 **비행기 지연** 다음은 주요 비행장에서의 비행 지연에 관한 중서부 지역 신문 기사이다.

> *지난 5달 동안 미국 비행기의 운행 성적에 대한 Gannett News Service의*

연구에 의하면 시카고 O'Hare 공항에서는 114,370대의 비행이 예정되었었고 그 중 약 10%인 1,136대의 비행이 취소되었다.

신문에 나타난 계산을 살펴보아라. 실제로 O'Hare 공항에 예약된 비행의 몇 % 가 취소되었는가?

9.9 **구타당하는 여성?** "매 15초마다 미국 여성 한 명이 남편이나 남자 친구로부터 구타당한다."라는 *Times* 사설에 대한 불만의 편지가 *New York Times* 편집장에게 왔다. 편지를 보낸 사람은 "그 비율에 의하면, 매년 이천백만 명의 미국 여성들이 남편이나 남자 친구로부터 구타를 당한다는 것을 의미한다. 그러나 그것은 사실이 아니다."고 주장했다. 그는 전국 범죄 피해자 조사를 인용하여 남편으로부터의 폭행은 56,000건이며 남자 친구 또는 전 남자 친구로부터의 폭행은 198,000건이라고 추정하였다. 조사에 의하면 총 2천2백만 건의 여성 폭행 중 가해자는 대부분 모르는 사람들이거나 아는 사람이지만 과거 또는 현재 남편이나 남자 친구가 아닌 사람들인 것으로 나타났다.

(a) 매 15초는 1분에 4건을 의미한다. 이런 비율이라면 1시간 동안에는 얼마나 많은 폭행사건이 일어날 수 있는지 계산하여라. 하루 동안에는 얼마나 많은 폭행사건이 일어날 수 있는가? 1년 동안에는 얼마나 많은 폭행사건이 일어날 수 있는가? 편지를 보낸 사람의 계산이 맞는가?

(b) 여성에 대한 가정 폭력 건수에 대해 *Times*가 과장했다는 주장이 옳은가?

9.10 **읽을 수는 있으나 셀 수는 없다** 인구조사국은 임의로 3400명을 추출하여 영어 읽기와 쓰기에 대한 간단한 시험을 보았다. *New York Times*는 "미국 성인의 113%가 이 시험에서 탈락하였다."라고 머리기사로 내보냈다. 머리기사에 나타난 퍼센트가 왜 잘못되었는가?

9.11 **주식 하락** 2001년 9월 17일 Dow Jones 산업평균지수는 9605로 시작해서 685 포인트 하락했다. 이는 역대 하루 동안 하락폭 중 가장 큰 것이었다. 2001년 911 테러 이후 뉴욕증권이 열린 첫날 일어난 일이다. 그 날 주가는 몇 %나 하락했는가? 그 전 해에 주가가 큰 폭으로 상승을 했었기 때문에 이날의 하락 퍼센트는 역대 9번째로 하락폭이 큰 경우이었다. 총계보다 비율이 더 정확한 정보를 주는 한 예이다.

9.12 **빈곤** 공식적인 빈민층은 1976년부터 2000년까지 25년 동안 24,975,000명에서 31,581,000명으로 증가하였다. 이 기간 동안 빈민층은 몇 % 증가하였는가? 빈민

층의 증가가 이 기간 동안 더 많았다고 결론 내릴 수 없는 이유를 설명하여라.

9.13 **수화물 분실** 컨티넨털 항공사는 "지난 6개월 동안 수화물 분실을 100%까지 줄였다."고 한때 선전하였다. 이 주장을 믿을 수 있는가?

9.14 **구강 청정제** 새로운 구강 청정제는 "치아 속에 있는 전염병을 300%까지 줄일 수 있다."고 주장한다. 300%까지 줄이는 것이 불가능한 이유를 설명하여라.

9.15 **사립 기숙사** 대학 신문은 "몇 %의 학생이 사립 기숙사 회원인가?"라는 질문에 대해 "여학생의 약 12%, 남학생의 약 15~18%가 회원이었으며, 이는 학부학생의 약 27~30%가 회원임을 말해준다."라고 보도하였다. 대학 신문에 나타난 계산에 대해 논하여라.

9.16 **운전할 용기가 없는가?** 한 대학이 직원들에게 건강관련 월간뉴스를 발송하였다. 최근호에는 "가능성이 얼마인가?"라는 사설에 다음과 같은 내용이 실려 있었다.

올해 자동차 사고로 여러분이 죽을 가능성은 75분의 1이다

미국의 인구는 약 2억 8천백만이다. 매년 약 42,000명이 자동차 사고로 사망한다. 올해 특정한 사람이 교통사고로 사망할 가능성은 얼마인가?

9.17 **고속도로의 길이는 얼마인가?** *Organic Gardening* 잡지는 "미국의 고속도로는 3백9십만 마일에 이르고 고치는 것보다도 50%는 더 빠르게 낡아가고 있다. 계속되는 도로 상황의 악화로 자동차 연료비는 연간 $70억가 더 소모된다."고 한때 발표하였다. 미국의 동쪽 해안에서 서쪽 해안까지의 길이는 약 3000마일이다. 도로 길이가 3백9십만 마일이 되기 위해서는 이와 같은 동서 횡단 고속도로가 몇 개 필요한가? 고속도로 길이에 대해 어떤 결론을 내릴 수 있는가?

9.18 **정원에서** *Organic Gardening* 잡지는 정원의 흙을 비옥하게 하는 방법에 대하여 다음과 같이 설명하고 있다. "100제곱 피트의 토지에 6인치로 흙을 쌓으면 무게는 약 45,000파운드가 되기 때문에 230파운드의 퇴비로 5% 유기물을 당장 얻을 수 있다."

(a) 45,000의 몇 %가 230인가?

(b) 세제곱 피트 당 물의 무게는 약 62파운드이다. 100제곱 피트 넓이에 6인치의 깊이의 정원은 50세제곱 피트가 된다. 50세제곱 피트에 담길 물의 무게는 얼마인가? 50세제곱 피트의 흙의 무게가 45,000파운드라는 것이 이치에 맞는가?

(c) (b)에 의하면 45,000파운드는 잘못된 것 같다. 실제로 제곱 피트 당 흙의 무게는 75파운드이다. 만약 올바른 무게를 사용한다면 "5% 유기물"이라는 결론이 대략적으로 맞는 것인가?

9.19 결혼상대로 적임자가 없다? 한 사회학자의 말을 인용하여 40대 미혼 남성 100명당 40대 미혼 여성은 233명이라고 한 신문은 발표하였다. 이러한 사실은 40대 미혼 여성에 대해 유쾌하지 않은 사회현상을 말해주는가? 이 숫자들이 그럴듯해 보이는가?(*Statistical Abstract*에서 "성별과 나이에 따른 결혼 인구조사"라는 제목의 표로부터 실제 계산을 할 수 있다)

9.20 사실이라고 하기에는 너무 그럴듯한가? 고인이 된 영국의 심리학자 Cyril Burt는 서로 떨어져 성장한 일란성 쌍둥이의 IQ 연구로 유명하다. 서로 떨어져 성장한 일란성 쌍둥이의 IQ 사이에 높은 상관관계가 존재하므로 유전이 IQ를 결정하는 중요한 요인이라고 지적하였다("상관관계"란 두 변수가 얼마나 밀접하게 연관되었는가를 나타내는 측도이다. 이 내용은 14장에서 다루게 될 것이다). 그는 오랜 기간 동안 더 많은 쌍둥이들을 연구하여 여러 편의 보고서를 발표했다. 다음은 그가 발표한 보고서에 나타난 상관관계들이다.

출판날짜	따로 성장한 쌍둥이	같이 성장한 쌍둥이
1955	0.771(21쌍)	0.944(83쌍)
1966	0.711(53쌍)	0.944(95쌍)

여기서 의심스러운 점은 무엇인가?

9.21 어디를 시작점으로 할 것인가? 시간에 따른 숫자의 변화를 비교할 때에는 시작점의 선택이 매우 중요하다. 시카고 야구팀 Cubs가 5게임 패하고 4게임 승리한 후 다시 1게임 패했다고 하자. 이 경우 10게임 중 6게임을 패한 것으로 혹은 마지막 5게임 중 4게임을 승리한 것으로도 말할 수 있다.

미국 가계수입의 중앙값은 1994년에 $38,726, 1998년에 $42,844, 2002년에 $42,409였다. 1994년과 2002년 사이에 그리고 1998년과 2002년 사이에 가계수입은 각각 몇 % 증가하였나? 시작점의 선택에 따라서 수입의 경향이 좋게 보이기도 하고 나쁘게 보이기도 한다.

9.22 상위 집단도 문제이다 연습문제 9.21에서 1998년과 2002년 사이에 가계수입의 중앙값은 거의 변하지 않았다. 상위 5%의 가계수입은 1998년에 $244,913 이상이었으며 1992년에는 $252,010 이상이었다. 1998년과 2002년 사이에 상위 5%

의 수입은 몇 %나 증가하였는가?

9.23 안전한 뱃놀이 *Statistical Abstract*의 자료에 따르면 뱃놀이 사고로 인한 사망자 수는 1980년 1360명, 1990년 865명 그리고 2000년 701명으로 감소해 왔다. 그러나 부상자 수는 1980년 2650명, 1990년 3822명, 2000년 4355명으로 증가하였다. 이러한 정부 자료에서 사망자수에 비해 부상자수가 상대적으로 매우 적은 이유는 무엇인가? 사망자나 부상자수 중에서 어느 것이 더 정확한 것일까? 왜 사망자수는 감소하였는데 부상자수는 증가하였을까?

9.24 휴가 시간 한 상사는 직원들의 병가를 신청한 요일 중 40%가 금요일과 월요일이라고 지적하였다. 이는 직원들이 주말을 길게 보내기 위해서 그런 것이라는 증거일까?

9.25 Web을 이용하기 다음 상황에 대한 예제를 찾아라. 그 예제가 갖고 있는 통계적 문제점을 자세히 설명하여라.

필수적 정보의 생략
일치성 결여
이치에 맞지 않는 숫자들
계산 착오

웹탐색의 *Chance News*로부터 예를 구할 수 있다.

웹탐색

*Statistical Abstract of the United States*는 필수적인 자료를 수집한 것이다. 인구조사국의 웹사이트에서 찾아 볼 수 있다. 2004-2005판은 www.census.gov/statab/www/에서 찾을 수 있다. 원하는 것을 찾기 위해서는 색인을 먼저 살펴보아야 한다.

Dartmouth 대학의 CHANCE 웹사이트에는 흥미로운 많은 자료를 갖고 있다. 특히 *Chance News* 섹션에서는 신문에서 발표되는 의심되는 통계 등을 추적한 월간 소식을 알려준다.

PART I

Review

통계 연구에 있어 가장 중요하여 제일 먼저 물어야 할 질문은 "어디서 자료를 얻었는가?"이다. 1장에서는 이 질문에 대해 다루었다. 관측 자료와 과 실험자료의 구별이 답의 요점이다. 올바른 통계학은 자료를 얻기 위한 올바른 계획으로부터 시작된다. 2, 3, 4장에서는 모집단의 일부를 선택하여 전체를 표현하는 표본조사에 대하여 토론하였다. 그림 I.1은 단순임의표본의 중요 아이디어를 요약해서 보여준다. 5장과 6장은 반응을 알아보기 위해 특정 처리를 하는 실험계획을 통계적 관점에서 다루었다. 실험계획에서 중요한 아이디어는 임의비교실험이다. 그림 I.2는 가장 간단한 실험계획의 윤곽을 보여준다.

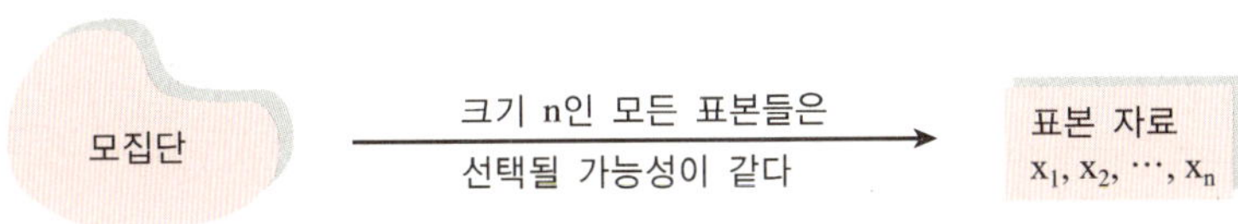

그림 I.1 단순임의표본의 아이디어

임의표본과 임의비교실험은 아마 20세기의 가장 중요한 통계적 발견일 것이다. 두 방법 모두 받아들여지는데 오랜 시간이 걸렸으며 아직도 자발적 반응표본과 계획되지 않은 실험에 의한 연구가 진행되고 있다. 임의표본과 임의실험은 편의를 제거하고 결과의 규칙적인 패턴을 얻기 위해 의도적으로 우연을 사용한다. 오차한계를 구하고, 신뢰에 대한 설명문을 만들며 표본과 실험에 근거한 결론의 통계적 유의성을 평가하는 것은 규칙적인 패턴으로 인해 가능하다.

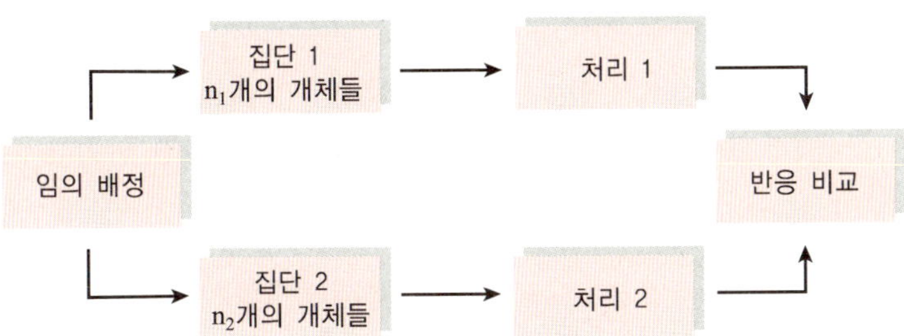

그림 I.2 임의비교실험의 아이디어

사람들에 대하여 자료를 수집할 때는 윤리적 문제가 중요하다. 7장에서는 이 문제에 대해 다루었으며 인간을 실험대상으로 하는 모든 연구에서 적용해야 하는 세 가지 원칙을 소개하였다. 자료생성의 마지막 단계는 우리가 다룰 수 있는 숫자를 얻기 위해 관심이 있는 특성을 측량하는 것이다. 8장에서 측정하기에 대해 소개하였다. "어디서 자료를 얻었는가?"가 통계 연구에서 물어야 할 첫 번째 질문이고 "숫자가 이치에 맞는가?"가 두 번째 질문이다. 9장에서는 숫자를 받아들이기 전에 주의 깊게 살펴보는 습관을 장려하였다.

요약

1장부터 9장에서 익혀야 할 중요내용은 아래와 같다.

A. 자료

1. 통계 연구에서 개체와 변수를 인지하라.
2. 실험연구와 관측연구를 구별하라.
3. 표본조사, 인구조사, 실험을 확인하라.

B. 표본조사

1. 표본조사에서 모집단을 확인하라.
2. 자발적 반응표본과 다른 올바르지 않은 표본추출 방법으로 인한 편의를 인지하라.
3. 모집단으로부터 단순임의표본을 얻기 위해 표 A의 난수를 사용하라.
4. 편의와 변이성이 결론에서 어떻게 다루어졌는지 설명하라. 표본조사 결과 오차한계와 95% 신뢰"가 무엇을 의미하는지 간략히 설명하라.
5. 95% 신뢰의 오차한계를 구하기 위해 빠른 오차한계 계산법을 이용하라.
6. 표본오차와 비표본오차의 차이를 이해하라. 표본조사에서 오류의 원인 중 무응답과 누락추출이 있음을 인지하라. 질문의 표현이 응답에 미치는 영향을 인지하라.
7. 계층이 나누어져 있을 때 모집단으로부터 층화임의표본을 선택하기 위해 난수를 사용하라.

C. 실험

1. 실험에서의 설명변수, 처리, 반응변수, 실험대상을 확인하라.

2. 관측연구나 실험에서 설명변수와 잠재변수와의 교락으로 인한 편의를 인지하라.
3. 그림 I.2와 같은 도형으로 완전임의실험계획의 윤곽을 그려라. 도형은 집단의 크기, 구체적인 처리, 반응변수를 나타내야 한다.
4. 완전임의실험에서 실험대상을 집단에 임의 배정하기 위해 표 A의 난수를 사용하라.
5. 필요한 경우 대응쌍계획이나 블록 디자인을 사용하라.
6. 위약 효과를 인지하여라. 언제 이중눈가림 방법이 사용되어야만 하는지 인지하라. 실험의 현실적 한계를, 특히 결과를 일반화시킬 때 주목하라.
7. 왜 임의비교실험이 원인-효과 관계를 설명하는데 좋은 증거를 주는지 설명하라.
8. 통계적 유의성의 의미를 설명하라.

D. 기타

1. 자료윤리에 관한 세 가지 원칙을 설명하라. 이 원칙들이 구체적인 상황에서 어떻게 적용될 수 있는지 토론하라.
2. 변수를 명확히 정의할 수 있는 측량을 구체적인 상황에서 예를 들어 설명하라.
3. 주어진 특성의 측도로서 선택된 변수의 예측타당성을 포함한 타당성을 평가하라.
4. 어떻게 측도의 신뢰성을 높이고 편의를 줄일 수 있는지 설명하라.
5. 일치하지 않는 숫자, 의심스러운 숫자, 너무 정확해 믿기 어려운 숫자 그리고 계산 착오를 인지하라.
6. 퍼센트 증가, 혹은 감소를 정확하게 계산하라.

EXERCISES

I.1 **용어 이해** 통계학에 대해 전혀 모르는 한 친구가 심리학 과목을 공부하던 중 통계용어를 접하게 되었다. 각 용어를 한두 문장으로 간략히 설명하여라.

(a) 단순임의표본
(b) 95% 신뢰
(c) 비표본오차
(d) 실험에 대한 동의

I.2 **용어 이해** 통계학에 대해 전혀 모르는 한 친구가 생물학 과목을 공부하던 중 통계용어를 접하게 되었다. 각 용어를 한두 문장으로 간략히 설명하여라.

(a) 관측연구
(b) 위약효과
(c) 통계적으로 유의
(d) 윤리위원회

I.3 **편의 된 표본** 한 여학생이 학생회관 앞에 서서 지나가는 학생들을 세우고 질문하는 것을 본다고 하자. 그 여학생은 수업 과제물에 대한 학생들의 의견을 수집 중이라고 한다. 이 표본추출 방법이 편의 되었을 가능성이 높은 이유를 설명하여라.

I.4 **단순임의표본의 선택** 한 대학생은 학생들이 학과 사무실에 전화를 하였을 때 어떤 반응을 접하는지 알아보고자 한다. 표 A의 행 116을 사용하여 다음 목록으로부터 6개 학과를 단순임의 추출하여라.

Agronomy	Education	Nursing
Art and Design	Electrical Eng	Pharmacology
Audiology	English	Philosophy
Biochemistry	Foreign Languages	Physics
Biology	History	Political Science
Chemistry	Horticulture	Psychology
Communication	Industrial Eng	Sociology
Computer Science	Management	Statistics
Consumer Science	Mathematics	Veterinary Anatomy

I.5 **단순임의표본의 선택** 한 대학의 교직원 분규 위원회는 30명의 위원으로부터 5명의 청문회 패널을 임의로 선택하도록 규정하고 있다. 표 A의 행 107을 사용하여 다음 목록으로부터 5명을 단순임의 추출하여라.

Abel	Foley	Lowe	Santogrossi	Walther
Adler	Gonzalez	Martinez	Schrag	Weinstein
Calderon	Hay	Miller	Staaks	Winer
DeVito	Ismail	Mork	Steer	Wu
Eisinger	Kirby	Perrucci	Targ	Young
Ewbank	Levy	Rothenberg	Toal	Zhang

I.6 **여론조사에서의 오차** 표본조사에서 비표본오차와 표본오차의 원인이 되는 예를 들어라.

I.7 **여론조사에서의 오차** 밤샘 여론 조사에서는 임의로 선택된 전화번호에 전화를

건다. 이 조사 방법에서는 전화가 없는 모든 사람들이 누락된다. 이것은 표본오차의 원인인가 아니면 비표본오차의 원인인가? 발표된 오차한계는 이 오차의 원인을 고려한 것인가?

I.8 **여론조사에서의 오차** 학생들의 생활을 인터뷰하기 위해 학부생 등록 명단으로부터 100명의 학생을 단순임의 추출한다. 100명의 단순임의표본을 동시에 두 번 추출한다면 그 두 표본으로부터 약간은 다른 결과를 얻을 것이다. 이 변이성은 표본오차의 원인인가 아니면 비표본오차의 원인인가? 발표된 오차한계는 이 오차의 원인을 고려한 것인가?

I.9 **여론조사에서의 오차** 문제 I.7과 I.8에서는 표본조사에서 있을 수 있는 오차의 원인에 대해 언급하였다. 다른 조사 과정은 그대로 유지하며 표본의 크기를 두 배로 늘린다면 각 오차는 줄어들 것인가?

I.10 **여론조사에서의 오차** 갤럽 조사에 의하면 미국 성인의 68%가 공립학교에서 진화론과 함께 창조론을 가르치는 것을 선호하였다. 갤럽이 발간한 문서에서 보고된 바에 의하면:

> *이와 같은 표본크기에 의하면, 표본조사와 다른 임의 효과로 인한 최대 오차는 ±3% 포인트라고 95% 신뢰를 갖고 말할 수 있다.*

오차한계에 포함되지 않은 오차의 원인의 예를 들어라.

I.11 **오차한계를 찾아라** 지난주 인터넷을 사용했던 586명의 성인에게 "인터넷이 여러분의 생활을 매우 향상시켰다, 어느 정도 향상시켰다, 어느 정도 저하시켰다, 매우 저하시켰다, 영향을 주지 않았다"중 하나를 선택하도록 물었다. 586명중 152명이 "매우 향상시켰다"를 선택하였다.

(a) 이 표본조사에서 모집단은 무엇인가?

(b) 빠른 계산법을 사용하여 오차한계를 계산하여라. 신뢰에 대한 설명문을 작성하여라.

I.12 **오차한계를 찾아라** 정부는 사립학교나 종교재단에서 운영하는 학교에 자녀를 보내기 원하는 저소득 가정에 보조를 해야만 하는가? 1006명을 조사한 결과 362명이 "예"라고 답하였다.

(a) 이 표본조사에서 모집단은 무엇인가?

(b) 빠른 계산법을 사용하여 오차한계를 계산하여라. 신뢰에 대한 설명문을 작

성하라.

I.13 **표본의 종류는?** 한 파티에 21세 이상인 학생 30명, 21세 미만인 학생 20명이 있다. 21세 이상인 학생들로부터 세 명을 임의로 선택하고, 21세 미만인 학생들로부터 두 명을 선택하여 알코올에 대한 의견을 인터뷰한다. 파티에 있는 모든 학생이 표본으로 선택될 가능성을 같도록 표본을 추출하였다. 그 가능성이 얼마인가? 이 표본은 왜 단순임의표본이 아닌가? 이런 표본을 무엇이라 부르는가?

I.14 **실험계획** 어느 대학의 통계학과는 더 많은 학생들이 지원하길 원한다. 그 과에서는 두 종류의 학과 소개서를 준비하였다. 소개서 A는 통계학의 지적인 재미를, 소개서 B는 통계학자들의 수입이 얼마나 좋은지 강조하였다. 어떤 소개서가 신입생들에게 더 관심이 있겠는가? 통계학에 얼마나 흥미를 느끼는지 측정하는 질문과 실험에 참여할 50명의 신입생을 이용하여, 어떤 소개서가 더 효과적인지 결정하는 실험계획의 윤곽을 그려라.

I.15 **실험계획** 한 남자는 데이트 허락을 받는 좋은 방법은 자기 자신을 여자에게 소개하는 것이라고 생각한다. 다른 남자는 여자 스스로 자신에 대해 이야기하도록 하는 것이 더 효과적이라고 생각한다. 실험에 참여하길 원하는 20명의 남자들을 선택하여 두 방법 중 하나로 여자와 대화를 나누게 한 후 다음날 여자에게 전화를 걸어 데이트를 신청한다. 어떤 방법이 더 성공적인지 알아보기 위한 실험계획을 간략히 설명하여라.

연습문제 I.16부터 I.19까지는 "trivalent LAIV"라 불리는 코에 뿌리는 독감 백신이 효과가 있는지 연구한 *Journal of American Medical Association*의 논문에 근거한 것이다. 다음은 논문 요약의 일부이다:

계 획 1997년 9월부터 1998년 3월까지 임의화, 이중눈가림, 위약-대조 실험이 시행되었다.

참가자 건강보험서, 직장 그리고 일반 모집단으로부터 추출한 18세부터 64세 사이의 건강한 직장인 4561명

실 험 1997년 가을 LAIV 백신(n=3041)과 위약(n=1520)에 2:1로 실험대상을 임의 배정하였다.

결 과 백신이 결근일 수를 감소시켰으며(심각한 열병의 경우 17.9% 감소; 호흡기 질환의 경우 28.4% 감소), 간병인의 방문일수도 줄었다(심각한 열병의 경우 24.8% 감소; 호흡기질환의 경우 40.9% 감소).

1.16 용어 이해 "임의화", "이중눈가림", "위약-대조"의 의미를 이 연구의 문맥에서 간략히 설명하여라.

1.17 실험의 기본 실험대상, 설명변수, 반응변수들을 확인하여라.

1.18 실험계획 이 연구를 위한 실험계획의 윤곽을 도형을 이용하여 표현하여라.

1.19 윤리 자료윤리의 세 가지 원칙은 무엇인가? 각 원칙을 적용하기 위해 독감 백신 연구는 무엇을 해야 하는지 설명하여라.

1.20 측도 남학생들이 정치적으로 좌파에 속하는 정도를 측정하려 한다. 단순히 머리 길이로써 그 정도를 측정하며 머리 길이가 길수록 좌파의 성향이 더 크다고 판단하기로 하였다.

(a) 이 방법은 신뢰할 만한가? 그러한 결론을 내린 이유는?

(b) 이 측도는 타당하지 않은 것처럼 보인다. 이유는?

(c) 그럼에도 불구하고 머리 길이로 정치 성향을 측정하는 것이 예측타당성을 가질 수 있다. 어떻게 가능한지 설명하여라.

1.21 신뢰성 용액의 전도성을 측량하는 화학 실험 과제를 수행 중이다. 이 경우 측도가 믿을만하다는 것은 무엇을 의미하는가? 결과의 신뢰성을 어떻게 높일 수 있겠는가?

1.22 관측연구 혹은 실험? 간호사 건강연구는 1976년 이후 2년마다 등록된 여성 간호사로부터 100,000명의 표본을 추출하여 질문을 해왔다. 1980년 초에는 음주량을 포함한 다이어트에 관하여 질문하였다. 연구 결과 조금씩 술을 마시는 경우 전혀 마시지 않거나 과음을 하는 경우보다 사망 위험률이 유의적으로 낮다고 결론지었다.

(a) 이 연구는 관측연구인가 아니면 실험인가?

(b) "유의적"이 통계보고서에서 무엇을 의미하는가?

(c) 술을 조금 마시는 사람이 전혀 마시지 않는 사람보다 사망률이 낮은 이유를 설명할 수 있는 잠재변수의 예를 들어라.

1.23 관측연구 혹은 실험? 건강상태와 성격의 관계를 연구하기 위해 자발적으로 운동 프로그램에 참여한 중년의 대학교직원을 검진한 후 결과에 따라 "건강 상태 나쁨"과 "건강 상태 우수" 집단으로 나누었다. 그리고 모든 실험대상은 성격검사를 받았다. 그 결과 "자신감"의 평균점수가 "건강 상태 우수" 집단에서 더 높게

나타났다.

(a) 이 연구는 관측연구인가 아니면 실험인가?

(b) 건강 상태가 우수한 것이 더 높은 자신감을 갖게 하는 원인이라고 결론지을 수 없다. 건강 상태 우수 집단에서 높은 자신감을 갖게 한 잠재변수의 예를 들어라.

I.24 **퍼센트의 증감** 2004년 1월부터 2004년 6월 사이에 미동부지역의 갤런당 평균 석유 가격이 $1.50에서 $2.00로 올랐다.

(a) 가격이 33% 인상되었음을 보여라.

(b) 석유 가격이 $2.00에서 33% 감소된다면 새로운 가격은 얼마인가? 33% 인상 후 다시 33% 감소하여도 원래 가격이 되지 않음을 확인하여라.

I.25 **퍼센트의 감소** 911테러 하루 전인 2001년 9월 10일 NASDAQ 주가지수는 1695로 마감되었다. 911테러가 있은 지 일주일 후인 2001년 9월 17일에는 NASDAQ 주가지수가 1580으로 떨어졌다. 주가지수의 감소 퍼센트는 얼마인가?

I.26 **이치에 맞지 않는 숫자들?** *Newsweek*는 어느 날 기사에서 40세에 미혼인 여성은 앞으로 결혼할 가능성 보다 테러리스트에게 죽임을 당할 가능성이 더 높다고 말했다. 이 기사가 이치에 맞는다고 생각하는가? 이 주장을 검증하기 위해 어떤 자료가 필요하겠는가?

PROJECTS

연구과제는 정보를 수집하거나 자료를 생성해야 하고 과제 수행 결과를 설명하는 보고서를 작성해야 하는 학생들이 팀을 이뤄 풀기에 적당한 장기적인 연습문제이다.

과제 1 표본조사를 계획하여라 여러분이 재학 중인 학교 학생들이 현재 관심 있어 하는 문제를 선택하여라. 이 문제에 대한 여론조사를 위해 5개 이하의 짧은 질문을 준비하여라. 25명의 학생을 표본으로 선택하여 준비된 질문으로 설문 조사하여 그 결과에 대한 보고서를 간략히 작성하여라. 표본조사를 계획하고 실시하는 과정에서 겪은 경험을 짧게 설명하여라(결과에 대해 통계적으로 확신을 갖기에는 25명이 너무 작은 숫자지만 여론조사를 실습해 보는 것이 이 과제의 주요 목적이다. 우선 모집단을 결정해야 한다. 전체 재학생을 모집단으로 할 수 없다면 이 과목 수강생을 모집단으로 사용하여라. 실험대상들은 여러분이 작성한 질문이 명확하다고 생각했는가? 다른 종류의 질문을 하기 원하는가?).

과제 2 측정 문제 6.13에서 여러분은 오른손잡이들의 오른손 힘이 왼손보다 강한지 알아보기 위한 대응쌍계획을 설명하였다. 체중계를 끝이 앞으로 나오도록 선반 위에 놓은 후 엄지를 체중계 아래에, 나머지 네 손가락을 체중계 위에 얹고 꽉 쥠으로써 손의 강도를 대략 측정할 수 있다. 여러 실험대상을 이용하여 이 방법의 신뢰성을 측정하라. 평가 결과를 기록하라. 예를 들어, 다른 방법으로 체중계를 쥐는 실험대상을 발견하여 측정의 일관성을 위해 상세한 설명을 할 필요가 있었는가? 실험대상을 위한 안내서를 작성하여라.

과제 3 실험 앞의 과제에서 손힘의 측도가 명확해졌으면 적어도 10명의 실험대상을 이용하여 문제 6.13의 대응쌍계획을 수행하여라. 임의화 계획, 수집된 자료, 힘의 차이(오른손 힘−왼손 힘) 그리고 평균적으로 오른손의 힘이 더 강한지 에 대한 실험 결과를 포함한 보고서를 작성하여라.

과제 4 의학연구 *Journal of the American Medical Association* 웹사이트 에서 관심 있는 연구 논문을 선택하여라. *New England Journal of Medicine*과는 달리 *JAMA*에서는 논문 전문을 온라인으로 찾아볼 수 있다. 그 연구의 결과와 실험계획을 요약하여 신문 기사를 작성하여라(실험이었는지 혹은 관찰 연구이었는지, 임의화가 사용되었는지 등 통계적 관점이 포함되어야 한다).

과제 5 국내외 자동차 여러분이 재학 중인 대학에서 교직원보다 학생들이 수입 자동차를 더 선호하는가? 이를 알아보기 위한 계획을 세우고 실행한 후 계획과 결과에 대한 보고서를 작성하여라. 우선 "국내산"과 "외제"의 의미를 분명하게 정의하여 자동차를 둘 중 하나의 집단으로 분명하게 분류하여야 한다. 그다음 학생 주차장과 교직원 주차장의 자동차를 검사한다. 주차장이 너무 넓다면 계통 추출을 사용하여 표본을 선택할 수 있다(Exercise 4.25 참조).

과제 6 자료윤리 통계 연구와 관련된 자료윤리 문제에 대한 뉴스 토론을 찾아보아라. 그 토론에 대한 여러분의 간략한 요약과 여러분이 얻은 결론을 담은 보고서를 작성하여라.

예를 들어, 신약을 인간에게 실험하는 것은 의학 연구의 계속된 관심사이다. 신약의 가능한 부작용으로부터 실험대상자를 보호하는 것과 실험 결과에 대한 요구 사이에서 어떻게 조화를 이룰 것인가? *New York Times*의 웹사이트

(www.nytimes.com) 중 "experiments and ethics"에서 2004년 8월 4일 발행된 유망한 기사를 포함한 많은 관련 기사를 찾을 수 있다. 기사를 읽으려면 도서관을 이용하거나 $2.95를 지불해야 한다. 웹 검색도구를 사용할 수도 있다.

과제 7 수입 측정 무엇이 한 가정의 "수입"인가? 가정의 수입에 따라 "저소득"층을 보조하는 정부 프로그램 참가 자격을 결정한다. 수입에 관한 통계는 정치적 효과도 있다. 식권과 주택 보조 같은 간접 수입은 제외하고 금전 수입만 자료에 포함함으로써 저소득층의 숫자를 과장한다고 정치적으로 보수적인 사람들은 주장한다. 한편 진보적인 사람들은 얼마나 많은 사람이 도움이 필요한지 알아보기 위해 금전적인 수입을 측정해야 한다고 응답한다.

여러분이 새로운 복지사업을 고려중인 한 국회의원의 보좌관이라 하자. 복지혜택을 받을 자격이 있는 가구를 결정하기 위해 "수입"의 정확한 정의를 짧은 에세이로 작성하여라. 식권과 주택 보조 같은 간접 소득을 수입에 포함하겠는가? 직장을 나가기 위해 필요한 육아 경비를 삭감해 주겠는가? 수입이 생기지는 않지만 재산 가치가 있는 집과 같은 자산은 어떻게 평가하겠는가?

PART II

자료의 정리

"Tonight we're going to let the statistics speak for themselves."

단어만으로는 정확한 의미를 전달할 수 없으므로, 작가는 단어로 문장을 구성하고 문장으로 이야기를 구성한다. 만약 단어들을 잘 정리하지 못하면, 이야기의 내용을 명확하게 표현하지 못할 것이다. 자료 또한 명확한 의미를 갖기 위해서는 정리가 필요하다. 너무 많은 단어를 사용하는 것은 주제를 명확하게 하는 것 보다 오히려 애매하게 할 수 있다. 자료의 양이 너무 많은 경우에도 자료의 모든 의미를 알기가 어렵기 때문에 가장 중요한 사실들에 대한 요약이 필요하다. 따라서 이 책의 Part II에서는 자료를 어떻게 정리하고, 요약하고, 나타낼 것인가에 대해 알아보고자 한다.

많은 사실들을 정리와 요약하는 과정에서 의식적으로 또는 무의식적으로 그들을 왜곡할 수 있는데, 말보다는 숫자로 사실을 정리 또는 요약할 때 더 왜곡될 수 있다. 통계학이 거짓말쟁이들의 기교라고 생각하는 사람들은 통계학의 일부인 자료의 표현과 요약에만 관심을 갖기 때문에 그렇게 생각할 수도 있다. 자료의 잘못된 요약이나 선택적 표현은 수정되어져야 하지만 통계학을 비난할 필요는 없다. "숫자는 거짓말을 하지 않지만 거짓말쟁이는 숫자를 이용하여 거짓말을 한다."는 것을 기억해야 한다.

CHAPTER 10

잘된 그래프, 잘못된 그래프

부자가 되기

20세기말 미국의 주식시세는 매우 상승하였다. 얼마나 상승하였는가는 말보다 그림을 통해 더 명확히 알 수 있다.

그림 10.1은 1971년부터 2003년까지 주식시세의 등락 백분율(Standard & Poor's 500 지수를 기준으로 함)을 보여주고 있다. 주식시세가 1982년까지는 등락을 반복했으며, 1973년과 1974년에는 15% 그리고 27%씩 비교적 많이 하락한 것을 알 수 있다. 그러나 주식시세는 1982년을 기점으로 18년 동안 주로 상승한 것을 알 수 있다. 2000년부터 2002년까지 주식시세는 하락했으나 2003년에 다시 상승하였다.

그림 10.2는 주식투자로 얼마나 부자가 되었는지를 나타내고 있다. 만약 투자자가 1970년 말에 $1,000을 주식에 투자했다면, 각 년도 말에 얼마나 많은 수익을 얻었는지를 그림 10.2를 통해서 알 수 있다. 투자자가 투자한 $1,000은 1974년 이후 $853로 하락했으나 1981년 말에는 $2,145로 상승하였는데, 이것은 연평균 7.2%씩 상승한 것이며, 같은 기간 동안 은행의 이자의 상승폭을 능가한 것이다. 1999년 말에는 $1,000이 $36,108이 되었다. 그러나 불행하게도 그 후 3년 동안은 주식가치가 줄어들었으며, $36,108는 2002년 말에 $22,532로 감소하였다.

따라서 만약 투자자가 오랫동안 기다릴 수 있다면, 돈을 주식에 투자하라는 교훈을 주고 있다. 그러나 진짜 교훈은 1980년에 주식을 사고 2000년에 주식을 파는 것이다. 그래프의 장점은 자료가 의미하는 것을 명확히 나타낼 수 있는 것이다. 그림 10.1은 주식시세가 매년 얼마나 불규칙하게 변화했는지를 보여주고 있으며, 그림 10.2는 장기적으로 인내심이 있는 투자자가 얻을 수 있는 이익을 나타내고 있다. 특히 2000년부터 3년 동안 연속 하락할 때까지 1995년을 시작으로 5년 동안 주식시세가 폭등했다는 것을 지적할 수 있다.

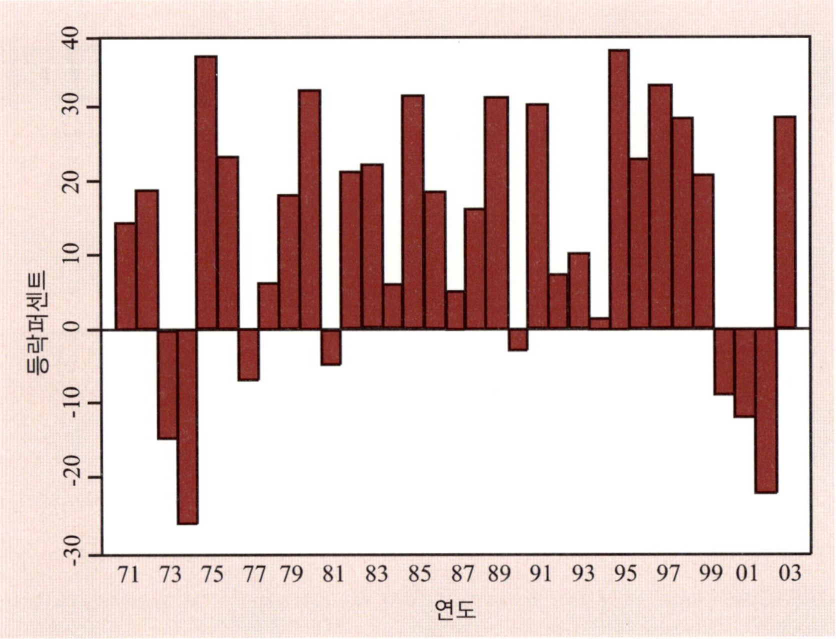

그림 10.1 1971년부터 2003년까지 S&P 500 지수를 기준으로 하는 주식시세의 등락 백분율

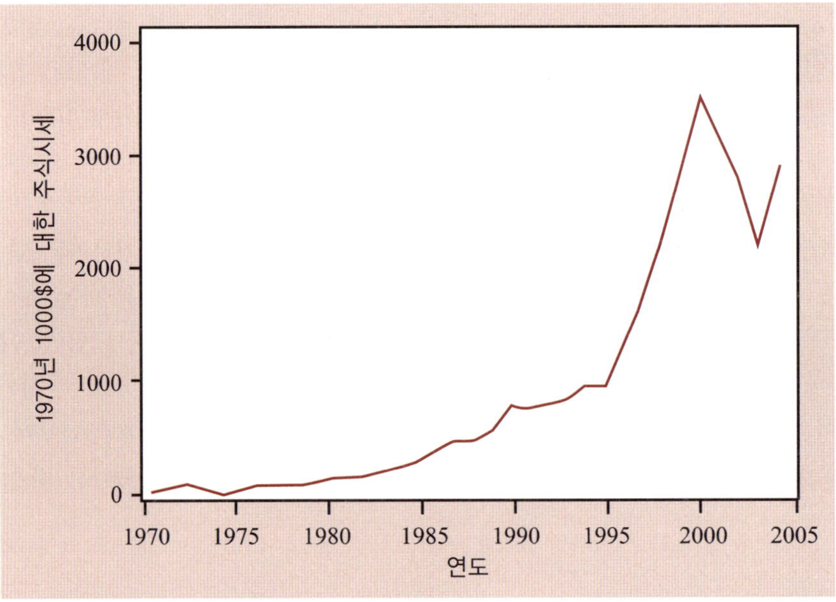

그림 10.2 1970년 말에 S&P 500 지수에 투자한 $1,000에 대한 1971년부터 2003년까지 매년 말의 주식시세

통계학이란 단어를 통해서 연상할 수 있는 것은 무엇일까? 아마도 숫자로 메워진 표들이나 오르락 내리락하는 그래프를 연상할 것이다. 통계학은 자료를 다루며, 우리는 표나 그래프를 사용하여 자료를 나타내므로 그러한 연상이 잘못된 것은 아니다. 임의추출법, 임의화, 비교실험 그리고 정확한 측정은 좋은 자료를 생성한다. 자료가 의미하는 것이 무엇인지 살펴보기로 하자.

자료의 표

미국 통계연감을 보면 매우 다양한 많은 숫자가 있다. 초등학교와 중학교의 수는 얼마나 증가하였는가? 이들 학교에 재학 중인 소수민족계통의 학생들은 얼마나 되는가? 과거 몇 년 동안 얼마나 많은 학사학위가 수여되었으며, 전공, 나이, 인종, 그리고 남녀 별로 구분하여 얼마나 학위가 수여되었는가? 통계연감의 교육부문에서 이러한 질문에 대한 답 뿐만 아니라 더 많은 정보를 얻을 수 있다. 표는 자료를 정리한 것이다. 우리는 모든 대학의 학위에 대한 정보보다 우리가 관심이 있는 부문에 대한 정보를 알고 싶어 한다.

예제 1 명확한 표는 어떻게 만드는가?

30대 성인들은 얼마나 교육을 받았는가? 표 10.1은 30세에서 34세까지 성인들에 대한 자료를 나타내고 있다. 이 표는 명확히 분류가 되어 있어 자료의 대상을 한눈에 알 수 있다. 이 자료는 연도에 따라 달라질 수 있으므로 표의 맨 위에 자료의 대상과 연도를 표시하고 있다. 표 내부는 변수들을 분류하고 측정 *단위* 1,000명을 표시하였다. 그리고 자료의 출처를 표 아래에 표기하였다.

표 10.1 2003년도 30세부터 34세까지 교육수준

	명수(단위 : 천)	퍼센트
고졸이하	2,554	12.4
고졸	5,942	29.0
초대졸	5,559	27.1
대졸	4,589	22.4
석사이상	1,878	9.2
Total	20,521	100.0

출처: Census Bureau, *Education Attainment in the United States*: 2003

표 10.1을 만들 때 가장 먼저 하는 것은 각 교육수준에 해당되는 30세에서 34세까지 성인을 세는 것이다. *비율(백분율 또는 비례)*이 합계보다 종종 더 유용하게 쓰인다. 예를 들어 고등학교를 졸업하지 못한 성인이 2,554,000명이라는 것보다 전체의 12.4%라는 것이 더 유용하게 쓰인다. 백분율도 표 10.1에 나타나 있다. 표의 두 열은 변수 "교육수준"의 분포를 두 가지 형태로 나타내고 있다. 표의 각 열을 통해서 변수가 취하는 값과 그 값의 비율을 알 수 있다.

변수의 분포

변수의 **분포**는 어떠한 값이 얻어지고, 얻어진 값이 얼마나 자주 나타났는지를 나타내는 것이다.

예제 2 반올림 오차

표 10.1에서 일치성에 대해 살펴보자. 전체 성인 수는

$$2554+5942+5559+1878=20,522 \text{ (천명)}$$

표에 나타난 전체 성인 수는 20,521이다. 어찌된 것인가? 각각 반올림된 값의 합은 합을 반올림한 값과 일치하지 않는다. 이러한 **반올림 오차**는 자주 만나게 될 것이다.

파이 도표와 막대그래프

"교육수준"이 5개의 값만을 가지고 있어 표 10.1에 대한 분포는 매우 간단하다. 파이 도표를 이용하여 이 분포를 나타내보자. 그림 10.3은 성인의 교육수준을 나타내는 파이 도표이다. 파이 도표는 어떻게 원이 몇 개의 조각으로 나누어지는지를 보여주고 있다. 파이 도표를 그리기 위해서는 우선 원을 그리며, 이 원은 30세에서 34세까지 전체 성인을 나타내고 있다. 원안에 있는 쐐기들은 각 크기의 비율만큼 각도를 가지고 있다. 학사학위만 가지고 있는 성인은 전체의 22.4%이며, 원의 각도는 360도이기 때문에 "학사학위"에 대한 쐐기의 각도는

$$0.224 \times 360 = 81\text{도}$$

가 된다.

파이 도표의 조각들을 결합하면 원이 완성되어야 한다. 각도는 길이보다 비교하기가

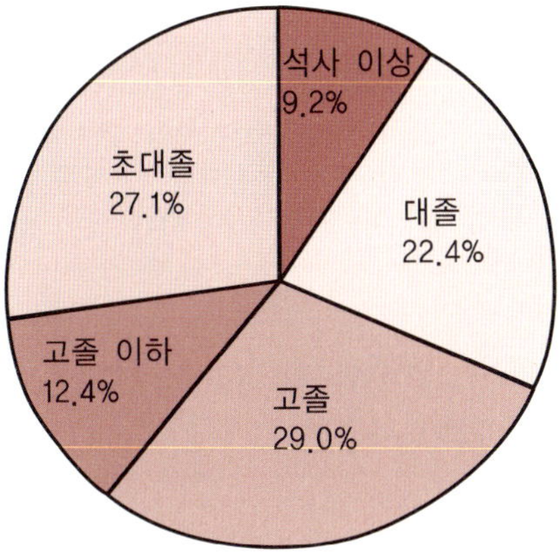

그림 10.3 2003년도 30세에서 34세까지 교육수준의 분포에 대한 파이 도표

어렵기 때문에 원이 여러 조각으로 나누어지는 경우 그 크기를 비교하는데 파이 도표는 유용하지 않다. 그림 10.4는 같은 자료를 가지고 그린 막대그래프이다. 각 막대의 높이는 막대 아래에 표시된 교육수준에 속한 성인들의 백분율을 나타내고 있다. 막대그래프를 통해서 대학중퇴 보다 고등학교 졸업에 속한 사람이 더 많다는 것을 "고등학교 졸업"의 막대 높이가 더 높아서 명백히 알 수 있다. 파이 도표에서는 이러한 사실을 알기가 어려워 분류된 각 쐐기에 백분율을 포함시켰다. 컴퓨터를 사용하지 않는다면 막대그래프가 파이 도표보다 그리기 쉽다.

그래프의 종류를 선택할 때 키 센티미터, SAT 점수와 같이 숫자 척도의 값을 갖는 변수들과 성별, 직업, 또는 교육수준과 같이 범주의 값을 갖는 변수들을 구별하는 것이 도움이 된다. 파이 도표와 막대그래프는 범주의 값을 갖는 변수에 대해 유용하다.

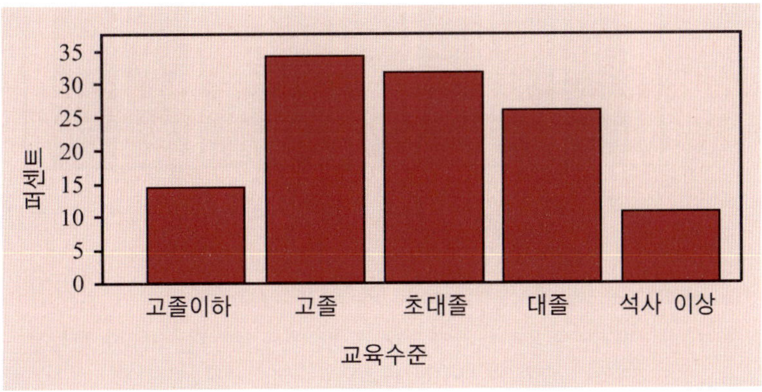

그림 10.4 2003년도 30세에서 34세까지 교육수준의 분포에 대한 막대그래프

범주형 변수와 양적 변수

범주형 변수란 자료를 몇 개의 그룹이나 범주로 나누는 변수를 말한다.
양적 변수란 사칙 연산이 의미가 있는 숫자 값을 갖는 변수를 말한다.
범주형 변수의 분포를 나타내는 데 파이 도표 또는 막대그래프를 사용한다.

파이 도표나 막대그래프 모두 범주형 변수의 분포(개수 또는 백분율)를 나타내는데 사용되지만, 막대그래프가 더 많이 사용된다.

예제 3 높은 세금?

그림 10.5는 8개 나라의 과세 수준을 비교하고 있다. 막대의 높이는 각 나라의 국내 총생산에서 차지하고 있는 세금을 백분율을 나타내고 있다. 미국의 세금이 국내 총생산의 28.9%로

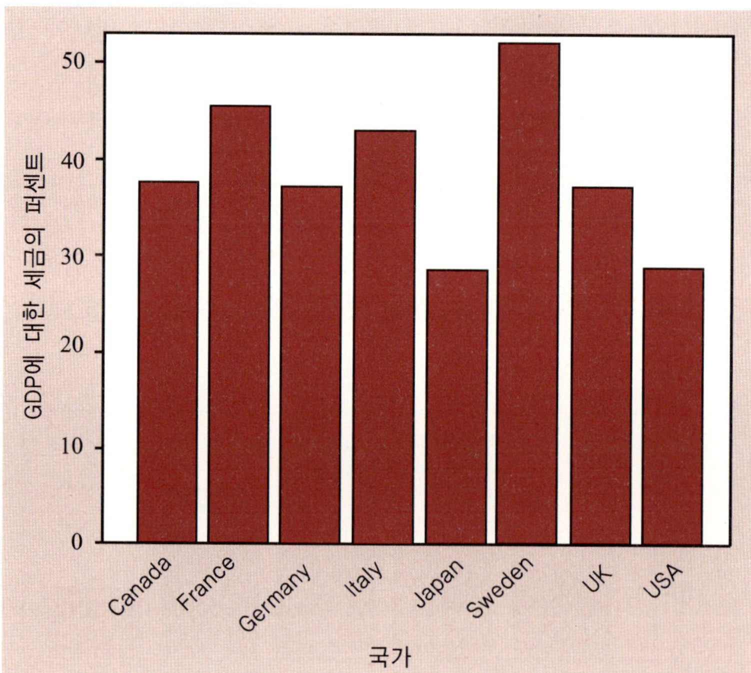

그림 10.5 1998년도 8개 나라의 국내 총생산에서 차자하는 세금의 백분율
(출처: Office of Economic Cooperation and Development.)

8개 나라 중 제일 적게 차지하고 있음에도 미국 국민들이 높은 세금에 대해 불만을 나타내는 것은 놀라운 일이다.

그림 10.5에 나타난 백분율은 전체의 일부가 아니라 서로 다른 8개의 양들을 비교한 것이므로 파이 도표로는 나타낼 수 없다. 막대그래프는 전체의 일부가 아닌 양들을 비교하는 데 사용할 수 있다.

독자들에게

매사추세츠 국세청에서는 미국 50개 주에 대해서 2002년도 개인 소득 $1000에 부과하는 세금 액수(단위 : $)를 조사하였다. 다음 표는 중서부에 있는 몇 개 주에 대한 자료이다.

주	$1000에 부과하는 세금
Illinois	18.21
Indiana	24.36
Iowa	22.62
Michigan	22.35
Minnesota	33.37
Ohio	36.18
Wisconsin	31.34

"주(state)"는 범주형 변수인가 또는 양적 변수인가? 이 자료들에 대한 분포를 나타내기 위해서 파이 도표와 막대그래프 중에서 어느 것을 사용할 것인가?

그림그래프를 주의하라

막대그래프는 양을 나타내는 막대의 높이를 통해서 여러 양들을 비교할 수 있다. 시각적으로 막대의 높이 뿐만 아니라 막대의 *면적*에도 반응한다. 모든 막대의 너비가 같을 때, 높이의 비율에 따라 면적(너비 × 높이)이 같이 변해야 시각적으로 올바른 인상을 줄 수 있다. 막대그래프를 그릴 때 막대의 너비를 같게 해야 한다. 예술적인 측면에서 막대그래프는 재미없는 그래프이다. 따라서 시각적 효과를 높이기 위해서 막대 대신 그림을 사용하는 경우가 있다.

예제 4 오해하기 쉬운 그래프

그림 10.6은 막대 대신 그림을 사용한 막대그래프이다. 그래프는 광고주들이 그들의 광고 예산을 어디에 쓰고 있는지를 나타내고 있다. 이 그래프는 타임지가 가장 많은 광고 수익을 얻고 있음을 보여주고 있다. 펜들 위에 나타나 있는 금액은 타임지가 뉴스위크지보다 1.64배 더 많다. 그러나 그래프는 왜 타임지가 그것보다 훨씬 더 많은 것처럼 보이는가? 그림을 크게 하기 위해서 높이와 너비 모두 증가시켰기 때문이다. 만약 타임지 펜의 높이와 너비를 동시에 뉴스위크지보다 1.64배 증가시키면, 면적은 1.64×1.64 또는 2.7배 증가한다. 면적에 대한 시각적 효과 때문에 타임지의 수익이 매우 앞선 것처럼 보인다.

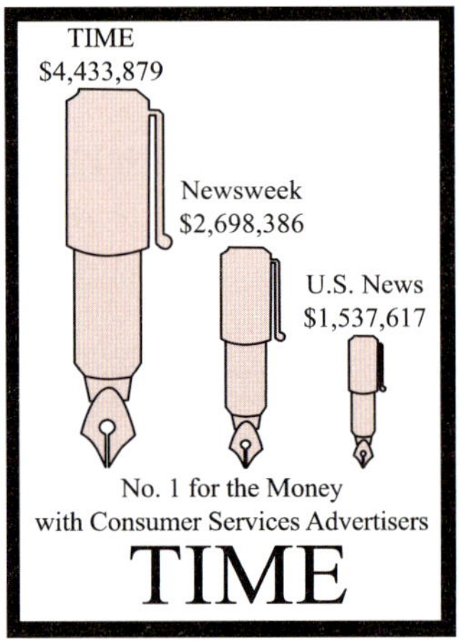

그림 10.6 그림그래프. 변형된 막대그래프는 인상적이나 잘못 그려졌다.

시간에 따른 변화: 꺾은선 그래프

많은 양적 변수들은 시간에 따라 측정된다. 예를 들어 어린이의 키 또는 매월 말에 주식시세 등은 시간에 따라 측정된다. 그리고 우리의 관심은 시간에 따른 이들의 변화이다. 꺾은선 그래프를 사용하여 시간에 따른 변화를 나타낼 수 있다.

꺾은선 그래프

꺾은선 그래프는 한 변수의 시간에 따라 측정된 값들을 나타낸다. 이때 시간을 가로축으로 하고 변수의 값은 세로축으로 표시한다. 그리고 시간에 따른 변화를 나타내기 위해서 자료 점들을 직선으로 연결한다.

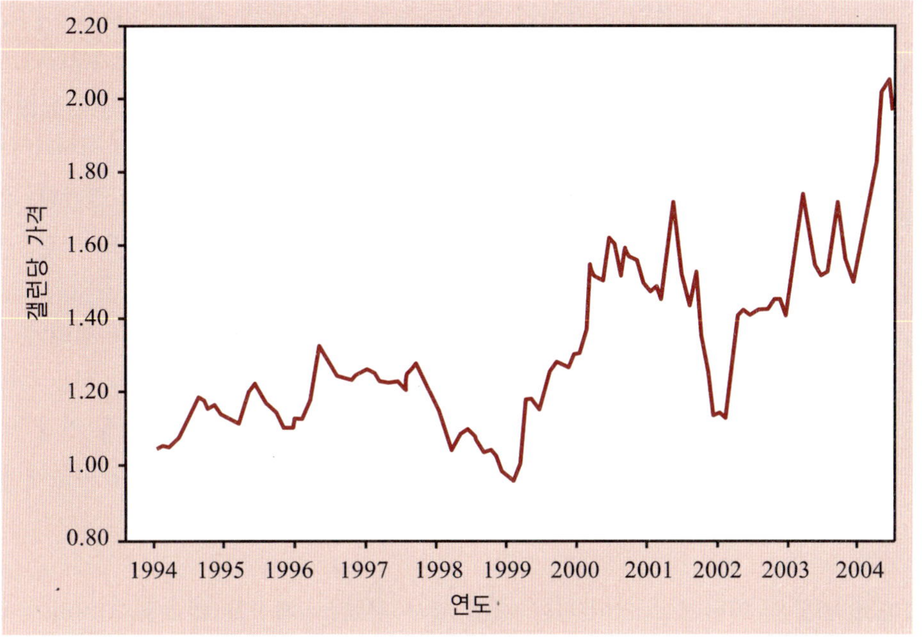

그림 10.7 1994년 1월부터 2004년 6월까지 매월 보통 무연 휘발유의 평균 가격에 대한 꺾은선 그래프(출처: the Bureau of Labor Statistics.)

예제 5 휘발유의 가격

휘발유의 가격이 시간에 따라 어떻게 변화하였는가? 그림 10.7은 1994년 1월에서 2004년 7월까지 매월 보통 무연 휘발유의 평균 가격에 대한 꺾은선 그래프이다. 예를 들어 1994년 1월에 평균 가격은 갤런당 $1.043이였다. 이 그래프에서 첫 번째 자료 점은 가로축의 1994년(1월)과 세로축 1.043의 값이 만나는 곳에 있다.

매월 휘발유 가격에 대한 표를 통해서는 변화의 형태를 알기 어려우나 그림 10.7을 보면 가격의 변화를 명확하게 알 수 있다. 꺾은선 그래프에서 우리가 알고 싶어 하는 것은 무엇인가?

- 첫째로, 우리가 알고 싶은 것은 가격 변동의 **전체적인 형태**이다. 예를 들어 휘발유 가격의 **추세**는 1994년에서 1999년까지는 등락을 거듭하고 있으나 전체적으로 일정하게 오르거나 내린 추세는 없다. 그러나 1999년에서 2004년까지는 OPEC 회원국이 휘발유 생산을 감소시키고 가격을 올렸기 때문에 전체적으로 휘발율 가

베트남 효과

베트남 전쟁 기간 동안 많은 남자들이 징집을 피하기 위해 대학에 진학했다. 통계학자 Howard Wainer는 시간에 대해 자료를 그래프로 나타내어 "베트남 효과"를 조사하였다. 전쟁 기간 동안 군 자격시험의 성적이 매우 낮아졌으며, 전쟁 후 다시 회복된 것으로 나타났다. 대학을 지원하는 학생들이 보는 SAT 시험 성적 또한 전쟁 초기에는 낮아졌다. 이것은 두 시험 성적의 평균보다 낮은 성적을 얻은 사람이 대학 또는 군을 선택한 것으로 생각할 수 있다.

격이 증가하는 추세로 나타났다. 또한 베네수엘라의 파업, 미국과 이라크의 전쟁 나이지리아의 사회불안 등이 2002년 말부터 2003년 초까지 휘발유 가격을 증가시키는 원인이 되었다.

- 둘째로, 전체적인 형태로부터의 **편차**를 알고 싶다. 1999년부터 시작된 가격 증가 추세는 2001년 가격 하락으로 끝났다. 2001년 가격 하락은 2000년 과잉 공급으로 인해 수요가 감소되었기 때문이다.
- 시간에 따라 매년 반복되는 **계절변동**의 규칙적인 형태가 자주 나타난다. 휘발유 가격은 일반적으로 운전을 많이 하는 여름철에 가장 높으며, 휘발유의 수요가 적은 겨울철에 가장 낮다. 그림 10.7을 통해서 여러 해 동안 휘발유 가격이 여름에 높았다가 가을에 낮아지는 것을 알 수 있다.

계절적 변동은 일반적인 것이므로, 많은 정부 통계는 계절적 효과를 제거하기 위해 조정된다. 예를 들어 매년 1월에 실업률이 높은 이유는 휴일로 인해 판매업이 휴업하고 그리고 북쪽 지역은 겨울 날씨 때문에 밖의 일이 줄기 때문이다. 정부의 공식적인 실업률이 매년 1월에 증가한다면 혼란(아마도 정치적 문제)의 원인이 될 것이다. 노동통계국은 1월에 얼마나 실업률이 증가할 것인가를 예측하고 있기 때문에 실업률이 변화되리라 기대되는 날로 발표를 조정한다. 예측한 것 보다 실제 실업률이 증가한 경우에만 발표된 실업률이 올라 갈 것이다. 그러므로 규칙적인 계절적 변화에 의한 혼란 없이 고용 상황의 기본적인 변화를 알 수 있다.

계절변동, 계절조정

시간에 따라 규칙적으로 반복하는 형태를 **계절변동**이라 한다. 시간에 따라 규칙적으로 측정되는 많은 계열은 계절적으로 조정되어진다. 즉 예측되어지는 계절변동을 제거한 후에 발표한다.

눈금을 주의하라

그래프는 시각적 효과가 크기 때문에 무의식적으로 잘못 사용될 수 있다. 꺾은선 그래프를 주의 깊게 사용하는 사람은 각 축에 표시된 **눈금**을 세밀하게 살펴본다.

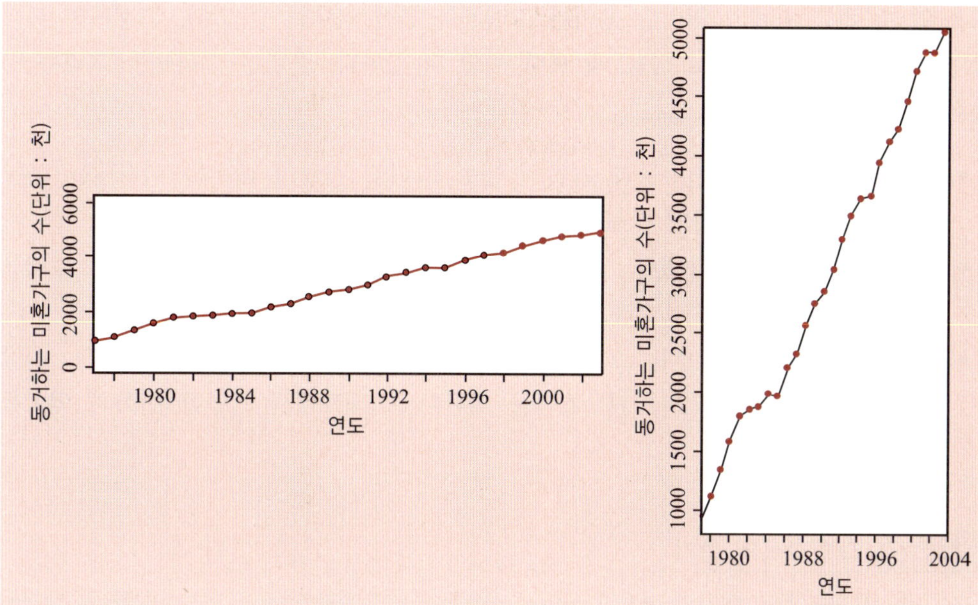

그림 10.8 꺾은선 그래프에서 눈금변화의 효과. 두 그래프 모두 같은 자료를 사용하고 있으나 오른쪽 그래프가 매우 빠르게 증가하고 있다.

예제 6 동거

최근 같이 사는 미혼 남녀의 수가 증가하고 있는데, 이는 결혼을 연기하거나 심지어 결혼을 대신 동거를 선택하고 있기 때문이라는 지적이 있다. 그림 10.8은 미국의 동거를 하고 있는 미혼 가구 수를 두 개의 꺾은선 그래프로 나타내고 있다. 왼쪽 그래프는 완만하게 증가하고 있으나 오른쪽 그래프는 매우 가파르게 증가하고 있다.

이러한 차이는 눈금 때문에 일어난다. 왼쪽 그래프에서 세로축 눈금을 늘이고, 가로축 눈금을 줄이고, 그리고 세로축 눈금을 자료의 최대값에서 최소값까지만 나타내면 오른쪽 그래프가 된다. 우리는 꺾은선 그래프가 얼마나 과장될 수 있는지 알았다.

어느 그래프가 올바른 그래프인가? 두 그래프 모두 자료를 정확하게 나타내고 있으나 선택된 눈금에 따라 다른 효과를 나타낼 수 있다. 꺾은선 그래프에서는 일정하게 "정해진" 눈금이 없기 때문에 선택된 눈금에 따라 다른 인상을 줄 수 있다. 따라서 눈금에 주의하라!

올바른 그래프 그리기

그래프는 자료를 가장 효과적으로 나낼 수 있는 방법이다. 표에서는 알기 어렵거나 또는 알 수 없는 자료의 의미를 올바른 그래프를 통해서는 알 수 있다. 그래프의 시각적 인상은 자료들이 숫자로 있을 때 보다 훨씬 더 강하다. 올바른 그래프를 그리는 방법은 아래와 같다.

- 그래프에 나타나는 변수들과 그들의 단위 그리고 자료의 출처를 나타내는 **분류 표시**와 **범례**를 확실하게 표시한다.
- **자료를 명확하게 나타낸다.** 실제 자료, 격자 또는 배경을 명확하게 하여 그래프에 대한 관심을 높인다. 그래프를 예술 작품처럼 그리지 않는다.
- **시각적 효과에 주의한다.** 그림그래프를 피하고 신중하게 눈금의 선택한다. 시각적으로 혼란을 주는 "3-차원" 효과를 피한다. 그래프에서 간단한 변화의 의미를 명확하게 한다.

예제 7 대학교육의 증가

그림 10.9는 25세 이상의 여자들 중에서 적어도 학사학위를 가지고 있는 여자들의 백분율이 증가하고 있다는 것을 보여주고 있다. 가로축에 5개의 연도만 나타나 있어 간단하게 꺾은선 그래프를 그릴 수 있다. 그러나 그림 10.9는 간단하게 그릴 수 없다. 예술가는 그래프를 혼란스럽게 하는 격자선이나 멋있는 배경 그림을 어렵지 않게 그릴 수 있지만, 실제 값을 필요로 하는 경우 그래프의 격자선보다 그래프와 함께 표를 제공하는 것이 좋다. 좋은 그래프는 자료를 명확하게 나타내는 데 필요한 것만 사용한다.

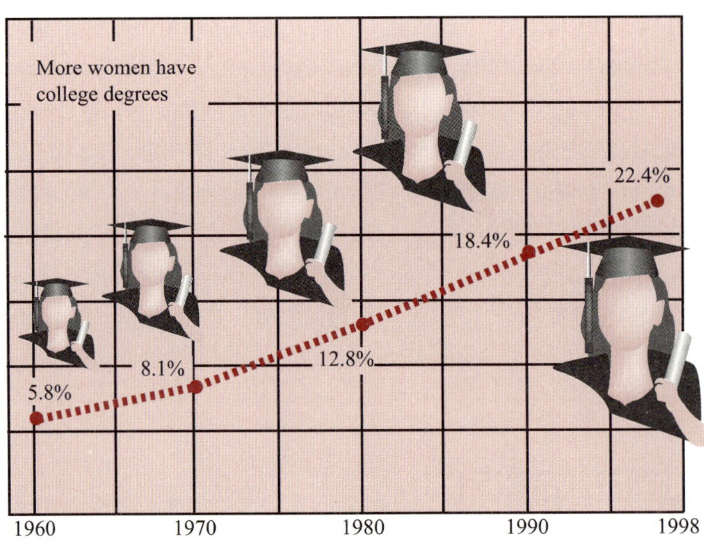

그림 10.9 이 그래프는 필요없는 그림 때문에 자료를 보기가 어렵다.

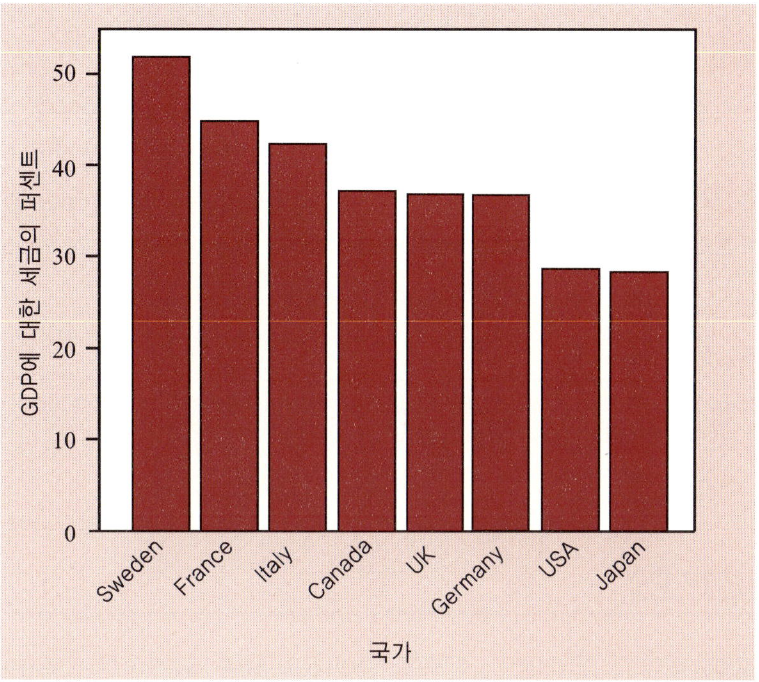

그림 10.10 1998년 8개 나라의 국내 총생산에서 차지하는 세금의 백분율. 막대의 순서를 바꾸어 그림 10.5를 개선하였다.

예제 8 높은 세금

그림 10.5는 8개 각 나라의 국내 총생산에서 차지하는 세금의 백분율을 비교하는 좋은 막대그래프이다. 그림 10.5는 각 나라를 알파벳 순서로 배열했으나 세금의 크기로 배열하는 것이 더 명확하지 않을까? 그림 10.10은 각 나라를 세금의 비율이 높은 순서대로 배열한 것이다. 이러한 간단한 변화로 각 나라의 순위를 더 명확하게 할 수 있다.

요약

자료의 의미를 알고 싶은 경우, 제일 먼저 그래프를 그린다. 교육수준이나 직업과 같이 자료를 몇 개의 범주로 나누는 **범주형 변수** 또는 의미가 있는 숫자의 값을 갖는 **양적변수**와 같이 자료의 형태에 따라 그래프의 종류를 선택한다. 범주형 변수의 **분포**는 파이 도표나 막대그래프를 사용하여 나타낸다. 파이 도표는 전체를 몇 개의 조각으로 나눈 것이며, 막대그래프는 같은 단위로 측정된 값들의 집단을 비교할 수 있다. 시간에 따른 양적변수의 변화를 나타내기 위해서는 시간(가로 눈금)에 대해 변수(세로 눈금)의 값들을 나타낸 꺾은선 그래프를 사용한다.

그래프는 시각적으로 오용될 수 있다. 막대그래프의 막대 대신 높이와 너비가 모두 변화는 그림을 사용하는 **그림 그래프**는 사용하지 않은 것이 좋다. 특정한 인상을 주기 위해서 축을 늘리거나 줄이지 않았는지 꺾은선 그래프의 눈금을 살펴보아야 한다. 그래프에서 자료의 의미를 알기 어렵게 하는 불필요 한 것들은 사용하지 말아야 한다.

EESEE

"Health Care Graphics"는 Columbus Dispatch의 1993년 6월 8일 발행물에 실린 광고를 다루고 있다. 이 이야기를 읽고 첫 번째 질문에 답하여라.

EXERCISES

10.1 **복권판매** 미국의 일부 주는 복권을 판매하고 있다. 표 10.2는 오아이주에서 판매되는 복권의 종류별 판매액을 나타내고 있다. 종류별 판매액의 분포를 막대그래프로 그리시오. 이 자료에 대하여 파이 도표를 사용하는 것이 타당한가?

10.2 **일치성?** 표 10.2는 종류별 복권의 판매액을 보여주고 있다. 다섯 종류 복권의 판매액의 합은 얼마인가? 이 합이 표에 주어진 전체 합과 다른 이유는 무엇인가?

표 10.2 오아이주에서 판매되는 종류별 복권의 판매액, 2003년

복권의 종류	판매량(단위 : 백만$)
Instant games	1089.1
Pick 3	401.8
Pick 4	154.2
Buckeye 5	68.9
Super Lotto Plus	160.7
Kicker	27.3
Mega Millions	176.2
총계	2078.3

출처 : The Ohio Lottery Commission, 2004.

10.3 **결혼 상태** 미국 통계 조사국에서 발행하는 보고서에 의하면 2003년도 미국 15세 이상의 여성에 대한 결혼 상태는 다음과 같다.

결혼상태	명수(단위 : 천)
미혼	29,499
기혼	62,891
사별	11,297
이혼	12,673

(a) 2003년에 얼마나 많은 여성이 결혼을 하지 않았는가?

(b) 막대그래프를 사용하여 결혼 상태에 대한 분포를 나타내라.

(c) 파이 도표를 사용하는 것이 타당한가?

10.4 **높은 이자** 그림 10.11은 투자자에게 은행과 다른 투자기관보다 더 높은 이자를 준다는 광고를 그래프로 나타낸 것이다. 이 그래프는 4개의 이자 비율을 올바르게 비교하고 있는가?

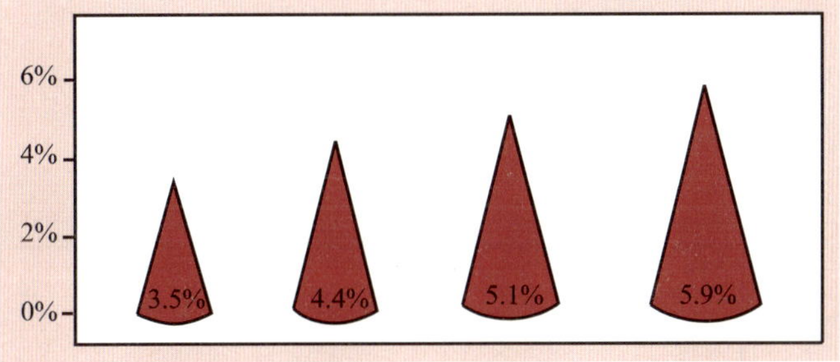

그림 10.11 이자 비율의 비교

10.5 **CD 판매** 구매자가 선호하는 CD를 구입하기보다 Web상에서 전송 받기 시작했다. Web에서 어느 업체가 가장 많은 CD를 판매하고 있는가? 그림 10.12는 1997년도 온라인상에서 CD 시장의 점유율을 나타내고 있다. 이 그래프는 자료를 적절하게 나타내고 있는가?

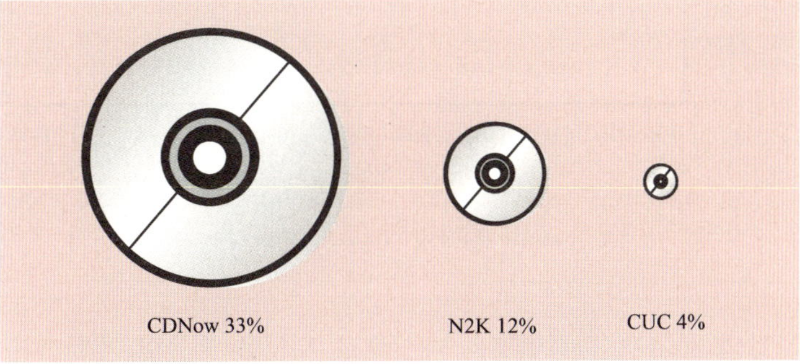

그림 10.12 1997년도 3개의 온라인 CD 판매 회사의 시장 점유율

10.6 살인 도구 2003년도 미국의 통계 요약은 2001년도 살인 사건에 대한 FBI 자료를 포함하고 있다. 2001년도 살인사건에 쓰인 도구는 권총이 49.3%, 다른 총기류가 13.0%, 칼이 13.0%, 신체의 일부(보통 손 또는 발)가 6.8%, 그리고 둔기가 4.8%를 차지하고 있다. 이 자료를 그래프로 나타내어라? 살인사건에 쓰인 도구의 범주를 나누는 "다른 방법"이 필요한가?

10.7 신선한 오렌지의 값 그림 10.13은 1990년 1월부터 2000년 1월까지 매월 오렌지의 평균 가격을 꺾은선 그래프로 나타낸 것이다. 이 자료는 노동 통계국에서 매월 조사한 소매가격을 "지수"로 나타낸 것이다. 즉 매월 가격은 기준 기간(1982년부터 1984년까지)의 가격에 대한 백분율로 주어진다. 따라서 150은 "기준 가격의 150%"을 의미한다.

(a) 강한 계절변동이 그래프에 나타나 있다. 어떻게 그것을 알 수 있나? 왜 오렌지 가격에 계절변동이 있을 것이라고 예측할 수 있는가?

(b) 계절변동을 고려하여 이 기간 동안 오렌지 가격의 전체적인 추세는 어떻다고 할 수 있는가?

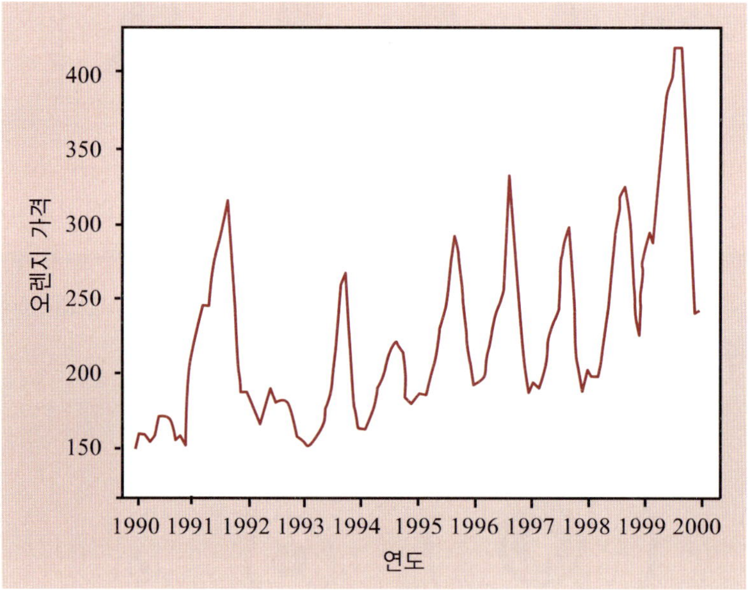

그림 10.13 1990년 1월부터 2000년 1월까지 오렌지의 가격

10.8 대학 신입생 2001년도 신입생을 대상으로 무엇을 전공할 계획인가에 대한 설문조사를 하였다. 결과는 인문학 12.6%, 경영학 16.6%, 교육학 10.1%, 공학 18.6%,

의학 또는 법학 12.0%, 그리고 사회학 10.3%로 나타났다.

(a) 위 전공 외에 다른 전공을 선택한 신입생의 비율은 얼마인가?

(b) 신입생들의 전공 선택 비율을 비교하기 위해 그래프를 그려라.

10.9 수출 그림 10.14는 독일, 일본, 그리고 미국의 2002년도 수출액(10억 달러)을 비교하고 있다.

(a) 이 그래프가 정확하지 않은 이유는 무엇인가?

(b) 이 세 나라의 수출액을 비교하기 위한 정확한 그래프를 그려라.

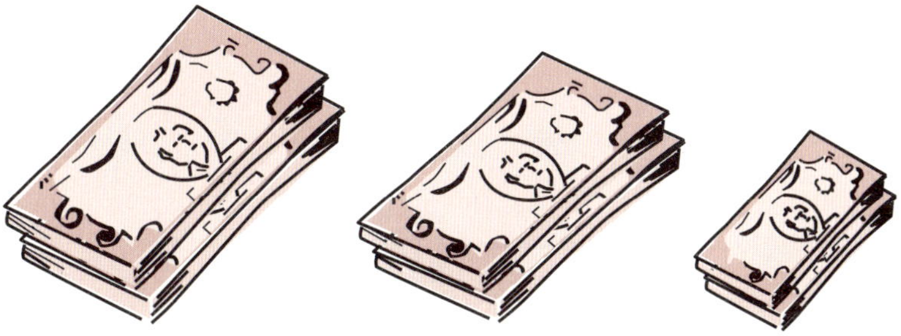

그림 10.14 2002년도 독일, 일본, 그리고 미국의 수출액
(출처: the Organization for Economic Cooperation and Development.)

10.10 시민 소요 1970년대 전 후반에는 미국의 많은 도시들이 사회적으로 불안하였다. 1968년부터 1972년까지 매 3개월마다 일어난 시민 소동의 횟수는 다음과 같다.

기간		횟수	기간		횟수
1968	1월- 3월	6		7월- 9월	20
	4월- 6월	46		10월-12월	6
	7월- 9월	25	1971	1월- 3월	12
	10월-12월	3		4월- 6월	21
1969	1월- 3월	5		7월- 9월	5
	4월- 6월	27		10월-12월	1
	7월- 9월	19	1972	1월- 3월	3
	10월-12월	6		4월- 6월	8
1970	1월- 3월	26		7월- 9월	5
	4월- 6월	24		10월-12월	5

(a) 이 자료에 대한 꺾은선 그래프를 그려라.

(b) 이 자료에는 장기적 추세와 계절변동이 있다. 이 두 가지 형태의 특징을 설

명하라. 시민 소요에 계절변동이 있는 이유를 설명할 수 있는가?

10.11 미혼모의 출산 미국의 전체 출산에 대한 미혼모 출산의 백분율은 아래와 같다. 이 자료는 시간에 따라 미혼모의 출산 비율이 증가하는 추세를 보이고 있다. 이 자료에 대해 서서히 증가하는 것처럼 보이는 꺾은선 그래프와 매우 빠르게 증가하는 것처럼 보이는 꺾은선 그래프를 그려라.

연도	1960	1965	1970	1975	1980	1985	1990	1995	2000
미혼모 퍼센트	5.3	7.7	10.7	14.2	18.4	22.0	28.0	32.2	33.2

10.12 잘못된 그래프? 그림 10.15는 켄터키주 렉싱톤에서 발행되는 신문 *Herald-Leader* 의 1975년 10월 5일자에 실린 그래프이다. 이 그래프의 정확성에 대해 논하라.

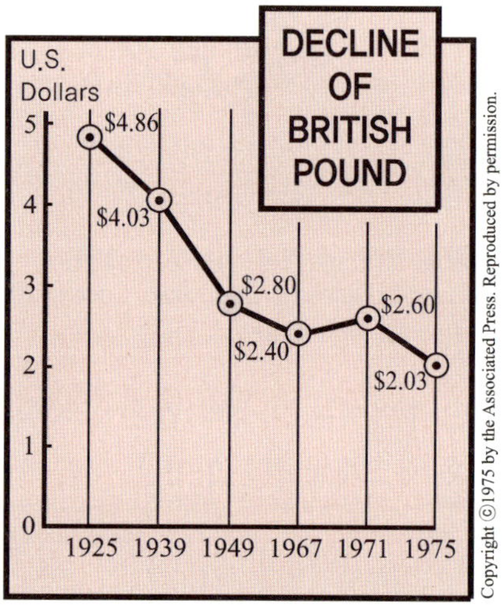

그림 10.15 신문에 실린 영국 파운드화의 가치에 대한 그래프

10.13 추세 다음 시계열 자료 중 어느 것이 명확한 추세를 보여주고 있는가? 추세가 오르락 내리락 할 것인가?(모든 자료는 연도별로 기록되었다)

(a) 타자기를 가지고 대학에 입학한 학생의 백분율

(b) 개인용 컴퓨터를 가지고 대학에 입학한 학생의 백분율

(c) 직업을 가지고 있지 않는 성인 여성의 백분율

10.14 계절변동 시카고의 평균 기온을 여러 해 동안 매월 조사하였다. 이 자료에 대한 꺾은선 그래프가 계절변동을 나타낼 수 있는가? 나타날 것으로 기대되는 계절

변동에 대해 설명하라.

10.15 판매량 증가 새로운 선물가게의 12월 판매량은 11월보다 두 배이다. 이 가게의 선호도는 더 높아지고, 가게 주인은 곧 부자가 될 것이라고 할 수 있는가?

10.16 근로자의 수 신문 기사는 다음과 같다. "1990년 말부터 미국에서는 다른 달 보다 6월에 더 많은 사람들이 고용된다. 도시근로자가 117,000명 줄어 6월의 근로자 수가 감소했다는 보고서는 연방 준비은행의 이자율을 다시 낮추라고 설득하는데 도움이 될 것이다. 그러나 사실은 5월보다 6월에 457,000명 더 고용이 되었다." 근로자 수가 457,000명 증가한 사실과 117,000명 감소했다는 공식보고서의 차이를 어떻게 설명할 수 있는가?

10.17 태양의 흑점의 순환 시간에 다른 그래프는 순환이 오르락 내리락 움직이고 있다는 것을 보여준다. 그림 10.16은 20세기 동안 뚜렷하게 보여진 태양의 흑점의 매월 평균 횟수에 대한 꺾은선 그래프이다. 태양의 흑점의 주기의 길이는 대략적으로 얼마인가? 즉, 그래프에 얼마나 많은 년도가 연속적인 계곡 사이에 나타나있는가? 태양의 흑점 수에 대한 전체적인 추세가 있는가?

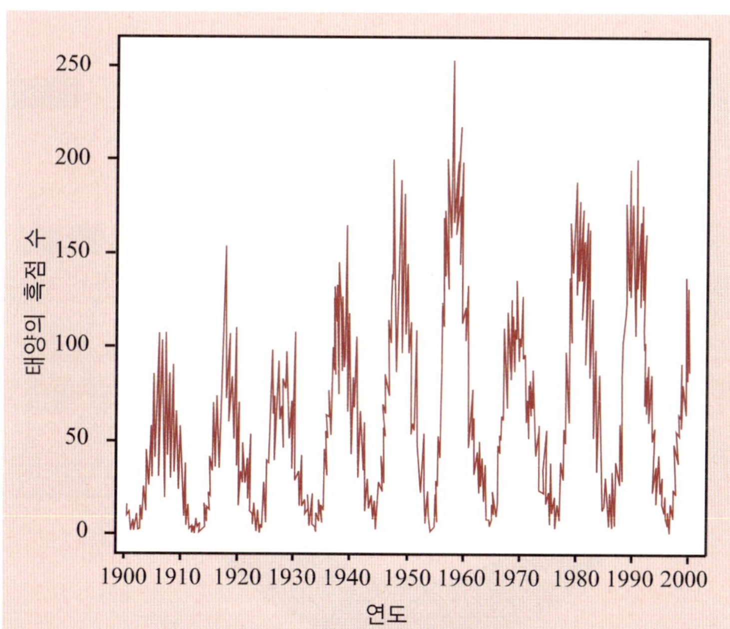

그림 10.16 태양의 흑점의 순환. 1900년부터 2000년까지 월별 태양의 흑점 수에 대한 꺾은선 그래프 (출처: the National Oceanic and Atmospheric Administration).

10.18 트럭 대 자가용 소비자들은 자가용에서 트럭, 스포츠용 자동차, 그리고 소형밴으로 선호도가 바뀌고 있다. 미국에서 새 자동차와 트럭의 판매 수에 대한 자료는 아래와 같다("트럭"에는 스포츠용 자동차와 미니밴이 포함되어 있다). 시간에 따른 자가용과 트럭의 판매 수를 비교하기 위해서 같은 축 위에 두 개의 꺾은선 그래프를 그리시오. 추세에 대해 설명하라.

연도	1981	1983	1985	1987	1989	1991
승용차(단위 : 1000)	8,536	9,182	11,042	10,277	9,772	8,175
트럭(단위 : 1000)	2,260	3,129	4,682	4,912	4,941	4,365

연도	1993	1995	1997	1999	2001
승용차(단위 : 1000)	8,518	8,636	8,273	8,697	8,422
트럭(단위 : 1000)	5,681	6,481	7,226	8,717	9,050

10.19 어느 회사가 자동차를 얼마나 파는가? 그림 10.17은 여러 회사에서 1997년도에 판매한 자가용의 비율을 나타낸 파이 도표이다. 예술가는 멋이게 하기 위해서 "파이" 대신 자동차 바퀴를 사용하여 그래프를 그렸다. 이 그래프는 자료를 올바르게 나타내고 있는가?

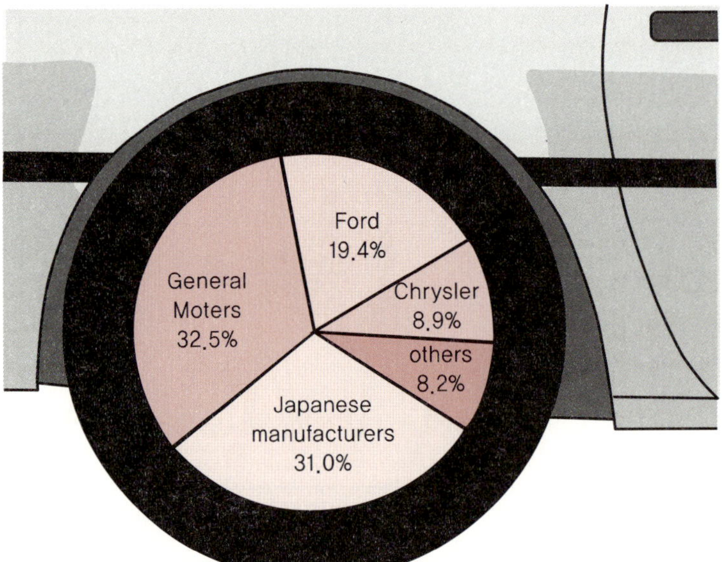

그림 10.17 1997년도 여러 회사의 자가용 판매 수

10.20 어느 회사가 자동차를 얼마나 파는가? 문제 10.19에서 주어진 자료에 대해 막대그래프를 그리시오. 주어진 파이 도표, 그림 10.17보다 막대그래프의 장점은 무엇인가?

10.21 국경 순찰대 다음 자료는 1971년부터 1999년까지 미국 국경 순찰대에 의해 체포되어 추방된 외국인의 수이다. 이 자료를 그래프로 나타내라. 이 자료를 통해서 알 수 있는 가장 중요한 사실은 무엇인가?

연도	1971	1973	1975	1977	1979	1981	1983	1985
총계(단위 : 1000)	420	656	767	1042	1076	976	1251	1349

연도	1987	1989	1991	1993	1995	1997	1999
총계(단위 : 1000)	1190	954	1198	1327	1395	1536	1714

10.22 주어진 각 특징을 갖는 시계열 관측값에 대해 대략적인 꺾은선 그래프를 그리시오. 시간에 대한 축의 눈금은 년으로 하시오.

(a) 매우 감소하는 추세이나 계절변동은 없다.

(b) 매년 계절변동은 있으나 명확한 추세는 없다.

(c) 연도별 계절변동을 가지고 매우 감소하는 추세이다.

10.23 나쁜 버릇 약물 남용에 대한 조사에 의하면 2003년에 12세에서 17세까지의 청소년들 중 34.3%가 음주를 하였고, 15.0%가 마리화나, 1.8%가 코케인, 그리고 19.0%가 흡연을 한 것으로 나타났다. 왜 파이 도표를 사용해서 이 자료를 정확히 나타낼 수 없는지 설명하라.

10.24 사고에 의한 사망 미국에서 2002년에 사고에 의한 사망자수가 102,303명이었다. 이들 중 44,572명이 자동차, 14,670명이 약물, 3399명이 익사, 3024명이 총기, 그리고 813명이 화재에 의한 사고로 사망하였다.

(a) 각 유형별 사고 사망자수에 대한 백분율을 소수점 이하 네자리에서 반올림하여 구하시오. 기타 이유로 인한 사망자수에 대한 백분율을 구하라.

(b) 유형별 사고 사망자수에 대한 분포를 그래프로 그려라.

10.25 금융시장 기금의 수익 많은 사람들이 "금융시장 기금"에 투자를 한다. 월별 이자를 지급하면서 몫에 대한 $1의 가격을 일정하게 유지하려는 공동기금들이 있다. 다음 표 10.3은 1973년부터 세금이 붙는 금융시장 기금에서 지불된 연간 평균 이자율(백분율)이다.

표 10.3 금융시장 기금에서 지불된 이자율, 1973년-1996년

연도	이자율	연도	이자율	연도	이자율	연도	이자율
1973	7.60	1979	10.92	1985	7.77	1991	5.70
1974	10.79	1980	12.88	1986	6.30	1992	3.31
1975	6.39	1981	17.16	1987	6.17	1993	2.62
1976	5.11	1982	12.55	1988	7.09	1994	3.65
1977	4.92	1983	8.39	1989	8.85	1995	5.37
1978	7.25	1984	10.21	1990	7.81	1996	4.80

(a) 금융시장 기금에서 지불된 이자율에 대한 꺾은선 그래프를 그려라.

(b) 이자율에는 명확한 순환이 있으나 불규칙적으로 오르락 내리락하는 움직임이 있다. 어느 연도의 이자율 순환이 최고로 높이 도달하였는가?

(c) 시간에 따른 그래프는 순환들 안에서 일정한 추세를 보일 것이다. 이 순환들 안에서 언제 이자율이 최고로 높이 도달하였는가? 또한 일반적으로 감소하는 추세가 있는가?

10.26 보스턴 마라톤 1972년에 여성이 보스턴 마라톤에 참가하도록 허락되었다. 1972년부터 2004년까지 여자 우승자의 기록(단위: 분, 초에서 반올림함)이 표 10.4에 나타나 있다.

(a) 우승기록에 대해 그래프를 그려라.

(b) 보스턴 마라돈 우승 기록의 형태에 대해 간략하게 설명하시오. 최근 몇 년 동안 기록이 향상되었는가?

표 10.4 보스턴 마라톤에서 여성 우승자의 기록(단위: 분)

연도	시간	연도	시간	연도	시간
1972	190	1983	143	1994	142
1973	186	1984	149	1995	145
1974	167	1985	154	1996	147
1975	162	1986	145	1997	146
1976	167	1987	146	1998	143
1977	168	1988	145	1999	143
1978	165	1989	144	2000	146
1979	155	1990	145	2001	144
1980	154	1991	144	2002	141
1981	147	1992	144	2003	145
1982	150	1993	145	2004	144

10.27 Web을 이용하기 잘못된 그래프들의 사례를 찾아라. Dartmouth 대학의 CHANCE Web 사이트가 사례를 찾는데 도움이 될 것이다. 특히, 그래프들을 포함하고 있는 월간 소식지 사이트 www.dartmouth.edu/~chance/chance_news/news.html가 도움이 될 것이다.

CHAPTER 11

그래프로 분포를 나타내기

우리 학교의 서열은 어디일까?

Tonya는 그녀가 태어난 일리노이주의 시카고 주립대학의 학생이다. 시카고 주립대학교는 일리노이주 출신의 학생에게 연간 $6834의 공납금을 부과하고 있다. Tonya는 시카고 주립대학교의 공납금이 일리노이주의 다른 대학교들과 비교하여 얼마나 되는지 궁금하였다.

일리노이주에는 121개 대학교가 있으며, 2004-2005년도 공납금은 Shawnee 초급대학의 $1536부터 시카고 대학의 $30,729까지 있다. 120개의 다른 대학들과 시카고 주립대학의 공납금을 비교하는 것은 쉽지 않다. 일반적으로 그래프가 도움이 될 것이다. 그림 11.1은 일리노이주에 있는 121개 대학교의 공납금에 대한 히스토그램이다. 그림 11.1의 히스토그램은 많은 대학(주로 초급대학)들이 $4000보다 적게 공납금을 부과하고 있다는 것을 보여주고 있다. 분포의 오른쪽 상한을 보면 두 대학이 $28,000에서 $32,000사이의

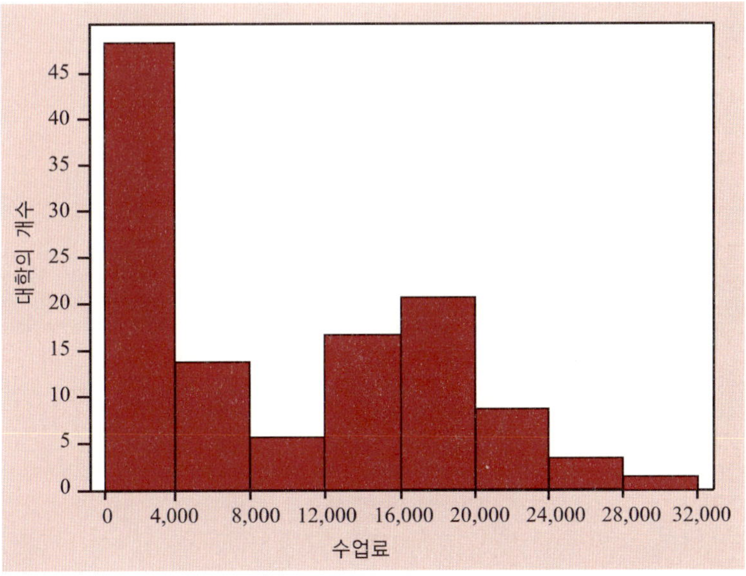

그림 11.1 2004-2005년도 일리노이주의 121개 대학교의 년간 공납금에 대한 히스토그램

공납금을 부과하고 있다. 시카고 주립대학교는 $4000에서 $8000사이의 공납금을 부과하는 14개 대학 중 하나이다.

그림 11.2는 같은 자료를 사용해서 그린 다른 그래프이다. 공납금을 십자리에서 반올림하여 $100 단위로 나타내자. 예를 들어 시카고 주립대학교의 공납금 $6834은 68이 된다. 천자리 숫자를 수직선 왼쪽에 놓고 줄기인 천자리 숫자에 그들의 백자리 숫자를 하나씩 적는다. 시카고 주립대학교는 줄기 6에 8을 적는다. 이것이 줄기 그림이다. 줄기 그림은 히스토그램보다 더 많은 정보를 보여주고 있다. 예를 들어, 가장 낮은 공납금부터 시작하면 121개 대학 중 Tonya가 재학 중인 시카고 주립대학교의 공납금은 58위에 있다는 것을 쉽게 알 수 있다.

```
 1 | 5 6 6 6 6 7 7 7 8 8 8 8 9 9 9 9 9 9 9
 2 | 0 0 0 0 0 0 0 0 1 1 1 1 2 2 2 2 2 2 2 2 2 2 4 4 4 4 5 6 7
 3 |
 4 | 8
 5 | 1 2
 6 | 0 3 3 3 5 7 8 9
 7 | 6 7 9
 8 |
 9 | 3 5
10 | 0 3 8
11 | 6
12 | 2
13 | 4 5 6 8
14 | 1 2 4 6 6 6 8
15 | 0 4 7 7 8
16 | 4 6 7 7 8 8
17 | 1 3 3 4 4 4 5 7
18 | 1 3 5
19 | 0 0 3
20 | 0 1 1 3 3 3
21 | 2 4
22 | 1 4
23 |
24 |
25 | 2 8
26 | 1
27 | 3
28 | 8
29 |
30 | 7
```

그림 11.2 일리노이주의 년간 공납금에 대한 줄기 그림

이 장에서 히스토그램과 줄기 그림(또는 줄기-잎 그림)에 대해서 어떻게 만들고, 그것으로부터 무엇을 얻을 수 있는가를 다룬다.

히스토그램

범주형 변수들은 여성의 결혼 상태 또는 대학생의 인종과 같이 자료를 몇 개의 집단으로 나눈다. 범주형 변수는 비교적 적은 몇 개의 집단을 갖기 때문에 그들에 대한 분포는 파이 도표 또는 막대그래프를 이용하여 나타낼 수 있다. 대학 진학 적성 검사인 SAT 성적 또는 가족의 수입과 같은 양적 변수들은 어떻게 그래프로 나타낼 수 있는가? 이 변수들은 많은 값들을 갖기 때문에 비슷한 값으로 만들어진 집단의 분포에 대해 그래프를 그릴 수 있다. 양적 변수의 분포를 나타내는 가장 일반적인 그래프는 히스토그램이다.

예제 1 히스토그램을 그리는 방법

표 11.1은 미국 50개 주의 65세 이상의 거주자에 대한 백분율을 나타내고 있다. 이 자료의 분포에 대한 히스토그램을 그리는 순서는 다음과 같다.

표 11.1 2003년도 각 주의 65세 이상 거주자에 대한 백분율

주	퍼센트	주	퍼센트	주	퍼센트
Alabama	13.2	Louisiana	11.7	Ohio	13.3
Alaska	6.3	Maine	14.4	Oklahoma	13.1
Arizona	12.8	Maryland	11.3	Oregon	12.7
Arkansas	13.9	Massachusetts	13.3	Pennsylvania	15.4
California	10.6	Michigan	12.3	Rhode Island	14.0
Colorado	9.7	Minnesota	12.0	South Carolina	12.3
Connecticut	13.5	Mississippi	12.1	South Dakota	14.3
Delaware	13.1	Missouri	13.3	Tennessee	12.4
Florida	17.0	Montana	13.6	Texas	9.8
Georgia	9.5	Nebraska	13.4	Utah	8.6
Hawaii	13.5	Nevada	11.2	Vermont	12.9
Idaho	11.4	New Hampshire	12.0	Virginia	11.3
Illinois	11.9	New Jersey	13.0	Washington	11.3
Indiana	12.3	New Mexico	12.0	West Virginia	15.3
Iowa	14.7	New York	13.0	Wisconsin	13.0
Kansas	13.0	North Carolina	12.1	Wyoming	12.0
Kentucky	12.4	North Dakota	14.8		

단계 1 : 같은 폭의 계급들로 자료의 범위를 나눈다. 표 11.1에 나타난 자료의 범위는 6.3에서 17.0까지이므로 다음과 같이 계급들을 선택할 수 있다.

$$6.0 \leq 65\text{세 이상의 백분율} < 7.0$$
$$7.0 \leq 65\text{세 이상의 백분율} < 8.0$$
$$\vdots$$
$$17.0 \leq 65\text{세 이상의 백분율} < 18.0$$

자료 각각의 값들이 정확하게 한 계급에만 포함되도록 계급을 명확하게 지정해야 한다. 65세 이상의 거주자의 비율이 6.9%인 주는 첫 번째 계급에 포함되지만, 7.0%인 주는 두 번째 계급에 포함된다.

단계 2 : 각 계급에 포함된 자료의 개수를 센다. 각 계급에 포함된 자료의 개수는 아래와 같다.

계급	개수	계급	개수	계급	개수
6.0~6.9	1	10.0~10.9	1	14.0~14.9	5
7.0~7.9	0	11.0~11.9	7	15.0~15.9	2
8.0~8.9	1	12.0~12.9	14	16.0~16.9	0
9.0~9.9	3	13.0~13.9	15	17.0~17.9	1

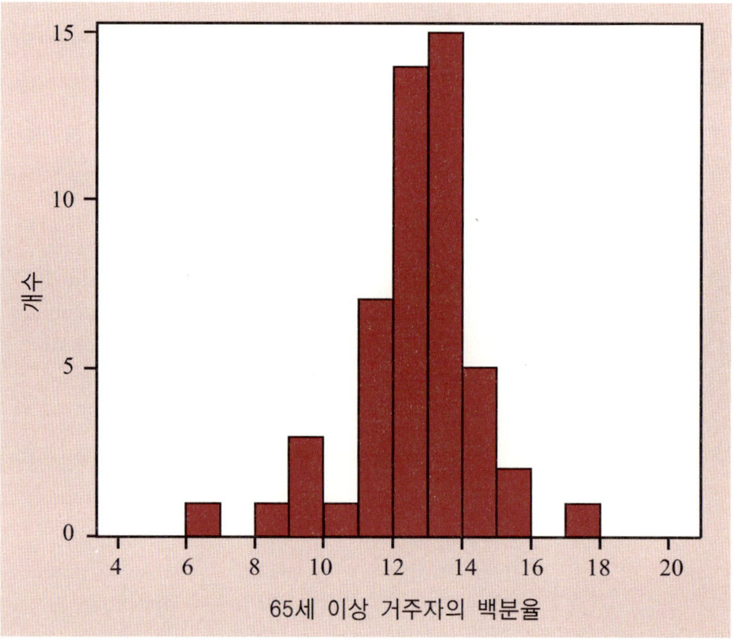

그림 11.3 50개 주의 65세 이상 거주자의 백분율에 대한 히스토그램

단계 3 : 히스토그램을 그린다. 가로축에 나타내고자 하는 분포의 변수에 대한 눈금을 만든다. 이 예제에서는 "65세 이상 거주자의 백분율"이 된다. 선택한 계급들의 범위 때문에 눈금은 4~20까지가 된다. 세로축의 눈금은 개수가 된다. 각 막대는 계급을 나타내고 있다. 막대의 밑 부분은 계급 구간이 되고, 높이는 계급에 속한 자료의 개수가 된다. 어떤 계급이 자료를 하나도 포함하지 않아서 막대의 높이가 영인 경우를 제외하고는 막대들 사이에 간격은 없다. 그림 11.3이 완성된 히스토그램이다.

진짜로 본 것은 무엇인가?

면적에 대한 시각적 효과 때문에 막대그래프나 히스토그램에서는 같은 너비를 갖는 막대를 그린다. 개략적으로 이것은 사실이다. 통계학자 William Cleveland의 연구에 의하면 눈으로 "보는" 막대의 크기는 그것의 면적의 0.7 정도가 된다. 예를 들어 그림그래프에 있는 어떤 그림은 다른 그림보다 높이와 너비 모두 두 배이다. 그러면 이 그림의 면적은 다른 그림의 면적보다 4배 크게 된다. 그러나 큰 그림의 면적은 다른 그림의 면적보다 2.6배 큰 정도로 보일 것이다.

막대그래프와 같이 히스토그램의 막대의 너비도 시각적 효과를 갖는다. 따라서 히스토그램에 나타난 계급들의 폭을 같게 해야 한다. 계급들을 결정하는 올바른 방법은 없다. 계급들이 너무 적으면 많은 자료들이 포함되어 계급들은 높은 막대를 갖게 되고 "고층건물" 같은 히스토그램을 그리게 된다. 또한 계급들이 너무 많으면 거의 모든 계급들은 하나 또는 하나의 자료도 포함하지 않아 "팬케이크" 같은 납작한 히스토그램을 그리게 된다. 위 두 가지 경우 모두 좋지 않은 분포의 모양을 갖는다. 따라서 각자 판단하여 분포의 모양을 결정하는 계급들을 선택해야 한다. 통계 소프트웨어는 스스로 계급들을 선택할 것이다. 일반적으로 컴퓨터가 선택한 계급은 좋으나, 필요하다면 계급들을 바꿀 수 있다.

독자들에게

다음 자료는 50개 주에 대한 15세부터 44세까지 거주자 백분율이다.

주	퍼센트	주	퍼센트	주	퍼센트
Alabama	42.1	Indiana	42.5	Nebraska	42.5
Alaska	44.7	Iowa	41.6	Nevada	43.5
Arizona	42.6	Kansas	42.7	New Hampshire	42.4
Arkansas	41.5	Kentucky	42.8	New Jersey	42.0
California	44.9	Louisiana	43.3	New Mexico	41.8
Colorado	45.7	Maine	40.6	New York	43.3
Connecticut	41.2	Maryland	43.1	North Carolina	43.6
Delaware	42.6	Massachusetts	43.3	North Dakota	42.4
Florida	39.9	Michigan	42.5	Ohio	41.8
Georgia	46.0	Minnesota	43.9	Oklahoma	42.4
Hawaii	41.6	Mississippi	43.0	Oregon	42.3
Idaho	43.0	Missouri	42.3	Pennsylvania	40.7
Illinois	43.6	Montana	40.5	Rhode Island	43.0

주	퍼센트	주	퍼센트	주	퍼센트
South Carolina	42.7	Utah	46.7	West Virginia	39.9
South Dakota	41.6	Vermont	41.8	Wisconsin	42.8
Tennessee	43.0	Virginia	43.8	Wyoming	41.8
Texas	45.0	Washington	43.9		

예제 1에서 설명한 단계들을 따라서 이 자료에 대한 히스토그램을 그려라.

히스토그램의 해석

통계적으로 그래프를 그리는 자체가 목적이 아니다. 그래프를 그리는 목적은 자료를 이해하는 데 있다. 그래프를 그린 후에 반드시 "무엇을 알 수 있는가?"를 생각해야 한다. 다음은 그래프를 통해서 일반적으로 알아야 것들이다.

형태와 편차

그래프를 통해서 **전체적인 형태**와 그 형태로부터 **편차**를 알아내야 한다.

우리는 이미 꺾은선 그래프에 이러한 것을 다루었다. 추세와 계절변동은 꺾은선 그래프에서 일반적인 형태이다. 그림 10.7에서 2001년 세계적인 수요 감소로 인해서 휘발유 값이 감소한 것은 일반적인 형태에서 벗어난 편차의 예이다. 그림 11.3에 주어진 히스토그램의 경우를 보면, 히스토그램의 전체적인 형태로부터 편차를 쉽게 알 수 있다. 히스토그램을 통해서 두 개의 주가 일반적인 형태에서 벗어나 있다는 것을 쉽게 알 수 있으며, 표를 통해서 이 두 개의 주가 어떤 주인지를 알 수 있다. 플로리다는 거주자의 17.0%가 그리고 알래스카는 거주자의 6.3%가 65세 이상이다. 이 두 주를 이상점이라 한다.

이상점

그래프에서 **이상점**은 그래프의 전체적인 형태에서 벗어나 나타나는 관측값이다.

거주자의 8.8%가 65세 이상인 유타주는 이상점인가? 관측값이 이상점인가 아닌가는 다소 판단을 필요로 하는 문제이다. 유타는 가장 적은 거주자를 가지고 있어 플로리다 그리고 알래스카와 같이 일반적인 형태를 벗어나고 있지 않다. 따라서 유타를 이상점이라 판단하지 않을 수 있다. 이상점들을 발견했을 때는 그 이유를 생각해야 한다. 많은 이상점들은 4.0을 40으로 쓰는 것과 같이 실수에 의해 발생한다. 또한 다른 이상점들은 관측값들의 일부와 특별한 다른 성질을 가지고 있다. 이상점들을 설명하기 위해서는 일반적으로 자료의 배경에 대한 정보가 필요하다. 정년퇴직한 사람들이 많이 사는 플로리다에 65세 이상의 거주자가 많다는 것과 북쪽의 변경인 알래스카에 65세 이상의 거주자가 적다는 것은 놀라운 사실이 아니다.

이상점을 무시하고 히스토그램의 전체적인 형태를 보자. 전체적인 형태를 체계화하는 간단한 방법은 다음과 같다.

분포의 전체적인 형태

분포의 전체적인 형태를 표현하기 위해서는:

- 중심과 퍼짐을 표시한다.
- 만약 분포가 간단한 형태를 가지면, 간단한 문장으로 분포를 표현할 수 있다.

어떻게 숫자로 중심과 퍼짐을 나타낼 수 있는지 제12장에서 다루도록 한다. 관측값들을 큰 값들과 작은 값들로 대충 반반씩 나눌 수 있는 중앙값으로 분포의 중심을 나타낼 수 있다. 또한 분포의 퍼짐 정도는 이상점들을 제외시키고 가장 작은 관측값과 가장 큰 관측값으로 나타낼 수 있다.

예제 2 분포들을 묘사하기

그림 11.3의 히스토그램을 살펴보자.

모양 분포는 하나의 봉우리를 갖는다. 그리고 대략적으로 대칭이다. 즉 봉우리를 중심으로 좌우 형태가 비슷하다.

중심 분포의 중앙값은 봉우리에 가까운 값, 약 13%이다.

퍼짐 만약 두 개의 이상점들을 제외시키면, 퍼짐은 약 8%에서 16%까지이다.

그림 11.1에 주어진 일리노이주의 대학들의 공납금에 대한 분포는 매우 다른 **형태**이다. 가장 작은 공납금 계급에 큰 *봉우리*가 있다. 대부분 대학들의 공납금이 $8,000보다 적으며, 긴 오른쪽 꼬리는 거의 $32,000까지 늘어진다. 한쪽에 긴 꼬리를 갖는 분포를 *비대칭*이라 한다. **중심**은 대략 $8,000이다(대학들의 반 정도가 이 값보다 적은 공납금을 부여한다.). **퍼짐**은 $1,536에서 $30,000보다 큰 값까지로 매우 크다. 이 분포에서 이상점들은 없으며, 가장 많은 공납금을 부여하는 대학들은 전체적인 형태의 일부인 긴 오른쪽 꼬리에 연속적으로 나타난다.

분포를 묘사할 때는 주요 특징들에 초점을 맞추어야 한다. 그림 11.1에 주어진 히스토그램의 오르락 내리락하는 막대들보다 중요한 봉우리를 찾아야 한다. 가장 작은 관측값 그리고 가장 큰 관측값보다 이상점들을 찾아야 한다. 그리고 대략적으로 대칭인지 또는 명확하게 비대칭인지를 보아야 한다.

분포들의 대칭과 비대칭

만약 히스토그램의 좌우가 대략적으로 같은 형태이면, 분포는 **대칭적**이다.

만약 히스토그램의 오른쪽이 왼쪽보다 더 빠르게 길게 뻗어 있으면, 분포를 **오른쪽으로 비대칭**이라 한다. 그리고 히스토그램의 왼쪽이 오른쪽보다 더 빠르게 길게 뻗어있으면, 분포를 **왼쪽으로 비대칭**이라 한다.

수학에서 대칭의 의미는 히스토그램 같은 그림의 좌우가 정확하게 같은 것을 말한다. 자료는 정확하게 대칭인 경우는 거의 없음으로, 그림 11.3의 경우 대체적으로 대칭이라 한다. 이 반대로, 그림 11.1에 나타낸 공납금에 대한 분포는 명확하게 오른쪽으로 비대칭이다.

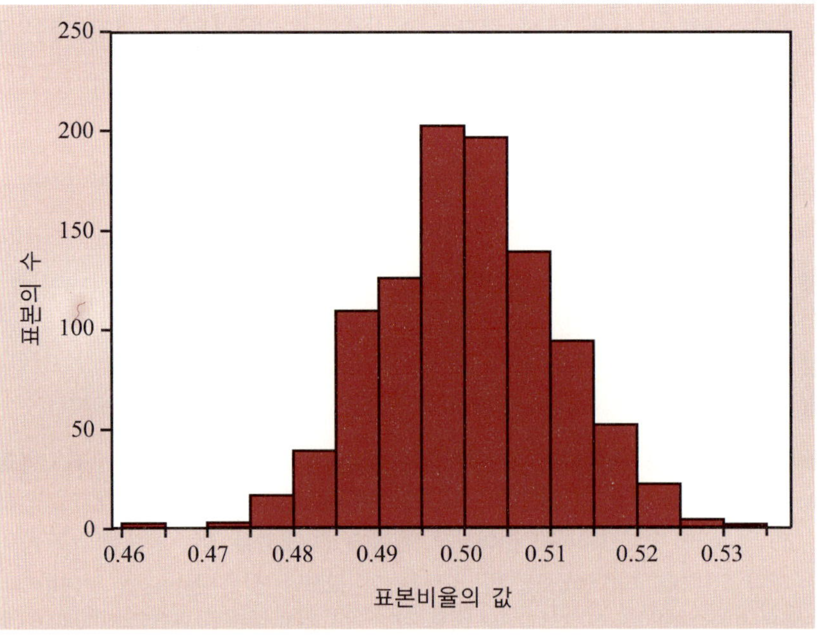

그림 11.4 같은 모집단에서 추출된 1000개의 단순임의표본에서 얻은 표본비율 $\hat{p}$에 대한 히스토그램

예제 3 반복 추출

통계량들은 규칙적인 형태의 분포를 갖는 같은 모집단에서 추출된 임의표본들로부터 얻어진다. 그림 11.4의 히스토그램은 제3장에서 다뤘던 분포를 나타내고 있다. 2527명의 성인을 단순임의표본으로 추출하였다. 그리고 지난 12개월 동안에 복권을 구입한 적이 있는가를 물었을 때 "예"라고 답한 비율은 표본비율 $\hat{p}$ 이다. 표본을 1000번 반복 추출하고 그리고 이 1000개의 표본들로부터 1000개의 표본비율 $\hat{p}$ 을 구했다. 모집단에서 50%가 복권을 구입한 것이 사실이일 때 그림 11.4는 1000개의 표본비율에 대한 분포를 나타내고 있다.

이 분포는 중심에 있는 하나의 봉우리에 대하여 매우 대칭적이다. 중심은 0.5에 있으나 통계량의 편의에 영향을 받았다. 1000개의 통계량에서 가장 작은 값과 가장 큰 값의 퍼짐은 0.463에서 0.533이다.

예제 4 셰익스피어의 단어들

그림 11.5는 셰익스피어의 연극에서 사용된 단어의 길이에 대한 분포를 나타내고 있다. 이 분포는 하나의 봉우리를 갖고 그리고 약간 오른쪽으로 비대칭이다. 짧은 단어(3개 또는 4개 알파벳)가 많고 그리고 매우 긴 단어(10개, 11개, 또는 12개 알파벳)는 아주 적기 때문에 히스토그램의 오른쪽 꼬리는 왼쪽 꼬리에 비해 빠르게 뻗어있다. 분포의 중심은 대략 4이다. 즉 4개 또는 더 적은 알파벳을 갖는 셰익스피어의 단어는 대략 전체의 반이란 것이다. 퍼짐은 1개

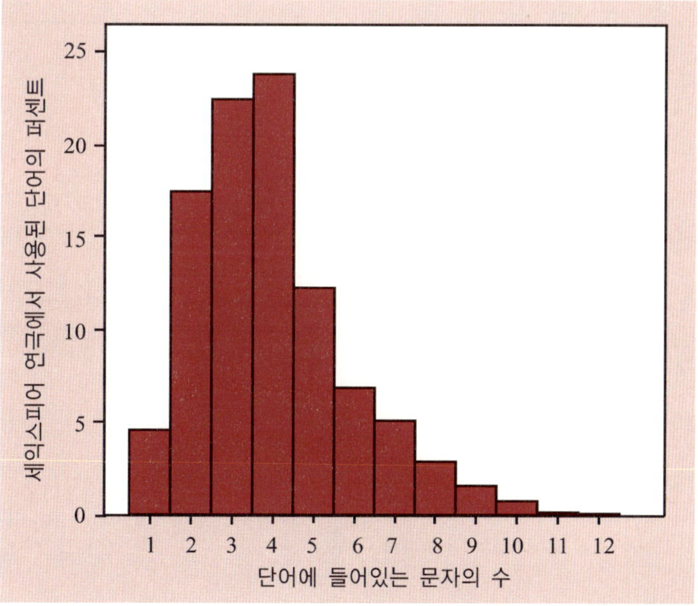

그림 11.5 셰익스피어의 연극에서 사용된 단어의 길이에 대한 분포. 이 분포는 오른쪽으로 비대칭이다.

알파벳에서 12개 알파벳까지이다.

그림 11.5에서 수직축의 눈금은 단어의 수가 아니라 셰익스피어의 단어 전체에서 단어의 각각의 길이에 대한 백분율이다. 단어의 길이가 매우 크거나 또는 여러 분포들을 비교하는 경우에는 단어 수에 대한 것 보다 백분율에 대한 히스토그램이 더 유용하다. 다른 종류의 작품들에서 단어 길이에 대한 분포는 이것과 다를 것이다. 그러나 짧은 단어들이 많고 매우 긴 단어들은 아주 적기 때문에 모든 분포들은 오른쪽으로 비대칭일 것이다.

전체적인 분포의 모양은 변수에 대한 중요한 정보가 된다. 어떤 종류의 자료들은 대칭 또는 비대칭인 분포를 정규적으로 갖는다. 예를 들어, 같은 종류의 생물의 길이(귀뚜라미의 길이)는 대칭인 경향이 있다. 소득에 대한 자료(개인들, 기업들 또는 국가들)는 일반적으로 강하게 오른쪽으로 비대칭이다. 왜냐하면 적당한 소득은 많이 있고, 많은 소득은 약간 있고, 그리고 매우 많은 소득은 아주 드물기 때문이다. 그러나 많은 분포들이 대칭도 비대칭도 아닌 모양 갖는다는 것을 기억해야 한다. 어떤 자료들은 다른 형태를 보여준다. 예를 들어 많은 학생들의 시험성적이 좋다면 시험 성적은 성적 눈금의 꼭대기에 몰려 있을 것이다. 또는 어려운 문제로 인해 그 문제를 푼 학생과 그렇지 못한 학생으로 나누어진다면 시험성적은 아마도 서로 다른 두 개의 봉우리를 가질 것이다.

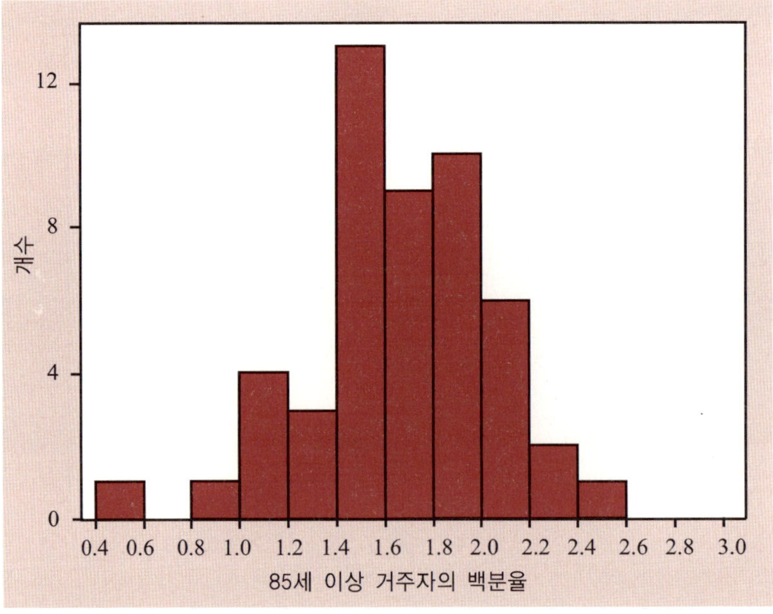

그림 11.6 50개 주의 85세 이상 거주자의 백분율에 대한 히스토그램

독자들에게

그림 11.6은 미국 50개 주의 85세 이상의 거주자에 대한 백분율을 나타낸 히스토그램이다. 이 분포의 모양, 중심, 그리고 퍼짐에 대하여 설명하라. 그리고 이 분포에 이상점이 있는가?

줄기 그림

히스토그램이 분포를 나타낼 수 있는 유일한 그래프는 아니다. 자료의 개수가 적은 경우 줄기 그림은 히스토그램보다 더 빨리 만들 수 있고 더 많은 정보를 내포한다.

줄기 그림

줄기 그림 그리기:

1. 각 관측값를 마지막 자리 수를 제외한 모든 자리 수로 이루어진 **줄기들**로 분리하고, 마지막 자리 수는 **잎**으로 한다. 줄기는 필요한 경우에는 많은 자리 수를 가질 수 있으나 각 잎은 오직 하나의 자리 수만 갖는다.
2. 위부터 가장 작은 줄기들을 수직 열로 쓰고 이 열의 오른쪽에 수직선을 긋는다.
3. 각 줄기에서 잎들을 왼쪽에서 오른쪽으로 증가하는 순서대로 나열한다.

예제 5 "65세 이상" 자료의 줄기 그림

표 11.1에 주어진 "65세 이상"의 백분율에 대해서 소숫점 이상의 수를 줄기로, 그리고 소숫점 이하의 수를 잎으로 한다. 앨라배마의 13.2는 13이 줄기로, 그리고 2를 잎으로 한다. 줄기는 필요한 경우에는 많은 자리 수를 가질 수 있으나 각 잎은 오직 하나의 자리 수만으로 구성되어야 한다. 그림 11.7은 표 11.1에 주어진 자료에 대한 줄기 그림을 그리는 순서를 보여주고 있다. 첫째로 줄기들을 그리고 표에 나타낸 순서대로 각 관측값에 대한 잎을 만들어 간다. 마지막으로 잎을 증가하는 순서로 재배열한다.

줄기 그림은 히스토그램을 옆으로 누인 것과 같다. 히스토그램을 그리기 위해 선택된 계급들은 줄기 그림의 줄기와 같기 때문에 그림 11.7에 주어진 줄기 그림은 그림 11.3에 주어진 히스토그램 같다. 또한 그림 11.2에 주어진 줄기 그림에 사용된 계급의 수는 그림 11.1에 주어진 히스토그램에 사용된 계급의 수 보다 거의 4배이다. 히스토그램처럼 줄기 그림을 통해서도 전체적인 형태 그리고 이상점들을 찾아야 한다.

히스토그램에서는 계급들을 선택할 수 있으나 줄기 그림에서는 계급(줄기)들이 주어진다. 자료들이 많은 자리 수를 가질 때 반올림함으로써 좀 더 유연하게 반올림한 자

6	6	3	6	3
7	7		7	
8	8	6	8	6
9	9	7 5 8	9	5 7 8
10	10	6	10	6
11	11	4 9 7 3 2 3 3	11	2 3 3 3 4 7 9
12	12	8 3 4 3 0 1 0 0 1 7 3 4 9 0	12	0 0 0 0 1 1 3 3 3 4 4 7 8 9
13	13	2 9 5 1 5 0 3 3 6 4 0 0 3 1 0	13	0 0 0 0 1 1 2 3 3 3 4 5 5 6 9
14	14	7 4 8 0 3	14	0 3 4 7 8
15	15	4 3	15	3 4
16	16		16	
17	17	0	17	0

그림 11.7 표 11.1에 주어진 자료에 대한 줄기 그림. 소숫점 이상 자리 수는 줄기 그리고 소숫점 이하 자리 수는 잎이다.

료의 마지막 자리 수를 잎으로 할 수 있다. 예를 들어 일리노이주의 대학 공납금은

$12,210 $22,131 $6,834 $16,812 ⋯

만약 마지막 자리 수를 잎으로 나머지를 줄기로 하면 줄기 그림의 줄기는 너무 많은 자리 수를 갖게 된다. 그림 11.2에 나타난 줄기 그림을 그리기 위해서 자료들을 십자리 수에서 반올림하면

122 221 68 168 ⋯

가 된다. 이 값들은 그림 11.2에 주어진 줄기 그림의 줄기 12, 22, 6, 7에 나타나 있다.

줄기 그림의 가장 큰 장점은 실제 관측값이 나타난다는 것이다. 일리노이주에서 가장 비싼 공납금이 $30,700(십자리 수에서 반올림함)이라는 것을 그림 11.1에 주어진 히스토그램을 통해서는 알 수 없으나 그림 11.2에 주어진 줄기 그림을 통해서는 알 수 있다. 또한 줄기 그림은 히스토그램보다 더 빨리 작성될 수 있다. 줄기 그림은 한자리 또는 여러 자리 숫자를 줄기로 사용할 수 있으며, 이것은 자동적으로 계급들이 되기 때문에 분포를 잘 나타내지 못 할 수도 있다. 관측값들이 많은 큰 자료의 경우에는 줄기가 너무 많은 잎들을 갖기 때문에 줄기 그림을 사용하기 어렵다.

요약

변수의 **분포**를 통해서 변수의 어떤 값들이 얻어졌고 그 값들이 얼마나 자주 나타났는지를 알 수 있다. **히스토그램** 또는 **줄기 그림**을 이용하여 양적 변수의 분포를 나타

낼 수 있다. 일반적으로 적은 관측값을 갖는 자료의 경우에는 줄기 그림을 선호하고, 많은 관측값을 갖는 자료의 경우에는 히스토그램을 선호한다.

그래프를 관찰할 때 **전체적인 형태**와 전체적인 형태로부터 이상점들과 같은 **편차**들을 찾아야 한다. 히스토그램 또는 줄기 그림의 전체적인 형태는 **모양**, **중심**, 그리고 **퍼짐**을 사용하여 설명할 수 있다. 어떤 분포들은 대칭 또는 비대칭 같은 간단한 모양을 갖으나, 다른 것들은 너무 불규칙적이어서 간단한 모양으로 설명하기 어려운 모양을 갖는다.

EESEE

"Nutrition and Breakfast Cereals"는 77종류의 아침 시리얼에 대한 영양 정보와 오하이오주 콜럼버스에 있는 식품점내 시리얼 선반위치 정보를 담고 있다. 이 글을 읽고 첫 번째 질문에 답하여라.

EXERCISES

11.1 **번개가 번쩍하다.** 그림 11.8은 콜로라도에서 번개 폭풍에 대한 연구를 통해서 얻은 것이다. 그림 11.8은 하루 동안 그 날 첫 번째 번개가 뻔적인 시간에 대한 분포이다. 이 분포의 모양, 중심, 그리고 퍼짐에 대해 설명하라. 이 분포에 이상점들이 있는가?

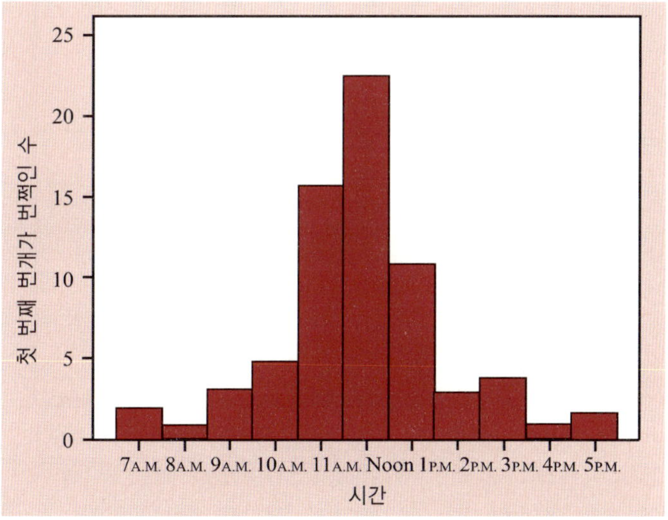

그림 11.8 하루 동안 그 날 첫 번째 번개가 뻔적인 시간에 대한 히스토그램

줄기	잎
8	4 7 7 8
9	2 2 2 2 5 5 6 7 7 7 8 8 9 9 9 9 9 9
10	0 0 0 1 1 2 2 2 2 3 3 4 5 6 6 7 7 8 8 8
11	11112
12	0
13	3

그림 11.9 50개 각 주의 18세에서 24세까지 거주자의 백분율에 대한 줄기 그림

11.2 **젊은 사람들은 어디서 사는가?** 그림 11.9은 미국 50개 각 주의 18세에서 24세까지 거주자의 백분율에 대한 줄기 그림이다. 그림 11.7에 주어진 노령의 거주자에 대한 줄기 그림처럼 백분율에서 소숫점 이상의 숫자는 줄기들로 그리고 소숫점 이하의 숫자는 잎들로 나타내었다.

(a) 유타주와 노스 다코타주는 젊은 성인 거주자가 가장 많은 주이다. 이 두개 주에 대한 거주자 백분율은 얼마인가?

(b) 유타주와 노스 다코타주를 제외시키고, 분포의 모양, 중심, 그리고 퍼짐에 대해 설명하라.

(c) 젊은 성인 거주자들에 대한 분포의 퍼짐이 그림 11.7에 주어진 노령의 거주자들에 대한 분포의 퍼짐보다 넓은가 또는 좁은가?

11.3 **공학에서 소수민족 학생들** 그림 11.10는 2000년에서 2002년까지 152개 대학에

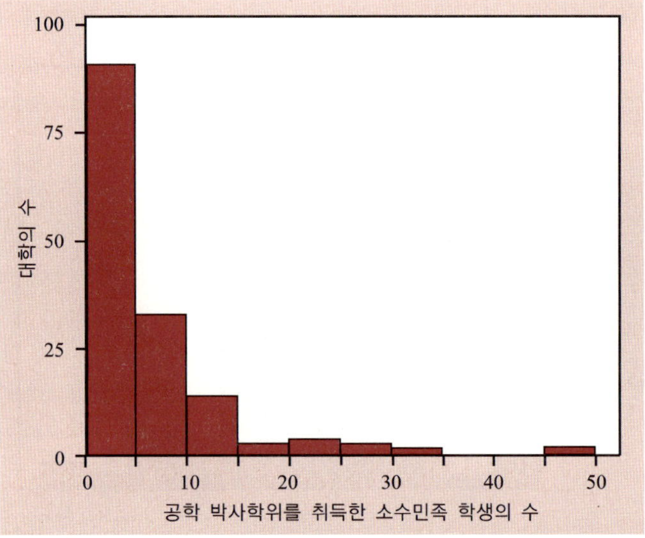

그림 11.10 2000년에서 2002년까지 152개 대학에서 공학 박사학위를 취득한 소수민족 학생 수에 대한 분포(출처: the 2003 National Science Foundation Survey of Earned Doctorates).

서 공학 박사학위를 취득한 소수민족(흑인, 라틴 아메리카 사람, 미국 원주민)학생 수에 대해 계급구간을 1-5, 6-10 등으로 작성한 히스토그램이다. 이 분포에 대한 모양, 중심, 그리고 퍼짐에 대해 간략하게 설명하라.

11.4 **주식의 수익률** 주식의 시장가격 더하기 배당금으로 얻어 주식에 대한 전체 수익률은 변한다. 일반적으로 전체 수익률은 처음 가격의 백분율로 나타내어진다. 그림 11.11은 일년 동안 뉴욕 주식 거래소에서 거래되는 1528개 주식에 대한 전체 수익률의 분포를 히스토그램으로 나타낸 것이다.

(a) 전체 수익률의 분포에 대한 전체적인 모양을 설명하라.

(b) 이 분포의 대략적인 중심은 어디인가? 대략적으로 가장 적은 수익률과 가장 많은 수익률은 얼마인가?(이것으로 분포의 퍼짐을 설명 할 수 있다)

(c) 수익률이 영보다 적다는 것은 주식의 소유자가 손해를 본 것을 의미한다. 전체 주식에서 손해를 본 주식의 비율은 대략 얼마인가?

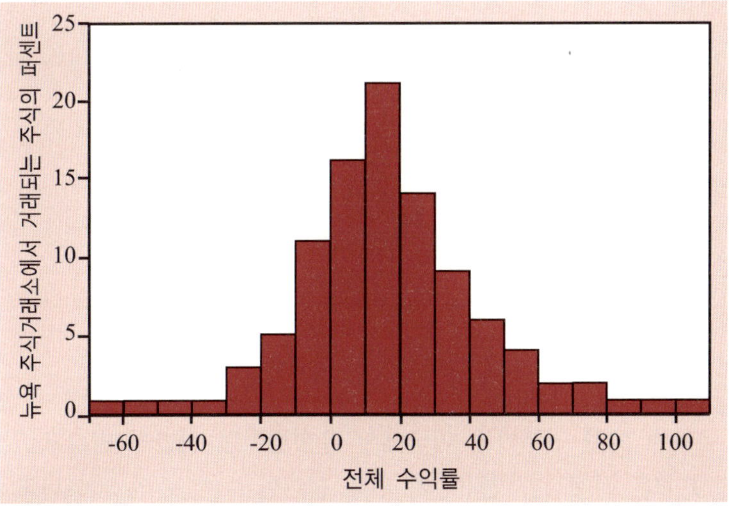

그림 11.11 일년 동안 뉴욕 주식 거래소에서 거래되는 모든 주식의 전체 수익률에 대한 분포

11.5 **히스토그램 또는 줄기 그림?** 1528개 주식에 대한 전체 수익률을 나타내는데 줄기 그림보다 히스토그램을 선호하는 이유를 설명하라.

11.6 **자동차 연료 절약** 정부의 법규는 자동차 제조업자가 각 자동차 모형마다 시내와 고속도로에서의 연비를 제시하도록 요구하고 있다. 표 11.2는 2004년도 중형 승

용차 31개의 모형에 대한 고속도로 연비(갤런 당 마일)에 대한 자료이다. 주어진 자동차들의 고속도로에서의 연비에 대한 줄기 그림을 그리시오. 이 분포의 전체적인 모양이 어떻다고 설명할 수 있는가? 중심(주어진 자동차에서 좋은 연비의 자동차와 나쁜 연비의 자동차를 반반으로 나누는 값)은 어디인가? 주어진 자동차들 중 두 모형이 낮은 연비를 가지고 있어 "휘발유를 게걸스럽게" 사용하고 있다. 어느 모형인가?

표 11.2 2004년도 중형 자동차 모형에 대한 고속도로에서의 연비

모형	연비	모형	연비
Acura 3.5RL	24	Lexus ES300	29
Bentley Arnage	14	Lexus GS430	23
BMW 5451 Sport M	25	Lincoln LS	26
Buick Regal	30	Mazda 6	26
Cadillac CTS	28	Mercedes-Benz E320	27
Cadillac Seville	26	Mercedes-Benz E500	24
Chevrolet Malibu	32	Mitsubishi Diamante	25
Chrysler Sebring	28	Mitsubishi Galant	27
Dodge Stratus	28	Nissan Maxima	27
Honda Accord	34	Pontiac Grand Prix	28
Hyundai Sonata	27	Rolls Royce Phantom	19
Infiniti I35	26	Saturn L300	28
Infiniti Q45	23	Toyota Camry	29
Jaguar S-Type R	24	Volkswagen Passat	28
Kia Optima	28	Volvo S80	28
Kia Spectra	34		

출처: Environmental Protection Agency, *Model Year 2004 Fuel Economy Guide*, 2004)

11.7 **비만 유행병** 의학 전분가는 미국에서 유행병처럼 비만이 번지고 있다고 설명한다. 표 11.3은 문제점을 연구하기 위해 참여한 50개 주의 2001년도 비만인 성인의 백분율을 나타내고 있다. 분포에 대한 그래프를 그리고 분포의 모양, 중심, 퍼짐에 대하여 설명하라.

11.8 **양키의 돈** 표 11.4는 뉴욕 양키즈 야구팀 선수들의 2004년 시즌 연봉들을 나타내고 있다. 이 자료에 대한 히스토그램을 그려라. 분포의 모양은 대략적으로 대칭, 오른쪽으로 비대칭, 또는 왼쪽으로 비대칭 중 어느 것인가?

표 11.3 전체 성인 중에서 비만인 성인의 백분율(2001년)

주	퍼센터	주	퍼센터	주	퍼센터
Alabama	23.4	Louisiana	23.3	Ohio	21.8
Alaska	21.0	Maine	19.0	Oklahoma	22.1
Arizona	17.8	Maryland	19.8	Oregon	20.7
Arkansas	21.7	Massachusetts	16.1	Pennsylvania	21.4
California	20.9	Michigan	24.4	Rhode Island	17.3
Colorado	14.4	Minnesota	19.2	South Carolina	21.7
Connecticut	17.3	Mississippi	25.9	South Dakota	20.6
Delaware	20.0	Missouri	22.5	Tennessee	22.6
Florida	18.4	Montana	18.2	Texas	23.8
Georgia	22.1	Nebraska	20.1	Utah	18.4
Hawaii	17.6	Nevada	19.1	Vermont	17.1
Idaho	20.0	New Hampshire	19.0	Virginia	20.0
Illinois	20.5	New Jersey	19.0	Washington	18.9
Indiana	24.0	New Mexico	18.8	West Virginia	24.6
Iowa	21.8	Now York	19.7	Wisconsin	21.9
Kansas	21.0	North Carolina	22.4	Wyoming	19.2
Kentucky	24.2	North Dakota	19.9		

출처: National Centers for Disease Control

표 11.4 2004년도 뉴욕 양키즈의 연봉

선수 성명	연봉	선수 성명	연봉
Alex Rodriguez	$22,000,000	Paul Quantrill	$3,000,000
Derek Jeter	18,600,000	Jon Lieber	2,700,000
Mike Mussina	16,000,000	Lee Travis	2,000,000
Kevin Brown	15,714,286	Gabe White	1,925,000
Gary Sheffield	13,000,000	Felix Heredia	1,800,000
Jason Giambi	12,428,571	Rubin Sierra	1,000,000
Bernie Williams	12,357,142	Miguel Cairo	900,000
Mariano Rivera	10,890,000	John Flaherty	775,000
Jorge Posada	9,000,000	Tony Clark	750,000
Javier Vazquez	9,000,000	Enrique Wilson	700,000
Jose Contreras	8,500,000	Orlando Hernandez	500,000
Hideki Matsui	7,000,000	Donovan Osborne	450,000
Steve Karsay	6,000,000	Jorge De Paula	302,550
Kenny Lofton	3,100,000	Bubba Crosby	301,400

11.9 **집필 유형의 통계** 숫자로 주어진 자료로부터 집필의 형태를 그리고 때론 각각의 저자까지도 구별할 수 있다. 다음 자료는 *Popular Science* 잡지의 기사들에서 1개에서 15개 알파벳이 사용된 단어의 백분율을 모은 것이다.

길이	1	2	3	4	5	6	7	8	9	10	11	12	13	14	15
백분율	3.6	14.8	18.7	16.0	12.5	8.2	8.1	5.9	4.4	3.6	2.1	0.9	0.6	0.4	0.2

(a) 이 분포에 대해 히스토그램을 그리고 모양, 중심 그리고 퍼짐에 대해 설명하라.

(b) *Popular Science*에서 사용된 단어의 길이에 대한 분포와 셰익스피어 연극에 대한 그림 11.5에 주어진 분포와 얼마나 비슷한지 비교하시오. 특히 짧은 단어들(2개, 3개, 그리고 4개 알파벳)과 매우 긴 단어들(10개 보다 많은 알파벳)에 대해 살펴보라.

11.10 **왼쪽으로 비대칭** 왼쪽으로 비대칭인 분포의 히스토그램을 그리시오. 동전 주머니에 있는 동전을 꺼내 각 동전에 적혀 있는 연도를 기록하자. 년도의 분포는 왼쪽으로 비대칭일 것이다. 그 이유를 설명하라.

11.11 **나의 모양은 어떠한가?** 메이저-리그의 30개 야구팀에 대한 선수의 전체 급여의 분포는 대체적으로 대칭, 명확하게 오른쪽으로 비대칭, 또는 명확하게 왼쪽으로 비대칭 중 어떤 모양이 될 것으로 기대하는가? 이유를 설명하라.

11.12 **동쪽 지역의 주들에서 거주하는 라틴 아메리카 사람** 다음 자료는 2003년도 미시시피 강 동쪽에 있는 각 주에 거주하는 라틴 아메리카 사람의 백분율을 나타내고 있다.

Alabama	2.0	Connecticut	10.1	Delaware	5.3
Florida	18.6	Georgia	6.2	Illinois	13.6
Indiana	3.9	Kentucky	1.7	Maine	0.8
Maryland	4.8	Massachusetts	7.4	Michigan	3.5
Mississippi	1.5	New Hampshire	1.8	New Jersey	14.5
New York	16.3	North Carolina	5.6	Ohio	2.0
Pennsylvania	3.4	Rhode Island	9.5	South Carolina	2.8
Tennessee	2.5	Vermont	0.9	Virginia	5.3
West Virginia	0.7	Wisconsin	3.9		

이 자료에 대한 줄기 그림을 그리시오. 분포의 전체적인 형태를 설명하시오. 이 자료에 이상점들이 있는가?

11.13 핫도그는 얼마나 많은 열량을 포함하고 있는가? *Comsumer Reports* 잡지는 17개 상표의 고기 핫도그에 포함되어 있는 열량에 대한 자료를 다음과 같이 발표하였다.

173	191	182	190	172	147	146	139	175
136	179	153	107	195	135	140	138	

고기 핫도그에 포함되어 있는 열량에 대한 분포를 줄기 그림으로 나타내고 분포의 모양을 설명하시오. 대부분의 고기 핫도그 상표는 쇠고기와 돼지고기를 썩어 사용하고 있고 정부의 법규에 의해 15%까지 닭고기를 포함시킬 수 있다. 다른 구성을 가지고 있는 단 하나의 상표는 *Eat Slim Veal* 핫도그이다. 줄기 그림에서 어느 값이 이 상표의 칼로리를 나타내고 있다고 생각하는가?

11.14 미국의 연령 분포의 변화 인구의 연령에 대한 분포는 경제와 사회적 조건에 강한 영향을 받는다. 표 11.5는 백만명 단위로 1950년과 2075년의 미국 거주자에 대한 연령의 분포를 보여주고 있다. 1950년 자료는 그 해의 센서스에 의해 얻어졌다. 2075년 자료는 센서스 조사국에 의해서 예측된 것이다.

(a) 2075년 전체 인구는 1950년 전체 인구 보다 매우 많기 때문에 각 연령 집단에 속한 인구수를 비교하는 것보다 백분율을 비교하는 것이 더 명확하다. 1950년과 2075년의 각 연령 집단을 전체 인구에 대한 백분율로 나타낸 표를 만들어라.

표 11.5 1950년과 2075년의 미국의 연령에 대한 분포(단위: 백만명)

나이	1950년	2075년
10살 미만	29.3	34.9
10~19	21.8	35.7
20~29	24.0	36.8
30~38	22.8	38.1
40~49	19.3	37.8
50~59	15.5	37.5
60~69	11.0	34.5
70~79	5.5	27.2
80~89	1.6	18.8
90~99	0.1	7.7
100~109	–	1.7
Total	151.1	310.6

(b) 1950년 연령에 대한 분포(백분율)를 히스토그램으로 나타내시오. 그리고 분포의 특징에 대해 설명하시오. 특히 어린이의 백분율과 인구의 나머지의 백분율의 관계를 살펴보라.

(c) 2075년 연령에 대한 분포를 히스토그램으로 나타내시오. 비교하기 쉽게 (b)와 같이 백분율에 대한 히스토그램을 그리시오. 1950년부터 2075년 사이의 125년 동안 연령의 분포에서 가장 중요한 변화는 무엇인가?

11.15 Babe Ruth의 홈런 1920년부터 1934년까지 뉴욕 양키즈에서 15년 동안 Babe Ruth가 친 홈런 수는 다음과 같다.

54 59 35 41 46 25 47 60 54 46 49 46 41 34 22

줄기 그림을 그리시오. 분포는 대략적으로 대칭, 명확히 비대칭 또는 이 두 가지 모두 아닌 모양 중 어느 것인가? 1927년에 친 유명한 60개의 홈런은 이상점인가?

11.16 등을 맞댄 줄기 그림 메이저리그 한 시즌에서 샌프란시스코 자이언트의 Barry Bonds가 친 홈런의 수를 기록하였다. 다음은 1986년부터 2004년까지 Bonds의 홈런 수이다.

16 25 24 19 33 25 34 46 37 33 42 40 37 34 49 73 46 45 45

두 개의 분포를 비교하는 경우에는 등을 맞댄 줄기 그림이 유용하다. 등을 맞댄 줄기 그림도 줄기 그림을 그리는 일반적인 방법을 사용하지만 수직선을 줄기의 오른쪽과 왼쪽 모두에 그린다. 오른쪽에 Ruth의 홈런 수(문제 11.15)를 잎으로 그리고 왼쪽에 Bonds의 홈런 수를 잎으로 그린다. 각 줄기에서 잎들을 증가하는 순서대로 나열한다. 홈런 타자로서 Ruth와 Bonds를 비교하여 설명하시오.

11.17 비가 폭우이다. 1994년 7월 6일 조지아주 아메리쿠스에 21.10인치의 비가 왔다. 이것은 조지아주에서 24시간 동안 내린 가장 많은 강우량으로 기록되었다. 표 11.6은 각 주의 기상 관측소가 있는 곳에서 24시간 동안(1998년도) 내린 최대 강우량을 나타내고 있다. 대서양의 해변에는 폭풍이 매우 많은 비를 몰고 오고 그리고 서쪽의 산악 지역은 일반적으로 건조하기 때문에 강우량은 주마다 매우 다양하다. 각 주마다 기록된 강우량의 분포에 대한 그래프를 그리시오. 분포에 대해 설명하라.

표 11. 6 각 주에 대한 24시간 동안의 강우량(단위 : 인치)

주	강우량	주	강우량	주	강우량
Alabama	32.52	Louisiana	22.00	Ohio	10.75
Alaska	15.20	Maine	13.32	Oklahoma	15.68
Arizona	11.40	Maryland	14.75	Oregon	11.65
Arkansas	14.06	Massachusetts	18.15	Pennsylvania	34.50
California	26.12	Michigan	9.78	Rhode Island	12.13
Colorado	11.05	Minnesota	10.84	South Carolina	17.00
Connecticut	12.77	Mississippi	15.68	South Dakota	8.00
Delaware	8.50	Missouri	18.18	Tennessee	11.00
Florida	38.70	Montana	11.50	Texas	43.00
Georgia	21.10	Nebraska	13.15	Utah	6.00
Hawaii	38.00	Nevada	7.13	Vermont	8.77
Idaho	7.17	New Hampshire	10.38	Virginia	27.00
Illinois	16.91	New Jersey	14.81	Washington	14.26
Indiana	10.50	New Mexico	11.28	West Virginia	19.00
Iowa	16.70	Now York	11.17	Wisconsin	11.72
Kansas	12.59	North Carolina	22.22	Wyoming	6.06
Kentucky	10.40	North Dakota	8.10		

출처: National Oceanic and Atmospheric Administration

11.8 Web을 이용하기 2004 야구 시즌이 끝날 때까지 홈런 선두를 지킨 사람은 Hank Aaron이다. Hank Arron에 대한 기록은 www.baseball-reference.com에서 알 수 있다. Hank Aaron이 선수 생활동안에 친 홈런 수에 대한 줄기 그림을 그려라. 분포의 모양이 대칭인지 또는 비대칭인지 설명하라. 다른 시즌에 비해 특히 홈런을 많이 친 해에는 몇 개의 홈런을 쳤는가? 이 분포에 이상점이 있는가?

CHAPTER 12

분포를 숫자로 설명하기

교육수준별 수입은?

교육을 많이 받은 사람이 교육을 적게 받은 사람보다 평균 수입이 많다. 교육수준별로 얼마나 더 많을까? 간단한 방법 중의 하나는 각 교육수준 안에서 사람들의 수입들을 두 개의 집단, 수입이 많은 집단과 수입이 적은 집단으로 나누는 중앙값을 교육수준별로 비교하면 된다. 다음은 4개의 교육수준별 수입에 대한 중앙값이다.

고등학교 졸업	대학중퇴	학사학위	석사학위 이상
$18,640	$20,060	$36,084	$52,100

이 자료는 2004년 3월에 112,362명을 대상으로 실시한 인구 조사에 의해 얻어졌다. 112,362명에 대한 수입을 교육수준과 수입의 관계를 빠르게 도표와 할 수 있도록 4개의 값으로 나타내었다. 예를 들어 학사학위 취득자의 수입의 중앙값은 고등학교 졸업자의 수입의 중앙값보다 약 두 배 많다. 수입액은 매우 다양하다. 조사대상 중 고등학교만 졸업한 사람이 46,940명이었고 이들 중 최고의 수입은 $681,928이었다. 중앙값들을 이용하면 4개 수준별 수입의 분포에 대한 중심들은 비교할 수 있으나 퍼짐의 정도는 알 수 없다. 그렇다면, 자료의 퍼짐에 대한 정보를 효과적으로 나타낼 수 없을까? 각 교육수준별 최고와 최저 수입은 퍼짐에 대한 충분한 정보를 주지 못한다. 각 교육수준별 수입들의 가운데 반의 범위를 나타내면 다음과 같다.

고등학교 졸업	대학중태	학사학위	석사학위 이상
$8,000~$32,028	$8,000~$37,000	$17,502~$60,288	$30,000~$86,503

112,362명의 수입에 대해 다음과 같은 정보를 얻을 수 있다. 대학에 진학하지만 수입을 많이 증가시키지 못하는 학위는 취득하지 말라. 학사학위 취득자의 수입은 조금만 증가하지만, 그 이상의 학위 취득자의 소득은 크게 증가한다는 것을 알 수 있다. 그러나 개인들의 수입-결코 대학에 가기를 원하지 않는 부자들-은 매우 다양하다. 끝으로, 이러한 관측 연구를 통해서는 원인과 효과에 대해 알 수 없다는 것을 기억해야 한다. 석사학위를 취득한 사람들은 종종 똑똑하고, 야망이 있고, 부유하기 때문에 그들은 학위가 없어도 아마도 그들은 많은 수입을 얻을 것이다.

2001년 여름에 Barry Bonds는 한 시즌 홈런기록으로 관중의 관심을 집중시켰다. 마침내 Bonds는 73개의 홈런으로 1998년 Mark McGwire가 세운 기록을 갱신하고 새로운 기록을 세웠다. 이러한 달성은 Bonds의 경력에 얼마나 도움을 주었는가? 다음은 1986년(신인 선수)부터 2004년까지 Bomds의 홈런 수이다.

1986	1987	1988	1989	1990	1991	1992	1993	1994	1995
16	25	24	19	33	25	34	46	37	33
1996	1997	1998	1999	2000	2001	2002	2003	2004	
42	40	37	34	49	73	46	45	45	

그림 12.1에 주어진 줄기 그림은 이 자료를 나타내고 있다. 이 분포의 모양은 한 개의 이상점과 하나의 봉우리를 갖고 있으며, 이상점을 제외하면 왼쪽으로 비대칭인 모양이라고 할 수 있을 것이다. 이상점은 2001년 Barry Bonds가 세운 홈런기록이다.

그래프나 몇 개의 문장으로 Barry Bonds의 홈런기록을 잘 표현할 수 있다. 그러나 문장으로 고등학교만 졸업한 사람들의 수입을 설명하는 것은 적당하지 않을 것이다. 분포의 중심과 퍼짐을 요약할 수 있는 숫자들이 필요하다.

중앙값과 사분위수

4개의 서로 다른 교육수준의 수입을 비교할 때 중심과 퍼짐을 *중앙값*과 *사분위수*로 나타내는 간단하고 효과적인 방법을 소개한다. 중앙값은 전체 관측값을 작은 관측값들과 큰 관측값들로 반으로 나누는 값이다. 제1사분위수와 제3사분위수는 각각 반으로 나누어진 관측값들의 중앙에 오는 값이다. 사분위수는 전체 관측값들을 4등분시키는 값으로-제1사분위수 아래로 전체 관측값의 25%가 있고, 중앙값 아래에 전체 관측값의 50%가 있고, 그리고 제3사분위수 아래 전체 관측값의 75%가 있다. 이것이 사분위수의 의미이다. 사분위수를 구하기 위해서는 사분위수의 의미를 정확히 적용할 수 있는 법칙이 필요하다.

```
0 |
1 | 6 9
2 | 4 5 5
3 | 3 3 4 7 7
4 | 0 2 5 5 6 6 9
5 |
6 |
7 | 3
```

그림 12.1 19시즌 동안 Barry Bonds에 의해 작성된 홈런 수에 대한 줄기 그림

예제 1 중앙값 구하기

Barry Bonds의 19시즌 동안의 홈런 수의 중앙값을 구하기 위해서, 첫째로 자료를 작은 값에서 큰 값으로 다시 배열한다.

16 19 24 25 25 33 33 34 34 **37** 37 40 42 45 45 46 46 49 73

굵은 숫자 37은 왼쪽에 9개의 관측값들을 그리고 오른쪽에 9개의 관측값들을 갖는 관측값들의 중심이다. 관측값들의 수 n이 홀수이면, 순서화된 자료들의 중심으로 반드시 하나의 관측값이 존재한다. 이것이 중앙값이며, $M=37$로 표시한다.

Bonds의 기록과 한 시즌 홈런 기록 보유자였던 세인트 루이스 카디날의 일루수 Mark McGwire의 기록을 비교하자. 다음은 순서화된 McGwire의 아메리칸 리그에서 16년 동안 홈런 수이다.

3 9 9 22 29 32 32 **33** **39** 39 42 49 52 58 65 70

관측값들의 수 n이 짝수이면, 하나의 중앙 관측값이 존재하지 않는다. 그러나 가운데 한쌍, 굵은 숫자 33과 39는 양쪽에 4개씩의 관측값을 갖는다. 이 쌍의 중앙이 중앙값이 된다. 따라서 McGwire의 중앙값은 다음과 같다.

$$M=\frac{33+39}{2}=\frac{72}{2}=36$$

순서화된 자료의 중앙값을 구하는 빠른 방법은 순서화된 첫 번째 관측값부터 세어 $(n+1)/2$번째 값이 중앙값이 된다. 예를 들어, Bonds의 경우는 $n=19$이고 $(n+1)/2=10$이므로, 순서화된 관측값들의 10번째 관측값이 중앙값이 된다. McGwire의 경우는 $n=16$이고 $(n+1)/2=8.5$가 된다. 이것은 8번째와 9번째 관측값의 중앙이 중앙값이 된다는 의미이므로 중앙값은 이 두 값의 평균이 된다. "$(n+1)/2$ 법칙"은 관측값들이 많은 경우 특히 유용하다. $n=46,940$명에 대한 수입의 중앙값은 순서화된 자료의 23,470번째와 2,3471번째 관측값의 중앙이 중앙값이 된다. $(n+1)/2$는 중앙값 M이 아니고, 순서화된 자료에서 중앙값의 위치를 의미한다는 것을 명심해야 한다.

중앙값 M

중앙값 M은 중앙값보다 작은 관측값들과 큰 관측값들로 전체 관측값을 반으로 나누는 값으로 분포의 중앙계급값이다. 분포의 중앙값을 구하는 순서:

1. 전체 관측값을 작은 값에서 큰 값으로 배열한다.
2. 만약 전체 관측값 n이 홀수이면, 중앙값 M은 순서화된 자료의 가운데 관측값이 된다. 중앙값의 위치는 첫 번째 작은 값부터 세어 $(n+1)/2$번째가 된다.
3. 만약 전체 관측값 n이 짝수이면, 중앙값 M은 순서화된 자료의 가운데 두 관측값의 평균이 된다. 중앙값의 위치는 다시 첫 번째 작은 값부터 세어 $(n+1)/2$번째가 된다.

인구 조사에서 표본으로 주어진 고등학교 졸업자의 수입에 대한 중앙값은 $18,640이었다. 중앙값은 도움은 되지만, "대부분의 고등학교 졸업자의 수입이 중앙값에 모여

"이 친구는 통계를 무시해서 익사했지. 강의 평균 깊이만 알면 된다고 생각했거든"

있는가 또는 매우 퍼져 있는가?"에 대한 정보를 주지 못한다. 분포를 가장 간단하게 설명하고 있는 것은 **중심** 척도와 **퍼짐** 척도이다. 만약 중심을 나타내기 위해서 중앙값을 선택했다면, 당연히 사분위수의 제1사분위수와 제3사분위수를 이용하여 퍼짐을 나타낸다. 사분위수를 구하기 위해서 중앙값에서 사용한 법칙을 사용한다.

제1사분위수 Q_1 그리고 제3사분위수 Q_3

분위수 구하기:

1. 전체 관측값을 오름차순으로 배열하고, 중앙값 M의 위치를 찾는다.
2. 제1사분위수 Q_1은 중앙값 왼쪽에 있는 순서화된 관측값의 중앙값이다.
3. 제3사분위수 Q_3는 중앙값 오른쪽에 있는 순서화된 관측값의 중앙값이다.

예제 2 사분위수 구하기

Barry Bonds의 홈런 수를 순서대로 배열하면 다음과 같다.

16 19 24 25 25 33 33 34 34 **37** 37 40 42 45 45 46 46 49 73

25 ↑ Q_1, **37** ↑ M, 45 ↑ Q_3

전체 관측값의 수가 홀수이기 때문에, 중앙값은 가운데 있는 값이며, 굵은 숫자 37이다. 사분위수를 구하기 위해서 중앙값을 무시하라. 제1사분위수는 굵은 숫자 37 왼쪽에 있는 9개의 관측값의 중앙값이다. 이 값은 다섯번째 관측값이다. 즉 Q_1=25. 제3사분위수는 굵은 숫자 37 오른쪽에 있는 9개의 관측값의 중앙값이다. 즉 Q_3=45.

Mark McGwire의 홈런 수는 다음과 같다.

3 9 9 22 29 32 32 33 39 39 42 49 52 58 65 70

↑ Q_1 (22와 29 사이)　↑ M (33과 39 사이)　↑ Q_3 (49와 52 사이)

중앙값은 가운데 있는 한쌍의 중앙에 위치한다. 이 위치의 왼쪽에는 8개의 관측값이 있다. 제1사분위수는 이 8개 관측값의 중앙값이다. 즉

$$Q_1 = \frac{22+29}{2} = 25.5$$

제3사분위수는 중앙값 위치의 오른쪽에 있는 8개 관측값의 중앙값으로 Q_3=50.5이다.

독자들에게

McGwire 전에 한 시즌 홈런 기록 보유자였던 뉴욕 양키즈 외야수 Roger Maris의 12년 동안 홈런 수를 크기 순서로 나열하면 다음과 같다.

5 8 9 13 14 16 23 26 28 33 39 61

Maris의 홈런 수에 대한 중앙값, 제1사분위수, 그리고 제3사분위수를 구하라.

많은 관측값들이 있는 경우 사분위수의 위치를 알기 위해서 $(n+1)/2$ 법칙을 사용할 수 있다. 46,940명의 수입에 대한 중앙값은 올림차순으로 순서화된 자료에서 23,470 번째와 23,471번째 관측값들의 중앙이다. 그리고 제1사분위수는 이 값 아래에 있는 23,470개의 수입의 중앙값이다. $(n+1)/2$ 법칙을 사용하면, n=23,470이므로 위치는:

$$\frac{n+1}{2} = \frac{23,470+1}{2} = 11,735.5$$

따라서 순서화된 자료의 11,735번째와 11,736번째 관측값들의 평균 $8,000이다.

다섯 숫자 요약과 상자 그림

가장 작은 관측값과 가장 큰 관측값은 분포 대한 충분한 정보를 제공하지 못하지만, 중앙값과 사분위수를 통해서는 분포의 꼬리 부분에 대한 정보를 알 수 있다. 중심과

퍼짐의 요약을 얻기 위해서 다섯 숫자를 사용한다.

다섯 숫자 요약

분포에 대한 **다섯 숫자 요약**은 가장 작은 관측값, 제1사분위수, 중앙값, 제3사분위수, 그리고 가장 큰 관측값으로 구성된다. 다섯 숫자의 요약은 다음과 같이 표시된다.

최소값 Q_1 M Q_3 최대값

이 다섯 숫자 요약은 중심과 퍼짐을 합리적으로 잘 설명해준다. Bonds의 홈런 수에 대한 다섯 숫자 요약은

16 25 37 45 73

이고, McGwire의 홈런 수에 대한 다섯 숫자 요약은

3 25.5 36 50.5 70

이다. 분포에 대한 다섯 숫자 요약을 이용하여 새로운 그래프인 상자 그림을 그릴 수 있다. 그림 12.2는 홈런 수를 비교하기 위한 상자그림이다.

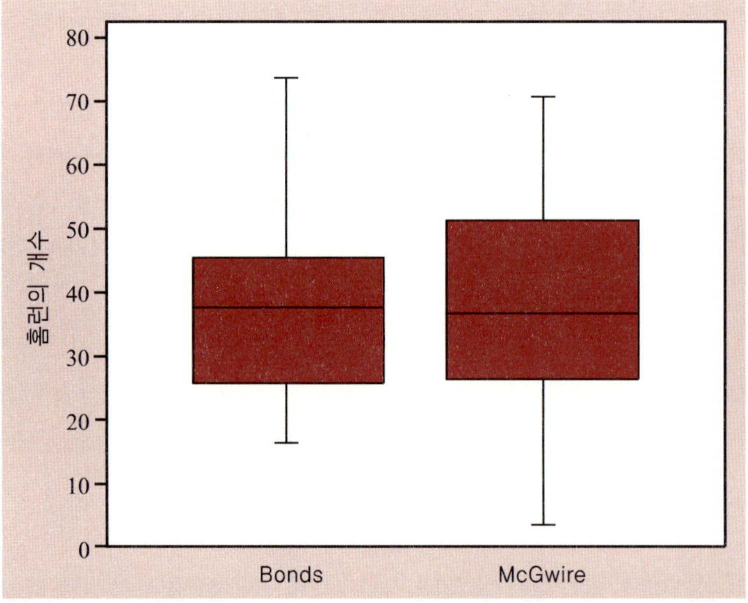

그림 12.2 Barry Bonds와 Mark McGwire의 홈런 수를 비교하기 위한 상자 그림

상자 그림

상자 그림은 다섯 숫자 요약에 대한 그래프이다.

- 가운데 있는 상자는 Q_1 에서 Q_3 까지 연결하여 그린다.
- 상자 안에 있는 선은 중앙값을 나타낸다.
- 상자 밖으로 이어지는 선은 가장 작은 관측값과 가장 큰 관측값까지 이어진다.

상자 그림은 가로 또는 세로로 그릴 수 있다. 그래프에는 숫자 눈금이 포함되어야 한다. 상자 그림을 보는 때는 제일 먼저 분포의 중심을 나타내는 중앙값의 위치를 살펴보아야 한다. 제1사분위수와 제3사분위수는 자료의 가운데 반의 퍼짐을 나타내고 있고, 극단값(가장 작은 관측값과 가장 큰 관측값)은 자료 전체의 퍼짐을 나타내고 있다. 그림 12.2에 나타난 중앙값과 상자의 위치를 통해서 Bonds의 홈런 수의 분포와 McGwire의 홈런 수의 분포가 비슷하다는 것을 알 수 있다.

독자들에게

Roger Maris의 12년 동안 홈런 수를 크기 순서로 나열하면 다음과 같다.

5 8 9 13 14 16 23 26 28 33 39 61

이 자료에 대한 상자 그림을 그려라. 어떻게 그림 12.2에 있는 Bonds와 McGwire의 상자 그림과 비교할 수 있는가?

상자 그림은 히스토그램 또는 줄기 그림보다 덜 세부적이기 때문에, 그림 12.2와 같이 상자 그림은 하나 이상의 분포들을 나란히 비교하기 위해서 사용한다. 관측값의 수가 적은 경우에는 등을 맞댄 줄기 그림이 더 유용하다(연습문제 11.16). Bonds가 2001년에 세운 73개 홈런은 그의 경력에서 이상값이지만 상자 그림에는 나타나지 않는다. 상자 그림들이 더 유용하게 사용될 수 있는 예제들을 살펴보자.

예제 3 교육과 수입

교육 수준에 따라 수입이 얼마나 변화하는지 알기 위해서 인구조사 연감에서 수입에 대한 표본을 살펴보자. 그림 12.3은 112,362명을 대상으로 4개의 교육 수준에 대한 수입의 분포를 비교하고 있다. 이 그림은 변형된 상자 그림이다. 많은 사람들 중에서 고 수입자의 수입은 매우 클 것이다. 예를 들어 고등학교만 졸업한 사람들 중에서 최고의 수입은 $681,928이고, 이 집단에서는 단지 5%만이 $62,843 이상의 수입을 가졌다. 그림 12.3은 가장 작은 수입과 가장 큰 수입 대신 분포의 5%와 95%에 해당되는 관측값들을 사용했다. 따라서 "고등학교만 졸업"한 집단에 대한 상자의 위쪽 선은 $62,843까지만 연장되었다.

그림 12.3을 통해서 명확하고 간단하게 교육수준별 수입을 비교할 수 있다. 학사학위 그리고 석사학위 이상을 취득한 사람들의 수입에 대한 중앙값과 상자는 위로 움직인 것을 알 수 있다. 각 교육수준에 대한 하위 5%의 수입은 작은데 그 이유는 각 교육수준에 속하는 사람들 중에는 병이나 무능력으로 인해 수입이 없거나 또는 심지어 수입이 적자인 사람들이 있기 때문이다. 의사들, 변호사들, 그리고 M.B.A. 취득자를 포함하고 있는 석사학위 이상을 취득한 집단에서 상위 5%를 제외시킨 95%에 있는 관측값은 우뚝 솟아있다.

또한 그림 12.3은 분포의 대칭 또는 비대칭을 나타내고 있다. 대칭인 분포에서는 제1사분위수와 제3사분위수가 중앙값으로부터 같은 거리에 있다. 오른쪽으로 비대칭인 대부분의 분포에서는 제3사분위수가 제1사분위수 보다 중앙값으로부터 더 멀리 떨어져 있다. 극한값 경우도 같은 성질을 가지고 있다. 비록 상위 5%를 제외시켰지만 석사학위 이상 취득자의 수입은 매우 오른쪽으로 비대칭이라는 것을 알 수 있다.

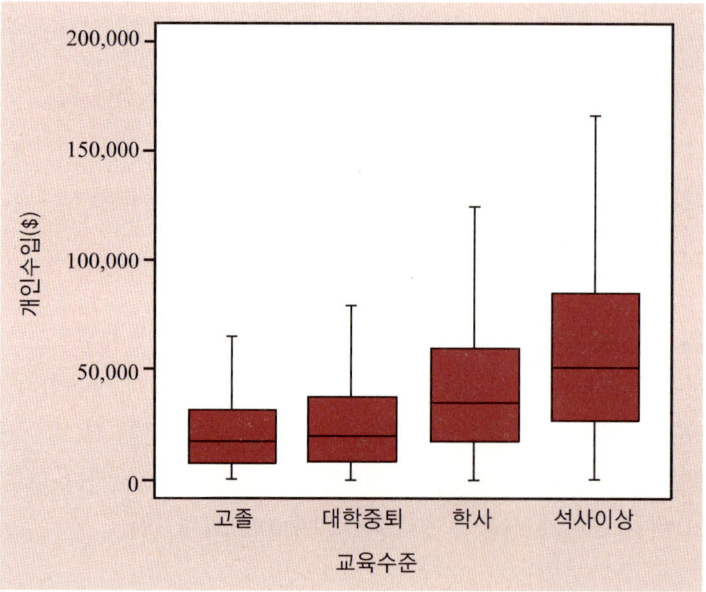

그림 12.3 교육수준별 수입의 분포를 비교하기 위한 상자 그림. 각 상자 그림의 끝은 분포에서 5%와 95%에 있는 관측값이다.

평균과 표준편차

다섯 숫자 요약이 분포를 숫자로 설명하는데 가장 자주 쓰이는 것은 아니다. 이것과 구별되는 것으로 중심의 측도인 *평균*과 퍼짐의 측도인 *표준편차*가 있다. 평균은 관측값들의 산술평균이다. 표준편차의 개념은 평균과 관측값들의 거리에 대한 평균이다. 표준편차에서 말하는 "거리의 평균"은 애매한 방법으로 구해진다. 나중에 이 문제를 좀 더 자세히 다루겠지만 지금은 표준편차를 "평균으로부터 거리의 평균"이라고만 생각하자.

평균과 표준편차

평균 $\bar{x}$ ("x-바"라고 읽는다.)은 관측값들의 산술평균이다. n개의 관측값들에 대한 평균을 구하기 위해서는 모든 값들을 더하고 n으로 나눈다.

$$\bar{x} = \frac{\text{관측값들의 합}}{n}$$

표준편차 s는 관측값들과 그들의 평균과의 거리에 대한 평균으로 구해진다. 이것을 계산하기 위해서 거리의 제곱에 대한 평균을 구한 후 제곱근을 구한다. n개의 관측값들에 대한 표준편차를 다음과 같이 구할 수 있다.

1. 각 관측값과 평균과의 거리를 구한 후 그 거리들을 제곱한다.
2. 거리 제곱의 합을 $n-1$로 나누어 평균을 구한다. 거리 제곱의 평균을 **분산**이라 한다.
3. 표준편차 s는 거리 제곱의 평균의 제곱근이다.

통계적 논쟁거리들
소득 불균형

1980년대와 1990년대의 호경기 동안 미국인 가구의 소득은 올라갔으나 빈부의 차이는 커졌다. 그림 12.4와 12.5는 해마다 소득 불균형이 증가하고 있는 것을 보여주고 있다. 그림 12.4는 매년 같은 구매력을 갖도록 조정된 달러로 표시된 가구 소득에 대한 꺾은선 그래프이다. 꺾은선들은 상위 5% 그리고 하위 5%의 가구들을 제외시킨 소득의 중앙값, 제20백분위수, 그리고 제80백분위수를 나타내고 있다. 제80백분위수(1967년과 2003년 사이에 57%까지)는 중앙값과 제20백분위수에 비해 약 28% 증가했다. 그림 12.5는 상위 5%, 그리고 하위 5%의 전체 가구에서 차지하는 비율을 보여주고 있다. 하위 5%의 비율은 줄어드는 경향이 있으며, 2003년에는 전체 가구 소득의 3.4%를 차지하고 있다. 상위 5%가 전체에서 차지하는 비율은 49.8% 증가했다. 상위 5%의 비율은 미국 전체의 가구 수입의 21%보다 빠르게 증가하고 있다. 미국에서의 소득 불균형은 다른 선진 국가들에 비해 크며 증가하고 있다. 이러한 수치들이 관심에 대상이 되는가? 그리고 이러한 수치들이 빈부의 차이를 정확하게 나타내고 있는가? 예를 들어 나이가 들수록 수입이 증가한다면, 아마도 이러한 수치들은 단지 젊은 사람들과 나이든 사람들의 소득 불균형만을 반영한 것이다. 이 문제에 당신은 어떻게 생각하는가?

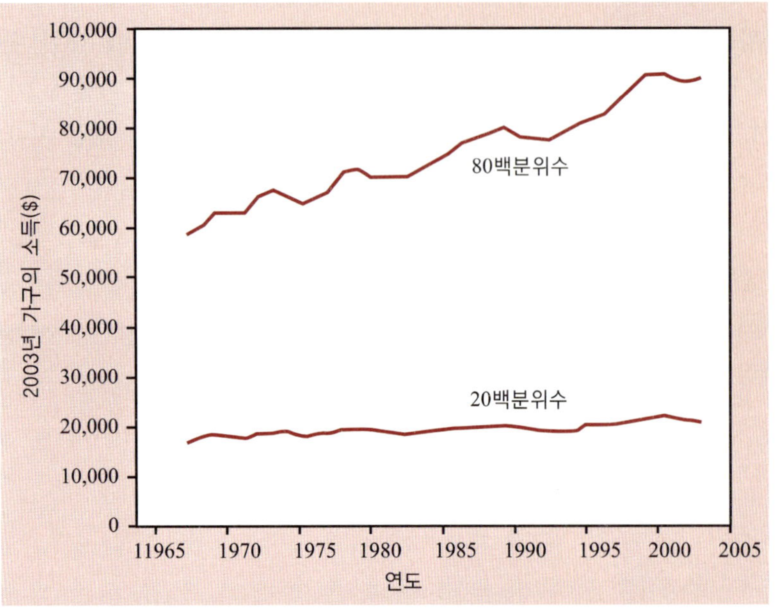

그림 12.4 미국 가구 소득의 분포에서 2개 값의 시간에 따른 변화. 가구의 80%는 제80백분위수 아래의 소득을 갖고, 그리고 20%는 제20백분위수 아래의 소득을 갖는다. 2003년에 소득의 제20백분위수는 $17,984 그리고 제80백분위수는 $86,867이였다.

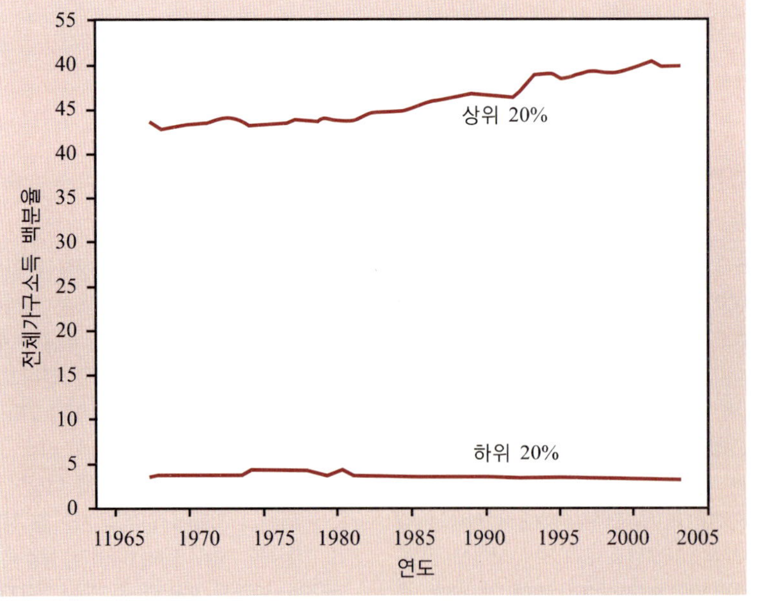

그림 12.5 전체 가구 소득을 상위 20%와 하위 20%로 나누고 그들의 시간에 따른 변화. 2003년에 상위 20%가 전체 가구 소득의 거의 반을 차지했다.

예제 4 평균과 표준편차 구하기

다음은 메이저 리그 19시즌 동안 Barry Bonds가 친 홈런 수이다.

16 25 24 19 33 25 34 46 37 33 42 40 37 34 49 73 46 45 45

주어진 자료의 평균을 구하면 다음과 같다.

$$\bar{x} = \frac{\text{관측값의 합}}{n} = \frac{16+25+\cdots+45}{19} = \frac{703}{19} = 37$$

그림 12.6은 수평선 위에 주어진 자료는 점들과 그들의 평균은 별표(*)로 나타내고 있다. 화살표는 평균으로부터의 하나의 거리를 보여주고 있다. 표준편차 s의 개념은 19개의 거리의 평균을 구하는 것이다. 손으로 표준편차를 구하기 위해서 다음과 같은 표를 사용할 수 있다.

관측값	평균으로부터의 거리의 제곱
16	$(16-37)^2 = (-21)^2 = 441$
25	$(25-37)^2 = (-12)^2 = 144$
⋮	
45	$(45-37)^2 = (8)^2 = 64$
	합 = 3036

평균은

$$\frac{3036}{18} = 168.67$$

이 된다. 관측값들의 개수보다 하나 적은 개수로 나눈 "평균"을 구한다는 것에 주의해야 한다. 따라서 표준편차는 이 값의 제곱근:

$$s = \sqrt{168.67} = 12.99$$

이다.

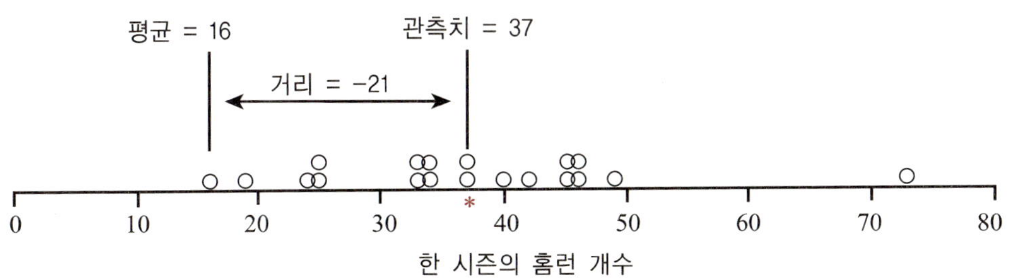

그림 12.6 Barry Bonds 홈런 수의 평균(*)과 평균으로부터의 관측값의 거리. 표준편차는 이들 거리들의 평균이라는 것을 생각하라.

실제로는 계산기의 평균과 표준편차의 단추를 눌러 이들 값들을 구할 수 있다. 또는 소프트웨어들을 이용하여 평균 $\bar{x}$와 표준편차 s를 구할 수 있다. 어떤 기술적인 이유로 인해서 거리 제곱의 평균은 그들의 합을 n 대신 $n-1$로 나누어 구한다. 많은 계산기들은 표준편차를 계산하는 경우 n 또는 $n-1$을 선택하도록 되어 있는데 $n-1$을 선택하도록 주의한다.

세부적인 계산 방법보다 더 중요한 것은 어떻게 표준편차가 퍼짐을 측정할 수 있는지 성질들을 아는 것이다.

표준편차 s의 성질

- s는 평균 $\bar{x}$에 대한 퍼짐을 나타낸다. 분포의 중심으로 $\bar{x}$를 사용할 때, 분포의 퍼짐으로 s를 사용한다.
- 퍼짐이 없는 경우에는 $s=0$이다. 모든 관측값들이 같은 값을 가질 때 이런 현상이 일어난다. 따라서 표준편차가 0이라는 의미는 결코 퍼짐이 없다는 것이다. 그렇지 않으면 $s>0$이 된다. 관측값들이 그들의 평균으로부터 많이 퍼져 있으면 s는 커진다.

예제 5 101에 투자

이 예제는 번 돈으로 무엇을 할 것인가에 대한 것이다. 높은 수익률을 가져오나 위험성이 많은 곳에 투자할 때 지켜야 할 첫 번째 원칙 중의 하나는 적어도 장기간 동안의 수익률에 대한 평균을 구하는 것이다. 전문투자자는 투자한 것에 대한 수익률을 얼마나 예측할 수 있는지 통해서 위험성을 평가한다. 예금은 정부에 의해 보증된 것이고 위험성 없이 고정된 이자를 갖기 때문에 정확하게 수익률을 알 수 있다. 새로운 회사의 주식은 한 주일동안 급등하다 다음 주에는 급락할 수 있을 것이므로, 주식을 팔고 싶을 때 가치를 예측할 수 없어 위험성이 매우 높다.

줄기	잎
-2	6
-1	5 0 0
-0	9 8 7 5 3
0	0 1 1 4 5 6 7 7 8
1	0 1 2 2 4 6 6 7 9 9 9
2	0 1 2 2 3 3 4 4 7 9 9
3	0 2 2 2 2 3 7 8
4	3
5	0

그림 12.7 1950년부터 1999년까지 50년 동안 연간 수익률에 대한 줄기 그림. 수익률은 소숫점 이하 첫 자리에서 반올림하였다. 백분율의 십자리 수는 줄기 단자리 수는 잎이다.

투자자는 통계적 사고를 가져야 할 것이다. 연간 수익률의 분포를 고려해서 투자의 여부를 평가할 수 있다. 즉 수익률의 형태에 대한 중심과 퍼짐을 살펴보는 것이다. 경험이 적은 투자자는 수익률이 얼마나 퍼져 있는지 또는 얼마나 자주 변하는지에 대한 위험성을 고려하지 않고 높은 평균 수익률을 가진 주식을 찾을 것이다. 전문투자자는 투자에 대한 수익률을 설명할 수 있는 평균과 표준편차를 이용할 것이다. 표준편차는 너무 복잡해서 일반인에게 언급할 수 없다고 오랫동안 생각되어 왔으나, 지금은 표준편차가 투자신탁 보고서에 정기적으로 나타난다.

1950년부터 1999년까지 50년 동안 세 가지 종류의 투자에 대한 연간 수익률의 평균과 표준편차는 다음과 같다.

투자	수입 평균	표준편차
단기채권	5.34%	2.96%
장기채권	6.12%	10.73%
주식	14.62%	16.32%

경제이론의 주장처럼 수익률의 평균이 올라가면 위험성도 올라가는 것을 알 수 있다. 단기채권과 장기채권은 미국 정부에 돈을 빌려주는 것이다. 단기채권은 일년 후에 상환되므로 투자 비율에 따라 매년 수익률이 변한다. 장기채권은 30년 만기이다. 만약 은행 이자가 올라가면 장기채권의 가치는 낮아지기 때문에 단기채권보다 위험성이 더 크다. 주식 또한 위험성이 크다. 주식은 더 높은 수익률(장기간 동안의 평균)을 갖지만 등락이 매우 심하다. 그림 12.7에 있는 줄기 그림에서 알 수 있는 것처럼 50년 동안 연간 주식의 수익률은 50%까지 올랐으나 26%까지 내려갔다.

분포를 설명하는 숫자의 선택

다섯 숫자 요약은 이해하기가 쉽고 대부분의 분포를 간단하게 설명하는데 가장 좋은 방법이다. 평균과 표준편차는 이해하기가 어려우나 다섯 숫자 요약보다 더 자주 사용된다. 중심과 퍼짐을 나타내는 이들 중 어느 것을 선택할 것인가? 우선 평균과 중앙값을 비교해보자. "중앙계급값"과 "산술평균" 모두 자료의 중심을 나타내는 타당한 방법이나, 이들은 다른 개념을 가지고 다르게 쓰인다. 제일 중요한 차이점은 평균은 소수의 극한값들에 매우 강한 영향을 받지만 중앙값은 그렇지 않다는 것이다.

예제 6 평균 대 중앙값

표 12.1은 2003년도 로스앤젤레스 레이커스 농구팀의 선수 15명의 대략적인 연봉(단위: 백만 달러)을 나타내고 있다. 평균은 $\bar{x} = \$4.4$백만 그리고 중앙값은 $M = \$1.5$백만이 된다. 프로

농구 선수들이 좋은 집을 소유하는 것은 놀랄만한 일은 아니다.

왜 평균이 중앙값보다 그렇게 높은 값을 갖는가? 그림 12.8는 백만 단위 숫자를 줄기로 하여 그린 연봉에 관한 줄기 그림이다. 분포는 오른쪽으로 비대칭이며 두 개의 이상점들을 갖는다. Kobe Bryant와 Shaquille O'Neal의 매우 높은 연봉은 연봉의 합을 높게 끌어 올려 평균이 높아진다. 만약 두 개의 이상점들을 제외시키고 13명에 대한 연봉의 평균을 구하면 $2.0백만이 되지만 중앙값은 $1.5백만에서 $1.1백만으로 크게 변하지 않는다.

단지 Shaquill O'Neal의 연봉을 증가시켜 원하는 만큼의 평균을 만들 수 있다. 하나의 이상점이 커지면 커질수록 평균도 커진다. 그러나 중앙값에서는 Shaquill의 연봉은 분포의 높은 값에 있는 하나의 관측값일 뿐이다. Shaquill의 연봉이 $26.5백만에서 $265백만으로 오른다 해도 중앙값은 결코 변하지 않는다.

표 12.1 2003년도 로스앤젤레스 레이커스의 연봉(단위 : 백만)

선수 성명	연봉	선수 성명	연봉
Shaquille O'Neal	$26.5	Kareem Rush	$1.1
Kobe Bryant	13.5	Byron Russell	1.1
Gary Payton	4.9	Horace Grant	1.1
Rick Fox	4.6	Brain Cook	0.8
Devean George	4.5	Jamal Sampson	0.6
Derek Fisher	3.0	Jannero Pargo	0.6
Karl Malone	1.5	Luke Walton	0.4
Stanislav Medvenko	1.5		

줄기	잎
0	4668
1	11155
2	
3	0
4	569
5	
6	
7	
8	
9	
10	
11	
12	
13	5
14	
15	
16	
17	
18	
19	
20	
21	
22	
23	
24	
25	
26	5

그림 12.8 표 12.1로부터 로스앤젤레스 레이커스 선수의 연봉에 대한 줄기 그림

대체적으로 대칭인 분포의 평균과 중앙값은 서로 비슷하다. 만약 분포가 정확하게 대칭이라면 평균 $\bar{x}$와 중앙값 M은 정확하게 같다. 비대칭 분포에서는 평균이 중앙값으로부터 긴 꼬리쪽으로 떨어져있다. 돈과 관련이 있는 변수들-수입, 집 가격, 재산-의 분포는 대부분 오른쪽으로 비대칭이며, 평균은 중앙값보다 많이 클 것이다. 예를 들어 인구 조사에서 석사학위 이상 취득자들의 수입에 대한 중앙값은 $52,100이란 것을 앞에서 알았다. 분포는 오른쪽으로 비대칭이고 오른쪽으로 긴 꼬리는 평균을 $71,593까지 끌어 올렸다. 돈과 관련이 있는 변수들의 자료는 주로 몇 개의 극단적으로 높은 관측값을 갖기 때문에 이들의 분포를 설명하는데 일반적으로 중앙값을 사용한다.

평균과 중앙값 중 하나를 선택할 때 분포가 대칭인지 비대칭인지를 고

려해야 한다. 중도시의 주택 매매 가격에 대한 분포는 의심할 여지없이 오른쪽으로 비대칭이다. 그럼에도 불구하고 만약 시의회에서 세금 비율을 만들기 위해서 모든 주택의 매매 가격의 합계를 추정하려고 한다면 평균은 도움이 되지만 중앙값은 그렇지 않다. 합계는 주택 수 곱하기 평균이 되지만 중앙값과는 관계가 없다.

표준편차는 평균보다도 더 강하게 이상점들 또는 비대칭 분포의 긴 꼬리에 의해 영향을 받는다. 레이커스 선수 15명의 연봉에 대한 표준편차는 $s=\$6.97$백만이지만 두 이상점들을 제외시키면 $s=\$1.66$백만이 된다. 사분위수는 극단적인 관측값들의 영향을 적게 받는다. 비대칭 분포를 설명하는데 표준편차를 회피하는 이유는 양쪽으로 매우 비대칭인 분포는 양쪽이 다른 퍼짐을 갖기 때문에 표준편차 s와 같이 하나의 수로 퍼짐을 잘 설명할 수 없기 때문이다. 이러한 경우에는 두 개의 사분위수와 두 개의 극단값을 갖는 다섯 숫자 요약을 이용하는 것이 더 좋다. 분포가 대략적으로 대칭인 경우에는 $\bar{x}$와 s을 사용하는 것이 현명하다.

요약의 선택

평균과 표준편차는 이상점들과 긴 꼬리를 갖는 비대칭 분포에 많은 영향을 받지만 중앙값과 사분위수는 그렇지 않다. 다섯 숫자 요약은 비대칭 분포 또는 이상점들을 가지고 있는 분포를 설명하는데 평균과 표준편차보다 일반적으로 더 좋다. $\bar{x}$와 s는 이상점들이 없고 대략적으로 대칭인 분포에 대해 사용한다.

표준편차에 대해 고민하는 이유는 무엇인가? 그 이유는 다음 장에서 다룰 것이다. 평균과 표준편차는 제13장에서 다루는 중요한 대칭 분포인 정규분포의 중심과 퍼짐을 나타내기에 알맞은 측도이다.

그래프는 분포의 전체적인 모양을 가장 잘 나타낼 수 있다. 중심과 퍼짐에 대한 측도는 분포에 대한 특정한 사실을 알려주지만 전체적인 모양을 설명하지는 못한다. 예를 들어 측도는 분포에 여러 봉우리들이 있다는 것을 알려주지 못한다. *항상 자료에 대한 그래프를 그리는 것으로부터 시작하라.*

가난한 뉴욕?

뉴욕은 부유한 주인가? 1위와 2위를 차지한 코네티컷과 뉴저지를 이웃으로 한 뉴욕의 1인당 수입에 대한 평균은 미국의 주들 중에서 4위이다. 그러나 코네티컷과 뉴저지는 가구 소득의 중앙값에서 7위와 2위를 차지한 반면 뉴욕은 29위이다. 무슨 일이 일어난 것일까? 이것은 평균 대 중앙값에 대한 다른 예제이다. 뉴욕에는 1인당 수입의 평균을 끌어올리는 매우 높은 수입을 갖는 사람들이 있다. 또한 뉴욕은 뉴저지나 코네티컷보다 가난한 가구의 비율이 높아 중앙값을 끌어내린다. 뉴욕은 극단적인 부자와 가난한 사람이 사는 주일뿐 부유한 주는 아니다.

요약

자료를 설명하기 위해서는 항상 그래프로 시작하고, 자료의 특별한 특징을 요약할 수 있는 숫자들을 잘 선택한다. 하나의 양적 변수로 이루어진 자료가 있는 경우 분포를 나타내기 위하여 우선 히스토그램이나 줄기 그림을 그린다. 그리고 분포의 **중심**과 **퍼짐**을 설명할 수 있는 숫자들을 찾는다.

중심과 퍼짐을 나타내는데 사용되는 것에는 **다섯 숫자 요약과 평균 그리고 표준편차**가 있다. 다섯 숫자 요약은 중심을 나타내는 측도로 **중앙값**과 두 개의 사분위수 그리고 퍼짐을 설명하는 가장 작은 관측값과 가장 큰 관측값으로 이루어진다. 중앙값은 관측값들의 중앙계급값이다. **평균**은 관측값들의 산술평균이다. **표준편차**는 평균으로부터의 거리에 대한 평균을 측정한 것이므로 평균과 함께 사용해야 한다.

평균과 표준편차는 몇 개의 이상점들에 의해서 크게 변할 수 있다. 평균과 중앙값은 대칭 분포에서는 같으나 평균이 중앙값보다 더 빠르게 비대칭 분포의 긴 꼬리쪽으로 이동한다. 일반적으로 대부분의 분포를 설명하는데 다섯 숫자 요약을 사용하고 평균과 표준편차는 대체적으로 대칭인 분포에서 사용한다.

EESEE

"Faculty salary Comparison"은 여러 대학들의 조교수, 부교수 그리고 교수들의 연봉 자료를 보여주고 있다. 이 글을 읽고 첫 번째 질문에 답하여라.

EXERCISES

12.1 수입의 중앙값 미국 가구의 수입에 대한 중앙값이 2003년에 $43,318이다. "수입의 중앙값"의 의미를 설명하라.

12.2 평균이란? 통계조사국의 웹사이트에는 여러 가지 "평균 수입"을 보여주고 있다. 2001년에 미국 가구의 수입에 대한 중앙값은 $41,990이고 평균은 $57,135이다. 가족 수입에 대한 중앙값은 $51,407, 그리고 평균은 $66,863이다. 통계조사국은 "가구는 한 가구에 사는 모든 사람들로 구성되고, '가족'은 출생, 결혼, 또는 같이 사는 입양자와 같은 관계를 갖는 사람들의 집단을 의미한다."고 하였다. 수입의 평균이 수입의 중앙값보다 높은 이유와 가족 수입이 가구 수입보다 높은 이유를 설명하라.

12.3 부유한 잡지 구독자 경제 잡지 Forbes(1999년 7월 5일)는 구독자의 가구 재산의 중앙값이 $956,000이라고 발표하였다.

(a) 이들 가구 재산의 평균은 $956,000보다 큰가 또는 작은가? 이유를 설명하라.

(b) 사용된 자료는 Forbes 구독자 중 표본을 추출하여 전화로 얻은 자료이다. $956,000은 재산에 대한 중앙값의 참값보다 조금 큰 값이라는 의심이 든다. 이유를 설명하라.

12.4 **대학 등록금** 그림 11.2는 일리노이주의 121개 대학의 등록금에 대한 줄기 그림이다. 줄기는 천단위 이상의 숫자이고 잎은 백단위 숫자이다. 예를 들어 가장 비싼 등록금 $30,700은 줄기 30과 잎 7로 나타내어진다.

(a) 일리노이주의 대학 등록금의 다섯 숫자 요약을 구하시오. 주어진 줄기 그림은 이미 순서화된 자료를 보여주고 있다.

(b) 등록금의 평균은 중앙값과 비교하면 명확히 작다, 같다, 또는 명확히 크다 중 어느 것이 맞는가? 이유를 설명하라.

12.5 **젊은이들이 사는 곳은?** 그림 11.9는 50개 주에서 18세에서 24세까지의 거주자들의 백분율에 대한 줄기 그림이다. 소숫점 이상 숫자가 줄기 그리고 소숫점 이하 숫자가 잎이다.

(a) 분포의 모양을 통해서 평균과 중앙값의 차이가 크지 않을 것이라고 생각할 수 있다. 이유를 설명하라.

(b) 평균과 중앙값을 구하고 그들의 차이가 크지 않다는 것을 확인하라.

12.6 **연비** 표 11.2는 2004년도 중형 자동차들의 고속도로 연비를 나타내고 있다.

(a) 만약 연습문제 11.6에서 줄기 그림을 그리지 않았다면, 이 자료에 대한 줄기 그림을 그려라.

(b) 연비에 대한 다섯 숫자 요약을 구하시오. 어느 자동차가 연비의 제1사분위수에 해당되는가?

(c) 줄기 그림은 분포에 대한 전체적인 모양을 보여주지만 다섯 숫자 요약은 그렇지 못하다. 이것의 의미는 무엇인가?

12.7 **양키의 돈** 표 11.4는 뉴욕 양키즈 야구팀의 연봉을 보여주고 있다. 어떠한 분포의 모양을 할 것이라 생각하는가? 연봉의 평균은 중앙값과 비슷하다, 명확히 높다, 또는 명확히 낮다, 중 어느 것을 예상할 수 있는가? 그래프를 그리고 평균과 중앙값을 구하여 선택한 예상을 확인하라.

12.8 **가장 부유한 1%** 미국에서 개인의 수입에 대한 분포는 매우 오른쪽으로 비대칭이다. 1997년도 수입의 상위 1%에 대한 평균과 중앙값은 $330,000 그리고

$675,000이다. 이 값들 중에서 어느 것이 평균이고 어느 것이 중앙값인가? 이유를 설명하라.

12.9 **핫도그는 얼마나 많은 열량을 가지고 있는가?** *Comsumer Report* 잡지에서 발표한 고기 핫도그의 17개 상표에 포함된 열량은 다음과 같다.

173	191	182	190	172	147	146	139	175
136	179	153	107	195	135	140	138	

줄기 그림을 그리고 다섯 숫자 요약을 구하라. 줄기 그림은 숫자 요약으로 설명할 수 없는 분포에 대한 중요한 사실을 알 수 있다. 그것은 무엇인가?

12.10 **주식의 수익률** 예제 5에서 투자에 대한 수익률을 설명하는 경제 이론에 평균과 표준편차가 사용된다는 것을 알았다. 그림 11.11은 일년 동안 뉴욕 주식 거래소에서 거래되는 모든 주식의 수익률에 대한 히스토그램이다. 평균과 표준편차가 이 분포를 간략하게 설명하는데 적당한가? 이유를 설명하라.

12.11 **공학에서 소수민족 학생들** 그림 11.10은 2000년에서 2002년까지 152개 대학에서 공학 박사학위를 취득한 소수민족(흑인, 라틴 아메리카 사람, 미국 원주민) 학생 수에 대한 히스토그램이다.

(a) 오름차순으로 정리한 152개 관측값에서 다섯 숫자 요약의 각 숫자의 위치는 어디인가?

(b) 실제 자료가 없어도 히스토그램을 통해서 대략적인 다섯 숫자 요약을 알 수 있다. 대략적인 다섯 숫자 요약을 구하시오. 대학이 제3사분위수 안에 포함되기 위해서는 얼마나 많은 소수민족 공학 박사들을 졸업시켜야 하는가?

12.12 **집필 유형의 통계** 다음 자료는 *Popular Science* 잡지의 기사들에서 1개에서 15개 알파벳이 사용된 단어의 백분율에 대한 것이다. 연습문제 11.9는 이 자료에 대한 히스토그램을 그리는 것이다.

길이	1	2	3	4	5	6	7	8	9	10	11	12	13	14	15
백분율	3.6	14.8	18.7	16.0	12.5	8.2	8.1	5.9	4.4	3.6	2.1	0.9	0.6	0.4	0.2

잠깐 동안의 생각으로 주어진 표로부터 단어 길이의 분포에 대한 다섯 숫자 요약을 구할 수 있다. 다섯 숫자 요약을 구하라.

12.13 **동쪽에 있는 주들의 이민자** 다음은 2001년 미시시피 강의 동쪽에 있는 주들의 이민자 수(단위: 천명)에 대한 것이다.

Alabama	2.3	Connecticut	12.1	Delaware	1.9
Florida	104.7	Georgia	19.4	Illinois	48.3
Indiana	6.0	Kentucky	4.5	Maine	1.2
Maryland	22.1	Massachusetts	29.0	Michigan	21.5
Mississippi	1.3	New Hampshire	2.6	New Jersey	59.9
New York	114.1	North Carolina	13.9	Ohio	14.7
Pennsylvania	21.4	Rhode Island	2.8	South Carolina	2.9
Tennessee	6.3	Vermont	1.0	Virginia	26.9
West Virginia	0.7	Wisconsin	8.5		

분포에 대한 그래프를 그리시오. 분포의 전체적인 모양을 설명하고 이상점들이 있는지 살펴보시오. 타당한 숫자 요약 측도들을 선택하고 그 값들을 구하라.

12.14 동쪽에 있는 주들의 이민자 앞 문제의 분포에서 뉴욕주와 플로리다주는 이상점이다. 뉴욕주와 플로리다주를 제외시키고 이 자료에 대한 평균과 중앙값를 구하시오. 이상점을 제외시킬 때 어느 측도가 더 많이 변하는가?

12.15 SAT 점수 그림 12.9는 2004년도 50개주와 컬럼비아 특별지구의 학생들의 SAT 수학 평균 점수에 대한 히스토그램이다. 이 분포의 전체적인 형태가 특별하기 때문에 평균 또는 중앙값과 같은 하나의 측도로 분포를 설명하는 것은 의미가 없다. 그 이유를 설명하라.

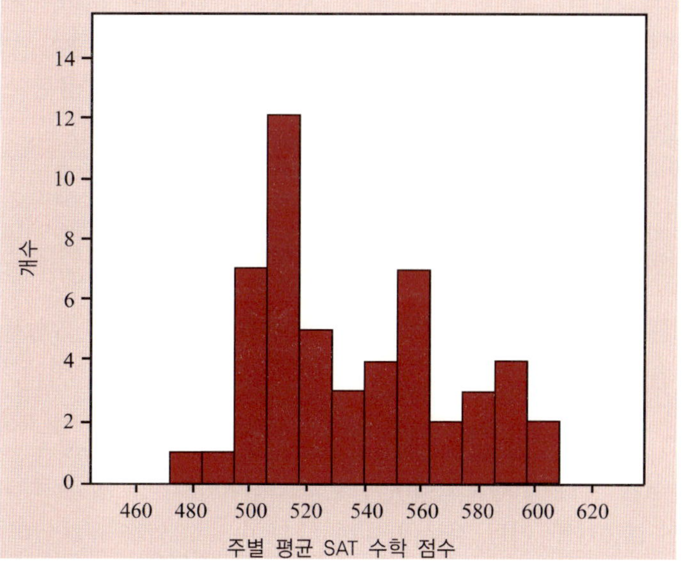

그림 12.9 2004년도 50개주와 컬럼비아 특별지구의 학생들의 SAT 수학 평균 점수에 대한 히스토그램

12.16 **높은 연봉의 운동선수들** 신문 기사에 의하면 1998년 1월 현재 전미 농구 협회(NBA)에 411명의 선수가 등록되어 있고, 단지 139명만이 "리그 평균 연봉" $2.36 백만보다 더 많은 연봉을 받는다고 한다. $2.36백만이 NBA선수 연봉의 평균 또는 중앙값 중 어느 것인가? 이유를 설명하라.

12.17 **평균 또는 중앙값?** 다음 주어진 상황에서 중심의 측도로 평균과 중앙값 중 어느 것을 사용할 것인가? 이유를 설명하라.

(a) 중소도시에서 시민들에게 수입에 대한 세금을 부과하려고 한다. 정부는 전체 세금을 추정하기 위해서 시민의 평균 수입을 알기를 원한다.

(b) 중소도시의 표준 생활 가정에 대한 연구에서 사회학자는 이 도시의 평균 가족 수입을 추정하려고 한다.

12.18 **평균 또는 중앙값?** 모임을 가지려 할 때 얼마나 많은 캔 음료수를 준비해야 하는지를 알고 싶다. 마술사가 손님들이 마실 캔 수의 평균 또는 중앙값을 알려준다면, 중심의 측도로 어느 것을 원할 것인가? 그리고 그 이유는 무엇인가? 답을 명확히 하기 위해서 30명의 손님이 있고 마술사가 $\bar{x}=5$개 또는 $M=3$개 중 어느 하나를 말해준다고 하자. 얼마나 많은 캔 음료수를 준비해야 하는가?

12.19 **SAT 점수** SAT의 수학과 언어에 대한 평균점수의 분포를 비교하고자 한다. 수학점수의 변수를 SATM, 그리고 언어점수의 변수를 SATV하여 자료를 컴퓨터에 입력시킨다. 다음은 통계 소프트웨어 패키지인 Minitab의 결과이다(다른 소프트웨어도 비슷한 결과를 만들어 낼 것이다. 어떤 소프트웨어에서는 사분위수를 구하는 법칙이 이 책에서 다룬 법칙과 조금 다른 법칙을 사용한다. 따라서 어떤 소프트웨어는 손으로 구한 것과 똑같은 값을 주지는 않는다).

Variable	N	Mean	Median	St Dev	Minimum	Maximum	Q1	Q3
SATV	51	535.39	527.00	33.85	487.00	594.00	501.00	565.00
SATM	51	536.79	528.00	33.88	476.00	602.00	510.00	555.00

이 결과를 이용하여 SAT의 수학과 언어 점수에 대한 상자 그림을 그리시오. 두 분포를 간단하게 비교하라.

12.20 **스프츠용 자동차는 휘발유를 낭비하는가?** 표 11.2는 2004년도 중형 자동차 31개의 모형에 대해 고속도로에서의 연료 소비(마일 당 갤론)로 나타내고 있다. 연습문제 12.6에서 이들 자료에 대한 다섯 숫자 요약을 구하였다. 다음은 2004년도 4륜구동 스포츠형 자동차 26개의 모형에 대한 고속도로 연비이다.

모형	연비	모형	연비
BMW X5	21	Kia Sportage	20
Chevrolet Blazer	19	Land Rover	16
Chvrolet Tahoe	18	Lexus LX470	17
Dodge Durango	18	Lincoln Navigator	17
Ford Expedition	18	Mazda MPV	23
Ford Explorer	19	Mercedes-Benz ML320	18
Honda Pilot	22	Mitsubishi Montero	19
Infiniti QX56	18	Nissan Pathfinder	19
Isuzu Axiom	21	Nissan Xterra	20
Isuzu Trooper	19	Subaru Forester	27
Jeep Cherokee	21	Suzuki Grand Vitara	22
Jeep Grand Cherokee	21	Toyota RAV4	27
Jeep Wrangler	20	Toyota 4Runnder	21

(a) 스포츠형 자동차의 고속도로에서의 연료 소비를 설명할 수 있는 그래프와 숫자 측도를 구하시오. 이 분포의 중요한 특징은 무엇인가?

(b) 중형 자동차와 스포츠형 자동차의 연료 소비를 비교하기 위해서 상자 그림을 그리시오. 두 분포에서 가장 중요한 차이점은 무엇인가?

12.21 핫도그는 얼마나 많은 열량을 가지고 있는가? 어떤 사람들은 그들이 얼마나 많은 열량을 섭취하는지 걱정하고 있다. *Consumer Reports* 잡지의 고기 핫도그에 관한 내용을 보면 쇠고기 핫도그 20개 상표, 돼지고기 핫도그 17개 상표, 그리고 닭고기 핫도그 17개 상표에 대한 열량을 측정하였다. 다음은 컴퓨터의 결과이다.

쇠고기 핫도그에 대하여,

```
Mean = 156.8  Standard deviation = 22.64  Min = 111  Max = 190  N=20
Median = 152.5  Quartiles = 140, 178.5
```

돼지고기 핫도그에 대하여,

```
Mean = 158.7  Standard deviation = 25.24  Min = 107  Max = 195  N=17
Median = 153  Quartiles = 139, 179
```

그리고 닭고기 핫도그에 대하여,

```
Mean = 122.5  Standard deviation = 25.28  Min = 87  Max = 170  N=17
Median = 129  Quartiles = 102, 143
```

(어떤 소프트웨어에서는 사분위수를 구하는 법칙이 이 책에서 다룬 법칙과 조금

다른 법칙을 사용한다. 따라서 어떤 소프트웨어는 손으로 구한 것과 똑같은 값을 주지는 않는다) 이 결과들을 사용하여 세 가지 종류의 핫도그의 열량에 대한 상자 그림을 그리시오. 분포들을 비교하시오. 일반적으로 닭고기 핫도그를 먹으면 쇠고기 또는 돼지고기 핫도그를 먹는 것보다 적은 열량을 섭취하게 되는가?

12.22 **표준편차 구하기** 혈액 속에 있는 여러 물질의 수준은 건강에 영향을 준다. 다음은 보건소를 연속적으로 방문한 6명의 환자의 혈액 속에 있는 염분의 수준(혈액의 데시리터당 염분의 밀리그램)을 측정한 자료이다.

5.6 5.2 4.6 4.9 5.7 6.4

단지 6개의 관측값에 대한 그래프를 통해서는 거의 정보를 얻을 수 없으므로 평균과 표준편차를 구하자.

(a) 평균의 정의에 의해 평균을 구하라. 즉, 6개의 관측값의 합을 6으로 나눈다.

(b) 표준편차의 정의에 의해 표준편차를 구하라. 즉, 평균으로부터 각 관측값의 거리를 구하고, 거리를 제곱하고, 그리고 표준편차를 구한다. 예제 4에서 이런 방법을 사용하였다.

(c) 계산기에 자료를 입력하고 평균과 표준편차 단추를 사용하여 $\bar{x}$와 s를 구하라. 이 결과가 손으로 계산한 결과와 같은지를 살펴보아라.

12.23 **s는 무엇에 대한 측도인가?** 계산기를 사용하여 다음 두 자료에 대한 평균과 표준편차를 구하라.

(a) 4 0 1 4 3 6

(b) 5 3 1 3 4 2

어느 것이 더 많이 퍼져있는가?

12.24 **s는 무엇에 대한 측도인가?** 연습문제 12.23의 자료 (a)의 모든 값에 2를 더하면, 6 2 3 6 5 8이 된다.

(a) 계산기를 사용하여 이 자료에 대한 평균과 표준편차를 구하고, 연습문제 12.23의 (a)의 평균과 표준편차를 비교하시오. 2를 더한 값들에 대한 평균은 얼마나 변했는가? 또한 표준편차는 얼마나 변했는가?

(b) 연습문제 12.23의 자료 (a)의 모든 값에 10을 더한다면, $\bar{x}$와 s에 어떤 변화가 생기는지 계산하지 말고 설명하라(이 연습문제는 표준편차는 평균에 대한 퍼짐을 나타내며, 자료의 중심이 변하는 것에 영향을 받지 않는다는 것을 보여준다).

12.25 승용차와 스포츠용 자동차 중형자동차(표 11.2)와 스포츠용 자동차(연습문제 12.20)의 연비를 평균과 표준편차를 이용해서 비교하라. 이들 값들 이용해서 비교한 것이 연습문제 12.20에서 비교한 것보다 더 자세한 정보를 제공해 주는가?

12.26 콘테스트 이것은 표준편차에 대한 콘테스트이다. 0부터 10까지 4개의 숫자를 반복해서 선택할 수 있다.

(a) 가장 작은 표준편차를 갖도록 4개의 숫자를 선택하라.

(b) 가장 큰 표준편차를 갖도록 4개의 숫자를 선택하라.

(c) (a) 또는 (b)에서 한 가지 종류 이상의 선택이 가능한가? 이유를 설명하라.

12.27 $\bar{x}$와 s로는 충분하지 않다. 중심과 퍼짐의 측도인 평균 $\bar{x}$와 표준편차 s는 분포를 완전하게 설명할 수는 없다. 다른 모양을 갖는 자료들도 같은 평균과 표준편차를 가질 수 있다. 이러한 사실을 보이기 위해서 계산기를 사용하여 다음의 두 자료에 대한 $\bar{x}$와 s을 구하라. 그리고 각 자료에 대한 줄기 그림을 그리고 각 분포의 모양에 대해 설명하라.

자료 A	9.14	8.14	8.74	8.77	9.26	8.10	6.13	3.10	9.13	7.26	4.74
자료 B	6.58	5.76	7.71	8.84	8.47	7.04	5.25	5.56	7.91	6.89	12.50

12.28 봉급 인상 학교 정책은 \$30,000에서 \$60,000사이의 봉급으로 선생들을 고용하고 있다. 선생 노조와 학교 당국은 다음 년도의 봉급 인상에 대해 협상하고 있다. 모든 선생들의 봉급을 단순하게 \$1,000씩 인상해준다고 가정하자.

(a) 인상된 봉급의 평균은 얼마가 되겠는가? 또한 중앙값은 얼마나 되겠는가?

(b) 단순하게 \$1,000씩 인상된 봉급에 대한 제1사분위수와 제3사분위수의 차이로 측정된 퍼짐은 증가하는가?

(c) 단순하게 \$1,000씩 인상된 봉급에 대한 표준편차로 측정된 퍼짐은 증가하는가?(도움이 필요하다면 연습문제 12.24를 보시오)

12.29 봉급 인상 연습문제 12.28에서 각 선생들이 받고 있는 봉급에 대해 5%씩 인상한다고 가정하자. 현재 봉급에 따라 인상되는 금액은 \$1,500부터 \$3,000까지 다양할 것이다. 일률적으로 5%씩 인상된 봉급에 대한 제1사분위수와 제3사분위수의 차이로 측정된 분포의 퍼짐은 증가하는가? 또한 퍼짐의 측도인 표준편차는 어떠한가?

12.30 좋은 대학 만들기 각 대학은 신입생의 SAT 점수에 대한 "평균"을 발표하였다.

각 대학은 가능한 만큼 높은 "평균"을 원한다. *New York Times* 기사는 "장학금으로 우수한 학생을 유치하는 사립대학들은 평균을 선호하고, 공립대학들은 중앙값을 선호한다."고 지적하였다. 평균과 중앙값의 특성을 이용하여 이러한 선호도에 대하여 설명하라.

12.31 어떤 그래프를 그릴 것인가? 양적 변수들의 분포를 나타내는 다음 3가지 종류의 그래프: 히스토그램, 줄기 그림, 그리고 상자 그림에 대해 알고 있다. 각 그래프가 선호할 수 있는 상황들을 자료 말고 말로 설명하라.

12.32 Web을 이용하기 Baltimore Orioles 야구팀에서 활약한 Sammy Sosa도 한 시즌에 홈런을 60개 이상 기록한 적이 있는 선수이다. Sammy Sosa의 홈런 기록은 www.baseball-reference에서 얻을 수 있다. Barry Bonds, Mark McGwire, 그리고 Sammy Sosa의 시즌 홈런 수에 대한 상자 그림을 나란히 그려라. 분포의 차이점을 설명하라.

웹탐색

제12장에 있는 많은 예제들은 수입에 관한 것이다. Web 조사국 사이트, www.census.gov에서 수입과 이에 관련된 최근 자료들을 찾을 수 있다. 홈페이지에서 수입에 관한 자료는 "수입(Income)"을 클릭하고 빈곤에 관한 자료는 "빈곤(Poverty)"을 클릭하면 찾을 수 있다. 그림 12.3에서 사용된 112,362명에 대한 교육과 수입에 대한 자료처럼 많은 실제 자료와 함께 이들 연감에 있는 전체 내용과 표들을 온라인으로 얻을 수 있다.

농구 선수와 야구 선수에 대한 연봉은 www.usatoday.com/sports/front.htm에서 얻을 수 있으며, 은퇴한 야구 선수에 대한 정보는 www.baseball-reference.com/에서 얻을 수 있다.

통계학: 개념과 논의 Web 사이트, www.whfreeman.com/scc에 있는 "평균과 중앙값" 애플렛을 사용하여 평균과 중앙값의 성질을 비교할 수 있다. 자료 입력을 클릭하고 마우스로 이상점까지 끌어 평균의 변화를 살펴보자.

CHAPTER 13

정규분포

기술 혁신

막대그래프와 히스토그램은 오래 전부터 사용되어져 오던 기법이다. 막대로 자료를 나타내는 것은 자료에 대한 그래프 기법의 초기 선구자인 영국의 경제학자 William Playfair (1759~1823)로 거슬러 올라간다. 히스토그램들을 그리기 위해서는 계급들을 선택해야 하는데 다른 계급을 선택하면 그들의 형태를 바꿀 수 있다. 소프트웨어들은 분포를 효과적으로 나타내는 그림들을 그리는 더 좋은 방법을 제공하고 있다.

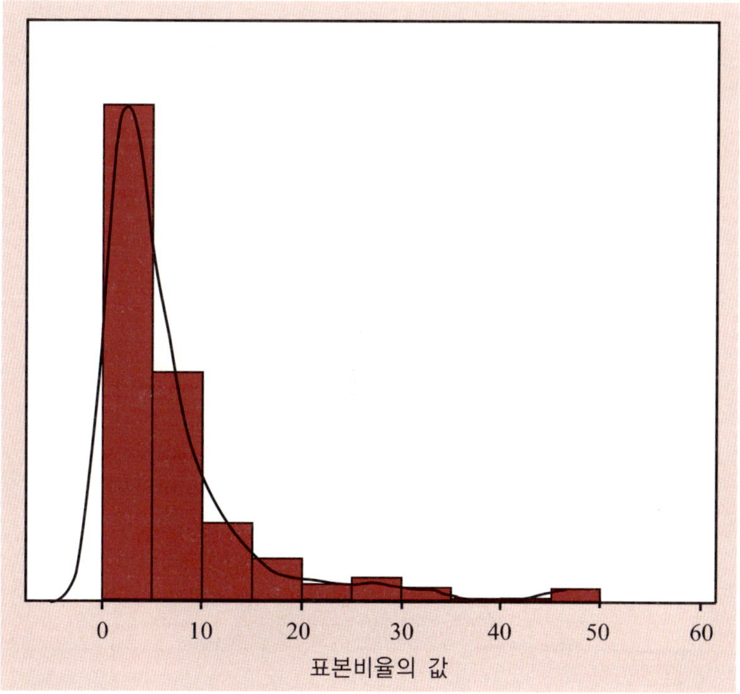

그림 13.1 히스토그램과 컴퓨터를 이용하여 그린 곡선. 두 그림 모두 152개 대학에서 공학박사 학위를 취득한 소수민족 학생들의 수의 분포에 대한 그림이다. 이 분포는 오른쪽으로 비대칭이다.

소프트웨어를 이용하면 히스토그램의 나누어진 막대들을 분포의 전체적인 모양을 나타낼 수 있는 부드러운 곡선으로 바꿀 수 있다. 그림 13.1을 살펴보자. 이 자료는 2000년부터 2002년까지 152개 대학에서 공부하는 소수민족 중에서 공학박사 학위를 취득한 사람 수이다. 이 자료는 제11장에서 다루어졌고, 그림 13.1의 히스토그램은 그림 11.10과 같은 것이다. 곡선은 히스토그램을 대신하여 분포를 나타낼 수 있는 새로운 방법이다. 소프트웨어는 히스토그램으로부터 출발하지 않고 실제 자료로부터 출발하여 그들의 분포를 나타낼 수 있는 곡선을 그린다.

그림 13.1을 살펴보면, 곡선은 전체적인 모양을 나타내며 히스토그램보다 더 효과적으로 오른쪽 긴 꼬리에 있는 잔물결들까지 나타내고 있으나, 봉우리 부분의 표현이 조금 어색해 보인다. 봉우리 모양을 부드럽게 하기 위해 곡선을 0 아래까지 연장하였다. 좀 더 규칙적인 분포의 모양을 하는 많은 관측값을 가진 자료에 대해 같은 소프트웨어를 사용하여 그림 13.2를 얻었다. 이 자료는 모비율 $p=0.5$를 갖는 모집단에서 크기가 2527인 표본을 단순임의표본으로 1000번 반복하여 추출하여 얻은 표본비율 $\hat{p}$에 대한 값들이다. 이 자료는 제11장에서 다루었고, 그림 13.2의 히스토그램은 그림 11.4를 반복하여 그린 것이다. 소프트웨어를 이용하여 대칭, 하나의 봉우리, 그리고 종 모양을 갖는 구별이 분명한 곡선을 그렸다.

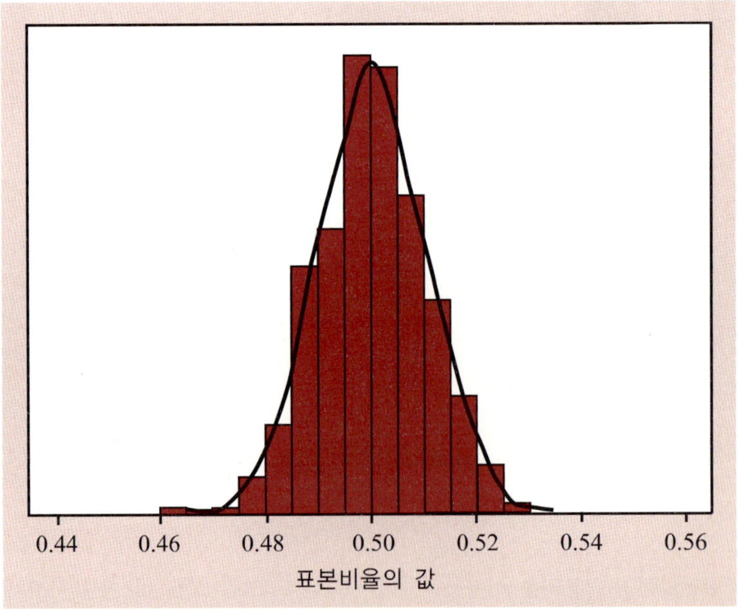

그림 13.2 히스토그램과 컴퓨터가 그린 곡선. 두 그림 모두 같은 모집단에서 단순 랜덤표본을 1000번 추출하여 얻은 표본 비율에 대한 분포를 나타내고 있다. 이 분포는 대략적으로 대칭이다.

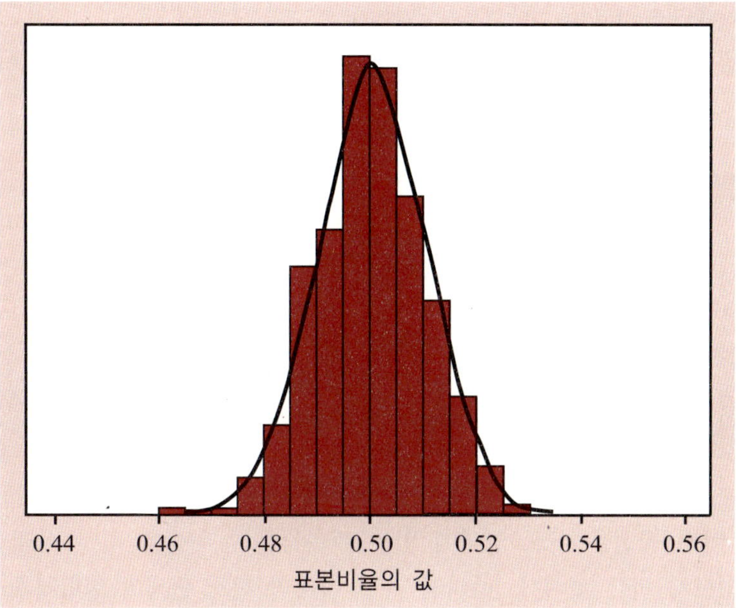

그림 13.3 표본 비율의 분포를 나타내기 위해 사용된 정확하게 대칭인 정규 곡선

그림 13.1과 같이 불규칙적인 분포 경우에는 구별이 분명한 모양의 곡선을 그리지 못한다. 그림 13.2를 그리는데 사용한 표본 자료가 대칭적인 경우에는 이 자료를 이용하여 부드러운 곡선을 그리는 다른 방법을 생각할 수 있다. 이 곡선은 *정규곡선*이라 불리는 특정한 곡선에 의하여 그릴 수 있다. 그림 13.3은 이 자료에 대한 정규곡선을 보여주고 있다. 이 곡선은 그림 13.2에 주어진 것과 매우 흡사하지만 자세히 관찰해 보면 더 부드러운 곡선임을 알 수 있다. 정규곡선은 다루기 쉽고 특별한 소프트웨어를 필요로 하지 않는다. 정규곡선을 사용하기 위해서 정규곡선의 성질들을 살펴보도록 하자. 정규곡선에 적합한 자료는 한정되어 있는데, 그렇지 않은 자료들에 대해서는 그에 알맞은 방법을 사용해야 한다.

그래프 및 숫자로 된 도구들을 이용하여 분포의 특징을 설명할 수 있다. 그 가운데 하나의 양적변수에 대한 자료를 탐색하는 올바른 전략은 다음과 같다.

1. 자료에 대한 히스토그램 또는 줄기 그림을 항상 그린다.
2. 전체적인 형태(모양, 중심, 퍼짐)와 이상점과 같은 편차가 있는지를 살펴본다.
3. 숫자로 중심과 퍼짐을 간략하게 나타내는 척도를 다섯 숫자 요약 또는 평균과 표

준편차 중에서 선택을 한다.

4. 많은 관측값들의 전체적인 형태를 규칙적이면 부드러운 곡선으로 나타낸다.

밀도곡선

그림 13.1과 13.2는 자료에 대한 분포의 전체적인 형태를 히스토그램 대신 곡선을 사용하여 나타내고 있다. 히스토그램에 있는 막대들의 꼭대기를 연결하는 곡선을 그린다면 불규칙적으로 오르락 내리락하는 막대들을 부드러운 곡선으로 만들 수 있을 것이다. 히스토그램과 막대들의 꼭대기를 연결하는 곡선사이에는 중요한 차이점이 있다. 대부분의 히스토그램은 각 계급에 속한 관측값의 *개수*들을 그들의 막대 높이로 나타내고 있기 때문에 막대의 면적으로도 각 계급에 속한 관측값의 *개수*들을 나타낼 수 있다. 그에 비해 곡선은 어느 영역에 있는 관측값들의 비율을 곡선 아래의 면적으로 나타낼 수 있도록 만든 것이다. 따라서 곡선 아래의 전체 면적이 정확하게 1이 되도록 눈금을 선택해야 하며, 이것을 **밀도곡선**이라 한다.

예제 1 밀도곡선의 사용

그림 13.3을 그대로 사용한 그림 13.4는 1000개의 표본 비율을 나타내는 히스토그램과 정규 밀도곡선을 보여 주고 있다. 0.51보다 큰 관측값의 비율은 얼마인가? 실제 1000개 관측값에서 0.51보다 큰 관측값들을 세면 정확하게 171개이다. 따라서 비율은 171/1000 또는 0.171

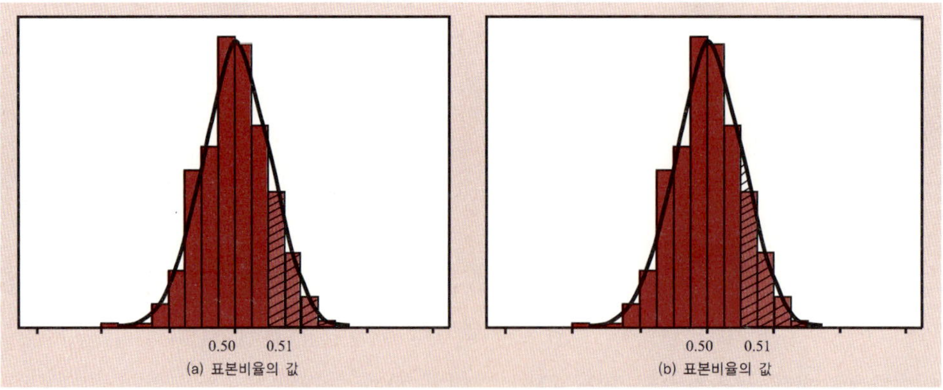

그림 13.4 정규 밀도곡선과 히스토그램. (a) 히스토그램에서 빗금 친 막대들의 면적은 0.51보다 큰 관측값들의 개수 나타내고 있다. 이 값들의 개수는 1000개 중에 171개이다. (b) 정규곡선 아래의 빗금 친 면적은 0.51보다 큰 관측값들의 비율을 나타내고 있다. 이 면적은 0.1667이다.

이다. 0.51은 히스토그램에 있는 계급들을 나누는 값 중 하나이므로 그림 13.4(a)에 빗금 친 막대들의 면적은 모든 막대들의 전체 면적의 0.171이 된다.

히스토그램을 통해 그려진 밀도곡선을 살펴보자. 이 곡선의 아래 전체 면적은 1이고, 그림 13.4(b)에 빗금 친 면적은 0.51보다 큰 관측값들의 비율을 나타내고 있다. 이 면적은 0.1667이다. 0.1667은 0.171에 매우 가깝기 때문에 밀도곡선을 이용해서 좋은 근사값을 얻을 수 있다.

밀도곡선은 분포의 전체적인 모양을 이상적으로 나타낸 그림이므로 곡선 아래 부분의 면적은 비율의 참값과 정확하게 일치하지 않는다. 예를 들어 곡선은 정확하게 대칭이나 실제 자료는 대체적으로 대칭이다. 밀도곡선은 분포의 전체적인 형태를 부드럽게 만든 이상화된 그림이므로 많은 관측값들의 분포를 나타내는데 가장 유용하게 쓰인다.

밀도곡선의 중심과 퍼짐

밀도곡선은 중심과 퍼짐의 측도를 이해하는데 도움이 된다. 밀도곡선에서 중앙값과 사분위수는 쉽게 나타낼 수 있다. 밀도곡선의 아래 면적은 관측값들의 전체 개수에 대한 비율을 나타내고 있다. 중앙값은 전체 관측값들을 이등분하는 값이다. 따라서 *밀도곡선의 중앙값은 면적을 이등분하는 점이다.* 즉, 곡선 아래의 면적의 반은 중앙값의 왼쪽에 있고 나머지 반은 오른쪽에 있다. 사분위수는 곡선의 아래 면적을 사등분하는 점들이다. 곡선 아래 면적의 1/4이 제1사분위수 왼쪽에 있고, 면적의 3/4이 제3사분위수의 왼쪽에 있다. 밀도곡선 아래 면적을 눈대중으로 사등분하여 밀도곡선의 중앙값과 사분위수의 대략적인 위치를 알 수 있다. 밀도곡선은 이상화된 형태이기 때문에 대칭인 밀도곡선은 정확하게 대칭이다.

따라서 대칭인 밀도곡선의 중앙값은 밀도곡선의 중앙에 위치한다. 그림 13.5(a)는 대칭인 곡선의 중앙값을 보여주고 있다. 그림 13.5(b)와 같이 비대칭인 곡선 경우에는 면적을 이등분하는 점의 위치를 대충 눈대중으로 알 수 있다.

평균에 대해선 어떠한가? 관측값들에 대한 평균은 산술평균이다. 만약 관측값들을 시소 위에 싸놓은 무게라고 한다면, 평균은 시소가 균형을 갖게 하는 값이다. 이러한 사실은 밀도곡선에서도 역시 적용된다. *평균은 곡선이 받침대 위에서 균형을 유지하게 하는 점이다.* 그림 13.6은 평균에 대한 이러한 사실을 보여주고 있다. 대칭인 곡선은 중심의 좌우가 같기 때문에 중심에서 균형을 유지한다. 그림 13.5(a)에 나타난 것과 같이 *대칭인 밀도곡선의 평균과 중앙값은 같다.* 비대칭인 분포의 평균은 긴 꼬리쪽으로

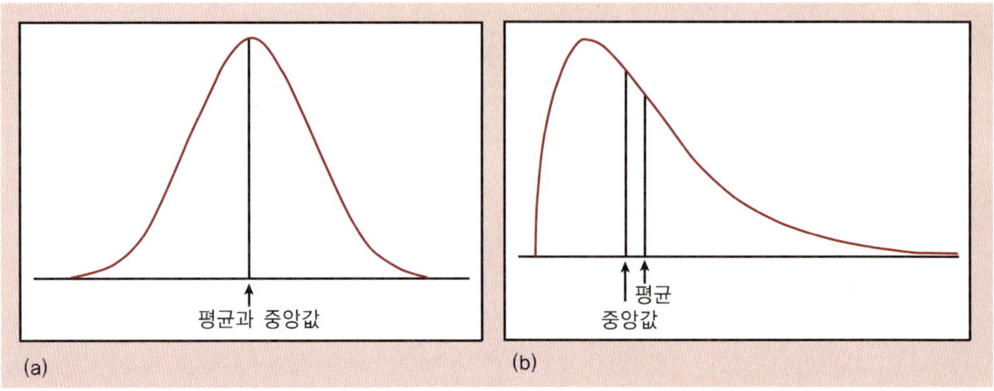

그림 13.5 대칭인 정규 밀도곡선과 오른쪽으로 비대칭인 밀도곡선에 대한 중앙값과 평균

잡아 당겨진다. 그림 13.5(b)는 비대칭인 밀도곡선의 평균이 중앙값보다 얼마나 더 긴 꼬리쪽으로 잡아 당겨지는지를 보여주고 있다.

밀도곡선의 중앙값과 평균

밀도 곡선의 **중앙값**은 곡선 아래의 면적을 균등하게 반으로 나누게 하는 점이다.

밀도곡선의 **평균**은 곡선이 받침대 위에서 균형을 유지하게 하는 점이다.

대칭인 밀도곡선의 중앙값과 평균은 같다. 두 값들 모두 곡선의 중심에 위치한다. 비대칭인 곡선의 평균은 중앙값보다 더 긴 꼬리쪽으로 당겨진다.

정규분포

그림 13.3과 13.4에 주어진 밀도곡선들은 정규곡선이라 할 수 있다. 그림 13.7은 정규 밀도곡선을 두 개 더 보여주고 있다. 정규곡선들은 대칭, 하나의 봉우리, 그리고 종 모양을 갖는다. 정규곡선은 꼬리부분에서 빨리 감소하는 모양을 하기 때문에 이상

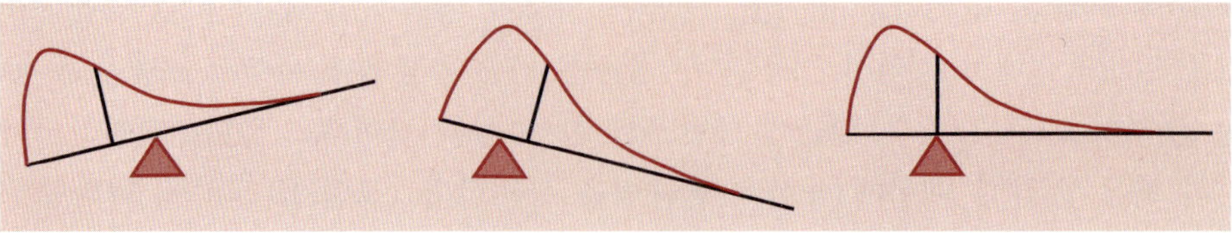

그림 13.6 밀도곡선의 평균은 곡선의 균형을 유지하게 하는 값이다.

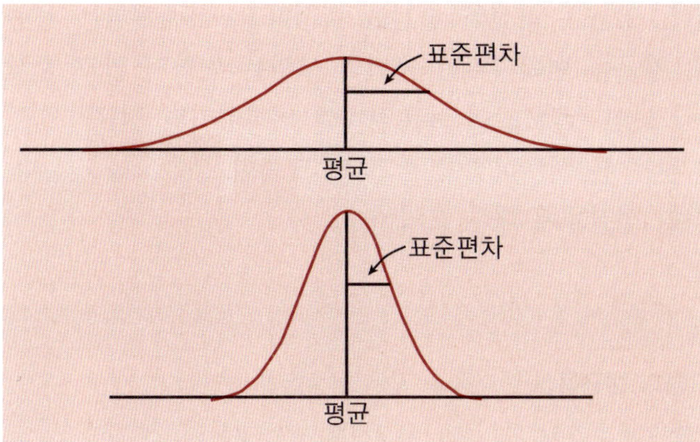

그림 13.7 두 개의 정규곡선. 표준편차는 정규곡선의 퍼짐을 고정시킨다.

점들을 기대할 수 없다. 정규분포는 대칭이기 때문에 곡선의 중심인 봉우리 위치에 평균과 중앙값이 같이 있다.

또한 정규곡선이 갖는 특별한 성질 가운데 하나는 곡선을 육안으로 관찰하여 표준편차의 위치를 알 수 있다는 것이다. 어떻게 표준편차를 구할 수 있는가?

정규곡선 모양의 산에서 스키를 타고 내려온다고 생각해보자. 첫째로 봉우리에서 출발하면 매우 가파른 경사를 내려오게 된다. 다행히도 가파른 경사는 줄어들어 점점 평탄해진다.

곡선이 위로 볼록한 형태에서 아래로 볼록한 형태로 바뀌는 점에서 중심까지 거리가 표준편차이다. 그림 13.7에 두 곡선의 표준편차를 나타내고 있다. 정규곡선을 따라 연필을 움직여보면 곡률이 바뀌는 것을 느낄 수 있어 표준편차를 찾을 수 있다.

정규곡선이 갖는 특별한 성질은 평균과 표준편차에 의해서 곡선의 모양과 위치가 결정된다는 것이다. 평균은 곡선의 중심을 결정하고, 표준편차는 곡선의 모양을 결정한다. 정규곡선의 평균을 변화시키면 곡선의 모양은 변화지 않고 중심의 위치만 바뀐다. 그림 13.7에서 보인 것과 같이 표준편차를 변화시키면 정규곡선의 모양이 변한다. 작은 표준편차를 갖는 분포는 퍼짐이 작고 더 뾰족한 봉우리를 갖는다. 다음은 정규곡선에 대한 기본적인 성질들에 대한 요약이다.

정규 밀도곡선

대칭이고 종 모양의 **정규곡선**은 다음과 같은 성질들을 갖는다.

- 정규곡선은 평균과 표준편차에 의해 완전하게 결정된다.
- 평균은 분포의 중심을 결정한다. 그 위치는 대칭인 곡선의 중심에 있다.
- 표준편차는 곡선의 모양을 결정한다. 곡선이 위로 볼록한 형태에서 아래로 볼록한 형태로 바뀌는 점에서 중심까지 거리가 표준편차이다.

통계학에서 정규분포가 중요한 이유는 무엇인가? 첫째, 정규분포는 어떤 *실제 자료*의 분포들을 잘 설명하고 있다. 천문학자들과 측량사들이 같은 양을 반복해서 측정할 때 발생하는 작은 오차를 설명하기 위해서 위대한 수학자 Carl Friedrich Gauss (1777~1855)가 제일 처음 정규곡선을 적용하였다. Gauss의 업적을 기리기 위해서 정규분포를 "가우스(Gauss)" 분포라고도 한다. 정규곡선이 측정 오차의 분포를 설명하는데 처음으로 사용되었으므로, 19세기에는 이를 "오차곡선"이라 불리기도 했다. 생물학 및 심리학의 어떤 변수들도 근사적으로 정규곡선을 따른다고 알려지면서 "오차곡선"이라는 용어는 사라졌으며, 1889년 Francis Galton에 의해서 곡선이 "정규곡선"이라 불리었다. Charles Darwin의 사촌인 Galton은 유전에 대한 통계학적 연구의 선구자이다.

종 모양의 곡선

인간의 지능에 대한 분포는 정규분포와 같은 "종 모양"을 따르는가? IQ 검사의 성적은 대략적으로 정규분포를 따른다. 그 이유는 각 개인의 답으로 계산되어지는 점수는 정규분포가 되도록 설계되었기 때문이다. 지능이 종 모양을 따른다면 시험 성적이 지능을 측정할 수 있다는 것에 동의할 수 있다. 많은 심리학자들은 사람의 특성이 소위 말하는 "지능" 한 가지라는 것과 한가지의 시험으로 측정될 수 있다고 생각하지 않는다.

또한 같은 모집단으로부터 추출한 많은 표본들을 얻었을 때 *표본 비율 그리고 표본 평균과 같은 통계량*의 분포를 정규곡선으로 나타낼 수 있다. 그림 13.3과 13.4와 같이 정규곡선을 사용할 수 있다. 일반적으로 표본조사의 결과와 정규곡선에서 계산된 결과는 일치하지 않는다. 비록 많은 자료들이 정규분포를 따르지만 모든 자료들은 그렇지는 않다. 예를 들어 대부분의 수입에 관한 분포는 오른쪽으로 비대칭이므로 정규분포를 따르지 않는다. 정규분포를 따르지 않는 자료도 많은데, 이것으로 인해 통계학이 더 흥미롭게 된다.

68-95-99.7 법칙

평균과 표준편차에 의해 많은 정규곡선들을 정의할 수 있다. 모든 정규곡선은 많은 성질들을 공유한다. 특히 표준편차는 정규분포의 성질을 측정하는 일종의 단위이다. 따라서 표준편차를 다음과 같은 법칙으로 나타낼 수 있다.

68-95-99.7 법칙

어떠한 정규분포이더라도 대략적으로 다음과 같은 성질을 가진다.

- 관측값의 68%는 평균에서 1×표준편차 이내에 들어간다.
- 관측값의 95%는 평균에서 2×표준편차 이내에 들어간다.
- 관측값의 99.7%는 평균에서 3×표준편차 이내에 들어간다.

그림 13.8은 68-95-99.7 법칙을 보여주고 있다. 이 세 개의 값을 기억하고 있으면 세부적인 계산을 하지 않아도 정규분포에 대한 정보를 얻을 수 있다. 정규곡선으로 정확하게 설명되어지는 자료는 거의 없다는 것을 기억해야 한다. 68-95-99.7 법칙은 SAT 점수 또는 귀뚜라미의 길이에 대해 근사적인 값을 준다.

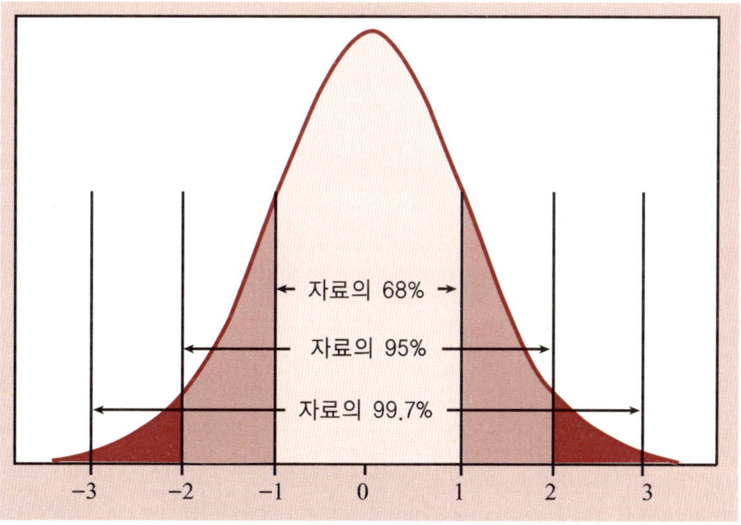

그림 13.8 정규분포에 대한 68-95-99.7 법칙

예제 2 젊은 여성의 키

18세에서 24세까지 여성의 키에 대한 분포는 대략 평균이 65인치이고 표준편차가 2.5인치인 정규분포를 따른다. 68−95−99.7 법칙을 사용하기 위해서는 항상 정규곡선을 그리는 것으로 시작해야 한다. 그림 13.9는 여성의 키에 대하여 법칙이 의미하는 것인 무엇인지 보여주고 있다.

어떤 정규분포에서도 관측값들의 반은 평균의 오른쪽에 있으므로 모든 젊은 여성들 중에서 반은 키가 65인치보다 크다.

어떤 정규분포에서도 관측값의 68%는 평균에서 1×표준편차 이내에 들어간다. 그리고 이 68%의 반인 34%는 평균의 오른쪽에 있다. 따라서 여성의 34%는 65인치와 67.5인치 사이의 키를 가진다. 65인치보다 키가 작은 여성 50%를 포함한 여성의 84%는 67.5인치보다 작은 키를 가지고 있다. 67.5인치보다 키가 큰 여성은 16%이다.

어떤 정규분포에서도 관측값의 95%는 평균에서 2×표준편차 이내에 들어간다. 여기서 2×표준편차는 5인치이므로 여성의 95%는 60인치(65−5)와 70인치(65+5) 사이의 키를 가진다.

나머지 5% 여성은 60인치에서 70인치를 벗어난 키를 가진다. 정규분포는 대칭이므로 여성의 반은 키가 작은 쪽에 있다. 키가 가장 작은 2.5% 여성의 키는 60인치(5피트)보다 작다.

어떤 정규분포에서도 대부분의 관측값(99.7%)은 평균에서 3×표준편차 이내에 들어간다. 대부분의 여성은 57.5와 72.5인치 사이의 키를 가진다.

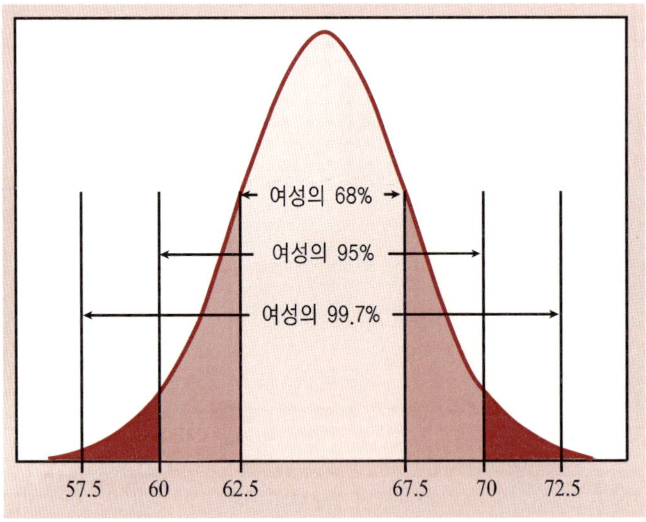

그림 13.9 젊은 여성의 키에 대한 69−95−99.7 법칙. 이 정규분포의 평균은 65인치이고 표준편차는 2.5인치이다.

독자들에게

젊은 남성의 키는 대략적으로 평균이 70인치 그리고 표준편차가 2.5인치인 정규분포를 따른다. 관측값의 가운데 95%에 속하는 남성의 키는 어디서부터 어디까지인가?

표준점수

Jennie는 대학 입학시험인 SAT의 언어 영역에서 600점을 받았다. 이 점수가 얼마나 좋은 점수인가의 여부는 모든 점수에 대한 분포에서 600점이 어느 위치에 있는가에 달려있다. SAT 시험은 성적이 대략 평균이 500 그리고 표준편차가 100인 정규분포를 따르도록 만들어졌다. Jennie의 600점은 평균에서 1×표준편차 이내에 들어간다. 68-95-99.7 법칙을 통해서 그녀의 위치(그림 13.10)를 알 수 있다. 모든 점수의 반은

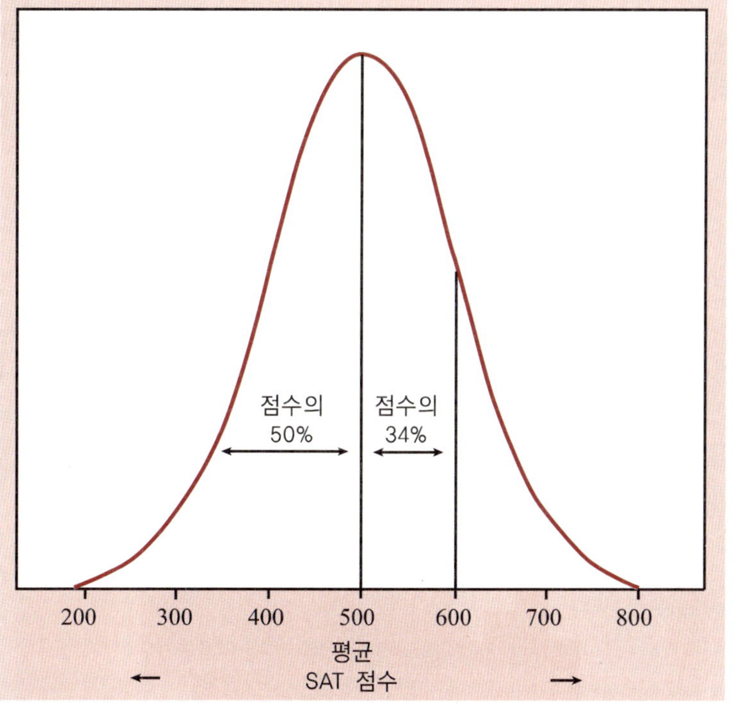

그림 13.10 68-95-99.7 법칙을 통해서 정규분포의 84%는 평균 위로 1×표준편차의 왼쪽에 있다는 것을 알 수 있다. 이러한 사실은 SAT 점수에 적용되었다.

500 아래에 있고 34%는 500과 600사이에 있다. 따라서 Jennie는 SAT 시험을 친 학생의 84%보다 좋은 성적을 받았다. 그녀의 성적은 600점이라는 것과 더불어 "제84 백분위수"라는 것으로 전달될 것이다. 이것의 통계학적 의미는 "당신은 시험을 친 전체 학생의 84%보다 좋은 성적을 얻었다."라는 것이다.

표준편차는 정규분포에서 측정 단위이기 때문에 Jennie의 600점을 "평균에서 1×표준편차"로 표현할 수 있다. 평균에 대한 표준편차 단위로 표현된 관측값들을 *표준점수*라 한다.

표준점수

어떤 관측값에 대한 표준점수는 다음과 같다.

$$\text{표준점수} = \frac{\text{관측값} - \text{평균}}{\text{표준편차}}$$

표준점수가 1이라는 것은 관측값이 평균 위로 1×표준편차의 위치에 있다는 것을 의미한다. 표준점수로 −2를 갖는 관측값은 평균 아래로 2×표준편차의 위치에 있다. 표준점수는 다른 정규분포에 있는 값들을 비교하는데 사용할 수 있다. 분포의 퍼짐을 설명하는데 표준편차를 사용하지 않았다면 표준점수를 사용할 수 없다. 표준점수는 대략적으로 대칭인 분포에서 사용할 수 있다.

예제 3 ACT 대 SAT 점수

Jennie는 SAT 언어 영역에서 600점을 받았다. 그녀의 친구 Gerald는 SAT와 다른 대학 진학 적성 검사인 ACT 언어 영역에서 21점을 받았다. ACT 성적은 평균이 18이고 표준편차가 6인 정규분포를 따른다. 두 가지 시험 모두 같은 종류의 능력을 측정하는 것이라면, 누가 더 높은 점수를 받은 것인가?

Jennie의 표준점수는

$$\frac{600-500}{100}=\frac{100}{100}=1.0$$

이고 Gerald의 표준점수는

$$\frac{21-18}{6}=\frac{3}{6}=0.5$$

이다. Jennie의 점수는 평균 위로 1×표준편차 위치이고 그리고 Gerald의 성적은 평균 위로 0.5 표준편차 위치에 있으므로 Jennie가 더 좋은 성적을 받았다고 할 수 있다.

정규분포의 백분위수

정규분포에 대한 표준점수는 백분위수로 변환될 수 있다.

백분위수

분포의 c백분위수는 관측값들의 c%가 그 값보다 작고 나머지는 그 값보다 큰 값을 말한다.

어떤 분포의 중앙값은 50백분위수이며, 제1사분위수와 제3사분위수는 각각 25백분위수 그리고 75백분위수이다. 어떠한 정규분포에서도 평균 위로 1×표준편차(표준점수 1)에 있는 점은 84백분위수이다. 그림 13.10을 통해서 그 이유를 알 수 있다. 정규분포에 대한 모든 표준점수는 특정한 백분위수로 변환될 수 있으며, 정규분포의 평균과 표준편차의 크기에 상관없이 표준점수에 해당하는 백분위수는 같다. 이 책 뒷부분에 있는 표 B는 여러 가지 표준점수에 대응하는 백분위수를 나열하고 있다. 이 표는 68-95-99.7 법칙보다 더 자세한 계산을 할 수 있게 해준다.

예제 4 대학 입학시험에 대한 백분위수

SAT에 대한 Jennie의 점수 600점은 표준점수 1로 변환된다. 68-95-99.7 법칙을 통해서 이 점수는 84백분위수라는 것을 알았다. 표 B를 이용하면 더 정확하게 표준점수 1은 정규분포의 84.13백분위수라는 것을 알 수 있다. Gerald가 ACT에서 얻은 21점은 표준점수로 0.5가 된다. 표 B를 사용하여 이것은 69.15백분위수라는 것을 알 수 있다. Gerald는 좋은 점수를 얻었으나 Jennie 만큼 좋은 점수는 아니다. 백분위수는 원점수 또는 표준점수보다 이해하기가 쉽다. 따라서 SAT같은 시험의 결과는 원점수와 백분위수 모두 발표된다.

예제 5 백분위수와 일치하는 관측값 찾기

SAT에서 얼마나 높은 점수를 받아야 전체 점수의 상위 10% 안에 포함될 수 있는가? 90백분위수 이상의 점수를 받아야 할 것이다. 표 B에서 90에 가까운 백분위수를 찾아보면, 표준점수 1.2는 88.49백분위수이고 표준점수 1.3은 90.32백분위수라는 것을 알 수 있다. 표에서 90에 가장 가까운 백분위수는 90.32이므로 표준점수 1.3이 *정규분포*에서 대략적으로 90백분위수라 할 수 있다.

표준점수로부터 SAT의 점수를 구하면 다음과 같다.

$$\begin{aligned} \text{관측값} &= \text{평균} + \text{표준점수} \times \text{표준편차} \\ &= 500 + (1.3)(100) \\ &= 630 \end{aligned}$$

630점 이상을 받아야 상위 10% 안에 포함될 수 있다(630은 90.32백분위수이므로 더 정확하게 말하면 580점 이상은 상위 9.68% 안에 포함된다. 그러나 표 B에서 가장 가까운 값을 항상 사용할 것이다).

독자들에게

SAT 언어 영역에서 상위 20%안에 들기 위해서는 몇점 이상을 받아야 하는가?

요약

줄기 그림, 히스토그램, 그리고 상자 그림 모두 양적변수의 분포를 나타내고 있다. **밀도곡선**들도 같은 목적을 갖는 다른 종류의 그래프이다. 분포의 전체적인 형태를 나타내는 모양을 갖는 밀도곡선은 곡선의 아래 면적이 정확하게 1이 되는 곡선이다. 곡선의 아래 면적은 어떤 구간에 포함되는 관측값들의 비율을 나타내고 있다. 밀도곡선에서 중앙값(면적을 이등분하는 점)과 평균(균형을 잡는 점)의 위치를 눈대중으로 대충 알 수 있다.

정규곡선은 자료의 전체적인 형태를 나타내는 특별한 밀도곡선이다. 정규곡선은 대칭이고 종 모양이다. 특정한 정규곡선은 평균과 표준편차에 의해서 결정되어진다. 정규곡선에서 평균(중심 점)과 표준편차(평균에서 곡률이 바뀌는 점과의 거리)의 위치를 알 수 있다. 모든 정규분포는 **68-95-99.7 법칙**을 따른다. 표준점수는 관측값들을 평균이 0이고 표준편차 1이 되도록 표현한 값이다. 어떠한 정규분포에서도 주어진 표준점수는 같은 **백분위수**에 대응된다. 표 B는 정규분포의 백분위수를 나타내고 있다.

EESEE

"Nutrition and Breakfast Cereals"는 77종류의 아침 시리얼에 대한 영양 정보와 오하이오주 콜럼버스에 있는 식품점내 시리얼 선반위치 정보를 담고 있다. 주어진 자료를 이용하여 식이섬유의 히스토그램을 작성하여라. 작성된 히스토그램은 근사적으로 대칭이며 종모양이라 할 수 있는가?

EXERCISES

13.1 밀도곡선들

(a) 정규곡선과 다른 모양을 갖는 대칭인 밀도곡선을 그려라.

(b) 왼쪽으로 매우 비대칭인 밀도곡선을 그려라.

13.2 평균과 중앙값 그림 13.11은 여러 모양의 밀도곡선들을 보여 주고 있다. 각 분포의 전체적인 모양에 대해 간략하게 설명하라. 주어진 점들 중에 평균과 중앙값이 있다. 각 곡선에서 중앙값이 되는 점과 평균이 되는 점은 어느 것인가?

13.3 난수 컴퓨터를 이용하여 0과 1사이의 난수들을 생성할 때 "균일분포"로부터 관측값들을 얻게 된다. 그림 13.12는 균일분포에 대한 밀도곡선을 나타내고 있다. 이 곡선은 0과 1사이에서 상수값 1을 갖고 나머지 구간에 대해서는 0의 값을 갖는다. 이 밀도곡선을 사용하여 다음 질문에 답하라.

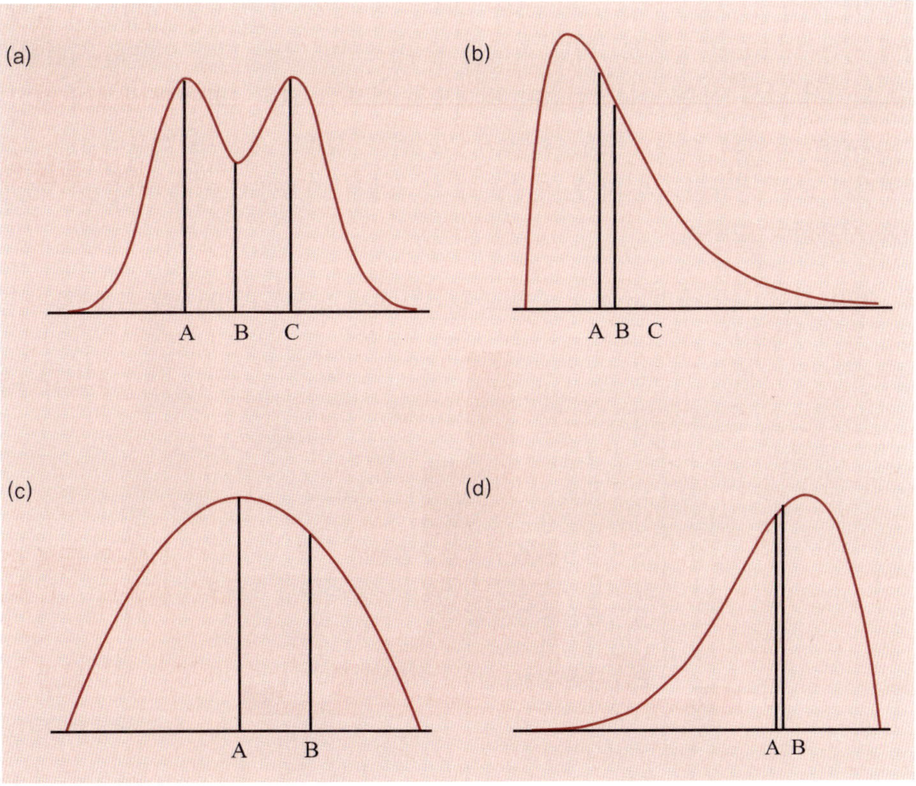

그림 13.11 다른 모양을 갖는 4개의 밀도곡선들. 각 곡선에 표시된 점들 중에 평균과 중앙값이 있다.

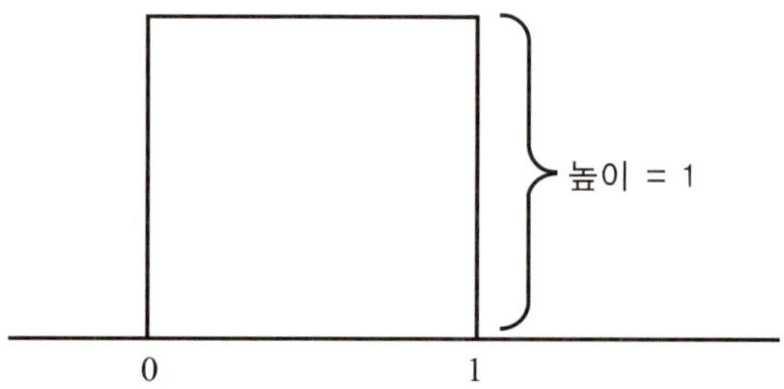

그림 13.12 균일분포의 밀도곡선. 이 분포로부터 얻어지는 관측값들은 0과 1사이에 "랜덤"하게 퍼져 있다.

(a) 왜 곡선의 아래 전체 면적이 1인가?

(b) 곡선은 대칭이다. 평균과 중앙값은 얼마인가?

(c) 0과 0.4사이에는 있는 관측값들은 전체 관측값들의 몇 퍼센트나 되는가?

IQ 검사 성적 그림 13.13은 중학교 1학년 74명의 IQ 검사 성적에 대한 줄기 그림이다. 이 분포는 평균이 111, 그리고 표준편차가 11인 정규분포와 매우 흡사하다. 이 자료는 지방에 있는 Midwest 중학교 1학년 학생들 중 아프거나 또는 다른 이유로 시험에 집중할 수 없어서 받은 점수가 이상점들이 된 4명을 제외한 모든 1학년 학생들이 포함되었다. Midwest 중학교 전체 1학년 학생들의 IQ 검사 성적의 분포를 평균이 111, 그리고 표준편차가 11인 정규분포라 하자. 연습문제 13.4에서 13.6까지 이 분포와 68-95-99.7 법칙을 사용하여 답하라.

13.4 어떤 값들 사이에 Midwest 중학교 1학년 전체 학생들의 95%가 포함되는가?

```
 8 | 6 9
 9 | 0 1 3 3
 9 | 6 7 7 8
10 | 0 0 2 2 3 3 3 3 4 4
10 | 5 5 5 6 6 6 7 7 7 7 8 9
11 | 0 0 0 0 1 1 1 1 2 2 2 2 3 3 3 4 4 4 4
11 | 5 5 6 8 8 9 9 9
12 | 0 0 3 3 4 4
12 | 6 7 7 8 8 8
13 | 0 2
13 | 6
```

그림 13.13 중학교 1학년 74명의 IQ 검사 성적에 대한 줄기 그림

13.5 Midwest 중학교 1학년 전체 학생들의 몇 퍼센트가 100점보다 높은 점수를 받았는가?

13.6 전체 학생들의 몇 퍼센트가 144점 이상의 점수를 받았는가? Midwest 중학교 1학년 74명 중에는 이렇게 높은 점수를 받은 학생이 없다. 이것은 놀라운 일인가? 이유를 설명하라.

13.7 **임신 기간** 임신에서 출산까지 인간의 임신 기간은 다양하지만 대략적으로 평균이 266일 그리고 표준편차가 16일인 정규분포를 따른다. 68-95-99.7 법칙을 사용하여 다음 질문에 답하라.

(a) 어떤 값들 사이에 모든 임신 기간의 95%가 포함되는가?

(b) 전체 임신 기간의 하위 2.5%에 포함되기 위해서는 임신 기간이 얼마나 짧아야 되는가?

13.8 **정규곡선** 그림 13.14에 주어진 정규곡선의 평균과 표준편차는 얼마인가?

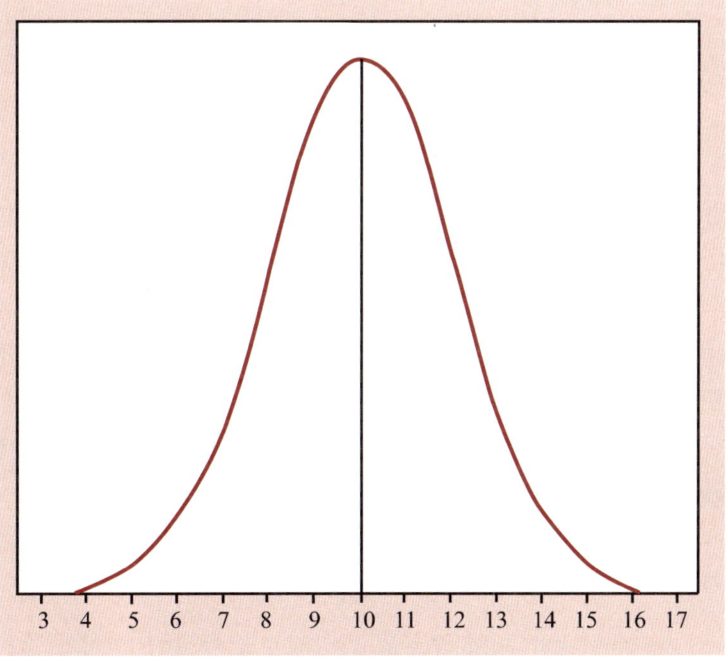

그림 13.14 이 정규 밀도곡선의 평균과 표준편차는 얼마인가?

13.9 **말의 수태** 큰 동물들은 새끼를 낳을 때까지 오랫동안 그들의 새끼를 배고 있다. 임신에서 출산까지 말의 수태기간은 다양하지만 대략적으로 평균이 336일 그리

고 표준편차가 3일인 정규분포를 따른다. 68-95-99.7 법칙을 사용하여 다음 질문에 답하라.

(a) 거의 모든(99.7%) 말의 수태기간은 어떤 값들 사이에 포함되는가?

(b) 전체의 몇 퍼센트가 333일보다 긴 수태기간을 갖는가?

13.10 **3명의 위대한 타자** 1911년에 Ty Cobb의 타율 0.420, 1941년에 Ted Williams의 타율 0.406, 그리고 1980년에 George Brett의 타율 0.390은 역사적인 야구 업적이다. 메이저-리그의 타율에 대한 분포는 매년 변하기 때문에 이들의 타율을 직접 비교할 수는 없다. 분포는 대체적으로 대칭이고(Cobb, Williams, 그리고 Brett와 같은 이상점들을 제외하고) 상당히 정규곡선 형태이다. 타율의 평균은 대체적으로 변하지 않은 반면 표준편차는 시간에 따라 작아졌다. 다음 자료는 이러한 사실을 보여주고 있다.

기간(10년간)	평균	표준편차
1910년대	0.266	0.0371
1940년대	0.267	0.0326
1970년대	0.261	0.0317

누가 동료들보다 더 앞서있는 지를 비교하기 위해서 Cobb, Williams, 그리고 Brett의 타율에 대한 표준점수를 구하라.

13.11 **IQ 점수의 비교** Wechsler Adult Intelligence Scale(WAIS)는 "IQ 검사"이다. 20에서 34세까지의 WAIS의 점수는 대략적으로 평균이 110 그리고 표준편차가 25인 정규분포를 따른다. 60세에서 64세까지의 점수는 대략적으로 평균이 90 그리고 표준편차가 25인 정규분포를 따른다. 30세인 Sarah의 WAIS 점수는 135점이다. 60세인 그녀의 어머니도 역시 시험을 보았고 120점을 받았다.

(a) 각자의 나이 집단에서의 위치를 알기 위해서 각자의 점수에 대한 표준점수를 구하라.

(b) Sarah와 그녀의 어머니 중 누가 각자의 집단에서 더 높은 점수를 받았는가? 집단에 관계없이 누가 더 높은 점수를 받았는가?

13.12 **남자의 키** 젊은 남자 키의 분포는 대략적으로 평균이 70인치 그리고 표준편차가 2.5인치인 정규분포를 따른다. 정규곡선을 그리고 정규곡선에 평균과 표준편차의 위치를 나타내라(힌트: 먼저 곡선을 그리고 곡률이 변하는 점의 위치를 알아낸 후 가로축에 표시한다).

13.13 남자의 키 젊은 남자 키의 분포는 대략적으로 평균이 70인치 그리고 표준편차가 2.5인치인 정규분포를 따른다. 68-95-99.7 법칙을 사용하여 다음 질문에 답하라.

(a) 75인치보다 큰 남자는 몇 퍼센트인가?

(b) 어떤 값들 사이에 남자 키의 95%가 포함되는가?

(c) 67.5인치보다 작은 남자는 몇 퍼센트인가?

13.14 남자와 여자의 키 젊은 여자 키의 분포는 대략적으로 평균이 65인치 그리고 표준편차가 2.5인치인 정규분포를 따른다. 같은 나이 집단에서 남자 키의 평균(그리고 중앙값)은 70인치이다. 남자의 중앙값보다 큰 여자는 몇 퍼센트인가?

13.15 젊은 성인의 키 18세에서 24세까지의 남자 키의 평균은 약 70인치이다. 같은 나이의 여자 키의 평균은 65인치이다. 18세에서 24세까지의 모든 미국인에 대한 키의 분포는 대략적으로 정규분포인가? 이유를 설명하라.

13.16 표본 추출 성인 미국인 전체 중에서 범죄 때문에 밤에 밖으로 나가는 것이 두려운 사람들의 비율은 $p=0.4$이다. 크기가 2400인 단순 랜덤표본을 여러 번 반복 추출하여 얻은 표본비율 $\hat{p}$의 분포는 평균이 0.4 그리고 표준편차가 0.01인 정규분포 따르며 표본비율은 표본들에 따라 여러 가지 값을 갖는다. 68-95-99.7 법칙을 사용하여 다음 질문에 답하시오.

(a) 많은 표본 중에서 표본비율 $\hat{p}$의 값이 0.4보다 큰 표본은 몇 퍼센트인가?

(b) 많은 표본 중에서 $\hat{p}$의 값들의 95%를 포함하는 범위는 얼마인가?

13.17 나는 우승자인가? 하원위원 Floyd는 다음 선거를 위해 그를 지지하는 유권자의 비율을 알기 위해서 유권자 표본조사를 의뢰했다. 비용을 줄이기 위해 유권자 중 100명을 추출하였다. 유권자의 45% 만이 Floyd를 지지한다고 하자. 크기가 100인 랜덤표본을 반복 추출하면 Floyd를 지지하는 비율은 다양하지만 평균이 45%이고 표준편차가 5%인 정규분포를 따른다. Floyd를 지지하는 유권자의 비율이 50%로 나타나는 표본은 전체 표본 중 몇 퍼센트인가?

다음의 문제들은 정규분포의 백부위수를 나열한 표 B를 사용하여 답하라.

13.18 운동선수에 대한 NCAA의 규칙 전미 대학체육협회(NCAA)는 대학 스포츠 1부리그 선수들에게 1학년 때 경기에 참가하기 위해서는 SAT 시험의 언어영역과 수학영역 점수를 합하여 적어도 820점을 요구하고 있다(고등학교 성적이 나쁜

학생들에게는 더 높은 점수를 요구한다). 2004년도에 SAT 시험을 친 수많은 학생들의 성적은 대략 평균이 1026 그리고 표준편차가 210인 정규분포를 따른다. 전체 학생의 몇 퍼센트가 820점보다 적은 점수를 받았는가?

13.19 **NCAA의 규칙** NCAA는 SAT의 두 영역에 대한 점수의 합이 적어도 720점인 학생들은 경기에는 참여할 수는 없지만 운동선수 장학금을 받고 연습에는 참여할 수 있는 "부분 자격"을 주고 있다. 문제 13.18의 정보를 이용하여 전체 SAT 성적 중에서 몇 퍼센트가 720점 이하인가?

13.20 **SAT에서 800점** SAT의 두 영역에서 800점 이상의 점수를 받을 수 있으나, 800점 이상은 800점으로 통보된다(즉, 답안지가 완전하지 않아도 800점을 통보를 받을 수 있다). 2004년도 SAT 수학영역에 대한 남자의 성적은 평균이 537, 그리고 표준편차가 116인 정규분포를 따른다. 800점 이상(800점으로 통보되지만은)은 전체의 몇 퍼센트인가?

13.21 **여자의 SAT 성적** SAT 시험에서 여자들의 평균 성적은 특히 수학 영역을 비롯해서 남자들보다 낮다. 성별의 차이에 대한 이유는 논쟁의 대상이 된다. 2004년도 SAT의 수학 영역에서 여자의 점수는 평균이 501 그리고 표준편차가 110인 정규분포를 따른다. 남자에 대한 평균은 537점이다. 남자의 평균보다 높은 점수를 받은 여자는 전체 여자에 몇 퍼센트인가?

13.22 **우리는 영리한가?** 1932년에 사용된 Stanford-Binet식 "IQ 검사"는 어린이들 각각의 나이 집단의 성적이 대략 평균이 100 그리고 표준편차가 15인 정규분포를 따르도록 조정되었다. 현재 미국 어린이들이 1932년도 Stanford-Binet식 검사를 받는다면 그들의 평균 점수는 약 120이 될 것이다. 시간에 따라 IQ가 증가하는 이유는 알 수 없으나 아마도 어린이들의 더 좋은 영양 상태와 검사에 대한 더 많은 경험이 영향을 주었을 것이다.

(a) IQ 점수가 130 이상이면 소위 "매우 뛰어난 사람"이라고 한다. 1932년에는 몇 퍼센트의 어린이들이 매우 뛰어난 점수를 받았는가?

(b) 만약 현재의 어린이들이 1932년도 검사를 받았다면 몇 퍼센트의 어린이들이 매우 뛰어난 성적을 받았는가?(표준편차 15는 변하지 않았다고 가정한다.)

13.23 **일본 사람의 IQ 성적** 어린이들에 대한 IQ 검사인 Wechsler Intelligence Scale은 미국과 유럽에서 (여러 종류의 언어로)사용된다. 점수는 대략 평균이 100 그리고 표준편차가 15인 정규분포를 따른다. 일본에서 이 검사가 표준화되었을 때

평균은 111이었다. 일본의 평균에 대응하는 미국-유럽의 점수에 대한 분포의 백분위수는 얼마인가?

13.24 주식 시장 주식 지수에서 연간 수익률은 대충 정규분포를 따른다. 1945부터 Standard & Poor의 500지수는 연간 수익률에 대해 평균은 12% 그리고 표준편차는 16.5%이였다. 이 정규분포를 매우 긴 기간에 대한 연간 수익률의 분포라 하자.

(a) 전체 연간 수익률의 95%를 포함하는 범위는 얼마인가?

(b) 지수에서 수익률이 0보다 작으면 그 해의 주식시장은 침체된다. 주식 시장이 침체된 해의 비율은 얼마인가?

(c) 지수가 25% 이상인 해의 비율은 얼마인가?

13.25 사분위수의 위치 어떤 분포에서도 제1사분위수와 제3사분위수는 25백분위수와 75백분위수이다. 어떤 정규분포의 제1사분위수와 제3사분위수는 평균에서 몇 표준편차 위치에 있는가?

13.26 젊은 여자의 키 18세에서 24세까지 여자의 키는 대략 평균이 65인치 그리고 표준편차가 2.5인치인 정규분포를 따른다. 상위 10% 안에 포함되기 위해서는 키가 얼마나 되어야 하는가?(표 B에 주어진 가장 가까운 값을 사용하시오)

13.27 높은 IQ 점수 20세에서 34세까지의 집단에 대한 Wechsler Intelligence Scale 검사에 대한 점수는 대략 평균이 110 그리고 표준편차가 25인 정규분포를 따른다. 상위 25%에 포함되기 위해서는 얼마나 높은 점수를 받아야 하는가?

13.28 Web을 이용하기 Web 탐색 상자 안에 정규곡선 애플렛을 사용할 수 있는 Web 사이트가 있다. 이 애플렛을 사용하여 정규곡선에 대한 계산을 할 수 있다. 애플렛을 사용해서 다음 질문에 답하라. 20세에서 34세까지의 집단에 대한 Wechsler Intelligence Scale 검사에 대한 점수는 대략 평균이 110 그리고 표준편차가 25인 정규분포를 따른다. 전체에서 상위 10%에 포함되기 위해서는 얼마나 높은 점수를 받아야 하는가? 그리고 전체에서 상위 1%에 포함되기 위해서는 얼마나 높은 점수를 받아야 하는가?

웹탐색

제곱근의 표를 본적이 있는가? 표는 흔하게 볼 수 있으나 계산기의 $\sqrt{x}$ 단추로 대신 할 수 있다. 이 책 뒷부분에 있는 표 B와 같이 정규곡선 아래 면적에 대한 표들도 흔히 볼 수 있으나 이것들 역시 계산기의 단추들 그리고 시각적으로 면적을 볼 수 있는 "애플렛"으로 대신 할 수 있다.

통계학: 개념과 논의 Web 사이트, www.whfreeman.com/scc에서 "정규곡선" 애플렛을 살펴보자. 연습문제에서 요구하는 정규곡선 계산에 이 애플렛을 사용할 수 있다.

CHAPTER 14

관계의 표현: 산점도와 상관관계

주들의 순위?

뉴스 미디어의 기사들에는 취약점이 있다. 가장 살기 좋은 곳, 가장 좋은 대학, 건강에 가장 좋은 음식, 옷을 가장 못 입는 사람... 가장 좋은 것과 가장 나쁜 것에 대한 기사는 뉴스에서 쉽게 볼 수 있다. 매년 각 주에 대한 SAT 점수가 나왔을 때 각 주의 고등학교 학생들이 받은 점수의 평균에 따라 성적이 좋은 주(아이오와, 2004년)에서 가장 나쁜 주(컬럼비아 특별지구, 2004년)까지 순위를 정하는 뉴스 기사는 놀랄 만한 일이 아니다.

SAT 시험을 지원하는 대학 위원회는 결코 이와 같은 기사를 좋아하지 않는다. 주 평균 SAT 점수에 위에 "단지 SAT 성적만을 근거로 하여 주들을 비교하거나 순위를 정하는 것은 실효성이 없으며 또한 대학 위원회에 인정하지 않는다."라는 문구가 있다. 그 이유를 알기 위해서 다음 자료를 살펴보자.

그림 14.1은 50개 주와 콜롬비아 특별지구의 SAT 수학영역의 평균 점수에 대한 분포를 나타내고 있다. 200점에서 800점까지 주어지는 SAT 시험은 아이오와가 평균 602점으로 선두이고 콜롬비아 특별지구가 평균 476점으로 꼴찌이다. 평균 점수의 분포는 두 개의 봉우리를 갖는 일반적이지 않은 형태이며, 두 개의 봉우리를 갖는 분포는 자료가 두 개의 구별되는 집단으로 구성되었다는 것을 암시하고 있다. 그림 14.2는 이러한 암시를 명백하게 나타내 주고 있다. 그림 14.2는 SAT 시험에 응시한 고등학교 졸업생들의 비율에 대해 세로축을 각 주의 SAT 평균 점수하여 그린 산점도이다. 이 그림은 주들이 두 개의 집단으로 나누어져 있음을 명백하게 보여 주고 있다. 하나의 집단은 졸업생의 1/3 이하가 시험에 응시했고 평균점수가 높은 집단이다. 나머지 하나의 집단은 졸업생 가운데 반 이상이 시험에 응시했고 평균점수가 낮은 집단이다. 산점도는 전체적으로 시험에 많은 학생들이 응시할수록 평균 성적은 낮아지는 것을 보여 주고 있다.

일반적인 대학 입학시험으로 SAT와 ACT 두 가지가 있다. 각 주는 이 두 가지 시험 중에서 그들에게 유리한 한 가지를 선택한다. 고등학교 졸업자의 5%만이 SAT에 응시하는 아이오와(ACT가 만들어진 주)가 87%가 응시하는 뉴욕보다 더 좋은 성적을 얻는 다는 것은 놀랄 일은 아니다. 아이오와의 높은 점수는 뉴욕과 비교해서 아이오와의 교육의 질

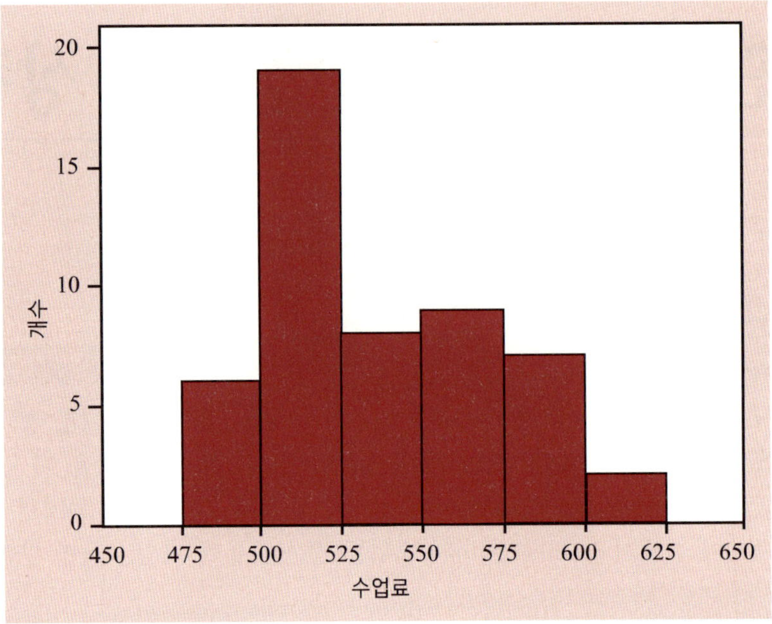

그림 14.1 50개 주와 콜롬비아특별지구의 SAT 수학영역의 평균 점수에 대한 히스토그램

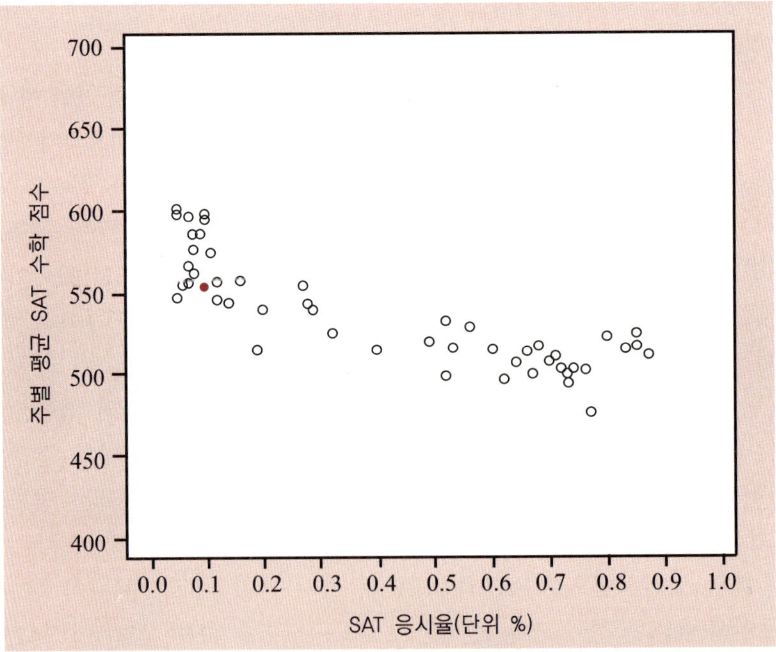

그림 14.2 SAT 시험에 응시한 각 주의 고등학교 졸업자 비율과 각 주의 SAT 수학영역의 평균 점수에 대한 산점도

에 관하여 아무것도 성명하고 있지 않다.

이 SAT 성적을 통해서 다음과 같은 일반적인 교훈을 얻을 수 있다. 한 변수를 이해하기 위해서는 다른 변수들과의 관계를 자주 살펴보아야 한다. 그리고 다시 한 번 강조하면 자료가 의미하는 것이 무엇인지를 살펴보기 위해서는 그래프를 그리는 것으로 시작해야 한다.

의학 연구를 통해서 키가 작은 여자들은 평균 키의 여자보다 심장마비에 더 많이 걸리는 반면 키가 큰 여자들은 심장마비에 적게 걸린다는 것을 알았다. 보험 회사들은 등록된 자동차 10,000대 당 무거운 자동차가 가벼운 자동차보다 더 적은 자동차 사망률을 갖는다고 보고하고 있다. 사람들은 이와 같이 많은 통계적 연구를 통해 두 변수들 사이의 관계를 알려고 한다. 이러한 관계를 이해하기 위해서는 변수들을 잘 조사해야 한다. 키가 작은 여자들이 심장마비에 대한 위험이 높다는 결론을 내리기 위해서는 연구자들은 몸무게 그리고 운동습관과 같은 다른 변수들에 대한 효과들을 제거해야만 한다. 이장과 다음 장에서는 변수들간의 관계에 대해서 다룰 것이다. 중요한 주제중의 하나는 이면에 숨어있는 다른 변수들에 의해서 영향을 받을 수 있는 변수들간에 관계에 관한 것이다.

대부분의 통계적 연구는 한 개 이상의 변수를 갖는 자료를 다룬다. 다행하게도 개별적인 변수를 분석하는 방법을 여러 변수에 대해 분석하는 데도 사용할 수 있다. 다음과 같은 원칙을 이용할 수 있다.

- 첫째 자료에 대한 그림을 그리고 숫자 요약을 사용한다.
- 전체적인 형태를 살펴보고 그 형태로부터 편차를 찾는다.
- 전체적인 형태가 매우 규칙적이라면, 간혹 매우 간단한 방법으로 그것을 나타낼 수 있다.

산점도

두 양적변수들의 관계를 나타내는데 가장 일반적인 방법은 *산점도*이다. 그림 14.2는 각 주의 SAT 수학영역의 평균점수가 SAT 시험에 응시한 각 주의 고등학교 졸업자 비율에 대해 어떠한 관계가 있는지를 보여주는 산점도이다. "졸업자 백분율"이 "평균

점수"를 설명하는데 도움을 줄 것이다. 즉 "졸업자 백분율"은 설명변수이고 "평균 점수"는 반응변수이다. 주어진 백분율이 변할 때 평균 점수는 얼마나 변하는가를 알고 싶은 것이다. 따라서 주어진 백분율(설명변수)을 가로축에 놓는다. 그러면 주어진 백분율이 올라갈 때 평균 점수는 내려간다는 것을 알 수 있다. 그림에서 각 점들은 각 주들을 나타내고 있다. 예를 들어 앨라배마에서는 10%가 SAT 시험을 보았고 SAT 수학 영역 평균 점수는 553이다. 앨라배마의 위치는 x(가로)축 0.1과 y(세로)축 553이 만나는 점이며, 오렌지 색 점으로 표시되어 있다.

산점도

산점도는 두 양적 변수들에 대한 관계를 나타내고 있다. 한 변수의 값들은 가로축에 표시되고 그리고 나머지 한 변수의 값들은 세로축에 표시된다. 자료의 개별적인 관측값들은 두 변수에 해당하는 좌표에 점으로 나타난다.

항상 설명변수는 산점도의 가로축(x축)으로 그려야 한다. 일반적으로 설명변수는 x로 그리고 반응변수는 y로 표시한다. 만약 설명변수와 반응변수의 구별이 없다면 두 변수 중 어느 변수도 가로축이 될 수 있다.

예제 1 건강과 부

그림 14.3은 세계은행으로부터 얻은 자료에 대한 산점도이다. 각 관측값은 사용이 가능한 모든 나라들로부터 얻은 것이다. 설명변수는 얼마나 부유한 나라인가를 측정하는 기준이 국내총생산(GDP)이다. 국내에서 생산되는 전체 가치인 GDP는 달러로 변환되었다. 반응변수는 평균수명이다.

더 부유한 나라의 국민들은 더 오래 살 것으로 기대된다. 산점도의 전체적인 형태는 이것을 보여주고 있지만은 GDP와 평균수명의 관계는 흥미로운 모양을 갖는다. GDP가 증가하면 평균수명도 매우 빠르게 증가한 후 평탄한 상태를 유지한다. 미국과 같은 매우 부유한 나라의 국민들도 극단적으로 가난한 나라들을 제외하고 가난한 나라들의 국민들보다 더 오래 살지는 않는다. 코스타리카 같은 나라의 평균수명은 미국보다 길다.

아프리카에 위치한 세 나라는 이상점들이다. 그 나라들의 평균수명은 그들의 이웃 나라들과 비슷하지만 GDP는 더 높다. 기니와 가봉은 석유를 생산하고, 시에라 레오네는 다이아몬드를 생산한다. 이러한 광물들을 수출하여 얻은 수입은 일반국민들의 수입이나 평균수명에 대해서는 많은 영향을 주지 않고 소수의 사람에게 만 영향을 주어 GDP를 높인다. 1인당 GDP는 평균이고, 수입에 대한 평균은 중앙값보다 매우 높을 것이다.

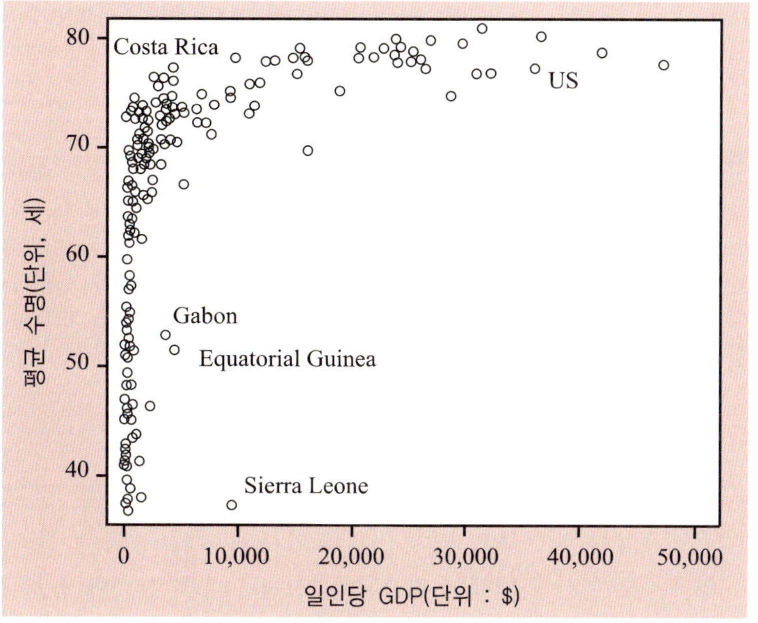

그림 14.3 각 나라의 국내총생산과 그 나라의 평균수명에 대한 산점도

산점도의 해석

산점도의 해석에는 자료 분석의 일반적인 전략을 적용한다.

> **산점도의 검토**
>
> 자료를 이용하여 그린 어떠한 그래프에 대해서도 **전체적인 형태**를 살피고 난 후, 그 형태로부터 **편차**를 찾는다.
>
> 산점도에 대한 전체적인 형태는 관계의 **모양**, **방향**, 그리고 **강도**로 설명될 수 있다.
>
> 편차의 중요한 한 종류는 관계의 전체적인 형태에서 벗어나 있는 관측값인 **이상점**이다.

그림 14.2와 14.3은 시험에 응시하는 학생들이 증가하면 SAT 성적은 감소하고 그리고 GDP가 증가하면 평균수명도 증가하는 명확한 *방향*을 갖는다. 그림 14.2는 변수들이 *음의 연관성*이 있

> **자료에 대한 그림을 그린 후 생각하라!**
>
> 많은 통계학자들처럼 Abraham Wald(1902~1950)도 제2차 세계 대전 동안 전쟁에 대한 문제들을 연구했다. Wald가 고안한 몇 가지 통계적 방법들은 전쟁이 끝날 때까지 군사 비밀이었다. 다음은 그가 고안한 간단한 방법 중 하나이다. 비행기의 어디를 더 추가적으로 단단히 할 것인가를 알기 위해서 Wald는 전투에서 돌아오는 비행기들에 나있는 적군 총탄의 구멍의 위치에 대해 연구를 했다. 그는 비행기에 구멍의 위치를 표시했다. 자료가 축적되었을 때 전체적인 윤곽이 들어 났다. 그는 총탄 구멍이 없는 몇 곳을 더 단단히 해야 한다고 결론을 내렸다. 그곳은 전투에서 돌아오지 못한 비행기가 맞은 총탄의 위치이다.

음을 보여주고 있고, 그림 14.3은 변수들이 *양의 연관성*이 있음을 보여주고 있다고 말한다.

양의 연관성, 음의 연관성

한 변수의 평균값보다 큰 값들이 나머지 한 변수의 평균값보다 큰 값들에 대응하고, 한 변수의 평균값보다 작은 값들이 나머지 한 변수의 평균값보다 작은 값들에 대응할 때 두 변수들은 *양의 연관성*을 갖는다고 한다. 산점도의 기울기는 왼쪽에서 오른쪽방향으로 위를 향한다.

한 변수의 평균값보다 큰 값들이 나머지 한 변수의 평균값보다 작은 값들에 대응하고, 그 반대로 대응할 때 두 변수들은 *음의 연관성*을 갖는다고 한다. 산점도의 기울기는 왼쪽에서 오른쪽방향으로 아래를 향한다.

각 산점도들은 다른 *모양*을 가지고 있다. 그림 14.2는 주들에 대한 두 개의 *집락*을, 그림 14.3은 *곡선관계*를 보여주고 있다. 산점도에서 관계의 *강도*는 관측값들이 얼마나 명확한 모양을 따르는가에 의해서 결정된다. 그림 14.2와 14.3에서 두 변수들은 명확한 관계를 가지고 있지 않다는 것을 알 수 있다. SAT 시험의 응시률이 비슷한 주들이 그들의 평균점수로부터 상당히 퍼져 있으며 GDP가 비슷한 나라들도 상당히 다른 평균수명을 가지고 있다. 다음은 간단한 모양으로 높은 관계를 갖는 예제이다.

예제 2 화석의 분류

시조새는 새처럼 날개가 있지만 이빨과 파충류처럼 뼈가 있는 긴 꼬리를 가진 멸종한 동물이다. 시조새는 단지 6개의 화석 표본만 알려져 있을 뿐이다. 이 화석들은 크기가 매우 다르기 때문에 어떤 과학자들은 그들은 같은 종류로 개별적으로 크기가 다른 것이 아니라 종류가 다른 것이라고 생각하고 있다. 두 부분의 뼈가 보존되어 있는 5개의 화석에 대하여 넓적다리(다리의 뼈)와 상박부(팔 윗부분의 뼈)의 길이를 센티미터로 측정한 자료를 살펴보면 다음과 같다.

넓적다리	38	56	59	64	74
상박부	41	63	70	72	84

설명변수와 반응변수의 구분이 없으므로 어떤 변수도 산점도의 x 축으로 사용할 수 있다. 산점도는 그림 14.4에 나타나 있다.

산점도는 매우 *양의 직선적인 연관성*을 보여주고 있다. 직선 모양은 자주 나타나고 간단하기 때문에 중요하다. 관측값들이 직선에 가깝게 있기 때문에 두 변수들의 연관성은 매우 높다. 한 종류의 뼈의 길이가 증가하면 나머지 종류의 뼈의 길이도 증가하기 때문에 양의 연관성이 있다. 이 자료를 통해서 5개의 화석 모두 같은 종류에 속한다는 것과 크기가 다른 것은 시조새의 나이 때문이라는 것을 추측할 수 있다. 이들 중에 다른 종류가 있다면 두 뼈의 길이에 대해 다른 관계를 가질 것이라고 추측할 수 있으며, 이것은 이상점으로 나타날 것이다.

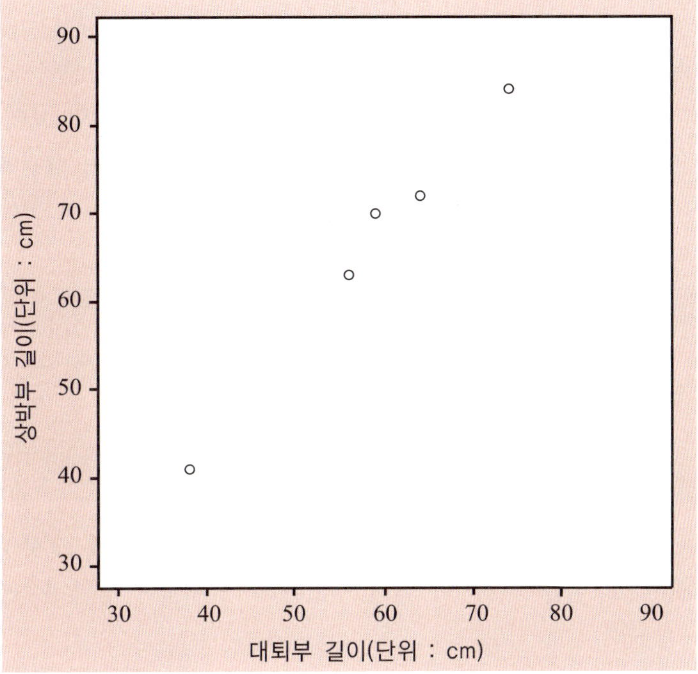

그림 14.4 멸종한 동물 시조새의 5개 화석 표본의 두 뼈의 길이에 대한 산점도

독자들에게

사람들의 지능은 뇌의 크기와 연관성이 있었다. 최근 연구는 자기공명영상을 이용하여 개인의 뇌의 크기를 측정하였다. 6명에 대한 IQ와 뇌의 크기는 다음과 같다.

뇌의 크기	100	90	95	92	88	106
IQ	140	90	100	135	80	103

설명변수가 있는가? 만약 그렇다면 어느 것이 설명변수이고 어느 것이 반응변수인가? 자료에 대한 산점도를 그려라. 연관성의 모양, 방향, 그리고 강도에 대해 설명하라. 이상점이 존재하는가?

상관관계

산점도는 두 변수들 사이의 방향, 모양, 그리고 관계의 강도를 나타내고 있다. 직선적 관계는 자주 나타나는 간단한 형태이기 때문에 특히 중요하다. 만약 관측값들이 직선에 가깝게 있으면 직선적 관계가 강하고 그렇지 않다면 직선적 관계는 약할 것이다. 얼마나 강한 관계가 있는가를 시각적으로 판단하는 것은 좋은 판단이 아니다. 그림 14.5에 있는 두 개의 산점도는 같은 자료에 대해 그린 것이나 오른쪽에 있는 것은 눈금의 간격이 더 넓다. 눈금의 변화는 관측값들이 모여 있는 것처럼 보이게 할 것이다. 자료 분석에 있어 그래프를 보충할 수 있는 숫자 척도가 필요하며 상관계수가 그 척도이다.

상관계수

상관계수는 두 양적변수들의 직선적인 관계에 대한 방향과 강도를 나타내고 있다. 상관계수는 보통 r로 표시한다.

상관계수를 계산한다는 것은 조금 번거로운 일이다. 상관계수 r은 계산기의 단추를 누르거나 또는 소프트웨어에 명령어를 주어 얻을 수 있기 때문에 그것의 성질들을 이해하고 사용하는데 초점을 맞추어야 한다. 자료로부터 어떻게 상관계수를 얻는지를 이

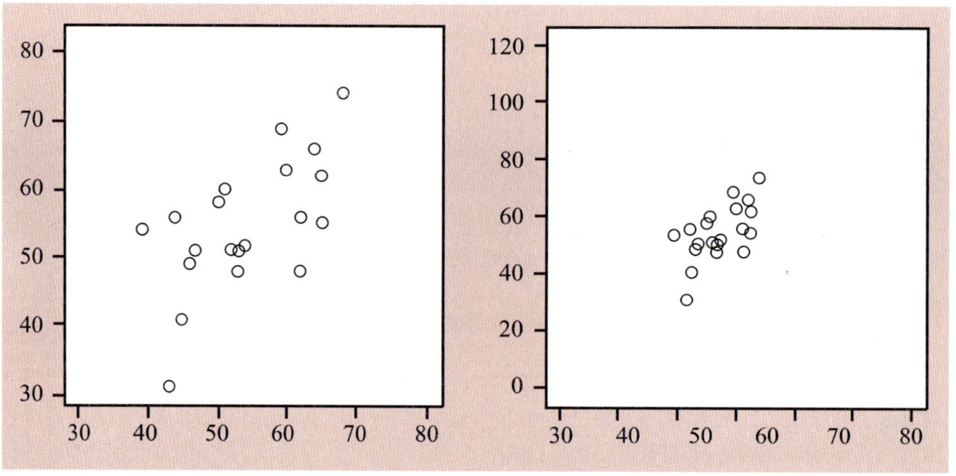

그림 14.5 같은 자료로 그린 두 개의 산점도. 오른쪽 산점도에서 두 변수사이의 선형관계가 더 강하게 느껴진다.

해하면 그것의 성질들을 이해하는데 도움이 될 것이다.

예제 3 상관계수의 계산

크기가 n인 두 변수 x와 y에 대한 자료가 있다. 예제 2에서 x를 넓적다리의 길이, y를 상박부의 길이 그리고 n=5인 화석 자료를 갖는다.

단계 1 x와 y에 대한 평균과 표준편차를 구한다. 화석 자료에 대해 다음과 같은 값들을 얻는다.

넓적다리 : $\bar{x} = 58.2\text{cm}$, $s_x = 13.20\text{cm}$

상박부 : $\bar{y} = 66.0\text{cm}$, $s_y = 15.89\text{cm}$

여기서 s_x와 s_y는 두 변수 x와 y의 관측값들에 대한 각각의 표준편차들이다.

단계 2 단계 1에서 얻은 평균과 표준편차를 사용하여 x와 y의 관측값들에 대한 표준점수를 구한다.

x	표준점수 $(x-\bar{x})/s_x$	y	표준점수 $(y-\bar{y})/s_y$
38	(38−58.2)/13.20 = −1.530	41	(41−66.0)/15.89 = −1.573
56	(56−58.2)/13.20 = −0.167	63	(63−66.0)/15.89 = −0.189
59	(59−58.2)/13.20 = 0.061	70	(70−66.0)/15.89 = 0.252
64	(64−58.2)/13.20 = 0.439	72	(70−66.0)/15.89 = 0.378
74	(74−58.2)/13.20 = 1.197	84	(84−66.0)/15.89 = 1.133

단계 3 상관계수는 이 두 표준점수의 곱의 산술평균이다. 표준편차와 같이 전체 관측값들보다 하나 적은 $n-1$로 나누는 "산술평균"이다.

$$\begin{aligned} r &= \frac{1}{4}[(-1.530)(-1.573)+(-0.167)(-0.189)+(0.061)(0.252) \\ &\quad +(0.439)(0.378)+(1.197)(1.133)] \\ &= \frac{1}{4}(2.4067+0.0316+0.0154+0.1659+1.3562) \\ &= \frac{3.9758}{4} = 0.994 \end{aligned}$$

예제 3에서 계산된 값은 다음과 같은 식으로부터 얻을 수 있다.

$$r = \frac{1}{n-1}\sum\left(\frac{x-\bar{x}}{s_x}\right)\left(\frac{y-\bar{y}}{s_y}\right)$$

여기서 $\sum$은 합의 기호이다.

"키와 몸무게는 대체로 양의 연관성이 있는 거요. 그것이 문제지"

상관계수의 이해

상관계수를 계산하는 것 보다 더 중요한 것은 상관계수로 어떻게 연관성을 측정할 수 있는지를 이해하는 것이다. 다음은 상관계수의 성질들이다.

- **r이 양수이면 두 변수들은 양의 연관성을 갖고, r이 음수면 음의 연관성을 갖는다.** 그림 14.4의 산점도는 넓적다리 길이와 상박부 길이는 매우 양의 연관성를 가지고 있다는 것을 보여주고 있다. 3개 화석에 있는 두 뼈의 길이는 평균보다 길다. 따라서 x와 y에 대한 그들의 표준점수는 모두 양수이다. 나머지 2개 화석에 있는 두 뼈의 길이는 평균보다 짧기 때문에 표준점수들은 모두 음수이다. 따라서 표준점수들의 곱은 모두 양수가 되어 r은 양수가 된다.
- **상관계수 r은 −1에서 1사이의 값을 갖는다.** r의 값이 0에 가까우면 거의 직선적 관계가 없다는 것을 의미한다. r의 값이 0에서 1이나 −1에 접근해 갈 때 관계의 강도는 증가한다. r의 값이 −1이나 1에 가깝다는 것은 관측값들이 직선에 가깝게 모여 있다는 것을 의미한다. 모든 관측값들이 정확하게 직선 위에 있을 때 극단적인 값 $r=-1$ 또는 $r=1$이 얻어진다.

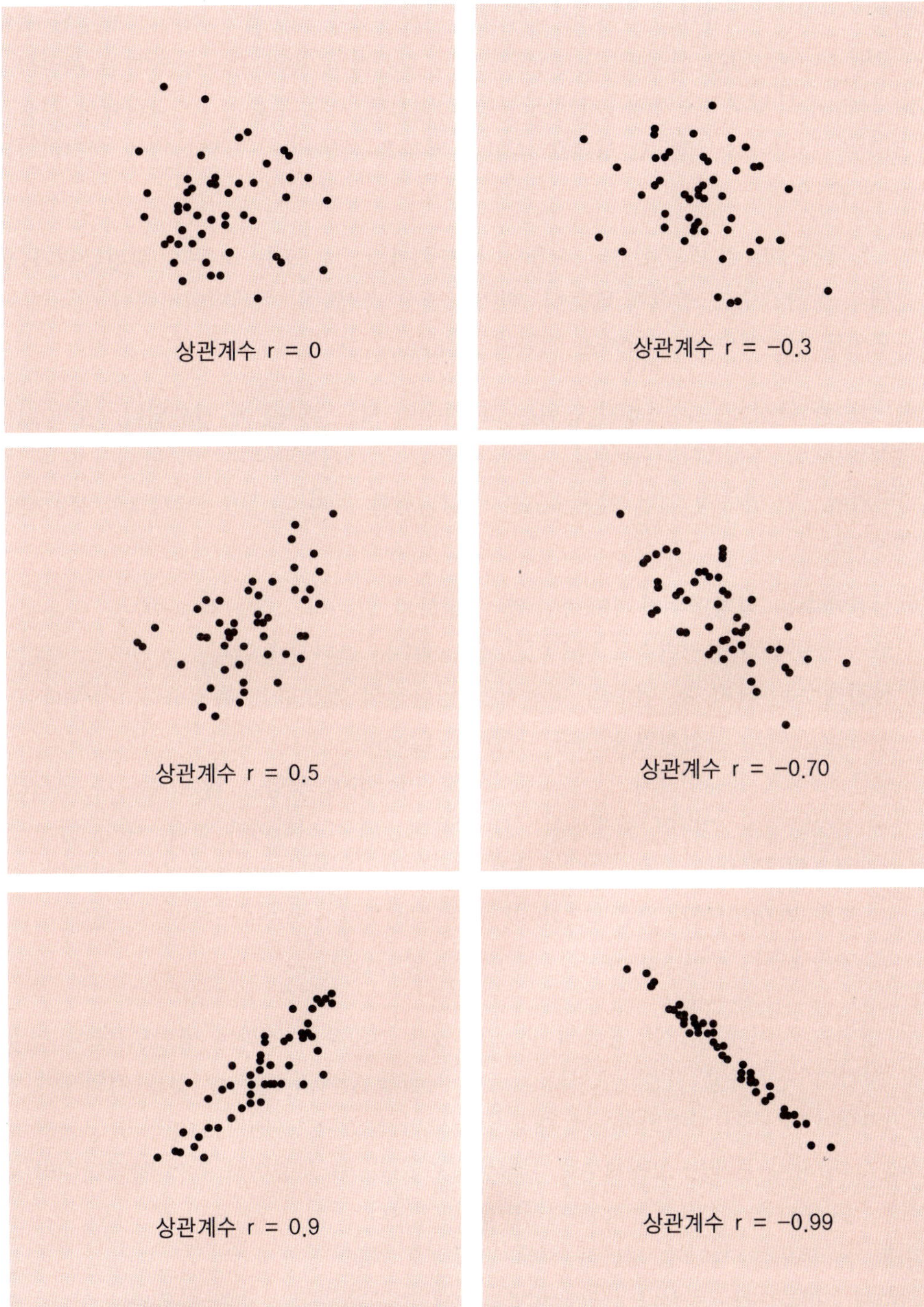

그림 14.6 어떻게 상관계수가 직선적 관계의 강도를 측정하는가. 직선에 가까운 형태의 상관계수는 1 또는 −1에 가깝다.

예제 3에서 $r=0.994$은 그림 14.4의 매우 높은 양의 직선적인 형태가 반영된 것이다. 그림 14.6에 있는 산점도들은 어떻게 r로 직선적 관계의 강도와 방향을 측정하는지를 보여주고 있다. 주의하여 산점도들을 살펴보면 r의 부호는 각 그림에서 기울기의 방향과 일치하고, 그림의 형태가 직선에 가까울수록 r이 -1 또는 1에 접근한다는 것을 알 수 있다.

- r은 관측값들의 표준점수를 사용하기 때문에 x, y **또는 모두의 측정단위가 변해도 상관계수는 변하지 않는다.** 예제 3에서 측정단위가 센티미터에서 인치로 바뀌어도 상관계수 $r=0.994$는 변하지 않는다.

한 변수를 측정하는데 사용된 단위는 그 변수의 모든 관측값에 적용된다. 만약 길이를 센티미터로 측정했다면 중앙값, 분위수, 평균, 그리고 표준편차의 단위는 모두 센티미터이다. 두 변수에 대한 상관계수는 측정단위를 갖지 않으며, -1과 1사이의 숫자일 뿐이다.

- **상관계수는 설명변수와 반응변수를 구별하지 않는다.** 만약 설명변수를 반응변수로 반응변수를 설명변수로 바꾸어도 상관계수는 변하지 않는다.
- **상관계수는 단지 두 변수의 직선적인 연관성의 강도만을 측정한다.** 상관계수는 변수들 사이의 곡선적인 관계를 나타내지 않는다.
- 평균 그리고 표준편차와 같이 **상관계수도 이상점에 영향을 많이 받는다.** 산점도에 이상점들이 있다면 상관계수 r을 사용하는데 주의하여야 한다. 예를 들어 그림 14.7을 살펴보자. 첫 번째 화석의 넓적다리 길이를 38에서 60으로 바꾸자. 그러면 첫 번째 화석은 다른 화석들이 있는 직선상에서 벗어나 이상점이 된다. 그리고 상관계수는 $r=0.994$에서 $r=0.640$로 낮아진다.

두 변수들 사이에는 많은 종류의 관계가 있고 그것을 측정하는 방법도 많이 있다. 비록 상관계수는 가장 빈번하게 사용되지만 사용에 한계가 있다는 것을 기억해야 한다. 상관계수는 단지 양적변수들에 대해서만 의미가 있다. 유권자의 성별과 그들이 선호하는 정당과의 관계는 상관계수로 나타낼 수 없다. 뼈의 길이와 같이 양적변수라 할지라도 상관계수는 단지 직선적 연관성만을 측정한다.

비록 두 변수들 사이에 직선적 관계가 있다고 해도 상관계수는 두 변수의 자료를 완전하게 설명하지는 못한다. 상관계수와 함께 평균과 표준편차를 사용해야 한다. 상관계수 공식에 평균과 표준편차가 사용되므로 이들은 상관계수와 함께 선호되는 측도들이다.

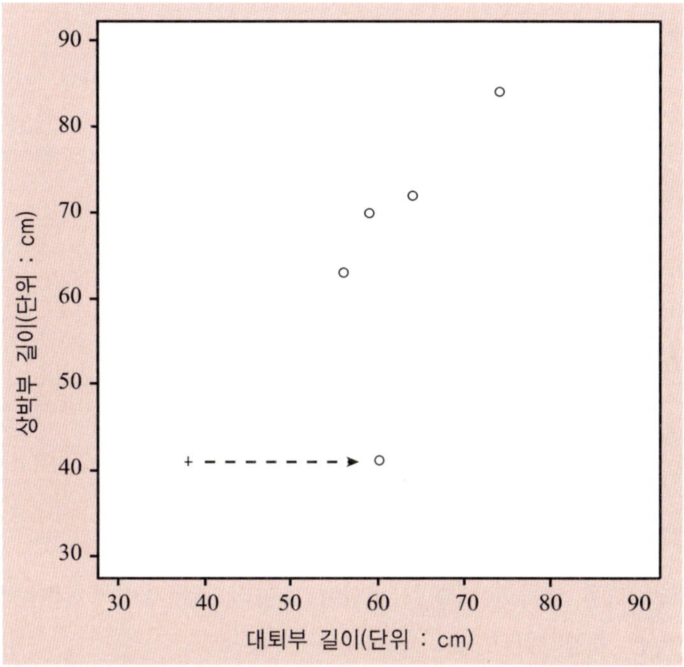

그림 14.7 관측값의 이동은 상관계수를 $r=0.994$에서 $r=0.640$로 감소시킨다.

요약

대부분의 통계학의 연구는 두 변수 또는 그 이상의 변수들의 관계를 조사하는 것이다. **산점도**는 두 양적변수의 관계를 나타내는 그래프이다. 만약 설명변수와 반응변수가 있다면, 산점도의 x (가로)축에 설명변수를 놓는다.

산점도로부터 **방향**, **모양**, 그리고 관계의 **강도**, 가능한 **이상점**들을 살펴 보아야한다. 만약 명확한 방향이 있다면 그것은 양(산점도의 기울기가 왼쪽에서 오른쪽으로 위를 향한다)인가 또는 음(기울기가 아래를 향한다)인가? 모양이 직선인가 또는 곡선인가? 관측값들의 집락이 있는가? 관계가 강한가(점들이 그림의 형태에 모여 있다) 또는 약한가(점들이 넓게 흩어져있다)?

상관계수 r은 두 양적변수의 방향과 직선적 관계의 강도를 측정한다. 상관계수는 −1과 1사이의 숫자이다. r의 부호는 연관성이 양 또는 음인지를 나타낸다. 관측값들이 직선상에 모여 있을수록 r의 값은 −1 또는 1에 접근에 간다. 산점도가 정확하게 직선일 때 극단적인 값 $r=1$ 또는 $r=-1$을 갖는다.

EESEE

식물 씨앗의 크기는 식물의 지리적 분포 영역에 영향을 준다고 믿어 왔다. "Acorn Size and Oak Tree Range"는 다양한 오크 품종의 도토리 크기와 오크나무의 지리적 분포 영역에 대한 자료를 담고 있다. 이 이야기를 읽고 첫 번째 질문에 답하여라. 통계 소프트웨어를 사용할 수 있다면 상관계수를 계산하여라.

EXERCISES

14.1 어떠한 수를 선택할 것인가?

(a) 상관계수 r이 취할 수 있는 값의 범위는 얼마인가?

(b) 표준편차 s가 취할 수 있는 값의 범위는 얼마인가?

14.2 귀뚜라미의 측정 생물학 과제를 위하여 12마리 귀뚜라미의 길이(센티미터)와 몸무게(그램)를 측정하였다.

(a) 길이와 몸무게에 대한 상관계수가 양수일 것이라고 기대할 수 있는 이유를 설명하라.

(b) 만약 길이를 인치로 측정했다면 상관계수는 어떻게 변할 것인가?

14.3 IQ와 학교 성적의 평균 그림 14.8은 지방에 있는 Midwest 중학교 1학년 학생 78명에 대한 학교 성적의 평균 대 IQ 성적의 산점도이다.

(a) 두 변수의 관계의 전체적인 형태를 설명하시오. 점 A, B, 그리고 C는 이상점으로 고려될 수 있는가?

(b) 학생 A의 학교 성적의 평균과 IQ 점수는 대략 얼마인가?

(c) 각 점 A, B, 그리고 C는 얼마나 특이하다고 말할 수 있는가?(예를 들어 "학교 성적의 평균은 낮지만 IQ 점수는 적당히 높다")

14.4 핫도그의 열량과 염분 그림 14.9는 고기 핫도그 17개 상표에 함유된 열량과 나트륨을 나타내고 있다. 이 자료에 대한 전체적인 형태를 설명하시오. 표시된 점 A는 어떠한 점이 특이한가?

14.5 IQ와 학교 성적의 평균 그림 14.8의 자료에 대한 상관계수 r은 −1에 가깝다, 확실히 음수이나 −1에 가깝지 않다, 0에 가깝다, 확실히 양수이나 1에 가깝지 않다, 또는 1에 가깝다 중에 어느 것에 해당되는가? 이유를 설명하라.

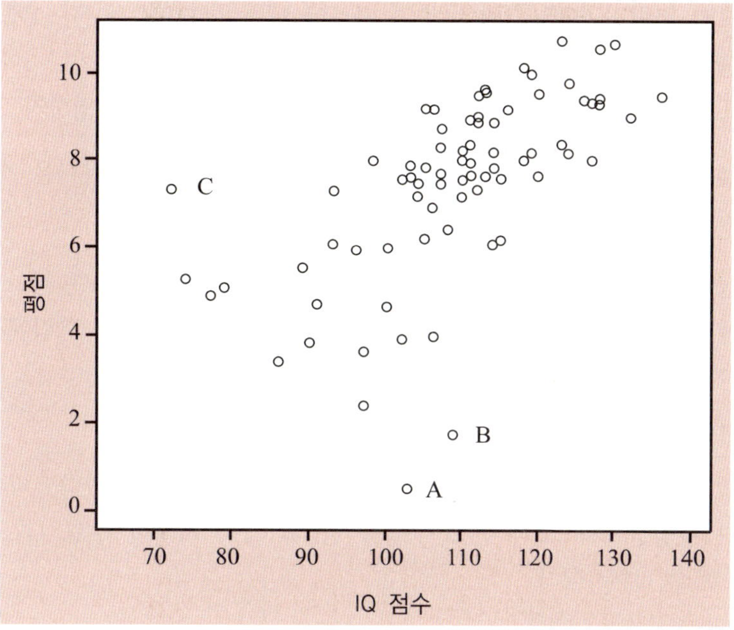

그림 14.8 중학교 1학년 78명에 대한 학교 성적의 평균과 IQ 검사 성적

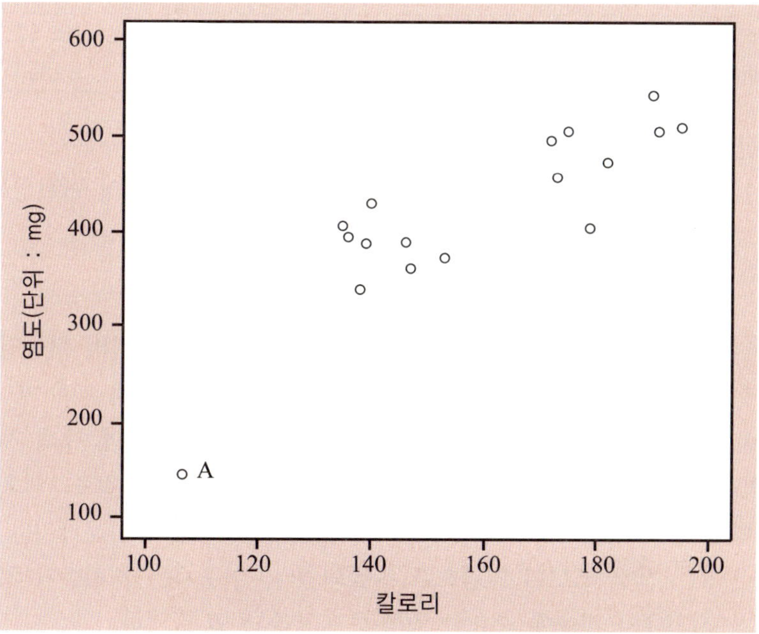

그림 14.9 고기 핫도그 17개 상표에 포함된 열량과 나트륨

14.6 핫도그의 열량과 염분 그림 14.9의 자료에 대한 상관계수 r은 −1에 가깝다, 확실히 음수이나 −1에 가깝지 않다, 0에 가깝다, 확실히 양수이나 1에 가깝지 않다, 또는 1에 가깝다 중에 어느 것에 해당되는가? 이유를 설명하라.

14.7 상관계수의 비교 그림 14.8과 14.9 중에서 상관계수가 1에 가까운 것은 어느 것인가? 그 이유를 설명하라.

14.8 이상점과 상관계수 그림 14.8은 이상점 A, B, 그리고 C를 포함하고 있다. 그림 14.9에 표시된 점 A는 이상점이다. 이상점을 제거시키면 한 그림에서는 상관계수 r이 증가하고 나머지 한 그림에서는 r이 감소할 것이다. 어느 그림에서 어떤 일이 일어날 것인가? 그 이유를 설명하라.

14.9 교수의 수영 Moore 교수는 규칙적으로 2000야드를 수영한다. 다음은 Moore 교수가 수영장에서 23번 반복 수영을 한 후 각각 측정한 수영 시간(분)과 수영 후 맥박 수(1분당)이다.

시간	34.12	35.72	34.72	34.05	34.13	35.72	36.17	35.57
맥박	152	124	140	152	146	128	136	144
시간	35.37	35.57	35.43	36.05	34.85	34.70	34.75	33.93
맥박	148	144	136	124	148	144	140	156
시간	34.60	34.00	34.35	35.62	35.68	35.28	35.97	
맥박	136	148	148	132	124	132	139	

(a) 산점도를 그려라(설명변수는 어느 것인가?).

(b) 이 변수들의 연관성은 양의 연관성을 갖는가? 또는 음의 연관성을 갖는가? 그 이유를 설명하라.

(c) 산점도의 모양과 관계의 강도에 대해 설명하라.

14.10 누가 더 많은 에너지를 소모하는가? 몸이 소모하는 에너지의 비율인 신진대사 비율은 체중의 증가, 식이요법, 그리고 운동에 대한 연구에 매우 중요하다. 표 14.1은 식이요법 연구에 참여한 12명의 여자와 7명의 남자에 대해 체지방이 없는 체구의 무게와 잔여 신진대사 비율을 나타내고 있다. 킬로그램으로 주어진 체지방이 없는 체구의 무게는 모든 체지방을 뺀 사람의 몸무게이다. 신진대사 비율은 24시간당 소모된 열량으로 측정되었다. 연구자는 체지방이 없는 체구의 무게가 신진대사 비율에 중요한 영향을 미친다고 믿고 있다.

(a) 여자들의 자료에 대해 산점도를 그리시오. 무엇이 설명변수인가?

표 14.1 체지방이 없는 체구의 무게와 신진대사의 비율

실험대상	성별	무게(kg)	비율(cal)	실험대상	성별	무게(kg)	비율(cal)
1	남자	62.0	1792	11	여자	40.3	1189
2	남자	62.9	1666	12	여자	33.1	913
3	여자	36.1	995	13	남자	51.9	1460
4	여자	54.6	1425	14	여자	42.4	1124
5	여자	48.5	1396	15	여자	34.5	1052
6	여자	42.0	1418	16	여자	51.1	1347
7	남자	47.4	1362	17	여자	41.2	1204
8	여자	50.6	1502	18	남자	51.9	1867
9	여자	42.0	1256	19	남자	46.9	1439
10	남자	48.7	1614				

(b) 이 변수들의 연관성은 양의 연관성을 갖는가? 또는 음의 연관성을 갖는가? 관계의 모양은 어떠한가? 얼마나 강한 관계를 가지고 있는가?

(c) 남자들의 자료를 다른 색 또는 다른 기호를 사용하여 앞에서 그린 산점도에 포함시키시오. (b)에서 관측한 관계의 형태를 남자들에 대한 자료에서도 볼 수 있는가? 남자의 집단과 여자의 집단은 어떻게 다른가?

14.11 결혼 여자들은 항상 그들 보다 3살 더 많은 남자들과 결혼한다고 가정하자. 부인의 나이를 설명변수로 해서 부부 5쌍에 대한 산점도를 그리시오. 각자의 자료에 대한 상관계수 r 은 어떻게 되는가? 그 이유는 무엇인가?

14.12 산점도 늘리기 측정단위를 바꾸면 산점도의 모양이 크게 변할 수 있다. 예제 2의 화석 자료를 다시 살펴보자.

넓적다리	38	56	59	64	74
상박부	41	63	70	72	84

이 자료는 센티미터로 측정되었다. 미친 과학자가 넓적다리는 미터로, 상박부는 밀리미터로 측정했다고 가정하자. 자료는 다음과 같다.

넓적다리	0.38	0.56	0.59	0.64	0.74
상박부	410	630	700	720	840

(a) x 축을 0에서 75까지, y 축을 0에서 850까지 늘린 후 원래 자료에 대한 산점도를 그리시오. 다른 색을 사용하여 같은 축 위에 새로운 자료에 대한 산점도를 그려라. 두 그림은 매우 다르게 보일 것이다.

(b) 그럼에도 불구하고 두 자료에 대한 상관계수는 정확하게 일치한다. 계산을 하지 않고도 어떻게 이것이 사실이라는 것을 알 수 있는가?

14.13 교수의 수영 연습문제 14.9에 중년 교수의 2000야드 수영 시간과 수영 후 맥박수에 대한 자료가 주어졌다.

(a) 계산기를 사용하여 상관계수 r을 구하시오. 산점도를 보고 왜 r의 값이 타당한지 설명하라.

(b) 수영 시간이 분에서 초로 바뀌었다고 가정하자. 예를 들어 34.12분은 2047초가 될 것이다. r의 값은 어떻게 변하는가?

14.14 누가 더 많은 에너지를 소모하는가? 표 14.1은 12명의 여자와 7명의 남자에 대해 체지방이 없는 체구의 무게와 신진대사 비율을 나타내고 있다. 연습문제 14.10에서 이들 자료에 대한 산점도를 그렸다.

(a) 남자들과 여자들에 대한 각각의 상관계수는 같은가 또는 매우 다른가? 그 이유를 설명하라.

(b) 남자들과 여자들에 대한 각각의 상관계수 r을 구하라(계산기를 사용하시오).

14.15 강한 연관성 그러나 상관은 없다. 자동차의 연비는 처음에는 증가하지만 속도가 증가하면 감소한다. 속도(시간당 마일)와 연비(갤론당 마일)에 대한 주어진 자료도 이와 같은 관계를 갖는다고 가정하자.

속도	30	40	50	60	70
갤런당 마일	24	28	30	28	24

연비 대 속도에 대한 산점도를 그리시오. 계산기를 사용하여 속도와 연비에 대한 상관계수가 $r=0$임을 보이시오. 속도와 연비사이에 강한 관계가 있음에도 불구하고 왜 상관계수가 0인지를 설명하라.

14.16 체구의 무게와 신진대사 비율 표 14.1에 나타난 체지방이 없는 체구 무게는 킬로그램으로 주어졌다. 1킬로그램은 2.2파운드다. 자료를 킬로그램에서 파운드로 바꾼다면 체구 무게에 대한 평균은 어떻게 변하는가? 체구 무게와 신진대사 비율에 대한 상관계수는 어떻게 변하는가?

14.17 단위는 무엇인가? 자료는 여러 대상들의 나이(년으로 측정)와 그 대상들의 반응시간(초로 측정)으로 구성되어 있다. 다음 주어진 통계량의 단위는 무엇인가?

(a) 대상들의 나이의 평균

(b) 대상들의 반응 시간의 표준편차

(c) 나이와 반응시간에 대한 상관계수

(d) 대상들의 나이의 중앙값

14.18 교육과 연구 대학 신문은 교원의 교육에 대한 학생들의 평가에 관하여 심리학자와 회담하였다. 심리학자는 "연구 업적과 교원의 교육 평가에 대한 상관계수는 0에 가까울 것이다."라고 하였다. 신문은 "McDaniel 교수는 좋은 연구자는 좋지 않은 선생인 경향이 있고 그리고 좋은 선생은 좋지 않은 연구자인 경향이 있다고 말하였다."라고 실었다. 신문 기사가 왜 잘못 되었는지 설명하시오. 심리학자의 의도를 설명할 수 있는 문장을 작성하라("상관계수"라는 단어는 사용하지 마시오).

14.19 상관계수에 대한 엉성한 문장 다음의 문장들은 잘못된 곳을 포함하고 있다. 각 문장에 대하여 무엇이 잘못되었는지 설명하라.

(a) "미국 근로자의 성별과 그들의 수입은 높은 상관계수를 가지고 있다."

(b) "교원의 교육에 대한 학생 평가와 다른 교원들에 의한 평가 사이에는 높은 상관계수($r=1.09$)가 있다는 것을 발견할 수 있다."

(c) "나이와 수입에 대한 상관계수는 $r=0.53$년이다."

14.20 상관계수의 추측 많은 관측값들로부터 얻어진 상관계수

(a) 아버지들의 키와 그들의 성장한 아들의 키에 대한 상관계수는 약________.

(b) 남편들의 키와 그들의 부인의 키에 대한 상관계수는 약________.

(c) 4살 여자 어린이들의 키와 18세 되었을 때 그들의 키에 대한 상관계수____.

답은 $r=0.2$ $r=0.5$ $r=0.8$ 중에 있다. 주어진 상관계수를 중에서 답을 선택하고 선택한 이유를 말하라.

14.21 상관계수의 추측 주어진 두 변수에 대하여 음의 상관계수, 양의 상관계수, 또는 낮은 상관계수들 중 어느 것을 추측할 수 있는가?

(a) 중고차들의 년도와 그들의 가격

(b) 새차들의 무게와 그들의 연비(갤런당 마일)

(c) 성인 남자들의 키와 몸무게

(d) 성인 남자의 키와 IQ 점수

14.22 투자의 다양화 투자 신탁 회사의 소식지는 "자산을 포함한 다양한 포트폴리오는 낮은 상관계수를 갖는다."고 하였다. 소식지는 다양한 투자 등급에서 수익률에

대한 상관계수 표를 포함하고 있다. 예를 들어 지방채와 대기업의 주식에 대한 상관계수는 0.50이고 그리고 지방채와 소기업의 주식에 대한 상관계수는 0.21 이다.

(a) Rachel은 지방채에 많이 투자하였다. 그녀는 지방채의 수익률과 다른 수익률을 가지고 있는 곳에 투자하여 투자를 다양화하고 싶어 한다. 이러한 목적을 이루기 위해서는 대기업의 주식과 중소기업의 주식 중 어느 것을 선택해야 하는가? 그 이유를 설명하라.

(b) Rachel이 그녀의 지방채의 수익률이 감소할 때 수익률이 증가하는 곳에 투자하고 싶다면 어떤 값의 상관계수를 살펴보아야 하는가?

14.23 나를 야구 경기장으로 불러내다. 메이저-리그 야구 경기장들에서 핫도그와 16-온스 청량음료의 가격사이에는 어떠한 관계가 있는가? 표 14.2에 자료가 주어졌다. 핫도그 가격을 설명하는데 청량음료 가격이 얼마나 도움이 되는가를 알 수 있는 알맞은 산점도를 그려라. 산점도를 통해서 관계를 설명하라. 이상점이 있는가?

표 14.2 메이저-리그 야구 경기장들에서 핫도그와 청량음료의 가격

팀	핫도그	음료수	팀	핫도그	음료수	팀	핫도그	음료수
Angels	2.75	2.29	Giants	3.75	3.00	Rangers	2.25	2.25
Astros	4.00	2.86	Indians	2.50	3.00	Red Sox	3.75	2.86
Braves	3.75	2.80	Marlins	3.00	2.67	Rockies	3.25	3.00
Brewers	2.50	2.67	Mets	4.50	2.55	Royals	2.50	2.29
Cardinals	3.00	3.14	Padres	3.00	3.00	Tigers	1.60	2.00
Dodgers	3.75	2.50	Phillies	3.25	2.40	Twins	3.00	2.20
Expos	1.47	2.20	Pirates	2.25	2.25	White Sox	2.75	2.57

14.24 폭우가 내린다. 그림 14.10은 각 주에서 기록된 하루 최대 강우량에 대해 각 주에서 기록된 연간 최대 강우량을 그린 것이다. 알래스카(AK), 하와이(HI), 그리고 텍사스(TX)는 산점도 위에 표시가 되어 있다.

(a) 알래스카의 하루와 연간 최대 강우량을 대략 얼마인가?

(b) 알래스카와 하와이는 그들의 하루 최대 강우량에 비해 매우 높은 연간 최대 강우량을 가지고 있다. 이상점인 이 두 주를 제외시키자. 나머지 다른 주들의 관계를 설명하라. 주의 하루 최대 강우량을 아는 것이 주의 연간 최대 강우량을 예측하는데 크게 도움이 되는가?

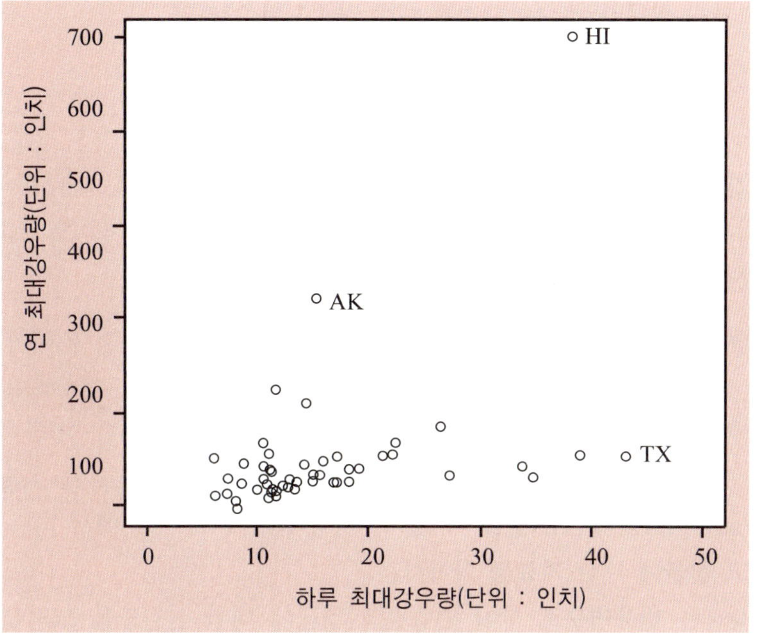

그림 14.10 각 주의 하루 최대 강우량과 연간 최대 강우량에 대한 산점도

14.25 옥수수나무가 얼마나 많아야 너무 많은 것인가? 최대 수확을 얻기 위해서는 에이커 당 얼마나 많은 옥수수를 심어야 하는가? 최고의 옥수수 파종비율을 알기 위해서 실험을 하였다. 밭의 여러 장소에 다른 비율로 옥수수를 심고, 수확량을 측정하였다. 실험에 대한 결과는 다음과 같다.

에이커 당 나무의 수	수확량(에이커 당 부셸)			
12,000	150.1	113.0	118.4	142.6
16,000	166.9	120.7	135.2	149.8
20,000	165.3	130.1	139.6	149.9
24,000	134.7	138.4	156.1	
28,000	119.0	150.5		

(a) 수확량과 파종비율 중 어느 것이 설명변수인가?

(b) 수확량과 파종비율에 대한 산점도를 그려라.

(c) 관계에 대한 전체적인 형태를 설명하시오. 직선적 관계가 있는가? 두 변수에 대한 연관성은 양의 연관성 또는 음의 연관성 또는 이 두 개 모두 아니다 중 어느 것인가? 왜 에이커 당 옥수수의 수를 증가시키면 그래프에 나타난 효과를 갖는지 설명하라.

14.26 왜 그렇게 작은가? 다음 자료에 대한 산점도를 그려라.

x	1	2	3	4	10	10
y	1	3	3	5	1	11

계산기를 사용하여 상관계수가 대략 0.5라는 것을 보이시오. 대부분의 관측값들에 대해 x와 y의 강한 직선적 연관성에도 불구하고 상관계수를 감소시키고 있는 값은 무엇인가?

14.27 Web을 이용하기 일반적으로 골프에서 "드라이브는 보여주기 위해서 그러나 퍼트는 상금을 위해서"라는 말이 있다. Professional Golfers Association(PGA)의 Web 사이트 www.pagtour.com/stats에서 PGA 대회에 대한 여러 가지 통계량들을 얻을 수 있다. 또한 같은 자료를 ESPN Web 사이트 sports.espn.go.com/golf/statsIndex에서도 얻을 수 있다. 가장 최근 PGA 시즌에서 퍼팅, 드라이빙, 그리고 상금에 대한 자료를 찾아라.

(a) 상금을 반응변수로 하여 퍼팅수의 평균에 대한 산점도를 그려라. 산점도를 통해서 모양, 방향, 그리고 강도를 설명하라. 이상점이 존재하는가?

(b) 상금을 반응변수로 하여 드라이빙 거리에 대한 산점도를 그려라. 산점도를 통해서 모양, 방향, 그리고 강도를 설명하라. 이상점이 존재하는가?

(c) 산점도들이 "드라이브는 보여주기 위해서 그러나 퍼트는 상금을 위해서"라는 말을 보여 주고 있는가?

웹탐색

산점도에 있는 점들의 형태에 대해 상관계수가 어떻게 영향을 받는지를 살펴 볼 수 있는 최선의 방법은 그림을 그리고 자료를 움직이고 그리고 상관계수의 변화를 볼 수 있는 "애플렛"을 사용하는 것이다.

통계학: 개념과 논의 Web 사이트, www.whfreeman.com/scc에서 "상관관계와 회귀" 애플렛을 살펴보자. 점들을 더 추가하거나 또는 마우스로 점들을 이동시키면 상관계수는 다시 계산되어 진다.

CHAPTER 15

관계의 표현 : 회귀, 예측, 그리고 인과관계

주가가 오를 것인가 또는 내릴 것인가?

주식 시장의 미래를 예측하면 부자가 될 수 있다. 많은 사람들과 많은 컴퓨터들이 주식 시장의 형태를 알기 위해서 이와 관련된 자료를 자세히 살피는 것은 놀랄 만한 일이 아니다.

널리 알려진 어떤 지표들 중에는 조금 기상천외한 것도 있다. 매년 1월에 열리는 풋볼 게임인 슈퍼 볼의 결과를 보면 주가가 어떻게 될 것인가를 예측할 수 있는데, 이를 "슈퍼 볼 지표"라 한다. 현재의 전미 풋볼 리그(NFL)는 원래 NFL과 아메리칸 풋볼 리그(AFL)가 합병되어 구성되었다. 현재 NFL은 NFC와 AFC 두 개의 경기 연맹으로 구성되어있다. NFC 팀이 이기면 주가는 올라가고 그리고 AFC 팀이 이기면 주가는 내려간다고 주장하는 지표가 있다. 1967년 첫 슈퍼볼부터 2004년까지 38번 중에 30번은 이 지표의 주장이 맞았다. 이 지표가 거의 80% 맞기 때문에 결과는 매우 인상적인 것처럼 보이나, 주가는 38년 동안에 단지 9번만 내렸기 때문에 매년 주식이 "오를 것"이라는 예측은 29번 맞았을 것이다. 원래 NFC 팀들이 슈퍼 볼에서 대부분 우승을 했다. 그 이유는 과거 AFC에는 13개 팀이 있는 반면 NFC에는 19개 팀이 있으며 그들이 더 강한 리그를 구성하고 있었다. 따라서 "NFL 우승"은 주가가 "매년 올라간다"는 것과 매우 흡사하다.

슈퍼 볼 예언자는 단순하다. 단순히 올라간 것과 내려간 것을 세어 다른 변수들로부터 한 변수를 예측하는 통계적 방법들이 있다. 이 장에서 다룰 *회귀*는 이러한 방법들의 출발점이다. 한 Web 사이트는 "인공 지능 네트워크, 유전자 알고리즘, 근사-이웃 모델링, 그리고 혼돈, 차원분열도형을 결합한 다른 형태 분류 방법들, 그리고 가격-시간 계열 변환을 기초한 웨이브"에 의거한 주식 가격 예측값을 판매하고 있다. 이것은 매우 인상적이지만 과연 제대로 목적을 달성할 것인가? 만약 이러한 방법들을 이용하여 정말 주식 가격을 예측할 수 있다면 관계된 주식을 소유한 사람들은 그것을 팔지 않을 것이며, 그것들을 이용하여 그들 자신이 큰 부자가 될 것이다.

이러한 형태가 금융 지식으로 받아들여졌다면 많은 사람들이 그것으로부터 이익을 얻으려하기 때문에 그 효과는 빨리 사라질 것이다. 예를 들어 성 패트릭의 날(3월 17일)과 만우절 날(4월 1일)사이에 주가가 규칙적으로 오른다면 사람들은 3월 17일쯤에 주식을 사고 4월 1일쯤에 주식을 팔 것이다. 그 결과로 그 기간이 시작될 때 주식 매입은 주식 가격을 올라가게 할 것이고, 그 기간이 끝날 때 주식 매도는 가격을 하락시켜 이 형태는 유지되지 못할 것이다. 이러한 논리가 주식 시장을 예측하는 방법을 발견한 것보다 더 설득력이 있다. 이 장에서 자주 주목되는 예측은 미묘한 작업이다.

회귀선

만약 산점도가 두 양적변수들의 직선적 관계를 보여주고 있다면 그래프상에 직선을 그어 전체적인 형태를 요약할 수 있다. 두 변수들 중에 한 변수가 나머지 변수를 설명하거나 예측하는데 도움이 되는 경우에만 회귀선으로 두 변수들의 관계를 요약할 수 있다. 즉 회귀는 설명변수와 반응변수 사이의 관계를 나타내고 있다.

회귀선

회귀선은 설명변수 x가 변할 때 반응변수 y가 얼마나 변하는가를 나타내는 직선이다. 회귀선은 주어진 x의 값에 대하여 y의 값을 예측하는데 자주 사용된다.

예제 1 뼈화석

사라진 동물 시조새의 화석에 있는 두 종류의 뼈의 길이들은 매우 직선적 형태를 따른다는 것을 알았다. 그림 15.1은 5개 화석에 있는 뼈의 길이들을 나타낸 것이다. 그림 위에 있는 직선은 전체적인 형태를 간략하게 요약하고 있다.

시조새의 화석 중 하나는 완전하지 않다. 이 화석에서 넓적다리 길이는 50cm이나 상박부는 없다. 상박부의 길이를 예측할 수 있는가? 상박부 길이와 넓적다리 길이를 연결하는 형태는 매우 직선에 가까워서 상박부의 길이를 예측하는데 넓적다리 길이를 사용할 수 있을 것이다. 그림 15.1은 넓적다리 길이(50cm)에서 직선까지 수직으로 올라간 다음 상박부 길이 축까지 옆으로 가는 방법을 보여 주고 있다. 상박부 길이는 약 56cm로 예측된다. 이 길이는 이 화석의 관측값들이 정확하게 이 직선 위에 있다면 상박부가 갖는 길이이다. 다른 모든 관측값들이 직선에 가까이 있기 때문에 결여된 관측값도 직선에 가까이 있을 것이라고 생각할 수 있다. 따라서 이 예측값이 상당히 정확할 것이라 생각할 수 있다.

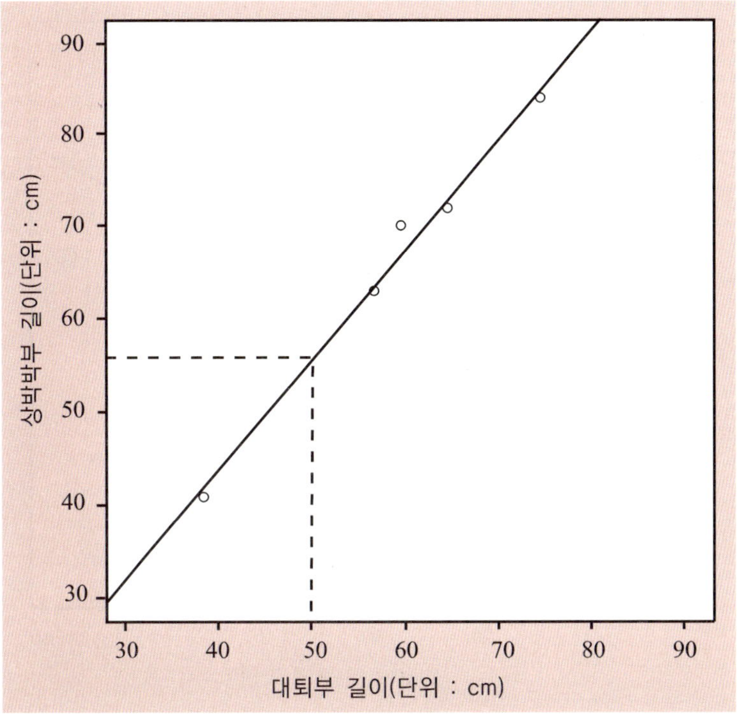

그림 15.1 예측을 위해서 직선을 사용한 것. 멸종된 동물의 5개 화석에 있는 두 종류의 뼈의 길이에 대한 자료를 사용했다.

예제 2 대통령 선거

공화당의 Ronald Reagan은 1980년과 1984년에 두 번 대통령에 당선되었다. 그림 15.2는 1980년과 1984년에 Reagan의 경쟁자인 민주당의 Jimmy Cater와 Walter Mondale에 투표한 투표율을 나타내고 있다. 이 그림은 양의 직선적 관계를 보여주고 있다. 이와 같은 관계를 기대할 수 있는 것은 어떤 주들은 민주당에 투표했고, 나머지는 공화당에 투표했기 때문이다. 1980년 56%가 민주당의 Carter에게 투표했으나 1984년에는 단지 40%만이 민주당에 투표한 Carter의 고향인 조지아주(GA)는 이상점이다.

1980년 투표율로부터 1984년 주들의 투표율을 예측하는데 그림 15.2에 있는 회귀선을 이용할 수 있다. 이 그림에 있는 관측값들은 그림 15.1에 나타난 화석 뼈들의 길이에 대한 관측값들보다 직선으로부터 더 많이 흩어져 있다. 직선적 관계의 강도를 나타내는 상관계수 값들은 그림 15.1에 대해서는 $r=0.994$이고 그림 15.2에 대해서는 $r=0.704$이다. 흩어져 있는 관측값들은 투표율의 예측을 뼈 길이의 예측보다 일반적으로 정확도를 낮게 만들 것이 확실하다.

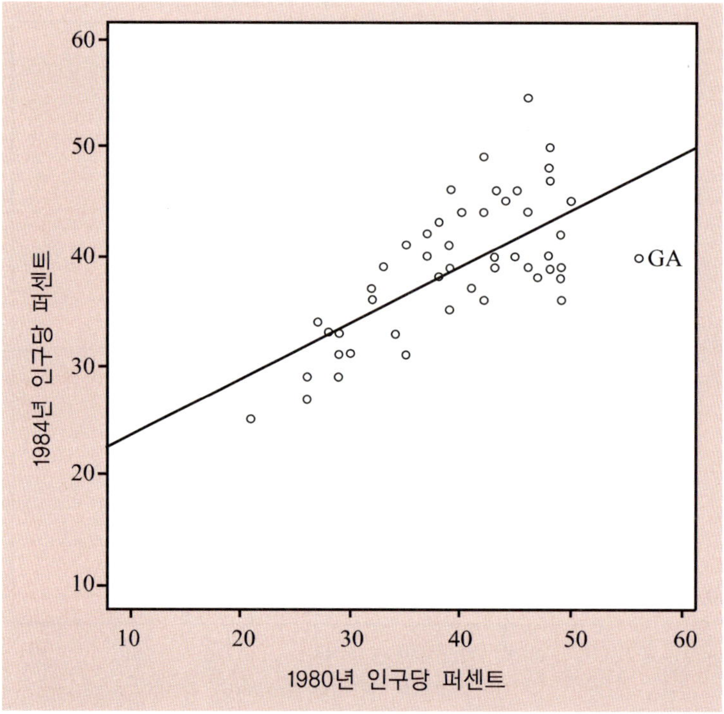

그림 15.2 약한 직선적 형태. 이 자료는 두 번의 Reagan 대통령 선거에서 민주당에 투표한 각 주들의 투표율에 대한 것이다.

회귀 방정식

그림 15.1과 같이 직선적 관계가 강하게 나타낼 때 눈대중으로 자료 점들에 가까운 직선을 쉽게 그릴 수 있다. 그러나 그림 15.2의 경우에는 사람들마다 눈대중으로 매우 다른 직선을 그릴 것이다. x를 이용하여 y를 예측하기 때문에 자료 점들이 직선에 수직(y) 방향으로 가까운 직선을 원한다. 눈대중으로 직선을 그릴 때 수직 거리에 집중하는 것은 쉽지 않다. 따라서 수직 거리로 자료 점들에게 가장 가까이 가는 직선의 방정식을 자료로부터 찾는 방법이 필요하다. "가능한 한 작은" 수직 거리를 되도록 하는 방법에는 여러 가지가 있다. 가장 자주 사용하는 것은 *최소제곱법*이다.

최소제곱 회귀선

x에 대한 y의 **최소제곱 회귀선**은 직선으로부터 자료 점들의 수직 거리에 대한 제곱의 합을 가능한 한 작게 만드는 직선이다.

그림 15.3은 최소제곱법의 개념을 보여주고 있다. 이 그림은 그림 15.1의 3개의 자료 점이 있는 가운데 부분을 확대한 것이다. 회귀선으로부터 이들 3개의 자료 점들의 수직 거리를 알 수 있다. 최소제곱 직선을 찾기 위해서는 이들 수직 거리(5개의 화석 자료 모두)들을 구하고, 그들을 제곱하고, 그리고 제곱의 합이 가장 작아 질 때까지 직선을 이동시킨다. 그림 15.1과 15.2에 그려진 직선은 최소제곱 회귀선이다. 자료로부터 최소제곱 직선은 계산기 또는 컴퓨터를 이용하여 구할 수 있기 때문에 최소제곱 직선의 공식은 여기서는 다루지 않는다. 그러나 계산기 또는 컴퓨터의 결과로 주어지는 방정식을 사용할 줄 알아야 한다.

직선의 방정식에서 x는 설명변수 그리고 y는 반응변수로 사용한다. 직선의 방정식은 다음과 같은 형태를 갖는다.

$$y = a + b x$$

상수 b는 x의 한 단위가 증가할 때 y가 변화는 크기를 나타내는 직선의 **기울기**이다. 상수 a는 $x=0$일 때 y의 값을 나타내는 **절편**이다. 방정식을 이용하여 예측을 할 때는 x의 값을 방정식에 대입하여 y의 값을 계산한다.

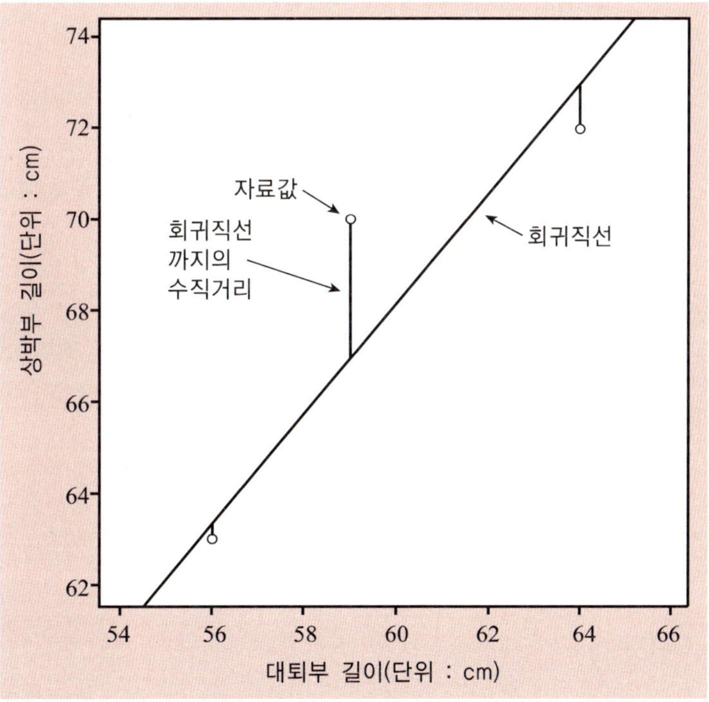

그림 15.3 x로부터 y를 예측하는 회귀선. 좋은 회귀선은 자료 점에서 회귀선까지의 수직거리가 작다.

평균으로 회귀

"회귀한다."는 다시 돌아간다는 것을 의미한다. 설명변수로부터 반응변수를 예측하는 통계적 방법들을 "회귀"라 부르는 이유는 무엇인가? 생물학 그리고 심리학 자료에 회귀를 처음으로 응용한 Francis Galton경(1822–1911)은 자녀들의 키와 그들의 부모의 키의 관계 대해 연구를 하였다. 그는 평균보다 큰 키의 부모들을 가진 자녀들의 키는 평균보다는 크지만 그들의 부모만큼은 크지 않다는 사실을 발견했다. Galton은 이러한 사실을 "평균으로 회귀"라 하였고 그 이름은 통계적 방법들에 붙여졌다.

예제 3 회귀 방정식 사용

예제 1에서 넓적다리 길이가 50cm인 화석의 상박부의 길이를 예측하는데 그림 15.1에서 "위로 그리고 옆으로" 방법을 사용하였다. 최소제곱 직선의 방정식은 다음과 같다.

$$\text{상박부 길이} = -3.66 + (1.197 \times \text{넓적다리 길이})$$

이 직선의 *기울기*는 $b = 1.197$이다. 이것은 넓적다리 길이가 1cm 증가하면 이들 화석에 있는 상박부는 1.197cm 증가한다는 것을 의미한다. 회귀선의 기울기는 일반적으로 자료를 이해하는데 중요하다. 기울기는 변화의 비율로서 x가 1만큼 증가할 때 예측된 y의 변화의 크기를 말한다.

최소제곱 직선의 *절편*은 $a = -3.66$이다. 이것은 $x = 0$일 때 예측된 y의 값이다. 비록 직선을 그릴 때 절편이 필요하지만은 단지 x가 실제로 0에 가까운 값을 취할 때 만 통계적 의미가 있다. 여기서는 넓적다리 길이가 0되는 것은 불가능하기 때문에 절편은 통계적 의미를 갖지 못한다.

방정식을 사용하는 *예측*하기 위해서는 x의 값을 대입하여 y의 값을 계산한다. 넓적다리 길이가 50cm인 화석에서 상박부의 길이를 예측하면 다음과 같다.

$$\text{상박부의 길이} = -3.66 + (1.197)(50) = 56.2\text{cm}$$

산점도 위에 직선을 그리기 위해서는 두 개의 서로 다른 x의 값에 대해 y값들을 예측한다. 이때 얻어지는 점들을 산점도 위에 나타내고 이 두 점을 지나가는 직선을 그린다.

독자들에게

최소제곱 직선의 방정식

$$\text{상박부 길이} = -3.66 + (1.197 \times \text{넓적다리 길이})$$

을 사용하여 넓적다리 길이가 70cm인 화석에서 상박부의 길이를 예측하라.

예측의 이해

컴퓨터를 이용하여 매우 큰 자료에 대해서도 쉽게 그리고 자동으로 예측할 수 있다.

자동으로 되는 것들은 가끔 분별력을 잃기도 한다. 예를 들어 회귀 소프트웨어는 곡선 관계에 대해서도 직선을 적합시킨다. 또한 컴퓨터는 어떤 변수를 설명변수로 그리고 어떤 변수를 반응변수로 할 것인가를 결정하지 못한다. 같은 자료에서 어느 것이 설명변수인가에 따라 서로 다른 두 개의 직선을 얻기 때문에 변수 결정은 중요하다.

실제로는 하나의 반응변수를 예측하는데 여러 개의 설명변수가 자주 사용된다. 대학에서는 입학 선발 과정의 하나로 신입생들의 첫 일년 동안의 성적이 얼마나 될 것인가를 예측하는데 SAT의 수학과 언어 성적 그리고 고등학교 영어, 수학 그리고 과학에 대한 졸업 성적(5개의 설명변수들)을 사용할 수 있다. 비록 자세한 내용은 복잡하지만, 반응변수를 예측하는 통계적 방법들은 최소제곱 회귀선의 기본적인 성질들을 가지고 있다.

- **예측은 자료에 어떤 "모형"을 적합 시키는 것을 근거로 한다.** 그림 15.1과 15.2에서 모형은 산점도 위에 그려진 직선이다. 정교한 모형을 사용하는 다른 예측 방법들도 있다.
- **모형이 자료에 가까이 적합될 때 좋은 예측이 된다.** 자료가 직선에 가깝게 있는 그림 15.1과 그렇지 않은 그림 15.2를 비교해 보자. 그림 15.1에서 예측이 더 신뢰할 수 있는 것이다. 많은 변수들이 있을 때 형태를 아는 것은 쉽지 않지만, 만약 자료가 강한 형태를 가지고 있지 않으면 예측은 매우 부정확할 것이다.

"어떻게 해서 이 사업을 시작 했냐구요? 대학생 때 회귀와 상관에 대해서 이해를 할 수가 없어서요. 그래서 이 사업을 시작했어요."

- **자료의 범위를 벗어난 예측은 위험하다.** 3세에서 8세까지 어린이들의 성장에 관한 자료가 있다고 하자. 나이 x와 키 y 사이에는 강한 직선적 관계가 있다는 것을 알았다. 만약 이 자료에 회귀선을 적합 시키고 25세 때 키를 예측하기 위해서 회귀선을 이용한다면, 키는 8피트로 예측될 것이다. 성장은 서서히 줄어들어 완전히 성숙되면 멈추기 때문에 성인 나이까지 직선을 연장하는 것은 어리석은 일이다. 키를 예측하는데 이러한 실수를 하는 사람은 없을 것이다. 그러나 대부분의 경제 예측은 다음 사사분기 또는 내년에는 어떻게 될 것인가에 대해 말하고 있다. 경제 예측은 자주 잘못되지만 아무도 이상하게 생각하지 않는다.

예제 4 흑자의 예측

국회 예산 위원회에 향후 5년 동안의 연방예산과 그것의 적자와 흑자를 예측한 연보를 제출하라고 요구하였다. 이 예측은 미래의 경제 상황(알 수 없음)과 과세와 지출(알 수 없음)에 대한 국회의 태도에 영향을 받는다. 현재의 정책이 변하지 않는다고 해도 주 예산의 예측은 매우 정확하지 않다. 예를 들어 1999년에 예측한 2003년도 예산은 $4000억이나 적게 예측되었다. 2002년에 예측한 바로 그 다음해 예산도 $1400억 적게 예측되었다. 상원의원 Everett Dirksen은 "여기 십억 달러 그리고 저기 십억 달러, 정말 진짜 돈에 대해 말하고 있는 것인가?"라고 말한 적이 있다. 1999년에 예산 위원회는 향후 10년 동안 흑자(사회보장은 제외)는 $9960억이 될 것이라고 예측했다. 정치가들은 이 돈으로 무엇을 할 것인가를 논의했지만 아무도 이 예측을 믿지 않았다.

상관계수와 회귀선

상관계수는 직선적 관계의 방향과 강도를 측정한다. 회귀선은 관계를 나타내기 위해서 직선을 그리는 것이다. 비록 회귀선은 설명변수의 선택을 요구하고, 상관계수는 그렇지 않지만 상관계수와 회귀선은 밀접하게 관련되어 있다.

상관계수와 회귀선 모두 이상점들에 의해 많은 영향을 받는다. 만약 산점도에 이상점들이 보이면 주위를 해야 한다. 그림 15.4는 각 주의 24시간 동안의 최대 강우량에 대해 각 주의 연간 최대 강우량을 나타내고 있다. 1982년 쿠쿠이에 704.83인치의 연간 강우량을 기록하고 있는 하와이는 영향력이 강한 이상점이다. 그림 15.4에 있는 50개 주에 대한 상관계수는 0.408이다. 만약 하와이를 제외시키면 상관계수는 $r=0.195$로 감소할 것이다. 그림에 있는 실선은 24시간 강우량으로부터 연간 강우량을 예측하기

위한 최소제곱 직선이다. 만약 하와이를 제외시키면 최소제곱 직선은 점선으로 내려갈 것이다. 하와이를 제외시키기로 결정한다면 연간 강우량과 24시간 강우량은 거의 관계를 갖지 않고, 직선은 점선처럼 거의 납작하게 될 것이다.

회귀선이 예측하는데 얼마나 유용한지는 연관성의 강도에 달려있다. 즉 회귀선의 유용성은 변수들에 대한 상관계수에 달려있다. 회귀선의 유용성은 상관계수의 *제곱*을 통해서 측정될 수 있다.

회귀선에 대한 r^2

상관계수의 제곱, r^2,은 x 에 대한 y 의 최소제곱 회귀선에 의하여 설명되어지는 y 의 값들에 대한 변동의 비율이다.

이러한 개념은 직선적 관계가 있을 때 x 가 변하면 그것에 따라 y 가 변한다는 사실에 의해서 y 의 어떤 변동을 설명할 수 있다는 것이다.

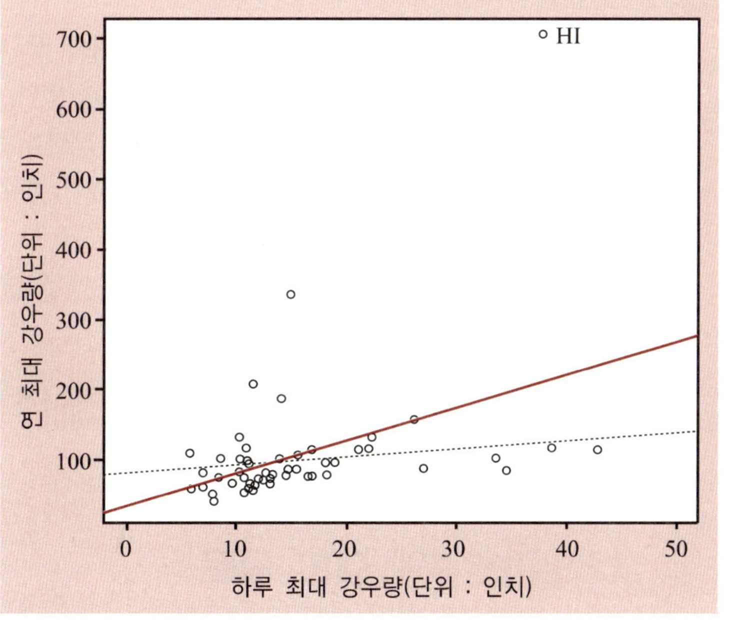

그림 15.4 최소제곱 회귀선은 이상점들에 의해 많은 영향을 받는다. 실선은 50개 관측값에 대한 것이고, 점선은 하와이를 제외시킨 것이다.

예제 5 **r^2의 사용**

그림 15.1을 살펴보자. 5개 화석에 대한 상박부의 길이는 41cm에서 84cm까지 많은 변동이 있다. 산점도는 이러한 변동의 대부분을 넓적다리의 길이 그리고 회귀선을 통해서 설명할 수 있다는 것을 보여주고 있다. 넓적다리 길이가 증가하면 회귀선을 따라 상박부 길이가 당겨진다. 직선에 대해 흩어져 나타나 있는 상박부의 길이에 대한 변동은 거의 없다. $r=0.994$이므로 $r^2=(0.994)^2=0.988$이다. 따라서 넓적다리 길이가 상박부 길이를 직선까지 당기는 것처럼 "직선에 대한" 변동은 상박부 길이 전체 변동의 98.8%를 설명할 수 있다. 직선에 대해 흩어져 있는 관측값들이 나머지 1.2%를 설명 할 수 있다. r^2의 값이 크다는 것은 예측이 정확할 것이라는 것을 말해주고 있다.

그림 15.2에 주어진 투표에 대한 자료를 보자. 1980년과 1984년 민주당 투표율사이에는 직선적 관계가 있지만 회귀선에 대해 많은 관측값들이 흩어져 있다. 여기서 $r=0.704$이므로 $r^2=0.496$이 된다. 1984년 민주당 투표율에 대한 변동의 반 정도만 직선적 형태에 의해 설명되어진다. 1980년 민주당 투표율이 30%인 주는 1984년에는 민주당 투표율이 그것보다 높은 45%로 예측할 수 있다. 그러나 1984년에 1980년과 같은 투표율을 가지고 있는 주들에 의해 많은 변동이 있다. 이러한 변동은 다른 요인들, 즉 두 번의 선거에서 주요 쟁점이 다르며 Reagan의 두 민주당 경쟁자들이 다른 주에서 나온 것들 때문일 것이다.

회귀분석에서는 회귀선이 반응변수를 얼마나 잘 설명하는지를 나타내는 측도로 일반적으로 r^2를 표시하고 있다. 상관계수를 제곱한 것이 연관성의 강도에 대해 더 편한 느낌을 준다. 완전한 상관계수($r=-1$ 또는 $r=1$)는 모든 관측값들이 정확하게 직선상에 있는 것을 의미한다. 따라서 $r^2=1$이 되고 한 변수에 대한 모든 변동은 다른 변수를 가지고 있는 직선에 의해 설명되어진다. 만약 $r=-0.7$ 또는 $r=0.7$이면, $r^2=0.49$이고 변동의 약 반정도가 직선적 관계에 의해서 설명되어진다. r^2의 크기는 상관계수 ± 0.7이 상관계수 0과 ± 1사이의 약 반이다.

투표의 개표에 부정이 있었는가?

펜실베이니아 선거에서 투표 계산기로 집계를 할 때 공화당의 Bruce Marks는 민주당의 William Stinson을 앞섰다. 그러나 선거 관리 위원회를 감독하는 공화당이 부재사 투표봉지를 집계한 결과 부재자 투표에서는 Stinson이 앞섰다. 따라서 민주당은 투표 계산기를 믿지 못하여 법원에 제소했다. 법원은 투표 계산기 결과로부터 부재자 투표 결과를 예측하기 위해서 과거 선거 자료를 가지고 회귀분석을 할 수 있는 통계학자를 요청했다. 투표 계산기의 결과에서 564표 앞선 Marks는 부재자 투표에서 Stinson보다 133 더 많이 얻을 것으로 예측되었다. 실제로는 부재자 투표에서 Stinson이 Marks보다 1025표를 더 얻었다. 투표의 개표에 부정이 있었는가?

인과관계에 대한 질문

흡연과 폐암으로 인한 사망률 사이에는 강한 관계가 있다. 흡연이 폐암이 *원인*인가? 권총의 사용과 권총으로 인한 타살과는 강한 연관성이 있다. 권총을 쉽게 구할 수 있는 것이 더 많은 살인자를 만드는 *원인*인가? 흡연은 암의 원인이 된다는 것은 적절한 것이다. 그러나 더 많은 권총이 더 많은 살인자를 만드는 원인지는 논란이 되고 있다. 권총과 타살의 증거보다 흡연과 암에 대한 증거가 더 타당한 이유는 무엇일까?

원인과 효과에 대한 통계적 증거의 3가지 중요한 사실을 살펴보자.

통계학과 인과관계

1. 두 변수들 사이의 강한 관계는 한 변수의 변화가 나머지 변수의 변화의 원인이 된다는 것을 항상 의미하지 않는다.
2. 두 변수들 사이의 관계는 이면에 숨어 있는 다른 잠재변수들에 의해 자주 영향을 받는다.
3. 가장 좋은 증거는 무작위 비교 실험들로부터 얻어진다.

예제 6 TV가 생명을 연장하는가?

1인당 TV의 수를 x 그리고 전 세계 국가의 평균수명을 y라고 하자. 두 변수 x와 y는 높은 양의 상관계수를 갖는다. 즉 TV를 많이 가진 나라는 높은 평균수명을 가진다.

인과관계의 기본적인 의미는 x의 변화가 y의 변화를 가져오는 것이다. TV를 보츠와나에 수송한다고 해서 그 나라의 평균수명이 길어지는가? 아니다. 부유한 나라들은 가난한 나라들보다 더 많은 TV를 가지고 있다. 또한 좋은 영향상태, 깨끗한 식수, 그리고 더 좋은 건강관리 때문에 부유한 나라들은 더 긴 평균수명을 갖는다. 따라서 TV와 평균수명사이에는 원인과 효과가 없다.

예제 6은 인과관계의 처음 두 가지를 설명하고 있다. 인과관계에 기인하지 않는 상관관계를 "터무니없는 상관관계"라고 부르고 있다. 상관관계는 실제적인 것이어야 한다. 한 변수의 변화가 나머지 한 변수의 변화에 기인한다는 결론은 터무니없는 것이다. 예제 6에서 나라의 부와 같이 이면에 숨어 있는 잠재변수는 비록 x와 y가 직접적인 관계를 가지고 있지 않아도 이 두 변수가 높은 상관관계를 갖도록 영향을 주고 있다. 설명변수와 반응변수 모두가 이면에 숨어 있는 잠재변수에 반응하는 것을 공통반응이라 부른다.

"제3세계 기아 구제를 위해 기아구제 단체에서는 오늘 10,000개의 TV를 보급하기 시작했습니다."

예제 7 어머니들과 딸들의 비만

어린이들이 비만해지는 원인 무엇인가? 부모로부터의 유전, 과식, 운동부족, 그리고 너무 많은 TV 시청 시간은 모두 설명변수가 될 수 있다.

9세에서 12세까지 멕시코계 미국 여자 어린이들에 대한 연구 결과는 전형적이다. 키에 비례 한 몸무게를 측정하는 체질량 지수(BMI)를 여자 어린이들과 그들의 어머니들에 대해서 측정하였다. 높은 BMI를 갖는 사람들은 체중 초과 또는 비만이다. TV 시청(시간), 운동(분), 그리고 여러 종류의 음식물의 섭취량을 측정하였다. 결과는 다음과 같다. 여자 어린이들의 BMI와 운동과의 상관관계($r=-0.18$)는 미약하고, 또한 식이요법 그리고 TV 시청과도 상관관계가 미약하게 나타났다. 상관관계($r=0.506$)가 높게 나타난 것은 딸들의 BMI와 그들의 어머니의 BMI의 관계이다.

체질은 유전에 의해 일부가 결정된다. 딸들은 그들의 어머니로부터 그들의 유전자 반을 유전 받는다. 따라서 어머니와 딸의 BMI사이를 연결하는 직접적인 인과관계가 있다. 물론 인과관계의 연결은 완전하지는 않다. 어머니들의 BMI는 딸들의 BMI의 변동을 단지 25.6%(즉 r^2)만 설명할 수 있다. 연구에서 측정되거나 또는 측정되지 않았던 다른 요인들 또한 BMI에 영향을 준다. *비록 직접적인 인과관계가 존재해도 두 변수들의 연관성을 완전하게 설명할 수는 없다.*

예제 7에서 유전이 딸들의 BMI에 얼마나 많은 영향을 주는지를 r 또는 r^2 을 이용하여 설명할 수 있는가? 설명할 수 없다. 교락을 기억하자. 과체중을 가지고 있고, 운동도 거의 하지 않으며, 나쁜 식사 습관 그리고 많은 시간 TV를 시청하는 어머니들을 고려해보자. 그들의 딸들은 그러한 습관들을 배우게 되어, 유전의 영향은 딸들의 환경의 영향과 섞이게 된다. 따라서 어머니들과 딸들의 BMI에 대한 상관계수가 얼마나 많이 유전에 의한 것인지 말할 수는 없다.

그림 15.5는 대략적인 형태에서 두 변수들을 기본적으로 연결하는 다양성이 어떻게 연관성을 설명할 수 있는지를 보여주고 있다. 점선은 두 변수 x와 y간에 관측되어진 연관성이 있음을 나타내고 있다. 어떤 연관성들은 두 변수들 간의 연결고리인 *직접적인 원인-과-효과*에 의해서 설명되어진다. 그림 15.5에서 첫 번째 그림은 화살표가 x에서 y를 향하고 있어 "x는 y에 원인이 된다."는 것을 보여주고 있다. 두 번째 그림은 *공통반응*을 보여주고 있다. 두 변수 x와 y간에 관측되어진 연관성은 숨어 있는 잠재변수 z에 의해서 설명되어진다. x와 y 모두 z의 변화에 대응해서 변한다. 이 공통반응은 비록 x와 y사이에 직접적인 연결고리는 없지만 연관성을 만들어내고 있다. 그림 15.5에서 세 번째 그림은 *교락*을 보여주고 있다. 설명변수 x와 숨어 있는 잠재변수 z 모두가 반응변수 y에 영향을 주고 있다. 변수 x와 z는 서로 연관되어

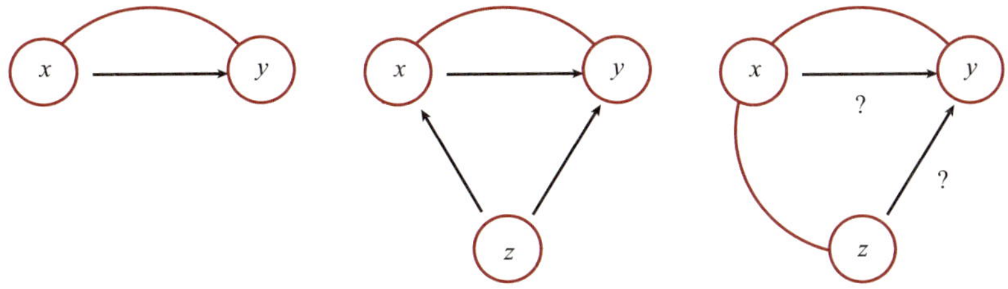

그림 15.5 관측된 연관성에 대한 설명. 점선은 연관성을 나타낸다. 화살표는 원인과 효과관계를 나타낸다. x는 설명변수, y는 반응변수, 그리고 z는 숨어 있는 잠재변수

있어 x의 영향과 z의 영향을 구별할 수 없다. y에 x의 직접적인 효과가 얼마나 강한지를 말할 수는 없다. 사실 x가 y에 영향을 주었는지 조차 말하기 어렵다.

공통반응과 교락 모두 반응변수 y에 대해 숨어 있는 잠재변수 또는 변수 z의 영향을 포함하고 있다. 이 두 종류의 관계를 구별하기는 힘들다. "숨어 있는 잠재변수를 주의하라는 것"은 두 변수 사이의 관계를 고려할 때 좋은 충고가 된다는 것을 기억해야 한다. 다음은 공통반응에 대한 예제이다.

예제 8 SAT 점수와 대학 성적

고등학교에서 SAT 시험의 높은 점수가 대학에서 높은 성적의 원인은 확실히 아니다. 적절한 연관성(r^2는 약 27%)은 학구적인 능력, 공부 습관, 그리고 착실한 태도와 같은 숨어 있는 공통반응에 의해 설명되어진다.

SAT 성적으로 인과관계에 의존하지 않는 대학 성적을 부분적으로 예측할 수 있다. 그러나 과거 몇 년 동안 SAT 성적과 대학성적의 관계가 금년도 고등학교 졸업생들에게도 계속 적용될 것이냐 하는 것을 고려해야 할 것이다. 화석 자료를 다시 한 번 생각해보면, 넓적다리 길이가 상박부 길이를 잘 예측하고 있다. 강한 관계는 화석에 나타난 동물의 전체적인 나이와 크기에 대한 공통반응에 의해서 설명되어진다. *예측은 인과관계를 요구하지 않는다.*

위와 같은 예제들을 통해서 인과관계에 대한 두 가지 큰 사실을 알 수 있다.

통계학과 인과관계

4. 두 변수들의 관측된 관계는 **직접적인 인과관계**, **공통반응**, 그리고 **교락**으로 나타내어진다. 이러한 요인들의 두 개 또는 그 이상으로 함께 나타내어 질 수 있다.
5. 관측된 관계는 과거 자료에서 발견된 형태가 계속되어지는 경우, 인과관계에 대한 걱정 없이 예측에 사용될 수 있다.

인과관계의 증거

어려움에도 불구하고, 때론 실험을 통하지 않고 인과관계에 대한 사례를 만들 수 있다. 흡연이 폐암에 원인이 된다는 증거는 비실험적 증거가 될 만큼 강한 것이다.

의사들은 대부분의 폐암 환자들이 흡연자였다는 것을 오랫동안 관찰해왔다. 흡연자와 비흡연자를 비교하는 관측연구는 폐암에 의한 사망과 흡연사이에 강한 연관성이 있음을 보였다. 이러한 연관성은 관측연구에 사용되지 않은 숨어 있는 잠재변수들에 의해서도 설명될 수 있는가? 예를 들어 니코틴 중독과 폐암 모두 사람에게 감염되기 쉽게 하는 유전적 요인이 있는가? 흡연이 폐암에 직접적인 효과가 없다 할지라도 흡연과 폐암 사이에는 긍정적인 연관성이 있다. 어떻게 이러한 문제들을 해결할 것인가?

이 질문에 대한 답을 일반적인 관점에서 구해보자. 실험을 할 수 없을 때 인과관계를 설정할 수 있는 기준은 무엇인가?

- **연관성이 강하다.** 흡연과 폐암 사이의 연관성은 매우 강하다.
- **연관성에 일관성이 있다.** 많은 나라의 다른 종류의 사람들에 대한 많은 연구에서 흡연은 폐암과 관련되어 있다. 한 집단 또는 한 연구에 숨어 있는 잠재변수의 특징이 연관성을 설명할 수 있는 기회를 줄일 수 있다.
- **높은 복용량이 강한 반응과 연관되어 있다.** 하루에 더 많은 담배를 피우는 사람들 또는 오랜 기간 동안 흡연을 한 사람들은 더 자주 폐암에 걸린다. 흡연을 중단한 사람들은 폐암의 위험을 줄일 수 있다.
- **추정된 원인이 효과보다 앞선다.** 폐암은 수년간의 흡연 후에 발생한다. 흡연으로 인해 폐암으로 사망한 남자들은 약 30년 동안 꾸준히 흡연을 한 사람들이다. 남자들은 다른 종류의 암보다 폐암으로 더 많이 사망한다. 여자들이 흡연을 하지 않는 한 폐암은 여자들에게는 드물게 일어난다. 여자들에게도 폐암은 약 30년 동안 흡연할 때 나타나며, 지금은 폐암이 여성들을 사망하게 하는 암중 제일인 유방암을 앞지르고 있다.
- **추정된 원인이 그럴 듯하다.** 동물을 사용한 실험에서 담배 흡연에서 얻어진 타르는 암의 원인이라는 것을 보여준다.

의학 권위자들은 흡연이 폐암의 원인이라고 말하는 것에 주저하지 않는다. 미국 위생국 장관은 담배를 흡연하는 것은 “가장 큰 피해야 할 사망의 원인이라고 말하고 있다.” 인과관계의 증거는 압도적이지만 잘 계획된 실험에 의해 얻어진 증거만큼 강하지는 않다.

통계적 논쟁거리들
총기 규제와 범죄

총기들, 특히 권총을 규제하면 범죄가 줄어들 것인가? 많은 사람들은 그럴 것이라고 대답할 것이다. 미국에서 살인사건들의 반 이상이 권총에 의해 저질러졌다. 미국의 살인사건 비율(100,000명당)은 캐나다의 1.7배이고, 권총에 의한 살인사건의 비율은 캐나다보다 15배 높다. 확실히 총기는 나쁜 일을 하는데 도움이 된다. 시카고 대학의 경제학자, John Lott는 1977년부터 1994년까지 18년 동안 미국의 3054개 지역사회의 자료를 사용하여 통계적 연구를 하였다. Lott는 어른들이 총을 지닐 수 있도록 총기에 대한 법을 완화한 주들의 범죄 비율이 줄어든 것을 발견하였다. Lott는 시민이 총기를 소유하면 자신을 보호할 수 있고, 이로 인해 범죄자들이 범죄를 망설이게 되므로 범죄를 줄일 수 있다고 주장했다.

Lott는 범죄와 많은 설명변수들의 관계를 결정하고, 다른 설명변수들에 대해 조정한 후 등록되지 않은 총기를 가지고 다닐 수 있도록 허락한 효과를 분리하기 위해서 회귀분석 방법을 사용하였다. 결과에 대해서는 아직까지 논쟁이 진행 중에 있다. 사람들은 총기를 규제해야 한다고 강하게 느끼고 있다. 대부분의 사람들은 Lott의 연구 결과에 동의하느냐 또는 동의하지 않느냐에 따라 반응했다. 총기 옹호자들은 Lott를 마침내 진실을 드러낸 Moses로 표현했으며, 반대자들은 그가 잘못되었으며 악마라고 생각했다.

Lott의 결과가 옳은가? 통계학적인 관점에서 Lott의 연구에서 문제가 되는 것은 무엇인가?

요약

회귀는 하나 또는 그 이상의 설명변수로부터 반응변수를 예측하기 위해서 자료에 어떤 모형을 적합시키는 통계적 방법이다. 가장 간단한 회귀는 x로부터 y를 예측하기 위해 산점도에 직선을 적합시키는 것이다. 직선을 적합시킬 때 가장 자주 사용되는 것은 직선으로부터 자료 점들의 수직거리의 제곱의 합을 가능한 한 작게 만드는 직선을 구하는 **최소제곱법**이다.

최소제곱 회귀는 상관계수와 밀접한 관계가 있다. 특히, **상관계수의 제곱** r^2은 반응변수의 변동이 직선에의 설명되어지는 비율을 나타내고 있다. 자료의 확실한 형태가 존재할 때 통계적 예측을 잘 할 수 있다. 자료의 범위를 벗어난 예측은 그곳의 형태가 다를 수가 있기 때문에 위험하다.

두 변수들 사이의 강한 관계가 한 변수의 변화가 다른 변수의 변화의 **원인**이 된다는 증거가 항상 되는 것은 아니다. 숨어 있는 변수들은 **공통반응** 또는 **교락**을 통해서 관계를 만들 수 있다. 실험을 할 수 없다면, 인과관계에 대한 증거를 확신하기가 어렵다.

EESEE

"Seat Belt Safety"는 미국 50개주와 컬럼비아 특별지구에서 안전벨트 규정과 자동차 사고 사망자 수를 비교한 연구에 대해 설명하고 있다. 이 이야기를 읽고 8번 질문에 답하여라.

EXERCISES

15.1 어머니들과 딸들의 비만 예제 7에서 젊은 여자의 체질량 지수와 하루 동안 그들의 운동시간 사이의 상관계수는 $r=-0.18$이였다. 이 상관계수가 음수일 것이라고 예측할 수 있는 이유는 무엇인가? 여자들의 체질량 지수의 변동의 몇 퍼센트가 운동 시간과 관계가 있는 직선에 의해서 설명되는가?

15.2 각 주의 SAT 점수 그림 14.2는 SAT 시험에 응시한 각 주의 고등학교 졸업자 비율에 대한 각 주의 SAT 수학영역의 평균점수를 나타내고 있다. 그림은 전체적으로 대략 직선적 형태를 보여주고 있다. 시험 응시 비율로부터 SAT 수학영역 점수를 예측하기 위한 최소제곱 회귀선은 다음과 같다.

$$\text{SAT 점수} = 575.3 - (97.0 \times \text{응시비율})$$

(a) 기울기 b=−97.0은 이 두 변수들의 관계에 대해 무엇을 설명하고 있는가?

(b) 뉴욕주는 고등학교 졸업자의 87%가 SAT 시험에 응시했다. 뉴욕주의 평균 점수를 예측하라(뉴욕주의 실제 평균 점수는 510점이었다).

15.3 IQ와 학교 성적 그림 14.8은 중학교 1학년 78명에 대한 학교 성적의 평균과 IQ 검사 점수를 나타내고 있다. 자료가 많이 흩어져 있지만 대략적으로 직선적 형태를 가지고 있다. 이 변수들에 대한 상관계수는 $r=0.634$이다. 78명 학교 성적의 평균에 대한 변동의 몇 퍼센트가 학교 성적의 평균과 IQ 점수의 관계를 나타내는 직선에 의해서 설명되는가? IQ 점수가 비슷한 학생들만을 고려하는

경우에 학교 성적의 평균에 대한 변동의 몇 퍼센트가 설명되는가?

15.4 **각 주의 SAT 점수** 각 주의 SAT 수학영역의 평균 점수와 시험에 응시한 학생비율에 대한 상관계수는 $r=-0.85$이다.

(a) 상관계수가 음수라는 것은 무엇을 의미하는가?

(b) 몇 퍼센트나 평균점수를 잘 예측할 수 있는가?(r^2 을 사용하라)

15.5 **IQ와 학교 성적의 평균** 그림 14.8에 나타난 78명 학생을 기본으로 하여, IQ 점수로부터 학교 성적의 평균을 예측하기 위한 최소제곱 직선은 다음과 같다.

$$\text{학교 성적의 평균} = -3.56 + (0.101 \times \text{IQ})$$

기울기 $b=0.101$의 의미를 설명하시오. IQ 점수가 115인 학생들의 학교 성적의 평균을 예측하라.

15.6 **교수의 수영** 다음은 Moore 교수가 수영장에서 2000야드를 23번 반복 수영을 한 후 각각 측정한 수영 시간(분)과 수영 후 맥박 수(1분당)이다.

시간	34.12	35.72	34.72	34.05	34.13	35.72	36.17	35.57
맥박	152	124	140	152	146	128	136	144
시간	35.37	35.57	35.43	36.05	34.85	34.70	34.75	33.93
맥박	148	144	136	124	148	144	140	156
시간	34.60	34.00	34.35	35.62	35.68	35.28	35.97	
맥박	136	148	148	132	124	132	139	

연습문제 14.9에서 이 자료에 대한 산점도를 그렸다. 최소제곱 회귀선은 다음과 같다.

$$\text{맥박 수} = 479.9 - (9.695 \times \text{수영 시간})$$

다음날 수영 시간은 34.30분이었다. 교수의 맥박 수를 예측하시오. 실제 그의 맥박 수는 152였다. 예측이 얼마나 정확한가?

15.7 **포도주와 심장병** 적당한 양의 포도주를 마시면 심장마비를 막는데 도움이 된다. 여러 나라에 대한 자료를 살펴보자. 표 15.1은 19개 선진국에 대한 연간 포도주 소비량(1인당 마시는 포도주의 리터)과 연간 심장병에 의한 사망자 수(100,000명당 사망자 수)를 나타내고 있다.

(a) 포도주의 소비가 심장병에 의한 사망자 수를 설명하는데 도움이 되도록 산점도를 그려라.

표 15.1 포도주의 소비와 심장병

국가	포도주 소비량	심장병 사망자 수
Australia	2.5	211
Austria	3.9	167
Belgium/Luxembourg	2.9	131
Canada	2.4	191
Denmark	2.9	220
Finland	0.8	297
France	9.1	71
Iceland	0.8	211
Ireland	0.7	300
Italy	7.9	107
Netherlands	1.8	167
New Zealand	1.9	266
Norway	0.8	227
Spain	6.5	86
Sweden	1.6	207
Switzerland	5.8	115
United Kingdom	1.3	285
United States	1.2	199
West Germany	2.7	172

(b) 관계의 방향, 형태, 그리고 강도에 대해 설명하라.

(c) 이 변수들에 대한 상관계수는 $r=-0.843$이다. 왜 이 값은 (b)의 답과 같은 의미를 갖는가?

15.8 2000 그리고 2004 대통령 선거 공화당인 George W. Bush는 2000년 그리고 2004년에 대통령에 당선되었다. 그림 15.6은 50개 주와 콜롬비아 특별지구에서 각각 2000년과 2004년에 Bush에게 투표한 백분율을 보여주고 있다.

(a) 2000년과 2004년 Bush에게 투표한 백분율의 관계에 대한 방향, 형태, 그리고 강도에 대해 설명하라. 그림에는 특별한 특징은 없는가?

(b) 최소제곱 회귀선은

$$2004\text{년 백분율} = 3.82 + (0.98 \times 2000\text{년 백분율})$$

이다. 산점도 위에 회귀선을 그려라(회귀선을 그리기 위해서 $x=10$ 그리고 $x=50$일 때 y값들을 예측하고, 얻어진 $(x,\ y)$에 대한 두 점을 연결하라).

(c) 두 변수에 대한 상관계수는 $r=0.973$이다. 2004년도 백분율의 변동의 몇 퍼센트를 회귀선으로 설명할 수 있는가?

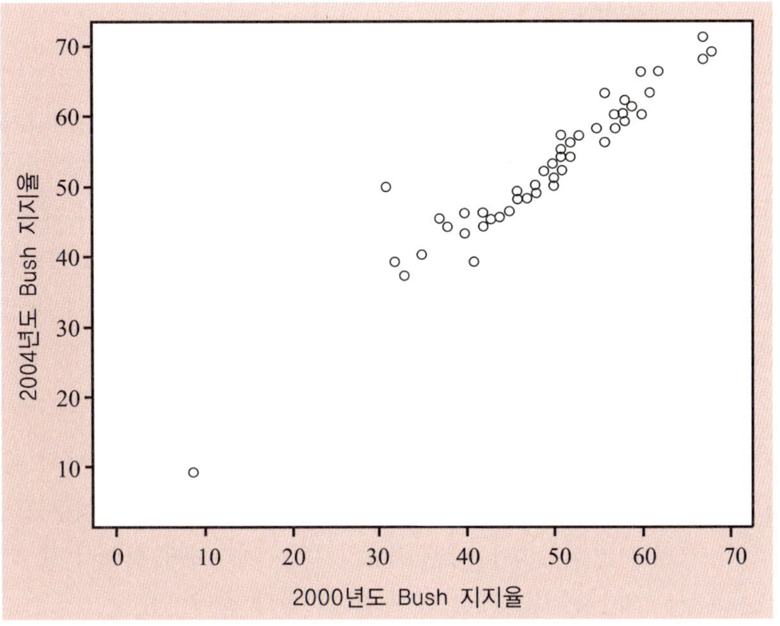

그림 15.6 50개 주와 콜롬비아 특별지구에서 각각 2000년과 2004년에 Bush에게 투표한 백분율에 대한 산점도

15.9 비버와 딱정벌레 생태학자들은 생태환경에서 이상한 관계를 가끔 발견한다. 한 연구에서 비버는 딱정벌레에 이롭다는 것을 알았다. 연구자들은 비버가 베어 넘어트리는 사시나무 주위에 지름이 4미터인 23개의 원을 그려놓았다. 각 원에서 비버에 의해서 나무에서 떨어진 그루터기의 수와 딱정벌레의 애벌레 수를 세었다. 자료는 다음과 같다.

그루터기	2	2	1	3	3	4	3	1	2	5	1	3
애벌레	10	30	12	24	36	40	43	11	27	56	18	40
그루터기	2	1	2	2	1	1	4	1	2	1	4	
애벌레	25	8	21	14	16	6	54	9	13	14	50	

(a) 비버에 의한 그루터기 수가 딱정벌레의 애벌레 수에 얼마나 영향을 주는지를 볼 수 있는 산점도를 그리시오. 산점도가 보여 주는 것은 무엇인가?(생태학자는 그루터기의 새싹이 사시나무의 새싹 보다 더 부드러워서 딱정벌레는 그 것을 좋아한다고 생각한다)

(b) 최소제곱 회귀선은 다음과 같다.

$$\text{애벌레 수} = -1.286 + (11.894 \times \text{그루터기 수})$$

산점도 위에 직선을 그려라(직선을 그리기 위해서 $x=1$와 $x=5$일 때 y값을 예측한다. $(x,\ y)$에 대한 두 점을 표시하고 이 두 점을 지나가는 직선을 긋는다).

(c) 이 두 변수들에 대한 상관계수는 $r=0.916$이다. 딱정벌레의 애벌레 수의 변동의 몇 퍼센트가 그루터기 수에 의존하는 직선에 의해서 설명되는가?

(d) 질문 (a), (b), 그리고 (c)의 답을 근거로 하여 그루터기 수가 딱정벌레의 애벌레 수를 예측하는데 빠르고 안정적인 방법을 제공하고 있다고 생각하는가?

15.10 포도주와 심장병 표 15.1은 19개 나라의 포도주 소비량과 심장병에 의한 사망자 수를 나타내고 있다. 산점도(연습문제 15.7)는 강한 관계를 보여주고 있다. 포도주 소비량으로부터 심장병에 의한 사망자 수를 예측하기 위해서 표 15.1에 주어진 자료로부터 계산된 최소제곱 회귀선은 다음과 같다.

$$y = 260.6 - 22.97x$$

이 방정식을 사용하여 매년 1리터의 포도주를 소비하는 나라와 8리터를 소비하는 나라의 심장병에 의한 사망자 수를 각각 구하시오. 이 결과를 이용하여 산점도위에 최소제곱 직선을 그려라.

15.11 강한 연관성 그러나 상관은 없다. 연습문제 14.15에서 주어진 자료는 자동차의 속도(시간당 마일)와 연비(갤론당 마일)에 관한 것이다.

속도	30	40	50	60	70
갤런당 마일	24	28	30	28	24

속도로부터 갤런당 마일을 예측하기 위한 최소제곱 직선은 다음과 같다.

$$\text{갤런당 마일} = 26.8 + (0 \times \text{속도})$$

(a) 주어진 자료에 대한 산점도를 그리고 그 위에 이 직선을 그려라.

(b) 갤런당 마일과 속도에 대한 상관계수는 $r=0$이다. 이것은 갤런당 마일을 예측하는데 회귀선이 유용하지 않다는 것을 말하고 있는가?

15.12 포도주와 심장병 표 15.1에 주어진 포도주 소비량과 심장병에 의한 사망자 수에 대한 자료를 연습문제 15.7과 15.10에서 다루었다. 나라들 간에 차이는 아마도

음주 습관과 교략이 되었을 것이라고 고려할 수 있다. 또한 각 나라에 대한 자료는 개별적인 개인에 대해한 정보를 주고 있지 않다. 따라서 이 자료는 포도주를 더 마시는 것이 심장병에 대한 위험을 낮출 수 있다는 증거가 될 수 없다.

15.13 상관계수와 회귀 두 변수 x와 y 사이의 상관계수가 $r=0$이라면, 이 변수들 사이에는 직선적 관계가 없다. 최소제곱 회귀선의 기울기가 0이면 상관계수는 정확하게 0이다. 기울기가 0이면 x와 y 사이에 관계가 없는 이유를 설명하시오. 기울기가 0인 직선을 그리고 이 직선을 이용하여 y를 예측하기 위한 x의 값이 없는 이유를 설명하라.

15.14 산성 비 연구원들은 산성 비를 연구하기 위해서 연속적으로 150주 동안 콜로라도 황야 지역에서 강우량의 산도를 측정했다. 산도는 pH 단위로 측정되었다. 낮은 pH 값은 높은 산도를 나타낸다. 산성 비 연구자들은 시간에 따라 직선적 형태가 있다는 것을 알았다. 그들은 최소제곱 직선

$$\text{pH} = 5.43 - (0.0053 \times \text{주})$$

이 자료를 잘 적합시킨다고 보고하였다.

(a) 이 직선을 그리시오. 이것은 양의 연관성 혹은 음의 연관성을 갖는가? 이 연관성의 의미가 무엇인지 설명하라.

(b) 회귀선에 따르면, 연구의 시작 주(주=1)의 pH는 얼마인가? 그리고 끝 주(주=150)의 pH는 얼마인가?

(c) 회귀선의 기울기는 얼마인가? 이 기울기는 이 황야 지역에서 강우량의 pH의 변화에 대하여 무엇을 말하고 있는지 자세히 설명하라.

15.15 직선의 재검토 Fred는 침대에 그의 돈을 보관하였다. 그는 그의 어머니로부터 받은 \$500을 시작으로 매년 \$100씩 추가하였다. x년 후에 그가 보관한 총 금액은 다음과 같은 방정식으로 주어졌다.

$$y = 500 + 100x$$

(a) 이 방정식의 그래프를 그려라(x의 값으로 0과 10을 취한다. 방정식으로부터 이 값들에 대응하는 y의 값들을 계산한다. 이 두 쌍의 값을 그래프에 나타내고 이들을 연결하는 직선을 그린다).

(b) 20년 후에는 Fred가 얼마나 많은 돈을 침대에 보관할 것인가?

(c) 만약 Fred가 \$500에서 시작하여 매년 \$100 대신 \$200씩 추가한다면 x년

후의 총 금액을 나타내는 방정식을 어떻게 나타낼 수 있는가?

15.16 직선의 재검토 출생 후 일정 기간 동안, 백인 남자 신생아의 체중은 주당 정확하게 40그램(g)씩 증가한다.

(a) 만약 출생 할 때 무게가 100g이라면, x주 후 그의 몸무게에 대한 방정식을 구하라. 이 직선의 기울기는 얼마인가?

(b) 출생부터 10주까지의 직선을 그려라.

(c) 두 살 때의 몸무게를 예측하기 위해서 이 직선을 사용할 수 있다고 생각하는가? 몸무게를 예측하고 결과가 의미가 있는 지를 생각해 보라(1파운드가 454그램이다. 큰 고양이의 무게는 약 10파운드이다).

15.17 상관계수와 회귀 연습문제 15.3과 15.5에서 IQ와 학교 성적의 평균에 대한 상관계수와 최소제곱 직선의 기울기는 모두 양수이다. 연습문제 15.7과 15.10에서 포도주의 소비량과 심장병에 의한 사망자 수에 대한 상관계수와 기울기는 모두 음수이다. 상관계수와 기울기가 반대 부호를 갖는 것이 가능한가? 이유를 설명하라.

15.18 항상 자료에 대해 그림을 그려라. 표 15.2는 자료에 대한 그림없이 계산만 하는 것에 대한 위험성을 보여주기 위해서 통계학자 Frank Anscombe가 준비한 4개의 자료 집단이다. 소숫점 몇째 자리까지는 4개의 자료 집단이 모두 같은 상관계수와 같은 최소제곱 직선을 갖는다. 회귀 방정식은 다음과 같다.

$$y = 3 + 0.5x$$

(a) 각 4개의 자료 집단에 대해서 각각의 산점도를 그리고 그 위에 회귀선을 그려라(회귀선을 그리기 위해서는 $x=5$, $x=10$을 방정식에 대입한다. 그리고 각 x에 대한 y을 예측한다. 이들 두 쌍의 점들을 그래프에 나타내고 이들을 지나는 직선을 긋는다).

(b) 주어진 각각의 자료 집단에 대해서 $x=10$일 때 y의 값을 예측하는데 회귀 직선을 사용할 수 있다고 생각하는가? 각 자료 집단에 대하여 이유를 설명하라.

15.19 수업에 참여하도록 돕자 주립대학교의 신입생들의 수업 참여와 성적에 대한 연구에서 수업 참여율이 높은 학생들이 높은 성적을 얻는 것으로 나타났다. 수업 참여율은 학생들 성적의 변동의 16%를 설명하고 있다. 수업 참여율과 성적에 대한 상관계수의 값은 얼마인가?

표 15.2 상관계수와 회귀선을 탐색하기 위한 4개의 자료 집단

자료 A											
x	10	8	13	9	11	14	6	4	12	7	5
y	8.04	6.95	7.58	8.81	8.33	9.96	7.24	4.26	10.84	4.82	5.68
자료 B											
x	10	8	13	9	11	14	6	4	12	7	5
y	9.14	8.14	8.74	8.77	9.26	8.10	6.13	3.10	9.13	7.26	4.74
자료 C											
x	10	8	13	9	11	14	6	4	12	7	5
y	7.46	6.77	12.74	7.11	7.81	8.84	6.08	5.39	8.15	6.42	5.73
자료 D											
x	8	8	8	8	8	8	8	8	8	8	19
y	6.58	5.76	7.71	8.84	8.47	7.04	5.25	5.56	7.91	6.89	12.50

15.20 농촌 인구의 감소 20세기 동안 미국 농촌에 사는 사람들의 수는 꾸준히 감소해 왔다. 다음은 1935년부터 2000년까지 농촌의 인구(백만명)에 대한 자료이다.

연도	1935	1940	1945	1950	1955	1960
인구	32.1	30.5	24.4	23.0	19.1	15.6
연도	1865	1970	1975	1980	1990	2000
인구	12.4	9.7	8.9	7.2	3.9	3.0

(a) 이 자료에 대한 산점도를 그리시오. 농촌 인구를 예측하기 위한 회귀선을 눈대중으로 그려라.

(b) 2020년도 농촌 인구를 예측하기 위해서 앞에서 그린 회귀선을 연장하라. 연장된 회귀선을 이용한 결과가 타당하다고 생각하는가? 이유를 설명하라.

15.21 많은 양의 포도주 연습문제 15.10에 1인당 포도주 소비량으로부터 100,000명당 심장병으로 인한 사망자 수를 예측하기 위한 최소제곱 직선이 주어졌다. 이 직선은 19개 선진국의 자료를 기초로 한 것이다. 방정식은 $y = 260.6 - 22.97x$ 이다. 1인당 150리터의 포도주를 소비하는 나라의 심장병에 의한 사망자 수는 얼마로 예측이 되는가? 이 결과가 사실이 될 수 없는 이유를 설명하라. 사망자 수를 예측하기 위해서 이 회귀선을 사용하는 것이 현명하지 않은 이유를 설명하라.

15.22 소방관들이 화재를 더욱 악화시키는가? 어떤 사람들은 “화재에 의한 피해의 양과 화재 장소에서 소방관의 수에 대해 강한 양의 상관관계를 갖는다. 따라서 많

은 소방관들을 보내는 것은 더 많은 피해의 원인이 된다."고 이야기한다. 왜 이 이야기가 잘못 되었는지를 설명하라.

15.23 자신의 자부심은 어떠한가? 잘 지내는 사람들은 자신들에 대해서 좋은 감정을 갖는 경향이 있다. 그들 자신에 대해서 좋은 감정을 갖도록 돕는 것은 아마도 학교나 생활에서 더 잘할 수 있도록 그들을 도와주는 것이다. 캘리포니아주는 동기를 촉진시키기 위해서 주 위원회를 만들었다. "자부심이 더 나은 학교생활의 원인"이라는 것과는 다르게 높은 자부심과 좋은 학교생활사이의 연관성을 설명할 수 있다고 생각하는가?

15.24 큰 병원이 나쁜가? 병원의 크기(병상 수 x로 측정됨)와 환자들이 병원에 입원해있는 날짜의 중앙값 y 사이에는 양의 상관관계가 있는 것이 연구결과에 의해서 알려졌다. 이것은 작은 병원을 선택하면 병원에 입원해 있는 날짜를 줄일 수 있다는 것을 의미하는가? 이유를 설명하라.

15.25 건강과 부귀 "건강과 나라의 부"라는 제목의 기사는 다음과 같이 말하고 있다.

> *건강과 1인당 수입에 대한 양의 상관관계는 국제 개발에서 가장 잘 아려진 관계중의 하나이다. 이 상관관계는 수입에서 건강으로 가는 우연한 연결고리를 반영한 것으로 일반적으로 생각되었다. … 최근에는 다른 흥미로운 가능성이 제기되었다. 즉, 건강-수입의 상관관계는 다른 방법인 건강에서 수입으로 가는 우연한 연결고리에 의해서 부분적으로 설명될 수 있다는 것이다.*

나라의 높은 수입이 어떻게 더 나은 건강의 원인이 될 수 있는지 설명하라. 그리고 더 나은 건강이 어떻게 높은 수입의 원인이 될 수 있는지 설명하라. 연결고리의 방향을 결정하는 간단한 방법은 없다.

15.26 수학이 대학에서 성공의 열쇠인가? 고등학교 졸업생 15,941명에 대해 대학에서 연구한 결과에 대한 신문기사는 다음과 같다.

> *고등학교에서 대수학과 기하학을 공부한 소수민족 학생들은 백인 학생과 같은 비율로 대학에서 성공한다.*
>
> *고등학교 수학과 대학 졸업 사이의 고리는 "거의 마술적이다."이라고 대학위원회 위원장 Donald Stewart는 말하고 "수학은 대학에서 성공의 문지기"라고 제안하였다.*
>
> *"이러한 결과는 모든 학생들이 대수학과 기하학을 공부하도록 하는 정책을 심각하게 고려해야 할 것이다."라고 그는 말했다.*

고등학교에서 여러 수학과목을 공부하는 것과 대학에서의 성공하는 것 사이의 연관성을 설명할 수 있는 숨어 있는 잠재변수들은 무엇인가? 대수학과 기하학을 공부하도록 요구하는 것이 대학에서 성공하는 학생에게 거의 효과를 갖지 못하는 이유를 설명하라.

15.27 인공 감미료가 체중 증가의 원인인가? 설탕 대신 인공 감미료를 사용하는 사람들은 설탕을 사용하는 사람들보다 체중이 더 무거운 경향이 있다. 이것은 인공 감미료가 체중을 증가시키는 원인이라 것을 의미인가? 이 연관성에 대해 더 타당한 설명을 하라.

15.28 TV 시청과 학교 성적 TV를 많이 시청하는 어린이들은 적게 시청하는 어린이들보다 학교 성적이 평균보다 낮다. TV 시청을 많이 하는 것과 학교성적이 나쁜 것 모두에게 영향을 주기는 숨어있는 변수들은 어떤 것들인가?

15.29 상관관계 IQ 성적과 학교 성적의 평균에 대한(연습문제 15.3) 상관계수는 $r = 0.634$이다. 포도주 소비량과 심장병에 의한 사망자 수에 대한(연습문제 15.7) 상관계수는 $r = -0.843$이다. 이 두 상관계수 중에서 어느 것이 강한 직선적 관계를 나타내고 있는가? 이유를 설명하라.

15.30 놀라운 모차르트 1998년 Kalamazoo(미시간) 심포니는 "소수를 위한 모차르트"라는 광고를 다음과 같이 했다. "질문: 언어 영역에서 51점 이상 그리고 수학 영역에서 39점 이상 얻은 학생들은 누구인가? 답: 음악에 경험이 있는 학생들이다." "음악에 경험"이 높은 시험성적의 원인이라는 주장에 대해서 어떻게 생각하는가?

15.31 최소제곱 직선의 계산 무엇인가 공부를 할 때 자세하게 아는 것을 좋아하는가? x로부터 y를 예측하기 위한 최소제곱 회귀선에 대한 공식은 다음과 같다. 두 변수의 평균을 $\overline{x}$와 $\overline{y}$, 표준편차를 s_x와 s_y, 그리고 상관계수를 r이라 하자. 최소제곱 직선의 방정식은 $y = a + bx$이고 여기서

$$\text{기울기}: b = r\frac{s_y}{s_x} \qquad \text{절편}: a = \overline{y} - b\overline{x}$$

제14장에 있는 예제 3에 화석 뼈의 길이에 대한 자료의 평균, 표준편차, 그리고 상관계수가 주어졌다. 이 값들을 공식에 대입하여 주어진 최소제곱 직선이

$$\text{상박부 길이} = -3.66 + (1.197 \times \text{넓적다리 길이})$$

가 되는지 보여라.

나머지 연습문제들은 계산기나 소프트웨어를 사용하여 자료로부터 최소제곱 회귀선을 구하라.

15.32 교수의 수영 연습문제 15.6의 수영 자료로부터

(a) 연습문제 15.6에 주어진 최소제곱 직선의 방정식을 검증하라.

(b) 맥박 수가 152라고 하자. 그리고 수영시간을 예측하고자 한다. 이 목적에 맞는 최소제곱 회귀선의 방정식을 구하시오. 예측된 수영시간은 얼마인가?

(c) (a)와 (b)의 두 직선은 다르다. 두 직선이 다른 이유를 설명하라.

15.33 포도주가 심장에 좋은가? 표 15.1은 19개 나라의 포도주 소비량과 심장병에 의한 사망자 수에 대한 자료이다. 연습문제 15.10에 주어진 최소제곱 직선을 검증하라.

15.34 항상 자료에 대해 그림을 그리시오. 표 15.2에 주어진 4개의 매우 다른 자료 집단이 정말로 같은 회귀계수와 같은 최소제곱 직선을 갖는지 의심스러울 것이다. 연습문제 15.18에 주어진 최소제곱 직선(근사적으로) $y = 3 + 0.5x$을 검증하라.

15.35 Web을 이용하기 관계와 원인이 나타나 있는 예제를 찾아라. 관계와 원인을 혼동하여 사용하는 예제들도 있고 그렇지 않은 예제들도 있을 것이다. 찾은 예제에 대한 자신의 결론은 무엇인가? www.dartmouth.edu/~chance/chance_news/news.html에서 좋은 예제들을 찾을 수 있을 것이다.

웹탐색

회귀선이 산점도에 있는 점들을 얼마나 잘 적합시키고 있는지를 아는 최선의 방법은 그림을 그리고 자료점들을 움직이고 그리고 점들의 변화에 따라 최소제곱 직선이 어떻게 움직이는 지를 볼 수 있는 애플렛을 이용하는 것이다. *통계학: 개념과 논의* Web 사이트, www. whfreeman.com/scc에서 "correlation and regression" 애플렛을 살펴보자. 회귀직선을 보기 위해서"Show least-squares line"를 클릭한다.

CHAPTER 16

소비자물가지수와 정부통계

정부의 중요한 통계

미국의 통계국에서 발표되는 많은 자료들 중에서 어느 것이 가장 중요한가? 현재 인구조사에서 매월 발표되는 실업률이 그 중 하나가 될 것이다. 실업률의 증가는 선거에 영향을 주고 그리고 정부의 정책에 변화를 줄 것이다. 또한 중요한 것 중 고려할 수 있는 것은 매월 소비자물가지수(Comsumer Price Index: CPI)이다.

CPI는 시간에 따른 상품들과 서비스들의 가격변동을 측정하는 것이다. 따라서 이것은 시간에 따른 달러 구매력의 하락을 측정하는 것이다. 만약 같은 상품들과 서비스들의 가격이 증가하면, 달러의 가치는 감소한다. 2004년의 1달러로 구매할 수 있는 양은 1982년에 비해 줄어들었다. 따라서 이것은 비록 1달러의 모양은 같으나 가치는 다르다는 것이다. CPI는 2004년 말에 1달러로는 1982년 초에 1달러로 구매할 수 있는 것의 반만을 구매할 수 있다는 것을 보여주고 있다. 2004년의 수입이 1982년에 비해 두 배가 되지 못한 사람들의 구매력은 감소되었다.

왜 CPI가 그렇게 중요한가? 이것은 그 당시의 선거와 정부정책에 영향을 준다. 또한 이것은 다른 통계와 공유될 수 없는 경제의 많은 부분을 직접적으로 연결시키고 있다. 구매력을 잃고 싶어 하는 사람은 아무도 없다. 따라서 충분한 영향력이 있는 집단들은 그들의 수입을 CPI와 직접적으로 관련시키려고 한다. CPI가 증가하면 사회보장 납부금은 자동적으로 올라가고, 따라서 군대 그리고 연방 관청에서 퇴직한 사람들의 연금도 올라간다. 2백만이 넘는 조합원들은 그들의 봉급이 CPI에 관련되도록 계약하였다. 노동 통계국은 80백만이 넘는 사람들의 수입이 CPI에 의해 직접적으로 영향을 받는다고 하였다. CPI가 1% 올라가면, 정부의 지출은 자동적으로 년간 $60억까지 증가한다. 소득세는 CPI와 같이 올라간다. 미국 저축채권을 구매할 수 있으나 그것의 가치는 CPI와 연관되어 있다.

또한 CPI는 미래의 계획을 세우는 사람들에게 중요하다. 교육 또는 은퇴를 대비해서 하는 저축은 달러 구매력의 하락을 고려해야 한다. 시간에 따른 구매력이 같은지를 살펴봄으로써 1982년 달러와 2004년의 달러의 가치를 비교하는데 CPI를 사용할 수 있다. 어떻게 구매력 비교하는 지를 이 장에서 다루도록 하자.

"1980년도에 발행된 1달러다. 지금은 그만한 가치는 없지만."

프로 운동선수들이 높은 연봉을 받는다는 것을 많은 사람들이 알고 있다. 예를 들어 메이저리그 야구의 경우, 연봉의 평균이 1982년에 \$2,372에서 2003년에 \$2,372,189로 높아졌다. 이것은 크게 증가한 것이다. 그럼에도 불구하고 이것은 처음 느낌처럼 큰 것은 아니다. *2003년에 1달러로는 1982년에 1달러만큼 구매할 수 없다. 즉, 1982년 연봉은 2003년 연봉과 직접적으로 비교될 수 없다.* 달러가 시간이 경과함에 따라 구매력이 점차적으로 하락한다는 것은 다른 년도의 달러를 비교하려고 할 때는 언제나 조정이 필요하다는 것을 의미한다. 조정은 쉽지만, 쉽지 않은 것은 달러의 구매력을 측정하는 것이다. 정부의 소비자물가지수(CPI)를 도구로 사용할 수 있다.

지수

CPI는 숫자로 표시하는 새로운 종류의 지수이다. 시간에 따라 반복 측정된 어떤 양적변수에 대해서도 지수로 나타낼 수 있다. 지수의 기본 개념은 "병원의 하루 입원 평균 비용은 1990년과 1996년 사이에 46% 올랐다."고 말하는 것처럼 변수의 변동 상황을 보여주는 것이다. 즉, 지수는 기준 시점으로부터 변동의 백분율을 나타내는 것이다.

지수

지수는 기준시점의 기준값에 대한 변수의 값을 측정하는 것이다. 지수를 구하는 공식은 다음과 같다.

$$\text{지수} = \frac{\text{값}}{\text{기준값}} \times 100$$

예제 1 지수의 계산

1갤런당 무연 보통 휘발유의 가격은 1994년 1월 첫 번째 주에 \$0.992 그리고 2004년 12

월 마지막 주에 $1.754이었다(이것은 에너지부에서 조사한 전국의 평균 가격이다). 1994년 1월 첫 번째 주를 기준 시점으로, 2004년 12월 마지막 주에 대한 휘발유 가격 지수는

$$지수 = \frac{값}{기준값} \times 100$$
$$= \frac{1.754}{0.992} \times 100 = 177$$

가 된다. 기준 시점, 1994년 1월에 대한 휘발유 가격 지수는 다음과 같다.

$$지수= \frac{0.992}{0.992} \times 100 = 100$$

기준 시점은 지수가 의미를 갖도록 하는데 필요하다는 것은 알았다. 기준 시점에 대한 지수는 항상 100이기 때문에, "1994=100"라고 쓰는 것은 기준시점이 1994년이라는 의미를 갖는다. 소비자물가지수에 관한 기사에서 이상한 방정식 "1982-84=100"을 발견 할 수 있을 것이다. 이것은 CPI에 대해 기준시점이 1982년부터 1984년까지라는 것을 간략하게 나타낸 것이다. 지수는 현재의 값을 기준값의 백분율로 나타낸 것이다. 지수가 177라는 것은 기준값의 177% 또는 기준값에서 77% 증가한 것을 의미한다. 지수가 57이라는 것은 현재 값이 기준값의 57%, 즉 43% 감소한 것을 의미한다.

고정 시장품목 물가지수

지수가 간단한 사실을 복잡한 말로 위장하려는 것에 지나지 않은 것으로 보일지도 모르겠다. "소비자 물가가 1982-84년 평균과 2004년 1월 사이에 85.2% 올랐다." 대신에 "소비자물가지수가(1982-84=100) 2004년 1월에 185.2%에 이르렀다."고 표현하는 이유가 무엇인가? 실제로 "지수"는 기준에 대한 변동의 측도이면서 또한 그 변동량도 나타내고 있다. 이러한 변동량은 고정된 가중치를 갖는 여러 변수들의 가중평균이다.

예제 2 산에서 사는 사람의 물가지수

Bill Smith는 산에 있는 통나무집에서 살면서 자급자족을 한다. 그는 단지 소금, 석유를 구입하고 그리고 전문 용접공의 서비스만을 받는다. 다음은 기준 시점인 1990년에 Bill이 구입한 내역서이다. 마지막 열에 있는 비용은 단위당 가격에 구입한 물량을 곱한 것이다.

물품 또는 서비스	1990년 구입물량	1990년 가격	1990년 비용
소금	100파운드	$ 0.50/파운드	$ 50.00
석유	50갤런	0.8/갤런	40.00
용접공	10시간	13.00/시간	130.00
		총비용 =	$220.00

1990년에 Bill이 구입하거나 서비스 받은 총비용은 $220이였다. 2004년 "산에서 사는 사람의 물가지수"를 구하기 위해서 2004년 가격을 이용하여 같은 물품과 서비스에 대한 비용을 계산하자. 계산된 내역서는 다음과 같다.

물품 또는 서비스	1990년 구입물량	2004년 가격	2004년 비용
소금	100파운드	$ 0.65/파운드	$ 80.00
석유	50갤런	0.90/갤런	50.00
용접공	10시간	22.00/시간	230.00
		총비용 =	$330.00

구입하거나 서비스 받은 총비용은 1990년에 $220이고 2004년에 $330이다. 따라서 산 사람의 2004년의 물가지수(1990=100)는 다음과 같다.

$$\text{지수} = \frac{330}{220} \times 100 = 150$$

예제 2에서 지적한 것은 시간에 따른 같은 물품과 같은 서비스에 대한 가격을 사용했다는 것이다. 용접공의 시간당 비용이 크게 증가했기 때문에 Bill은 아마도 그로부터 서비스 받는 것을 거부했을 것이다. 1990년과 2004년 사이에 Bill의 구입량의 변화를 무시하고 1990년의 구입량만을 사용한 지수는 문제가 되지 않는다. 총비용을 구하기 위해 수집된 물품과 서비스를 시장품목이라 부른다. 그리고 이 지수를 *고정 시장품목 물가지수*라고 한다.

고정 시장품목 물가지수

고정 시장품목 물가지수는 고정되어 수집된 물품과 서비스의 총비용에 대한 지수이다.

고정 시장품목 물가지수의 기본 개념은 각 품목(소금, 석유, 용접공)의 시간에 따른 가중치를 고정시켜 놓은 것이다. CPI는 모든 소비자들이 구매하는 수많은 품목들을 사용한 고정 시장품목 물가지수이다. 매 시점에서 정확하게 같은 품목들의 가격들을 비교하기 때문에 고정 시장품목을 가지고 합리적인 가격비교를 할 수 있다.

CPI의 이용

미국 소비자들이 구매하는 모든 비용에 대한 지수로써 CPI를 고려하자. 2004년 1월의 CPI가 185.2이라는 의미는 기준 시점인 1982년에서 1984년까지 비용이 $100인 물품과 서비스를 구입하는데 2004년 1월에는 $185.2를 지출해야 한다는 것이다. "모든 비용"에 대한 지수는 같은 년도의 달러 총액으로 전환하여 다른 년도의 달러 총액을 비교할 수 있게 한다. 예를 들어 "가구 수입의 중앙값, 불변(2000)달러"와 같은 제목을 가지고 있는 표를 *통계요약 보고서*에서 발견할 수 있다. 이 표는 2000년에 달러로 구매할 수 있는 만큼의 달러로 수입을 다시 나타낸 것이다. 불변 달러와 실제 수입에 대해 살펴보자. 비록 이것들이 다른 년도를 나타내고 있어도, 이것들의 의미는 총액을 같은 구매력으로 나타내는 것이다.

표 16.1은 1917년부터 2004년까지 CPI 년간 평균을 나타내고 있다. 그림 16.1은 표에 주어진 CPI의 값에 대한 년간 증가 백분율의 꺽은선 그래프이다. 이 그래프는 1915년에서 1920년까지, 1940년, 그리고 1975년부터 현재까지 높은 인플레이션이 있다는 것을 보여 주고 있다. 비록 중요한 변동이 있지만, 거의 모든 년간 증가 백분율은 양수이다. 일반적으로 20세기는 인플레션 시대였다. 이 우울한 사실에 직면해서 구매력의 하락에 대해 수정없이 달러를 생각하는 것은 어리석은 일이다. 다음은 한 시점의 달러를 다른 시점의 달러로 변환시키는 공식이다.

표 16.1 소비자물가지수의 년간 평균, 1982-84=100

연도	소비자물가지수	연도	소비자물가지수	연도	소비자물가지수
1917	10.1	1977	60.6	1991	136.2
1920	20.0	1978	65.2	1992	140.3
1925	17.5	1979	72.6	1993	144.5
1930	16.7	1980	82.4	1994	148.2
1935	13.7	1981	90.9	1995	152.4
1940	14.0	1982	96.5	1996	156.9
1945	24.1	1984	103.9	1998	163.0
1855	26.8	1985	107.6	1999	166.6
1960	29.6	1986	109.6	2000	172.2
1965	31.5	1987	113.6	2001	177.1
1970	38.8	1988	118.3	2002	179.9
1975	53.8	1989	124.0	2003	184.0
1976	56.9	1990	130.7	2004	188.9

출처 : Bureau of Labor Statistics.

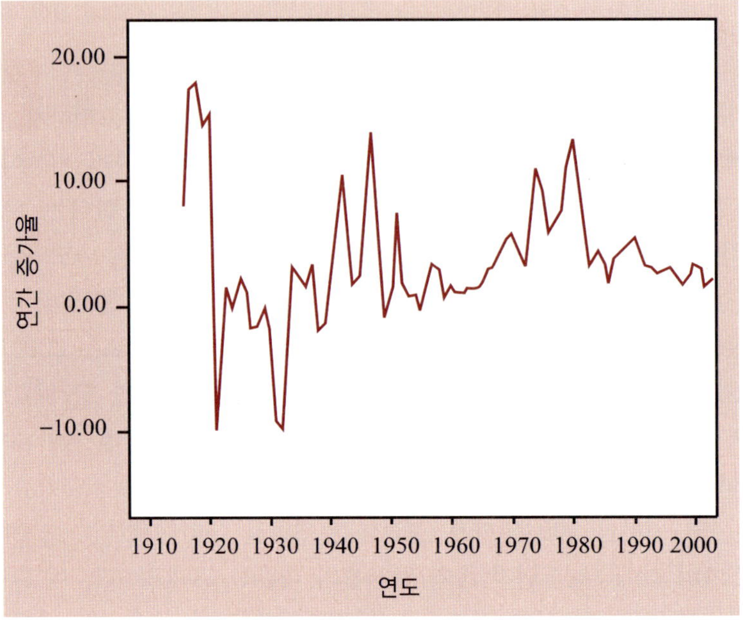

그림 16.1 1915년부터 2003년까지 CPI(1982−84=100)의 값에 대한 년간 증가 백분율

구매력의 변화에 대한 조정

시점 A에서 달러 총액을 같은 구매력을 갖는 시점 B의 달러 총액으로 변환하는 공식:

$$\text{시점 B에서 달러} = \text{시점 A에서 달러} \times \frac{\text{시점 B에서 CPI}}{\text{시점 A에서 CPI}}$$

예제 3 프로 운동선수들의 봉급

메이저리그 야구선수들의 연봉의 평균은 1980년 \$143,756에서 2003년 \$2,372,189로 증가하였다. 실제적으로 얼마나 많이 증가하였는가? 1980년 평균을 2003년 달러로 변환하자. 표 16.1에서 필요한 CPI를 구할 수 있다.

$$\text{2003년 달러} = \text{1980년 달러} \times \frac{\text{2003년 CPI}}{\text{1999년 CPI}}$$

$$= \$143,756 \times \frac{184.0}{82.4}$$

$$= \$321,009$$

즉, 1980년에 $143,756로 구매할 수 있는 것을 2003년에는 $321,009로 구매할 수 있다. 2003년 실제 연봉의 평균 $1,567,873을 1980년 연봉의 평균으로 환산한 $321,009를 사용해 연봉의 평균을 비교할 수 있다. 달러 구매력이 줄어들었다는 사실을 수정하면, 지금 운동선수들이 1980년도 운동선수들보다 훨씬 많은 돈을 벌고 있다는 것을 알 수 있다(몇 명의 우수한 선수들의 매우 높은 연봉이 연봉 평균을 높이고 있다. 2003년 연봉의 중앙값은 $800,000이다).

예제 4 수입이 증가하고 있는가?

프로 운동선수들의 소득 말고 일반인에 대한 소득에 대해 살펴보자. 미국 전체 가구의 년간 소득의 중앙값은 1980년에 $17,710이였다. 2003년에는 수입의 중앙값이 $43,318이 되었다. 소득이 두 배 이상 증가했으나, 달러 구매력의 감소 때문에 그만큼 증가했다는 것은 착각일 것이다. 이들 수입을 비교하기 위해서는 같은 년도의 달러로 나타내야 한다. 1980년도 가구 수입의 중앙값을 2003년도 달러로 나타내면 다음과 같다.

$$2003\ \text{달러} = \$17,710 \times \frac{184.0}{82.4} = \$39,547$$

1980년부터 2003년까지 23년 동안 가구 수입은 $39,547에서 $40,816로 증가했을 뿐이다. 즉 10% 증가한 것이다.

1980년도 소득이 $51,500 또는 그 이상인 상위 5%에 속하는 가구 소득은 다른 증가를 나타내고 있다. 이들의 소득을 2003년도 달러로 나타내면 다음과 같다.

$$2003\ \text{달러} = \$51,500 \times \frac{184.0}{82.4} = \$115,000$$

실제로 가구 소득이 상위 5%인 경우에는 2003년도 소득이 $154,120 또는 그 이상이다. 즉 34% 이상 증가한 것이다.

마지막으로 1980년도 소득이 $7,556 또는 그 이하인 하위 5%에 속하는 가구 소득에 대해 살펴보자. 이들의 소득을 2003년도 달러로 나타내면 다음과 같다.

$$2003\ \text{달러} = \$7,556 \times \frac{184.0}{82.4} = \$16,873$$

가구 소득이 하위 5%인 경우 2003년도 실제 소득은 $17,984 또는 그 이하이다. 즉 최대 7% 증가한 것이다.

독자들에게

생산 근로자인 "노동자"의 수입을 살펴보자. 그들은 1980년도에 시간당 평균 소득은 $6.84이었고, 2003년도에는 $15.35이었다. 1980년도 소득을 2003년도 달러로 환산하라. 1980년에서 2003년까지 노동자의 실제 소득은 몇 퍼센트 변했는가?

그 정도를 인플레이션이라 생각하는가?

1973년에 기름 가격 상승이 향후 10년 동안 CPI를 거의 두 배로 증가시키는 인플레이션 유발시켰을 때 미국 국민들은 행복하지 않았다. 그러나 다른 나라에 비하면 그것은 아무것도 아니다. 아르헨티나 경우에는 1989년 7월 한 달 동안에 가격이 127% 증가했다. 터키의 화폐 리라는 1970년 1달러당 14리라에서 2000년 1달러당 579,000리라로 증가했다. 독일 마르크화는 1920년 1월에 1달러당 65마르크에서 1923년 11월에 1달러당 4,200,000,000,000 마르크로 증가하였다. 이것이 인플레이션이다.

예제 4는 다른 년도의 달러를 비교하는 데 어떻게 CPI를 사용하는지를 보여 주고 있다. 이 예제에서 1980년도부터 상위 집단의 소득은 증가했으나 하위 집단의 소득은 거의 증가하지 않았다는 것을 알 수 있다. 다른 측면에서 보면, 전문성을 갖고 있거나 대학교육을 받은 사람들이 그렇지 않은 사람들보다 더 많은 소득을 올리고 있다는 것이다. 전문성을 갖고 있거나 교육을 많이 받은 사람들의 소득이 많이 증가하는 이유와 그렇지 못한 사람들의 소득을 어떻게 증가시킬 것인가는 논쟁의 대상이다.

CPI의 이해

CPI의 개념은 미국의 소비자들이 구매하는 모든 상품의 가격에 대한 지수이다. 이러한 개념은 실제적으로 많은 고정 상품을 필요로 한다. 많은 고정상품은 대표본 조사의 결과를 사용한다.

누구를 대상으로 할 것인가? CPI의 공식명칭은 모든 도시 소비자를 대상으로 한 소비자물가지수이다. CPI 시장품목은 도시에 살고 있는 사람들이 구입하는 상품을 나타내고 있다. "도시"의 공식적인 정의는 광범위하기 때문에 미국 인구의 약 80%를 포함하고 있다. 그러나 농촌에 살고 있는 사람들에게는 CPI가 적용되지 않을 것이다.

어떻게 시장품목을 선택할 것인가? 가구들마다 다른 물품을 구입하기 때문에 어떻게 단일 시장품목을 결정할 것인가? *소비자 지출 조사*는 30,000개 가구의 소비에 대해 자세하게 조사하여 자료를 수집한다. 표본조사를 통해서 노동통계국은 "과일과 야채," "새차와 중고차" 그리고 "병원과 관련된 서비스"와 같이 지출을 여러 개의 범주로 나눈다. 이때 "신선한 오렌지"와 같이 특정한 품목의 선택은 시장품목에 속한 각 집단을 나타내고 있다. 시장품목에 포함된 상품들은 전체 지출에서 차지하는 그들의 범주의 비율을 나타내는 가중치를 갖는다. 가중치들은 구매 형태의 변화에 따라 규칙적으로 갱신된다. 따라서 시장품목은 실제적으로 고정되어 있는 것이 아니다.

어떻게 가격을 결정하는가? 표본조사를 통해서 노동통계국은 매달 "신선한 오렌지"의 가격을 알아내야 한다. 그 가격은 도시마다 그리고 가게마다 다르다. 노동통계국은 매달 실제 구매형태가 나타나는 87개 도시에서 표본 추출된 가게에서 80,000개 상품의 가격을 조사한다. 16,800가구의 구매조사는 노동통계국이 각 범주에 속한 상품과 서비스를 구매하는 최근의 장소(대형매장, 편의점, 할인점 등)를 지속적으로 알 수 있게 한다.

CPI가 생계비의 변화를 측정하는가? 고정 시장품목 물가지수는 예제 2에서 설명한 것과 같이 시간의 경과에 따른 같은 생계비를 측정한다. 실제적으로 시간이 경과함에 따라 같은 시장품목의 상품이나 서비스를 계속 구매할 수는 없다. LP 레코드는 테이프 그리고 CD 레코드로 바뀌었고, 최근에는 DVD-Audio 디스크로 바뀌고 있다. 1985년도 생산된 새 자동차를 1995년이나 2002년에는 구매할 수 없다. 가격의 변화에 따라 구매 상품도 변한다. 만약 쇠고기의 값이 비싸지면 쇠고기 보다 닭고기나 돼지고기를 구입할 것이다.

고정 시장품목 물가지수는 생계비의 변화를 측정하지 못한다.

노동통계국은 최근 시장품목과 품질 변화에 대한 구매력을 안정시키기 위해서 노력하고 있다. 예를 들어 노동통계국은 매년 더 좋은 품질의 자동차에 대한 가격을 얼마나 올려야 하는지를 결정해야 한다. 1967년 12월 과 1994년 12월 사이에 실제로 자동차 가격은 313.4% 올랐으나, CPI로는 새 자동차의 가격은 172.1% 올랐다. 1995년에

통계적 논쟁거리들
CPI는 인플레이션을 과장하는가?

1995년 연방준비은행 위원장 Alan Greenspan은 CPI가 년당 0.5%에서 1.5% 가량 인플레이션을 과장한다고 추정했다. CPI의 증가는 연방지출을 자동적으로 유도하기 때문에 Greenspan은 이러한 과장을 좋아하지 않았다. 1996년 말 상원재정위원회에 의해서 임명된 외부 전문가 집단은 과거 CPI는 인플레이션 비율을 년당 약 1.1% 정도 과장했다고 추정했다. 노동통계국은 CPI가 인플레이션을 과장한다는 것에는 동의하지만은 전문가들이 추정한 년당 1.1%는 너무 높다고 생각했다.

CPI가 사실보다 더 빠르게 달러 가치를 하락시키는 것처럼 보이게 하는 이유들은 부분적으로 CPI의 특성 때문이고 부분적으로는 노동통계국의 빠른 조정이 제한되기 때문이다. 디지털 카메라 그리고 컴퓨터의 평면 모니터와 같은 새로운 상품의 가격들은 자주 높은 가격으로 출발해서 빠르게 낮아진다. CPI 시장품목은 너무 느리게 변해서 빠른 가격의 하락을 따를 수 없다. 낮은 가격의 할인매장 역시 CPI의 표본으로 느리게 포함된다. 비록 노동통계국이 더 좋은 품질을 조정하기 위해서 노력하고 있으나 외부 전문가들은 이러한 조정이 너무 영향이 없거나 너무 늦는다고 생각한다. 노동통계국은 많은 개선책을 만들어 왔다. 개선된 CPI는 1978년과 1998년 사이의 실제 CPI 보다 더 느리게 년당 약 0.5% 성장해왔다. 더 폭넓은 쟁점은 고장 시장품목 지수로서 CPI의 성질이다. CPI는 어떤 편차를 갖는가? CPI는 상향된 편차를 갖는가? 또는 하향된 편차를 갖는가? 즉, 생계비를 과소평가 하는가? 이유는 무엇인가?

더 좋은 품질에 대한 적응은 상품과 서비스의 가격에 있어 전체적인 증가를 4.7%에서 2.2%로 줄였다. 상품과 서비스의 가격은 CPI로 약 70% 올랐다. 나머지의 대부분은 주거비용—아파트 임대 또는 주택 구입-이다. 주택 가격은 노동통계국이 다루어야 할 또 다른 문제이다. 사람들이 주택을 구입하는 것은 일부는 거주하기 위해서 그리고 일부는 주택을 소유하는 것이 좋은 투자라고 생각하기 때문이다. 만약 주택을 소유하는 것이 좋은 투자이기 때문에 더 많은 돈을 지불한다면, 전체 가격은 CPI에 포함되지 않을 것이다.

CPI는 고정 시장품목 물가지수가 아니다. 노동통계국은 새로운 상품이 생산되고 구매 형태가 변화함에 따라 지속적으로 시장품목을 변화시켜야 한다. CPI는 생계비의 변화를 측정하지 못한다. 예를 들어 생계비의 일부인 세금은 포함되지 않고 있다.

비록 CPI가 구매하는 상품과 서비스를 고찰한다고 해도 이것은 생계비의 변화를 측정하지 못한다. CPI와 비슷한 지수로 “생계비지수”가 있다. 생계비지수는 가계가 일정한 소비수준을 유지하기 위하여 필요한 비용의 변동을 가격의 변동만이 아니라 지출규모 확대, 소비구조변동 등에 따른 가계소비지출변동도 포함하여 지수를 작성한다는 점에서 가격의 변동만을 대상으로 하는 CPI와는 차이가 있다.

정부통계의 역할

현대 국가들은 통계를 사용한다. 특히 경제 자료는 정부 정책을 유도하고 개인들과 기업들의 의사결정에 정보를 제공해준다. 물가지수 그리고 실업률과 같은 통계는 정부에 의해서 발표된다. 어떤 나라들은 Statistics Canada(www.statcan.ca)과 같이 하나의 통계청만 가지고 있고, 어떤 나라들은 정부의 여러 기관에 작은 통계국을 두고 있다. 특별한 경우로 미국은 72개의 연방 통계청을 가지고 있으며 이들은 거의 동등한 관계를 유지하고 있다. 조사국과 노동통계국은 통계관련 기관 중에서 가장 중요한 기관이나 때때로 경제 분석국, 전국 건강 통계센터, 법률통계국, 또는 연방 정부에서 수집한 통계를 이용하기도 한다.

여러 나라에 있는 정부 통계기관에 대한 1993년도 순위는 캐나다가 1위를 차지했고 미국은 영국 그리고 독일과 함께 6위를 차지했다. 일반적으로 상위 순위를 얻은 나라들은 일반적으로 독립적인 하나의 통계청을 가지고 있다. 1996년에 영국은 여러 통계기관을 하나의 통계청(www.ons.gov.uk)으로 통합하였다. 미국 정부통계는 여러 기관으로부터 얻어진다.

시민들은 정부통계 기관으로부터 무엇을 원하는가? 무엇보다도 그들이 원하는 것은 경제와 사회의 변화를 따라가는 정확하고 적절한 자료이다. 정확한 자료를 발표하기 위해서는 중요한 자원이 필요하다. 실업률이나 CPI를 위한 대표본을 고려해보자. 미국의 주요 통계청들은 정확도에 대해 좋은 명성가지고 있고, 자료를 수집하여 빠르게 발표하는 것은 다른 나라에 비해 선두에 있다. 발표되는 정보는 변화를 따라가기 충분하지 않다. 따라서 CPI가 구매 습관의 변화와 품질의 변화를 나타낼 수 있도록 조정하는 것이 하나의 과제이다. 다른 과제는 미국의 경제통계가 생산업에서 경제 활동의 중심인 서비스업으로 이동하는 경향을 나타내는데 실패했다는 것이다. 경제 단체들은 전체 주들의 경제 자료에 대해 강한 불만을 가지고 있다. 이러한 많은 어려움들은 자본의 부족에 기인한다. 1980년 이후 정치적인 이유로 연방 지출을 감소함으로서, 정부 통계기관들은 연구원을 줄였고 과제를 축소했다. 낮은 급여로 인해 우수한 경제학자와 통계학자들이 정부를 위해서 일하는 것에 매력을 잃었다. 통계를 위해 지출되는 정부 예산의 수준은 정부에서 발표되는 자료에 대한 우리의 시각에 의존된다. 즉, 정부에서 발표하는 자료가 정부의 정책을 결정하는데 사용되는 것보다 주로 개인 사업에 이용되고 있다는 것이다. 아마도 이러한 자료는 개인적으로 관심이 있거나 또는 사용료를 지불하는 사람들을 위해서 편집되고 산출될 것이다. 이것은 통계에 대한 문제보다는 정치적인 문제이다. 그러나 이것은 우리가 원하는 정부통계의 수준을 결정하는데 도움을 줄 것이다. 정부통계가 정치적인 영향으로부터 벗어나는 것은 정부통계의 정확성과 적절성처럼 매우 중요한 일이다.

"대통령 각하, 우리는 경제가 어떻게 변화하고 있는지 정부가 알아야만 한다는 것을 압니다. 그렇지만 모든 사람들도 정확히 알도록 통계를 발표해야 하지 않을까요?

사회통계의 문제

전국 경제 통계는 정부, 매스컴, 그리고 일반인들에 의해서 잘 확립되어 있다. 또한 정부는 교육, 보건, 주택, 그리고 범죄와 같은 사회 문제에 대한 많은 자료를 발표한다. 사회통계는 경제통계보다 더 많은 보안이 필요하다. 식생활에 얼마나 많이 지출을 하는지에 대한 좋은 자료는 많이 있으나 얼마나 많은 사람들이 나쁜 영양 상태에 있는가에 대한 정보는 적다. 또한 사회통계는 경제통계보다 부주의하게 산출된다. 일반적으로 경제통계는 대표본에 기초를 하며, 자주 편집되고, 그리고 짧은 시차를 두고 발표한다. 왜냐하면 정부가 경제통계를 이용하여 매달 경제 정책을 수립하기 때문이다. 사회통계는 사회를 이해하고 문제점을 인식하는데 도움을 주지만 단기간 관리를 위해 필요로 하지는 않는다.

정부가 사회통계를 산출하는 것을 꺼려하는 또 다른 이유는 많은 사람들이 정부가 그들의 성적 행위 또는 종교에 대해 조사하는 것을 원하지 않는다. 그러나 많은 사람들은 그들의 의견에 대해 조사하는 것을 정부가 피하고 있다고 느끼고 있다. 즉, 정부는 "의사를 마지막으로 방문한 것이 언제 입니까?"라는 질문에는 부담이 없지만은 "보건복지에 대해 얼마나 만족하고 있습니까?"라는 질문에는 부담을 가지고 있다는 것이다. 이러한 문제들은 국민이 정부를 믿지 못하는 결과를 초래한다. 왜냐하면 성적 행위는 AIDS의 확산에 영향을 주었고, 보건복지는 국민들에게 매우 중요한 것이기 때문이다. 이러한 문제들에 대한 여론은 선거와 정치에 의해 영향을 받는다. 따라서 사회통계의 문제는 성적 행위, 종교, 그리고 다른 사회 문제들에 대해서 정부를 곤란하지 않게 하면서 지속적으로 정확한 정보를 어떻게 얻을 수 있는가 하는 것이다.

미국에서는 해결책으로 정부기금으로 표본조사를 결정했다. AIDS 정책을 위해서 성적 행위에 대해서 표본조사를 하기로 결정했으나 실행하지 못했다. 대신 시카고 대학에 있는 National Opinion Research Center(NORC)에서 매우 적은 성인 3452명을 조사했다. NORC에 속해 있는 General Social Survey(GSS)는 정부기금으로 운영된다. GSS는 "사실"과 "의견"이라는 항목을 가지고 있다. 응답자들은 직업에 대한 안정성과 만족도, 그리고 그들이 사는 지역, 친구, 그리고 가족에 대한 만족도에 대해 응답을 해야 한다. 그리고 인종, 종교, 성별에 대해서도 응답을 해야 한다. 만약 정부에서 과거에 X-등급의 영화를 본적이 있는지를 물으면 미국인들은 응답하지 않을 것이다. 그러나 GSS에서 묻는다면 그들은 응답을 할 것이다. GSS의 웹사이트는 webapp.icpumich.edu/GSS/이다.

미국인들은 정치적인 압력이 적기 때문에 정부기금으로 대학에서 간접적으로 조사하는 것에 대해서 정부가 직접 조사하는 것보다 큰 거부반응을 갖지 않는다. 그러나 정부에서는 기금을 축소해서 GSS의 역할이 축소되고 있다.

요약

지수는 어떤 **기준 시점**의 기준값에 대한 현재의 변수값을 나타내고 있다. **고정 시**

장품목 물가지수는 고정되어 수집된 물품과 서비스의 총비용에 대한 지수를 나타내고 있다. 정부의 **물가지수**는 소비자가 구매하는 모든 물품과 서비스에 대한 고정 시장품목 물가지수로 생각해야 한다. CPI는 시간이 경과함에 따라 소비자 가격의 변화를 나타내고 있기 때문에, 이것을 같은 구매력을 갖는 어떤 시기의 화폐의 가치에서 다른 시기의 화폐의 가치로 변환할 수 있다. 이러한 변환은 다른 시기의 화폐가치들을 실제적으로 비교하기 위해서 필요한 것이다.

여러 종류의 대표본 조사에서 얻어진 자료를 사용하는 CPI에 대한 세부적인 내용은 복잡하다. 구매 형태의 변화, 새로운 상품, 그리고 개선된 품질들을 변화 때문에 CPI를 진정한 고정 시장품목 물가지수라고 할 수 없다.

정부 통계기관은 정부의 정책과 개인 그리고 기업들이 필요로 하는 자료를 산출하고 있다. 자료는 적절한 시기에 정확하게 산출되어야 하며, 정치적 영향을 받지 않아야 된다. 그래야만 국민이 정부 통계기관의 독립성과 능력에 대한 확신을 갖게 된다.

EESEE

"Health Care Graphics"는 특정 건강관리 그룹에서 시간에 따른 건강관리 비용의 변화를 보여주고 있다. 이 이야기를 읽고 두 번째 질문에 답하여라.

EXERCISES

만약 필요한 년도의 CPI가 표 16.1에 나타나 있지 않으면 가장 최근 년도의 CPI를 사용하라.

16.1 **휘발유의 가격** 년말 무연 보통 휘발유의 갤런 당 평균가격의 변동은 다음과 같다.

1983	$1.24
1993	$1.11
2003	$1.59

1983, 1993, 그리고 2003년도 휘발유 물가지수(1993=100)를 구하라.

16.2 **대학의 수업료** 대학 수업료(1982–84=100)에 대한 CPI는 2004년 9월에 460.4이었으며, 그 달 전체적인 CPI는 189.9이었다.

(a) 기준 시점과 2004년 9월 사이에 대학의 수업료가 인상되었다는 것을 어떻

게 지수 460.4를 통해서 알 수 있는 지를 정확하게 설명하라.

(b) 대학의 수업료는 일반적인 소비자 가격보다 매우 빠르게 증가하였다. 이것을 어떻게 알 수 있는가?

16.3 휘발유의 가격 연습문제 16.1의 결과를 이용하여 다음 질문에 답하라.

(a) 1983년과 2003년 사이에 휘발유 가격지수는 얼마나 변했는가? 이것은 몇 %가 변한 것인가?

(b) 1993년과 2003년 사이에 휘발유 가격지수는 얼마나 변했는가? 이것은 몇 %가 변한 것인가?

16.4 독극물의 방출 환경 보호 기관은 독극물의 방출에 대한 목록을 제출하도록 산업체에 요구했다. 1988년에 총 방출량(단위: 1,000파운드)은 3,153,730이고, 1998년에는 1,786,358, 그리고 2002년에 1,593,744이었다. 1988년을 기준 시점으로 하여 주어진 년도의 독극물 방출에 대한 지수를 구하라. 1988년과 2002년 사이에 독극물 방출량의 몇 %가 증가 혹은 감소하였는가?

16.5 얼마나 많은 달러를 구입해야 하는가? 시간에 따라 달러의 구매력은 변한다. 노동통계국에서는 소비자 물가지수(CPI)를 발표한다. 만약 CPI가 120이라는 것은 기준년도에 상품과 서비스에 대한 가격이 $100이였으나 지금은 $120라는 것이다. 다음은 1970년부터 2002년까지 CPI의 평균값이다. 기준년도는 1982에서 1984년까지이다.

년도	CPI	년도	CPI	년도	CPI
1970	38.8	1982	96.5	1994	148.2
1972	41.8	1984	103.9	1996	156.9
1974	49.3	1986	109.6	1998	163.0
1976	56.9	1988	118.3	2000	172.2
1978	65.2	1990	130.7	2002	179.9
1980	82.4	1992	140.3		

(a) 시간에 따라 CPI가 어떻게 변했는지를 알기 위한 그래프를 그려라.

(b) 가격변동의 전체적인 추세는 어떠한가? 전체적인 추세와 다른 년도가 있는가?

(c) 증가 백분율이 가장 빠르게 증가한 년도와 가장 느리게 증간한 년도는 언제인가?

16.6 로스앤젤레스와 뉴욕 노동통계국은 전국 CPI와 주요 대도시 지역별 소비자 물

가지수를 발표하였다. 2004년 1월에 CPI(1982-84=100)는 로스앤젤레스가 188.5이고 뉴욕이 199.9이었다.

(a) 주어진 CPI는 기준 시점과 2004년도 초 사이에 로스앤젤레스보다 뉴욕의 물가가 빠르게 증가했다는 것을 나타내고 있다. 그 이유를 설명하라.

(b) 주어진 CPI가 2004년 1월의 뉴욕 물가가 로스앤젤레스의 물가보다 높다는 것을 나타내고 있는 것은 아니다. 그 이유를 설명하라.

16.7 식성이 까다로운 사람의 음식 물가지수 다음은 식성이 까다로워 스테이크, 밥, 그리고 아이스크림만을 먹은 사람이 1995년도에 구매한 자료이다.

목록	1995년도 구입량	1995년도 가격
스테이크	200파운드	$5.45/파운드
밥	300파운드	$0.49/파운드
아이스크림	50갤런	$5.08/갤런

식성이 까다로운 사람이 어머니 집을 방문한 후에 구입하는 식품에 오렌지를 포함시켰다. 1995년도 오렌지의 가격은 $0.56/파운드였다. 다음은 2005년도에 구매한 식품의 자료이다.

목록	2005년도 구입량	2005년도 가격
스테이크	175파운드	$6.89/파운드
밥	325파운드	$0.55/파운드
아이스크림	50갤런	$6.69/갤런
오렌지	100파운드	$0.63/파운드

2005년도 고정 시장품목 물가지수(1990=100)를 구하라.

16.8 힌두교 교사의 물가지수 힌두교 교사는 그의 제자들을 위해서 힌두교 만투라에서 선택한 올리브기름, 간단한 옷, 그리고 아타르바베다(*Atharva Veda*) 성전만을 구입한다. 다음은 1985년과 2005년에 구입한 물량과 가격이다.

목록	1985년 구입량	1985년 가격	2005년 구입량	2005년 가격
올리브기름	20파인트	$2.50/파인트	18파인트	$4.30/파인트
간단한 옷	2	2.75/개	3	3.00/개
아타르바베타	1	10.95	1	16.95

주어진 자료로부터 2005년도 힌두교 교사의 고정 시장품목 물가지수(1985=100)를 구하라.

16.9 Bambino의 저주 1920년 보스턴 레드 삭스는 베이비 루스를 뉴욕 양키즈에

$125,000에 이적시켰다. 1920년부터 2004년 사이에 양키스는 월드 시리즈에서 26번 우승했으나 레드 삭스는 한 번도 우승하지 못했다. $125,000은 2004년도 달러 가치로 얼마나 되는가?

16.10 희망 Julie는 1999년에 대학에 입학할 때 그녀가 졸업할 때까지 $40,000을 벌겠다고 목표를 세웠다. Julie는 2003년에 졸업을 했다. 2003년의 $40,000과 같은 구매력을 갖기 위해서는 1999년에 얼마를 벌어야 하는가?

16.11 너무 오래 살았는가? 만약 부부 모두가 65세까지 살아있다면 적어도 그 중 한 명이 93세까지 사는 경우가 전체의 반이다. 이러한 사실에 당신은 놀랄 것이다. Myrna와 Bill은 1975년에 은퇴를 했으며, 은퇴 후 연간 수입은 $12,000이였다. 그들의 수입은 1975년도 가족수입의 중앙값에 해당되는 것으로서, 그들은 안락하게 생활했다. 그들은 28년 후인 2003년에 얼마의 수입을 가져야 1975년의 수입과 같은 구매력을 갖는가?

16.12 마이크로웨이브의 판매액 인하. 일반적으로 새로운 상품은 높은 가격으로 시작해서 빠르게 낮아진다. 1955년도에 처음 출시된 가정용 마이크로웨이브 오븐의 가격은 $1,300이였다. 그러나 지금은 더 좋은 마이크로웨이브 오븐을 $100에 살 수 있다. 가장 최근 CPI를 찾고(노동통계국 Web 사이트: www.bls.gov/cpi/home.htm), 그것을 이용하여 현재 $100를 1955년도 화폐가치로 환산하라. $1,300와 비교하여 마이크로웨이브 오븐의 가격이 실제로 얼마나 낮아졌는가?

16.13 유능한 골프선수 2004년에 Vijay Singh는 PGA 투어에서 $10,905,166을 벌었다. 1940년에는 최고의 수입 $10,655를 얻은 선수는 Sam Snead이였다. Jack Nicklaus는 1976년에 최고의 수입 $266,499을 올린 선수였다. 어떻게 이들의 수입을 비교할 수 있는가?

16.14 Joe DiMaggio 뉴욕 양키즈의 중앙 수비수 Joe DiMaggio의 연봉은 1940년에 $32,000이였고, 1950년에는 $100,000이였다. 그의 1940년 연봉을 1950년의 화폐가치로 나타내어라. 10년 동안 DiMaggio의 실제 수입은 몇 %나 변했는가?

16.15 런던의 통화료 AT&T를 사용하여 런던에 전화하면 10분당 통화료가 1976년에는 $12였고, 2004년에는 $15이였다. 이들 통화료의 실제 가격을 비교하라. 1976년과 2004년 사이에 통화료는 실제로 몇 %나 감소하였는가?

16.16 하버드에 지불하는 금액 하버드는 1976년에 수업료와 기숙사비로 $5,900을 부

과하였다. 그리고 2003년에는 $37,928를 부과하였다. 1976년에 부과된 금액을 2003년도 화폐가치로 나타내어라. 하버드가 부가한 금액은 일반적인 소비자 가격보다 빠르게 또는 느리게 증가하였는가? 이유를 설명하라.

16.17 **최소임금** 연방정부는 고용주가 근로자에게 지불해야 할 시간당 최소임금을 정하였다. 근로자들은 높은 최소임금을 원하지만 경제학자들은 너무 높은 최소임금은 고용주들이 숙련되지 않은 근로자들을 고용하는 것을 꺼리게 만들어 실업률을 증가시킨다고 주장하고 있다. 다음은 시간당 최소임금에 대한 자료이다.

년도	1960	1965	1970	1975	1980	1985	1990	1995	2003
최소임금	$1.00	$1.25	$1.60	$2.10	$3.10	$3.35	$3.80	$4.25	$5.15

1960년을 불변 달러로 하여 표 16.1에 주어진 CPI의 년간 평균을 이용하여 최소임금을 다시 나타내어라. 주어진 년도에 대한 실제 최소임금과 불변 달러로 나타내어진 최소임금을 한 개의 도표 위에 두 개의 꺾은선 그래프로 나타내어라. 그래프가 최소임금에 대해 무엇을 나타내고 있는지를 설명하라.

16.18 **대학 수업료** 다음은 콜로라도 주립대학에서 콜로라도주에 거주하는 학생들에게 부과된 년간 수업료에 대한 자료이다.

년도	1983	1985	1987	1989	1991	1993
수업료	$1,008	$1,275	$1,474	$1,636	$1,855	$2,022
년도	1995	1997	1999	2001	2003	
수업료	$2,174	$2,258	$2,340	$2,502	$2,908	

1983년을 불변 달러로 하여 표 16.1에 주어진 CPI의 년간 평균을 이용하여 년간 수업료를 다시 나타내어라. 주어진 년도에 대한 실제 수업료와 불변 달러로 나타내어진 수업료를 한 개의 도표위에 두 개의 꺾은선 그래프로 나타내어라. 그래프가 수업료에 대해 무엇을 나타내고 있는지를 설명하라.

16.19 **2004년대 1982년** 제16장의 서론에서 "2004년 말의 1달러로 1982년 초에 1달러로 구매할 수 있는 것의 반만 구매할 수 있다."고 하였다. 2004년 11월의 CPI는 191.0이였다. 표 16.1로부터 1982년도 CPI의 평균은 96.5임을 알 수 있다. 왜 이들 CPI가 앞 문장에서 "반만 구매할 수 있다."는 것을 증명하고 있는지를 설명하라.

16.20 **소득의 증가** 예제 4에서 전체 가구의 실제 소득의 중앙값(2003년도 달러로)이

1980년에 $39,547에서 2003년도에 $43,318로 증가하였다는 것을 알았다. 그 기간 동안 가구의 상위 5%에 대한 실제 소득은 $115,000에서 $154,120로 증가하였다. 예제 4에서 소득의 중앙값은 10% 증가하였고, 그리고 상위 5%의 실제 소득은 34% 증가하였다는 주장을 증명하라.

16.21 유선 TV 유선 TV 시스템은 전국에서 더 많은 방송을 시청할 수 있게 하였고 따라서 그들은 더 많은 시청료를 부과하였다. CPI의 관점에서 보면 비록 시청자들이 더 많은 시청료를 지불했음에도 불구하고 유선 TV 시청료는 결코 오르지 않았다. 그 이유를 설명하라.

16.22 CPI 품목의 비중 주택을 구매하는 비용은(투자 성분은 제외하고) CPI의 약 22% 이상을 차지한다. 그리고 주택을 임대하는 비용은 약 6% 이상을 차지한다. 20% 그리고 6%의 의미는 무엇인가? 왜 주택을 구입하는 비용이 지수에 더 많은 비중을 차지하고 있는가?

16.23 CPI가 꼭 맞는 것은 아니다. CPI는 가격변화의 개인적인 경험을 측정하는 것은 아니다. 아래와 같은 사람들에게는 CPI가 잘 적용되지 않는 이유를 설명하시오.

(a) Marcia는 몬테나에 있는 소 방목장에서 산다.

(b) Jim은 가정 난방에 나무를 사용하는 난로를 사용하며 에어콘을 가지고 있지 않다.

(c) Luis와 Maria는 심각한 교통사고를 당해서 작년의 대부분을 재활원에서 보냈다.

16.24 계절적 조정 많은 정부의 시계열자료처럼 CPI는 조정되지 않은 형태와 계절적으로 조정된 형태의 두 가지 형태로 산출된다. 노동통계국은 "단계적 확대를 위한 계절 변동에 대해 조정되지 않은 지수를 사용하라."고 강력하게 권고하고 있다. 여기서 단계적 확대란 CPI의 변화에 뒤떨어지지 않게 임금 또는 다른 보수들을 조정하는 것을 의미한다. 이러한 목적을 위해서 조정되지 않은 CPI가 선호되는 이유는 무엇인가?

16.25 CPI에 대하여 노동통계국은 전국 CPI를 비롯해서 4개의 구역과 26개 지방지역에 대한 CPI를 산출한다. 각 구역과 지방지역의 가격은 전국 가격의 표본이 된다. 노동통계국은 지방지역 CPI는 전국, 그리고 구역의 CPI보다 매우 많이 변하기 때문에 지방지역 CPI는 주의하여 사용해야 한다고 지적하고 있다. 그 이유는 무엇인가?

16.26 빈곤의 기준 연방정부는 매년 다른 규모의 가구에 대한 “빈곤의 기준”을 발표한다. 발표되는 수준보다 낮은 소득의 가구는 빈곤하게 살고 있다고 고려된다. 경제학자는 매년 빈곤의 기준을 통해서 “일반인들의 소득이 증가하는 것과 같이 기준도 실제 경계에 있어 높아지는 경향이 있다.”고 지적하고 있다. 공식적인 빈곤의 수준에 대하여 “실제 경계에 있어 높아지는”이 의미하는 것은 무엇인가?

16.27 실제 임금 미국에서 침체된 임금에 대한 많은 보고서 중에서 한 보고서는 “1980년대에 실제적으로 모든 소득자들이 실제 임금에 있어 하락에 직면했다. 근로자들 중 제33백분위수가 실제 임금의 14% 하락을, 제66백분위수가 실제 임금의 6% 하락을 경험했고, 그리고 분포의 상위 꼬리부분만이 1%의 실제 임금의 증가를 경험했다.”는 것을 지적하고 있다.

(a) “소득 분포의 제33백분위수”의 의미는 무엇인가?

(b) “실제 임금”의 의미는 무엇인가?

16.28 비용을 절약할 것인가? 정부통계에 대한 비용을 줄이는 방법 중의 하나는 표본의 크기를 줄이는 것이다. 예를 들어 인구조사에서 표본을 50,000가구에서 20,000가구로 줄이는 것이다. 왜 표본을 줄이면 결과의 정확도도 줄어드는지 설명하라.

16.29 일반적인 사회조사 일반적인 사회조사는 매년 같은 질문들을 반복해서 시행해야 한다고 강조하고 있다. 그 이유는 무엇이라고 생각하는가?

16.30 범죄의 영향 측정 사회통계의 한 부분으로 범죄의 총계와 사람들의 태도와 행동에 대한 범죄의 영향력을 측정하기를 원한다. 주어진 각 범주로부터 측정이 가능한지를 판단하라.

(a) 경찰 기록과 같은 공식적인 출처로부터 수집된 통계

(b) 시민들의 표본 조사를 이용해서 수집된 실제적인 정보

(c) 표본 조사를 이용해서 수집된 의견과 태도에 대한 정보

16.31 통계조사 기관들 다음 정부 통계조사 기관들에 대하여 간략하게 설명하라. FedStats Web 사이트(www.fedstats.gov)에 접속한 후 “Agency”에서 정보를 얻을 수 있다.

(a) Bureau of Economic Analysis(Department of Commerce)

(b) National Center for Education Statistics

(c) National Center for Health Statistics

16.32 Web을 이용하기 노동통계국 Web 사이트 www.bls.gov/cpi/home.html에서 대학 등록금에 대한 최근 지수를 찾아라. 어떻게 이 지수와 CPI를 비교할 수 있는가?

웹탐색

소비자물가지수(CPI)는 노동통계국 Web 사이트, stats.bls.gov/cpi/home.htm에서 온라인상으로 알 수 있다. "Frequently Asked Questions"를 보면 CPI와 그것을 어떻게 사용하는지에 대한 설명이 나와 있다. 가장 최근 CPI는 이 사이트의 가장 최근 뉴스에 나와 있다.

만약 자료를 원한다면, 노동통계국 자료페이지, stats.bls.gov/datahome.htm에서 "Most Requested Series"를 선택한 후 "Average Price Data"를 선택하면 식빵 그리고 휘발유 등과 같은 것들이 시간이 경과함에 따라 가격이 어떻게 변해왔는가를 알 수 있다.

미국 정부의 통계기관은 여러 기관으로 분리되어 있지만은 서로 협력하여 하나의 FedState Web 사이트를 통해서 여러 기관에 접속할 수 있도록 하였다. www.fedstats.gov에 접속한 후 "Agencies"를 클릭하면 여러 종류의 미국 정부통계에 대한 정보를 얻을 수 있다.

PART II

Review

자료 분석이란 그래프나 요약된 숫자를 이용하여 자료를 나타내는 것이다. 자료 분석의 목적은 자료의 가장 중요한 특징을 이해하는 것이다. 제10장에서 기본적인 그래프들 중 특히 파이 도표, 막대그래프, 그리고 꺾은선 그래프들을 다루었다. 제11장에서 제13장까지는 한 변수의 분포를 나타내기 위해서 사용되는 통계적 개념과 도구가 어떻게 자료 분석에 사용되는가를 살펴보았다. 그림 II.1은 이러한 개념을 도표화한 것이다. 자료에 대한 그림을 그리고 평균과 표준편차, 또는 다섯 숫자 요약들을 이용하여 자료의 중심과 퍼짐을 나타낼 수 있다. 마지막 단계로 단지 어떤 자료에 대해서만 적용되지만 전체적인 형태의 모형으로서 정규곡선을 사용함으로서 자료를 간략하게 요약할 수 있다.

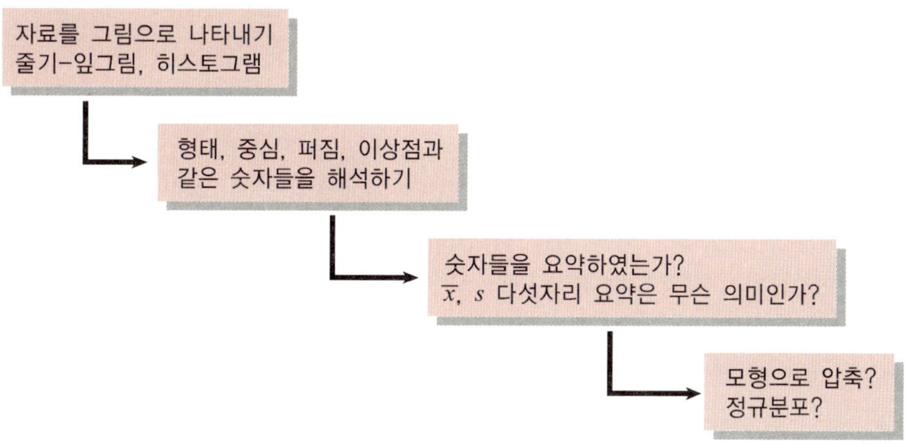

그림 II.1

숫자 요약과 정규분포의 유용성은 자료에 대한 그래프의 형태에 의존한다는 것을 마지막 두 단계에 있는 물음표가 상기하게 한다. 불규칙한 형태 또는 여러 구별되는 집락이 있는 자료는 간단한 요약으로 나타낼 수 없다.

제14장과 제15장에서는 같은 개념을 두 개의 양적 변수들의 관계에 적용하였다. 그림 II.2는 그림 II.1로부터 개략적인 개념을 다시 나타낸 것이다. 항상 자료에 대한 그래프를 그리는 것으로부터 시작해야 한다. 산점도의 경우 대략적으로 직선적 형태를 나타내고

있는 자료에 대한 숫자 요약을 배웠다. 배운 숫자 요약은 두 변수들의 평균들과 표준편차들 그리고 그들의 상관계수이다. 그래프에 그려진 회귀직선은 예측하는데 사용할 수 있는 전체적인 형태의 간략한 모형을 제공해준다. 그림 II.2의 마지막 두 단계에 있는 물음표는 상관과 회귀는 단지 직선적 관계만을 나타내고 있다는 것을 상기시켜준다.

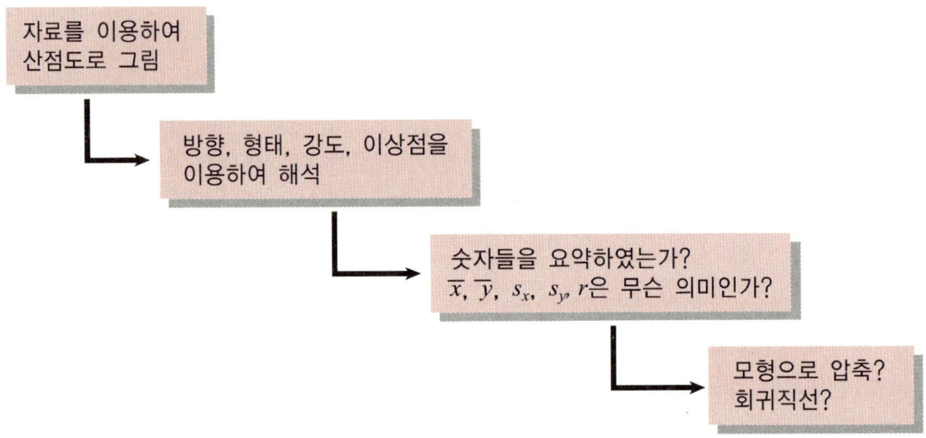

그림 II.2

관계는 인과관계에 대한 의문을 제기한다. 임의 비교실험에 대한 결과는 한 변수가 다른 변수의 변화에 영향을 주는지를 결정하는데 중요한 증거가 된다. 제15장에서는 직접적인 인과관계가 없음에도 불구하고 어떻게 강한 관계가 자료에 나타날 수 있는지를 더 자세히 살펴보았다. 항상 이면에 있는 잠재변수의 효과에 대해서 생각해야 한다. 제16장에서는 소비자물가지수를 통해서 새로운 표현 방법인 지수에 대하여 알아보았다. 또한 통계분야에서 중요한 정부 통계기관에 대해서 살펴보았다.

Part II 요약

다음은 제10장부터 제16장까지 포함된 내용 중에 가장 중요하다고 생각되는 부분들을 기술하였다.

A. 분포의 표현

1. 범주형 변수와 양적 변수를 구분한다.

2. 파이 도표를 사용할 수 있는지 없는지를 판단한다.
3. 범주형 변수의 분포를 나타내거나 또는 관계가 있는 양을 비교하기 위해서는 막대그래프를 그린다.
4. 파이 도포와 막대그래프의 특징을 살펴본다.
5. 시간에 따라 얻어지는 양적 변수는 꺾은선 그래프로 나타낸다.
6. 꺾은선 그래프에 나타나는 추세와 계절변동의 형태에 대해 살펴본다.
7. 특히 히스토그램과 눈금이 왜곡된 꺾은선 그래프와 같은 그래프의 오용에 대해서 인식을 하고 있어야 한다.
8. 양적 변수의 분포는 히스토그램으로 나타낸다.
9. 관측값의 개수가 적은 자료의 분포는 줄기 그림으로 나타낸다. 줄기 그림을 효과적으로 나타내는데 필요하다면 관측값들을 반올림한다.

B. 분포의 묘사(양적 변수)

1. 히스토그램 또는 줄기 그림으로부터 전체적인 형태를 살펴보고 전체적인 형태로부터 편향을 살펴본다.
2. 히스토그램 또는 줄기 그림으로부터 분포가 대략적으로 대칭인지, 뚜렷하게 비대칭인지, 또는 이것도 저것도 아닌지를 판단한다. 분포가 하나 또는 두 개 이상의 봉우리를 갖는지를 판단한다.
3. 분포의 전체적인 형태를 문장으로 설명하고 또한 중심과 퍼짐의 측도를 사용하여 설명한다.
4. 중심과 퍼짐을 나타내는 측도들, 평균과 표준편차(특히 대칭인 분포에 대해서는) 또는 다섯 숫자 요약(특히 비대칭인 분포에 대해서는), 중에서 어느 것들이 더 타당한지를 결정한다.
5. 이상점들을 구분하고 그들에 대해서 타당한 이유를 설명한다.

C. 분포의 숫자 요약

1. 관측값 자료에 대한 중앙값 M과 제1분위수 Q_1 그리고 제3사분위수 Q_3을 구한다.
2. 다섯 숫자 요약을 구하고, 중심, 대칭, 그리고 비대칭을 알 수 있는 상자그림을 그린다.
3. 관측값의 개수가 적은 자료에 대해 평균 $\overline{x}$과 표준편차 s를 구한다.
4. 중앙값은 평균보다 극단적인 관측값에 영향을 적게 받는다는 것을 이해한다면 평균은 중앙값으로부터 더 멀리 비대칭 분포의 긴 꼬리쪽으로 이동한다는 것을

알 수 있다.

5. 표준편차 s의 기본적인 성질은: 항상 $s \geq 0$; 모든 관측값들이 모두 같다면 $s=0$이고 퍼짐이 증가할 때 증가하며; s는 원래 측정 단위와 같은 단위를 가지며; 이상점 또는 비대칭에 의하여 영향을 매우 받는다.

D. 정규분포

1. 밀도곡선은 양적 변수의 분포를 나타내고 있다.
2. 정규 곡선의 모양을 이해하면 곡선으로부터 목측으로 평균과 표준편차를 추정할 수 있다.
3. 68-95-99.7 법칙과 대칭을 사용하면 정규분포로부터 관측값들의 몇 %가 두 점, 즉 평균에서 한 배, 두 배, 그리고 세 배의 표준편차 이내, 사이에 포함되는지를 알 수 있다.
4. 관측값의 표준점수 구하고 의미를 설명하자.

E. 산점도와 상관

1. 같은 목적으로 측정된 두개의 양적 변수들의 관계를 산점도를 이용하여 나타낸다. 설명변수를 산점도의 가로축으로 놓는다.
2. 산점도에 나타난 전체적인 형태의 모양, 방향, 그리고 강도에 대해 살펴본다. 특히 양 또는 음의 연관성과 직선적 형태에 대해 판단한다. 그리고 산점도에 나타난 이상점을 판단한다.
3. 두 양적 변수들의 관계를 나타내는데 상관계수를 사용하는 것이 타당한지를 판단한 후 상관계수 r을 구한다.
4. 상관계수 r의 기본적인 성질은: r은 두 양적 변수사이에 직선적인 관계에 대한 방향과 강도를 측정하며; r은 항상 −1에서 1사이의 값을 가지며; $r=\pm1$이면 완전한 직선적 관계를 가지며; 직선적인 관계가 강해질수록 r은 0에서 ±1에 접근해간다.

F. 회귀선

1. 직선의 식 $y=a+bx$에서 기울기 b와 절편 a의 의미를 이해한다.
2. 직선의 식이 얻어지면 그래프에 직선을 그린다.
3. 회귀선을 이용하여 주어진 x에 대하여 y을 예측한다. 사용된 자료의 범위를 벗어나는 값을 예측할 때는 주의를 해야 한다.

4. 한 변수가 다른 한 변수의 변동을 직선적 관계로써 얼마나 설명하고 있는가는 상관계수의 제곱 r^2 로 나타낸다.

G. 통계학과 인과관계

1. 두 변수사이에서 관측된 연관성: 직접적인 원인과 효과, 잠재변수의 영향, 또는 두 가지 모두에 대하여 설명한다.
2. 특히 실험이 불가능한 경우에 인과관계의 주장에 대한 통계적인 증거의 강도를 살펴보자.

H. 소비자물가지수(CPI)와 관련된 주제들

1. 지수들을 계산하고 설명한다.
2. 적은 시장품목에 대하여 고정 시장품목 물가지수를 계산한다.
3. CPI를 이용하여 다른 년도의 달러 구매력을 비교한다.

EXERCISES

복습 연습문제들은 각 부에서 기본개념과 이해에 도움을 주기 위한 간단하고 직설적인 문제들이다.

II.1 **주별 빈곤** 표 II.1은 Mississippi 강의 동쪽에 있는 26개 주에서 빈곤기준 보다 낮은 기준에서 사는 사람들의 백분율을 나타내고 있다. 주어진 자료에 대하여

표 II.1 각 주에 빈곤하게 사는 사람들의 백분율(2000년부터 20002년까지 평균)

주	퍼센트	주	퍼센트	주	퍼센트
Alabama	14.6	Connecticut	7.8	Delaware	8.1
Florida	12.1	Georgia	12.1	Illinois	11.2
Indiana	8.7	Kentucky	13.1	Maine	11.3
Maryland	7.3	Massachusetts	9.6	Michigan	10.3
Mississippi	17.6	New Hampshire	5.6	New Jersey	7.8
New York	14.0	North Carolina	13.1	Ohio	10.1
Pennsylvania	9.2	Rhode Island	10.3	South Carolina	13.5
Tennessee	14.2	Vermont	9.9	Virginia	8.7
West Virginia	16.0	Wisconsin	8.6		

출처 : 2004~5 Statistical Abstract of the United States.

산점도를 그려라. 자료의 분포는 대략적으로 대칭, 오른쪽으로 비대칭, 또는 왼쪽으로 비대칭 중에 어느 형태를 나타내고 있는가? 만약 이상점들이 존재한다면 어느 주들이 해당되는가?

II.2 **쿼터백** 표 II.2는 2004년도 전국 미식축구 리그에서 주전 쿼터백에 대한 패싱 야드에 관한 것이다(이 자료는 시즌 말기에 주전 쿼터백에 대한 것이다. 따라서 어떤 선수들은 다른 선수들 보다 게임 수가 적다). 주어진 자료에 대하여 산점도를 그려라. 자료의 분포는 명확한 어떤 모양을 갖는가? 만약 이상점들이 존재한다면 어느 쿼터백들이 해당되는가?

II.3 **각 주의 빈곤 거주자** 표 II.1에 주어진 자료에 대한 다섯 숫자 요약을 구하라.

II.4 **쿼터백** 표 II.2에 주어진 자료에 대한 다섯 숫자 요약을 구하라.

II.5 **각 주의 빈곤 거주자** 표 II.1에 주어진 자료에 대한 평균을 구하라. 만약 자료에서 Mississippi를 제외시킨다면 평균은 증가 또는 감소하는가? 그 이유는 무엇인가? Mississippi를 제외한 25개 주에 대한 평균을 구하여 평균의 증감을 확인하라.

표 II.2 전국 미식축구 리그에서 쿼터백의 패싱 야드(2004년)

쿼터백	야드	쿼터백	야드
Drew Bledsoe	2932	Byron Leftwich	2941
Kyle Boller	2559	Eli Manning	1043
Tom Brady	3692	Peyton Manning	4557
Drew Brees	3159	Josh McCown	2511
Aaron Brooks	3810	Luke McCown	608
Mark Bulger	3964	Donovan McNabb	3875
David Carr	3531	Steve McNair	1343
Kerry Collins	3495	Carson Palmer	2897
Daunte Culpepper	4717	Chad Pennington	2673
Jake Delhomme	3886	Jake Plummer	4089
Brett Favre	4088	Patrick Ramsey	1665
Trent Green	4591	Tim Rattay	2169
Brian Griese	2632	Ben Roethlisberger	2621
Joey Harrington	3047	Sage Rosenfels	264
Matt Hasselbeck	3382	Vinny Testaverde	3532
Chad Hutchinson	903	Michael Vick	2312

II.6 **머리의 크기** 군대의 보고서에 따르면 남자 군인의 머리 둘레의 길이가 대략적으로 평균이 22.8인치 그리고 표준편차가 1.1인치인 정규분포를 따른다고 한다. 68–95–99.7 법칙을 이용하여 다음 질문에 답하라.

(a) 어떤 값들 사이에 전체 머리 둘레의 길이의 95%가 포함되는가?

(b) 몇 %의 군인 머리 둘레의 길이가 23.9인치 보다 큰가?

II.7 **SAT 성적** SAT 시험 성적은 대략 평균이 500 그리고 표준편차가 100인 정규분포를 따르도록 구성되었다. 표를 사용하지 말고 질문에 답하라.

(a) SAT 성적의 중앙값은 얼마인가?

(b) SAT 성적이 400점에서 600점 사이인 학생은 전체에 몇 %인가?

II.8 **상관관계** 기초 통계학을 수강하는 학생들에 대한 각자의 전체 평균점수와 그들의 기초 통계학 시험 성적이 있다. 각자의 전체 평균점수와 그들의 기초 통계학 시험 성적에 대한 상관계수 r에 대해서 무엇을 설명할 수 있는가?

II.9 **쥐에 대한 자료** 생물 연구과제로 같은 종류의 12마리 쥐에 대해서 꼬리 길이(단위 : cm)와 무게(단위 : g)를 측정하였다. 아래와 같은 경우 측정 단위는 무엇인가?

(a) 꼬리 길이의 평균

(b) 꼬리 길이의 제1사분위수

(c) 꼬리 길이의 표준편차

(d) 꼬리 길이와 무게의 상관계수

II.10 **쥐에 대한 자료 계속** 생물 연구과제로 같은 종류의 12마리 쥐에 대해서 꼬리 길이(단위 : cm)와 무게(단위 : g)를 측정하였다.

(a) 꼬리 길이와 무게에 대한 상관계수가 양수일 것으로 예상하는 이유를 설명하라.

(b) 꼬리 길이의 평균이 9.8cm이다. 꼬리 길이의 평균은 인치(1인치는 2.54cm이다)로 얼마인가?

(c) 꼬리 길이와 무게에 대한 상관계수는 $r=0.6$이다. 길이의 단위인 cm를 인치로 바꾼다면 상관계수의 값은 얼마인가?

그림 II.3은 여러 종류의 포유동물에 대한 뇌 무게의 평균(단위 : g)과 몸무게의 평균(단위 : kg)에 대한 산점도이다. 그림의 왼쪽 아래에 많은 작은 포유동물들이 겹쳐서 나타나고 있다. 연습문제 II.11에서 II.16까지 주어진 산점도를 근거로 하여 답하라.

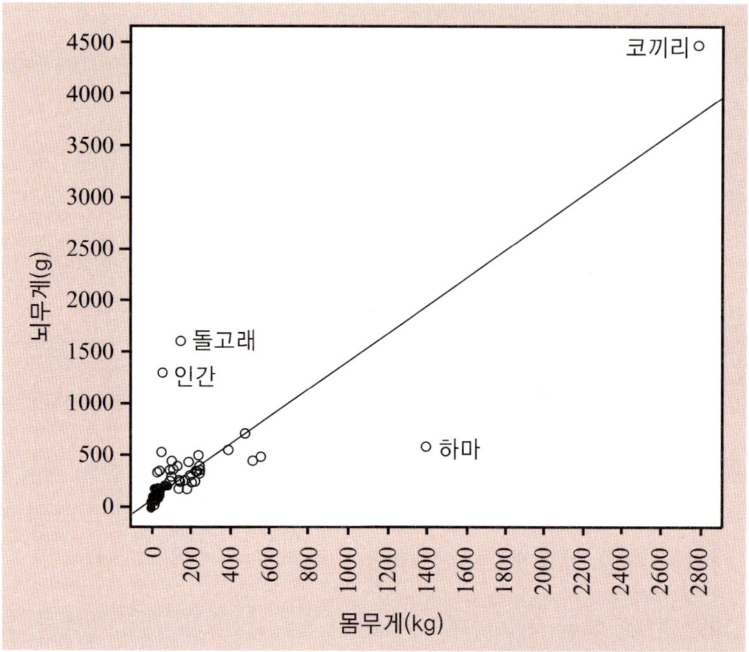

그림 II.3 96종의 포유동물에 대한 뇌 무게의 평균(단위: g)과 몸무게의 평균(단위: Kg)에 대한 산점도

II.11 돌고래와 하마 돌고래와 하마의 측정값이 그림 II.3에 나타나 있다. 이 두 종류의 대략적인 뇌 무게와 몸무게는 얼마인가?

II.12 돌고래와 하마 주어진 산점도에 대한 한 가지 반응은 "돌고래는 영특하고 하마는 우둔하다."라는 것이다. 산점도의 어떤 특징이 이러한 반응을 하게 하는가?

II.13 이상점 아프리카 코끼리는 다른 포유동물들 보다 매우 커서 전체적인 형태를 대략적으로 직선이 되게 하는 위치에 놓여 있다. 돌고래, 인간, 그리고 하마는 전체적인 형태에서 벗어나 있다. 전체 자료에 대한 몸무게와 뇌 무게의 상관계수는 $r=0.86$이다.

(a) 만약 코끼리를 자료에서 제외시킨다면 상관계수는 증가, 감소 또는 많이 변하지 않는 것 중 어느 것에 해당되는가? 그 이유를 설명하라.

(b) 만약 돌고래, 하마, 그리고 인간을 자료에서 제외시킨다면 상관계수는 증가, 감소, 또는 많이 변하지 않는 것 중 어느 것에 해당되는가? 그 이유를 설명하라.

II.14 뇌와 몸 몸무게와 뇌 무게에 대한 상관계수는 $r=0.86$이다. 포유동물에 대해서 몸무게는 뇌 무게를 얼마나 잘 설명하고 있는가? 이 질문에 대하여 숫자로 답하고 이 숫자가 의미하는 것을 간단하게 설명하라.

II.15 **예측** 그림 II.3에 있는 직선은 몸무게로부터 뇌 무게를 예측하기 위한 최소제곱 회귀직선이다. 새로운 종류의 포유동물이 숲에서 발견되었으며 몸무게가 600kg이라고 하자. 이 종류의 포유동물에 대한 뇌 무게를 예측하라.

II.16 **기울기** 그림 II.3에 있는 직선은 몸무게로부터 뇌 무게를 예측하기 위한 최소제곱 회귀직선이다. 이 직선의 기울기는 아래 주어진 값들 중 하나이다. 어느 것이 기울기의 값인가? 그 이유는 무엇인가?

(a) $b=0.5$

(b) $b=1.3$

(c) $b=3.2$

호주 사람인 Rex Boggs로부터 특별한 자료를 얻었다. 그는 아침 샤워를 하기 전에 비누 무게를 측정했다. 비누를 사용할 때마다 비누 무게는 줄어들었다. 자료는 표 II.3(단위 : g)에 나타나 있다. Rex는 비누 무게를 측정하는 것을 때론 잊어버리곤 했다. 연습문제 II.17에서 II.19까지 비누에 대한 자료를 사용하라.

표 II.3 샤워에 사용된 비누의 무게(단위 : g)

날짜	무게	날짜	무게	날짜	무게
1	124	8	84	16	27
2	121	9	78	18	16
5	103	10	71	19	12
6	96	12	58	20	8
7	90	13	50	21	6

출처: Rex Boggs.

II.17 **산점도** 날짜에 대한 비누 무게의 산점도를 그려라. 전체적인 형태는 대략적으로 직선적인가? 산점도를 근거로 할 때 날짜와 비누 무게에 대한 상관관계는 1에 가깝다, 양의 상관이나 1에 가깝지는 않다, 0에 가깝다, 음의 상관이나 −1에는 가깝지 않다, 또는 −1에 가깝다 중에서 어느 것에 해당되는가? 이유를 설명하라.

II.18 **회귀** 표 II.3으로부터 얻은 최소제곱 회귀선은 다음과 같다.

$$\text{무게} = 133.2 - 6.31 \times \text{날짜}$$

(a) 기울기 $b=-6.31$는 비누 무게가 얼마나 빨리 줄어드는 것을 나타내고 있는지를 설명하라.

(b) Rex는 4번째 날에 비누 무게를 측정하지 않았다. 회귀선을 이용하여 그 날에 비누의 무게를 예측하라.

(c) 앞 연습문제에서 그린 산점도 위에 회귀선을 그려라.

II.19 예측? 앞 연습문제에서 주어진 회귀선을 이용하여 30일 후에 비누 무게를 예측하라. 예측값이 의미가 없는 이유를 설명하라. 30일 후에 비누 무게를 예측하는데 회귀선을 사용하는 것이 잘 못된 이유를 무엇인가?

II.20 허세 CPI(1982–84)가 82.4인 1980년도 Jones 가족의 가구수입은 $30,000이였다. 2004년도 초에 CPI는 185.2이였다. 1980년도 구매력과 같은 구매력을 갖기 위해서는 2004년도에 Jones 가족의 가구수입은 얼마가 되어야 하는가?

II.21 벤츠를 구입할 여유 벤츠 190의 가격은 1981년도에 $24,000이였고, CPI(1982–84=100)는 90.9였다. 2003년도 평균 CPI는 184.0이였다. 1981년도 $24,000과 같은 구매력을 갖기 위해서는 2003년도에 얼마를 벌어야 하는가?

II.22 스타인웨이 피아노 스타인웨이 연주용 그랜드 피아노의 가격은 1976년도에 $13,500이였다. 비슷한 종류의 스타인웨이 피아노의 가격은 2004년도에 $108,900이였다. 피아노의 실제 가격은 증가 또는 감소하였는가? 그 이유를 설명하라.

II.23 금의 가격 어떤 사람들은 인플레이션에 대비하여 투자자들에게 금을 구매하라고 권유한다. 1985년부터 2003년까지 년말에 1온스 당 금의 가격은 다음과 같다. 이 기간 동안 실제 금의 가격이 얼마나 변했는지를 알 수 있는 그래프를 그려라. 금에 투자하여 가지고 있음으로서 인플레이션으로부터 보호받을 수 있는가?

년도	1985	1987	1989	1991	1993	1995	1997	1999	2001	2003
금의 가격	$354	$523	$433	$380	$419	$386	$289	$288	$279	$415

II.24 일요일? 캐나다의 온타리오 지역에서 캐나다 전국 보건복지에 시스템에 대하여 통계적으로 연구를 하였다. 그림 II.4에 주어진 막대그래프는 오타리오 지역의 병원들에 대한 입원과 퇴원에 관한 자료로부터 얻어진 것이다. 막대그래프는 2년 동안 요일마다 입원과 퇴원을 한 심장발작 환자의 수를 나타내고 있다.

(a) 왜 심장발작으로 입원한 환자수가 요일마다 대략적으로 같을 것이라는 것을 기대할 수 있는가? 그래프가 이것이 사실이라는 것을 보여주고 있는가?

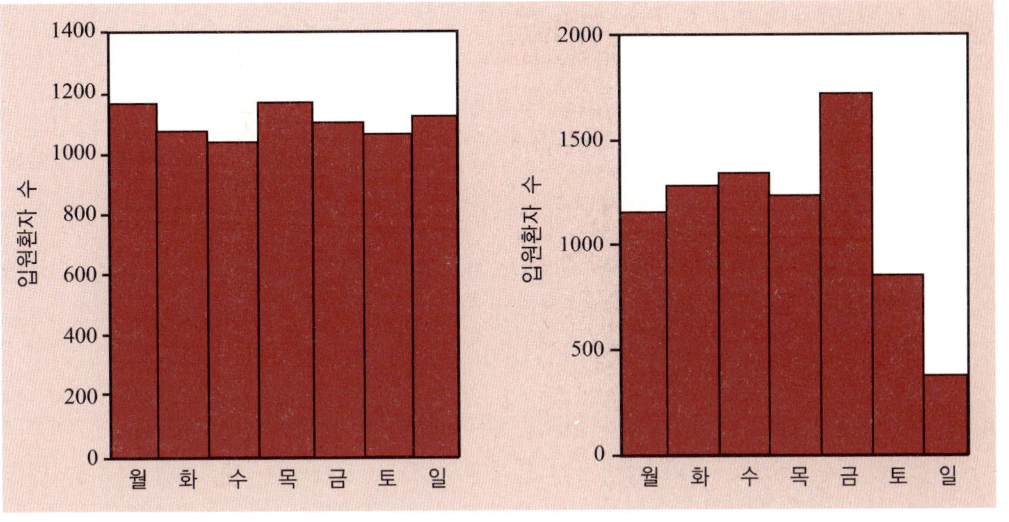

그림 II.4 캐나다 온타리오 지역의 병원에 대한 심장발작으로 입원하고 퇴원한 요일별 환자 수에 대한 막대그래프

(b) 병원을 퇴원한 요일별 환자수의 분포가 입원한 요일별 환자수의 분포와 어떻게 다른지를 설명하라.

II.25 운전시간 대학으로부터 몇 마일 떨어진 곳에 살고 있는 Moore 교수는 매일 아침마다 대학까지 운전시간을 기록하였다. 다음은 42일 동안 연속적으로 기록한 시간(단위 : 분)이며 올림차순으로 정리된 자료이다.

8.25	7.83	8.30	8.42	8.50	8.67	8.17	9.00	9.00	8.17	7.92
9.00	8.50	9.00	7.75	7.92	8.00	8.08	8.42	8.75	8.08	9.75
8.33	7.83	7.92	8.58	7.83	8.42	7.75	7.42	6.75	7.42	8.50
8.67	10.17	8.75	8.58	8.67	9.17	9.08	8.83	8.67		

(a) 운전시간에 대한 히스토그램을 그려라. 운전 시간에 대한 분포는 대략적으로 대칭, 비대칭, 또는 이것도 저것도 아닌 것 중에서 어느 것에 해당되는가? 이상점들이 존재하는가?

(b) 운전시간에 대한 꺾은선 그래프를 그려라. 그래프는 뚜렷한 추세를 보이지 않고 있으나 특별히 짧은 하나의 운전시간과 특별히 긴 두 개의 운전시간을 보여주고 있다. 그래프에 나타난 그러한 운전시간들에 원을 그어라.

II.26 운전시간에 대한 이상점들 앞 연습문제에서 기록된 Moor 교수의 운전시간에는

3개의 이상점들이 있었다. 이상점들에 대한 이유는 다음과 같이 설명될 수 있다. 짧은 운전시간이 기록된 날은 추수감사절 다음날이다. 따라서 캠퍼스 부근의 교통이 원할했다. 두 개의 긴 운전시간은 사고와 빙판길 때문이었다. 이 3개의 관측값들을 제외시키자. 운전시간을 요약하기 위해서 나머지 39개의 관측값에 대한 평균 $\bar{x}$ 과 표준편차 s 를 구하라.

II.27 주택 가격 한 세대가 거주할 수 있는 주택의 매매가격에 대한 중앙값은 2004년도 초에 $170,800이였다. 매매가격의 평균은 중앙값에 비해 높다, 같다, 또는 낮다 중 어느 것에 해당 되는가? 그 이유는 무엇인가?

II.28 2004년도 선거 George W. Bush는 투표자의 51.0%의 지지로 2004년에 대통령으로 재선되었다. 그의 경쟁자인 민주당의 John Kerry는 48.1%의 지지를 얻었고, 나머지 지지율은 소수의 후보자들이 얻었다. 표 II.4는 각 주별 Bush의 지지율을 나타내고 있다. 이 자료에 대하여 그래프를 그리고, 숫자로 요약하고, 자료의 특징을 설명하라.

표 II.4 2004년도 Bush의 지지율

주	퍼센트	주	퍼센트	주	퍼센트
Alabama	62.5	Louisiana	56.8	Ohio	51.0
Alaska	61.8	Maine	44.7	Oklahoma	65.6
Arizona	54.9	Maryland	43.3	Oregon	47.6
Arkansas	54.3	Massachusetts	37.0	Pennsylvania	48.6
California	44.3	Michigan	47.9	Rhode Island	38.9
Colorado	52.0	Minnesota	47.7	South Carolina	58.0
Connecticut	44.0	Mississippi	59.6	South Dakota	59.5
Delaware	45.8	Missouri	53.4	Tennessee	56.8
Florida	52.1	Montana	59.1	Texas	61.2
Georgia	58.1	Nebraska	66.6	Utah	71.1
Hawaii	45.3	Nevada	50.5	Vermont	38.9
Idaho	68.5	New Hampshire	49.0	Virginia	54.0
Illinois	44.6	New Jersey	46.5	Washington	45.6
Indiana	60.1	New Mexico	50.0	West Virginia	56.1
Iowa	50.1	Now York	40.5	Wisconsin	49.4
Kansas	62.2	North Carolina	56.1	Wyoming	69.0
Kentucky	59.5	North Dakota	62.9		

출처: Federal Election Commission

11.29 투자를 위한 통계학 Joe는 은퇴 후에 Standard & Poor's 500지수에 의해 측정되며 주식시장의 습성을 따르는 "인덱스 펀드"를 통해서 주식에 투자하기로 계획을 세웠다. Joe는 지수에 가깝게 따라가지 않는 오픈 투자신탁에 투자하는 것을 원한다. Fidelity Technology 투자신탁으로부터 얻는 월 수익은 S&P 500지수와 상관계수 $r=0.77$을 갖고, Fidelity Real Estate 투자신탁으로부터 얻는 월 수익은 S&P 500지수와 상관계수 $r=0.37$을 갖는다.

(a) 어느 투자신탁이 주식시장으로부터의 수익과 더 밀접한 관계를 가지고 있는가? 이유를 설명하라.

(b) 주어진 정보가 어느 투자신탁이 더 높은 수익을 가질 것인가에 대해 Joe에게 말해주고 있는가?

연구과제

정보를 수집 하거나 또는 자료를 생성하고 그리고 결과에 대해서 간단한 보고서 작성을 요구하는 연구과제는 긴 시간을 필요로 하는 연습문제이다. 연구과제는 학생들이 팀을 이루어 수행하는 것이 적당할 것이다.

과제 1 언론 매체에 나타나는 통계적 그래프 언론 매체에 올바른 그래프와 잘못된 그래프로 채워진다. *USA Today*와 같은 신문들은 특히 많은 그래프를 사용하여 현재의 자료를 나타낸다. 신문과 잡지(광고는 제외하고)로부터 적어도 5개 이상의 그래프를 수집하라. 수집된 그래프들이 잘 표현되었는지, 부족하게 표현되었는지, 그리고 잘못 표현되었는지에 대한 의견을 작성하라. 수집된 그래프들을 참조하여 언론 매체에 나타나는 그래프에 대한 명확성, 정확성, 그리고 흡입력에 대한 보고서를 작성하라.

과제 2 자기 자신의 회귀선을 사용 대략적으로 직선적 관계가 있다고 생각되는 두 개의 양적변수를 선택하라. 이 변수들에 대한 자료를 수집하고 통계적 분석을 하라. 즉, 산점도를 그리고, 상관계수를 계산하고, 회귀선을 구하고, 산점도 위에 회귀선을 그려라. 이러한 과정에 대한 보고서를 작성하라. 다음과 같은 변수들을 고려해 볼 수 있다.

(a) 사람들의 키와 팔의 길이

(b) 사람들의 키와 한 걸음의 폭

(c) 여러 상표의 샴푸에 대한 온스 당 가격과 샴푸 병의 크기

과제 3 고등학교 중퇴 미국에서 고등학교 중퇴에 대한 보고서를 사실에 입각하여 작성하라. 예를 들어 다음과 같은 질문들을 고려할 수 있다. 성인 중에서 고등학교를 졸업하지 못한 비율이 가장 높은 주는 어느 주인가? 고등학교를 졸업한 사람들에 비하여 졸업하지 못한 사람들의 수입은 얼마나 되며 취업비율은 얼마나 되는가? 흑인 그리고 라틴아메리카 계통 사람들 중에서 고등학교를 졸업하지 못한 비율이 백인들 중에서 고등학교를 졸업하지 못한 비율보다 높은가?

Statistical Abstract 로부터 "고등학교 중퇴"에 대한 자료는 "교육" 목록에서 찾을 수 있다. 또한 *Statistical Abstract* 의 다른 부분에서 수입이나 다른 변수에 관한 자료를 찾을 수 있다.

과제 4 연관성은 인과관계가 아니다. "연관성은 인과관계가 아니다."라는 제목의 멋지고 남의 눈길을 끌만한 논문을 작성하라. 제15장의 예제 6이나 연습문제 15.22처럼 너무 심각하지 않은 문제를 고려하라. 다음과 같은 예제를 고려할 수 있다. 긴 머리와 여자와는 연관성이 있으나 여자의 머리를 자른다고 해서 남자가 되는 것은 아니다.

과제 5 국방비 지출 다음은 1940년도부터 2003년도까지 회계 연도에 대한 U.S. 국방비 지출에 대한 자료이다.

연도	1940	1945	1950	1955	1960	1965	1970
국방비	1.7	83	13.7	42.7	48.1	50.6	81.7
연도	1975	1980	1985	1990	1995	2000	2003
국방비	86.5	134.0	252.7	299.3	272.1	294.5	404.9

단위는 10억 달러이다. 제2차 세계대전 직전부터 냉전이 끝난 10년 후까지 그 기간 동안 실제적인 국방비 지출의 변화에 대하여 보고서를 작성하라. 제2차 세계대전(1941–1945), 한국전쟁(1950–1953), 베트남전쟁(대략 1964–1975), 1989년 Berlin 장벽이 무너진 후 냉전의 종식, 그리고 이라크와 전쟁(2003년 3월 시작)과 같은 주요 군사 사건에 대한 국방비 지출을 계산하고 설명하라.

과제 6 맥박 수 "휴식 중에 맥박 수"는 얼마인가? 휴식 중에 맥박 수를 측정한다면

당연히 날마다 그리고 시간마다 다를 것이다. 4일 동안 하루에 적어도 6번씩 휴식 중에 맥박 수를 측정하라. 어떻게 맥박 수를 측정했는지를 설명하고 얻어진 자료를 분석하라. 다른 사람들이 당신의 맥박 수에 대하여 묻는다면 얻어진 자료를 근거로 하여 무엇을 말할 수 있는가?

과제 7 동전의 연도 동전에는 그 동전이 주조된 년도가 표시되어 있다. 페니, 니켈, 다임, 그리고 쿼터를 각각 적어도 50개씩 수집한다. 동전 연도에 대한 분포를 그래프 그리고 숫자를 이용하여 나타내라. 동전의 종류에 따라 그들의 분포가 다른가? 이상점들이 존재하는가?

PART III

우연

"만약 우연히 내가 왕이 되었다면, 그 이유는 '우연'이 나에게 왕관을 주었기 때문이다" 셰익스피어의 작품에서 맥베스가 했던 말이다. 우연한 일은 우리 모두에게 실제로 일어나고는 있으나, 우리는 단순한 일로 간주할 뿐이다. 경우에 따라 개별적으로 발생하는 우연은 관심의 대상이 아닐 수도 있다. 주사위를 던지고, 단순임의표본을 만들고, 눈동자의 색상이나 혈액형과 같이 유전적 요인의 문제를 다룰 때도 그 결과를 '우연'과 연관시키는 것은 금기시하고 있다. 살다 보면 우리는 어떤 일을 여러 번 반복해서 시행해야 할 경우가 많이 있다. 그렇게 해서 나타난 개별적 결과는 우연에 의해 결정되어지지만 많이 되풀이함으로써 일정한 패턴을 가짐을 알 수 있다. 따라서 우연은 이제 그 패턴으로 표시할 수 있기 때문에 더 이상 신비로울 것이 없다.

원이든 삼각형이든 행성의 운동 규칙에 관한 것이든 간에 정규적인 패턴을 표현하고자 하는 인간의 욕망이 기하학을 발전시킨 동기였을 것이다. 우리는 우연의 정규 패턴을 이해하고자 수학을 이용하는데, 우연의 수학적 표현인 확률이 3부의 주된 주제이다.

CHAPTER 17

우연에 대한 생각

우연이란 무엇인가?

1986년 1월 28일 우주선 챌린저호가 이륙 직후에 폭발한 후 감독기관에서 그 원인을 조사하였다. 그런 실패에 이르게 한 우연을 추정하기 위해 어떤 일을 해야 하는가? 현직에 있던 일부 엔지니어들은 대략 100번에 한 번 정도 발생할 수 있는 일이라 했고, 발사 책임자는 십만 번에 한 번 발생할 수 있는 일이라 했다. 감독기관에 근무하는 물리학자 Feynman은 책임자의 말을 듣고 "300년 동안 매일 1대씩 우주선을 발사했을 때, 단지 1대만 실패한다는 의미인가?"라고 되물었다. 그가 내 놓은 암산 결과는 나름대로 옳았는데, 300년은 윤년을 제외하면 109,500일이 된다.

Feynman은 책임자의 판단을 현실감 있게 설명했다. 이것은 이 일에 관계하고 있던 사람들이 우연이라는 용어를 개인적인 의견이나 판단의 근거로 사용했다는 것을 의미한다. 그는 막연한 개인적 의견을 같은 일을 여러 번 반복 실험하여 일어나는 더욱 더 현실적인 개념으로 바꾸어 놓았다. 만약 엄청나게 많은 수의 우주선들을 발사하였다면, 얼마나 자주 실패하였겠는가? 이 말을 표본추출의 개념으로 생각한다면 아주 익숙한 소리로 들릴 것이다.

그의 견해를 있는 그대로 해석하면, 현실 세계에서 실제로 일어날 수 있는 어떤 일을 가정하고 300년 동안 매일 시행하여 10만회의 실험을 실시하자는 것이다. 이 일은 사실상 실시하기에 쉬운 일은 아니지만 살면서 가정할 수 있는 범위의 수인 것은 분명하다. 이와 같이 매우 큰 수는 물론, 당첨 확률이 8천만 분의 1인 복권이나 다음 번 비행기 여행에서 비행기 사고로 인한 사망률이 7백만 분의 1 등과 같이 어마어마하게 작은 숫자도 일상생활에서 어렵지 않게 접할 수 있다.

사실 '우연'이란, 의미가 분명하지 않은 주제이다. 우리는 개인의 의견을 표현하기 위해 우연이라는 말을 사용하기 전에, "만약 이 일을 여러 번 실행하면 어떠한 일이 일어날 것인가?"라는 의문에서 출발하는 Feynman의 생각에 따라 보자. 복권 당첨에 대한 복잡한 확률을 생각하기 전에 '동전을 던진 결과 2번 중에 1번은 앞면이 나오는 우연이 있다'라는 간단한 예제로부터 출발해 보자.

확률의 개념

축구는 동전을 던져 공의 주인을 결정하는 공정성에서 게임이 시작된다. 표본추출에 대한 주제를 선택하거나 의학실험에서 환자들에게 약과 위약(placebo)을 나누어주는 것에서 제기될 수 있는 편파성의 시비를 축구의 시작과 같은 방법으로 해결할 수 없을까? 이것이 바로 동전을 던지는 것과 같은 공정한 방법을 통해 임의추출하고 확률실험을 하도록 통계학자들이 권유하는 이유가 된다. 동전을 던지는 것이나 임의표본의 결과를 볼 때 다음과 같은 중요한 사실을 발견할 수 있다. **우연의 성질은 작은 실행에서는 예측하기 어려우나 오랫동안 실행하면 정규적이고 예측 가능한 패턴을 갖는다.**

동전을 던지거나 단순임의표본을 선택해보자. 동전을 던지거나 표본을 반복해서 선택할 때 결과가 다양하게 나타나므로, 미리 결과를 속단할 수는 없으나 결과 속에 내재된 일정한 패턴은 여전히 존재하며, 그 패턴은 여러 번 반복 실행하면 나타나게 된다. 이 놀랄만한 사실이 바로 확률의 기본 기념이다.

예제 1 동전 던지기

동전을 던지면 앞면과 뒷면이라는 두 가지 결과를 얻는다. 동전을 1000번 던진 결과를 그림 17.1에 나타내었는데, 처음부터 1000번째까지 각 시행횟수에 대해 앞면이 나오는 비율을 그림으로 그렸다. 첫 번째 결과가 앞면이었으므로 그 비율은 1부터 시작하였다. 두 번째 결과는 뒷면이었으므로 0.5로 작아졌으며, 다음 3번 던진 결과 2번의 앞면이 나왔으므로 모두 5번의 결과 비율이 3/5, 혹은 0.6으로 그래프의 꼬리가 이동하였다. 앞면이 나오는 비율은 초기에는 매우 변동이 심하였으나 횟수를 거듭할수록 안정되는 추세를 보였는데, 결국 그 값은 0.5에 가까워졌고 0.5 부근에서 안정되었다. 따라서 앞면이 나올 확률을 0.5라 말할 수 있다. 확률 0.5는 그래프에서 수평선처럼 보인다.

통계학에서 "임의(random)"라는 말은 "우연한 일(haphazard)"과 동의어는 아니지만, 많은 시행을 통해서만이 나타나는 일종의 질서라는 의미를 갖는다. 우리는 일상에서 임의성을 가진 예측불가능한 일들과 마주칠 때도 있으나, 같은 일들이 확률이라고 표현될 수 있을 만큼 오랜 기간 동안 규칙적으로 반복되어 일어나는 일은 좀처럼 없다. 그림 17.1에서 보듯 매우 오랫동안 시행하면 앞면이 나올 비율이 0.5에 수렴하는 것처럼 규칙성을 갖는다. 이것이 직관적으로 알 수 있는 확률의 개념이다. 확률 0.5는 "매우 여러 번 시행한 결과 시행횟수의 반이 나타났다"는 의미이다.

동전이 두 개의 면으로만 되어 있으므로 앞면의 나타날 확률이 0.5인가에 대한 의문이 있을 수 있다. 그러나 신생아는 양성 중 반드시 하나의 성으로 결정되어 태어나며,

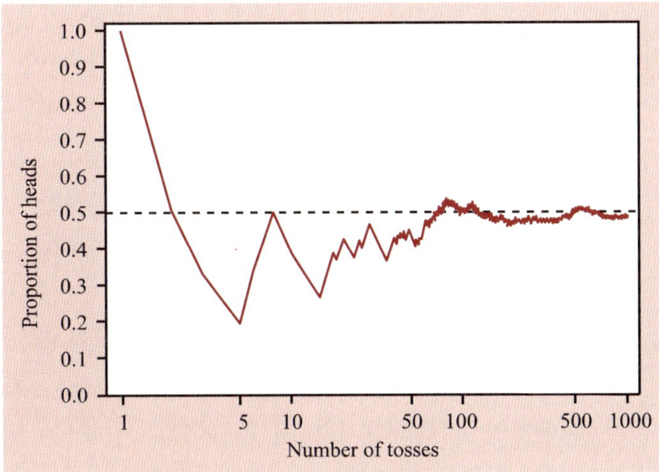

그림 17.1 동전을 여러 번 던질 때 앞면이 나타나는 비율은 던지는 횟수가 늘어남에 따라 달라지나 궁극적으로 0.5에 매우 가깝게 되었다. 이에 대해 "앞면이 나올 확률은 1/2이다"라는 의미를 부여한다.

확률이 반드시 같지는 않다. 실제로 남자 아기가 태어날 확률은 0.5가 아닌 약 0.51이다. 확률의 개념은 경험적이어서, 이론화된 과정보다는 자료를 기본으로 한다. 확률은 여러 번 시행의 결과가 무엇인가에 관심이 있으며, 얼마나 많이 동전을 던졌는가, 혹은 얼마나 많은 신생아들을 관측하였는가에 의미를 부여해야만 한다. 동전을 던지는 실험의 경우에서 수천 번 실험을 실시했던 부지런한 사람들도 있었다.

예제 2 동전을 던졌던 사람들

프랑스의 자연사학자 Count Buffon(1707–1788)은 동전을 4040회 던졌다. 그 결과, 앞면이 2048번 나왔으며 그 비율은 2048/4040=0.5069였다.

1900년경, 영국의 통계학자 Karl Pearson은 초인적으로 24,000회나 던졌다. 그 결과, 12,012번 앞면이 나왔으며 그 비율은 0.5005였다.

제2차 세계대전 중에 독일군에 의해 수감되었던 남아프리카 공화국 수학자 John Kerrich는 10,000번을 던졌다. 그 결과, 5067번 앞면이 나왔으며 그 비율은 0.5067이었다.

임의성과 확률

개체의 출현이 불명확함에도 불구하고 여러 번 반복 시행함으로써 나타난 결과들이 정규적인 분포를 갖는다면 이를 **임의(random) 현상**이라 한다.

임의 현상의 어떤 결과에 대한 **확률**은 0과 1 사이의 수인데, 반복되는 매우 긴 연속선상에서 결과들이 일어나는 시간들의 비율로 얻어진다.

신도 주사위 놀이를 하는가?

결과를 예측하는데 도움이 되는 어떠한 정보도 없는 상황 하에서 극소수의 사실들만이 실제로 임의적이다. 예를 들어, 동전을 던지는 것과 앞면, 혹은 뒷면인가를 계산하는데도 수학의 규칙들이 중요하게 쓰이지만 임의성은 개별 원자들의 내면에 있는 눈에 보이지 않는 사건들에 관한 법칙이다. Einstein은 새로운 양자론의 이러한 특징을 별로 좋아하지 않았다. 이 위대한 과학자는 "신은 우주를 상대로 주사위 놀이를 하지 않는다"라고 말했다. 80년이 지나서야 Einstein의 생각이 오산이었다는 사실이 드러나고 있다.

나타날 확률이 0이라는 것은 전혀 발생하지 않는 것이고, 나타날 확률이 1이라는 것은 매번 시행에서 항상 발생하는 것을 의미한다. 나타날 확률이 1/2이라는 것은 오랫동안 연속된 시행에서 절반이 발생한다는 의미이다. 예를 들어, 동전을 항상 계속해서 던질 수 없듯이, 확률을 정확하게 관찰할 수도 없다. 수학적 확률은 무한정 길게 연속된 시행에서 일어나는 것에 대한 추측을 근거로 한 이상화(idealization)이다.

깊게 생각할 필요없이, 어떤 것들이 임의적이라는 것은 우주만물에 대해 단순히 관측된 사실이다. 확률은 임의적인 행동을 오랫동안 관측하여 얻어낸 정규성을 의미하는 말로 이해할 수 있다. 동전을 던져서 얻는 결과, 방사능에 의해 소립자들이 방출되는 간격, 실험용 쥐들이 낳은 새끼들의 성별 등은 임의적이다. 그것은 임의표본이나 확률실험의 결과이다. 개체들이 많이 속한 큰 그룹의 성질은 많은 동전을 던지거나 많은 임의표본들과 같이 대체로 임의적이다. 예를 들어, 생명보험은 죽음이란 많은 사람들 사이에 임의로 발생한다는 사실을 근거로 한다.

예제 3 죽음에 대한 확률

우리는 어떤 사람이 내년에 죽을 것인가의 여부를 예측할 수 없다. 그러나 만약 수백만 명의 사람들을 관측한다면 죽음들은 임의적이다. 보건통계센터에서는 20살에서 24살 사이의 남자가 어떤 해에 죽을 가능성이 0.0014라고 했다. 이것이 내년에 젊은 남자가 죽을 확률인 것이다. 동년배의 여성들의 경우 사망할 확률은 약 0.0005이다.

만약 어떤 보험회사에서 20살에서 24살 사이의 사람들에게 여러 가지 보험을 판매한다면, 남자에게 판매된 보험금의 약 0.14%와 여자에게 판매된 보험금의 약 0.05%는 내년에 사망할 누군가의 가족에게 지급하게 될 것이다. 남자에게 보험을 지급할 어느 남자와 계약하기 위해서는 그에게 지급할 확률보다 더 높은 금액의 보험료를 청구해야만 한다.

우연에 관한 옛날 이야기

주사위 놀이, 카드놀이, 룰렛 회전판 돌리기 등과 같은 우연과 관계 있는 게임을 많이 반복시행하면 임의성을 쉽게 발견할 수 있다. 우연을 만들어 내는 장치들은 아주 오랜 옛날부터 사용되어져 오고 있어, 신들이 고안했을 것이라 착각되기도 한다. 옛날

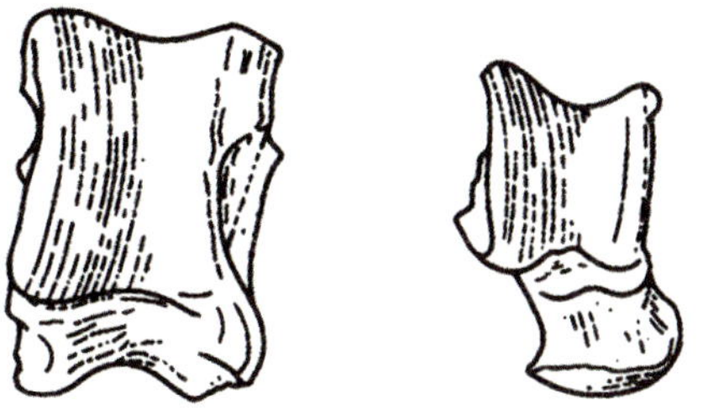

그림 17.2 실제 크기의 동물 복사뼈

에 임의화(randomization)에 가장 흔하게 이용된 방법은 "뼈 굴리기"였는데, 이는 동물의 복사뼈를 여러 개 던지는 것이었다. 복사뼈(그림 17.2)들은 단단하고 규칙적으로 생겼으며, 던졌을 때 네 개의 면 가운데 하나가 나타났다(나머지 두 면은 둥근 모습이었다). 도자기나 뼈로 만든 정육면체의 주사위는 나중에 사용되었으나, 주사위 자체는 이미 B.C. 2000년 이전에 있었던 것으로 추정된다. 복사뼈나 주사위를 던지는 도박은 점(占)과 비교해 볼 때 거의 근래에 들어 발전하였는데, B.C. 300년 이전에는 이것과 관련된 어떤 폐단도 기록된 바 없다. 도박은 로마시대에 밀물처럼 밀려와 성행하였는데 기독교의 입장에서는 불만스러운 일이었다.

복사뼈와 같이 우연을 만드는 도구들은 역사가 기록될 당시부터 사용되어져 오고 있었지만, 고대의 위대한 수학자들 가운데 누구도 뼈나 주사위를 많이 던졌을 때 나타나는 규칙적인 패턴에 대해 연구한 바가 없다. 그 이유는 아마도 복사뼈와 고대 주사위가 너무 불규칙해서 일정한 패턴을 가진 결과들을 찾아내기 어려웠기 때문이라 생각된다.

전문 도박꾼들은 주사위나 카드의 결과에 대한 규칙적인 패턴을 어느 정도 짐작할 수 있어서 성공이라고 짐작되는 곳에 베팅을 하게 된다. 수학자들에게는 "어떻게 베팅을 하지?"라는 물음은 화두로 남아 있다. 17세기 프랑스의 도박꾼들이 수학자들에게 가장 "가능성이 높은 베팅"에 대한 질문을 한 것이 임의성에 대한 체계적인 연구의 시초라 할 수 있다. 임의성에 대한 수학적 연구인 *확률론*은 17세기 Fermat와 Pascal에 의해 시작되었으며 20세기 이후 통계학자들에 의해 많은 발전이 있었다.

우연한 일이 갖는 신비로움

확률은 "우리가 만약 이것을 여러 번 시행한다면, 어떤 일이 일어날까?"라는 물음의 답이다. 확률의 개념은 간단한 것처럼 보인다. 사실 임의 현상에 관련된 일과 확률의 개념은 구별하기 어려운 면이 있다. 우연한 일을 자주 경험하는 것에 대해 심리학자들은 그런 것들은 가볍게 취급하라고 충고한다.

적은 실행의 결과로서 얻는 정규성의 신비 임의성이 *결국* 정규성이 된다는 것이 확률의 개념이다. 임의성에 대해 우리들은 적은 실행에서도 임의 현상이 정규성을 얻을 수 있다는 생각에 빠질 수 있다. 그렇지 않을 때 우연 변동보다는 오히려 다른 견해를 찾게 된다.

예제 4 임의적으로 보이는 것은 무엇인가?

동전을 6번 던지는 실험에서 매 번 던질 때마다 앞면(H)과 뒷면(T)을 기록하였다. 아래 결과들 중 어느 것이 더 자주 일어 날 것 같은가?

HTHTTH TTTHHH

TTTHHH가 "임의적으로 보이지 않는다"는 이유로 사람들은 대부분 HTHTTH가 더 자주 나올 것 같다고 한다. 여러 번 실행해 보면 앞면과 뒷면이 나오는 경우의 수가 반반이므로, 실제로 일어날 가능성은 둘 다 같다. 그러나 몇 번 실행해 보니 앞면과 뒷면이 교대로 나오는 것이 더 타당한 것 같다는 주장은 옳지 않다. 동전은 기억력이 없기 때문이다. 앞에 무엇이 나왔는지 알 수도 없고, 결과의 열에 대해 균형을 맞추어야 된다는 것도 없다.

여섯 번 동전을 던져 나온 결과인 TTTHHH는 T와 H가 3번씩 연달아 나와서인지 좀 유별나 보인다. 연이어 나온 것이 "임의적이지 않다"라고 생각할 수도 있으나 사실은 매우 흔한 일이다. 여기에 동전을 던지는 것보다 더 확실한 예를 하나 소개하겠다.

예제 5 농구에서 신의 손

만약 농구 선수가 연속해서 여러 번 슛을 성공하였다면, 팬들과 팀 동료들은 그가 신의 손을 가졌으며 다음 슛은 더 잘 던질 것이라 믿게 된다. 이것은 잘못된 생각이다. 자세히 연구해 보면, 선수가 던지는 슛이 각 시행마다 서로 독립이므로 기대하는 만큼 연속하여 슛이 성공하거나 실패하는 경우는 흔하지 않다. 만약 선수가 오랜 기간에 걸쳐 던진 슛의 절반을 성공하였다면, 그가 성공하거나 실패하는 경우의 수는 동전을 던지는 경우와 같아서 연속적으로 성공, 실패하는 것이 우리가 직관적으로 기대하는 것보다 더 평범하게 나타난다.

만남에 대한 놀라운 신비 한 여학생이 런던에서 여름을 보내고 있다. 어느 날 박물

관 3층에서 평소 알고 지내고 있는 대학 친구를 우연히 만났다. “이렇게 우연히 만나다니, 우리는 아마도 만나게 될 운명을 가졌나봐.”

그런데, 꼭 그런 것일까? 그 날 이런 특별한 만남이 우연히 일어난 것은 흔한 일이 아니긴 하지만, 이 여학생이 여름방학 동안 런던에서 누구든 우연히 만날 수 있다는 것을 생각하면 이 일을 신기한 일이라 할 수는 없다. 누구든 사람들은 보통 하루에 약 1500명 정도의 다른 사람들과 우연히 마주친다고 한다. 이렇게 놓고 보면 “일어나기 힘든 일도 아니구나.”라고는 생각이 든다. 1500가지의 다른 만남이 우연히 일어나는 것과 마찬가지이기 때문이다. 실제로 확률을 계산하기 위해 다음 예를 보자.

예제 6 복권에 반복해서 당첨되기

1986년, Adams는 뉴저지주 복권에 당첨되었다. 그녀는 뜻밖에도 이전에 상금 $390만에 당첨된 적이 있었는데, 이번에는 150만$를 상금으로 받았다. 1986년 2월 14일자 *New York Times*는 한 사람이 두 번에 걸쳐 거액의 복권에 당첨될 확률은 약 1700조 분의 1에 해당한다고 주장했다. 그런데 2주일 후 그러한 주장은 넌센스라고 2명의 통계학자들이 *Times*에 기고하였다. Adams가 살아있는 동안에 두 번이나 당첨된 것은 매우 희귀한 일이긴 하지만 그는 미국에서 정상적인 복권 구매자가 두 번이나 대박을 터뜨릴 수 있는 수 백만명 가운데 한 명일 뿐이라는 주장이었다. 통계학자들은 두 번 연달아 대박을 터뜨릴 다음 번 사람이 7년 이내에 나올 것이라 추정하였는데, 실제로 한 사람이 1988년 5월 두 번에 걸쳐 총 합계 $680만짜리 펜실베니아주 복권에 당첨되었다.

잘 일어나지 않는 사건들－특히 고민스러운 사건들－은 일어나기 어려운 그만한 *이유*가 있는데, 앞에서 이야기 한 것처럼 우연에 기인한 것이다.

예제 7 집단적 암 발생

1997년과 2004년 사이에, Nevada주 Reno에서 약 100Km 떨어진 곳으로 8300명이 농사짓는 조그만 마을인 Fallon에서 16명의 어린이들이 암 진단을 받은 후 3명이 사망하였다. 이것은 이와 같이 작은 마을에서는 일어나기 힘든 경우이다. 주민들은 이런 사건이 일어난 이유로 Fallon지역에 공급되는 식수가 고농도의 비소에 오염이 되었거나, 인근 해군부대로 통하는 송유관으로 인해 오염이 발생했거나, 지방정부에서 사용하는 살충제로 인한 대기오염 또는 약 40년 전에 인근에서 실시했던 핵실험의 후유증 가운데 하나가 아닌가 의심했다. 그러나 과학자들은 이들 중 어느 것도 암의 원인이 아니라고 결론지었는데, 주민들은 과학자들의 진단에 실망하였다.

1984년, 매사추세츠주의 Randolph 인근지역 거주자들 중 250가구에서 67가지 사례의 암

비가 내릴 확률은 ...

일주일 내내 일 했는데, 주말에 비가 왔다. 날씨가 우리를 버렸다는 말이 통계적으로 사실일까? 적어도 미국 동부 해안지역에서는 이 말이 "사실"이다. 1946년만 해도 일요일이 월요일보다 22% 강수량이 더 많았다. 그 이유는 아마도 주중에는 자동차, 트럭 및 공장들에서 발생하는 물질들로 인한 대기의 오염이 비를 만드는 씨앗을 약화시킨 것일 수 있으며, 이러한 것들이 주말을 비에 젖게 하는데 충분한 사유가 된다.

이 관측되었다. 주민들은 여러 가지 사례의 암들이 이렇게 집단적으로 발병하는 것은 흔히 볼 수 있는 일이 아닌데, 인근의 화력발전소가 식수를 오염시켰으며 이것이 암의 원인이 되었을 것이라 주장했다.

1979년, 매사추세츠주 Woburm 지역의 8개 공공 우물 중 2개가 화학유기물들에 의해 오염되었음이 밝혀졌다. 놀란 시민들이 암과 관련된 사례들을 조사하기 시작했다. 1964년부터 1983년 사이에 소아백혈병에 관한 20가지 사례가 Woburn에서 보고되었는데, 소아백혈병이 희귀병임을 고려할 때 이는 매우 높은 발병률을 의미한다. 주민들은 우물물이 백혈병의 원인이라 믿고, 두 곳의 공장에 대해 오염에 대한 책임을 묻기로 하였다.

암은 미국인들의 사망 원인들 가운데 23%를 웃도는 흔한 질병이므로 가까운 이웃에서 집단적으로 암이 발병했다는 사실은 그리 놀라운 것이 아니다. 그러나 이러한 사례가 우리 이웃에서 일어났다면 그 원인을 찾으려 할 것이고, 주 당국자들은 이웃에서 발병한 "너무 많은 암"에 대해 걱정하는 주민들로부터 수없이 많은 전화를 받을 것이다. 그러나 전국암연구소는 "암이 집단으로 발병하는 것은 대부분 우연한 결과이다."라고 발표했다.

하버드의과대학에서 매사추세츠주 두 지역의 암이 발생한 집단들에 대해 조사하였다. 조사원들은 해당기간 동안에 이웃에 거주했던 모든 사람들에 관한 완벽한 자료를 수집하였고, 질문을 통해 의심이 되는 식수에 노출되었는가를 추정하였다. 또한, 암의 원인이 될 수 있는 흡연이나 유해물질에 노출된 직장에 다니는가의 여부에 관한 자료도 수집하였다. 결론은 Randolph 지역의 경우에는 우연한 일이라 말할 수 있었지만, Woburn 지역에서는 식수로 사용하는 2곳의 우물과 소아백혈병의 발병 사이에는 연관성이 있었다.

평균의 법칙이 가지는 신비로움 카지노에서 사람들이 하는 행동에 대해 흥미를 가져 보자. 주사위를 이용한 craps 게임에서 shooter가 연속해서 여러 번 게임을 이기게 했다면 몇몇 도박꾼들은 그녀가 신의 손을 가졌으므로 계속 이길 수 있다는 생각에 베팅을 하게 될 것이다. 한편, 다른 사람들은 '평균의 법칙'에 따라 승과 패가 균형을 이루게 되므로 그 다음 게임에서는 그녀가 이긴 횟수만큼 연속해서 지기만 할 것이라고 생각한다. 평균의 법칙을 믿는 사람들은 동전을 여섯 번 던져 TTTTTT가 나왔다면, 다음 번 시행에서는 앞면이 반드시 많이 나올 것이라 생각한다. 무한히 많이 실행하면 시행 횟수의 반은 앞면이 나올 것은 확실하다. 신비로운 것은 미래의 과정들에서 여섯 번 모두 뒷면이 나왔던 것과 같은 불균형도 만회해야만 한다는 것이다.

동전이나 주사위는 앞의 일을 기억할 수 있는 능력이 없다. 동전은 앞서의 시행에서 여섯 번 모두 뒷면이 나왔다는 사실을 기억해 내지 못하며, 다음 번 시행에서 그것을 만회하고자 앞면을 나타날 수도 없다. 물론 *수없이 많이 실행*하면 그런 것들이 나올 수도 있을 것이다. 10,000번을 던지고 난 후의 결과에서 보면 처음 여섯 번의 실험 결과는 신경쓸 일이 아니다.

예제 8 우리는 아들을 원한다.

이 엉터리 같은 "평균의 법칙"에서 믿음은 재난에 가까운 결과들에 이르게 한다. 몇 년 전 8명의 딸을 가진 어머니로부터의 편지가 신문의 상담코너인 'Dear Abby'에 기재된 적이 있었다. 남편과 그녀는 최대한 4명의 자식을 갖기로 계획을 세웠으나 4명 모두 딸이었으므로 그들은 다시 아이를 낳기로 했다. 이렇게 해서 7명의 딸을 연달아 낳게 되었는데, 의사는 그녀에게 "평균의 법칙에 의하면 이번에 또 딸을 낳을 확률은 100분의 1입니다."라고 말했다. 불행하게도 이 부부는 아이를 갖는 것도 동전을 던지는 것과 같다는 사실을 몰랐던 것이다. 계속해서 8명을 딸을 낳는 것이 흔한 일은 아니지만, 일곱 명의 딸이 태어난 후 다음의 아이가 딸이 태어날 사건 역시 전혀 보기 드문 일도 아니다.

평균의 법칙이란? "대수의 법칙(the law of large number)"이라는 말은 가끔 사용하지만 "평균의 법칙(the law of average)"이란 것이 있을까? 동전을 던지는 것과 같은 임의적인 상황이 "독립적으로" 여러 번 반복되어 시행을 많이 할수록 평균이나 비율이 안정된 숫자에 접근하는 것을 말한다. "독립"이라는 개념은 이전에 시행한 것을 기억하지 않으므로 하나의 시행이 다른 시행에 영향을 미치지 않으며 불운의 연속에 대한 보상으로 행운이 찾아오는 것이 아니다.

"7번 연속해서 아들을 낳았으니, 이번에는 반드시 예쁜 딸이 태어난다는 것을 평균의 법칙이 보장했으면 좋겠지만, 최소한 출산의 비용만큼은 단체 할인을 받을 수 있지 않을까요?"

그림 17.1과 17.3은 동전을 반복해서 많이 던졌을 때 일어나는 결과이다. 그림 17.1에서 던지는 횟수가 많아질수록 앞면의 비율이 0.5에 가까워짐을 볼 수 있다. 그림 17.3에서는 던지는

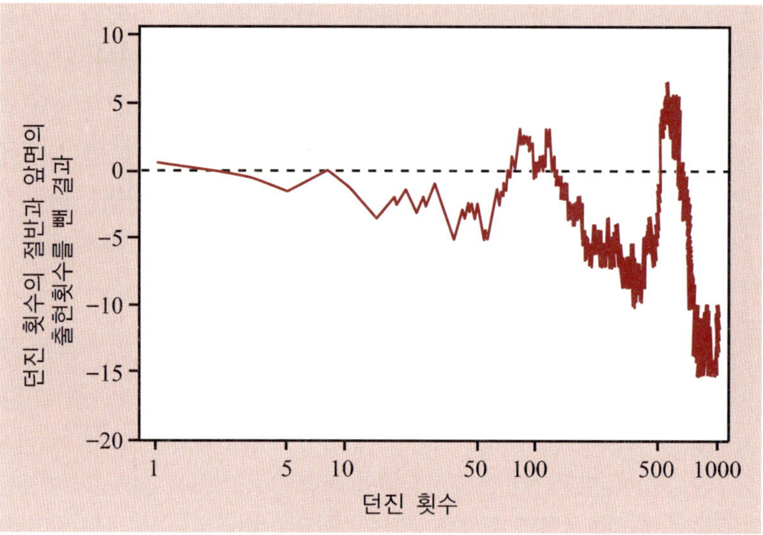

그림 17.3 동전을 많이 던졌다. 정확히 던진 횟수의 절반과 앞면의 출현 횟수의 차이는 던진 횟수가 증가함에 따라 더욱 다양하게 변한다.

횟수가 증가할수록 총 앞면의 횟수는 다양하게 나타남을 알 수 있다.

평균의 법칙은 평균이나 비율이라는 개념이 나타난 횟수나 셈에 비해 전체 현상을 잘못 이해할 가능성을 줄이는 역할을 한다. 예를 들어, 미국에서 남자아이와 여자아이의 출생비율은 같다고 가정하지만, 미국에서 남녀의 총 수가 거의 같다는 말을 미국에서 남녀의 비율이 거의 같다는 말처럼 쉽게 들을 수 있을 것이다.

독자들에게

작가 C. S. Lewis는 평균의 법칙에 관해 다음과 같이 쓴 적이 있다: "동전을 1억번 던진다면, 앞면과 뒷면의 출현 횟수가 거의 같아진다고 생각할 것이다." 이 말은 평균의 법칙으로 설명하기에 옳은 것인가? 아니라면, 어떻게 쓰는 것이 옳은가?

개인적 확률들

한 학생이 시카고 야구팀 Cubs를 제일 좋아한다. 그에게 "Cubs가 내년 월드시리즈에 올라 갈 확률이 얼마나 될까?"하고 물었더니 "약 10% 정도는 된다"고 말했다.

그는 무엇을 근거로 Cubs가 월드시리즈에 진출할 가능성이 10%라고 계산했을까?

내년도 정규시즌 결과는 예측할 수 없지만, Cubs가 그 동안 시합했던 결과들을 토대로 이야기하라고 요구할 수는 있다. 그러나 내년시즌은 한 번뿐이며 선수들은 여러 가지 면에서 과거 시즌과는 같다고 말할 수 없다. 확률적 관점에서 보면 Joe가 말한 0.10은 확률값이 아니다. 확률은 동일한 임의 현상을 여러 번 반복해 얻은 자료를 근거로 한다. Joe는 단지 그의 주관적인 판단을 우리에게 주었을 뿐이다. 이처럼 개인적 주관을 포함한 "확률"을 *개인적 확률*이라 한다.

어떤 사건이 일어날 것이라고 개인적으로 판단하는 것을 포함하여 "확률"이라는 말을 자주 사용한다. 예를 들어, 시내에 자동차를 몰고 나갔을 때 주차하기 힘들 확률이 높기 때문에 대중교통의 이용을 판단하는 것처럼 개인적 의사결정을 내리는 것을 포함한다. 어느 회사의 경우 3년 후의 수요를 예상하여 새로운 공장을 증설할 것인가에 대한 의사결정이 필요한데, 여기에는 회사의 재정과 결부되어 있으므로 신중히 판단해야 할 문제이다. 대부분의 회사에서는 "어떻게 할 것인가"에 대한 표현을 숫자, 확률 등으로 하며, 이렇게 사용된 숫자들을 이용하여 계산하게 된다. Cubs가 다음 시즌에서 우승하는 것을 예측하는 것과 같이, 3년 후의 높은 수요를 예측하는 것은 회사 내의 여러 가지 다른 개인적 판단들을 통해 서로 다른 확률들을 감안해야 한다. 여기서 다른 종류의 확률인 *개인적 확률*이 필요하다.

개인적 확률

결과에 대한 개인적 확률은 결과가 어떻게 일어날 것인가에 대한 개인적 판단에 따라 0과 1 사이의 값을 갖는다.

개인적 확률은 반복 횟수의 제한을 받지 않는다는 큰 이점이 있으며, 그것을 근거로 의사결정을 할 수 있는 장점이 있다. "나는 미네소타 Vikings가 수퍼볼에서 이길 확률이 0.75라고 생각해. 그래서 그 게임에 내기를 걸 생각이야." 개인적 확률이 "많은 반복에서의 비율"과 동일한 확률이 아니라는 사실을 기억하자. 그것들이 개인적 의견이므로 옳고 그름을 말할 수 없다.

이것이 *여러 번의 반복*을 통해 나온 결과라면 사실이 될 것이다. 만약 여러분이 같은 동전을 다음 번에 던졌을 때 앞면이 나올 확률이 0.7이라고 느꼈다면, 그것은 여러분의 생각인 것이고 또 그것일 수도 있다. 동전을 여러 번 던지면 앞면이 나오는 비율은 0.5에 매우 가깝게 되지만 그것은 이와 다른 문제이다. **단 한 번 시행에서 얻은 결과에 대한 믿음의 정도가 여러 번 시행에서 얻은 결과와 반드시 같아야 한다는 법은 없다.** '개인적 확률'과 '여러 번 시행에서 일어난 결과'는 같은 생각의 서로 다른

승산이란 무엇인가?

도박꾼들은 우연에 대한 표현으로 확률보다는 주로 승산이라는 말을 자주 사용한다. B에 대한 A의 승산은 B/(A+ B)로 계산된 확률을 의미한다. 따라서, 1에 대한 5의 승산은 "확률 1/6"의 다른 말이다. 확률이 0과 1사이의 수인데 반해 승산은 0부터 무한대까지의 범위를 갖는다. 비록 승산이라는 말이 도박에서 주로 쓰이는 말이지만, 매우 작은 확률값을 더 명확히 설명하는 방법이 된다. 도박꾼들 사이에서는 "1에 대한 999의 승산"이라는 말이 "확률 0.001"보다 더 이해하기 쉬운 표현이다.

해석이라 할 수 있으므로 위의 사실을 이해할 수 있다. 그러나 사실대로 말하자면 그들은 매우 다른 개념이다.

왜 우리는 개인적인 의견에 대해 '확률'이라는 말을 사용할까? 여기에는 두 가지 좋은 이유가 있다. 첫 번째, 개인적 견해는 여러 번의 시행으로부터 얻은 결과인 과거의 경험적 자료를 근거로 한다는 것이다. Buffon, Pearson 및 Kerrich(예제 2)의 자료와 우리의 경험으로부터의 자료를 근거로 동전을 여러 번 던지면 앞면이 나오는 비율은 절반이 된다는 사실을 믿는다. 이번에 던졌을 때 앞면의 확률이 1/2이 될 것이라고 말하는 것은 여러 번 수없이 많은 반복 시행의 결과를 한 번의 시행에 대해 적용하는 것일 뿐이다. 두 번째, 개인적 확률과 많은 시행의 비율적 의미의 확률은 모두 같은 수학 법칙에 따른다는 것이다. 두 확률 모두가 0과 1사이의 값을 갖는다는 것인데, 다음 장에서 확률의 법칙과 관련지어 보자. 이러한 법칙들은 두 가지 확률 모두에 적용된다.

확률과 위험

앞에서 "얼마나 가능한가에 대한 개인적 판단"과 "많은 반복에서 일어난 결과"는 서로 다른 개념이라는 사실을 깨달았다. 이것은 일반적인 것과 전문적인 것들이 왜 다른가에 대해 이해하는 출발점이 되리라 생각한다. 전문가들은 자료로부터 얻은 확률을 이용해 관심 있는 사건들을 표현한다. 그러나 대부분의 경우 자료의 중요성은 무시되는 것 같다. 일어날 가능성이 높은 것들을 무시하게 되면 거의 일어나지 않는 어떤 것에 대한 위험성도 간과하기 쉽다는 것을 잊지 말자.

예제 9 학교 내의 석면

석면에 많이 노출되어 있으면 위험하지만 적게 노출되도록 주의를 기울이면 위험성을 훨씬 줄일 수 있다. 평생 운전을 한 운전자가 교통사고로 사망할 확률이 약 15,000/1,000,000인데 비해, 석면의 노출정도가 잘 관리되는 학교에서 30년 동안 근무했던 교사가 석면이 원인이 되어 암에 걸릴 확률은 약 15/1,000,000에 불과하다. 이것은 석면에 노출된 학교에서 교편을 잡는 것보다 정상적으로 운전하는 것이 약 1000배는 더 위험하다는 의미이다. 그러나 석면으로부터 학생들을 보호하기 위해 모든 학교에서 석면 검사를 실시하여 그 결과를 발표하고 대대적인 석면 청소를 하도록 하였다.

사람들이 운전하는 것보다 석면이 더 위험하다고 생각하는 이유는 무엇일까? 우리들이 심장발작에 대해 걱정하는 것보다 토네이도와 테러리스트들의 위협에 대해 더 신경쓰는 이유는 무엇일까?

- 보통 사람들은 통제할 수 없는 위험보다 통제할 수 있는 위험에 대해 더 안전하게 느낀다. 운전은 통제 가능하지만, 석면이나 토네이도, 혹은 테러리스트들은 통제할 수 없다.
- 매우 작은 확률값의 경고는 무시하기 쉽다. 백만 분의 15나 백만 분의 15,000은 모두 작은 값들이어서 그들 사이의 차이를 구별해 내기는 어렵다. 심리학자들은 인간은 매우 작은 위험성은 과대 평가하는 반면 큰 위험성은 과소 평가하는 경향이 있다고 말한다. 확률값을 어떻게 이해하는가는 많은 사람들이 가지는 약점의 일부이다.
- 학교에서 석면의 위험성과 유사한 확률값은 동전을 던지는 것처럼 명확하지 않다. 이 값은 전문가들의 복잡한 통계학적 연구를 통해 추정된다. 만약 전문가들이 이러한 위험성을 과소 추정한다면 많은 사람들이 더 안전하게 느낄 수 있을지도 모른다.

비록 개인적으로 느끼는 확률이 자료에 근거하여 추정한 전문가들의 확률값보다 더 높다 해도, 위험에 대한 우리의 반응은 실제 값 이상으로 더 민감하다. 많은 사람들은 스스로의 심리학적 체질과 사회적 기준에 의해 더 영향을 받는데는 그 이유가 있다. 예를 들어, 10분 정도 볼일이 있을 때 비록 자동차 사고의 위험이 잠든 아이를 집에 혼자 있게 하는 위험보다 더 크다 할지라도 아이를 홀로 집에 남겨두는 경우는 많지 않을 것이다.

요약

자연적이거나 인간이 저지른 일이거나 세상의 많은 일들은 **임의적**으로 일어난다. 한 번의 시행만으로 사건에 대한 결과를 예측할 수 없더라도, 어느 사건이든 세월이 흐르는 동안 수없이 많은 반복시행을 통해 결과를 얻어낼 수 있다. **확률**은 임의적인 현상이 장기적으로 규칙화된 것이다. 하나의 결과에 대한 확률은 행위를 수없이 많이 반복하여 얻은 결과에 대한 비율이다. 확률은 0(전혀 일어나지 않음)과 1(항상 일어남) 사이의 실수이다.

확률값은 오랜 시행을 거쳐 일어난 것에 대해서만 정의할 수 있다. 내기에서 동전을 던지거나 오늘 시합에서 슛을 던지는 것처럼 몇 차례의 시행만으로는 해당 사건의 임의성을 말할 수 없다.

개인적 확률은 어떤 일이 얼마나 일어날 것처럼 보이는가에 대한 개인적인 판단이다. 개인적 확률값들도 역시 0에서 1사이의 수를 갖는다. 사람이 누구나 다르듯 같은 사건이더라도 개인적인 확률값은 같지 않다.

EESEE

"Psychic Probability"는 논란이 되고 있는 심령사 Olof Jonssson의 능력에 대해 조사한 연구에 대하여 설명하고 있다. Results 섹션에 주어진 표를 읽고 288번 시행을 바탕으로 이 심령사가 올바르게 추측하였을 확률을 추정하여라.

EXERCISES

17.1 동전 돌리기 바닥과 오른쪽 손가락 사이에 1센트짜리 동전을 세워 놓고 왼쪽 손으로 튀겨 돌려보자. 50번을 시행하였을 때 앞면이 나올 확률을 추정하여라.

17.2 동전 떨어뜨려 굴리기 동전이 양면으로 이루어졌으므로 앞면이 나올 확률은 약 1/2이 됨을 알고 있다. 그런 의견이 항상 옳은 것은 아닌데, 앞의 예는 동전을 던지기보다는 돌렸을 경우 앞면이 나올 확률이 바뀌었는지 물어보는 것이다. 이제 다른 방법을 사용해 보자. 일어선 상태로 1센트짜리 동전의 가장자리를 들어 떨어뜨린다. 앞면을 위로하여 떨어지는 확률을 알아보기 위해 적어도 50번을 시행하여 보자. 앞면이 나올 확률은 얼마인가?

17.3 난수 난수표(표 A)는 0부터 9까지의 숫자들이 나타날 확률이 0.1이 되도록 하는 임의 장치에 의해 만들어졌다. 처음 200개의 한 자리 숫자들 중 0이 나타난 비율은 얼마인가? 비율이 0.1이라고 알려진 확률의 참값을 200번의 반복 실험을 통해 추정하여라.

17.4 앞면을 얻기 위해 얼마나 많이 던져야 하는가? 동전을 던지면 경험에 의해 앞면이 나올 비율은 1/2에 가깝게 된다는 것을 알고 있다. 이제 앞면이 나올 때까지 던지는 횟수에 관심이 있다고 하자. 홀수(1, 3, 5, 7, …)번 던졌을 때 처음 앞면이 나올 확률은 얼마인지를 알기 위해 이 실험을 50회 반복하고, 50회 시행 각각에서 앞면을 얻기 위해 던진 횟수를 기록해 두자.

(a) 실험으로부터 첫 번째 실행에서 앞면이 나올 확률을 추정하여라. 이 값을 얻기 전에 우리는 얼마쯤으로 생각하고 있었는가?

(b) 이 결과를 이용해서 홀수 번 던졌을 때 앞면이 처음 나올 확률을 추정하여라.

17.5 **압정 던지기** 단단한 표면의 바닥에 압정을 100번 던져보자. 몇 번이나 바늘이 위로 떨어지겠는가? 바늘이 위로 향해 떨어질 근사 확률은 무엇인가?

17.6 **같은 종류의 카드가 3개** 포커에 관한 책을 보면 5장의 카드를 가졌을 때 3장의 카드가 같은 종류일 확률은 1/50이다. 이것의 의미에 대해 간단히 말하여 보아라.

17.7 **낱말에서 확률값까지** 확률은 하나의 사건이 일어날 가능성이 얼마나 되는가를 측정한 것이다. 아래의 경우와 다음 주어진 확률값들 가운데 하나를 연결시켜라.

0 0.01 0.3 0.6 0.99 1

(a) 이 사건은 불가능하여 전혀 일어날 수 없다.

(b) 이 사건은 매번 시행에서 분명히 일어날 것이다.

(c) 이 사건은 자주 일어날 것처럼 보이지만 오랫동안 시행하는 동안 한 번만 일어날 것이다.

(d) 이 사건은 일어나지 않은 것보다는 자주 일어난다.

17.8 **야구에서 승리** 1969년에서 2004년까지 미국 양대 리그 야구에서 우승팀의 정규시즌 홈 경기 승률은 평균 63%였다. 정규시즌이 끝나면 양대 리그 우승팀들은 월드시리즈에서 만난다. 홈 경기 승률 0.63을 이용하여 월드시리즈에서의 승부를 예측할 수 있는지 설명하여라.

17.9 **교통사고를 내겠는가?** 임의로 선택된 운전자가 다음 해에 교통사고와 관련될 확률은 0.2이다. 이 값은 사고의 경험이 있는 100만명의 운전자들을 조사한 결과에 근거한 것이다. 여기서 '사고'란 고속도로가 아닌 자동차 전용도로에서 범퍼를 찌그러뜨린 정도 이상을 말한다.

(a) 여러분이 내년에 교통사고를 낼 확률은 얼마쯤 된다고 생각하는가? 이 값이 바로 '개인적 확률'이다.

(b) 임의로 추출된 운전자들의 경우보다 사고에 대해 생각하는 스스로의 개인적 확률이 더 정확하다고 한다. 그 이유를 설명하여라.

(c) 대부분의 사람들은 자기 자신의 개인적 확률이 임의로 추출된 운전자들의 경우보다 낮다고 생각한다. 여러분도 이것이 옳다고 생각하는가?

17.10 배우자의 유무 임의로 추출한 40세 여성이 이혼했을 확률은 약 0.15이다. 이 확률은 40세인 수백만 명의 여자들을 대상으로 조사한 결과이다. 이 비율은 다음 20년 동안에도 변하지 않는다고 가정하자. 한 여성이 20살이며 미혼이라고 하자.

(a) 이 여성이 40세가 되었을 때, 이혼했을 확률은 약 5%라 생각한다. 이 값은 개인적 확률이다. 그 이유를 설명하여라.

(b) 이 여성의 개인적 확률이 다른 40세 여성들의 비율보다 낮은 이유에 대해 설명하여라.

17.11 개인적 확률 대 자료 오랜 기간 많은 시행을 통해 얻은 비율로써의 확률과 자신의 개인적 확률에 의존했던 경험이 있으면 각각 예를 들어라.

17.12 개인적 확률? 자료가 얼마 되지 않을 때에는 개인적 확률에 의존하게 된다. Challenger호가 사고를 당하기 전까지 미국은 24번의 우주선을 모두 성공적으로 발사해 왔다. 우주 개발 계획에 참여하고 있는 사람들의 말에 의하면, 그러한 사고가 발생할 확률은 1/100,000에 불과하다고 한다. 이렇게 너무 낙관적인 추정치가 나온 이유에 대해 설명하여라.

17.13 개인적 난수? 적어도 10명 정도의 친구들에게 "임의로" 4자리 숫자를 말하게 해 보아라. 얼마나 많은 사람들이 1이나 2로 시작하는 숫자를 말하는가? 또 얼마나 많은 사람들이 8이나 9로 시작하는 숫자를 말하는가?(여러분들이 얻은 결과는 사람들이 낮은 수부터 시작하는 것을 선호한다는 좋은 증거가 된다)

17.14 'pick four' 게임 많은 주에서 매일 'pick four' 게임을 이용하여 당첨된 4자리 숫자를 가진 복권의 번호를 발표한다. 당첨 숫자는 난수표로부터 얻은 4자리 숫자이다. 주에서 발표한 숫자가 복권 소지자가 가진 4자리 숫자와 일치하면 그 사람이 당첨되는 것이고, 당첨된 사람이 많으면 해당 사람들이 당첨금을 나누게 된다.

(a) 예를 들어, 당첨 숫자가 2873이나 9999라 하자. 이 두 개의 숫자가 당첨될 확률이 1/10,000로 같은 이유를 설명하여라.

(b) 만약 여러 사람들에게 과거의 당첨 번호를 제시한 후 이것을 택할 것인가를 묻는다면, 많은 사람들은 그 숫자들 중 하나를 택할 것이다. 이 장에서 배웠던 정보를 이용하여 그 숫자가 무엇인지를 말하고, 그 이유를 설명하여라. 여러분이 많은 사람들이 택한 숫자와 다른 수를 여러분들이 택하였다

하더라도 당첨될 확률은 동일하다. 그러나 여러분이 선택한 수는 상대적으로 적은 수의 사람들이 택하였을 것이므로 만약 당첨된다면 더 많은 당첨금액을 받을 것이다.

17.15 놀람? 신학기가 되면 새로운 룸메이트를 만나게 된다. 그와 오랫동안 나눈 이야기 가운데 두 사람의 여동생 이름이 모두 Deborah라는 사실에 매우 놀랐다. 이것에 대해 어떻게 생각하는가?

17.16 Shaq의 자유투 농구 선수인 Shaquille O'Neal은 시즌 내내 약 절반 정도의 자유투를 성공시킨다. 오늘 시합에서 Shaq가 처음 3개의 자유투를 성공시키자 TV 해설자가 "오늘 Shaq의 기량이 좋아 보입니다."라고 말했다. 사실 Shaq의 기량이 좋아졌다고는 말할 수 없는데, 그 이유를 설명하여라.

17.17 오랫동안 실행함 확률을 구하는 일은, 공정하지 못한 상태에서는 정의하기 어려우나 그것을 뛰어 넘을 수는 있다. 동전을 처음 여섯 번 던진 결과가 여섯 번 모두 뒷면이 나왔고 다음 실행에서 정확히 앞뒷면이 세 번씩 나왔다고 하자. 처음 여섯 번 시행에서 앞면의 비율은 얼마인가? 만약 마지막 94번의 실험에서 47번 앞면이 나왔다면 100번 던진 이후의 앞면이 나타난 비율은 얼마인가? 만약 마지막 994번 던져 앞면이 절반 나왔다면 1000번의 실험에서 앞면이 나올 비율은 얼마인가? 만약 마지막 9996번 던져 앞면이 절반 나왔다면 10,000번의 실험에서 앞면이 나올 비율은 얼마인가?

17.18 평균의 법칙 야구 선수인 Ichiro Suzuki는 시즌 동안 전체 타석의 약 34% 정도 안타를 친다. 그가 6타석에서 연달아 안타를 치지 못하자 TV 해설자는 "평균의 법칙에 의하면 Ichiro는 이번에는 안타를 칠 것입니다."라고 말했다. 해설자의 설명이 옳은가?

17.19 한파가 닥침 올 겨울이 추울 것이라고 예측한 기상학자는 "과거 수년 동안의 겨울 날씨를 살펴보니 정말로 추웠던 적은 없었다. 평균의 법칙을 사용하여 가정하지 않더라도, 이번 겨울은 한파에 대비해야 한다."고 말했다. "평균의 법칙에 따른 대비"가 날씨에 대한 설명에서 타당한 것인가?

17.20 무식한 도박꾼

(a) 어떤 도박꾼은 룰렛 게임을 할 때 빨강과 검정에 해당될 가능성은 같다고 믿고 있다. 평균의 법칙을 믿은 그는, 다섯 번 모두 빨강임을 확인한 후 다

음 스핀에서 검정에 많은 베팅을 하였다. 도박꾼이 미처 깨닫지 못한 점에 대해 설명하여라.

(b) 다섯 번 모두 빨강이 나왔다고 하더라도 다음에 빨강과 검정이 나올 가능성이 같다는 설명을 들은 후 그는 포커 게임으로 자리를 옮겼다. 앞에서의 예를 기억하고 있던 그는 빨간 카드를 다섯장 가졌음에도 불구하고 다음 카드에서 빨강과 검정이 나올 확률이 같다고 믿고 있다. 이 도박꾼의 생각이 옳다고 할 수 있는가? 그 이유를 설명하여라.

17.21 위험에 대한 반응 학생들이 운동중 사망할 확률은 매년 100만 분의 10 정도 된다고 한다. 일정부분 석면에 노출된 학교에 10년 동안 다녔을 때, 석면으로 인해 암에 걸릴 확률은 약 100만 분의 5 정도 된다. 만약 학교에서 석면의 사용을 금지한다면, 학교에서 운동 활동도 금지해야 옳은가?

17.22 위험에 대한 반응 USA Today나 New York Times와 같은 전국지들은 자동차 사고로 목숨을 잃는 사람들에 대한 것보다 비행기 사고로 숨지는 사람들에 대한 기사를 더 자주 다루고 있다. 미국에서는 매년 약 42,000명의 사람들이 교통사고로 숨지고 있다. 그러나 2002년에서 2004년 사이에 항공사고로 목숨을 잃는 사람들의 숫자는 화물기 사고까지 합쳐 34이었다.

(a) 언론 매체들이 항공기 사고에 대해 더 관심을 갖는 이유가 무엇인가?

(b) 뉴스에서 보도한 내용이 무엇이기에 사람들은 자동차보다 비행기가 더 위험하다고 생각하겠는가?

17.23 확률이라 말할 수 없는 것은 무엇인가? 동전을 던지면 앞면이 나올 확률은 1/2이다. 이것은 우리가 수없이 많이 던졌을 때 그 비율이 0.5에 가까워진다는 의미이지, 나타난 횟수가 던진 횟수의 1/2이라는 말은 아니다. 동전을 던졌을 때 앞면의 나타날 비율이 0.51이 된다고 하면 100번, 1000번, 10,000번, 100,000번 던졌을 때는 어떻게 되겠는지 상상해 보자. 많이 던질수록 비율이 0.5에 더 가까워지겠는가?

17.24 Web을 이용하기 평균의 법칙에 대한 잘못된 사용 예를 찾기 위해 Web을 이용해 보자. 당신이 지적한 문장이 잘못된 사례일 경우 왜 틀렸는가를 말해 보아라 (Web 사이트 www.naver.com에서 평균의 법칙(the law of average)이나 대수의 법칙(the law of large numbers)을 찾아보자).

웹탐색

확률의 개념을 이해하는 가장 좋은 방법들 중 하나는, 어떤 결과가 그것이 일어 날 확률에 접근하여 일어나는 비율을 관찰하는 것이다. 컴퓨터 모의실험을 통해 이 과정을 볼 수 있다. 이 책의 웹사이트인 www.whfreeman.com/scc에 접속하여 “Probability” 창을 이용하기 바란다.

CHAPTER 18

확률모형

앞면, 뒷면, 혹은 헷갈림

Martha : 여기 동전이 하나 있어. 내가 이걸 던지면 앞면이 나올 확률은 얼마일까?

Tom : 60% 정도?

Martha : 그럼 뒷면이 나올 확률은?

Tom : 아마도 50%.

Martha : 앞면이 60%이고 뒷면이 50%이면 모두 110%인데, 어떻게 된 일이야.

Tom : 아, 그건 내 개인적 확률이기 때문인데 내가 생각하기에 따라 숫자는 달라지지.

Martha : 아니야, 그럴 수 없어. 너는 두 가지 상황을 동시에 고려해야 해.

Martha는 개인적 확률이라도 그것이 사리에 맞으려면 확률의 법칙에 따라야 한다고 말했다.

"사리에 맞는" 확률이란 여러 번 던져서 일어난 결과를 말하는 것은 아니다. Tom이 말하는 개인적 확률이라는 것도 동전을 여러 번 던져서 일어난 결과를 말하는 것이 아니다. 그러나 실험에서 나타나는 자료는 다른 자료와 관계를 갖고 일어난다는 것을 알아야 한다. 예를 들어 같은 동전을 던지는 실험을 할 때, 앞면이 나오는 확률과 뒷면이 나오는 확률의 합은 1을 넘을 수 없다. 다시 말해, 동전이 땅에 닿는 순간 수직으로 일어서는 경우가 있다면 몰라도, 그 이외의 경우는 정확히 1인 셈이다. 이 장에서는 "확률의 법칙" 가운데 하나를 살펴보도록 하자.

확률모형

25세에서 29세까지의 여성을 임의로 추출하여 혼인 상태를 조사하였다. "임의로"라는 말은 그 나이에 해당하는 모든 여자들 가운데 누구라도 선택될 가능성은 동일하다는 의미이다. 한 사람의 여성을 임의표본으로 선택하면, 관심있는 연령구간의 모든 여성들 가운데 표본이 속한 혼인 상태의 비율을 알 수 있는데, 많은 여성들을 표본으로 추출하였을 경우 아래와 같은 비율을 얻을 수 있었다.

혼인 상태	미혼	기혼	사별	이혼
확 률	0.404	0.535	0.004	0.057

위 표는 임의로 추출한 젊은 여성들의 혼인 상태에 대한 *확률모형*이다. 위 표에서는 가능한 결과(위의 예는 4가지)가 무엇이며, 그에 대응하는 확률이 얼마인가를 알 수 있다. 여기서 확률은 각 혼인 상태에 속하는 모든 여성들에 대한 비율이다. 결혼생활을 하고 있지 않은 여성들에 대한 확률은 기혼인 상태를 제외한 나머지 3개의 상태의 합으로 얻는다.

$$P(\text{결혼생활을 하고 있지 않음}) = P(\text{미혼}) + P(\text{사별}) + P(\text{이혼})$$
$$= 0.404 + 0.004 + 0.057 = 0.465$$

위의 확률모형을 이용하면, 개별 결과들에 대한 확률의 합을 이용하여 관심 있는 여러 형태의 조합에 대한 확률을 구할 수 있다.

확률모형

임의 현상에 대한 확률모형은 모든 가능한 결과들과 이들에 확률을 할당하여 나타낸다. 수집된 결과들을 사건(또는 사상)이라 부른다.

확률규칙

이 예제에서 확률은 각 혼인 상태에 해당하는 모든 여성들의 비율이므로, 어떤 규칙에 따라 어떻게 비율이 정해지는가를 알아볼 필요가 있다. 모든 확률모형에 대해 공통적으로 적용되는 기본 규칙을 살펴보자.

A. **모든 확률은 0에서 1사이의 값을 갖는다.** 모든 비율이 0과 1사이의 수이므로, 모든 확률도 역시 0과 1사이의 수이다. 확률이 0인 사상은 전혀 일어나지 않으며, 확률이 1인 사상은 매 번 시행에서 모두 일어난다. 확률이 0.5인 사상은 오

랫동안 시행하면 절반이 일어난다.

B. **모든 가능한 결과들에 대한 확률의 합은 1이다.** 매번 시행에서 어떤 결과든 일어나므로 모든 가능한 결과들에 대한 확률의 합은 1이다.

C. **사건이 일어나지 않은 확률은 1에서 사건이 일어난 확률을 뺀 값이다.** 만약 어떤 사건이 모든 시행의 70%에서 일어난다면 다른 30%의 시행에서는 일어나지 않는다. 어떤 사건이 일어나는 확률과 일어나지 않는 사건의 합은 항상 1이거나 100%이다.

D. **만약 두 개의 사건이 공동으로 일어나지 않는다면, 한 사건이나 다른 사건이 일어날 확률은 개별 확률들의 합과 같다.** 만약 첫 번째 사건이 모든 시행의 40%에서 일어나고 두 번째 사건은 모든 시행의 25%에서 일어나는데 두 개의 사건은 절대 동시에 일어나지 않는다고 하면, 40%+25%=65%이므로 모든 시행의 65%에서 한 사건이나 또는 다른 사건이 일어난다고 할 수 있다.

정치적으로 공정함

1950년 러시아의 수학자 B. V. Gnedenko(1912~1995)는 세계적으로 유명한 책인 *The Theory of Probability*를 집필했다. 서문에는 다음과 같은 불가사의한 말이 적혀 있다. "확률이론을 완벽하게 발전시키는 것은 그것의 개념과 이상이 유물론적인 개념과 이상주의적인 개념 사이에서 어떻게 완성되는가를 보이는 과정이다." 여기서 "유물론적"이라는 말은 "마르크스주의자와 레닌주의자"를 지칭하는 말이었다. Stalin 시대의 러시아 과학자들은 그들 저서에 이 문장을 첨가함으로서 사상 논쟁을 비켜 가게 되었다.

예제 1 젊은 여성의 혼인상태

젊은 여성들의 혼인상태에 대한 확률을 다시 생각해 보자. 4개 확률값은 각각 0에서 1사이의 수이다. 또한 합은

$$0.404 + 0.535 + 0.004 + 0.057 = 1$$

이다. 이것은 규칙 A와 B를 만족한다. **모든 개별 결과들에 대응하는 확률값은 규칙 A와 B를 만족하므로 적절하다.** 따라서 규칙 C와 D는 자동적으로 타당하다. 규칙 C를 사용한 예를 들어보자.

표본으로 뽑힌 여성이 결혼생활을 하고 있지 않을 확률은 규칙 C에 의해 아래와 같다.

$$P(\text{결혼생활을 하고 있지 않음}) = 1 - P(\text{기혼}) = 1 - 0.535 = 0.465$$

즉, 53.5%가 기혼이라면, 나머지 46.5%는 결혼생활을 하고 있지 않다는 의미이다. 규칙 D는 어떤 여자가 혼인상태에 있지 않을 확률을 계산하기 위해 사용하는데, 앞에서 보았던 것처럼 혼인상태에 있지 않은 3개의 다른 사건들을 합하여 얻는다.

그림 18.1 2개의 주사위를 던졌을 때 얻을 수 있는 36가지 결과

예제 2 두 개의 주사위를 던짐

카지노에서 두 개의 주사위를 던지는 게임을 통해 돈을 잃는 경우를 종종 본다. 두 개의 주사위를 던지면 36개의 결과를 얻을 수 있는데, 앞면에 나오는 숫자들을 차례대로 기록하여 그림 18.1에 도시하였다. 확률값들을 어떻게 할당할까?

카지노에서 사용하는 주사위들은 아주 세밀하게 만들어졌다. 표면의 점들은 표면마다 서로 다른 무게를 느끼지 않도록 파져있고, 몸체의 붉은 플라스틱과 밀도가 같도록 흰색 플라스틱으로 메워져 있다. 따라서 그림 18.1에 나타낸 모든 결과들이 나타나는 확률들은 동일하다. 36개 확률값들의 합이 1이므로(규칙 B) 나타나는 각 결과들의 확률은 1/36이다.

주사위의 표면에 나타난 점들의 합에 관심이 있다고 하자. 합이 5일 확률은 얼마인가? "합이 5가 되게 하는" 사건은 4가지이며, 확률은 이 결과들의 합과 같다.

$$\begin{aligned} \text{P(합이 5가 됨)} &= \text{P(⚀⚃)} + \text{P(⚁⚂)} + \text{P(⚂⚁)} + \text{P(⚃⚀)} \\ &= \frac{1}{36} + \frac{1}{36} + \frac{1}{36} + \frac{1}{36} \\ &= \frac{4}{36} = 0.111 \end{aligned}$$

독자들에게

예제 2에서처럼 카지노에서 사용하는 주사위를 두 번 던진다고 가정하자. 얻어진 숫자의 합이 7, 11, 7 혹은 11이 될 확률은 얼마인가?

규칙을 통해 어떤 확률모형을 사용하는 것이 *타당한가*는 알 수 있으나, 어떤 확률값들이 *정확*한가, 오랫동안 반복 시행하면 어떻게 될 것인가 등은 알 수 없다. 예제 2에서 얻은 확률값은 카지노 주사위를 사용하여 얻은 정확한 값이다. 점 부분이 파진 주사위는 엄밀하게 말해 부정확하므로, 이로부터 얻은 확률모형은 그 속성을 바르게 표현할 수 없다.

개인적 확률은 어떠한가? Tom은 "자 그것들은 나의 개인적 확률이므로 내가 마음먹은 대로 생각할 수 있어."라고 말했다. 규칙 A와 B를 따르지 않는 개인적 확률이 틀리다고 말한 적은 없지만, 그것이 *사리에 맞지 않음*은 언급한 적이 있었다. 따라서 임의적인 현상의 모든 결과들에 대한 개인적 확률도 규칙 A와 B를 따른다고 할 수 있다.

표본에 대한 확률모형

모집단으로부터 확률표본을 추출하여 표본비율과 같은 통계량을 계산할 수 있다. 통계량의 분포를 통해 얻을 수 있는 것은 무엇인지 알아보자. 그 사실을 통해 확률모형에 대한 이해를 높일 수 있다.

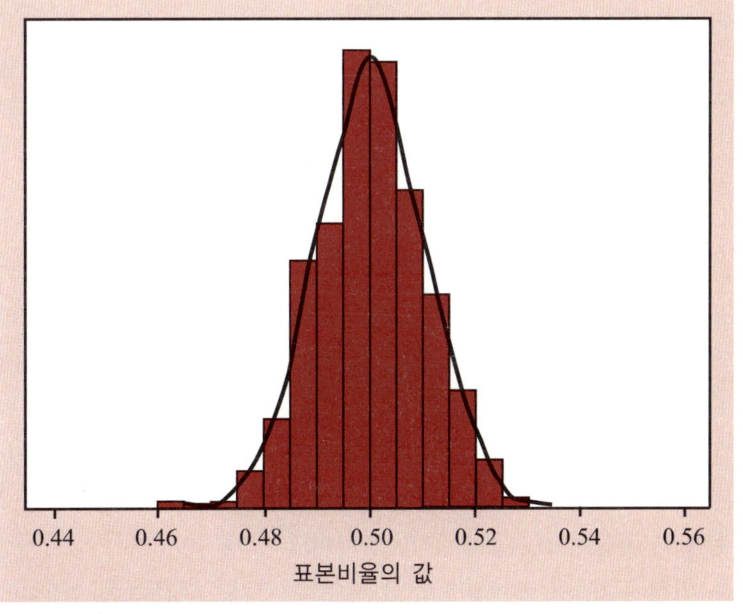

그림 18.2 모집단으로부터 추출된 크기 2527개의 단순임의표본들로부터 구성원의 50%가 긍정적인 답변을 한 표본비율 $\hat{p}$ 의 표본분포. 히스토그램은 1000번 반복시행의 결과에 대한 분포이다. 정규곡선은 표본의 수가 매우 클 때 그 결과를 나타내는 이상적인 형태이다.

예제 3 표본분포

2527명의 성인을 단순임의추출하여 지난 12개월 동안 복권을 구입한 적이 있는가를 물었다. "예"라고 응답한 비율

$$\hat{p} = \frac{\text{"예" 라고 응답한 사람의 수}}{2527}$$

은 표본비율 $\hat{p}$ 이다. 이것을 1000번 시행한 후 1000개의 표본들로부터 1000개의 표본비율 $\hat{p}$ 를 기록하자. 그림 18.2는 모집단으로부터 추출된 크기 1000의 단순임의표본들로부터 구성원의 50%가 긍정적인 답변을 한 표본비율 $\hat{p}$ 의 표본분포이며, 히스토그램은 1000번 반복시행의 결과에 대한 분포이다. 확률표본의 결과는 물론 임의적이다. 하나의 표본 결과에 대해서는 예측할 수 없으나, 많은 표본들의 결과들은 일정한 패턴을 갖는다.

그림 18.2를 이해하기 전에 13장을 생각해 보자. 히스토그램에 대해서는 이미 3장과 11장에서 학습한 바 있는데, 반복되는 확률표본들의 일정한 패턴들은 통계학의 개념들을 이해하는데 매우 중요하다. 그림에서 정규곡선은 히스토그램에 잘 부합한다. 히스토그램은 단순임의추출을 1000번 반복 시행한 결과이다. 이상적인 패턴으로 정규곡선을 생각한다면 모집단으로부터 단순임의추출을 끝없이 반복 시행해야 한다. 이것이 바로 확률의 개념인데, 패턴이라는 것은 많은 반복 시행의 결과 얻어지는 것이다. *정규곡선은 임의추출의 결과에 확률값들을 할당하는 것이다.*

이 정규곡선은 평균이 0.5이고, 표준편차가 약 0.010이다. 68-95-99.7 규칙에서 "95" 부분은 모든 표본의 95%가 평균의 ±2×표준편차 범위 내에 위치하는 하나의 $\hat{p}$ 를 정의하는데, 이 예에서는 0.48과 0.52 사이에 해당한다. 여기에 대해 더 간단히 말하자면 표본에서 48%와 52% 사이의 사람들이 "예"라고 응답할 확률은 0.95이다. "확률"이라는 말은 매우 많은 표본에서 여러 번의 반복시행을 통해 무엇이 일어날 것인가에 관한 이야기이다.

대표본으로부터 얻은 통계량은 상대적으로 정확한 정보를 갖는다. 네 종류의 혼인상태나 두 개의 주사위를 던져 얻은 36가지 결과에 대해서는 확률값을 정의할 수 있지만, 사실상 수천 가지 가능한 결과들에 대해서 일일이 확률값을 계산하는 것은 곤란하다. 예제 3에 다르게 접근하여 보자. 정규밀도곡선 아래 부분의 면적을 이용하여 원하는 결과들의 구간에 확률값을 대응시킬 수 있다. 밀도곡선의 하단 면적은 항상 1이 되는데, 이는 확률의 총합이 1인 것과 같은 의미이다. 그림 18.2에서 정규곡선 아래에 있는 부분의 총 면적은 1이고, 0.48과 0.52 사이의 면적은 0.95인데, 이것은 표본이 그 구간 내에 있을 확률을 의미한다. 정규곡선에 대해 확률을 할당하려면 68-95-99.7 규칙으로부터 계산하거나 정규분포곡선의 백분위수에 관한 표 B를 이용할 수 있다. 이

확률들도 규칙 A~D를 모두 만족한다.

표본분포

통계량의 표본분포에서는 동일한 모집단으로부터 반복 추출된 표본들에서 통계량이 취하는 값이 무엇이며, 이 값들을 얼마나 자주 취하는지를 알 수 있다. 통계량이 취할 수 있는 값에 확률을 할당하는 것이 표본분포라 생각할 수 있다. 보편적으로 가능한 값들이 많이 있으므로, 흔히 표본분포들은 정규곡선과 같은 밀도곡선으로 표현할 수 있다.

예제 4 도박을 허용할 것인가?

501명의 10대들을 대상으로 "합법적인 도박이나 베팅을 인정하는가?"에 대한 여론조사를 실시하였다. 조사자는 모든 10대들의 정확히 50%가 긍정적으로 대답하리라 생각하고 있다. 여론조사에 관계하는 통계학자들은 긍정적으로 말한 사람들의 표본비율은 반복된 추출에서 평균이 0.5이고 표준편차가 약 0.022인 분포에 따라 다양하다고 말했다. 이것이 표본비율 $\hat{p}$ 의 표본분포이다.

68-95-99.7 규칙에 따르면 긍정적으로 답변하는 집단이 47.8% 이하인 표본을 조사기관이 사용할 확률은 0.16이다.

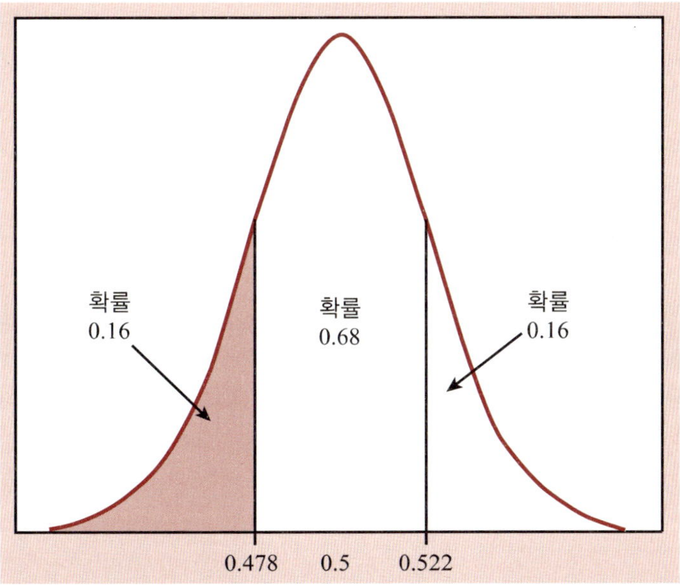

그림 18.3 예제 4에 대한 정규표본분포. 0.478이 평균으로부터 1표준편차 아래 값이므로, 0.478 왼쪽 곡선 아래 부분의 면적은 0.160이다.

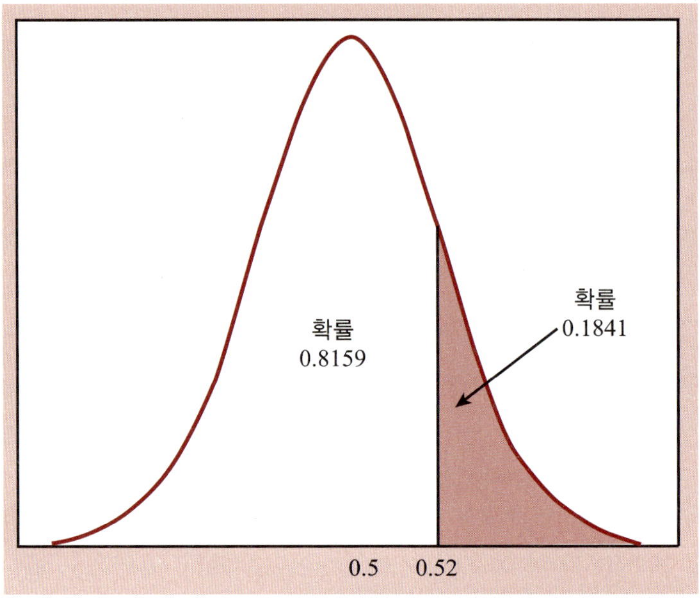

그림 18.4 예제 5에 대한 정규표본분포. 결과값 0.52는 표준점수 0.9로 변환되므로, 표 B를 이용하면 0.52 왼쪽 곡선 아래 부분의 면적은 0.8159이다.

예제 5 정규퍼센트의 사용

예제 4의 여론조사에서 긍정적으로 답변한 사람이 52% 이상인 집단을 표본으로 사용할 확률은 얼마인가? 0.52는 평균으로부터 1, 2, 3 표준편차의 영역이 아니므로, 68−95−99.7 규칙을 사용할 수 없고 정규분포의 백분위수에 관한 표 B를 참고할 수 있다.

표 B를 사용하기 위해 우선 $\hat{p}=0.52$를 표준화 시켜야 하는데, 이 값에서 평균을 뺀 후 표준편차로 나누어주면 된다:

$$\text{표준점수} = \frac{0.52-0.5}{0.022}=0.9$$

이제 표 B를 보자. 표준점수 0.9는 정규분포의 81.59 백분위수이다. 이것은 여론조사에서 이 값보다 더 작은 값을 가질 확률이 0.8159라는 의미이다. 규칙 C를 사용하면 52% 이상이 긍정적으로 답변할 확률은 0.1841이다. 그림 18.4는 확률값을 정규곡선 아래의 면적으로 나타낸 것이다.

요약

확률모형은 어떤 결과들이 일어날 가능성이 있고, 그 결과들에 확률값을 어떻게 할

당할 것인가를 논의하는 것이다. 확률모형을 정의하기 위해 다음 두 가지 사항에 유의하자. 첫 번째, 각 개별 결과에 확률을 할당하는 것이다. 이 확률값은 0과 1사이의 수(규칙 A)이고, 그들의 합은 정확히 1이다(규칙 B). 어떤 **사건**의 확률을 구하기 위해 사건 결과들의 확률값들을 합한다.

두 번째, 정규곡선과 같은 **밀도곡선**의 면적을 이용한다. 곡선 아래의 총 면적이 1이므로 확률의 합은 1이 된다. 이러한 종류의 확률모형을 통계량의 **표본분포**라 부르기도 한다. 이것은 같은 모집단으로 추출한 많은 표본들이 가지는 통계량 값의 패턴이다.

자료에 근거한 확률이건 개인적 확률이건 간에 확률값을 올바로 정의하려면 동일한 **확률규칙**에 따라야 한다.

EESEE

"Psychic Probability"는 논란이 되고 있는 심령사 Olof Jonssson의 능력에 대해 조사한 연구에 대하여 설명하고 있다. 이 이야기를 읽고 질문 1에 답하여라. 만약 정규분포의 백분위수에 대하여 학습하였다면 (b)에 답하여라. (b)에 대한 답이 옳음을 다음과 같이 보여라. Jonsson이 단순이 추측한다고 가정한다. 288번 시행 중 올바르게 추측한 비율의 표본분포는 평균이 0.25, 표준편차가 0.025인 정규분포를 사용한다. Jonsson이 올바르게 추측한 비율은 0.306이었다. 표 B(정규분포의 백분위수)를 이용하여 올바르게 추측할 비율이 0.306보다 크거나 같을 확률을 계산하여라. 이렇게 구한 확률이 작은값이라고 할 수 있겠는가?

EXERCISES

18.1 **이동** 덴마크에서 사회 유동성에 관해 연구하는 사회학자는 하류 계층인 아버지의 아들이 하류 계층에 남아 있을 확률이 0.46인 것을 밝혔다. 그러면 그 자식이 더 높은 계층으로 이동할 확률은 얼마인가?

18.2 **죽음의 원인** 미국에서 일어난 죽음에 대한 정부 자료가 있다. 이 자료에 의하면 임의로 선택된 어떤 사람의 사망 원인이 심장질환에 의한 사망일 확률은 0.29이며, 암에 의한 것일 확률은 0.23이었다. 심장질환이나 암에 의한 사망이 아닐 확률은 얼마인가?

18.3 **캐나다의 땅** 캐나다에 있는 1에이커의 땅을 임의로 선택하자. 그것이 숲일 확률은 0.45이고 목장일 확률은 0.03이다.

(a) 선택된 땅이 숲이 아닐 확률은 얼마인가?

(b) 그 땅이 숲이나 목장이 아닐 확률은 얼마인가?

(c) 캐나다에서 임의로 선택된 1에이커가 숲이나 목장보다도 다른 용도의 땅일 확률은 얼마인가?

18.4 남편들이 그들의 역할을 하고 있는가? 1025명의 기혼 여성들을 표본으로 하여 여론조사를 실시하였다. 기혼 여성들에게 그들의 남편이 가사 일을 공평하게 나누어 하고 있는가를 물었는데, 그 결과는 아래와 같다.

결과	확률
공평하게 나눈 이상	0.12
공평하게 나눈 만큼	0.61
공평하게 나눈 이하	?

위 비율은 기혼 여성들을 임의로 선택하여 그들의 의견을 조사한 확률값이다.

(a) 선택된 여성의 남편이 '공평하게 나눈 이하'라고 응답한 확률은 얼마이어야 하는가? 그 이유를 설명하여라.

(b) "적어도 공평하게 나눈 만큼은 한다."라는 사건은 처음 두 개의 결과들을 포함한다. 그것의 확률은 얼마인가?

18.5 주사위 던지기 그림 18.5는 주사위의 여섯 개 표면에 여러 가지 확률값을 대응시킨 것이고, 어느 확률값이 주사위를 여러 번 던졌을 때 얻어진 올바른 값인가를 알 수 있게 한다. 그러나 일부 대응된 값은 규칙에 따르지 않았으므로 올바른 확률값이라 할 수 없다. 어떤 것이 맞고 틀린 것인지 결정하고 잘못된 모형에 대해서는 그 이유를 설명하여라.

	확률			
결과	모형 1	모형 1	모형 3	모형 4
⚀	1/7	1/3	1/3	1
⚁	1/7	1/6	1/6	1
⚂	1/7	1/6	1/6	2
⚃	1/7	0	1/6	1
⚄	1/7	1/6	1/6	1
⚅	1/7	1/6	1/6	2

그림 18.5 주사위 던지기 게임의 4가지 확률모형

18.6 고등학교 성적 등수 대학 1학년 학생들을 임의로 추출하여 그들에게 고등학교에서의 성적 등수에 대해 질문을 하였다. 학생들의 응답을 통해 얻은 비율을 근거로 한 확률값은 아래와 같다.

순위	Top 20%	Second 20%	Third 20%	Fourth 20%	Lowest 20%
확률	0.41	0.23	0.29	0.06	0.01

(a) 이 확률들의 합은 얼마인가? 합이 이렇게 되는 이유는 무엇인가?

(b) 임의로 선택한 1학년 학생들의 고등학교 때 성적이 상위 20% 내에 들어가지 않았을 확률은 얼마인가?

(c) 고등학교 때 성적이 상위 40%에 들어갔을 확률은 얼마인가?

18.7 4면 주사위 심리학자들은 우연한 행위에 대한 우리들의 판단력을 연구하기 위해 가끔 4면 주사위를 사용한다. 정4면체(그림 18.6)는 모든 면이 정삼각형인 4개의 표면을 가진 피라미드 모양이다. 4면 주사위의 네 면에는 1, 2, 3, 4개의 점이 있다. 이 주사위를 던졌을 때 얻을 수 있는 확률모형을 정의하고 아래면에 나타난 점의 개수를 기록하여라. 어쨌든 여러분이 생각한 모형이 올바른 사실에 근접하는 이유를 설명하여라.

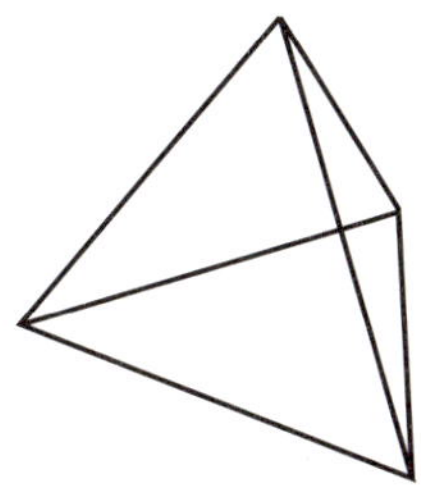

그림 18.6 4면체. 연습문제 18.7과 18.9는 이러한 모형을 가진 주사위를 이용하였다.

18.8 출생 순서 어떤 부부는 세 명의 자녀를 갖기로 가족계획을 세웠다. 세 자녀들의 성별 배열방법은 8가지이다. 예를 들어, GGB는 처음 두 아이는 딸이고 셋째가 아들인 경우이다. 8가지 경우들이 나타날 가능성은 유사하다.

(a) 세 자녀들의 8가지 성별배열을 쓰고, 이들 중 어느 하나가 일어날 확률을 구하여라.

(b) 자녀가 딸 둘 그리고 아들 하나일 확률을 구하여라.

18.9 4면 주사위 4면 주사위에 대해서는 연습문제 18.7에서 설명하였다. 이 주사위

두 개를 던졌을 때 확률모형을 정의하여라. 확률모형은 모든 가능한 결과들에 각각의 확률값들을 대응시킨다(예제 2와 그림 18.1 참조). 아래 면에 나타난 숫자의 합이 5일 확률은 얼마인가?

18.10 룰렛 룰렛 휠은 0, 00과 1에서 36까지의 숫자로 된 38개 슬롯으로 되어 있다. 0과 00 슬롯은 녹색이고, 나머지는 18개씩 빨강과 검정으로 되어 있다. 딜러가 휠을 회전시키면 동시에 반대 방향에서 휠을 따라 작은 공이 구른다. 휠은 저속일 때 어느 슬롯에나 공이 안착할 가능성이 같게 되도록 조심스레 균형을 유지한다. 도박꾼들은 숫자와 색에 대한 여러 가지 조합에 베팅을 하게 된다.

(a) 38가지 가능한 결과들 가운데 어느 하나의 확률을 구하여라.

(b) '빨강'에 베팅했을 때 공이 빨간 슬롯에 안착한다면 이긴다. 이길 확률을 구하여라.

18.11 M&M의 색깔 M&M 사탕봉지에 6가지 색깔의 사탕이 들어 있다. 이 때 사탕이 각 색깔별로 추출될 확률은 제조 과정에서의 색깔의 비율에 따른다.

(a) 임의로 M&M 사탕을 추출하였을 때 각 색깔에 대한 확률은 아래와 같다.

색깔	갈색	빨강	노랑	초록	오렌지	파랑
확률	0.13	0.13	0.14	0.16	0.20	?

파란색의 사탕이 추출될 확률은 얼마인가?

(b) M&M 땅콩사탕에 대한 확률은 약간 다르다.

색깔	갈색	빨강	노랑	초록	오렌지	파랑
확률	0.12	0.12	0.15	0.15	0.23	?

임의로 선택한 M&M 땅콩사탕이 파란색일 확률을 구하여라.

(c) 임의로 선택한 M&M 사탕이 빨강, 노랑, 오렌지 색깔 중 하나일 확률을 구하여라. M&M 땅콩 사탕이 위의 색깔들 중 하나일 확률은 얼마인가?

18.12 타당한 확률값들 주어진 각각의 상황에서 개별 결과들에 대응하는 확률값들이 타당한가의 여부 즉, 확률의 규칙을 만족하는가를 설명하여라. 만약 만족하지 않는다면 그 이유를 설명하여라.

(a) 동전을 던졌을 때, P(H)=0.55이고 P(T)=0.45이다.

(b) 두 개의 동전을 던졌을 때, P(HH)=0.4, P(TH)=0.4, P(HT)=0.4이고 P(TT)=0.4이다.

(c) M&M 사탕의 색깔은 연습문제 18.11에서 말한 것과 항상 동일하지는 않다. 과거에 한 번 구입했더니 빨간색과 파란색은 들어있지 않았다. 황갈색이 나올 확률은 0.1이고 나머지 4개 색깔은 연습문제 18.11에 나온 결과와 같다.

18.13 여성들에 대한 여론조사 모든 성인 여성들의 47%가 자신을 위한 시간이 충분하지 않다고 생각한다고 가정하자. 여론조사를 위해 1025명의 여성을 임의추출 하여 스스로 시간을 충분히 갖지 못한다고 생각하는 사람들의 표본비율을 기록한다. 이 통계량은 조사가 반복되어 선택되는 표본에 따라 변이성이 크다. 표본분포는 평균 0.47, 표준편차 0.016인 정규분포에 근사한다. 이 정규곡선을 그리고, 이것을 이용하여 다음 물음에 답하여라.

(a) 모집단의 참값은 0.47이다. 표본의 가운데 95%가 속하게 되는 범위를 구하여라.

(b) 45.4% 보다 낮은 표본에서 주부들이 충분한 시간을 갖지 못한다고 응답할 확률을 구하여라.

18.14 어떻게 죽을 것인가? 모든 성인들의 75%가 미래에는 총기에 의한 사망이 늘어날 것이라 생각한다고 하자. 여론조사 기관에서는 1009명의 성인들을 단순임의 추출하여 총기 사고에 대해 질문하려고 한다. 만약 동일한 모집단으로부터 많은 표본들을 취한다면, 총기 사고에 의한 죽음이 증가한다고 생각하는 표본의 비율에는 변이성이 있을 것이다. 표본비율의 표본분포는 평균 0.75, 표준편차 0.014인 정규분포에 근사 한다. 이 정규곡선을 그리고, 이것을 이용하여 사람들의 77.8% 이상이 총기에 의한 죽음이 증가할 것이라 생각하는 표본을 취할 확률을 구하여라.

18.15 여성에 대한 여론조사 연습문제 18.13에서 자신을 위한 시간을 충분히 가지고 있지 않다고 생각하는 여성들의 51% 이상이 표본으로 선택될 확률은 얼마인가? 표 B를 이용하여라.

18.16 어떻게 죽을 것인가? 연습문제 18.14에서 미래에는 총기로 인한 죽음이 증가할 것이라는 생각이 71.5% 미만일 표본을 선택할 확률은 얼마인가? 표 B를 이용하여라.

18.17 조깅을 하나? 1500명의 성인들을 대상으로 조깅을 하는가에 대한 여론조사를 실시하였다. 조깅을 하는가에 대한 모집단 비율은 P=0.15이라고 하자. 긍정적인 답에 대한 표본비율 $\hat{p}$는 평균 0.15, 표준편차 0.009인 정규분포에 근사한

다. 이 정규곡선을 그리고, 이것을 이용하여 다음 물음에 답하여라.

(a) 표본비율 $\hat{p}$가 0.15 이하일 확률을 구하여라.

(b) 표본비율 $\hat{p}$가 0.141과 0.159사이에 있을 확률을 구하여라(68−95−99.7 규칙 이용).

(c) 확률에 대한 규칙 C를 이용하여라 : 표본비율 $\hat{p}$ 가 0.141과 0.159사이에 있지 않을 확률을 구하여라.

18.18 대학에 지원함 1500명의 대학생들을 임의추출하여 그들이 다른 대학에도 지원하였는지에 대해 질문 하였다. 실제로 35%의 학생들이 그들이 다니고 있는 학교 이외에도 한 곳에 더 지원하였다고 하자(그것은 거의 사실에 가깝다). 긍정적으로 답한 표본의 비율 $\hat{p}$의 표본분포는 평균 0.35, 표준편차 0.01인 정규분포에 근사한다. 이 정규곡선을 그리고, 이것을 이용하여 다음 물음에 답하여라.

(a) 사용한 표본의 결과에 대해 표본분포가 의미하는 것을 간단히 설명하여라.

(b) 많은 표본들 가운데 $\hat{p}$가 0.37보다 큰 값을 갖는 것은 몇 %인가?(68−95−99.7 규칙을 사용하여라) 이 퍼센트 값이 0.37보다 큰 결과의 확률이 되는 이유에 대해 간단히 설명하여라.

(c) 표본비율 $\hat{p}$가 0.33보다 작을 확률을 구하여라.

(d) 규칙 D를 사용하여라. 표본비율이 0.33보다 작고 0.35보다 클 확률은 얼마인가?

18.19 표본분포의 일반화 매우 작은 모집단에서 추출한 매우 작은 표본의 경우를 예로 들어보자. 모집단은 학생 10명의 성적에 관한 자료이다.

학생	0	1	2	3	4	5	6	7	8	9
성적	82	62	80	58	72	73	65	66	74	62

관심 있는 모수는 이 모집단에서 평균점수이다. 모집단으로부터 크기 $n=4$의 표본을 단순임의 추출하였다. 학생들이 0에서 9까지 표시되어 있으므로 난수표인 표 A로부터 추출하였다.

(a) 모집단에서 10개 점수의 평균을 계산하여라. 이것을 모평균이라 한다.

(b) 표 A를 이용하여 모집단으로부터 크기 4인 표본을 추출하여라. 추출된 표본을 이용하여 표본평균 $\bar{x}$를 계산하여라. 이 통계량을 모집단 평균의 추정량이라고 한다.

(c) 표 A의 서로 다른 부분을 이용하여 이 과정을 10번 반복하여 실시하여라.

10개의 $\bar{x}$에 대한 히스토그램을 작성하여라. 이렇게 하는 것이 $\bar{x}$의 표본분포를 구축하는 것이다. 히스토그램의 중심이 (a)에서 계산한 모집단 평균과 유사한 값인가?

18.20 Web을 이용하기 오즈 메이커(내기·선거·경기 등에서 승산(odd, 乘算)의 율을 측정하는 사람)들은 Web 사이트를 이용하여 스포츠 게임의 승률을 기록한다. 예를 들어, NFL 소속 각 팀들에 대해 Super Bowl 게임의 현재 승률을 누구나 http://www.vegas.com/ gaming/futures/superbowl.html에서 찾을 수 있다. 오즈메이커가 이기는 것에 대해 승산을 "a 에서 b 까지"로 말했다면, 게임에서 이길 확률은 $b/(a+b)$ 이다. 위의 Web 사이트를 보고 어떤 오즈 메이커가 New England Patriots가 2006 Super Bowl 게임에서 이길 수 있는 승산이 "7에서 2까지"라고 말했다면, 게임에서 이길 확률은 2/(7+2)=2/9이다.
Web상에서 각 NFL팀에 대한 슈퍼볼 경기의 현재 승산을 검색해보아라. 이 승산을 확률로 전환하여 보아라. 이 확률이 앞에서 이야기한 규칙 A와 B를 만족하는가?

CHAPTER 19

모의실험

톨게이트 요금 정산소를 더 빨리 통과하여라

교량, 터널, 유료도로 입구에 있는 요금 정산소에 대해 좋게 생각하는 사람은 별로 없을 것이다. 통계학을 이용하여 그곳을 통과하는 차량을 줄일 수는 없지만 통과하는 속도를 증가시킬 수는 있다. 새로운 터널의 개통에 앞서 요금 정산소 광장을 설계해야 한다고 하자. 양쪽 방향의 자동차들이 같은 곳에서 요금을 지불한다. 운전자들은 현금이나 신용카드 및 전자지불 방식을 이용하여 요금을 낼 수 있다. 얼마나 많은 요금 정산소가 필요할까? 모든 요금 정산소에서 모든 종류의 수납 방식을 택해야 할까? 아니면 요금 정산소 별로 특성화 할 필요가 있을까? 이용자들이 전자지불 방식 대신 현금을 많이 사용하는 행락철에는 어떤 일이 벌어질까?

이런 것들을 모두 생각하면 너무 복잡해서 우리가 풀기에 너무 어려운 연립방정식의 형태가 되고 만다. 우리는 생성된 난수를 이용하여 운전자들의 요금 지불 상황을 설정하고 모의실험을 할 수 있다. 상황을 모방하여 모의로 행하는 것을 모의실험이라 한다. 승용차나 트럭은 임의로 도착하겠지만, 과거의 자료를 이용하여 차의 종류나 도착시간에 대해 확률모형을 설정할 수 있다. 운전자들은 여러 가지 다른 지불방식을 선택하게 되는데, 이런 것들은 차의 종류에 따라 확률분포로 정의할 수 있으며, 대기시간이 적은 차선을 선호하는 일반적인 현상에 대해서도 또 다른 확률분포를 정의하게 된다. 요금 정산소에서 운전자들이 서비스를 받는 시간도 고액권 지폐를 내는지의 여부에 따라 역시 임의적이다.

이제 폐쇄회로 화면을 통해 요금 정산소를 지켜보자. 대기시간이나 차선의 길이는 늘어나기와 줄어들기를 임의로 반복한다. 행락철 출퇴근 시간에는 차선의 길이가 얼마나 길어져 정체가 되겠는가? 요금 정산소를 더 증설하면 정체가 해소되겠는가? 증설된 요금 정산소를 현금 전용으로 하면 어떨까? 운전자들이 더 짧은 차선에 접근하기 쉽도록 차선을 길게 하면 어떨까? 교통량이 두 배로 늘어나면 어떻게 해야 할까?

톨게이트 광장과 같이 복잡한 연결체계를 해결하기 위해 모의실험을 실시하는 것은 일종의 표준화된 수단이다. 모의실험의 내막은 복잡하지만, 아이디어는 간단하다. 모의실험의 아이디어가 이 장에서 다루는 주제이다.

확률값은 어디에서 오는가?

동전을 던졌을 때 앞면과 뒷면이 나올 확률은 1/2에 매우 가까운 값이다. 실제로 이 확률값은 많은 시행을 거친 *자료*로부터 얻어진 값이다. 내년 수퍼볼의 우승팀에 대한 Joe의 개인적 확률은 Joe 자신의 *개인적 판단*에 근거한 것이다. 동전을 10번 던졌을 때, 위치에 관계없이 앞면이 세 번 연달아 나오는 사상에 대한 확률은 얼마일까? 이 확률값은 던져서 얻어진 결과 기록에 대한 *모형으로부터 계산*되는 확률이다.

확률모형으로부터 얻을 수 있는 큰 장점은 여러 가지 사상들에 대한 확률을 쉽게 계산 할 수 있는데 있다. 이것은 자료에 근거한 확률이든 개인적 확률이든 간에 모두 해당되는 사실이다. 확률을 계산하기 위해 수학적 방법이 필요한 좀 복잡한 경우도 있다. 이를 기술적으로 모면하기 위해 확률모형을 설정한 후, 컴퓨터를 이용해 여러 번 반복 시행함으로써 *모의실험*을 할 수 있다. 이것은 수학적으로 해결하는 것보다 쉬우며, 일상생활에서 실제로 여러 번 반복 시행을 하는 것보다 훨씬 빠르다.

모의실험

우연하게 일이 생겼음을 모방하기 위해 난수표나 컴퓨터 소프트웨어로부터 발생된 난수를 사용하는 방법을 **모의실험**이라 한다.

모의실험의 기본 사항

우리가 신뢰할 수 있는 확률모형을 설정했을 때, 모의실험은 복잡한 사건들의 확률값을 구하는 유용한 도구이다. 여러 번의 반복시행을 빨리 실행하기 위해서 난수를 이용할 수 있다. 많은 반복 시행의 결과 사건이 발생한 비율은 궁극적으로 그것의 확률에 근접하게 되는데, 이 때문에 모의실험을 통해 신뢰성 있는 확률값을 추정할 수 있다. 모의실험을 실시하는 방법을 아래 예제들을 통해 단계적으로 이해해 보자.

"컴퓨터 모의실험을 통해 앞으로 5년 동안 자네의 업무능력을 예측해본 결과, 자네는 해고야!"

예제 1 모의실험을 해보자

동전을 10번 던졌을 때, 적어도 세 번 연속해서 앞면이 나오거나 세 번 연속 뒷면이 나올 확률을 구하여라.

1단계 **확률모형을 설정한다.** 동전을 던지는 것에 관한 모형을 설정하기 위해 다음 두 가지를 생각해보자.

- 각 시행은 앞면과 뒷면에 관해 각각 0.5의 확률값을 갖는다.
- 시행은 다른 시행에 대해 서로 독립이다. 이것은 한 번의 시행에 대한 결과가 다른 시행의 결과에 영향을 받지 않는다는 것을 의미한다.

2단계 **나타난 결과에 숫자를 대응시킨다.** 표 A에 있는 난수들을 이용하여 결과를 나타낼 수 있다. 우리가 알다시피 표 1에 있는 0에서 9까지 숫자들은 각각 나타날 확률이 0.1로 동일하며, 독립적으로 나타난다. 동전을 던져서 나온 결과와 숫자를 아래 방법으로 연결하여 보자.

- 하나의 숫자는 동전을 한 번 던진 것을 모의실험 한 것이다.
- 홀수는 앞면, 짝수는 뒷면을 나타낸다고 한다.

만약 5개의 홀수가 나오면 앞면이 5개가 나온 것으로 간주하여 앞면의 확률은 5/10이라 한다. 표에서 연속된 숫자는 독립적인 시행을 의미한다.

3단계 **모의실험을 여러 번 반복 시행한다.** 10개의 숫자는 동전을 10번 던진 것을 모의실험 한 것이므로, 표 A에서 10개의 연속된 숫자는 1번 반복하여 모의실험한 결과이다. 각 반복에서 원하는 결과(세 번 연속 앞면이거나 뒷면이 나타남)가 있는지 주의 깊게 살핀다. 표 A의 101번째 줄에서 시작하면 처음 세 번의 반복 결과는 아래와 같다. 3번 이상 연속하여 앞면과 뒷면이 나오는 모든 경우에 대해 밑줄을 그었다.

	반복 1	반복 2	반복 3
숫자	1 9 2 2 3 9 5 0 3 4	0 5 7 5 6 2 8 7 1 3	9 6 4 0 9 1 2 5 3 1
앞/뒤면	H H T T H H H T H T	T H H H T T T H H H	H T T T H H T H H H
3번 연속/	YES	YES	YES

표 A를 이용하여 25번 반복 시행하였는데, 23번의 결과에서 3번 이상 연속하여 앞면과 뒷면이 나오는 경우가 발생하였다. 따라서 이 비율에 따라 이 사건의 확률을 추정하면 아래와 같다.

$$\text{추정된 확률} = \frac{23}{25} = 0.92$$

물론 25번의 반복실험만으로 이 추정값이 정확하다고는 이야기 할 수 없지만, 모의실험을 어떻게 하는가에 대해서는 이해하게 되었고, 컴퓨터를 이용하여 수천 번 반복시행 하면 더 정확한 값을 구할 수 있을 것이다. 실제로 컴퓨터를 이용해 실험하였더니 확률은 약 0.826이 되었다.

진정한 난수들

난수를 필요로 하는 사람들을 위해 오래 전에 RAND 주식회사에서는 *One Million Random Digits*라는 책을 출간하였다. 이 책에는 여러 가지 방법을 통해 생성한 100만개의 난수가 수록되어 있다. 어느 날 RAND 회사의 직원이 "이 책은 RAND에서 다시는 발간하지 못할 만큼 가장 따분한 책은 아니다"라고 말했다.

모의실험에 대한 어느 정도의 경험을 해 보았는데, 앞의 예에서 본 것처럼 확률모형을 설정(1단계)하는 일은 모의실험의 전 과정에서 가장 어려운 과정이다. 비록 동전을 던지는 실험결과가 만족하게 나오지 않았더라도 예제 1에서의 모형은 많은 확률 문제들 가운데서 가장 대표적인 예이다. 왜냐하면, 나타날 가능성과 확률값들이 모두 동일한 독립적인 시행들로 이루어졌기 때문이다. 10번의 자유투를 던지는 실험이나 10명의 자녀들을 출산하였을 때 성별과 관련된 실험은 모두 이것과 같은 방법으로 실시한다. 다음은 모형의 독립성에 대해 이야기해 보자.

독립성

하나의 결과가 다른 결과의 확률값을 변화시키지 않는다면 두 개의 임의 현상은 **독립**이다.

확률의 기본 개념과 같이 독립성도 많은 반복 시행으로 얻은 결과들을 측정하여 확인할 수 있다. 동전을 여러 번 던져 얻는 결과들은 동전은 기억력이 없으므로 독립이라 할 수 있다. "농구선수들이 연속해서 던지는 슛이 독립일까?"하는 의문도 들겠지만, 관측값들을 보면 독립성에 매우 가깝다는 것을 알 수 있다.

2단계(숫자를 할당)는 난수표를 사용하는데, 아래의 예를 보자.

예제 2 모의실험에 대한 숫자 할당

(a) 70%가 취업이 된 집단에서 임의로 한 사람을 선택한다. 한 자리 숫자를 한 사람으로 하는 모의실험을 한다.

0, 1, 2, 3, 4, 5, 6 = 취업
7, 8, 9 = 미취업

(b) 73%가 취업이 된 집단에서 임의로 한 사람을 선택한다. 두 자리 숫자를 한 사람으로 하는 모의실험을 한다.

00, 01, 02, 03, …, 72 =취업
73, 74, …, 99 =미취업

확률 0.73을 얻을 수 있도록 100개의 두 자릿수들 가운데 73개를 "취업"에 할당한다. 두 자릿수를 01, 02, …, 73으로 해도 무방하다.

(c) 50%의 사람들은 취업, 20%는 미취업, 30%는 근로 능력이 없는 집단에서 임의로 한 사

"내가 가진 것이라곤 가짜 목재, 가짜 가죽, 가짜 커피에 이젠 모조의 확률까지!"

람을 선택한다. 이 경우 세 가지 결과가 가능하고 원리도 동일하다. 한 자리 숫자를 한 사람으로 하는 모의실험을 한다.

0, 1, 2, 3, 4 =취업
5, 6 =미취업
7, 8, 9 =근로 능력이 없음

독자들에게

52장의 카드에는 13장의 스페이드, 13장의 하트, 13장의 다이아몬드 및 13장의 클럽 등이 있다. 52장의 카드에서 임의로 같은 패 1개를 결정하기 위한 모의실험에서 어떻게 숫자를 할당하면 좋겠는가?

독립성에 대해 생각해 보자

모의실험에 대해 더 깊게 빠지기 전에 독립에 대한 개념에 대해 더 가치 있는 토론을 해 보자. 우리는 앞에서 독립성은 임의현상을 많이 반복실험 하였을 때만이 확인할 수 있다고 말하였다. 오히려 임의현상을 많이 반복실험 하였을 때만이 독립성의 부족을 확인할 수 있다고 하는 것이 더 정확한 말일 수 있다. 그러면 두 개의 임의현상이 독립인지 아닌지 어떻게 알아낼 수 있을까? 예를 들어, 앞뒷면이 나올 확률이 각각

0.5인 동전 하나를 던지는 것에 대해 독립성의 여부를 어떻게 말할 수 있을까?

"독립성"의 정의를 적용하여 보고, 동전을 연속해서 던졌을 경우 동일한 결과가 연속해서 나오는 비율을 계산하여 보자. 만약 던지는 행위가 독립적이고 많은 횟수를 시행한다면 이 비율은 아마 0.5에 가깝게 될 것이다.

예제 3 독립성 조사

동전을 15번 던져서 다음과 같은 결과를 얻었다고 하자.

횟수	1	2	3	4	5	6	7	8	9	10	11	12	13	14	15
결과	H	H	H	T	H	H	T	T	T	T	T	H	H	T	T

위의 실험에서 동일한 면이 연속해서 나오는 경우는 14번 던진 결과에서 9번이었다. 던진 횟수에 대한 출현비율은

$$비율 = \frac{9}{14} = 0.64$$

던진 횟수가 적었기 때문에 결과가 0.5와는 큰 차이가 났다.

그러나 불행하게도 같은 결과가 연속해서 출현하는 비율이 0.5에 의도적으로 가깝게 하는 것이 독립성을 무시한 결과가 될 수도 있다. 예를 들어, 동전을 던지는 대신 한 번씩 앞뒷면이 연속해서 나오도록 인위적으로 만들어 보자.

횟수	1	2	3	4	5	6	7	8	9	10	11	12	13	14	15
결과	H	H	T	T	H	H	T	T	H	H	T	T	H	H	T

만약 이전의 결과를 안다면 이후의 배치도 금방 생각해 낼 수 있을 것이다. 이렇게 하여 연속으로 나온 결과는 독립이 아니다. 그러나 14번의 시행결과에서 앞면 혹은 뒷면이 연속해서 나온 결과는 각각 7번이므로

$$비율 = \frac{7}{14} = 0.5$$

이다. 독립성을 평가하기 위한 다른 방법에는 14장에서 논의한 바 있는 상관관계의 개념을 이용하는 것이 있다. 만약 두 개의 임의현상을 숫자로 나타낸 결과를 이용하여 두 현상의 관련성을 관찰할 수 있다면, 자료로부터 상관관계를 계산할 수 있다. 만약 임의현상들이 독립이라면, 현상들 사이에 직선관계는 존재하지 않으며 상관관계는 0에 가까워진다. 그러나 현상들 사이의 상관관계가 0이라고 해서 이 현상들이 독립이라는

말은 아니다. 연습문제 14.15에서 속도와 연비 사이에는 명확한 곡선적 관계가 존재하나 상관계수는 0이다. 독립성은 변수들 사이에 관계가 전혀 없다는 의미이나, 관계의 측도는 직선관계에서만이 그 강도를 측정할 수 있다.

독립성이 관계가 없다는 의미이기 때문에, 변수들이 독립이라면 자료의 산포도에서 전혀 어떤 패턴도 발견할 수 없을 것이라 기대할 수 있다.

그는 능력이 있는 타자일까? 운이 좋은 타자일까?

야구 선수가 3할 타자이면 모든 사람들이 갈채를 보낸다. 3할이란 전체 타석의 30%에서 안타를 쳐야 한다. 연간 타율이 3할이면 운이 좋다고 할 수 있는가? 메이저 리그에 주전으로 뛰는 선수들은 한 시즌 동안 약 500번 정도 타석에 들어서며 약 2할 6푼 정도의 타격을 한다고 한다. 타자들이 여러 시즌 연속적으로 3할이 되는 것은 독립시행이라 하자. 이 모형으로부터, 3할 타격의 확률을 계산하거나 모의실험을 할 수 있으며, 결과는 약 0.025이다. 100명 정도의 현역 메이저 리그 타자들 가운데서 2년이나 3년 연속해서 3할 타자가 되는 것은 지극히 운이 좋은 것이다.

모의실험에 더 빠져보자

확률모형을 설정하고 모의실험을 하는 것이 현대 과학의 훌륭한 수단이기는 하나, 응용수학의 뒷받침이 없다면 제대로 실행하기 어렵다. 모의실험 그 자체를 이해하는 것과 확률을 이해하기 위해 모의실험을 이해하는 두 가지 목적을 염두에 두고 아래 두 개의 예제를 보자. 첫 번째 예제는 여전히 독립시행을 가정하지만, 동전을 10번 던지는 것처럼 고정된 숫자를 고집하지 않는 경우이다.

예제 4 딸을 원해

어떤 부부는 첫 딸을 낳거나 세 명의 아이를 낳는 것 가운데 먼저 성취되는 것으로 가족계획을 하기로 결정했다. 자녀들 중에 딸을 낳을 확률은 얼마인가?

1단계 확률모형은 동전을 던지는 것과 같다.

- 딸일 확률은 0.49이고, 아들일 확률은 0.51이다(아들이 딸보다 더 많이 태어나지만, 영아 사망률은 아들이 더 높다.).
- 연속적인 출산에서 성별은 독립이다.

2단계 숫자를 할당하는 것도 쉽다. 두 자릿수를 이용해 한 아이의 성별을 모의실험하자.

00, 01, 02, ⋯, 48=딸

49, 50, 51, ⋯, 99=아들

3단계 모의실험을 한 번 반복하기 위해 표 A로부터 부부가 딸 하나를 갖거나 세 명의 아이를 가질 때까지 숫자 쌍을 읽는다. 아래의 예는 표 A의 130번째 줄을 이용하여 10번 반복 시행한 결과이다. 숫자의 쌍을 이해하기 위해 딸을 G, 아들을 B라 표시하였고, 딸이 출생하면 "+", 아들이 출생하면 "−"라 하였다.

6905	16	48	17	8717	40	9517	845340	648987	20
BG	G	G	G	B G	G	B G	B B G	B B B	G
+	+	+	+	+	+	+	+	−	+

10번의 반복시행에서 딸이 출생한 것은 9번이었다. 이 모의실험에서 딸을 출산할 확률에 대한 추정은

$$\text{추정확률} = \frac{9}{10} = 0.9$$

이다. 실제 수학적 방법을 이용하여 계산한 확률이 0.867이므로 이렇게 추정한 것도 타당한 면이 있다.

끝으로 독립적이지 않은 경우의 예를 들어보자. 이것은 한 단계의 확률이 이전 단계의 확률에 영향을 받는 경우이다.

예제 5 신장이식

Morris는 신장이 좋지 않아 신장이식 수술을 기다리고 있다. 주치의는 그의 지금 상태를 감안하여 다음과 같이 조언을 했다. 수술이 성공하여 생존할 확률은 90%이고 사망할 확률은 10%이다. 생존했을 때 60%는 이식을 계속해야 하고 나머지 40%는 신장 투석을 다시 받아야한다. 새로운 신장을 가지고 5년간 생존할 비율은 70%이며, 다시 투석을 하는 사람이 5년간 생존할 확률은 50%이다. Morris는 자기가 5년간 살아 있을 확률이 얼마나 되는지 알고 싶어 한다.

1단계 그림 19.1에 나무그림을 이용하여, 이 정보에 대한 확률모형을 그래프 형태로 표시하였다. 세 가지 단계에 걸쳐 각 단계별 나타날 가능성과 확률을 나무를 이용하여 볼 수 있다. 나무는 5년간 생존 뿐 아니라 5년 이내에 사망할 경우까지 모든 경로를 나타내고 있다. 2.3 단계에서의 확률은 2.2단계의 결과에 달려있다.

2단계 결과에 대해 숫자를 할당하여 보자.

2.1 단계:

0 = 사망
1, 2, 3, 4, 5, 6, 7, 8, 9 = 생존

2.2 단계:

0, 1, 2, 3, 4, 5 = 계속 이식
6, 7, 8, 9 = 투석으로 돌아감

2.3 단계: 신장

0, 1, 2, 3, 4, 5, 6 = 5년 간 생존

7, 8, 9 = 생존에 실패

2.4 단계: 투석

0, 1, 2, 3, 4 = 5년 간 생존
5, 6, 7, 8, 9 = 생존에 실패

2.3 단계에서 숫자들에 할당하는 것은 2.2 단계의 결과에 달려있다. 이것은 2.2 단계와 2.3단계가 서로 독립이 아니기 때문이다.

3단계 표 A의 110번째 줄의 난수를 이용하여 여러 번 모의실험을 반복 시행한 결과는 아래와 같다.

	반복 1	반복 2	반복 3	반복 4
단계 1	3 생존	4 생존	8 생존	9 생존
단계 2	8 투석	8 투석	7 투석	1 신장
단계 3	4 생존	4 생존	8 사망	8 사망

Morris는 네 번의 반복 실험 가운데 두 번 5년 간 생존하였다. 이제 어떻게 모의실험을 실시하는지 이해하였으므로 컴퓨터를 이용해 많은 반복 시행을 할 수 있다. 여러 번 반복 실시한 모의실험 결과와 수학적 풀이를 통해 Morris는 5년 동안 생존해 있을 확률이 0.558임을 알았다.

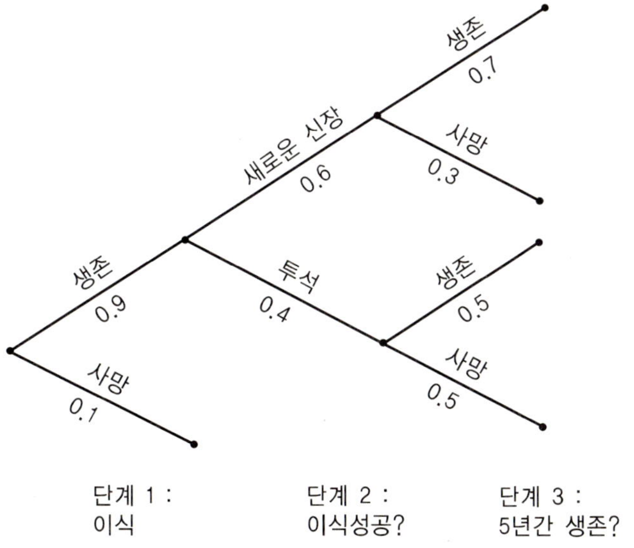

그림 19.1 예제 4의 확률모형에 대한 나무그림. 각 가지점에서 가지에 쓰여진 결과와 그들의 확률을 가진 새로운 단계가 시작된다. 모형을 한 번 반복할 때마다 나무의 끝점들 가운데 하나의 결과를 얻는다.

요약

결과에 대한 확률값을 안다면 임의적인 결과를 모의실험하기 위해 난수를 사용할 수 있다. 난수는 10개의 가능한 숫자들 가운데 어떤 수를 임의로 택하는 확률이 0.1이고 난수표 상의 모든 숫자들이 서로 독립인 사실을 함께 이용하여 사용한다. 더욱 복잡한 임의 현상들을 모의실험하기 위해서는 각 단계의 모의실험을 함께 묶어 실행한다. 일반적인 상황은 각 시행에서 나타날 가능성과 확률값이 같은 여러 개의 시행을 독립적으로 하는 것이다. 동전과 주사위를 여러 번 던지는 것을 생각해 보면 쉽게 이해할 수 있을 것이다. 다른 모의실험들은 시행에 대응하는 다양한 숫자들, 각 단계들마다 서로 다른 확률 값, 그리고 임의의 단계에서 확률값이 앞 단계의 결과에 종속하고 독립적인 단계가 되지 않게 하는 것을 필요로 한다. 모의실험을 성공적으로 하기 위해서는 확률모형에 대해 주의 깊게 생각해야 한다.

EESEE

"Psychic Probability"는 논란이 되고 있는 심령사 Olof Jonssson의 능력에 대해 조사한 연구에 대하여 설명하고 있다. 4번 질문을 읽고 질문에서 요구하는 확률을 모의실험을 이용하여 추정하여라.

EXERCISES

19.1 어떤 정당이 더 좋을까? 여론조사 기관에서는 미국 성인들을 임의추출 하여 "민주당과 공화당 가운데 어떤 정당이 경제 문제에 대처하는 능력이 있을까?"를 물었다. 아래의 주어진 상황에서 한 사람을 모의실험하기 위해 표 A로부터 숫자들을 할당하는 방법에 대해 설명하여라.

(a) 모든 미국 성인들 가운데 50%는 민주당을 50%는 공화당을 선택

(b) 모든 미국 성인들 가운데 60%는 민주당을 40%는 공화당을 선택

(c) 모든 미국 성인들 가운데 40%는 민주당을 40%는 공화당을 선택하고 20%는 결정을 유보한 상태

(d) 모든 미국 성인들 가운데 53%는 민주당을 47%는 공화당을 선택

19.2 작은 규모의 여론조사 대학생의 90%가 저녁에 치루는 시험을 없애는데 동의한

다고 하자. 임의로 10명의 학생을 선택하여 이에 관해 물었다. 10명 모두가 저녁시험을 없애는데 동의할 확률은 얼마인가?

(a) 각각 독립적으로 10명의 학생들에게 물었을 경우의 확률모형을 구하여라.

(b) 응답 "예" 또는 "아니오"를 나타내는 숫자를 할당하여라.

(c) 표 A의 129번째 줄에서 시작하여 25번 반복하여라. 추정된 확률값은 얼마인가?

19.3 **기본적인 모의실험** 연습문제 19.1의 네 가지 상황 각각에서 독립적으로 선택된 성인 10명의 응답을 모의실험하기 위해 표 A를 사용하여라.

(a) 상황 (a)에 대해 110번째 줄을 사용하여라.

(b) 상황 (b)에 대해 111번째 줄을 사용하여라.

(c) 상황 (c)에 대해 112번째 줄을 사용하여라.

(d) 상황 (d)에 대해 113번째 줄을 사용하여라.

19.4 **여론조사를 모의실험 하기** 기혼 여성의 약 70% 정도가 남편이 가사 일을 분담해야 한다는 생각을 가지고 있다고 최근의 여론조사 결과 나타났다. 이것이 정확하게 사실이라고 가정하자. 기혼 여성을 한 사람 선택하면 그녀의 남편이 가사 일을 도와주는데 동의할 확률이 0.7이다. 만약 여성들을 따로 인터뷰하면 그들의 응답은 서로 독립이라 가정할 수 있다. 100명의 여성을 단순임의추출하였을 때 80명의 여성이 "남편이 가사를 분담한다."라고 응답할 확률을 구하려고 한다. 어떻게 모의실험하면 좋겠는가에 대해 설명하고, 표 A의 112번째 줄을 사용하여 한 번만 반복하는 모의실험을 하여라. 100명 가운데 얼마나 많은 여성들이 남편의 역할에 대해 긍정적으로 대답했는가? 모의실험을 많이 반복하여 확률을 추정하는 방법에 대해 설명하여라.

19.5 **학점** 최근 Upper Wabash Tech.에서는 통계학을 공부하기 시작한 모든 학생들 가운데 한 학생을 임의로 선택하였다. 이 학생이 받을 성적에 대한 확률은 다음과 같다.

성적	A	B	C	D, 혹은 F
확률	0.2	0.3	0.3	?

(a) D, 혹은 F 학점을 받을 확률은 얼마이어야 하는가?

(b) 임의로 선택된 학생의 성적을 모의실험하기 위해, 4개의 가능한 성적에 숫자를 할당하는 방법을 설명하여라.

19.6 학급에서의 성적 대학생을 임의로 선택하여 고교시절 학급에서의 성적에 대해 물었다. 결과값들에 대한 확률은 다음과 같다.

학급 성적	상위 10%	상위 10%–상위 25%	상위 25%–상위 50%	50% 이하
확률	0.3	0.3	0.3	?

(a) 임의로 선택된 학생의 고교시절 학급 성적이 50% 이하가 될 확률은 얼마가 되어야 하는가?

(b) 임의로 선택된 학생의 고교시절 학급 등수를 모의실험 하기 위해 4개의 가능한 성적에 숫자를 할당하는 방법을 설명하여라.

19.7 학점에 덧붙여 연습문제 19.5에서 통계학 과정을 공부하는 학생들 가운데 임의로 선택된 학생의 학점을 모의실험 하는 방법에 대해 논의하였다. 기숙사에서 같은 층에 있는 5명의 학생들이 이 과정에 대해 이야기 하고 있다. 그들은 같이 모여 공부하지 않았으므로 그들의 학점은 서로 독립이다. 5명 모두 C학점 이상 받을 확률을 추정하기 위해 모의실험을 실시하여라.

19.8 학급에서의 성적에 덧붙여 연습문제 19.6에서 임의로 선택된 대학생의 고교시절 학급 성적을 모의실험 하는 방법에 대해 논의하였다. 한 장학재단에서는 임의로 선택된 8명 모두에게 등록금 전액을 장학금으로 지급하기로 결정했다. 선택된 8명 중 고등학교 성적이 하위 50%에 속하였던 학생이 많아야 3명일 확률을 구하여라. 이 확률을 추정하기 위해 재단의 선택을 10번 반복하여 모의실험 하여라.

19.9 Shaq의 자유투 농구선수인 Shaquille O'Neal은 전체 시즌 동안 자유투 성공률이 절반 정도 된다. 표 A의 122번 줄을 사용하여 12번 자유투를 던지는 게임에서의 결과를 25번 반복하여 모의실험 하여라. 확률모형은 동전을 12번 던지는 것과 정확히 일치한다.

(a) Shaq가 12번 던져서 적어도 여덟번 성공할 확률을 구하여라.

(b) 25번 반복에서 성공과 실패가 연속해서 일어나는 경우를 조사하여라. 연속적인 결과가 가장 길게 나타난 것은 몇 번인가?

19.10 Tonya의 자유투 Tonya는 한 시즌에 약 80%의 자유투를 성공시킨다. 어느 토너먼트 게임에서 경기 후반부에 다섯 번을 던져 세 번을 실패했다. 관중들은 그녀가 흥분했다고 생각했으나 실패한 것들은 단순한 운이라 여겼다. 다음 확률을 추정하여 보자.

(a) 각각의 슛의 성공확률이 0.7이라면, 한 번 던지는 슛을 모의실험하는 방법을 설명하여라. 다섯 번 독립적으로 슛을 던지는 상황을 모의실험하여라.

(b) 표 A의 125번 줄에서 시작하여 다섯 번 슛을 던지는 것을 오십 번 반복하여 모의실험하여라. Tonya가 다섯 번 던져 세 번 실패할 근사확률은 얼마인가?

19.11 시험을 반복 시행함 Elaine은 필수과목을 통과하기 위해 세 번을 도전한 끝에 self-paced 과정에 등록하였다. 사실 그녀는 이 과목에 대한 공부를 하지 않았지만 누구든 운이 좋아 한 번만에 시험에 통과한 확률은 0.2이다. Elaine이 세 번만에 통과하게 될 확률은 얼마였겠는가?(그녀가 세 번 응시하였던 시험이 모두 같지 않았으므로 각 시행은 독립이라 가정하자)

(a) 시험에서 한 번 시행을 모의실험 하기 위해 난수를 사용하는 방법을 설명하여라.

(b) Elaine은 시험에 통과하자마자 응시를 중단하였다(이것은 예제 3과 매우 유사하다). 표 A의 120번 줄에서 시작하여 50회 반복 모의실험 하여라. Elaine이 그 시험에 통과할 확률의 추정값은 얼마인가?

(c) Elaine이 시험에 통과할 확률이 매번 시행할 때마다 동일하다는 가정이 사실적이라 생각하는가? 그 이유를 말하여라.

19.12 시험을 반복 시행하는 것에 대한 더 좋은 모형 앞의 예제에서 시험에 통과하기 위한 Elaine의 시도에 대한 더 실제적인 확률모형은 다음과 같다. 첫 시행에서 그녀가 통과할 확률은 0.2이다. 만약 첫 시행에서 실패했을 때, 두 번째 시행에서는 첫 번째의 경험이 있으므로 통과할 확률은 0.3으로 높아진다. 두 번째에서도 실패하였다면 세 번째에 통과할 확률은 0.4로 증가하며 통과하자마자 실행을 중단한다. 세 번 응시 후에는 당락에 관계없이 시행을 중단하는 것이 이 시험의 규칙이다.

(a) Elaine의 진행과정에 대한 나무그림을 그려라. 각 진행과정에서의 확률을 표시하여라.

(b) Elaine이 시험에 응시하는 상황을 한 번 반복하는 모의실험을 설명하여라.

(c) 50번 반복하는 모의실험을 실시하고 Elaine이 궁극적으로 시험에 통과하는 확률을 추정하여라. 표 A의 130번 줄에서 시작하여라.

19.13 고대 로마에서의 도박 고대 로마시대의 가장 인기 있었던 게임은 4개의 복사뼈

를 던지는 것이었다. 오늘날 양의 복사뼈를 여러 번 던져 본 결과, 뼈의 4개 면 가운데 제일 위쪽이 나타난 근사 확률분포는 아래와 같다고 하자.

결 과	확 률
좁은 편평한 면	1/10
넓은 오목한 면	4/10
넓은 볼록한 면	4/10
좁은 오목한 면	1/10

이 게임에서 가장 좋은 결과는 네 개 복사뼈 모두 각각 다른 면이 나타났을 때인데, 이를 "Venus"라 불렀다.

(a) 하나의 복사뼈를 던지는 것에 대한 모의실험을 하는 방법을 말한 후, 네 개 각각을 독립적으로 던지는 것을 모의실험 하여라.

(b) 네 개 복사뼈를 25번 던지는 것을 모의실험 하여라. "Venus"가 한 번 실현되는 확률은 얼마인가? 표 A의 어느 곳에서 시작하여 실험하였는지 설명하여라.

19.14 **Asian stochastic beetle** 살아있는 생물 집단의 운명을 조사하기 위해 모의실험을 할 수 있다. Asian stochastic beetle을 예로 들어보자. 이 벌레의 암컷은 다음과 같은 형태로 번식한다.

- 20%의 암컷은 자손을 남기지 않고 죽으며, 30%는 한 마리의 암컷을, 50%는 2마리의 암컷을 남긴다.
- 서로 다른 암컷들은 독립적으로 번식한다.

Asian stochastic beetle들의 집단에서 무슨 일이 일어나겠는가? 즉, 급격히 증가할까 간신히 현상유지를 할 것인가 아니면 멸종할 것인가? 수컷 주위에는 암컷을 얼마든지 볼 수 있다.

(a) 한 마리의 암컷을 번식하기 위한 모의실험을 하기 위해 숫자를 할당하여라.

(b) 한 마리 벌레의 암컷 후손에 대한 3대에 걸친 나무그림을 그려라. 예를 들어, 2대째에는 0, 1, 2마리의 암컷들을 가질 수 있다. 만약 0이면 실험을 멈추고, 그렇지 않으면 2대 암컷 각각의 자손에 대한 모의실험을 실시한다. 3대 이후의 벌레들의 가능한 수는 얼마인가?

(c) 5마리 벌레들의 자손을 3대에까지 모의실험하기 위해 표 A의 105번째 줄을 사용하여라. 3대 이후에는 얼마나 많은 자손을 가지겠는가? 벌레 집단이 증가하는 현상이라 말할 수 있는가?

19.15 2개의 경보시스템 비행기에는 특이한 지형(예들 들어, 비행기가 산악지형에 들어갔을 때와 같은)을 만나면 경보음을 울리는 2개의 독립적인 자동시스템이 있지만 어느 시스템도 완벽하지는 않다. 시스템 A는 상황 발생시 경보음을 울릴 확률이 0.9이며, B는 0.8의 확률을 갖는다. 조종사들은 어느 시스템이 작동하더라도 주의를 기울이게 된다.

(a) 시스템 A가 지형을 만나 반응하는 상황을 모의실험 하여라.

(b) 시스템 B가 지형을 만나 반응하는 상황을 모의실험 하여라.

(c) 두 개의 시스템이 동시에 작동을 하였다. 첫 번째 단계에서 시스템 A가, 두 번째 단계에서 시스템 B를 가진 나무그림을 작성하여라. 전방에 지형이 나타나는 것에 대한 모의실험을 100번 실시하고 경보음이 울릴 확률을 추정하여라. 연계 시스템에 대한 확률은 시스템 A와 B가 각각 작동하는 것 보다 더 높은가?

19.16 craps 게임을 하자 craps 게임은 두 개의 주사위를 가지고 하는 놀이이다. 두 개의 주사위를 던져서 그 합이 7이나 11이 나오면 이기고, 합이 2, 3, 12이면 지게 된다. 그 외의 결과들이 나오면 승패에 관한 첫 번째 결과가 나올 때까지 반복해서 던진다.

(a) 주사위 한 개를 가졌을 때 모의실험을 실시하는 방법에 대해 설명하여라. 두 개를 던지는 모의실험은 어떻게 하겠는가?

(b) craps 게임을 한 번 하는 것에 대한 나무그림을 그려라. 원칙적으로는 게임을 무한히 할 수 있지만, 4번 던지면 diagram 그리기를 멈춘다. 표 A의 114번째 줄에서 시작하고, 게임하는 사람이 이기게 되는 확률을 추정하여라.

19.17 공항의 밴 어느 회사에서는 공항에서 시내까지 밴 서비스를 하고 있다. 각 밴은 7명의 승객을 실어 나를 수 있다. 많은 승객들이 밴을 예약한 후 나타나지 않고 있는데, 실제로 승객들이 나타나지 않는 확률은 0.25이다. 승객들은 독립적으로 예약을 할 때, 만약 예약한 9명의 승객들 가운데 7명 이상의 승객들이 나올 확률은 얼마인가? 이 확률을 모의실험을 이용하여 추정하여라.

19.18 객관식 시험 Matt는 충분히 공부를 하지 않은 채 객관식 시험을 치른 경험이 있다. 그가 치른 시험은 10개의 문제가 출제되었는데 각 문항마다 4개의 보기가 있었다. 다음은 Matt의 개인적 확률모형이다. 전체 문제의 60%는 하나의 보기가 명확히 틀려 이것을 제거한 후 나머지 3개의 보기에서 답을 추측할 수

있다고 생각했다. 이 경우 올바른 답을 선택할 확률은 1/3이다. 나머지 40%의 문제들은 4개 보기에서 정답을 선택해야 하므로 올바른 답을 선택할 확률은 1/4이다.

(a) 어느 한 문제의 결과에 대한 나무그림을 그려라. 한 문제에 대해 Matt가 맞을 것인가 틀릴 것인가를 모의실험 하는 방법을 설명하여라.

(b) 문제들은 독립적으로 출제된다. 시험 결과를 모의실험하기 위해 10문제를 모의실험해 보자. Matt는 이 시험에서 통과하기 위해 적어도 5문제는 맞추어야 한다. 시험에 여러 번 응시하는 상황을 모의실험 하면 Matt가 이 시험에서 통과할 확률을 추정할 수 있지만, 여기서는 한 번만 응시한다고 하고 합격할 확률을 모의실험으로 추정하여라.

19.19 공항 밴에 덧붙여 연습문제 19.17의 모의실험을 계속해 보자. 여러 곳에서 서비스를 하는 예비의 밴이 한 대 더 있다고 하자. 이 예비 밴을 어떤 시점에 공항에서 이용할 수 있는 확률을 0.6이라 하자. 첫 번째 밴이 만석이고, 예비 밴이 대기하고 있지 않아 승객이 우두커니 남아 있을 확률을 구하고 싶다. 첫 번째 단계에서 첫 번째 밴(만석이든 아니든)을, 두 번째 단계에서 예비 밴(필요하든 안 하든)을 기입한 나무그림을 그려라. 연습문제 19.17에서 첫 번째 단계를 여러 번 반복하여 모의실험 하여라. 첫 번째 밴이 만석이 될 때마다 두 번째 단계를 모의실험 하여라. 승객이 남아 있을 확률을 추정하여라.

19.20 생일 문제 다음은 확률론에서 자주 응용되는 생일에 관한 유명한 예제이다. 23명이 같은 방안에 있을 때 적어도 두 명의 생일이 같을 확률은 1/2 보다 크다. 확률모형은 아래와 같다.

- 임의로 선택된 사람의 생일은 365일의 어떤 날이다.
- 방에 있는 서로 다른 사람들의 생일은 독립이다.

생일에 관한 모의실험 하기 위해 표 A에서 세 자리 숫자 집단이 생일을 나타낸다고 하자. 예를 들어, 001은 1월 1일, 365는 12월 31일이다. 윤년에 생일을 건너뛰는 사람의 생일은 나타내는 숫자와 연관을 시키지 않는다고 하자. 표 A의 139번째 줄을 사용하여 임의로 선택된 사람들의 생일이 같게 될 때까지 모의실험을 해 보자. 생일이 같은 사람이 나올 때까지 얼마나 많은 사람들을 조사해야 하는가?

컴퓨터를 사용하여 모의실험을 하면 수 많은 반복시행을 쉽게 할 수 있다. 23

명 중 2명의 생일이 같을 확률도 계산할 수 있는데, 수학적 방법으로 문제를 풀면 좀 다루기 힘든 점이 있으므로 모의실험의 장점을 느낄 수 있다.

19.21 곱셈법칙 확률의 또 하나의 기본 법칙을 소개하겠다. 여러 개의 사건이 독립이면 모든 사건이 발생할 확률은 개별 확률값의 곱으로 구한다. 예를 들어, 딸을 낳을 확률이 0.49이고, 아들을 낳을 확률이 0.51이라고 하자. 또한 연속해서 아이를 낳았을 때, 나타나는 성별은 독립이다. 따라서, 두 아이가 모두 딸일 확률은 (0.49)(0.49)=0.2401이다. 이 곱셈법칙을 예제 3의 모의실험에서 확률의 계산에 이용할 수 있다.

(a) 세 명의 아이를 낳았을 때, 8가지 가능한 성별의 조합을 BBB, BBG와 같이 나타내어라. 각 결과를 얻을 확률을 계산하여라. 8가지 가능한 결과들의 확률값들의 합이 1임을 보여라.

(b) 예제 3에서 부부는 딸 하나를 낳거나 세 명 모두 아들이더라도 세 아이만 낳으면 출산을 중단하려 한다. (a)에서 얻은 결과를 이용하여 딸을 얻을 확률을 계산하여라.

19.22 Web을 이용하기 농구선수 Shaquille O'Neal은 전체 시즌 동안에 자유투의 성공률이 절반에 이른다. 어느 날 게임이 끝날 무렵에 아나운서가 "오늘 Shaq의 손에 불이 났다. 8개의 자유투 중 7개를 성공시켰다."고 말했다.

Shaq의 확률은 성공확률이 0.5인 자유투 확률과 동일하다. 8번 던지는 경우를 100번 반복 시행하는 것을 이 책 "통계학 개념과 눈쟁거리"의 Web 사이트인 "www.whfreeman.com/scc"의 Probability를 이용하여 모의실험 해 보아라. 이 실험은 동전을 8번 던지는 시행을 100번 하는 것과 동일하다. Shaq가 자유투를 던져 7번 이상 성공할 비율은 얼마인가?

웹탐색

다양한 임의현상을 모의실험 한 것을 웹에서 얼마든지 찾을 수 있다. Buffon의 바늘이라 불리는 재미있는 확률 문제를 소개할까 한다. 종이에 1인치 간격으로 선을 그은 후, 종이 위에 1인치의 바늘을 던진다. 선을 가로질러 바늘이 떨어질 확률은 얼마이겠는가? 수학적인 방법으로 풀이하거나 George Reese의 사이트인 www.mste.uiuc.edu/reese/buffon/buffon.html을 이용하여 모의실험을 할 수 있다. 이 확률은 임의의 원주가 그 원의 반경의 π배이면 $2/\pi$가 된다. 따라서 이 모의실험은 수학에서 가장 유명한 숫자들 가운데 하나인 π를 계산하는 방법이기도 하다.

CHAPTER 20

도박장의 수입 : 기대값

도박장의 수입 그리고 실제 도박장의 수입

만약 여러분이 도박을 한다면 얼마나 자주 이길 수 있는가에 관심을 가질 것이다. 승률은 수많은 베팅을 했을 때, 이긴 비율을 말한다. 당신은 크게 이기는 것이 작게 이기는 것보다 좋기 때문에 *어떻게 크게* 이기는가에도 관심이 있을 것이다. 만약 승률 50%의 게임에서 $1를 딴다고 하면, 결국 절반을 이기는 것이 되고 한 번 베팅에 평균 50센트를 딴다는 말이 된다. 승률 10%의 게임에 $100의 상금이 더 매력적이다. 한 번 베팅에 평균 $10를 기대할 수 있다. 이러한 "베팅당 평균 승수"를 *기대값*이라 한다. 확률값처럼 기대값도 많은 베팅을 했을 때 평균적으로 무엇이 일어났는가를 말하는 것이다. 우연의 게임에서 기대값이 결국 평균에서 도박장이 이기도록 조정하는 것은 결코 비밀이 아니다. 예를 들어, 룰렛게임에서 $1 베팅의 기대값은 $0.947이다. $1를 베팅할 때마다 도박장은 나머지 5.3센트를 가져간다. 매월 수십만 번의 베팅이 도박장에서 행해지므로, 매번 $1를 베팅할 때마다 도박장은 정확히 5.3센트를 갖는다.

사실 카지노는 도박꾼들이 룰렛칩을 사는데 쓰는 돈의 20%를 챙긴다. 그 이유는 한 번 시작하면 끝내지 못하는데 있다. 달러당 베팅금액의 95%를 거두어들이는 사람을 생각해 보자. 첫 번째 베팅에서 95%를 번다면 두 번째에서는 그 금액의 95%인 달러당 90.25센트를 벌 것이고, 세 번째 베팅에서는 그것의 95%인 85.7센트를 번다는 이야기이다. 이런 방식을 많이 반복할수록 카지노가 벌어들이는 돈은 더 많아질 수밖에 없다. 실제로 카지노에서는 위의 예와 같은 정확한 비율의 돈이 들어오지도 않지만, 아무리 운이 좋은 사람이라 하더라도 오랫동안 베팅을 하면 돈을 잃게 된다는 의미이다. 카지노에서는 매 1달러의 베팅당 5.3센트를 거두어들인다고 하지만, 실제로 1달러당 20센트가 카지노 문으로 들어간다고 보아야 한다. 게으른 부자들이 선호한다는 게임인 바카라를 생각해 보자. 바카라는 의사결정이나 기술 같은 것들이 필요 없는 카드 게임이다. 어떤 사람들은 한 번에 10만 달러를 베팅하기도 한다. 규모가 큰 도박을 즐기는 사람들의 숫자는 적으며, 그들은 룰렛과 같은 일반 서민들이 주로 하는 종목의 표준금액만큼 자주 걸지는 않는다. 따라서 일부 카지노 회사들의 분기별 수익 보고서에 의하면 바카라 테이블에서 불운을 겪을 때가 많다.

기대값

도박의 역사는 먼 옛날로 거슬러 올라간다. 미국의 초기 역사를 보면 공공기관이나 개인이 발행한 복권이 있었음을 알 수 있다. 한 세기 남짓 지난 후 1964년 정부가 운영하는 도박장이 다시 나타났는데, 뉴 햄프셔주에서는 세금을 이용하지 않고 공공 예산을 확보하기 위해 복권을 발행하였으며, 이 후 여러 주에서 이 방법을 도입하였다. 37개 주와 캐나다의 모든 지방 정부가 이제는 복권의 운영자가 된 것이다. 주 복권은 오락의 일종으로 도박을 받아들인 결과가 되었다. 몇 가지 형태의 합법적인 도박은 이제 48~50개 주에서 허용하고 있다. 미국 성인 절반 이상이 합법적인 도박을 하고 있다. 그들은 스포츠나 비디오게임 등에서 보다 더 많은 내기를 하고 있다. 만약 당신도 내기를 하고 싶다면 먼저 어떤 것이 좋고 나쁜지 이해해야 할 것이다. 이 장에서는 기초적인 예를 통해 얼마나 많이 이길 수 있으며 이길 확률은 얼마나 되는가에 대해 생각해 보자.

예제 1 The Tri-State Daily Number

간단한 복권을 하나 소개하고자 하는데, 연속된 3자리 숫자는 날마다 뉴햄프셔, 메인, 버몬트주에서 알려 주며 이를 "The Tri-State Daily Number"라 한다. 참여하고자 하는 사람은 $1를 주고 복권을 구입하여, 선택한 숫자가 3개 주에서 임의로 선택한 숫자와 일치하면 $500를 받는 것이다. 3자리 숫자는 1000개가 있으므로 당첨될 확률은 1/1000이다. 어떤 사람의 당첨에 대한 확률모형은 아래와 같다.

결과	$0	$250
확률	0.999	0.001

평균 당첨금액은 얼마가 되겠는가? 2개의 가능한 결과들에 대한 일반 평균값은 $125지만, 이것은 $250가 $0보다 나타날 가능성이 적음을 고려하지 않아 타당하지 않다. 즉, 1000번 베팅에서 1번만 $250를 얻을 수 있고 나머지 999번은 $0이다(물론 처음부터 1000개의 숫자를 모두 구입하면 단 한 번에 $250에 당첨될 수도 있으며, 확률은 장기적 비율의 개념으로 설명할 수 있다). 복권으로부터 얻을 수 있는 장기적 안목의 평균은

$$\$250\frac{1}{1000} + \$0\ \frac{999}{1000} = \$0.25$$

혹은, 25센트이다. 보다시피 주 정부에서는 절반의 금액만 당첨금으로 지급하고, 나머지 반은 챙기게 되는 것이다.

예제 1에서 베팅을 계산하기 위해 사용했던 "평균 출현"에 대해 좀 더 일반적으로 정의해 보자.

기대값

숫자로 결과를 나타낼 수 있는 임의현상의 기대값은 각 결과와 결과에 대한 확률을 곱한 후 가능한 모든 결과를 합하여 얻는다.

모든 가능한 결과를 $a_1, a_2, \cdots, a_k$ 라하고, 그들의 확률값을 $p_1, p_2, \cdots, p_k$ 라 했을 때, 기대값은 아래와 같이 계산한다.

$$\text{기대값} = a_1p_1 + a_2p_2 + \cdots + a_kp_k$$

기대값은 가능한 결과값의 평균이기는 하지만, 같은 가중값을 가진 모든 결과값의 일반적인 평균은 아니다. 대신, 각 출현은 높은 가중값을 가진 것이 더 자주 나타나도록 그것의 확률값을 가중값으로 갖는다.

예제 2 The Tri-State Daily Number(계속)

예제 1에서 3자리 숫자를 정확히 맞추었을 경우 당첨금을 지급 받았다. 위의 예제와는 조금 다른 방식을 가진 복권에 대해 이야기 해보자. 우선, 앞의 경우와 같이 정확하게 숫자를 맞추었을 때 $292를 받는 경우와 숫자들의 순서와는 관계없이 3개의 숫자만 맞으면 $42를 받는 복권이 있다고 하자. 예를 들어, 당첨숫자가 123일 경우 숫자가 123인 복권을 가졌으면 $292를 받게 되고 숫자가 132, 213, 231, 312, 321인 복권을 가졌으면 $42을 받게 된다. 결국 1000개의 복권을 한꺼번에 구입했다면 당첨금으로 $292 한 번, $42를 5번 받게 되는 것이다.

당첨금액에 대한 확률모형은 아래와 같다.

결과	\$0	\$42	\$292
확률	0.994	0.005	0.001

기대값은 다음과 같이 계산한다.

$$\text{기대값} = (\$0)(0.994) = (\$42)(0.005) + (\$292)(0.001) = \$0.502$$

주 정부에서 지급하는 당첨금이 절반을 약간 넘으므로, 이와 같은 방식이 앞의 방식보다 다소 더 좋은 내기가 됨을 알 수 있다.

복권의 속임수

우리는 공기 압력을 이용해 번호가 메겨진 공을 방울처럼 솟아오르게 한 다음, 공을 임의로 선택하는 방법을 이용한 복권추첨을 생방송으로 자주 본다. 그러한 추첨에서 결과를 조작할 수 있을까? 1980년 3개의 공이 솟아올랐을 때, 펜실베니아 복권은 정직하지 않은 사회자와 여러 무대 조명기사들에 의해 조작되고 있었다. 그들은 10개의 공 가운데 8개 숫자가 새겨진 공에 페인트를 주입했던 것이다. 따라서 당첨 숫자와 관계 있는 나머지 2개의 숫자로 이루어진 3개의 공이 무게의 차이로 인해 추출되었다. 이들은 이들 모든 숫자의 조합마다 베팅을 하였는데, 6-6-6이 나왔을 때, 1200만 달러의 주인이 되었다. 물론 그들은 체포되었다.

평균으로서 기대값의 개념을 임의출현 값들에 적용시켜 보자. 예를 들어, 새로운 공장을 짓거나 매수한 주식으로부터 불확실한 수익을 설명할 때 사용한다. 다음 예제를 보자.

예제 3 세대당 얼마나 많은 차를 가지고 있는가?

미국의 가정에서는 평균 몇 대의 차를 보유하고 있는가? 조사국에서는 세대당 차의 분포가 다음과 같다고 발표했다.

자동차의 수	0	1	2	3	4	5
세대의 비율	0.10	0.34	0.39	0.13	0.03	0.01

이것은 임의로 한 세대를 선택하여 그 집의 자동차를 센 확률모형이다(5대 이상을 가진 소수의 세대는 무시하였다). 이 모형의 기대값은 가구당 평균 자동차 보유대수가 된다.

$$\text{기대값} = (0)(0.10) + (1)(0.34) + (2)(0.39) + (3)(0.13) + (4)(0.03) + (5)(0.01) = 1.68$$

독자들에게

미국 센서스국은 2002년도 미국 가정에서 가족들 중 18세 이하 어린이 수에 대한 분포를 발표하였다.

어린이 수	0	1	2	3	4	5
비율	0.52	0.20	0.18	0.07	0.02	0.01

이것은 또한 임의로 한 가정을 선택했을 때 18세 이하 어린이의 수에 대한 확률분포이다. 이 분포의 기대값은 가정에 있는 18세 이하 어린이 수의 평균이다. 기대값이란 무엇인가?

대수의 법칙

기대값의 정의는 가능한 출현 결과들에 대한 평균값이라 할 수 있지만, 높은 가중치를 가진 결과들을 더 배려하는 평균이라 할 수 있다. 기대값은 다른 의미에서 평균 출현이라고도 할 수 있는데, 임의로 많은 가구들을 선택한다든지 수많은 베팅을 실시한 후 실제로 볼 수 있는 긴 안목으로 본 평균이며, 직관이상의 의미를 갖는다. 수학자들은 확률의 기본 법칙을 이용하여 기대값이 확률모형으로부터 계산되고 "긴 안목에서의 평균"임을 증명할 수 있다. 이러한 유명한 사실을 *대수의 법칙(the law of large number)*이라 한다.

> **대수의 법칙**
>
> 임의현상을 독립적으로 여러 번 반복 시행하면 결과값의 평균은 기대값에 접근한다.

대수의 법칙은 확률의 개념과 밀접한 관계가 있다. 여러 번 독립적으로 반복하면 각 가능한 결과값들의 비율은 그것의 확률값과 비슷해지며, 얻어진 결과들의 평균은 기대값에 가까워진다. 이러한 사실을 우연 사건에 대한 긴 안목에서의 규칙성(long-run regularity)이라 표현한다.

이 값은 17장에서 언급했던 '평균의 법칙'의 실제 값이다. 대수의 법칙은 도박이 카지노에서 영업할 수 있는 이론적 기반이 된다. 도박이 이루어지는 "house"는 전혀 도박이라 할 수 없다. 도박장을 다녀간 많은 고객들의 평균 승수가 기대값에 가까운 값이나, 이 값은 그리 크지 않다. 도박장에서는 값싼 이벤트나 오락 등을 병행하여 고객들을 유치하고 있으며, 고객이 많을수록 카지노의 수익은 늘어난다.

생명보험회사도 카지노와 비슷한 입장에 있는데, 가입자들이 사망하지 않는다는데 베팅을 한다. 물론 가입자들 중 일부는 사망하지만 보험회사에서는 사망률을 알고 있으며 대수의 법칙에 의거하여 지불해야 할 평균 금액을 예측한다.

> **기술이 필요한 도박**
>
> 미국에는 70만대 이상의 슬롯머신이 있다. 동전을 넣고 각 20개의 심볼을 가진 3개의 휠의 레버를 당겨 돌려보자. 슬롯 머신은 요란한 그림들을 가진 비디오게임이 되며, 난수에 의해 생성된 결과가 나타난다. 기계들은 한 번에 여러 개의 동전을 삼키며, 굉장히 많은 종류의 결과를 토해내게 되는데, 연쇄적인 대박의 출현을 방지하기 위해 서로 네트워킹 되어 있다. 도박꾼들은 그러한 시스템에 대해 연구하고 노력하지만, 도박장은 난수를 이용해 최소한 베팅금액의 5% 정도의 이득은 보장받고 있다.

기대값에 대해 생각하기

얼마나 큰 수가 대수인가? 대수의 법칙은 많은 시행으로부터 얻는 결과값의 평균이 시행을 많이 할수록 기대값에 가까워진다는 것이다. 정확히 얼마나 반복 시행해야 결과값의 평균이 기대값에 가까워진다고는 말하기는 쉽지 않다.

통계적 논쟁거리들
도박을 합법화한 주

대부분의 유권자들은 일부 도박이 합법적으로 행해지고 있으며 또 대부분 그것의 방법에 대해 알고 있다. 복권과 카지노는 미국이나 다른 나라에서 널리 성행되고 있는 도박 가운데 하나이다. 도박을 긍정적으로 생각하는 사람들의 주장은 솔직하다. 많은 사람들은 베팅의 즐거움을 즐기려하고 즐거움의 대가로 약간의 돈을 잃는 것을 아깝게 생각하지 않는다. 도박은 적어도 직접적으로는 타인에게 피해를 주지 않는다. 민주주의 국가에서는 남에게 피해를 주지 않는 범위 내에서 대부분의 사람들이 즐거워한다면 이를 허용해야 한다. 주 복권은 교육 등과 같은 좋은 목적으로 쓰여지고 있으며, 누구도 강요하지 않는 간접세를 스스로 징수하고 있다.

그럼에도 불구하고 도박을 반대하는 사람들은 규칙을 더 엄격하게 해야 한다고 주장한다. 일부 사람들은 이미 중독이 된 듯 베팅을 한다. 전국여론조사센터의 연구에 의하면 도박판에서 판돈의 약 15%는 병적인 도박꾼들의 몫이다. 도박은 많은 사람들의 인생을 망치며 다른 사람들에게도 간접적인 해를 입힌다. 주에서 운영하는 복권들은 주민들을 도박장으로 끌어들이는 역할을 하기도 한다. 뉴욕주 복권 초창기에 "교육을 진흥시키자-복권을 사자."라고 광고했던 일이 기억난다. 그것이 크게 효과를 보지 못하자 광고 문구를 "부자가 되자-복권을 사자." 라고 재빨리 바꾸었다. 복권들은 베팅금액의 절반에 대해서만 지불했기 때문에, 지방의 카지노에 있는 슬롯 머신들과 비교해 부자가 되기에는 좀 어려운 면이 있었다. 전문 도박꾼들과 통계학자들은 이 복권을 외면하였는데, 이러한 좋지 않은 매매방식에 돈을 낭비하기 싫었던 것이다. 부자에 비해 가난한 사람들이 수입의 많은 부분을 복권에 투자하였고, 그들이 주고객이 되었다. 복권에는 세금이 부과되었지만, 대부분 가난한 사람들의 몫이었고, 그들이 잃은 돈을 가지고 가난을 퇴치하는 사업에 사용하였다. 조심스럽게 개선책이 제시되었는데 광고를 중단하고 베팅의 더 많은 부분에 대해 당첨금을 지불하자는 것이었다.

주 당국은 세수가 증대되고 관광객을 유치할 수 있으며 주민들이 설치를 찬성하기 때문에 카지노를 허가하고 있다. 사실 라스베가스 외곽에 있는 대부분의 카지노의 주고객은 인근에서 온 사람들이다. 카지노가 있는 지역에는 범죄가 더 성행하지만, 내재해 있는 변수들이 많아 이러한 관계를 규명해 내기가 힘들다. 도박 중독자들이 경찰에 연행되는 비율도 높기는 하지만 인과 관계를 알아내기는 어렵다.

논쟁을 계속하는 사이에 인터넷도박 기술은 정부의 의지를 추월하였으며 오래된 이론의 대부분을 구시대의 것으로 만들어버린 새로운 도박 경제를 창조하고 있다.

"복권을 생각한 것은 아주 잘한 일이야, 만약 정부에서 세금을 올려달라면, 복권으로 납부하세"

그것은 임의적인 결과값들의 변이성에 달려있다. 결과들이 다양하게 나타날수록 결과값의 평균이 기대값에 가까워지기 위해서 더 많은 횟수의 시행이 필요하다. 게임이 도박꾼들의 흥미를 끌려면 다양한 결과를 갖는 것이 좋은데, 상상하기 어려울 정도의 큰 금액을 적립금으로 가진 state lotto와 같은 도박에서는 결과값의 평균이 기대값에 가까워지기 위해서 매우 많은 횟수의 시행을 필요로 한다.

비록 여러 가지 다른 도박들이 lotto보다는 가변성이 적다하더라도, 대수의 법칙을 적용하는 것이 얼마나 타당한가에 대한 해답은 도박장의 환경에 달려있다고 하겠다. 도박을 할 때 느끼는 심리적 유혹은 도박꾼들에게는 예측하기 힘든 상황이 된다. 도박사업의 성공여부는 도박장에 따라 결과를 예측할 수 있는가의 여부에 달려있다.

승리의 규칙은 있는가? 노련한 도박꾼들은 앞의 결과들을 자료로 어떤 베팅 시스템을 찾기도 한다. 예를 들어, 돈을 딸 때까지, 혹은 가진 돈을 다 날려버릴 때까지 룰렛 휠에 평소의 2배를 베팅한다고 하자. 이렇게 하는 것은 룰렛 휠이 가지지 않은 기억력을 우리가 가졌다고 해서 어떤 이득을 얻고자 하는 것이나 다름없다. 어떤 시스템을 이용하여 확률을 이길 수 있겠는가? 물론 없다. 수학자들이 무한히 시행해 보지 않고도 더 개선된 대수의 법칙을 입증해 보려 했지만, 게임이 독립이라면 미안하게도 무한한 시행으로부터 얻은 확률값의 범주를 넘지 못하였다.

모의실험을 통해 기대값을 구하기

실제 상황에서 어떻게 기대값을 계산할까? 각 결과에 대한 확률값을 이용하여 구한다는 수학적 방법은 이미 알고 있을 것이다. 이런 방법이 너무 어렵다고 생각되면 모의실험을 이용할 수 있는데, 절차는 앞에서 본 바와 같다. 확률모형을 정의하고, 그것을 모방하기 위해 난수를 사용하며 수많은 반복시행을 실시한다. 대수의 법칙에 의하면 이러한 반복을 통해 얻어진 결과값의 평균은 기대값에 가까운 값이다.

예제 4 딸을 원해

어떤 부부는 첫 딸을 낳거나, 딸을 못 낳더라도 세 명의 자녀를 낳을 경우, 그 가운데 먼저 이루어지는 것으로 가족계획을 하기로 결정했다. 19장의 예제 4에서 이러한 계획을 10번 반복한 모의실험을 실시하여 딸을 낳을 확률을 추정해 보았다. 이제 다른 질문을 해 보자. 이러한 가족계획을 통해 그 부부는 평균 몇 명의 자녀를 갖게 될까? 자녀수에 대한 기대값을 알고 싶다. 모의실험의 환경은 앞의 것과 꼭 같다.

1단계 확률모형은 동전을 던지는 것과 같다.

- 딸일 확률은 0.49이고, 아들일 확률은 0.51이다(아들이 딸보다 더 많이 태어나나, 영아 사망률은 아들이 더 높다).
- 연속적인 출산에서 성별은 독립이다.

2단계 숫자를 할당하는 것도 쉽다. 두 자릿수를 이용해 한 아이의 성별을 모의실험하자.

$$00, 01, 02, \cdots, 48 = \text{딸}$$
$$49, 50, 51, \cdots, 100 = \text{아들}$$

3단계 모의실험을 한 번 반복하기 위해, 표 A로부터 부부가 딸 하나를 갖거나 세 명의 아이를 가질 때까지 숫자 쌍을 읽는다. 쌍의 개수는 얼마나 빨리 딸을 얻는가에 달려 있다. 아래의 예는 표 A의 130번째 줄을 이용하여 10번 반복 시행한 결과이다. 숫자의 쌍을 이해하기 위해 딸을 G, 아들을 B라 표시하였다.

6905	16	48	17	8717	40	9517	845340	648987	20
B G	G	G	G	B G	G	B G	B B G	B B B	G
2	1	1	1	2	1	2	3	3	1

이렇게 10번 반복한 결과 아이들의 평균 숫자는

$$\bar{x} = \frac{2+1+1+1+2+1+2+3+3+1}{10} = \frac{17}{10} = 1.7$$

이다.

많은 부부들이 이 부부와 같은 가족계획을 생각하고 있다면 그들은 평균 1.7명의 자녀를 낳게 될 것이라 추정할 수 있다. 이 모의실험 결과는 반복횟수가 너무 작아 신뢰하기가 곤란하지만, 수학적 방법이나 수많은 반복 실험을 통한 모의실험 결과를 보면 기대값은 1.77명이다.

요약

임의현상이 그것의 가능한 결과에서 얼마나 자주 일어나는지를 확률을 통해 알 수 있다. 우연의 게임처럼 결과들이 숫자라면, 장기간에 걸쳐 얻어진 결과의 평균에 관심을 가졌다. 대수의 법칙은 많은 반복 시행을 통해 얻어진 평균 결과가 궁극적으로 기대값에 가까워진다는 것을 의미한다. 기대값은 해당 결과의 확률을 가중치로 하는 모든 가능한 결과들의 평균값으로 구할 수 있다. 만약 결과값들의 확률을 모른다면, 모의실험을 이용하여 기대값을 구할 수 있다.

EESEE

"Psychic Probability"는 논란이 되고 있는 심령사 Olof Jonssson의 능력에 대해 조사한 연구에 대하여 설명하고 있다. 2(C) 질문에서, 올바른 추측의 기대값을 모의실험을 이용하여 추정하여라.

EXERCISES

20.1 The numbers racket 3개의 숫자를 선택하는 복권(예제 1)에 Numbers racket을 복사하여, 대도시 가난한 지역의 불법 도박판에 유통시켜 다음과 같은 방법으로 도박을 한다고 하자. 000부터 999까지 1000개의 세 자리 숫자들 가운데 하나를 선택하여 $1를 베팅한다. 매일 하나의 3자리 숫자를 선택하여 $600를 당첨금으로 준다. 숫자에 한 번 베팅한 것에 대한 기대값은 얼마인가? 이 Number racket 게임이 예제 1에서 했던 Pick 3 게임에 비해 더 흥미로운가 아니면 덜 흥미로운가?

20.2 Pick 4 게임 The Tri-State Daily Number Pick 4 게임은 예제 1에서 했던 Pick 3게임과 유사하다. $0.5를 주고 4자리 숫자를 선택하자. 당국에서는 임의로 하나의 숫자를 선택해서 당첨금으로 $2500를 준다. $0.5 Pick 4 게임에서 기대값은 얼마인가?

20.3 룰렛 게임 미국의 룰렛 휠은 38개의 슬롯을 가지고 있는데, 이들 중 18개는 빨강, 18개는 검정이고 나머지 2개는 초록이다. 휠을 돌렸을 때 38개의 슬롯들 중 어느 곳이든 공이 들어갈 확률은 같다. 빨강에 $1를 베팅하고 공이 빨간 슬롯에 들어가면 $2를 받는다(도박꾼들은 빨간 슬롯이나 검정 슬롯에 베팅할 수 있으며, 2개의 초록 슬롯은 도박장의 몫이다). 빨강에 $1를 베팅한 후 당첨금을 받을 것에 대한 확률모형을 설정하고 이 베팅에 대해 기대값을 구하여라.

20.4 Pick 4 게임에 덧붙여 예제 2에서 했던 Pick 3 게임과 같이 Pick 4 게임에서도 성의 있게 베팅을 할 수 있다. $1를 연속된 4개의 숫자에 베팅 했다고 하자. 만약 선택한 1234를 정확히 맞히면 $2604를 받고, 나머지 4개의 숫자인 1, 2, 3, 4의 조합에는 $104를 받는다고 할 때 기대값은 얼마인가?

20.5 룰렛에 덧붙여 도박꾼들은 룰렛 휠에 있는 38개의 숫자와 색깔에 칩을 놓고 베

팅을 한다. 빨강과 검정 슬롯은 12개의 슬롯 각각에 3개의 열로 테이블 위에 정렬되어 있다. $1 열에 베팅하여 공이 12개의 슬롯 중 하나에 안착하면 $3를 받는다. 이러한 베팅에서 이겼을 경우 기대 총액은 얼마인가? 연습문제 20.3과 비교해서 어떠한가?

20.6 의사결정 심리학자 Amos Tversky는 우연한 태도에 대한 우리들의 자각에 대해 많은 연구를 하였다. Tversky의 사망에 대해 New York Times는 다음과 같은 것을 인용하여 보도했다.

(a) Tversky는 600명의 사람들에게 영향을 미치는 2가지 공공 건강 프로그램들 가운데 어느 것을 선택할 것인가에 관한 질문을 받았다. 하나는 600명 모두를 구제할 확률이 1/2이고, 600명 모두가 죽을 확률이 1/2이다. 다른 하나는 600명 가운데 정확히 400명을 구제할 수 있다. 첫 번째 프로그램에 의해 구제될 수 있는 사람의 기대값을 구하여라.

(b) Tversky는 다른 선택 하나를 제안했다. 하나의 프로그램은 600명 모두를 구할 확률이 1/2이고, 600명 모두를 잃을 확률이 1/2이다. 다른 프로그램은 정확히 200명의 생명을 잃을 것이라 정의한다. 이것이 (a)에서 제안한 방법과 차이점은 무엇인가?

(c) 조건 (a)에 대해 대부분의 사람들은 두 번째 프로그램을 택할 것이다. 조건 (b)에 대해, 대부분의 사람들은 첫 번째 프로그램을 선택할 것이다. 두 프로그램 사이에 선택의 차이가 나는 이유를 설명하여라.

20.7 의사결정 6면 주사위가 하나 있는데, 4면은 녹색(G)이고 2면은 빨간색(R)이며 모든 면이 나타날 확률은 동일하다. 다음 3가지 색깔의 조합들 가운데 하나를 선택해야 한다.

RRRRG
RGRRRG
GRRRRR

이제 주사위를 던져보자. 만약 처음 던져서 선택한 순열이 나오면 $25의 당첨금을 받는다.

(a) 가장 높은 확률값을 갖는 순열은 어느 것인가? 그 이유를 설명하여라(실제로 확률을 계산하지 않고 가장 그럴듯한 것이 어느 것인가를 볼 수 있다). 당첨금 $25가 정해져 있으므로 가장 가능성이 높은 열이 가장 높은 기대값을 갖는다.

(b) 심리학 실험에서 확률을 공부하지 않은 260명의 학생들 가운데 63%가 두 번째 순열을 선택하였다. 17장에서 언급했던 "우연한 일이 갖는 신비로움들"의 논쟁에 근거하여, 대부분의 학생들이 이길 가능성이 가장 높은 열을 선택하지 않는 이유에 대해 설명하여라.

20.8 판매량 추정 Gain Communications는 비행기 통신장비를 판매하는 회사이다. 내년도 판매량은 정확히 예측하기 힘든 시장 상황에 달려있다. 판매담당 매니저는 여러 가지 상황을 고려하여 내년도 판매량을 아래와 같이 추정하였다.

판매 단위	7000	8000	9000	10,000
확 률	0.1	0.3	0.4	0.2

이것은 판매 담당 매니저의 직관에 의지한 개인적 확률값이다. 내년도 판매량의 기대값은 얼마인가?

20.9 Keno Keno는 카지노에서 인기 있는 게임 중 하나이다. 1에서 80까지 번호가 표시된 공들이 기계 안에서 구르게 되는데, 20개의 공이 임의로 선택된다. 도박꾼은 카드에 표시를 하여 번호를 선택한다. 아래의 Keno 게임에 대해 각 경우의 기대 상금을 구하여라.

(a) "1개의 숫자를 표시"한 경우, 표시한 한 개의 숫자가 선택된 20개의 숫자 가운데 하나이면 $1 베팅에 $3를 지급한다. 그렇지 않으면 잃는다.

(b) "2개의 숫자를 표시"한 경우 표시한 두 숫자가 선택된 20개의 숫자 가운데 있으면 $1 베팅에 $12를 지급한다. 이 경우의 확률은 약 0.06이다. 2개의 숫자를 표시하는 것이 1개의 숫자를 표시하는 것보다 선호도가 높다고 할 수 있는가?

20.10 두 개의 주사위 굴리기 18장의 예제 2에서 두 개의 카지노 주사위를 굴렸을 때 확률모형을 알 수 있었는데 두 주사위의 합이 5인 경우의 확률을 구하였다. 이 때 사용한 방법을 적용하여, 가능한 결과값인 2, 3, 4, …, 12에 대한 확률모형을 설정하여라. 합에 대한 기대값을 구하기 위해 확률을 사용하여라.

20.11 The Asian Stochastic beetle 연습문제 19.14에서 이 벌레를 다룬 적이 있다. 암컷은 암컷 자식의 숫자에 대해 다음과 같은 확률모형을 갖는다.

자 식	0	1	2
확 률	0.2	0.3	0.5

(a) 암컷 자식의 기대수를 구하여라.

(b) 암컷 자식의 기대수가 1보다 크면 집단이 번성하게 되고, 1보다 작으면 집단이 쇠퇴하는지 대수의 법칙을 사용하여 그 이유를 설명하여라.

20.12 사기를 쳐서 얻는 기대이익? 어떤 "무속인"이 잡지에 다음과 같은 광고를 게재했다.

아이를 기대하십니까? 어떤 형태라도 산모의 사진이 있으면 태아의 성별에 대해 용한 무속인이 말씀해 드리겠습니다. $10입니다. 틀리면 돌려드립니다.

이것은 사기 치기에 좋은 게임이다. 무당이 모든 의뢰인들에게 모두 "아들"이라고 대답했다고 가정하자. 최악의 경우가 발생해 모든 사람들이 딸을 낳았고, 그에게 돈을 돌려 달라고 요구했다고 하자. 무속인이 얻을 수 있는 기대이익을 구하여 보자. 아래 빈칸을 채워라.

아이의 성별	확률	무속인의 이득
아들	0.51	
딸	0.49	

20.13 The Asian Stochastic beetle 연습문제 20.11에서 Asian Stochastic beetle이라는 벌레의 암컷 자손의 기대 수를 구하였다. 100마리의 벌레들의 후손을 모의실험하여 이들 후손의 평균을 구해 보자. 이 평균과 연습문제 20.11에서 구한 기대값을 비교하여 보자(모의실험을 한 벌레들의 수가 충분하다면, 평균은 기대값과 매우 가까워진다는 것을 알 수 있다).

20.14 생명보험 어떤 보험설계사는 21살 먹은 남자에게 보험을 팔고자 한다. 최근에 작성된 생명표에 의하면 21살 먹은 남자가 내년에 죽을 확률은 약 0.0015이다. 그는 보험 계약금으로 $200를 받고, 친구가 사망하면 보험금으로 $100,000를 지급하기로 결정하였다.

(a) 이 계약에 따라 보험설계사가 얻을 수 있는 기대이익은 얼마인가?

(b) 이득이 있으리라 기대하지만 보험설계사는 친구와 어리석은 계약을 했을 수도 있다. 그 이유를 설명하여라.

(c) 보험회사는 수천만 건의 계약을 성사시키는데, 앞의 경우와 같은 항목에 의해 정확하게 계약을 하고 있다. 그 이유를 설명하여라.

20.15 세대의 규모 미국의 세대규모에 대해 미국 통계청에서는 다음과 같은 자료를 제

공하였다.

세대 규모	1	2	3	4	5	6	7
확　　률	0.264	0.332	0.162	0.145	0.063	0.022	0.013

(참고 : 이 표에서 7은 실제로 세대규모가 7보다 같거나 큰 경우이나, 계산의 편의를 위해 정확히 7이라 표기했다.)

(a) 이 자료는 임의로 선택된 세대의 규모에 대한 확률분포와도 같다. 이 분포의 기대값은 세대 구성원의 평균이다. 기대값은 얼마인가?

(b) 1000개의 미국 세대를 확률추출 하였다고 하자. 이 세대들 중 규모가 1인 세대는 얼마나 되는가? 또한 규모가 2에서 7까지는 모두 몇 세대인가?

(c) (b)의 풀이를 근거로 할 때, 표본 추출한 1000세대에서 얼마나 많은 사람들이 각 세대에 속해 있는가?

(d) 세대에 속한 각 세대원을 기준으로 확률분포를 계산하여라. 이 분포의 대략적인 형태를 그려보아라. 이 형태를 근거로 가족구조에 대한 각자의 의견을 말하여 보아라.

20.16 학점 어떤 통계학 과정의 학점 분포는 다음과 같다.

학　점	A	B	C	D	F
확　률	0.1	0.4	0.3	0.1	0.1

평균점수를 계산하기 위해 A=4, B=3, ⋯, F=0으로 수량화하자.

(a) 기대값을 구하여라. 이 값은 이 과정의 평균 학점이다.

(b) 임의로 학생들을 선택하고 그들의 학점을 기록하여 모의실험을 하는 방법을 설명하여라. 50명의 학생을 모의실험하여 그들의 평균점수를 구하여라. (a)에서 구한 정확한 기대값과 모의실험을 거쳐 구한 기대값의 추정치를 비교하여라(만약 대단히 많은 수의 학생들을 모의실험 하였다면 대수의 법칙에 의해 추정치는 정밀한 값이 된다).

20.17 우리는 정말 딸을 원해요 예제 4에서 첫 딸을 낳거나 딸을 못 낳더라도 세 명의 아이를 낳을 경우, 그 가운데 먼저 이루어지는 것으로 가족계획을 하기로 결정한 어떤 부부의 경우에 대해 아이의 기대수를 추정하였다. 그들 부부가 딸을 낳을 때까지 출산하는 자녀의 수에 대해 제한을 두지 않는다고 가정하자. 이 경우 아이의 기대수는 예제 4에서 얻은 값보다 더 큰가?

이러한 부부의 경우에 대해 모의실험 하는 방법을 설명하고, 25번 반복실행 하여라. 아이들의 기대수에 대한 추정치는 얼마나 되는가?

20.18 이 게임을 한 번 해 볼까요? 물론, 친구야 너에게 조금 잃어줄까 해. 우리는 공평하게 생긴 동전을 하나 가지고 있지(앞뒷면이 나타날 확률이 각각 1/2). 동전을 2번 던져보자. 만약 두 번 모두 앞면이 나온다면 네가 바로 이기는 거야. 그렇지 않고 다른 결과가 나온다면 두 번의 기회를 더 줄게. 두 번의 기회들 중 한 번이라도 두 개의 앞면이 나온다면 네가 이겨(물론, 두 번째 시도에도 두 개의 앞면을 얻지 못하면 내가 이긴다). $1을 나에게 주겠니? 만약 네가 이긴다면 그 $1에 다른 돈을 더 얹어 줄게.

(a) 이 게임에 대한 나무 그림을 그려보자. 이 그림을 이용하여 이 게임을 어떻게 모의실험 하는지 설명하여라.

(b) $1를 베팅하여 두 개의 액수 가운데 하나를 얻을 수 있다. 내가 이기면 0, 네가 이기면 $2. 표 A의 125번째 줄에서 시작하여 50번 게임을 하여 모의실험하여라. 기대값은 얼마인가?

20.19 객관식 시험 Jane은 각각 5개의 보기를 가진 10문제의 객관식 시험을 치렀다. 만약 Jane이 각 문제에 대해 독립적으로 생각했다면, 각 문제를 맞힐 확률은 0.2이다. Jane이 정답을 맞힐 기대값을 구하기 위해 모의실험을 실시하여라(20번 반복시행 하여라).

20.20 시험에 대하여 연습문제 19.12에서 시험에 세 번 응시하는 것에 대한 모형을 공부하였다. 연습문제 19.12를 이용하여 Elaine이 시험에 통과할 확률을 추정하기 위해 50번 반복실험 하는 모의실험을 실시하여라. 이 모의실험 결과를 이용하여 Elaine이 합격하기 위해 시도하는 기대수를 추정하여라.

20.21 일반적인 기대값 19장에서 모의실험했던 환경들을 다시 한 번 보자. 각 시행에서 동일한 두 개의 결과와 동일한 확률을 가진 독립적 시행들의 일정한 수가 있다. 동전을 던지고, 농구에서 자유투를 던지고, 신생아의 성별을 관측하는 일들이 모두 이러한 환경의 예이다. 결과들이 "성공" 또는 "실패"했다고 하자. 이 경우 성공에 대한 기대값을 구할 수 있다. Shaquille O'Neal이 12번 자유투를 던졌는데, 매번 성공률이 1/2이라면 성공에 대한 기대값은 6이 된다. 같은 이유로 각 시행에서 성공의 확률이 p인 실험을 n번 독립적으로 반복하여 시행하면 성공에 대한 기대값은 np이다. 이 사실은 수학적으로 증명된 바 있다. 이것을 모

의실험을 통해 입증할 수 있겠는가?

동전을 100번 던지는 실험을 10번 모의실험 한다고 하자(이 과정을 빨리 실행하기 위해 표 A의 50행의 각각에서 처음 10개의 수와 마지막 10개의 수를 사용하여, 홀수는 앞면을, 짝수는 뒷면을 의미한다고 하자). np 공식에 의한 앞면의 기대수를 구하여라. 100번 반복 시행에서 앞면의 평균은 얼마인가?

20.22 Web을 이용하기 대부분의 미국 주에서는 51개의 숫자 가운데서 6개를 맞추면 많은 상금을 주는 로또게임을 운영하고 있다. 만약 거주하고 있는 주에서 로또게임을 운영하고 있다면, 복권의 구입금액이 베팅한 사람에게로 상금으로 되돌아오는 비율이 얼마나 되는지 조사하여 보아라. 이러한 정보는 Web을 이용하면 쉽게 찾을 수 있을 것이다. 로또의 수익금을 주로 어느 곳에 사용하는지도 알아보아라.

웹탐색

합법적인 도박을 계속할 것인가에 대한 논쟁이 있다. 반대되는 입장을 알아보기 위하여 National Coalition Against Legalized Gambling에서 개설한 사이트인 www.ncalg.org를 방문하여 보자. 카지노 산업을 옹호하는 견해는 American Gambling Association에서 개설한 www.americangambling.org에서 볼 수 있으며, 주 복권에 관계된 사이트는 www.naspl.org가 있다. National Indian Gaming Association의 사이트인 www.indiangaming.org는 좀 더 단정적이다. 예를 들어, "Media Center"를 클릭하여 보아라. 이러한 사이트들에서 많은 사실과 그림들을 참조할 수 있을 것이다.

PART III

Review

확률에 의해 설명할 수 있는 현상들을 주위에서 쉽게 볼 수 있다. 비록 개별적인 결과는 예측하기 어렵더라도 오랜 시행을 거치면 패턴을 갖춘 형태가 된다. 도박에 필요한 도구들과 단순임의표본은 임의현상들의 예이다. 확률과 기대값은 임의성을 표현하는 언어이다. 임의현상은 더 이상 확률표본이 우연한 것과 같이 우연스러운 것만은 아니다. 임의성은 질서와 같은 것들을 대신하며, 사전에 사건들을 고정하는 결정론 뿐 아니라 무질서에 반대되는 장기적 안목으로서의 정규성을 의미한다. 17장에서는 임의성에 대해, 18장에서는 확률에 대해 20장에서는 기대값에 대해 이야기하였다.

임의성이 주어졌을 때 확률은 "오랫동안 시행했을 때 얼마나 자주 일어나는가?"에 대한 답이 되고, 기대값은 "오랫동안 시행했을 때 평균은 얼마인가?"에 대한 답이 된다. 두 개의 답들은 확률값의 의미로 보아 기대값의 정의에 의해 같은 값이 된다. 일부 "확률모형들"은 확률을 결과값에 할당한다. 그러한 형태의 모형은 어느 것이나 확률의 규칙에 따라야 한다. 다른 종류의 확률모형은 확률을 곡선 아래의 면적에 할당하는 정규곡선과 같은 밀도 곡선의 형태를 갖는다. 개인적 확률은 어떤 사건에 대한 개인적 판단을 나타낸다. 개인적 확률도 그것들이 서로 관계를 갖고 이루어졌으면, 역시 확률의 규칙을 따라야 한다.

복잡한 수학적 방법을 사용하지 않고 복잡한 사건에 대한 확률을 계산하기 위해서는 모의실험을 사용할 수 있다. 모의실험을 통해 기대값 역시 구할 수 있다. 19장에서 모의실험을 하는 방법에 대해 이야기한 바 있다. 우선 결과값에 대해 확률모형을 설정하고, 확률값의 할당값에 따르기 위해 난수를 할당한다. 반복 시행의 결과 얻어지는 비율은 관심있는 사건들에 대한 확률의 추정값이 된다. 결과의 평균을 잘 추적하면 기대값을 추정할 수 있다.

요약

17장에서 20장 사이의 내용 가운데 중요한 부분을 요약하였다.

A. 임의성과 확률

1. 일부 현상들은 임의적이라는 사실을 인식하자. 확률은 임의 현상들의 장기적 관점에서의 정규성이라 할 수 있다.
2. 횟수에 대한 비율로서 하나의 사건의 확률의 개념은 하나의 임의 현상을 매우 여러 번 반복 시행해서 일어나는 것이라 이해한다. 확률에 대해 생각하기 위해 장기적 관점에서의 비율로서 확률의 개념을 이용한다.
3. 임의 현상이 몇 번 일어나는 것은 확률에 의한 정규성이 아니라는 것을 명심하자. 임의성은 적은 시행에서는 예측하기 힘들다는 것을 인정하고, 임의로 발생하는 것에 대해 의미를 부여하는 것을 삼가하자.

B. 확률모형

1. 확률의 기본 규칙은 다음과 같다: 어떤 확률값이든지 0과 1사이의 수이고, 모든 가능한 결과값에 대응하는 확률의 총합은 1이다.
2. 다른 사상들에 대한 확률을 이용하여 확률값을 계산하는 기본 규칙은 다음과 같다: 일어나지 않은 사상에 대한 확률은 1에서 그것의 확률을 뺀 값이다. 만약 동시에 두 개의 사상이 일어나지 않는다면, 하나 또는 다른 사상이 일어날 확률은 그들 개별 확률값들의 합이다.
3. 개별 결과값들에 대응하는 확률값들이 있을 때, 관심있는 사상을 이루는 결과값들의 확률을 합함으로써 그 사상의 확률을 구할 수 있다.
4. 확률값들이 정규곡선에 의해 주어졌을 때, 곡선 아래 부분의 면적을 구함으로써 확률을 구할 수 있다.

C. 기대값

1. 임의 현상을 매우 많이 반복시행할 때, 숫자로 된 결과값의 평균으로서의 기대값의 개념을 이해하자.
2. 모든 결과값과 그들의 확률값을 나타내고 있는 확률모형으로부터 기대값을 계산한다.

D. 모의실험

1. 서로 독립인 여러 단계에 확률값을 할당하는 단순 확률모형을 명시한다.
2. 각 모형들을 모의실험하기 위해 난수를 할당한다.
3. 모의실험을 여러 번 반복 실행함으로써 확률뿐 아니라 기대값도 구할 수 있다.

EXERCISES

III.1 **확률이란 무엇인가?** 여러분이 살고 있는 지역의 전화번호부를 펴면 가입자 명단을 볼 수 있다. 교환국별 번호를 나타내는 것은 전화번호의 처음 세 개의 숫자이다. 한 페이지 내에 수록된 첫 100개 전화번호의 각각에서 마지막 4개 숫자의 첫 수에 관심을 가져보자.

(a) 숫자들 가운데 1, 2, 3은 몇 개인가? 전화번호에서 4개 "개별 숫자들"의 첫 수가 1, 2, 3일 근사확률은 얼마인가?

(b) 만약 10개의 가능한 모든 숫자들이 같은 확률을 갖는다면 1, 2, 혹은 3이 될 확률은 얼마인가? (a)에서 답한 것을 근거로, 전화번호에서 4개의 "개별 숫자들"의 첫 수가 10개의 가능한 모든 숫자들과 가능성이 같다고 생각하는가?

III.2 **학점** 최근 '수학 101' 강좌를 수강한 모든 학생들로부터 임의로 한 학생을 추출하였다. 이 학생이 학기말에 소정의 학점을 받을 확률은 다음과 같다.

학 점	A	B	C	D	F
확 률	0.2	0.3	0.3	0.1	?

(a) F 학점을 받을 확률은 얼마가 되어야 하는가?

(b) 임의로 선택된 학생들의 학점을 모의실험하기 위해 나열된 4개의 가능한 결과값에 숫자를 할당하는 방법을 설명하여라.

III.3 **혈액형** 임의로 한 사람을 선택하여 그 사람의 혈액형을 기록하자. 각 혈액형에 대한 확률값은 다음과 같다.

혈액형	O형	A형	B형	AB형
확 률	0.4	0.3	0.2	?

(a) 임의로 선택된 한 사람이 AB형일 확률은 얼마가 되어야 하는가?

(b) 임의로 선택된 사람의 혈액형을 모의실험하기 위하여 제시된 4개의 형태의 숫자를 할당하는 방법을 설명하여라.

III.4 **학점** 연습문제 III.2에서 언급된 과정의 사람들 중에 임의로 5명을 선택하였다면, 모든 학생들이 C학점 이상을 받게 될 확률을 구하여라. 이와 같은 임의 선택에 대해 10번 반복하여 모의실험을 하고, 얻어진 결과를 확률의 추정값으로 사용하여라(단지 10번의 반복만 실행하여 얻은 추정값은 신뢰도가 떨어질 것이다. 10번 반복할 수 있다면, 10,000번도 할 수 있을 것이다).

III.5 혈액형 혈액형이 B형인 사람들은 B형 뿐 아니라 O형을 가진 사람들로부터도 수혈을 받을 수 있다. Tyra는 B형이다. Tyra의 가까운 6명의 친구들 가운데 2명 이상이 Tyra에게 수혈을 할 수 있을 확률을 구하여라. 연습문제 III.3의 결과를 이용해, 10번 반복하여 모의실험을 실시한 뒤 이 확률값을 추정해보자(10번의 반복만으로는 믿을 수 없을 것이나, 확률을 구하는 원리는 알게 될 것이다).

III.6 학점 연습문제 III.2의 과정으로부터 임의로 한 학생을 선택하고 그 학생이 어떤 학점을 받았는가를 기록하자(A=4, B=3, C=2, D=1, F=0).

(a) 임의로 선택된 학생의 기대학점은 얼마인가?

(b) 기대학점이 상기 5개 학점 가운데 하나는 아닐 것이다. 계산한 기대학점이 기대값의 개념을 가졌음에도 불구하고 이렇게 된 이유를 설명하여라.

III.7 주사위 주사위를 한 번 굴려서 얻을 수 있는 기대값은 얼마인가?

III.8 위험한 투자에서 얻는 이익 Rotter Partners는 중요한 투자를 계획하고 있다. 이익 X의 총계는 확실하지 않지만, 확률 추정값은 아래 분포를 따른다(단위: 백만 달러).

이 익	1	1.5	2	4	10
확 률	0.1	0.2	0.4	0.2	0.1

이익의 기대값은 얼마인가?

III.9 포커 잘 섞은 한 벌의 카드로부터 5장의 카드를 받았다. 가진 패들의 여러 가지 형태들의 확률은 아래와 같다. Two pair 이상 얻을 확률을 구하여라.

가진 패	worthless	One pair	Two pair	Best hands
확 률	0.50	0.42	0.05	?

III.10 얼마나 교육을 받았는가? 25세 이상 된 미국인들 가운데 임의로 선택된 사람들에 대한 학력을 조사하여 아래와 같은 분포를 얻었다.

학 력	고졸미만	고졸	전문대졸	대졸	대학원졸
확 률	0.17	0.34	0.25	0.16	0.08

(a) 이것을 적절한 확률모형이라 생각하는가?

(b) 임의로 선택된 25세 이상의 미국인들 중에서 적어도 고등학교를 졸업했을 확률을 구하여라.

(c) 임의로 선택된 25세 이상의 미국인들 중에서 적어도 대학교를 졸업했을 확률을 구하여라.

III.11 **어학 공부** 9학년에서 12학년에 재학 중인 학생들을 임의로 선택하여, 그들이 영어 이외의 언어를 공부하고 있는가에 대해 물었다. 결과에 대한 분포는 다음과 같다.

언 어	스페인어	프랑스어	독일어	그 외 언어	없음
확 률	0.26	0.09	0.03	0.03	0.59

(a) 이것이 적절한 확률모형이 되는 이유를 설명하여라.

(b) 임의로 선택된 학생이 영어 이외의 다른 언어를 공부하고 있을 확률은 얼마인가?

(c) 임의로 선택된 학생이 스페인어, 프랑스어, 독일어를 공부하고 있을 확률을 구하여라.

III.12 **임의로 선택하기** Abby, Deborah, Mei-Ling, Sam 및 Roberto는 공공투자회사의 직원이다. 회사 사장은 그들 중 2명을 선택하여 파리에서 열리는 회의에 참석시키려 한다. 공정하게 선택하기 위하여, 그들의 이름을 적은 쪽지를 모자에 넣고 임의로 두 개를 뽑으려 한다(이것은 크기 2인 단순임의추출법이다).

(a) 5개의 이름 가운데서 2개를 선택하는 모든 방법을 열거하여라. 이것은 출현 가능한 모든 경우이다.

(b) 모든 결과들이 동일하게 되도록 추출을 하려고 한다. 각 결과가 추출될 확률은 얼마인가?

(c) 두 명의 남자들(Sam과 Roberto)을 제외하고 추출될 확률을 구하여라.

III.13 **대학의 만족도** 임의로 선택된 성인에게 "여러분이 살고 있는 곳에 있는 대학교가 매우 우수, 우수, 양호, 불만, 잘 모름 가운데 어느 것에 해당하는가?"에 대해 물었다. 그들 의견에 관한 분포는 다음과 같다.

의 견	매우 우수	우수	양호	불만	잘 모름
확 률	0.15	0.42	0.13	0.03	?

(a) 임의로 선택된 성인이 잘 모른다고 대답했을 확률을 구하여라.
(b) 임의로 선택된 성인이 매우 우수하거나 우수하다고 대답했을 확률을 구하여라.

III.14 IQ 검사 Wechsler Adult Intelligence Scale(WAIS)는 성인들을 위해 IQ 검사를 실시하고 있다. 16세 이상인 사람들의 WAIS 점수의 분포는 평균이 100이고 표준편차가 15인 근사 정규분포를 따른다. 68－95－99.7 규칙을 이용하여 임의로 선택된 사람의 WAIS 점수가 115이상이 될 확률을 구하여라.

III.15 여론조사를 좋아해 미국인들은 당일 일어난 사건에 대한 여론조사 실시에 얼마나 관심을 가지겠는가? 모든 성인들 가운데 40%가 그러한 여론조사에 매우 관심을 가진다고 가정하자(이것에 관해 질문한 표본 조사에 따르면, 40%가 그렇다고 대답했다). 여론조사 회사에서는 1015명을 단순임의추출하였다. 만약 이러한 조사를 여러 번 실시한다면, 긍정적으로 대답한 사람들의 비율에 관한 분포는 평균 40%, 표준편차 1.5%인 정규분포를 따른다고 하자. 68-95-99.7 규칙을 이용하여 다음 물음에 답하여라.
(a) 하나의 표본이 모집단 참값의 ±1.5% 이내에 속할 확률을 구하여라.
(b) 하나의 표본이 모집단 참값의 ±3% 이내에 속할 확률을 구하여라.

III.16 IQ 검사 연습문제 III.14와 표 B를 이용하여 임의로 선택된 사람의 WAIS 점수가 112 이상일 확률을 구하여라.

III.17 여론조사를 좋아해 연습문제 III.15와 표 B를 이용하여 하나의 표본이 모집단 참값을 4% 이상 맞추질 못할 확률을 구하여라(이것은 표본 결과가 36% 미만이거나, 44% 이상일 확률이다.).

III.18 IQ 검사 WAIS 검사를 실시하였을 때, 모든 점수들 가운데 상위 10%에 해당하는 점수는 몇 점인가? 연습문제 III.14와 표 B를 이용하여 구하여라.

III.19 우승자 알아맞히기 Big Ten 체육대회에는 11개 팀이 참가한다. 내년도 농구 종목의 우승팀에 대한 개인적 확률을 하나 소개한다: 미시간 주립대(Michigan State Univ.)가 우승할 확률은 0.3이다. 아이오와, 미네소타, 노스웨스턴 및 펜실베니아 주립대는 우승 가능성이 없다. 6개 팀이 남았는데, 미시간(Univ. of Michigan), 오하이오 및 퍼듀가 우승할 확률이 같다. 일리노이, 인디애나 및 위스콘신도 또한 우승할 확률이 같으나, 앞 3개 팀의 1/2이다. 11개 팀 각각의 우승확률을 구하여라.

III.20 자동차 판매 Bill은 자동차 딜러이다. 주말 오후 1명의 고객을 만날 확률은 0.2, 2명의 고객을 만날 확률은 0.4이고, 3명의 고객을 만날 확률은 0.4이다. 만난 고객이 차를 구입할 확률은 각각 0.2이다. 고객들은 각각 독립적인 의사에 의해 자동차 구입한다.

Bill이 오후에 차를 몇 대나 팔 것인가에 대해 모의실험을 하고자 한다. 우선, 고객의 수에 대해 모의실험을 하고, 1, 2 혹은 3명의 고객들이 자동차를 구입하기로 결정하는 것에 대해 모의실험을 해야 한다. 어느 날 오후의 상황에 관해 모의실험하는 절차를 열거하여라.

연구과제

과제들은 정보를 수집하거나 자료를 생성하여야 하는 관점에서 볼 때, 장기적인 연습문제이며, 학생들이 팀을 이루어 풀기에 적당한 문제이다.

과제 1 역사의 단편 앞에서, "17세기 프랑스의 도박꾼들이 수학자들에게 가장 '가능성이 높은 베팅'에 대한 질문을 한 것이 임의성에 대한 체계적인 연구의 시초라 할 수 있다."라고 말한 바 있다. Fermat와 Pascal은 이것을 주제로 한 연구에 관심을 가졌으며, 특성화 문제에 관해서도 관심을 기울였다. 이 두 사람들 가운데 한 사람을 선택하여 연표와 일화를 수집하고, 그가 연구한 확률 문제들 중 적어도 하나의 예를 포함하여 보고서를 작성하여라.

과제 2 위험에 대한 반응 "비록 자동차 사고의 위험이 집에 그냥 있는 경우보다 더 크더라도, 10분 정도의 일을 보기 위해 우리들 중 극소수만이 운전하는 동안 집안에 홀로 아이를 남겨둔다."고 했던 어느 작가의 말을 인용한 바 있다. 유아에게 있어서는 자동차 안에서 부상당할 확률이 집에 있을 때 상처를 입는 것보다 훨씬 더 크다. 그렇다 해도 집에 아이를 혼자 두겠는가? 당신의 입장을 간단하게 써보아라. 만약 집에 아이를 혼자 두지 않는다면, 왜 확률을 무시한 선택을 하게 되었는가에 대해 설명하여라.

과제 3 첫 숫자 숫자로 구성된 어떤 표에 있는 숫자들의 첫 숫자가 0, 1, 2, …, 9 중 하나일 가능성은 보통 같지 않다. 경험에 의하면 숫자 1이 나타날 가능성은

0.3, 숫자 2는 0.17 등등이다. Web이나 Theodore P. Hill이 쓴 두 편의 논문인, "The difficulty of faking data," Chance, 12(1999), No. 3, pp.27-31과 "The first digit phenomenon", American Scientist, 86(1998), pp.358-363에서 "Benford's law"라 불리는 이러한 사실들에 대한 정보를 더 수집하여라. 이 과제를 위해서 위의 논문들을 읽을 필요는 없다.

기재된 것들은 어떤 숫자로 시작되는데 적어도 두 개의 길다란 표로 되어 있다. 많은 도시들의 모집단들이나, 여러 날 동안 뉴욕 증권거래소에서 매매된 주식의 수, 혹은 대수값이나 평방근 값과 같은 수학적 표이다. 나는 그 표들을 난수표의 대용으로 사용하지 말았으면 한다. 적어도 300개의 숫자를 각각 가진 당신의 예제가 필요하다고 하자. 각 표에서 기재된 모든 수들의 첫 숫자를 나열하자. 숫자들의 분포를 퍼센트로 나타내고 Benford의 법칙 등을 이용하여 서로 비교하자.

과제 4 개인적 확률 개인적 확률은 개인적이어서, 그 값은 사람마다 다양하다. "오는 금요일 비가 올 것인가? 다음 게임에서 우리 학교가 이길 것인가?"라는 것과 같이 당신 학교에 재학 중인 대부분의 학생들이 관심 있어 하는 사건을 하나 선택하자. 많은 학생들(적어도 50명 정도)에게 "비가 올 것인가?"나 "승리할 것인가?"와 같은 문제에 대해 느끼는 생각에 대해 확률값을 할당하자. 그리고 난 후, 그래프나 숫자 등을 이용하여 자료를 분석하자. 이렇게 미래에 일어날 사건에 대해 수집한 자료는 개인적 확률값들이라 할 수 있는가?

과제 5 의사결정 연습문제 20.6에서 우연한 태도에 대한 스스로의 자각에 대한 심리학자 Amos Tversky의 많은 연구를 학습한 바 있다. 그의 관심은 대학교 학생들에 있었다. 여러분이 재학 중인 학교에 Tversky의 연구를 적용하여 보자. 다음의 문장이 쓰여진 두 장의 카드를 준비하였다.

첫 번째 :
여러분은 치명적인 바이러스에 노출된 600명의 사람들을 치료할 책임이 있다. 처방 A를 쓰면 600명 모두 치료될 확률이 1/2이며, 600명 모두 사망할 확률도 1/2이다. 처방 B는 600명 가운데 정확하게 400이 치료될 것을 보장한다. 어느 처방을 선택할 것인가?

두 번째 :
여러분은 치명적인 바이러스에 노출된 600명의 사람들을 치료할 책임이 있다.

처방 A를 쓰면 600명이 모두 치료될 확률이 1/2이며, 600명이 사망할 확률도 1/2이다. 처방 B는 생존자들 가운데 정확히 200명이 사망한다. 어느 처방을 선택할 것인가?

각 카드를 적어도 25명에게 보여 주고(각각 서로 다른 25명씩으로 하되, 확률을 공부한 적이 없는 사람들 중에서 여러분이 편리한 방법을 사용하여 임의추출하자), 선택한 사항을 기록하자. Tversky는 첫 번째 카드를 본 사람들은 처방 B를 선택하는 경향이 있는 반면, 두 번째 카드를 본 사람들은 처방 A를 선택하는 경향이 있을 것이라 주장했다. 여러분이 조사한 것과 Tversky의 주장은 일치하는가? 조사한 내용이 다음 내용에 포함되게 간단히 작성하여라. 사람들은 결정을 내리기 위해 기대값을 사용하였는가? 결정에 관한 문장이 선택에 영향을 미쳤는가?

PART IV

추론

ANOTHER LOTTERY TICKET?
YUP.
DO YOU KNOW WHAT THE ODDS ARE?
SURE. 50-50.
EITHER I WIN 4.6 MILLION BUCKS OR I DON'T.

추론한다는 것은 증거를 이용하여 결론을 도출하는 것이다. 통계적 추론은 표본에 의해 제시된 정보를 이용하여 모집단에 대한 결론을 이끌어 낸다. 수학적인 관점에서 볼 때, 결론의 도출은 하나의 가설에서 출발하여 얻어진 결론을 입증하기 위해 논리적인 방법을 사용한다. 아무리 잘 뽑은 표본이라 해도 표본 자체가 완전한 모집단이라 할 수 없으므로 통계적으로 얻은 결론들이 완전하다고는 할 수 없다. 따라서 통계적 추론은 결론에 대해 주장하는 것이며 또한 그것이 얼마나 불완전한가에 대해 말하는 것이다. 우리는 불완전성의 정도를 표현하기 위해 확률을 이용한다.

추론이 결론을 도출함과 동시에 그것이 얼마나 불확실한가에 대해서도 언급을 해야 하므로, 통계학에서도 가장 어려운 분야 가운데 하나이다. 통계학에 익숙해지기 위해 사용하는 교과서나 교육과정은 대부분 추론을 위한 기초과정이라 할 수 있다. 이 책에서 말하고자 하는 것은, 깊이 생각하되 기술적 방법을 적게 사용하여 통계학을 이해하도록 도와주라는 것이다. 추론하는데 아주 기본이 되는 기법들만 이 책에서 볼 수 있을 것이다. 기법들은 단순하나 개념은 세우기 힘들기 때문에 생각을 잘 정리해야 한다.

CHAPTER 21

신뢰구간이란 무엇인가?

화내지 말기를

주위에 사소한 일에도 화를 잘 내는 사람이 있는가? 그들은 보통 사람들에 비해 심장병에 걸릴 가능성이 더 높다. 심장병과 화내는 것 사이의 인과관계에 대해 많은 연구가 있었다. 최근에 발표되어 가장 주목받고 있는 보고서 가운데 하나로 인근 4개 커뮤니티에서 백인과 흑인을 포함하여 임의로 추출된 12,986명의 사람들을 대상으로 연구된 것을 들 수 있다. 사전 조사에서, 표본으로 선택된 모든 사람들의 나이는 45세에서 64세 사이이고 심장병과는 무관했다. 이 표본에서 정상혈압을 가진 8474명의 사람들에게 초점을 맞추어 보자.

Spielberger Trait Anger Scale이라 부르는 간단한 심리검사를 통해 각 사람들이 얼마나 쉽게 화를 내는가에 대해 측정하였다. 633명이 높은 척도의 범위에 있었고, 4731명은 중간에, 3110명은 낮은 범위에 있었다. 이후 6년 동안 이 사람들을 관측하여 척도가 높은 그룹과 낮은 그룹을 비교하였다. 이 실험에서 주의해야 할 잠재변수들은 다음과 같다. 높은 그룹에 속한 사람들은 남성들일 가능성이 높으며, 교육을 적게 받은 사람들일 수 있고, 술과 담배를 즐겨하는 사람들이 대부분일 가능성이 높다. 이러한 차이들을 조정한 후 비교하였더니, 높은 그룹의 사람들은 중간 그룹의 사람들보다 심장병에 걸릴 가능성이 2.2배, 낮은 그룹의 사람들에 비해서는 2.7배 높았다.

이 실험의 결과로부터 화를 내는 것이 심각한 일임을 알 수 있다. 그러나 연구기간 동안에 낮은 그룹에서는 53명이 높은 그룹에서 27명만이 심장병에 걸렸다. 여기서 2.2나 2.7이라는 수는 정상혈압을 가진 45세에서 64세인 모든 사람들의 모집단에 대해 정확한 것은 아니다. 이 수치들에 대한 몇 가지 새로운 연구보고서가 있는데, 의학 저널인 *Circulation*에 게재된 한 보고서에는 이 수치에 대한 신뢰구간이 나와 있어 인용하였다. 결과를 95% 신뢰한다면, 높은 그룹에 속한 사람들은 낮은 그룹의 사람들에 비해 1.36에서 3.55배 정도 심장병의 위험성이 높다고 할 수 있다. 자료는 표본에서 얻은 것이므로 모집단에 대해 우리가 말하는 어떠한 상태라도 정확하지 않다는 것을 '구간'이 의미하는 것이다. 표본에 대해서는 "정확히 2.2배"라고 말할 수 있다. 전체 모집단에 대해서는 표본의 자료를 통해 보니 "약 1.36~3.55배 정도"인데, 이것에 대해서는 약 95% 정도 신뢰할 수 있다.

추정

통계적 추론은 표본의 자료를 근거로 모집단에 대한 결론을 도출하는 것이다. "직장을 가진 여성들의 몇 % 정도가 대졸자인가?"라든가, "이러한 종류의 암에 걸린 환자의 평균 생존 기간은 얼마나 되는가?"와 같은 질문에 대한 대답이 결론의 한 종류이다. 이러한 질문들은 모집단을 설명하는 수치(퍼센트, 평균)에 대한 질문이다. 모집단을 설명하는 수치를 **모수(parameter)**라 한다. 모수를 추정하기 위해, 모집단으로부터 표본을 추출하고, 모수의 추정값으로서 표본으로부터 계산된 숫자인 **통계량(statistic)**을 사용한다. 다음 예를 보자.

예제 1 위험한 행위

전국 에이즈 조사는 이성간에 사랑을 하는 2673명의 성인들을 면접 조사하였다. 전체 표본의 6.36%인 170명은 지난 해 두 사람 이상의 이성과 교제를 했다고 응답했다. 이 결과는 사람들이 성 문제에 대해 진실을 말하기를 주저하는 감정을 포함하고 있다(연습문제 21.10을 참조). 이제부터 사람들이 진실을 말했다고 가정하고 시작하자. 이 자료를 근거로 할 때, 이성간에 사랑을 하는 전체 성인들 중 두 명 이상의 상대를 가진 사람은 몇 %나 된다고 말할 수 있는가?

우리가 대상으로 하는 모집단은 이성간 사랑을 하는 성인이다. 모수는 지난 해 두 사람 이상의 성적 상대를 가진 사람의 비율이다. "비율"에 대한 미지 모수를 p라 부른다. 모수 p를 추정하는 통계량을 **표본비율**이라 하는데 아래와 같이 구한다.

$$\hat{p} = \frac{\text{표본에서의 개수}}{\text{표본의 크기}}$$

$$= \frac{170}{2673} = 0.0636$$

통계적 추론에서 기본적인 동작은 모수를 추정하기 위하여 표본 통계량을 사용하는 것이다. 일단 표본을 취했으면, 이성 간에 사랑을 하는 전체 성인들 중 두 명 이상의 상대를 가진 사람의 비율은 표본에서의 비율이 정확히 6.36%이였으므로 "약 6.36%"라고 추정한다. 표본에서의 결과가 실제적인 모집단의 비율과 정확히 같다고 하기 어려우므로 모집단에 대한 실제 비율은 "약" 6.36%라고 말할 수밖에 없다. 신뢰구간은 "약"에 대한 정확도를 규정한다.

95% 신뢰구간

95% 신뢰구간은 표본 자료로부터 계산된 하나의 신뢰구간인데, 이것은 모든 표본들의 95%에서 실제 모수를 찾아내는 것을 보장한다는 의미이다.

신뢰를 갖는 추정

예를 들어, 직원의 고용여부, 혹은 대통령 정책의 지지여부 등의 특성이 포함된 하나의 모집단에서 개체들의 비율 p를 추정하려한다. 앞에서 언급했던 특성에서 "성공"이라고 할 수 있는 것을 찾아보자. 모집단에서 성공의 비율 p를 추정하기 위해 단순임의표본에서 성공의 비율 $\hat{p}$를 이용한다. 모집단 p의 추정치로서 표본의 비율 $\hat{p}$가 얼마나 타당한가? 이것을 알아보기 위해, "많은 표본들을 선택하였다면 어떤 일이 일어났을까?"에 대해 질문하여 보자. 물론 표본에 따라서 $\hat{p}$의 값이 달라진다는 것은 알고 있다. 이러한 표본 변이성이 아무렇게나 일어나지 않는다는 것을 잘 알고 있다. 이것을 오랫동안 시행해보면 어떤 패턴을 알 수 있는데, 이 패턴은 정규곡선에 의해 잘 설명된다. 아래의 예를 보자.

표본비율에 대한 표본분포

통계량의 **표본분포**는 동일한 표본으로부터 얻은 동일 크기의 모든 가능한 표본들에서 통계량으로 취한 값들의 분포이다.

성공 확률이 p인 큰 모집단으로부터 크기 n인 단순임의표본을 추출하자. 성공에 대한 **표본비율**을 $\hat{p}$라 하면

$$\hat{p} = \frac{\text{표본에서 성공의 회수}}{n}$$

이다.

이때, 표본이 충분히 크다면,

- $\hat{p}$는 **점근적으로 정규분포**를 따른다.
- 표본분포의 **평균**은 p이다.
- 표본분포의 **표준편차**는 $\sqrt{\frac{p(1-p)}{n}}$ 이다.

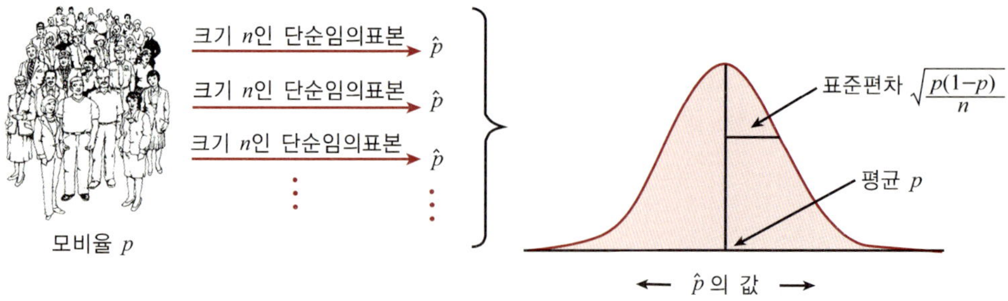

그림 21.1 성공의 비율이 p인 모집단으로부터 크기 n인 단순임의표본을 선택하는 과정을 여러 번 반복해 보자. 성공에 대한 표본비율 $\hat{p}$의 값은 위와 같은 정규표본분포를 따른다.

이러한 사실들은 수학적인 방법으로 증명할 수 있다. 그림 21.1은 표본분포는 동일한 모집단으로부터 얻은 수많은 표본들의 결과를 나타내는 분포임을 알려주고 있다.

예제 2 위험한 행위

예를 들어, 이성 간에 사랑을 하는 전체 성인 중 두 명 이상의 상대를 가진 사람의 비율이 6%라고 하자. 예제 1을 다시 보면, 표본의 크기 $n=2673$인 전국 에이즈 조사에서 여러 번 반복하여 조사한다면, 표본의 비율 $\hat{p}$의 표본분포는

$$\text{평균} = p = 0.06$$

및

$$\begin{aligned}\text{표준편차} &= \sqrt{\frac{p(1-p)}{n}}\\ &= \sqrt{\frac{(0.06)(0.94)}{2673}}\\ &= \sqrt{0.0000211} = 0.0046\end{aligned}$$

인 정규분포에 근사한다.

이 정규분포의 중심은 모집단에 대한 참값에 형성된다. 표준편차는 표본의 크기가 매우 크기 때문에 작은 값이 된다. 따라서, 대부분의 표본들은 참값 p에 가까운 통계량 $\hat{p}$를 생성한다. 실제로 68-95-99.7 규칙의 95는 모든 표본 결과값의 95%가

$$\text{평균} - 2\times\text{표준편차} = 0.06 - 0.0092 = 0.0508$$

과

$$\text{평균} + 2\times\text{표준편차} = 0.06 + 0.092 = 0.0692$$

사이에 있음을 의미한다. 그림 21.2는 이러한 사실들을 나타내고 있다.

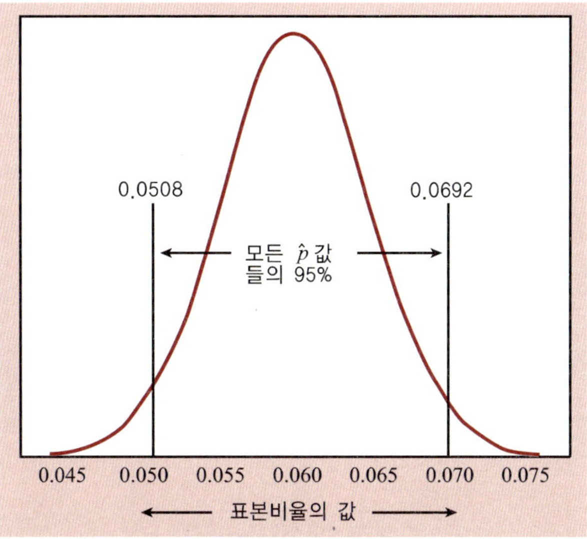

그림 21.2 성공의 비율이 0.06인 모집단으로부터 크기 2673인 단순임의표본을 선택하는 과정을 여러 번 반복하였다. 표본비율 $\hat{p}$ 의 가운데 95%값은 0.0508과 0.0692 사이에 존재한다.

대부분의 표본들로부터 모집단에 근접한 결과를 얻게 되므로 대규모의 임의표본의 결과는 신뢰할 수 있다. 이 숫자가 의미하는 것은 표본 크기 2673인 모든 표본의 95%는 통계량 $\hat{p}$와 모수 p의 차이가 각각 0.0092 내에 있다는 것이다. 또한 이것은 다음과 같은 다른 방법으로 설명될 수 있다. 모든 표본의 95%는 모집단의 참값 p를 $\hat{p}\pm$ 0.0092 구간에서 찾을 수 있도록 $\hat{p}$를 가진다.

모든 p값에 대해 일반적으로 성립하는 사실은 아래와 같다.

모비율이 p일 때, 모든 표본들의 95%는 $\hat{p}$를 중심으로 양쪽에서 표준편차의 2배를 확장한 구간에서 p를 찾을 수 있으며 다음과 같다.

$$\hat{p} \pm 2\sqrt{\frac{p(1-p)}{n}}$$

95% 신뢰구간을 구하고 싶은가? 표준편차가 p를 포함하므로 위의 구간은 자료로부터 구할 수 없으며, 실제로 p를 알 수 없다. 예제 2에서 공식에 $p=0.06$을 적용하였으나, 이것이 p의 참값은 아니다.

어떻게 하면 되겠는가? 물론 통계량 $\hat{p}$의 표준편차는 p에 종속된 값이지만, p값이 변하더라도 크게 바뀌지는 않는다. 예제 2로 돌아가 다른 p값을 사용하여 다시 계산한 결과는 다음과 같다.

p 값	0.04	0.05	0.06	0.07	0.08
표준편차	0.0038	0.0042	0.0046	0.0049	0.0052

만약 실제로 p값이 참값에 가까워진다면, 추측값으로부터 계산된 표준편차는 올바른 값이 된다는 것을 알 수 있다. 우리가 큰 규모의 임의표본으로부터 얻은 통계량 $\hat{p}$는 거의 p에 가까운 값이 된다. 따라서 p의 추정치로 $\hat{p}$를 사용할 수 있다. 이제 표본자료로부터 계산할 수 있는 구간을 정의해 보자.

모비율에 대한 95% 신뢰구간

성공에 대한 모비율 p를 가지는 큰 모집단으로부터 크기 n의 단순임의표본을 선택한다. 이 표본에서 성공의 비율을 $\hat{p}$라 하자. 모비율 p에 대한 근사 95% 신뢰구간은 아래와 같다.

$$\hat{p} \pm 2\sqrt{\frac{\hat{p}(1-\hat{p})}{n}}$$

예제 3 위험한 행위에 대한 신뢰구간

전국 에이즈 조사는 이성간에 사랑을 하는 2673명의 성인들을 면접 조사하였다. 전체 표본의 6.36%인 170명은 지난 해 두 사람 이상의 이성과 교제를 했다고 응답했다. 여러 상대와 교제하는 성인들의 비율에 대한 95% 신뢰구간은 아래와 같이 구할 수 있다.

$$\begin{aligned}\hat{p} \pm 2\sqrt{\frac{\hat{p}(1-\hat{p})}{n}} &= 0.0636 \pm 2\sqrt{\frac{(0.0636)(0.9364)}{2673}} \\ &= 0.0636 \pm (2)(0.0047) \\ &= 0.0636 \pm 0.0094 \\ &= 0.0542 \text{ 에서 } 0.0730\end{aligned}$$

모든 표본들의 95%에서 미지의 실제 모비율을 찾을 수 있다고 해석한다. 간단히 말해서 여러 명의 상대를 가진 이성 연애론자들의 실제 비율은 5.42%와 7.30%사이에 있다고 **95% 신뢰한다.**

독자들에게

겔럽이 미국 성인 남성 1523명을 대상으로 조사한 바의 의하면 지난 12개월 동안 로또복권을 구입한 적이 있는 사람은 57%였다. 이 경우 미국의 모든 성인 남성들 중 같은 기간에 복권을 구입한 적이 있는 사람의 비율에 대한 95% 신뢰구간을 구하여라. 이 신뢰구간을 어떻게 해석할 수 있겠는가?

신뢰구간의 이해

모비율에 대한 95% 신뢰구간은 아래와 같은 형태로 표시할 수 있다.

추정치 ± 오차의 한계

가끔 신문에서 표본 조사에 대한 보도를 할 때, 추정값과 오차의 한계에 대해 별도로 취급하는 것을 자주 보게 된다. 예를 들어 "최근의 갤럽 여론조사에 의하면, 주부들의 66%가 총기를 제한하는 새로운 법률에 찬성하고 있다. 이 결과에 대한 오차의 한계는 ±4%이다."

누가 담배를 피우는가?

모비율 p를 추정할 때, "성공"이란 개념이 무엇을 의미하는지 알아야 한다. 청소년들의 20%가 담배를 피운다는 놀라운 보도가 있다. 이것은 지난 한 달 동안에 적어도 한 번 이상 담배를 피웠던 청소년들의 비율을 나타낸다. 만약 지난 30일 동안 적어도 20번 이상 피웠거나, 반 갑 이상 피운 사람들을 담배 피우는 사람이라고 규정하고 조사하였더라면 청소년들의 4%미만만이 담배를 피운다고 조사되었을 것이다.

모든 신뢰구간이 이와 같은 형태를 갖는 것은 아니다. 이 장의 서두에서 예로든 화를 내는 사람들의 심장병에 대한 추가 위험성에 대한 신뢰구간은 좀 다른 형태이다. 신뢰구간에 대한 적절한 설명은 다음과 같다.

신뢰구간

모수에 대해 **수준 C인 신뢰구간**은 다음 두 부분으로 설명한다.

- **구간**은 자료로부터 계산한다.
- **신뢰수준 C**는 구간이 반복 추출된 표본에서 모수의 참값을 찾을 수 있는 확률을 말한다.

통계적 신뢰구간은 여러 상황에 적용될 수 있는 여러 가지 방법이 있다. 이것을 어떻게 해석해야 할 것인지에 대해 생각해 보아야 하는데, 어떤 방법을 사용한 결과이든 해석은 동일하다.

신뢰구간은 확률의 중심적인 개념을 사용하고, 여러 번 반복해서 표본추출을 실시하면 어떤 결과가 일어나는가에 대한 물음이다. 95% 신뢰구간에서 95%란 하나의 확률인데, 이 확률은 모수의 참값을 찾아내는 구간을 만들어 내는 방법이다.

Reproduced by permission of Bob Schochet

"숫자가 폭발했네."

예제 4 어떻게 신뢰구간을 취급해야 하나

전국 에이즈 조사는 이성간에 사랑을 하는 2673명의 성인들을 면접조사한 결과 170명이 지난해 여러 명의 이성과 교제를 했다고 응답했으므로, 표본비율은

$$\hat{p} = \frac{170}{2673} = 0.0636$$

이고 95% 신뢰구간은

$$\hat{p} \pm 2\sqrt{\frac{\hat{p}(1-\hat{p})}{n}} = 0.0636 \pm 0.0094$$

이다. 동일한 모집단으로부터 두 번째 표본을 추출하였는데, 2673명 중 148명이 여러 명의 이성과 교제를 했다고 응답했다. 이 표본으로부터 표본비율은

$$\hat{p} = \frac{148}{2673} = 0.0554$$

이고 95% 신뢰구간은

$$\hat{p} \pm 2\sqrt{\frac{\hat{p}(1-\hat{p})}{n}} = 0.0554 \pm 0.0088$$

이다. 다른 표본을 추출하였더니, 152명이 여러 명의 이성과 교제를 했다고 응답했다. 이 표본으로부터 표본비율은

$$\hat{p} = \frac{152}{2673} = 0.0569$$

이고 95% 신뢰구간은

$$\hat{p} \pm 2\sqrt{\frac{\hat{p}(1-\hat{p})}{n}} = 0.0569 \pm 0.0090$$

이다. 이처럼 표본을 계속 뽑아 사용하면 각 표본마다 다른 추정값 $\hat{p}$와 새로운 신뢰구간을 생성한다. 표본추출을 영원히 계속한다면, 이들 구간의 95%는 모수의 참값을 찾아낼 수 있을 것이다. 그림 21.3은 신뢰구간의 성질을 그림으로 나타내었다.

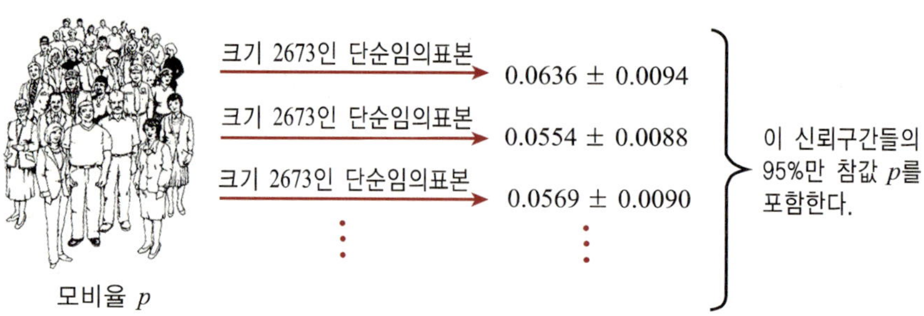

그림 21.3 동일한 모집단으로부터 반복 추출된 표본들로부터 서로 다른 95% 신뢰구간을 구할 수 있으나, 이 구간들 가운데 95%만이 실제 모비율 p를 포함한다.

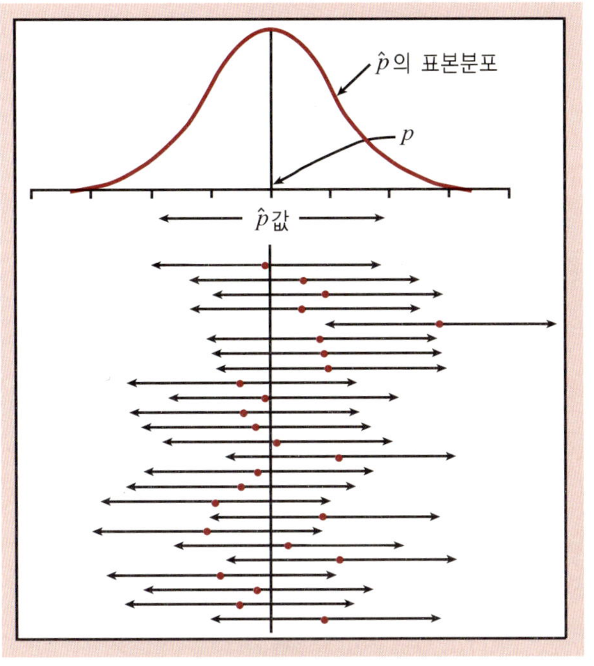

그림 21.4 동일한 모집단에서 추출한 25개의 표본들로부터 95% 신뢰구간을 구하여 화살표로 표시하였다. 이런 방법을 무한히 실행하면 화살표들의 95%만이 수직선으로 표시된 모비율의 참값을 포함하게 된다.

그림 21.4는 신뢰구간의 의미에 대해 다른 관점에서 설명하고 있다. 예제 4와 그림 21.3은 반복해서 추출한 표본들은 서로 다른 결과를 가지며 표본들의 95%만이 올바른 결과를 갖는다는 것을 보여준다. 그림 21.4에서 수직선은 모비율 p의 참값을 나타낸다. 그림 윗부분에 있는 정규곡선은 표본통계량 $\hat{p}$의 분포인데, 참값 p에 집중되어 있다.

25개의 단순임의표본들로부터 얻은 95% 신뢰구간들이 차례대로 나타나 있다. 화살표 중간의 점들은 신뢰구간 가운데 있는 $\hat{p}$의 값이다. 양쪽 면에 있는 화살표는 신뢰구간을 확장시킬 수도 있다는 의미이다. 결국 신뢰구간들의 95%는 참값 p를 포함한 반면 5%는 포함하지 못하게 될 것이다(확률은 수많은 반복 시행의 결과에서 의미를 가지며, 25개의 구간들에서 참값을 포함하는 확률이 정확히 95%라고 말하는 것은 무리가 있다는 사실을 기억하자).

여기에서 얻은 구간은 단지 95% 근사 신뢰구간이라는 사실에 주목해야 한다. 즉, 이것은 다음 두 가지 사실로 인해 정확하다고 할 수 없다. 첫 번째, 표본비율 $\hat{p}$의 분포는 정확히 정규분포라 할 수 없다. 두 번째, 미지의 p 대신에 $\hat{p}$를 사용하였으므로

$\hat{p}$의 표준편차를 정확히 구할 수 없다. 이러한 두 가지 어려움은 표본의 크기 n을 크게 함으로써 해소할 수 있다. 일반적인 대안은 오직 대규모의 표본을 사용하는 것이다. 통계전문가들은 모집단이나 표본의 크기에 관계없이 작은 표본에서도 좋은 결과를 이끌어낼 수 있는 방법에 관심을 기울이고 있다.

모비율에 대한 신뢰구간

모비율에 대한 95% 신뢰구간을 구하기 위해 68–95–99.7 규칙 가운데 95부분을 이용할 수 있다. 경우에 따라서는 95%의 신뢰도에 대해 좀 부족하다고 생각하는 사람이 있을 수도 있어, 99%의 신뢰도에 대해 고려해 보기로 한다. 그러기 위해서는 정규분포의 중앙 99%를 경계 지을 필요가 있다. 0부터 1사이의 임의의 확률 C에 대해, 정규분포가 평균의 z^*표준편차 구간 내에 확률 C를 갖도록 숫자 z^*를 정한다. 확률 C와 숫자 z^*가 어떤 관계가 있는가를 그림 21.5에서 보여 주고 있다.

표 21.1은 다양한 C값에 따른 숫자 z^*을 보여 주고 있다. 편의상 표에서는 퍼센트를 사용한 신뢰구간으로서 C를 나타내었다. 숫자 z^*를 정규분포들의 **임계값(critical**

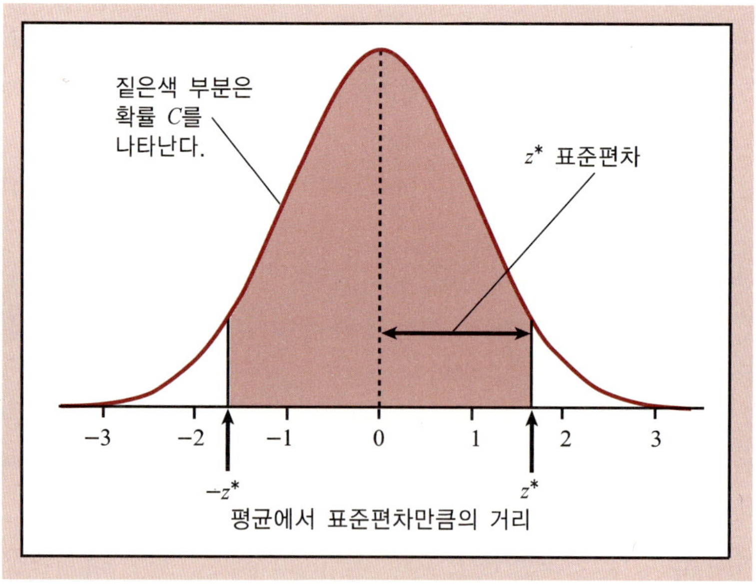

그림 21.5 정규분포의 임계값 z^*. 어떤 정규분포이든지, 평균으로부터 $-z^*$와 z^*표준편차 간격의 곡선 아래 영역(확률) C가 있다.

표 21.1 정규분포의 임계값

신뢰수준 C	임계값 z^*	신뢰수준 C	임계값 z^*
50%	0.67	90%	1.64
60%	0.84	95%	1.96
70%	1.04	99%	2.58
80%	1.28	99.9%	3.29

value)이라 한다. 어떠한 정규분포이든 그것이 평균 ±2.58 표준편차 내에 확률값 99%를 갖고, 평균의 ±1.96 표준편차 내에 확률값 95%를 가진다는 것을 표 21.1에서 알 수 있다. 68-95-99.7 규칙에서는 임계값 $z^*=1.96$ 대신에 2를 사용하기도 한다. 이것은 실제적인 문제에 적용하기는 용이하나, 표준정규분포표를 사용하여 문제를 해결하고자 할 때는 정확한 값을 사용하는 것이 좋다.

그림 21.5로부터, 표본비율 $\hat{p}$가 p의 z^*표준편차 이내에서 값을 취할 확률은 C임을 알 수 있다. 이것은 $\hat{p}$의 양쪽 면에서 z^*표준편차를 길게 확대하는 구간이 미지 모수 p를 포함할 확률도 C라는 것을 의미한다. $\hat{p}$의 추정된 표준편차를 사용하여 다음을 정의할 수 있다.

모비율 p에 대한 신뢰구간

비율 p가 성공인 모집단 개체들로부터 크기 n인 단순임의표본을 추출하였다. 표본에서 성공의 비율은 $\hat{p}$이다. n이 크면, p에 대한 근사 수준 C인 신뢰구간은

$$\hat{p} \pm z^* \sqrt{\frac{\hat{p}(1-\hat{p})}{n}}$$

인데, 여기서 z^*는 확률 C에 대한 임계값이다(표 21.1 참조).

예제 5 99% 신뢰구간

전국 에이즈 조사는 이성간에 사랑을 하는 2673명의 성인들을 면접조사한 결과 170명이 지난 해 여러 명의 이성과 교제를 했다고 응답했다. 여러 상대와 교제하는 성인들의 비율에 대한 99% 신뢰구간을 구하고자 한다. 표 21.1로부터 99% 신뢰구간에 대한 임계값으로 $z^*=2.58$을 이용할 수 있다. 따라서 아래와 같이 계산할 수 있다.

$$\hat{p} = \frac{170}{2673} = 0.0636$$

$$\hat{p} \pm z^* \sqrt{\frac{\hat{p}(1-\hat{p})}{n}} = 0.0636 \pm 2.58\sqrt{\frac{(0.0636)(0.9364)}{2673}}$$
$$= 0.0636 \pm (2.58)(0.0047)$$
$$= 0.0636 \pm 0.0121$$
$$= 0.0515 \text{에서 } 0.0757$$

모비율의 참값은 5.15%에서 7.57% 사이에 있다고 99% 확신한다.

예제 5와 예제 3에서의 95% 신뢰구간의 계산값을 비교하여 보자. 유일한 차이는 임계값의 사용인데 99%에서는 2.58을, 95%에서는 2를 사용했다. 이것은 99%를 신뢰하고, 신뢰구간이 더 넓어질수록 오차의 한계가 더 커진다는 것을 의미한다.

표본평균의 표본분포

재학하고 있는 대학교의 1학년 학생들이 일주일에 평균 몇 시간을 공부하는가? 그들의 고등학교 때 평균성적은 어느 정도였는가? 가끔 모평균을 추정해야 할 때가 있다. 모평균을 표본평균 $\bar{x}$ 와 구별하기 위해 그리스 문자인 μ 라 쓴다. 미지의 모평균 μ 를 추정하기 위해 확률표본으로부터 구한 표본평균 $\bar{x}$ 를 사용한다.

표본비율 $\hat{p}$ 와 마찬가지로 대표본으로부터 구한 표본평균 $\bar{x}$ 의 표본분포는 정규분포에 가깝게 된다. 확률표본의 표본평균이 μ 의 불편추정량이므로 $\bar{x}$ 의 표본분포는 그것의 평균으로 μ 를 가진다. $\bar{x}$ 의 표준편차는 모집단의 표준편차(그리스 문자로 σ)와 관련이 있다.

표본평균의 표본분포

개체의 평균이 μ, 표준편차가 σ 인 모집단으로부터 크기 n 인 표본을 추출하였다. 표본평균을 $\bar{x}$ 라 하면

- $\bar{x}$ 의 표본분포는 표본 n 이 커지면 **정규분포에** 가까워진다.
- 표본분포의 **평균**은 μ 이다.
- 표본분포의 **표준편차**는 $\sigma/\sqrt{n}$ 이다.

표본분포에 대한 다음 두 가지 사실들을 알면 표본평균 $\bar{x}$ 의 매우 중요한 두 가지 특징들을 이해할 수 있다.

- 많은 관측값들의 평균은 개별 관측값들 보다 변동이 적다.

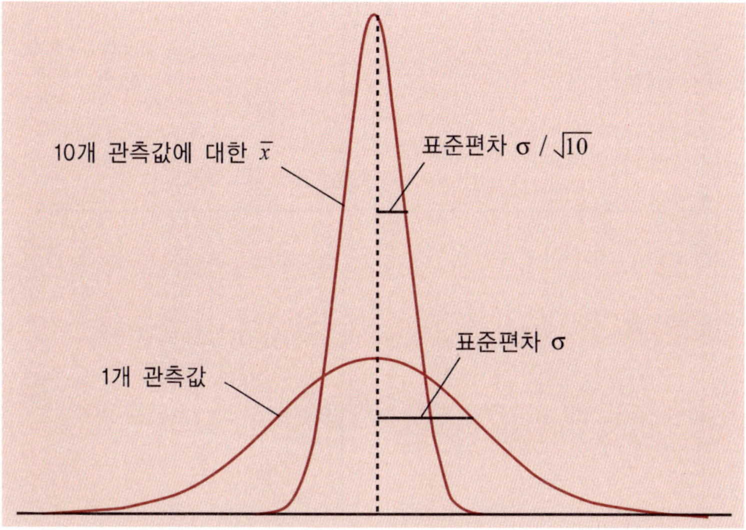

그림 21.6 10개 관측값의 표본평균 $\bar{x}$ 의 표본분포와 개별 관측값의 분포 비교

- 많은 관측값들의 평균의 분포는 개별 관측값들의 분포보다 더 정규분포에 가깝다.

그림 21.6은 이 특징들 가운데 첫 번째 특징의 예인데, 개별 관측값의 분포와 10개 관측값들의 평균 $\bar{x}$ 의 분포를 비교한 것이다. 두 가지 경우 모두 중심은 동일하나 $\bar{x}$ 의 분포의 퍼짐이 다르다. 그림 21.6을 보면 개별 관측값의 분포가 정규분포임을 알 수 있는데, 만약 이것이 사실이라면 $\bar{x}$ 의 표본분포는 대표본일 경우에서 만이 정규분포에 근사하는 것이 아니라 어떠한 크기의 표본에 대해서도 정확히 정규분포를 따른다. 이와 같은 사실을 **중심극한정리(central limit theorem)**라 부른다.

예제 6 표본의 크기와 중심극한정리

그림 21.7은 중심극한정리를 표본의 크기가 변함에 따라 이해하기 쉽게 설명한 것이다. 왼쪽 위의 밀도곡선은 모집단으로부터 추출한 개별 관측값들을 표시한 것인데, 강하게 오른쪽으로 비대칭 되었다. 이것과 같은 분포들을 예로 들면, 가전제품을 수리하는데 걸리는 시간을 나타내는 것과 같은 모양이다. 대부분의 수리시간은 짧은데 몇 가지 경우만 오래 걸리기 때문이다. 그림 21.7의 나머지 곡선들은 모집단으로부터 추출한 표본의 크기가 각각 2, 10 및 25일 경우 표본평균들의 표본분포이다. 표본의 크기 n이 커질수록 분포의 모양이 정규분포에 가까워짐을 알 수 있는데, 평균은 고정되어 있고 표준편차 $\sigma/\sqrt{n}$ 이 점차 작아지기 때문이다. 10개 관측값에 대한 분포는 오른쪽으로 약간 기울었지만 정규분포와 비슷해 졌으며, $n=25$의 곡선은 더욱 더 정규분포와 비슷해졌다.

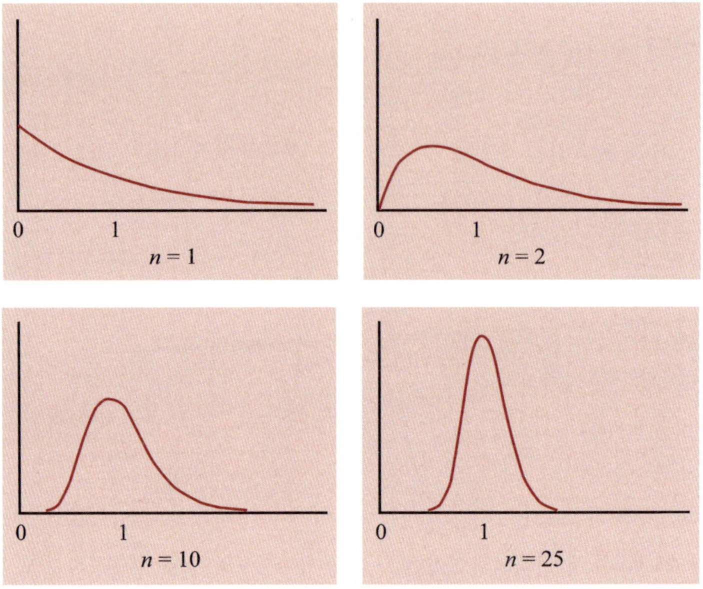

그림 21.7 표본평균 $\bar{x}$ 의 분포는 표본의 크기가 증가함에 따라 정규분포에 가까워진다. 개별 관측값($n=1$)의 분포는 정규분포와 거리가 멀다. 2개, 10개 및 25개의 관측값의 평균의 분포는 관측값 수가 많아짐에 따라 정규분포 모양에 점점 더 가까워지고 있다.

모평균에 대한 신뢰구간

$\bar{x}$ 의 표준편차는 표본의 크기 n과 모집단 개체의 표준편차 σ와 모두 관련이 있는데, n은 알 수 있으나 σ는 알 수 없는 값이다. n이 커지면 표본표준편차 s가 σ에 가까워지지는데, $\bar{x}$를 μ의 추정값으로 사용하는 것과 마찬가지로 s를 σ의 추정값으로 사용할 수 있다. $\bar{x}$의 추정된 표준편차는 $s/\sqrt{n}$이다. 모비율 p에 대한 구간추정을 하는 것과 같은 방법으로 모평균 μ에 대한 구간추정을 할 수 있다.

모평균에 대한 신뢰구간

평균이 μ인 모집단으로부터 크기 n인 확률표본을 추출하였다. 표본 관측값들의 평균은 $\bar{x}$이다. 표본의 크기가 적당히 크다고 할 때 신뢰수준 C에서의 μ에 대한 구간추정은 다음과 같다.

$$\bar{x} \pm z^* \frac{s}{\sqrt{n}}$$

여기서, z^*는 신뢰수준 C에 대한 임계값으로 표 21.1에 표시하였다.

확률표본이 적절한 방법으로 추출되었는가의 여부와 표본의 크기 n이 충분히 큰가의 여부와 같이 모비율 p를 추정할 때 주의해야할 점들이 μ를 추정할 때도 같이 적용된다. 표본이 어느 정도 커야 적당히 크다고 할 수 있겠는가? 이 문제는 모집단 분포의 실제 형태와 관련이 있다. 표본이 $n \geq 15$는 극단적인 이상점이나 강한 비대칭이 없는 정도의 크기이다. 비대칭이 없이 완전히 공평하고 이상점이 없다고 생각되는 크기의 표본은 $n \geq 40$이다.

오차 역시 n이 커짐에 따라 $\sqrt{n}$에 비례해서 줄어든다. 다시 한 번 강조하지만 $\bar{x}$와 s는 이상점에 매우 민감하며, 이상점이 존재하면 $\bar{x}$와 s의 추론의 결과는 의심을 받게 된다. 항상 수집되는 자료를 눈여겨봐야 한다.

예제 7 NAEP 수리점수

미국 학업성취도 평가인 NAEP(National Assessment of Educational Progress)는 주로 기본적인 산수와 실제 문제에 응용할 수 있는 능력을 포함하는 것과 같은 수리능력에 대한 간단한 테스트를 포함하고 있다. 테스트 결과 얻는 점수는 0점에서 500점 사이의 범위에 있다. 예를 들어, 233점을 받은 사람은 은행예금전표에 있는 숫자들을 합하여 사용할 수 있는 정도이고, 325점을 받은 사람은 메뉴를 보고 음식의 값을 결정할 수 있으며, 온스 당 몇 cent인가를 파운드 당 몇 doller인가로 바꾸어 사용할 수 있다.

최근에 21살에서 25살까지의 남자 840명을 NAEP 표본으로 추출하였는데, 그들의 평균 수리점수는 $\bar{x}=272$점이고 표준편차는 $s=59$점이었다. 840명은 모든 젊은 남자들 사이에서 임의로 추출된 확률표본이다. 이 표본을 근거로 할 때, 모집단이라 할 수 있는 950만명에 이르는 같은 연령대 젊은 남자들의 모평균점수 μ에 대해 무엇을 말할 수 있겠는가? 표 21.1에서 임계값 $z^*=1.96$을 사용하여 μ에 대한 95% 신뢰구간을 계산하면 다음과 같다.

$$\bar{x} \pm z^* \frac{s}{\sqrt{n}} = 272 \pm 1.96 \frac{59}{\sqrt{840}}$$
$$= 272 \pm (1.96)(2.036) = 272 \pm 4.0$$

모든 젊은 남자들에 대해 평균점수가 268점에서 276점 사이에 있다고 95% 신뢰할 수 있다.

독자들에게

대기업의 의료감독관이 35세에서 44세 사이에 있는 72명의 임원들의 의료기록카드를 조사하였더니 수축기 혈압의 표본평균은 $\bar{x}=126.1$이고 표본표준편차는 $s=15.2$였다. 표본이 회사전체임원들 가운데서 확률적으로 추출된 확률표본이라 했을 때, 회사전체 임원들의 미지의 평균혈압인 μ에 대한 95% 신뢰구간을 구하여라.

요약

통계적 추론은 표본으로부터 취득한 자료를 근거로 모집단에 대한 결론을 도출하는 것이다. 완전한 모집단에 대한 자료를 가지고 있지 못하므로, 우리가 내린 결론은 불완전할 수밖에 없다. **신뢰구간**은 추정치가 얼마나 불완전한가의 관점을 고려하여 미지 모수를 추정하는 것이다. **신뢰수준**은 구간이 반복 추출된 표본에서 모수의 참값을 찾아 낼 수 있는 확률을 말한다. 우리들은 **표본분포**를 이해함으로써 신뢰구간을 찾을 수 있는데, 표본분포는 반복된 표본추출에서 통계량의 변이성을 나타낸 것이다.

이 장에서 모집단에서 "성공"의 비율 p와 모집단의 평균 μ에 대한 하나의 신뢰구간은 모집단으로부터 추출한 단순임의표본에 근거하여 구할 수 있음을 알았다.

모집단에서 추출한 단순임의표본의 표본평균 $\bar{x}$를 사용하여 모평균 μ를 추정하였다. 모평균 μ에 대한 신뢰구간은 표본평균 $\bar{x}$의 표본분포를 근거로 구한다. 표본의 크기 n이 크면, 중심극한정리를 이용하여 이 표본분포 분포가 정규분포에 근사한다고 말한다. 비록 상세한 방법은 다르지만, 두 경우 모두 정규표본분포를 근거로 하므로 μ에 대한 추론과 p에 대한 추론은 유사하다고 할 수 있다. 신뢰구간에 대해서는 23장에서 더 깊게 다루기로 한다.

EESEE

"Radar Detectors and Speeding"은 속도측정장치를 장착한 운전자들이 숨겨진 경찰의 속도위반 측정장치에 어떻게 반응하는지에 대한 연구를 설명하고 있다. 이 이야기를 읽고 3번 질문에 답하여라.

EXERCISES

21.1 **학생 표본 조사** Tonya는 그녀가 생활하고 있는 기숙사에서 기숙사 음식을 좋아하는 학생들의 비율이 얼마나 되는가에 대해 추정하고 싶었다. 기숙사에 거주하고 있는 175명의 학생들 가운데 50명을 단순임의추출 하였는데, 그들 중 14명이 좋아한다고 응답했다.

(a) Tonya가 결론을 얻고 싶어 하는 모집단은 무엇인가?

(b) 이 경우 무엇에 대한 모비율을 구하고자 하는가?

(c) Tonya가 추출한 표본에서 표본비율 $\hat{p}$는 얼마인가?

21.2 코치를 해고할까? "동문들의 99%가 내가 Boggs 코치를 해임하는 것에 대해 찬성하고 있다."고 어느 대학교 총장이 말했다. 생존해 있는 15,000명의 동문들 가운데 200명을 단순임의추출하여 이에 대해 질문하였더니 코치의 해임에 대해 76명이 지지하였다.

(a) 여기서 관심사를 추론하고자 하는데 대상이 되는 모집단은 무엇인가?

(b) 이 경우 모비율 p는 무엇인가?

(c) 표본비율 $\hat{p}$의 값은 얼마인가?

21.3 학교에서 가장 심각한 문제 1500명의 성인들을 대상으로 한 표본 조사의 결과, "95%의 신뢰도로 볼 때, 미국 성인 전체의 27%에서 33%의 약물복용이 전체 공립학교가 직면한 가장 큰 문제라고 믿는다."는 보고서가 발표되었다. 통계학을 전혀 모르는 사람들에게 이 보고서에 나오는 "95% 신뢰도"가 무엇인가를 설명하고 응답 내용을 분석하여라.

21.4 총기 범죄 Harris Poll에서는 1009명의 성인들에게 미래의 사망 원인에 대한 질문을 하였더니 총기 범죄라고 응답한 사람이 706명으로 가장 많았으며, 앞으로는 더욱 증가할 것이라 생각하고 있었다. 비록 전국적인 조사에서 얻은 단순임의표본은 아니지만, 조사방법이 정확한 근사 신뢰구간을 가지므로 의미가 있다는 생각이다.

(a) 이 여론조사에서 모비율 p는 무엇인가를 설명하여라.

(b) p에 대한 95% 신뢰구간을 구하여라.

(c) Harris는 이 여론조사에 대해 ±3%의 오차한계를 갖는다고 발표했다. (b)에서 구한 값을 근거로 할 때 이 오차한계에 동의하겠는가?

21.5 여성 여론조사 The New York Times는 알라스카와 하와이를 포함한 미국 전역에서 임의로 선택된 1025명의 여성들을 대상으로 여성들의 관심사에 대한 면접조사를 실시하였다. 표본으로 선택된 여성들 중 482명은 그들 자신을 위한 충분한 시간을 가질 수 없다고 응답했다.

(a) 이 여론조사에서 모비율 p는 무엇인가를 설명하여라.

(b) p에 대한 95% 신뢰구간을 구하여라.

(c) (b)에서 구한 결과를 통계를 전혀 모르는 사람에게 보여주면 어떠한 반응을 보일 것인가에 대해 이야기해 보아라.

21.6 총기 범죄 연습문제 21.4에서 $n = 1009$명의 성인을 임의표본으로 한 95% 신뢰구간을 구한 바 있다. 연습문제 21.4에서 구한 오차한계의 절반에 해당하는 오차한계를 얻으려면 표본의 크기가 얼마나 되어야 하는가?

21.7 표본 크기의 효과 표본의 60%가 세금을 절감하기 위해 연방예산을 줄여야 한다고 생각하고 있었다. 표본의 크기에 관계없이 $\hat{p} = 0.6$을 가정할 때, 다음과 같은 표본의 크기에 따라 모든 성인들 가운데 그렇게 느끼는 사람의 비율에 대한 95% 신뢰구간을 구하여라.

(a) $n = 750$

(b) $n = 1500$

(c) $n = 3000$

(d) 표본의 크기가 증가함에 따라 구한 결과에 대한 효과를 간단히 설명하여라.

21.8 난수 대규모의 난수들을 모아 놓은 집단 가운데서 0이 나오는 비율은 모든 10개의 숫자들이 나타날 확률과 같으므로 $p = 0.1$이다. 난수표는 모든 난수들의 모집단으로부터 얻은 하나의 표본이다. 200개의 난수들의 단순임의표본을 얻기 위해, 이 책의 끝 부분에 수록한 표 A로부터 101에서 125번째 줄에 있는 숫자 중 5개 집단의 첫 번째 숫자를 선택하자. 이들 200개 숫자들 가운데 0은 몇 개나 되는가? 이들 숫자들이 하나의 표본인 모집단으로부터 0의 비율에 대한 95% 신뢰구간을 구하여라. 구한 구간이 비율의 참값 $p = 0.1$을 포함하고 있는가?

21.9 압정 던지기 단단한 표면에 압정을 던진다면, 핀 부분이 위로 오게 될 확률은 얼마인가? 압정을 100번 던졌다고 할 때, 이 확률 p를 구하여라. 100번 던진다는 것은 무한히 많이 던지는 시행이며, 모집단에서 크기 100인 표본을 추출하는 의미가 동일하다. 100번을 던져서 뾰족한 핀 부분이 위로 나온 비율은 표본비율 $\hat{p}$이다. 각자 던져서 나온 비율을 이용하여 p에 대한 95% 신뢰구간을 구하여라.

21.10 기본을 잊지 말자 전국 에이즈 조사는 이성간에 사랑을 하는 2673명의 성인들을 면접 조사한 결과 170명이 지난 해 여러 명의 이성과 교제를 했다고 응답했다. 이 결과를 이용하여 모든 성인들이 지난 해 여러 명의 이성들과 교제를 한 비율에 대한 신뢰구간을 구해 보자. 이 표본 조사는 기존에 구한 신뢰구간을 고려할 수 없다는 점에서 편의(bias)를 가질 수 있다. 편의가 나타날 것 같은 이유를 설명하여라. 표본비율 6.36%가 모비율을 과대추정 하였는가? 과소추정 하였는가?

21.11 Count Buffon의 동전 18세기 France의 박물학자 Count Buffon은 동전을 4040번 던졌더니 2048번의 앞면이 나왔다. Buffon의 동전이 앞면이 나온 확률에 대한 95% 신뢰구간을 구하여라. 이 확률 1/2이 아니라고 믿는가? 그 이유를 설명하여라.

21.12 10대들과 TV sets The New York Times와 CBS 뉴스는 13세에서 17세까지의 청소년을 1048명 임의추출하여 전국적인 여론조사를 실시하였다. 이들 10대들 가운데 692명이 자기 방에 TV를 가지고 있었으며, 189명이 가장 좋아하는 방송사로 Fox TV를 꼽았다. 자기 방에 TV를 가지고 있고, 가장 좋아하는 방송사로 Fox TV를 꼽은 이 연령대에 있는 모든 사람들의 비율에 대한 95% 신뢰구간을 구하여라.

21.13 오토바이 Harley-Davidson motorcycles사는 미국에 등록된 전체 오토바이의 14%를 생산하였다. 이 회사에서는 600명의 자사 오토바이 소유자들로 된 단순 임의표본을 면접 조사할 계획이다.

(a) 이 회사의 오토바이를 소유한 사람들의 비율에 대한 표본분포는 무엇인가?

(b) 우리가 선택한 표본이 이 회사 오토바이를 가진 비율이 18.2% 이상인 표본과는 얼마나 유사한가? 적어도 이 회사 오토바이를 11.2% 가진 표본과는 얼마나 유사한가? 68-95-99.7 규칙과 (a)의 답을 이용하여라.

21.14 조깅을 합니까? 모든 성인의 10%가 조깅을 한다고 알려져 있다. 여론조사 기관에서는 500명의 성인들을 대상으로 그들이 조깅을 하는지 질문하였다.

(a) 표본에서 조깅을 하는 비율 $\hat{p}$에 대한 95% 신뢰구간을 구하여라.

(b) 68-95-99.7 규칙에 따라, 표본에서 조깅을 하는 사람들의 비율이 7.3% 이상이 될 확률은 얼마인가?

21.15 빠른 계산법 3장의 빠른 계산법에서 모비율에 대한 95% 신뢰구간을 구하기 위해 개략적인 방법으로서 $\hat{p} \pm 1/\sqrt{n}$을 사용하였다. 빠른 계산법으로부터 얻은 오차의 한계는 필요한 값보다는 조금 더 크다. 500명의 오토바이 등록자들을 표본으로 조사를 하였더니 68명이 Harley-Davidsons를 소유하고 있었다. 이것은 $\hat{p}$가 0과 1에 가까운 값일 때, 이 장에서 설명했던 방법보다 더 정확한 값을 갖는다. 모든 오토바이 소유자들 가운데 Harley를 소유한 사람들의 비율에 대한 95% 신뢰구간을 빠른 계산법과 이 장에서 소개한 방법을 이용하여 각각 구하여라. 빠른 계산법으로 구한 결과의 오차의 한계는 얼마나 더 큰가?

21.16 68% 신뢰 모비율 p의 95% 신뢰구간을 구하는 방법을 알기 위해 68-95-99.7 규칙의 95부분을 이용하였다.

(a) 68% 신뢰구간을 구하는 방법을 알기 위해 68-95-99.7 규칙의 68부분을 이용하여라.

(b) "68% 신뢰"가 무슨 뜻인지 간단히 설명하여라.

(c) 전국 에이즈 조사는 이성간에 사랑을 하는 2673명의 성인들을 면접 조사한 결과 170명이 지난 해 여러 명의 이성과 교제를 했다고 응답했다. 이 결과를 이용하여 모든 성인들이 지난 해 여러 명의 이성들과 교제를 한 비율에 대한 68% 신뢰구간을 구해보자. 여기서 구한 구간을 예제 3에서 구한 구간과 비교하여 보아라.

21.17 신뢰구간을 모의실험 해보자. 연습문제 21.16에서 모비율 p에 대한 68% 신뢰구간을 구하는 방법을 알아보았다. 유권자의 60%가 특정 선거구에서 현재의 여성 의원이 재선될 것이라는 의견에 공감하고 있다고 가정하자.

(a) 25명의 유권자를 단순임의표본으로 하여 모의실험 하는 방법을 소개하여라.

(b) 각 표본을 뽑기 위해 표 A에서 서로 다른 행을 사용하여 10개의 단순임의표본을 추출하여 모의실험을 실시하여라.

(c) 선택한 10개의 표본 각각으로부터 68% 신뢰구간을 구하여라. 몇 개의 구간들이 모수의 참값 $p = 0.6$을 포함하고 있는가?(크기 25인 표본은 정확한 값을 추정하는 데는 부족함이 있으나, 모의실험 하는 방법을 설명하기 위해 예로 들었다)

21.18 총기 범죄 연습문제 21.4에서 1009명의 임의표본 중 706명이 미래의 사망 원인에 대한 질문에 대해 총기 범죄가 가장 심각할 것이며, 앞으로는 더욱 증가할 것이라 생각하고 있다는 Harris Poll의 보고서를 인용한 바 있다. 모든 성인들 가운데 이에 공감하는 사람들의 비율에 대한 90% 신뢰구간을 구하여라. 이 구간과 연습문제 21.4에서 구했던 95% 신뢰구간을 비교하여라.

21.19 여성 여론조사 임의로 선택된 1025명의 여성들을 대상으로 여성들의 관심사에 대한 면접 조사를 실시한 결과, 표본으로 선택된 여성들 중 482명이 그들 자신을 위한 충분한 시간을 가질 수 없다고 응답했던 The New York Times의 조사 결과를 연습문제 21.5에서 인용하였다. 모든 여성들 중에서 이렇게 느끼는 여성들의 비율에 대한 99% 신뢰구간을 구하여라. 이 구간과 연습문제 21.5에서 구

했던 95% 신뢰구간을 비교하여라.

21.20 **신뢰구간의 효과** 1500명의 성인들을 임의로 추출하여 조사한 결과 표본의 60%가 세금을 절감하기 위해 연방예산을 줄여야 한다고 생각하고 있었다. 이 여론조사 결과와 표 21.1을 이용하여 모든 성인들 중 이와 같이 생각하는 사람들의 비율에 대한 70%, 80%, 90% 및 99% 신뢰구간들을 구하여라. 신뢰수준을 바꾸어 가면서 구해 본 결과 어떤 사실을 알 수 있는가?

21.21 **불행한 HMO 환자들** 건강관리기구(Health Maintenance Organization, HMO)에 불만을 가지고 HMO를 떠나는 환자들이 얼마나 되겠는가? 최근 1년 이내에 New England HMO의 40만명이 넘는 회원들 가운데 639명이 불만을 제기하였다. 불만을 제기한 사람들 가운데 54명이 자발적으로 HMO를 떠났다. 이 해에 불만을 제기한 사람들의 수가 앞으로 불만을 가질 모든 환자들로부터 추출될 확률표본이라 하자. 자발적으로 HMO를 떠난 불만을 가진 사람들의 비율에 대한 90% 신뢰구간을 구하여라.

21.22 **실업률 추정** 노동 통계청에서는 월간 인구조사(CPS)로부터 현재 실업결과에 대한 90% 신뢰를 사용한다. 2000년 1월 일반 노동자 139,750명을 면접 조사한 결과 3619명이 실업상태에 있었다. CPS는 단순임의표본이 아니나, 이 연습문제에서는 노동 통계청에서 139,750명의 사람들을 단순임의표본으로 사용했다고 하자. 실업률에 대한 90% 신뢰구간을 구하여라.

21.23 **오차의 안정적 한계** 오차의 한계 $z^* \sqrt{\hat{p}(1-\hat{p})/n}$ 은 $\hat{p}$이 0과 1일 때 0이고, $\hat{p}$이 1/2일 때 가장 크다. 이와 같은 사실을 참고하여 $\hat{p}$가 0, 0.1, 0.2, ⋯ , 0.9 및 1일 때 $\hat{p}(1-\hat{p})$를 계산한 후, 그 값을 수직선에 표시하고, $\hat{p}$을 수평선에 표시하여 그림을 그린 후 점들을 연결하는 곡선도 그려보아라. 이렇게 하여 완성된 $\hat{p}(1-\hat{p})$ 그래프에서 $\hat{p}=1/2$일 때 가장 높이 있는 점에 연결이 되는가? $\hat{p}=1/2$일 때 얻은 값이 오차의 한계이다.

21.24 **표본분포에 대한 의견** 그림 21.1은 그림을 이용하여 표본비율 $\hat{p}$의 표본분포를 설명한 것이다. 표본평균 $\bar{x}$ 의 표본분포를 그림을 그려 같은 방법으로 설명하여 보아라.

21.25 **IQ 검사 값** Midwest 학군의 7학년 여학생들 중 31명에 대해 IQ 검사를 실시하여 얻은 값은 다음과 같다.

114	100	104	89	102	91	114	114	103	105	
108	130	120	132	111	128	118	119	86	72	
111	103	74	112	107	103	98	96	112	112	93

(a) IQ 검사 값들의 분포가 정규분포와 유사한 모양인지 알고자 한다. 31개 값들의 분포를 히스토그램으로 그려보아라. 그림에 이상점이 있고, 비대칭의 징후가 있거나 다른 비정규적인 요소가 보이는가? 계산기를 이용하여 이 값들의 평균과 표준편차를 계산하여라.

(b) 이 자료가 학군 내 모든 여자 중학교 학생들로부터 얻은 확률표본이라 하자. 모평균 값에 대한 95% 신뢰구간을 계산하여라.

(c) 사실 이 자료는 Midwest 학군에 속한 어느 학교의 중학교 7학년 여학생들로부터 추출한 것이다. (b)에서 구한 신뢰구간이 진실하지 못한가에 대해 말해보아라.

21.26 신뢰수준과 오차한계 21세에서 25세까지 1077명의 여성들을 표본으로 한 NAEP 테스트(예제 7) 결과, 평균 수리점수는 275점이고 표준편차가 58점이었다.

(a) 모든 젊은 여성들의 모집단에 대한 모평균 μ의 95% 신뢰구간을 계산하여라.

(b) μ에 대한 90% 및 99% 신뢰구간을 계산하여라.

(c) 90%, 95% 및 99% 신뢰구간에 대한 오차의 한계는 무엇인가? 신뢰수준의 증가가 신뢰구간의 오차의 한계에 어떤 영향을 미치는가?

21.27 평균 대 개체들 대학입학시험인 ACT 점수는 평균 $\mu = 18$, 표준편차 $\sigma = 6$인 정규분포를 따른다. 알려진 바에 의하면 시험점수의 범위는 1점에서 36점에 이른다고 한다.

(a) 모든 개별 점수들의 "가운데 95%"가 속하는 범위를 구하여라.

(b) 만약 ACT 점수가 임의로 추출한 25명의 학생들의 평균이라면, 평균 $\bar{x}$의 "가운데 95%"가 속하는 범위를 계산하여라.

21.28 혈압 혈압에 다이어트 효과가 미치는 영향을 알아보기 위해 확률비교실험을 실시하였다. 연구자들은 54명의 백인 남성들을 임의로 두 개의 그룹에 배정하였다. 한 그룹은 칼슘요법을 사용했으며, 다른 그룹은 placebo를 이용하였다. 연구가 시작되자 연구원들이 피실험자들로부터 많은 변수들을 측정하였다. 보고서에 의하면 placebo 그룹에 속한 27명의 남성들의 수축기 혈압의 평균과 표준편차는 각각 $\bar{x} = 114.9$, $s = 9.3$이었다.

(a) 피실험자들이 소속된 모집단의 평균혈압에 대한 95% 신뢰구간을 구하여라.

(b) (a)에서 계산한 방법을 이용하려면 자료를 제공한 27명에 대한 중요한 가정이 필요하다. 그 가정이 무엇이겠는가?

21.29 난수발생기 시험하기 대부분의 통계 소프트웨어들은 0에서 1 사이에 임의로 숫자를 발생시키는 "난수발생기"를 가지고 있다. 만약 이것이 사실이라면 $\mu=0.5$인 모집단으로부터 생성되는 숫자일 것이다. 어느 소프트웨어를 이용하여 100개의 난수를 발생시켜보았더니 $\bar{x}=0.536$, $s=0.312$였다. 이 소프트웨어에서 발생된 모든 난수들의 평균에 대한 90% 신뢰구간을 계산하여라.

21.30 그들이 더 많이 결재할 것인가? 어느 은행에서는 지난해 신용카드를 적어도 \$2500를 사용한 고객들을 대상으로 올해 사용액의 증가를 위해 신용카드 연회비를 면제해 줘야하는가를 두고 고민하고 있다. 은행에서는 신용카드 고객 200명을 확률추출하여 지난해에 비해 올해 신용카드 사용액이 얼마나 증가했는가에 대해 조사를 하였더니, 표본평균과 표본표준편차가 각각 $\bar{x}=\$346$, $s=\$112$였다. 신용카드 사용 증가액에 대한 99% 신뢰구간을 구하고, 이 혜택을 모든 고객들을 대상으로 확대하는 것이 옳은가를 판단하여 보아라.

21.31 표본분포 연습문제 21.29는 컴퓨터 프로그램을 이용하여 생성한 난수들의 평균에 관한 것이었다. 숫자들이 0에서 1사이에 공평하게 퍼져 있으므로 평균은 0.5가 될 것이라 추측한다. 소프트웨어를 사용해 100개의 난수들을 연속으로 생성하였다. 아래 자료는 크기 100인 50개의 표본에 대한 표본평균 $\bar{x}$들이다.

0.532	0.450	0.481	0.508	0.510	0.530	0.499	0.461	0.543	0.490
0.497	0.552	0.473	0.425	0.449	0.507	0.472	0.438	0.537	0.536
0.492	0.484	0.498	0.536	0.492	0.483	0.529	0.490	0.548	0.439
0.473	0.516	0.534	0.540	0.525	0.540	0.464	0.507	0.483	0.436
0.497	0.493	0.458	0.527	0.458	0.510	0.498	0.480	0.479	0.499

$\bar{x}$의 표본분포는 모든 가능한 표본들로부터 계산된 평균들의 분포이다. 실제로 50개의 표본으로부터 계산된 평균들을 이용하여 히스토그램을 그려보아라. 중심극한정리가 충분히 큰 표본들에서 성립한다고 이야기하듯이 모양이 개략적이기는 하지만 정규분포의 형태를 나타내지 않는가?

21.32 그들이 더 많이 결재할 것인가? 연습문제 21.30에서 계산된 신뢰구간은 은행의 신용카드에 대한 정책변경의 자료로 사용된다. 이 연구에 대한 몇 가지 질문에

답하여 보아라.

(a) 결재액에 대한 분포는 오른쪽으로 기울은 비대칭이나, 이상값들은 은행에서 각 카드에 강제로 부과하는 신용한계에 따라 미리 예방된다. 표본평균 $\overline{x}$에 대해 정규표본분포에 근거한 신뢰구간을 사용해야 하는 이유가 무엇인가?

(b) 은행의 실험은 다른 원인들과 비교하여 실시되지 않고 있다. 지난해 신용카드 사용액의 증가가 정책의 변화에 있었다기 보다는 오히려 잠재변수에 의한 것이라는 주장이 있다. 카드 사용액 증가에 대한 그럴듯한 이유가 없겠는가? 은행의 질문에 답하기 위한 임의비교실험에 대한 윤곽을 설정해 보아라.

21.33 표본분포, 계속하기 연습문제 21.31에서 크기 100인 50개 확률표본의 표본평균 $\overline{x}$를 사용하였다. 계산기를 사용하여 이 50개 표본평균들의 평균과 표준편차를 계산한 후 다음 물음에 답하여라.

(a) 만약 난수발생기가 정확하다면 50개의 표본들은 모평균이 $\mu=0.5$인 모집단에서 추출되었다. 모든 가능한 표본들로부터 얻을 수 있는 모든 $\overline{x}$ 분포의 평균은 무엇이라 기대하는가? 이들 50개 표본의 평균이 그 값에 가까운가?

(b) 크기 100인 50개 확률표본의 표본평균 $\overline{x}$ 분포의 표준편차는 $\sigma/10$이라 추측된다. 여기서, σ는 모집단 개체들의 표준편차이다. 이 사실을 이용하여 σ를 추정하기 위해 50개 $\overline{x}$들의 표준편차를 계산하여라.

21.34 Web을 이용하기 최근의 "찬성률" 등과 같이 표본비율을 이용한 여론조사가 많이 실시되고 있다. 여론조사의 결과를 탐색하기 위해 Web 사이트를 검색해보자. 표본이 확률표본이라 가정하고 모집단 비율에 대한 95% 신뢰구간을 계산하여라. 관심있는 모집단과 표본추출방법 및 표본의 크기도 기술하여라. 통계학을 모르는 사람들을 위해 간단히 부연설명도 첨부하여라. 사용가능한 Web 사이트는 Gallup Poll 사이트로서 "www.gallup.com/poll"이 있다.

CHAPTER 22

유의성검정이란 무엇일까?

이웃이 될 것인가?

주거안정법(Fair Housing Act)과 다른 법률이 있음에도 불구하고, 많은 흑백 미국인들은 여전히 같이 모여 살고 있지 않다. 일부 백인들은 그들이 사는 곳에 흑인 이웃이 늘어나면 이사를 가버리는 경향이 있다. 최근 대다수 백인들이 흑인을 그들의 이웃으로 반기고 있는 것으로 보아, 백인들의 태도가 시간이 흐름에 따라 바뀌고 있다고 할 수 있는가?

디트로이트 지역 연구소에서는 1976년 디트로이트 도심지역에 거주하고 있는 1104명의 성인들을 임의추출하여 면접 조사하였고, 1992년에는 1543명의 성인들을 다시 임의추출하여 면접 조사를 실시하였다. 디트로이트는 미국에서도 가장 인종차별이 심한 대도시 가운데 하나여서, 여러 인종들이 모여 사는 이웃들에 대한 태도 연구를 실시하기에 적당하다. 백인들에게 그림 22.1의 첫 번째 카드를 보여 주고, 백인들만 모두 모여 사는 것을 상상하는가에 대한 질문을 하였다. 대부분의 응답자들은 모두가 사실상 백인 이웃들과 함께 살고 있다고 응답했다. 다음으로, 15가구 중 흑인이 3가구를 차지하고 있는 두 번째 카드를 보여 주었다. 이것은 디트로이트 지역에 거주하는 흑인의 실제 비율이다. 이런 이웃과 함께 사는 경우 그들은 이사를 가려고 할까?

1976년에는, 백인들의 24%가 이사를 가려고 시도했던 반면, 1992년에는 그 비율이 15%로 줄었다. 이렇게 변화된 태도로 인해 "백인 탈출"의 경향이 줄어들었음을 나타낸다 (응답자들이 진실된 응답을 했다고 가정하자. 1976년과 1992년 사이에 인종분리주의자들의 답변을 적게 반영했을 가능성도 있다). 이 두 표본들 사이의 차이가 응답자들을 임의추출 상의 운으로 돌려버릴 수 있을까? 연구소 관계자들은 두 개의 표본에서 얻은 24%와 15% 사이의 차이가 우연에 의한 것인가에 대한 확률을 계산하였다. 이 확률은 0.01보다도 작은 아주 작은 값이므로 이 차이는 "확률적으로 유의한 값"이다. 확률값을 0.01로 표시하는 방법과 그 의미가 이 장의 주제이다.

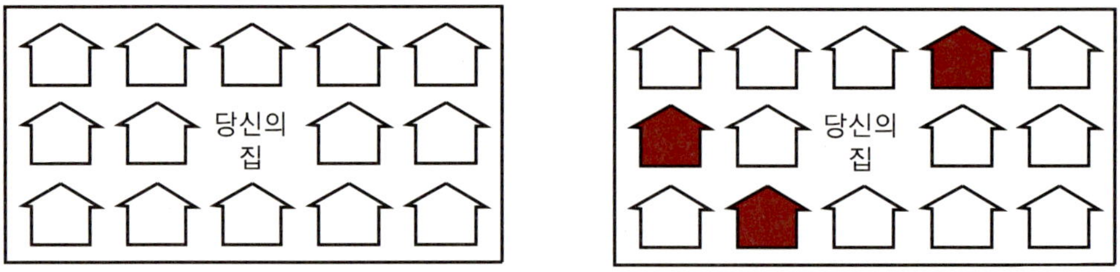

그림 22.1 디트로이트 지역 연구소에서는 이들 카드를 백인 거주자들에게 보여 주었다. 그들의 이웃이 왼쪽에 있는 그림처럼 보이는지, 그리고 몇 가구의 흑인 세대가 이사를 온 후, 이웃이 오른쪽에 있는 그림처럼 보이는가에 대해 물었다. 백인들이 이사를 가려고 할까?

통계적 검정을 실시하는 이유

어느 농구 선수가 자신의 자유투 성공률이 80%라고 주장하고 있다. 그러나 "잘 봐" 하고 던진 20개의 슛 가운데 8개만 성공했다. "이것 봐, 만약 80%의 성공률이라면 20개 중 8개 밖에 들어갔을 리가 없어."라고 누군가 말했다. "나는 그를 믿을 수 없어". 통계적 검정을 실시하는 원리는 다음과 같다: *주장이 사실과 매우 거리가 멀다는 말은 그 주장이 사실이 아니라는 좋은 증거이다.*

통계적 추론은 모집단에 대한 결론을 도출하기 위해 표본으로부터 취득한 자료를 이용한다. 검정은 표본 자료가 가설이 주장하는 것에 *상반되는* 좋은 증거를 가지고 있는가를 계량화하는 절차이다. 표본의 증거가 얼마나 강한 것인가에 대한 숫자적 측정값이 확률인 것이다. 다음 예제를 풀어보자.

예제 1 새로 뽑은 커피인가?

사람들은 인스턴트 커피보다는 카페인이 적은 원두 커피를 더 좋아한다고 하자. 그런데 반대론자들은 모든 커피 애호가들의 절반 정도만이 원두 커피를 좋아한다고 주장하고 있다. 이 주장을 검정하기 위해 실험을 해보자.

50명을 대상으로 아무 것도 표시하지 않은 커피 컵에 두 개 제품을 각각 담아서 맛을 보게 한 후, 선택한 내용을 기록하였다. 각 쌍에서 1컵은 인스턴트 커피이고 나머지는 원두 커피이다. 50명을 표본으로 실험한 결과에서 원두 커피를 선호한 사람의 비율을 $\hat{p}$라 하자. 50명 가운데 36명이 원두 커피를 선택하였다. 즉, 표본비율은 아래와 같이 계산한다.

$$\hat{p} = \frac{36}{50} = 0.72 = 72\%$$

위의 결과 $\hat{p}=0.72$를 다른 가능한 결과와 비교해 보자. 만약 50명 가운데 28명만이 인스턴트 커피보다 원두 커피가 더 좋다고 선택하였다면, 표본비율은

$$\hat{p} = \frac{28}{50} = 0.56 = 56\%$$

이다. 72%는 56%보다 반대론자들의 주장에 반하는 강력한 증거임이 분명하다. 그러나 얼마나 강력한가? 표본에서 구한 72%가 모집단에 속한 대부분의 사람들이 원두 커피를 선호한다는 증거라 할 수 있는가? 이에 대한 해답을 구하기 위해 통계적 검정을 실시하여 보자.

해답을 얻기 위해 다음을 공부하자.

주장 반대론자들은 모든 커피 애호가들의 절반정도만이 원두 커피를 선호한다고 주장한다. 즉, 그들은 모비율이 0.5라고 주장한다. 이 주장이 참이라고 가정하자.

표본분포 만약 $p=0.5$가 참이고, 50명의 커피 애호가들을 표본으로 하여 맛을 보게 한다면, 표본비율 $\hat{p}$는 평균과 표준편차가 각각

$$\text{평균} = p = 0.5$$

$$\text{표준편차} = \sqrt{\frac{p(1-p)}{n}} = \sqrt{\frac{0.5(1-0.5)}{50}} = 0.0707$$

인 정규분포를 따르며, 표본에 따라 여러 가지 형태를 갖는다. 그림 22.2는 이 정규곡선을 보여 주고 있다.

자료 표본분포에 표본비율 $\hat{p}$를 표시한다. 그림 22.2에서 $\hat{p}=0.56$은 특별한 값이 아니지만, $\hat{p}=0.72$는 상대적으로 큰 값임을 알 수 있다. 만약 전체 커피 애호가의 50%만이 원두 커피를 선호하는 집단에서, 표본으로 선택 된 50명 가운데 72%가 인스턴트 커피를 선호하는 흔치 않은 결과가 나타났다. 따라서 이 표본 자료는 전체 커피 애호가의 50%만이 원두 커피를 선호한다는 주장을 반대하는 증거가 된다.

확률 확률을 이용하여 기존 주장에 반대되는 주장에 대한 타당성의 정도를 측정할 수 있다. 모집단 비율 $p=0.5$가 참값이라면 임의의 표본에서 얻을 수 있는 $\hat{p}$가 이것보다 더 클 확률은 얼마인가? 만약 $\hat{p}=0.56$이면, 이 확률은 그림 22.2에서 정규곡선 아래의 짙은 영역으로서 0.20이다. 우리가 선택한 표본으로부터 $\hat{p}=0.72$를 얻었는데, 이 값에 대응하는 확률은 0.001이어서 이 영역은 그림 22.2에 표시하기에는 너무 작은 값이다. 모든 표본의 20%에서 기존 주장에 반대하는 결과가 나오지 않았다는 것은 새로운 주장이 기존 주장과 반대라는 강력한 증거는 아니지만, 1000번 가운데 1번만 일어나는 결과는 새로운 주장이 기존 주장과 반대라는 좋은 증거가 된다.

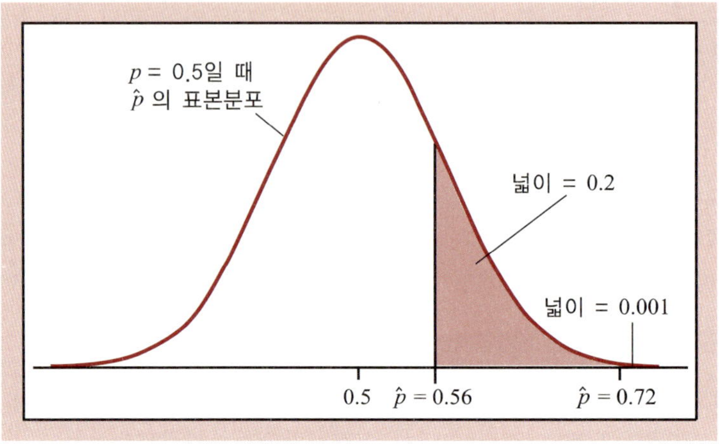

그림 22.2 50명의 커피 애호가들 가운데서 원두 커피를 선호하는 사람들의 비율에 대한 표본분포이다. 이 분포는 모든 커피 애호가들 가운데 50%만이 원두 커피를 선호한다는 것이 옳다는 것에 맞추어져 있다. 짙게 표시된 영역은 표본비율이 56% 이상인 확률값이다.

이 증거가 설득력을 가지는 이유에 대해 생각해보자. 우리가 선택한 표본 개체들 중 72%가 인스턴트 커피보다는 원두 커피를 더 선호한다는 사실에 대해 두 가지 설명이 가능하다.

(a) 반대론자들의 말이 정확($p = 0.5$)하며, 운이 나쁘게도 표본추출과정에 문제가 있을 수 있다.

(b) 사실, 원두 커피를 선호하는 모비율은 0.5보다 크며, 표본 실험값이 거의 기대되는 결과이다.

우리는 설명 (a)가 사실이 아니라고 단정지을 수 없다. 맛을 테스트해 본 결과 그럴 가능성도 있다. 그러나, 그런 결과가 우연히 일어날 확률은 너무 적어서(0.001) 설명 (b)가 옳다는 것을 확실히 믿는다는 것이다.

가설과 *P*-값

유의성검정은 이러한 기본적인 추론을 의미있게 만든다. 추론과 관련된 대부분의 연구에서는, 모집단의 성질이 뚜렷한 것보다 좋은 결과를 주는 것은 없다. 예제 1에서 커피 애호가의 대다수가 원두 커피를 선호하는가에 대해서는 의문을 갖는다. 통계적 검정은 우리가 주장하는 내용이 존재하지 않는다는 주장을 의심하는 것에서 시작한다. 따라서 이런 추정에 반대되는 증거와 우리가 원하는 성질과 부합하는 정도를 계량화한다. 유의성검정의 첫 번째 단계는 우리가 찾고자 하는 것에 대립되는 주장을 알아보는 것이다.

귀무가설 H_0

통계적 검정에서 검정되는 주장을 **귀무가설**(null hypothesis)이라 한다. 검정은 귀무가설에 상반되는 증거의 강도를 계산하도록 설계되었다. 보편적으로 귀무가설은 "효과가 없다" 또는 "차이가 없다"라는 문장이 된다.

"귀무가설"은 줄여 H_0로 쓰며, "H-nought", "H-oh", 또는 "H-null"이라 읽는다. 이것은 모집단에 대한 문장이어서 반드시 모집단 모수에 대해 언급되어져야 한다. 예제 1에서 모수는 모든 커피 애호가들 중에 원두 커피를 선호하는 사람의 비율 p이다. 귀무가설은

$$H_0 : p = 0.5$$

이다.

H_0 대신에 우리가 입증되기를 바라거나 추측하는 문장을 **대립가설**(alternative hypothesis)이라 부르며 줄여서 H_a라 쓴다. 예제 1에서 대립가설은 모집단의 대다수가 원두 커피를 선호한다는 것이다. 모집단 모수에 대해 기술하면

$$H_a: p > 0.5$$

이다.

유의성검정은 귀무가설에 반하고 대립가설에 부합하는 증거를 찾는 것이다. 예를 들어, 모집단의 절반만이 원두 커피를 선호하는 것이 사실인데, 50명의 표본 가운데 36명이 원두 커피를 선호한다고 했으면 놀랄 일이겠는가? 유의성검정을 실시하면 확률을 이용하여 이 질문에 답할 수 있다. H_0가 사실일 때 적어도 실제로 관측된 값만큼 멀리 떨어진 값을 얻을 확률이다. 맛을 검사하는 실험에서 우리가 원하는 확률은 50명 가운데서 36명 이상이 원두 커피를 선호하는 확률이다. 만약 귀무가설 $p = 0.5$가 참이라면 이 확률은 매우 작은값(0.001)이다. 이것은 귀무가설이 옳지 않다는 좋은 증거이다.

P-값

귀무가설이 사실이라는 가정 하에서 귀무가설을 기각하는 사건이 더 많이 일어날 확률을 P-값이라 한다. P-값이 작을수록 관측된 값이 귀무가설을 기각하는 강한 증거가 된다.

Count Buffon의 동전던지기 실험에 대한 진실

실제로, 대부분의 경우 통계적 검정을 위해 컴퓨터 소프트웨어를 이용할 수 있는데, 대부분의 소프트웨어가 P-값을 계산할 수 있다. 대부분의 연구에서 P-값을 이용하여 분석하므로, 구체적으로 검정하는 절차를 모르더라도 P-값은 이해하는 것이 좋다.

예제 2 Count Buffon의 동전

France의 박물학자 Count Buffon(1707~1788)은 동전을 4040번 던져 2048번의 앞면을 얻었다. 앞면의 표본비율은

$$\hat{p} = \frac{2048}{4040} = 0.507$$

이다. 이 값은 0.5보다 약간 큰데, 이것이 Buffon의 동전이 바르지 못하다는 증거가 되는가? 이것을 유의성검정을 이용하여 판단해 보자.

가설 귀무가설은 "동전이 공정하다"는 것($p = 0.5$)이며, 대립가설은 "동전이 공정하지 않다." 는 것이다. 두 개의 가설은 다음과 같다.

$$H_0 : p = 0.5$$
$$H_a : p \neq 0.5$$

표본분포 만약 귀무가설이 사실이면, 앞면의 표본비율은 아래의 값을 평균과 분산으로 갖는 정규분포에 근사한다.

$$\text{평균} = p = 0.5$$

$$\text{표준편차} = \sqrt{\frac{p(1-p)}{n}} = \sqrt{\frac{0.5(1-0.5)}{4040}} = 0.00787$$

그림 22.3에서는 Buffon의 표본비율 $\hat{p} = 0.507$이 표시된 표본분포를 나타낸다.

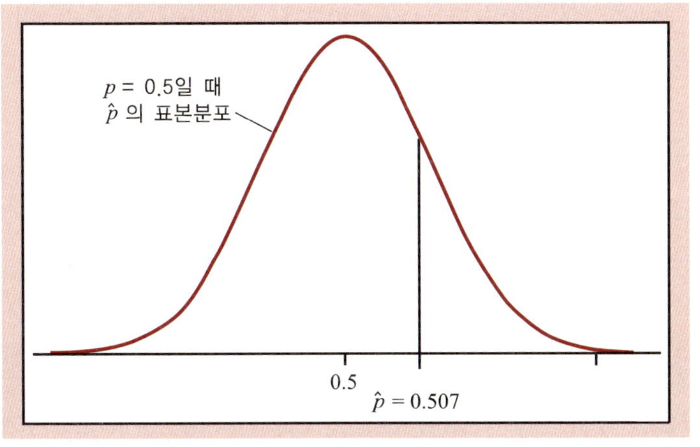

그림 22.3 하나의 공정한 동전을 4040회 던졌을 때 앞면이 나오는 비율에 대한 표본분포이다. Count Buffon의 실험 결과인 앞면의 비율 0.507이 표시되어 있다.

P-값 0.5로부터 Buffon의 $\hat{p} = 0.507$이 어느 정도 차이가 있는가에 관심이 있다. 대립가설로 볼 때 0.5의 근처에 p가 존재할 수 있으므로, 0.5로부터 양쪽 방향으로 떨어진 $\hat{p}$ 값이 H_0에 반대되고 H_a에 부합하는 증거가 된다. 그러므로 P-값은 관측된 $\hat{p}$가 0.5로부터 양쪽 방향으로 관측된 $\hat{p} = 0.507$만큼 떨어진 곳에 있을 확률을 의미한다. 그림 22.4는 이 확률을 정규분포 아랫부분의 면적으로 나타내었다. 여기서 P-값은 0.37이다.

결론 균형이 잘 잡힌 동전을 이용하여 Buffon의 실험을 무한히 반복 시행하는 경우, 전체 시행의 37%에서 0.5로부터 0.507만큼 멀리 떨어진 결과를 얻는다. 따라서 Buffon의 실험을 통해볼 때 그의 동전이 공정하지 않다고 말할 이유가 없음을 알았다.

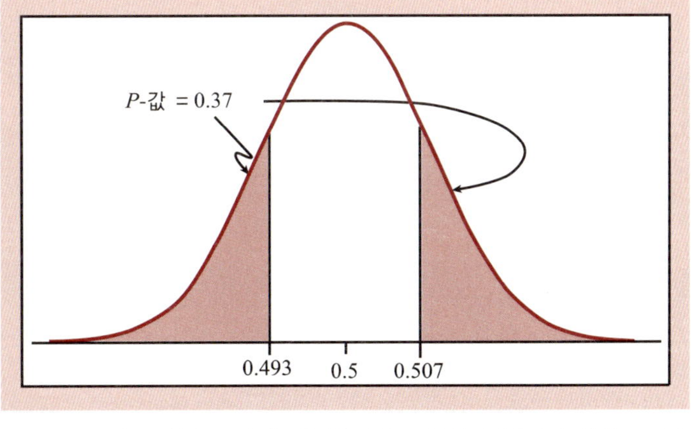

그림 22.4 Count Buffon이 사용한 동전이 공정한가의 여부를 검정하기 위한 P-값. 이 값은 동전이 공정하다는 가정 하에서, 0.5로부터 Buffon이 얻은 결과인 0.507만큼 떨어진 표본비율의 확률이다.

예제 1에서 사용한 대립가설 H_a : $p > 0.5$은 모비율이 0.5보다 더 크다고 말 할 수 있는 증거를 찾는 문제가 되므로 **단측대립가설**(one-sided alternative hypothesis)이라 한다. 예제 2에서 사용한 대립가설 H_a : $p \neq 0.5$은 동전이 공정한가의 여부만 알아보고자 하는 것이므로 **양측대립가설**(two-sided alternative hypothesis)이라 한다. 대립가설이 양측인가 단측인가는 H_0에 반하고 H_a에 호의적인 증거에 대한 표본의 결과들이 양쪽인가 한쪽인가의 여부로서 결정된다.

독자들에게

대부분의 사람들이 Count Buffon 만큼 인내심이 없으므로 동전을 50번만 던져보자. 앞면이 22번 나왔다면 비율은

$$\hat{p} = \frac{22}{50} = 0.44$$

이다. 이것은 1/2보다 작은 값이다. 이 결과로 동전이 공평하지 못하다고 할 수 있는가? 유의성 검정을 위한 가설을 설정하고, 가설이 사실이라면 앞면의 표본비율에 대한 표본분포를 결정하여라.

통계적 유의성

H_0에 반하는 증거가 얼마나 많이 있는가를 미리 알 수 있는데, 우리가 필요로 하는 P-값의 크기와 관계가 있다. 이와 같이 결정된 P-값을 **유의수준**(significant level)이라 하며, 그리스 문자인 α로 표기한다. 만약 $\alpha = 0.05$를 선택하면, H_0가 참일 때, 시행횟수의 5%를 넘지 않는 범위 내에서 H_0에 반하는 증거를 가진 자료를 요구한다는 의미이다. 만약 $\alpha = 0.01$을 선택하면, H_0에 반하는 너무 강한 증거를 요구하게 되고, H_0가 참이라면 증거가 너무 확실해서 시행횟수의 1%만 나타난다는 의미이다.

통계적 유의성

만약 P-값이 α이거나, α보다 작으면, 자료는 유의수준 α에서 **통계적으로 유의**하다고 말한다.

통계적 감각으로 볼 때, "유의적"은 "중요한"의 의미는 아니고, 단순히 "우연에 의해

일어날 것 같지 않은"의 의미이다. 이 말은 5장에서 사용한 바 있다. "할 것 같지 않다"는 의미가 무엇인가를 말하기 위해 통계적 유의성에 숫자를 부여하여 보자. 가끔 "결과들은 유의적이다($P<0.01$)."라는 문장에서 유의수준이 0.01이라고 표현된 것을 볼 때가 있다. 여기서 P는 P−값을 의미한다.

5%나 1%와 같이 유의성에 대해 전통적으로 많이 사용하는 수준만을 고집하는 것은 옳지 않다. P−값은 우리가 선택하고자 하는 어떤 수준에서도 유의성을 나타낼 수 있으므로, 더욱 더 많은 정보를 함축하고 있다. 예를 들어, 결과가 $P=0.03$이면 $\alpha=0.05$에서 유의하나, $\alpha=0.01$에서는 유의하지 않다. 그럼에도 불구하고, 전통적으로 많이 사용하는 유의수준들은 "정보가 얼마나 있으면 충분한가"에 대해 광범위하게 사용되는 가이드라인이다. $P<0.10$은 귀무가설에 반하는 "약간의 증거"를 의미하고, $P<0.05$는 "보통의 증거", $P<0.01$은 "강한 증거"를 의미한다. 이들 가이드라인을 너무 문학적으로 해석하면 좀 곤란할 때도 있다고 생각한다. 23장에서 검정에 대해 좀 더 이야기하겠다.

P−값의 계산

예제1과 2에서 P−값을 찾으려면 표준정규분포인 표 B를 사용하여 정규분포에서의 계산이 필요하다. 이것은 13장에서 선택 사항에 해당된다. 실제로, 소프트웨어로도 간편하게 결과를 얻을 수 있으나, 여기서는 표 B를 어떻게 사용하는가의 예를 보도록 하자.

예제 3 커피 맛

가설 예제 1에서 다음 가설을 검정하였다.

$$H_0 : p = 0.5$$
$$H_a : p > 0.5$$

여기서 p는 인스턴트 커피보다 원두 커피를 더 선호하는 모든 커피 애호가들의 비율이다.

표본분포 만약 귀무가설이 참이라면, $p=0.05$이어서, $\hat{p}$는 평균이 0.05이고 표준편차가 0.0707인 정규분포를 따른다는 것을 예제 1에서 알았다.

자료 50명인 표본에서 36명이 원두 커피를 선호해 표본비율은 $\hat{p}=0.72$이다.

P−값 대립가설로 보아 우측 검정이다. 따라서 P−값은 결과를 얻을 확률이 적어도 0.72만

큼 큰 값이다. 그림 22.2에서 표본 정규분포곡선 아래의 영역으로 이 확률을 나타내었다. 어떤 정규곡선을 이용하여 확률값을 찾기 위해서는 표준화된 척도를 이용해야 한다. $\hat{p} = 0.72$에 대한 표준점수는

$$\text{표준점수} = \frac{\text{관측값} - \text{평균}}{\text{표준편차}}$$
$$= \frac{0.72 - 0.5}{0.0707} = 3.1$$

표 B를 이용하면 표준점수 3.1은 정규분포의 99.9 백분위수에 해당한다. 즉, 3.1 좌측에 해당하는 정규곡선 하에서의 넓이는 0.999이다. 그러므로 우측의 넓이는 0.001이고, 이 값이 *P*–값이다.

결론 *P*–값이 작다는 것은 자료는 모집단 개체의 대부분이 원두 커피를 선호한다는 강한 증거가 된다는 것이다

모평균에 대한 검정

모평균 μ에 대해 유의성 검정을 실시하는 이유는 모비율 p에 대해 검정을 실시하는 이유와 다르지 않다. 만약 귀무가설(null hypothesis)이 사실이라면 표본평균 $\bar{x}$의 표본분포를 사용할 수 있다는데 큰 의미가 있다. 가설에 대한 검정은 모비율을 검정할 때와 마찬가지로 네 단계에 걸쳐 실시한다. 다음 두 가지 예를 보자. 첫 번째는 단측검정이고 두 번째는 양측검정이다.

예제 4 잔고관리능력이 있는가?

미국 노동력의 교육적 수준에 대한 토론에서 비관론자들은 "보통의 젊은이들은 잔고관리 능력조차도 없다."고 말했다. 미국 학업성취도 평가인 NAEP 조사는 수리 테스트의 점수가 275점 이상이 되어야 잔고를 관리하는 능력이 있다고 주장한다. NAEP 확률표본으로 선택된 840명의 젊은이들의 평균점수는 잔고관리 수준보다 약간 아래인 $\bar{x} = 272$점이었다. 이 표본결과는 *모든* 젊은이들의 평균점수가 275점 보다 낮다는 좋은 증거가 될 수 있는가? 표본의 표준편차는 $s = 59$점이다.

가설 비관론자들의 주장에 의하면 NAEP 점수는 275점 이하이다. 여기서 대립가설은, 수집된 자료에 의해 결정한다.

$$H_0: \mu = 275$$
$$H_a: \mu < 275$$

표본분포 *만약 귀무가설이 사실이라면*, 표본평균 $\bar{x}$ 는 평균 $\mu=275$이고, 표준편차

$$\frac{s}{\sqrt{n}}=\frac{59}{\sqrt{840}}=2.036$$

인 정규분포에 근사한다. 미지의 모표준편차 σ 대신에 표본표준편차 s 를 사용하였다.

자료 NAEP 표본자료의 의하면 $\bar{x}=272$였다. 이 결과에 대한 표준점수는 다음과 같다.

$$\text{표준점수}=\frac{\text{관측값}-\text{평균}}{\text{표준편차}}$$

$$=\frac{272-275}{2.036}=-1.47$$

표본을 이용한 결과 표준점수가 정규분포의 평균으로부터 약 1.47 표준편차 아래 지점에 위치하고 있으므로 보통 젊은이들은 스스로의 잔고관리 능력이 충분하다고 판단할 수 있다고 기대된다.

***P*-값** 그림 22.5를 보면 귀무가설이 사실이라면 표본을 이용한 결과 표본분포를 나타내는 정규곡선의 −1.47(표준점수) 지점에 위치해 있다. 표준점수를 이용하기 때문에 이 곡선의 평균은 0이고 표준편차는 1이다. 단측검정에 대한 *P*-값은 −1.47의 왼쪽 짙은 부분에 해당한다.

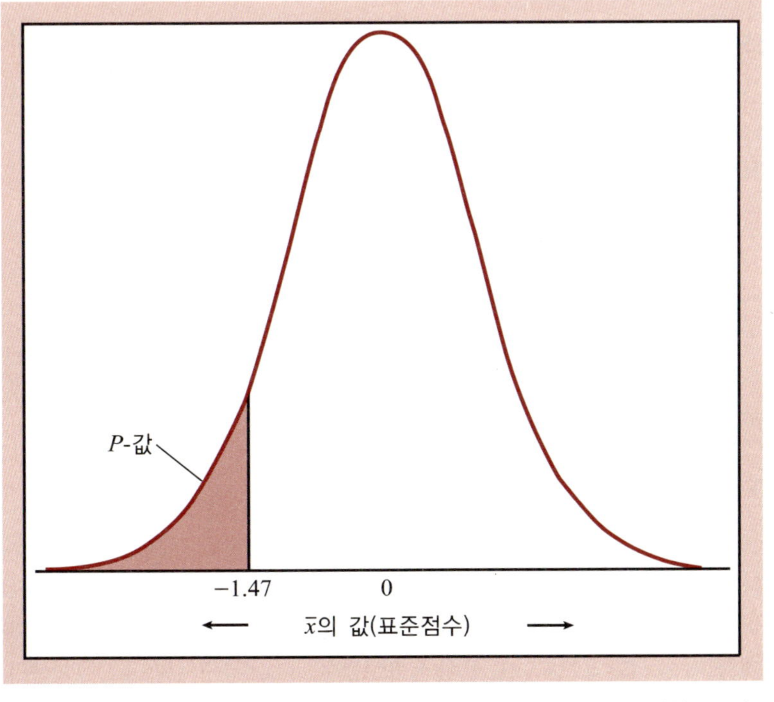

그림 22.5 표본평균에 대한 표준점수가 −1.47일 때 단측검정에 대한 *P*-값

표 B에서 표준점수 −1.5부근 값은 6.68백분위수 지점이어서 왼쪽 부분의 확률값은 0.0668이다. 이것이 P−값이다.(이 값은 표 B를 이용하기 위해 표준점수의 근사값을 사용한 결과이며, Minitab 소프트웨어를 이용하면 P=0.0708이다.)

결과 P−값이 약 0.07이라는 것은 모든 젊은이들의 평균점수가 잔고관리능력 수준 이하에 있다는 것을 의미하나 그것을 매우 확신한다는 증거는 될 수 없다.

예제 5 임원들의 혈압

국립보건통계센터는 35세에서 44세 사이 남성들의 평균 수축기혈압은 128이라고 보고했다. 대기업의 의료감독관이 동일한 나이집단에 있는 임원 72명의 의료기록카드를 조사하였더니 수축기 혈압의 표본평균은 $\bar{x}=126.1$이고 표본표준편차는 $s=15.2$였다. 이 결과가 대기업 임원들의 혈압이 동일한 나이집단에 속한 남성들의 혈압과 다르다는 증거라 할 수 있는가?

가설 귀무가설은 동일한 나이집단에 속한 남성들의 평균과 "다르지 않다"는 것이다. 의료감독관이 자료를 검토하기 전에 마음속으로 특별한 방향을 정하지 않았기 때문에 대립가설은 양측으로 정한다. 따라서 미지의 μ에 대한 가설은 다음과 같다.

$$H_0:\ \mu=128$$
$$H_a:\ \mu\neq 128$$

표본분포 *만약 귀무가설이 사실이라면*, 표본평균 $\bar{x}$는 평균 $\mu=128$이고, 표준편차

$$\frac{s}{\sqrt{n}}=\frac{15.2}{\sqrt{72}}=1.79$$

인 정규분포에 근사한다.

자료 표본자료의 의하면 $\bar{x}=126.1$였다. 이 결과에 대한 표준점수는 다음과 같다.

$$\text{표준점수}=\frac{\text{관측값}-\text{평균}}{\text{표준편차}}$$
$$=\frac{126.1-128}{1.79}=-1.06$$

표본을 이용한 결과 표준점수는 정규분포의 평균으로부터 약 1 표준편차 아래 지점에 위치하고 있다.

***P*−값** 그림 22.5를 보면 귀무가설이 사실이라 할 때, 표본을 이용하여 계산한 결과 표본분포를 나타내는 정규곡선의 −1.06(표준점수) 지점에 위치해 있다. 양측 P−값은 표본을 이용해서 얻은 이 지점이 양측방향으로 얼마나 떨어져 있는가에 대한 확률값이다. 이 확률값이 곡선 아래부분에 짙게 표시되어 있다. 표 B에서 표준점수 −1.1 부근 값은 13.57백분위수 지점이어서 왼쪽 부분의 확률값은 0.1357이다. 따라서 오른쪽 방향으로 표준점수 1.1 지점을 합하면

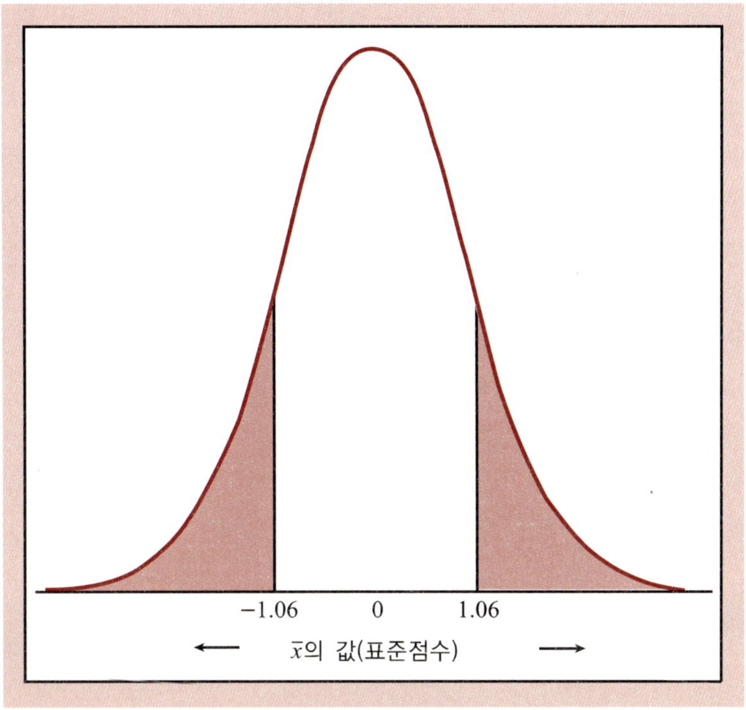

그림 22.6 표본평균에 대한 표준척도가 −1.06일 때 양측검정에 대한 P-값

0.1357의 두 배가 되어 약 0.27이 된다. 이것이 *P*-값이다(소프트웨어를 사용하여 정확한 *P*-값을 계산하면 P=0.289이다).

결론 *P*-값이 크다는 것은 대기업 임원의 평균 혈압이 동일한 나이집단에 속한 남성들의 평균과 다르다고 생각할 이유가 없다는 것을 의미한다.

표본에 포함된 72명의 임원들이 회사에 재직하고 있는 모든 중년 임원들을 모집단으로 하여 추출된 임의표본이라 가정하자. 이 자료가 어떻게 생성되었는가를 살펴봄으로서 이 가정을 점검해 보자. 예를 들어, 만약 이 의료기록들이 최근의 의학적 문제를 해결하기 위해 수집된 자료라면, 이 자료는 임의표본으로서의 가치를 크게 지니지 못한다. 모든 임원들이 자유의사에 의해 건강검진에 참여한 가운데 의사가 72명의 임원을 선택해야 옳은 것이다.

만약 의사가 확률적으로 추출하지 않으면 어떻게 될까? 사람

사기꾼 골라내기

대다수의 학생들은 다중선다형 문제로 출제된 시험을 치른다. 컴퓨터를 이용하여 채점할 때, 미심쩍을 만큼 유사한 시험지들을 가려낼 수 있을까? 명석한 출제자들은 유사한 답을 늘어놓는 것이 아니라 전체점수와 정답의 대중성을 고려하여 정규분포에 밀접하도록 척도를 만든다. 시험지를 막 다루어 컴퓨터가 채점을 거부할 만큼 낮은 점수가 나올 확률은 ±4 표준편차 밖에 있다.

들은 비확률 표본이거나 무응답자가 많이 포함된 편의표본일 가능성이 많은 이 자료를 근거로 한 추론의 결과에 많은 이의를 제기할 것이다. 비록 이런 표본이라 하더라도 모집단의 대표성을 부과할 수도 있고, 신뢰성 있는 추론도 할 수도 있다. 그러나 이것은 매우 어려운 일이다. 따라서 모든 자료는 결과를 염두에 두고 추출하거나, 개체들이 서로 독립적이지 않게 추출하는 행위를 금해야 할 것이다. 모집단 내에서 의도적으로 성별이나 인종의 비율을 동일하게 하거나, 인구통계학적 요소들에 대한 분포를 정한다면 결과에 대해 조사자들의 의도를 의심받게 될 것이다.

예제 5에서 사용한 자료는 이 회사 임원들의 평균혈압 μ를 128이라고 확정하지 않았다. μ가 128이 아니라는 증거를 찾았고 이 증거를 찾는데 실패하였다. 이것이 우리가 말하고자 하는 것의 전부이다. 전체 임원들을 모집단으로 한 평균혈압이 정확히 128이 아니라는 것은 의심할 여지가 없다. 비록 이 표본이 매우 작았다면, 충분히 큰 표본을 사용한다면 이 결과와 다른 증거를 줄 수도 있을 것이다.

독자들에게

어떤 연령집단이든지 완전한 모집단에 대한 평균 IQ는 100이라 추측한다. Midwest 학군에서 7학년 여학생 31명의 IQ를 측정한 결과, 표본평균은 105.8이고 표본표준편차는 14.3이었다. 이 자료가 Midwest 학군에 속한 모든 중학교 학생들로부터 추출한 확률표본이라 하자. 이 IQ 점수는 모집단의 평균 IQ가 100이 아니라는 좋은 증거가 될 수 있는가?

요약

신뢰구간을 이용하여 미지의 모수를 추정할 수 있다. **유의성검정**은 미지 모수값에 대해 제기된 주장에 대한 증거를 계산한다. 실제로 통계적 검정의 목적은 "표본에서 우리가 볼 수 있는 효과는 우연에 의한 것인가, 아니면 그 효과가 모집단에 실제로 존재한다는 좋은 증거인가?"라는 물음에 대한 답을 찾는데 있다.

유의성검정은 이 표본에서 우리가 보는 것 만큼이나 큰 표본 효과가 우연에 의해 일어났을 확률을 줌으로써 이 질문에 답하게 된다. 이 확률이 ***P*-값**이다. *P*-값이 작다는 것은 우리가 얻은 결과가 꼭 우연에 의해 일어난 것 같지는 않다는 의미이다. 검정을 하기 위해, 여러분들이 찾는 효과는 모집단 내에 존재하지 *않는다*는 의미의 **귀무가설**을 설정한다. **대립가설**은 효과가 존재*한다*는 의미이다. *P*-값은 귀무가설이 참이라는 가정 하에서, 실제로 관측된 값에 따라 대립가설에 의해 명시된 방향의 끝 부분으로 계산된 확률값이다. 만약 우연에 의한 결과가 반복 추출된 표본에서 시행횟수의 5%를 넘지 않는다면 표본결과는 **유의수준 5%에서 통계적으로 유의하다.**

이 장은 검정을 하는 기본적인 이유와 모집단 비율에 대한 가설검정을 자세히 알아보았다. 통계적 검정에 대한 더 자세한 부분은 23장에서 다시 학습하기로 하자.

EESEE

"Psychic Probability"는 논란이 되고 있는 심령사 Olof Jonsson의 능력에 대해 조사한 연구에 대하여 설명하고 있다. 이 이야기를 읽고 1(b) 질문에 답하여라.

EXERCISES

22.1 **민족 중심주의** 사회심리학자들은 "우리가 가지고 있는 표본에 의하면, 민족 중심주의경향은 교회 신도가 아닌 사람들보다 교회신도들 가운데서 유의하게 더 높다($P<0.05$)."라고 말했다. 통계학을 배우지 않은 사람들에게 이 말의 뜻을 설명하여라).

22.2 **학생들의 수입** 어느 대학교의 학생복지처에서 재학생들을 표본으로 하여 그들의 고용과 수입에 관해 물은 후, "학생들의 수입은 남학생들이 평균보다 조금 더 많아 성별에 따라 유의한 차이가 있었고($P=0.038$), 흑인과 백인 학생들 사이에서의 차이는 없었다($P=0.476$)."는 보고서를 발표하였다. 성별과 인종 사이의 평균 수입에 대한 이 보고서를 읽고, 통계를 모르는 사람들을 대상으로 쉽게 설명하여라.

22.3 **다이어트와 당뇨병** 당뇨병 환자들의 혈중 콜레스테롤을 줄이기 위해 섬유질 식품의 섭취를 늘려야 하는가? 정상인과 고섬유질 다이어트를 비교하기 위한 확률화된 임상연구를 시행하였다. 다음은 연구에 참가한 사람 중 일부의 결론이다. "고섬유질 다이어트는 혈장의 총 콜레스테롤 집중도를 6.7% 감소시키고($P=0.02$), 트리글리세이드 집중도를 10.2% 감소시키며($P=0.02$), 매우 저밀도의 지방단백질 콜레스테롤 집중도를 12.5% 감소시켰다($P=0.01$)." 통계학을 잘 모르는 어느 의사는 "콜레스테롤이 6.7% 낮아진 것은 큰 것이 아니다. - 아마도 이것은 환자들에게 다이어트를 시킨 결과 우연히 발생한 일이다."라는 의견을

말했다. 여기서 "$P=0.02$"가 어느 정도를 의미하는가를 간단히 설명하여라.

22.4 **다이어트와 결장암** 저지방, 고섬유질 식품을 섭취하는 다이어트는 결장암에 걸릴 위험성을 감소시킨다고 알려져 있다. 이러한 생각에 의문을 가지게 하는 대규모의 연구가 진행되고 있다. 이 연구는 과거 6개월 이내에 결장에서 폴립(polyp)들을 제거한 적이 있는 2079명을 대상으로 실시되는데, 여기서 폴립은 암으로 진행된다. 이 연구는 다이어트를 위해 저지방, 고섬유질 식품을 섭취하는 사람들과 일상적으로 이들 식품을 먹는 사람들을 임의로 선택하여 실시하였다. 이 폴립들이 이후 4년 동안 재발했겠는가?

(a) 이 실험을 시행하기 위한 계획을 설계하여라.

(b) 놀랍게도 새로운 폴립들의 발생은 "두 그룹사이에서 유의한 차이가 없었다."는 이 사실이 의미하는 바를 설명하여라.

22.5 **고대 중국에서 돼지와 권력** 석기시대 중국에서 돼지는 꼭 음식의 재료인 것 같지는 않았다. 돼지를 가지고 있다는 것은 부의 상징이었다. 만약 희생된 돼지의 두개골이 값비싼 장식품과 함께 발굴되었다면, 장식품과 함께 매장된 사람의 부와 권력의 상징적 의미를 가졌다. 기원전 3500년 무렵의 무덤을 연구한 보고서에 의하면, "돼지의 두개골이 나온 무덤들과 그렇지 않은 무덤들 사이의 부장 물품들의 질적 차이도 컸다. 전체 문화유물들 가운데 이들 두 개의 표본은 유의수준 0.01에서 유의한 차이가 있다는 검정결과가 있었다." 여기서, "유의수준 0.01에서 유의한 차이"는 돼지의 두개골이 나온 무덤들과 그렇지 않은 무덤들 사이의 체계적인 차이가 실제로 있다고 생각하는 이유가 된다는 것을 설명하여라.

22.6 **고대 이집트** 파라오 시대 이전에 이집트에 거주하던 주민들의 생존 시기에 대한 인식은 시간이 지남에 따라 부패하는 탄소의 형태를 측정함으로써 가능하였다. 60년 전에 발굴되었던 머리카락을 이용하여 Nagada 지역 주민들의 생존시기에 대한 인식에 사용하였던 것 같다. 이제 조사원들은 최근에 발견된 물질을 이용한 새로워진 방법을 통해 생존 시기를 인식할 수 있다고 생각하였다. 이 두 개의 시기는 서로 다른가? "Site KH6에는 서로 다른 방법으로 측정한 서로 다른 2개의 시기가 있다. 통계적으로 두 개의 시기는 유의한 차이가 없다고 판단되는데, 그들 모두 기원전 3715 ± 90년이라는 범위로 시기를 나타내고 있었다." 이집트 역사에는 관심이 있으나 통계적 지식이 없는 사람들에게 "유의한 차이가 없음"의 뜻을 설명하여라.

22.7 선물의 가치는 얼마인가? 사람들은 선물을 사기 위해 지불한 돈의 가치보다도 다른 사람으로부터 받은 선물의 가치를 더 높게 평가하는가? "선물을 받는 사람에 대한 생각의 값"이 있다고 여겨지기 때문에 그렇다고 생각된다. 209명의 성인들을 대상으로 그들에게 최근 세 번의 선물 목록에 대해 문의한 후, "그 선물에 대한 개인적 감정은 무시하고, 선물 대신에 일정 액수의 돈을 받겠는지, 또 얼마의 돈을 받으면 선물을 받은 것과 같은 정도로 만족하겠는가?"에 대해 물었다. 대부분의 사람들은 선물의 값보다도 훨씬 많은 값을 받아야 같은 정도로 행복하겠다고 응답했다. 요술방망이 같은 단어인 "유의도($P<0.01$)"도 이 보고서에서 함께 찾을 수 있었다.

(a) 표본은 졸업을 준비 중인 학생들과 "보스턴과 필라델피아의 기차역과 공항에 상주하는 공무원들"로 구성되었다. 보고서에는 이 표본에 대해 "이상적인 표본은 아니다"라고 기술되어 있었다. 표본에 어떤 문제가 있는가?

(b) 표본의 개체들이 생각하기에 "더 유의적"의 의미는 무엇인가?

(c) 더 명확히 말해서, "유의도($P<0.01$)"의 의미는 무엇인가?

22.8 교회에 출석 여론조사 결과, 미국인들의 약 40%가 지난주에 교회에 참석하여 종교활동을 했다고 말했으나, 이것은 대부분 사실이 아니다.

(a) 여론조사에서 교회 출석률이 과대 조사되는 이유가 무엇이겠는가?

(b) 어떤 주에서든 교회 출석률은 40% 미만이라고 강하게 믿는다고 하자. 임의로 성인들의 표본을 만들어 그들이 교회에 나가는지 여부를 관찰해 보자. 귀무가설과 대립가설은 무엇인가?(연구목적에 따라 모비율 p가 무엇인지 말로 설명하여라)

22.9 체온 우리 모두는 37℃의 체온을 가지며, 이를 "정상 체온"이라 한다. 사실 대부분의 사람들은 이보다 약간 체온이 낮다고 한다. 임의로 추출된 사람들을 대상으로 체온을 정밀하게 측정하는 계획을 세워보아라. 아마도 대부분의 사람들이 37℃보다 약간 체온이 낮을 것이다.

(a) 이 연구에서 모비율 p는 무엇인지 설명하여라.

(b) p에 대해 귀무가설과 대립가설을 설정하여라.

22.10 실업 지난 달 전국 실업률은 5.4%였다. 이 비율은 개인이 실제로 거주하고 있는 도시의 사정과는 좀 다를 수도 있을 것이다. 따라서 전수조사와 같은 방법으로 표본에 대해 질문하는 계획을 세워보아라. 만약 실제로 거주하고 있는 도시

의 실업률이 5.4%보다 낮다면, 어떤 가설을 이용하여 검정할 것인가?

22.11 1학년 학생들 대학교 1학년 전체 학생들 가운데 30%가 그들 스스로 정치적으로 진보적이라고 생각한다고 한다. 여러분들은 이 수치가 여러분들이 1학년일 때와는 다르다고 생각하지만 그 퍼센트가 더 높은지 낮은지는 잘 기억이 나지 않을 것이다. 여러분들이 다니는 학교 1학년 학생들을 대상으로 조사하는 계획을 세워보기 바란다. 만약 여러분들의 경우가 전국적인 결과와 유의적인 차이가 있다는 것을 보이고 싶다면 가설을 어떻게 설정해야 하는가?

22.12 운동선수들이 졸업했나? 전국대학선수연합은 각 대학교의 운동선수들의 졸업률에 대해 보고받았다. 어느 큰 규모 대학교의 경우 1994년에 입학했던 전체 학생들 중 69%만이 6년 이내에 졸업하였다. 같은 기간 동안에 체육 특기자로 입학한 152명의 학생들 가운데 96명이 졸업을 했다. 현재 제도 하에서 입학이 허가된 전체 체육특기자들 가운데 152명을 표본으로 선택하였다. 졸업한 운동선수들의 퍼센트가 69% 이하라는 증거가 있는가?

(a) 이 문제에서 모수 p는 무엇인가?

(b) 귀무가설 H_0와 대립가설 H_a는 무엇인가?

(c) 표본비율 $\hat{p}$의 값은 무엇인가?

(d) P-값은 0.060이다. 이 값이 모든 학생들 보다 운동선수들의 졸업률이 낮다는 이유를 설명하는가?

22.13 부자가 되길 원해 최근 전국적인 조사에서 대학교 1학년 학생들 가운데 73%가 인생의 중요한 목표로서 "돈 걱정을 하지 않는 것"이라 응답했다. 어느 대학교에서 임의로 추출된 200명의 1학년 학생들 가운데 128명이 이 목표가 중요하다고 응답했다. 돈이 중요하다고 생각하는 이 학교 1학년 학생들의 비율이 73%와 매우 차이가 나는지 알고 싶다.

(a) 이 문제에서 모수 p는 무엇인가?

(b) 귀무가설 H_0와 대립가설 H_a는 무엇인가?

(c) 표본비율 $\hat{p}$의 값은 무엇인가?

(d) P-값은 0.004이다. 이 값이 H_0는 틀리고 H_a가 옳다는 좋은 증거가 되는지 설명하여라.

22.14 운동선수들이 졸업했나? 연습문제 22.12의 결과는 유의수준 10% 수준에서 통계적으로 유의한가? 유의수준 5%에서는 어떠한가?

22.15 부자가 되길 원해 연습문제 22.13의 결과는 5%에서 통계적으로 유의한가? 유의수준 1%에서는 어떠한가?

22.16 어떤 수준에서 유의한가? 유의수준 1%에서 유의한 사실은 유의수준 5%에서는 항상 유의하다. 그 이유에 대해 설명하여라. 만약 5% 수준에서 유의하다면, 유의수준 1%에서는 어떠하다고 말할 수 있겠는가?

22.17 유의성의 의미가 무엇인가? "유의수준 5% 하에서 통계적으로 유의하다."의 의미에 대해 물었더니, "그 뜻은 귀무가설이 옳을 확률이 0.05 미만이다"라고 한 학생이 답했다. 이 말이 옳은가? 그 이유를 설명하여라.

22.18 모의실험을 통해 *P*-값을 찾기 1학년 학생들에게 독서를 가르치는 새로운 방법(방법 B)이 지금 사용 중인 방법(방법 A)보다 더 효과적인가? 이 물음에 대한 답을 얻기 위해 짝을 맞추어 실험해 보자. 1학년 학생들을 지능지수, 사회경제적 상태 및 독서준비점수를 고려하여 두 명씩 한 조가 되게 20개 조를 만든다. 각 조로부터 한 학생을 임의로 선택하여 방법A로, 나머지 학생을 방법 B로 각각 지도한다. 1학년 말에 모든 학생들을 대상으로 독서실기 평가를 실시한다. 이때, p는 1학년 20개조 가운데서 방법 B를 사용한 경우가 더 높은 점수를 받은 학생들의 비율을 나타낸다. 이 때 가설을 다음과 같이 세우자.

$$H_0 : p = 0.5 \text{ (효과면에서 차이가 없다.)}$$
$$H_a : p > 0.5 \text{ (방법 B가 더 효과적이다.)}$$

위와 같이 실험한 결과 방법 B를 이용하여 교육했을 때 더 우수한 성적을 얻은 학생은 20개조 가운데 12개였다. 따라서 $\hat{p} = 12/20 = 0.6$이다.

(a) 만약 H_0가 참이라면, 20개조의 학생들은 각 시행에서 방법 B가 우수할 확률 0.5인 독립된 시행을 20번 실시하는 것이다. 만약 H_0가 참이라는 가정을 한다면, 20번 시행을 하기 위해 표 A를 어떻게 사용하는지 설명하여라.

(b) 실험을 10번 반복 모의실험을 하기 위해 표 A의 105번째 줄을 사용하여라. 모의실험 한 결과로부터, H_0가 참일 때 20개 조 가운데 12개 이상에서 방법 B가 우수할 확률을 추정하여라(물론 신뢰성 있는 결과를 추정하기 위해서는 10번의 반복은 부족하다. 한번 요령을 알고 나면 더 많이 반복하는 일은 쉽다).

(c) (b)에서 모의실험 한 결과 얻은 확률이 이 실험의 *P*-값이 되는 이유에 대

해 설명하여라.

22.19 모의실험을 통해 P-값 찾기-초감각적 지각(Extra-Sensory Perception:ESP)을 감지하기 위한 고전적인 실험으로 5개의 카드 패(waves, stars, circles, squares 및 crosses)를 잘 섞는다. 카드 패를 사용한다. 실험자가 각 카드를 나누어줌과 동시에 그것에 집중하고, 실험대상은 카드의 패를 추정한다. ESP가 부족한 실험대상은 각 추정에서 운으로 맞힐 확률은 1/5이다. ESP를 가진 실험대상은 더 자주 맞힐 것이다. Julie는 10번의 실험에서 5번 맞추었다.

(a) 이 결과가 Julie가 ESP를 가졌음을 보여주기 위한 검정이라면 H_0와 H_a를 결정하여라.

(b) H_0가 참이라고 가정하였다면, 어떻게 모의실험 할 것인가에 대해 설명하여라.

(c) 실험을 20번 반복하여 모의실험 하여라(표 A의 121번째 줄에서 시작).

(d) 실제 실험을 10번한 결과 5번 맞추었다. 이 실험의 결과에 대해 어느 사건의 확률이 P-값이 되겠는가? 이 모의실험을 근거로 추정한 P-값은 얼마인가? Julie의 실험에 대해 어느 정도 신뢰하는가?

22.20 부자가 되길 원해 연습문제 22.13으로 다시 돌아가 신입생 200명 가운데 128명이 "돈 걱정을 하지 않는 것"이 중요하다고 답했다. 이 자료의 통계적 유의성에 대해 내린 결론은 무엇인가?

22.21 10대들과 TV 수상기 The New York Times와 CBS 뉴스는 전국적인 여론조사를 위해 13세부터 17세까지의 10대들을 임의로 1048명 추출했다. 이들 10대들 가운데, 692명은 자기 방에 TV 수상기가 있었다. 이 표본이 단순임의표본이라면, 모든 10대들의 절반 이상이 그들 방에 TV 수상기를 가지고 있다는 좋은 증거가 되겠는가?

22.22 부작용 진통제의 부작용에 대해 실험하기 위해 여러 차례의 약물 치료 가운데 한 번만 처방전을 사용하지 않은 약을 관절염 환자에게 투여하였다. 그 결과, 통증이 감소하였다는 440명의 환자들 가운데 22명이 "이상증세"를 호소하였다.

(a) 만약 모든 환자들 가운데 10%가 이상증세를 겪었다면, 440명 환자들을 표본이라 할 때 이상증세를 호소한 사람의 비율에 대한 표본분포는 무엇인가?

(b) 이 실험은 이 약물을 사용한 환자들의 10% 미만이 통증을 호소하였다는 강한 증거를 주고 있는가?

22.23 화학자들에게 딸이 많은가? 일부 사람들은 화학자들이 다른 부모들에 비해 여자 아이들을 더 선호한다고 생각한다(아마도 실험실에서 생활하는 시간이 많은 화학자들이 무엇인가에 노출되어 자녀의 성별에 영향을 미친다는 의미인 것 같다). Washington 주 보건국은 부모의 직업에 따른 출생관련 자료를 관리하고 있다. 1980년과 1990년 사이에 555명의 어린이들이 화학자 부모아래에서 출생하였는데, 이들 중 273명이 딸이었다. 이 기간 동안에 Washington 주에서 출생한 모든 어린이들 가운데 48.8%가 딸이었다. 이 자료가 화학자들이 딸을 낳는 비율이 주 전체 비율보다 높다는 증거가 되는가?

22.24 속도 많은 운전자들이 도로에서 규정된 속도보다 더 빨리 달리는 모습을 자주 볼 수 있다. 물론 상황은 다르지만, 시속 55마일이 한계속도인 Maryland의 어느 지방도로에서 운전자들의 운전습관에 대해 조사된 자료집합을 소개하고자 한다. 연구자들은 도로에 숨겨둔 전자 장비를 이용해 큰 트럭을 비롯해 길이가 20 feet 이상인 차들을 제외한 자동차들의 속도를 측정했다. 그 결과 12,931대의 자동차들 가운데 5690대의 자동차가 규정 속도를 초과하였다. 이 결과는 적어도 이 지역에서 모든 운전자들의 절반이하가 스피드를 즐긴다는 증거가 될 수 있는가?

22.25 학습태도 학습습관과 태도에 관한 조사(Survey of Study Habits and Attitudes : SSHA)는 학교에 대한 학생들의 학습습관과 태도를 측정하는 심리검사이며, 점수는 0점에서 200점 사이에서 측정된다. 미국의 대학에 재학 중인 학생들의 평균점수와 표준편차는 각각 115점과 30점이다. 어느 교사는 나이가 많은 학생들의 점수가 어린 학생들에 비해 더 높다고 추측하고 있다. 그녀는 적어도 30살이 되는 25명의 학생들을 대상으로 SSHA를 실시하였다. 나이가 많은 학생들이 속한 모집단에서의 점수는 표준편차 $\sigma=30$인 정규분포를 따른다고 가정한다. 교사는 다음과 같은 가설을 설정하였다.

$$H_0:\ \mu=115$$
$$H_a:\ \mu>115$$

(a) 만약 귀무가설이 사실이라면, 25명의 나이가 많은 학생들의 평균점수 $\bar{x}$ 의 표본분포를 정의하여라. 이 분포의 밀도곡선을 그려보아라.

(b) 표본 자료로부터 $\bar{x}=118.6$이라 하자. 이 값을 (a)에서 그린 밀도곡선의 좌표축에 표시하여라. 실제로 표본으로부터 얻은 결과는 $\bar{x}=125.7$이었다. 이

값도 밀도곡선의 좌표축에 표시하여라. 두 가지 결과 가운데 하나는 모든 나이가 많은 학생들의 평균점수가 115점 보다 더 높다는 좋은 증거가 되지만 다른 하나는 그렇지 못함을 그림을 참조하여 간단히 설명하여라.

(c) 표본으로부터의 결과 $\bar{x}=118.6$에 대한 P-값을 곡선 아래에 짙게 표시하여라.

22.26 미로 속에 갇힌 쥐 동물들의 학습실험을 위해 미로 속에 갇힌 쥐들이 탈출하는데 얼마나 걸리는 가를 측정하는 실험을 실시하였다. 어느 형태의 미로에 대해 평균 시간이 19초였다. 어느 연구자는 시끄러운 소음이 있으면 쥐들이 더 빨리 탈출한다고 생각했다. 그녀는 여러 쥐들을 대상으로 자극으로서 소음을 주었을 때 탈출에 얼마의 시간이 필요한가를 측정하였다. 이때, 귀무가설 H_0와 대립가설 H_a는 무엇이 되겠는가?

22.27 응답시간 지난 해, 어느 회사의 서비스 기술자들이 서비스 계약을 맺은 고객들로부터 어려운 요청에 응답하는데 걸리는 시간이 평균 2.6시간이었다. 지난해의 자료가 평균응답시간과 유의적으로 다르다는 사실을 보여 주겠는가? 이 질문을 해결하기 위한 귀무가설과 대립가설을 설정하여라.

22.28 난수발생기 검정하기 우리들이 이용하고 있는 대부분의 소프트웨어는 0에서 1 사이에 임의로 숫자를 발생시키는 "난수발생기"를 가지고 있다. 만약 이것이 사실이라면 $\mu=0.5$인 모집단으로부터 생성되는 숫자일 것이다. 어느 소프트웨어를 이용하여 100개의 난수를 발생시켜보았더니 $\bar{x}=0.536$, $s=0.312$였다. 이것은 이 소프트웨어로 생성된 모든 숫자의 평균이 0.5가 아니라는 증거인가?

22.29 그들이 더 많이 결재할 것인가? 어느 은행에서는 지난해 신용카드를 적어도 \$2500이상 사용한 고객들을 대상으로 올해 사용액의 증가를 위해 신용카드 연회비를 면제해 줘야하는가를 두고 고민하고 있다. 은행에서는 신용카드 고객 200명을 확률추출하여 지난해에 비해 올해 신용카드 사용액이 얼마나 증가했는가에 대해 조사를 하였더니, 표본평균과 표본표준편차가 각각 $\bar{x}=\$346$, $s=\$112$였다. 이것은 유의수준 1% 하에서 연회비를 면제하면 평균 사용액이 증가할 것이라는 유의한 증거가 되는가? 귀무가설 H_0와 대립가설 H_a을 설정하여 검정을 실시하여라.

22.30 Web을 이용하기 각자의 연구분야에서 제일 중요한 저널을 선택해보자. Web

사이트에서 선택한 저널의 이름을 검색해 보자. 임의의 논문을 찾아 “유의수준 (P=0.01)”을 검색해 보자.

웹탐색

신뢰구간과 통계적 유의성은 여러 분야의 연구 보고서에서 자주 이용되는 개념이다. 대부분의 과학관계 저널들은 저널에 수록된 논문들의 요약 정도는 보여주는 웹사이트들을 운영하고 있다. 예를 들어, 21장에서 사용된 사례연구는 *Circulation(circ.ahajournals.org)*으로 부터 얻은 자료이며, 이 장의 첫 부분에서 사용한 자료는 *American Journal of Sociology*(www.journals.uchicago.edu/AJS/home.html)에서 인용한 것이다.

여러분들이 공부하고 있는 분야에서 중요한 저널을 선택하여, 웹탐색 엔진을 이용하여 그 분야의 웹사이트를 찾아 최근 논문의 요약문들을 읽어보자. 만약 여러분들의 분야가 자료분석에 관계된 것이라면, “95% 신뢰”, “유의값(P=0.01)”과 같은 문구를 찾을 수 있을 것이다.

CHAPTER 23

통계적 추론의 이용과 남용

나는 완전한 통찰력을 가졌는가?

추론은 미묘한 것이기 때문에 추론 과정에서 생기는 실수 역시 약간은 미묘한 것 같다. 미묘한 실수들은 큰 실수보다는 덜 중요할 수도 있다. 그러나 응답표본을 가공하거나, 잠재변수를 무시할 때, 그리고 측정의 잘못과 같은 큰 통계적 실수들은 망각해서는 안 된다. 그럼에도 불구하고, 추론에서도 약간의 실수와 오해 같은 것들의 여지는 남겨둔다. 이것이 통계적 유의성의 개념이다.

공모 중인 10,000개의 개방형 투자 신탁의 경우를 살펴보자. 지난 3년간 고수익을 올렸던 펀드가 어느 것인가에 대해 많은 인터넷 사이트에서 그 정보를 얻을 수 있다. 2005년에 개설된 한 사이트에 의하면 The Bruce Fund가 가장 높은 수익을 올렸다고 한다. 만약 3년 전에 이 펀드에 투자했다면, 연간 42.4%의 수익을 올렸을 것이다. 다른 모든 펀드에 대한 평균과 수익을 비교해 보면, 이 펀드가 유의하게 높음을 알 수 있다.

"The Bruce Fund가 평균보다 높은 수익을 올렸는가"라는 가설을 세우고 유의성검정을 하기 위해 자료를 수집하자. 과거의 자료는 무시하고, 10,000개의 펀드 가운데 우량한 것을 선택해 이 펀드가 평균보다 높은 것인가를 조사한다. 그리고 일정한 기간 동안 평균보다 더 높은 수익을 올린 펀드가 여전히 평균 이상에 머물러 있는가도 관찰한다. 만약 그렇다면, 과거에도 수익이 좋았던 펀드를 다시 구입하는 것과 다름이 없다. 재정학 관계 교수들은 이 문제를 연구하기 위해 대부분의 시간을 컴퓨터와 씨름하고 있으며, 유의성검정을 실시하고 있다. 불량펀드는 좋지 않은 상태로 남아 있는 것처럼 보이나(사라질 때까지), 끊임없이 좋아지려고 하는 노력에 대해 통계적으로 유의한 증거도 찾기 힘들다. 사실, The Bruce Fund는 2005년도 일사분기 10,000개 개방형 투자신탁 가운데 *하위* 21등이었다.

추론을 현명하게 사용하기

통계적 추론의 두 가지 주된 종류는 신뢰구간과 유의성검정이다. 앞에서, 모비율 p에 관한 신뢰구간의 추정과 유의성검정만을 살펴보았으나, p 이외의 다른 모수들에 대한 추론도 가능하다. 신뢰구간과 유의성검정의 개념은 동일하나, 세부적으로는 약간 다르다. 추론을 현명하게 사용하기 위한 첫 단계는 취득한 자료를 잘 이해해야 하는 것이고 원하는 답에 대한 질문 및 그것을 해결하기 위한 방법을 결정하는 것이다. 추론 문제를 해결하는 몇 가지 방안을 제시하겠다.

자료가 가진 문제(내용)들을 설계하자. "자료를 어디서 구했나?"라는 물음은 어떤 통계적 연구이든 기본적인 질문이다. 다음은 어떤 추론 방법을 택할 것인가를 결정해야 한다. 하나의 비율 p에 대해 신뢰구간을 구하고 검정한다고 할 때 :

- 자료는 관심있는 모집단으로부터 단순임의추출 하여야 한다. 이 방법을 사용하여 얻은 표본을 단순임의표본이라 하나, 실제로 완벽하게 단순임의추출하기는 불가능하다.
- 이 방법은 층화표본과 같은 단순임의표본보다 훨씬 더 복잡한 표본 설계에 대해서는 옳지 않으므로 다른 방법을 사용한다.
- 알 수 없는 크기의 편의(bias)를 가지고 우연하게 추출된 자료에 대한 올바른 추론 방법은 없다. 어떤 공식을 사용해도 잘못 생성된 자료를 극복할 수는 없다.
- 결측값이나 무응답과 같은 이유로 발생하는 오차는 매우 중요하다. 신뢰구간들과 검정들은 여러분들이 얻은 자료를 사용한 것이며, 이러한 현실적인 어려움을 고려해야 할 결과들임을 기억하기 바란다.

신뢰구간의 성질을 알자. 신뢰구간은 미지의 모수값을 추정하고 추정값의 불확실한 정도에 대한 정보를 알려준다. 모든 신뢰구간은 아래의 성질을 가지고 있다.

- 신뢰수준은 동일한 모집단에서 여러 번 표본을 추출하여 신뢰구간을 추정하였을 때, 모수의 참값이 얼마나 자주 포함되는가의 여부를 알려주는 값이다. 어떤 특정한 자료를 이용하여 신뢰구간을 구했을 때, 모수가 여기에 포함되는가의 여부는 알 수 없다. "아마도 시행의 95%만이 모수가 신뢰구간 내에 포함할 것이다."라는 말은 "나머지 5%의 구간은 모수의 참값을 포함하지 못할 것이다"라는 말과 같다. 이러한 위험성을 줄이려면 99% 신뢰구간을 사용하는 것이 어떨까?

- 신뢰수준을 아무렇게나 늘일 수는 없다. 같은 자료를 가지고 구한 99% 신뢰구간의 폭은 95%보다 더 길다. 이것은 우리가 모수를 얼마나 식별해 내는가와 식별된 모수에 대해 얼마나 신뢰를 할 수 있는가 사이에 주고 받는 문제이다.
- 표본이 클수록 구간의 폭은 짧아진다. 만약 높은 신뢰도와 짧은 구간을 동시에 원한다면 표본의 크기를 매우 크게 하면 된다. p에 대한 신뢰구간의 길이는 표본의 크기에 대한 제곱근의 비율로 짧아진다. 구간의 길이를 반으로 줄이기 위해서는 4배나 큰 표본이 필요하다. 이것은 여러 모수에 대한 구간추정에 대해서도 동일하다.

탈락하다

"높은 콜레스테롤과 고혈압을 치료하기 위해서는 운동보다 체중 감량이 현실적으로 더 효과적이다." 라는 실험결과가 있었다. 170명의 실험대상자들이 임의로 체중 감량 프로그램과 운동 프로그램에 참가하였다. 170명 가운데 111명만이 실험을 무사히 끝내게 되어, 이 111명을 자료로 하여 분석하였다. 탈락자들이 실험에서 편의(bias)의 원인이 되겠는가? 추론을 하기에 앞서, 자료의 성질에 대해 자세히 토론하여 보아라.

통계적 유의성이 무엇을 의미하는지 알자. 어느 주장이 옳은가를 보이는 것이 통계를 이용한 많은 연구의 목적이다. 새로 개발한 약과 기존의 약을 비교하는 임상적 연구가 많이 시도되고 있는데, 대부분 이러한 연구에서 의사들은 새로운 약이 환자들에게 효과가 있기를 바란다. 심리학자들은 남녀의 성별비교에 관한 연구에서 사회적 연관성 능력의 테스트결과 여성들이 남성에 비해 우월하기를 원한다. 유의성검정의 목적은 주어진 자료를 이용하여 어떤 주장을 받아들일 수 있는지 평가하는 것이다.

이렇게 하기 위해, 만약 그 주장이 옳지 *않다면* 무슨 일이 일어날 것인가에 대해 묻는다. 이것이 귀무가설이다.-즉, 두 약 사이에 차이가 없다. 남성들과 여성들 사이에 차이가 없다. 유의성검정은 단지 하나의 물음에만 답을 한다.

"귀무가설이 참이 아닐 증거의 강도는 얼마인가?" P-값을 이용하여 이 물음에 답을 한다. P-값은 만약 귀무가설이 참이라면 우리가 가진 자료가 얼마나 믿기 어려운가의 정도를 나타낸다. 가설검정을 하기 전에는 주어진 모집단에 대해 어느 가설이 옳은가를 전혀 알 수 없다. 우리 모두는 "이와 같은 자료에서 만약 가설이 참이라면 시행의 5%만이 일어날 것이다."라고 말할 수 있다.

어떤 방법이 필요한가를 알자. 모비율 p에 대한 검정과 구간추정을 실시하기 위해 표본보다 더 큰 모집단이 필요하다. 표본비율 $\hat{p}$의 표본분포가 정규분포에 근사할 수 있도록 표본 역시 어느 정도는 커야 한다. 추론을 하는 이유가 매우 중요하기 때문에 이러한 부가적인 설명은 최소로 줄이도록 하겠다. 층화표본을 이용하여 추론을 하려면, 작은 크기의 모집단과 작은 크기의 표본에 적합한 방법을 사용해야하는데, 만약 이러한 방법을 사용할 일이 있으면 통계 전문가와 의논하는 것이 현명하다.

대부분은 스스로가 실시했던 통계적 연구보다는 다른 사람들이 통계를 이용했던 연구보고서를 더 자주 읽는다. 또한 연구자가 사용했던 자세한 분석방법보다는 관심있는 문제점에 더 집중하게 된다. 연구에 대해 올바른 질문을 할 수 있을까? 연구보고서에 표시된 신뢰구간이 모수의 중요도를 잘 나타내고 있는지, 또 이 결과에 대한 불확실성의 정도는 얼마나 되는지 제대로 볼 수 있는가? 보고서에 쓴 P-값의 의미가 제대로 설명이 되었는지 확신할 수 있겠는가?

유의성검정의 어려움

유의성검정은 모집단에서 어떤 효과의 존재에 대한 증거를 확보하기 위해 보편적으로 사용한다. 그 효과라는 것은 동전을 던졌을 때 앞면이 나타날 확률이 0.5라든지, 암에 대한 새로운 처방을 받은 사람의 평균 생존 기간 등과 같은 것이다. 만약 효과가 크면, 대부분의 표본에서 동전의 앞면이 나오는 비율이 0.5와는 거리가 멀고, 새로운 처방을 받은 환자들이 그렇지 못한 사람들보다 훨씬 더 오래 살 것이다. 앞면이 나올 확률이 0.5와 약간의 차이만 보인 것과 같이, 효과가 적다는 것은 표본 내에서 우연에 의한 있을 가능성이 크다는 것이다. 다시 말해, 효과가 클수록 찾아내기도 쉽다는 것을 의미한다. 즉, 모집단의 참값이 귀무가설과 차이가 많이 날 때 P-값은 보편적으로 작은 값이다.

검정의 "어려움"은 검정이 귀무가설에 반하는 증거의 강도를 측정한다는 사실부터 시작한다. 모집단에서 실제로 우리가 찾고자 하는 효과가 얼마나 크고 얼마나 중요한가는 말하지 않겠다. 예를 들어, "동전이 균형을 이루었는가?"에 대한 가설검정을 할 수 있는데, 앞면에 대한 확률 p의 관점에서 이 가설을 $H_0 : p = 1/2$이라 세울 수 있다. 실제로 동전이 정확하게 균형을 이루지 않고 있다면, 이 가설은 전혀 사실이 아니라는 것을 알 수 있다. 만약 앞면의 출현확률이 $p = 0.502$이면 검정하고자 하는 실제 목적에 따라 동전이 균형인가에 대해 말할 수 있다. 통계적 검정은 "실제 목적"에 대해서는 생각하지 않는다. 즉, p가 정확히 0.5가 아닌 증거가 있는가의 여부에 대해서만 묻는다. 하나의 정확한 귀무가설에 반하는 증거의 강도를 검정하는데 초점을 맞추어 보면 사용하는 검정 방법에 따라서 매우 혼란이 야기되는 근원이 된다.

유의성검정에 관한 결과 보고서를 읽을 때 표본의 크기에 특히 주목하여 보자. 그 이유는 다음과 같다.

- 표본이 클수록 유의성검정은 더욱 민감해진다. 만약 동전을 10만 번 던졌다면, 이

동전에 대한 앞면의 실제 비율이 $H_0: p = 0.502$일 때, $H_0: p = 0.5$의 검정은 매우 낮은 P-값을 갖는다. 이 검정은 옳다. 즉, 이 검정은 p가 정확하게 0.5가 아니라는 좋은 증거가 된다. 그러나 그 차이가 매우 작아 실질적으로 관심거리는 되지 못한다. **실질적으로 별로 중요하지 않은 사실의 통계적 유의성을 이 검정을 통해 알게 되었다.**

- 반대로 생각하면, 소표본에 근거한 유의성검정은 덜 민감하다. 만약 동전을 10번만 던졌다면, $H_0: p = 0.5$의 검정은 이 동전의 참값이 $p = 0.7$이 사실이더라도 P-값은 크게 나타난다. 이 검정이 옳다 해도 10번의 시행은 귀무가설에 반하는 좋은 증거를 주기에 충분하지 않다. **유의성의 결여는 효과적이지 않다는 의미가 아니라, 효과를 위한 좋은 증거를 가지고 있지 않다는 것이다. 소표본은 모집단에서 실제로 존재하는 효과를 놓치기 쉽다.**

모집단에 대한 참값이 무엇이든, $p = 0.7$이든 $p = 0.5$이든 p를 더욱 자세히 식별하기 위해서는 더 많은 관측치가 필요하다. 만약 $p \neq 0.5$이면, 관측치가 많을수록 이것에 대한 증거는 충분하다는 의미인데, P-값이 더 작아진다는 뜻이다. 유의성이 표본의 크기는 물론 모집단의 사실성에 밀접하게 관련되어 있다. 효과가 큰 것(귀무가설이 $p = 0.5$일 때, $p = 0.7$)은 소표본을 취할 때는 유의적이지 않고, 작은 효과($p = 0.502$와 같은 것)는 대표본을 취할 때 매우 유의하다. 표본의 크기에 따라 유의성이 어떻게 변하는지 다음 예를 보자.

예제 1 Count Buffon의 동전

Count Buffon은 동전을 4040번 던져 2048번의 앞면을 얻었다. 앞면에 대해 그가 얻은 표본비율은 다음과 같다.

$$\hat{p} = \frac{2048}{4040} = 0.507$$

Buffon이 사용했던 동전이 공정했는가를 알아보기 위해 다음 가설들은 설정하였다.

$$H_0 : p = 0.5$$
$$H_a : p \neq 0.5$$

만약 귀무가설이 참이라면 $\hat{p}$가 얼마나 다양하게 분포되어 있는가를 나타내는 표본분포 상에서 표본으로부터 얻은 값 $\hat{p} = 0.507$의 위치를 파악함으로써 유의성검정을 실시하게 된다. 그림 22.3을 그림 23.1에 다시 나타내었다. 그림을 보면 관측된 $\hat{p} = 0.507$은 0.5와 현저하게

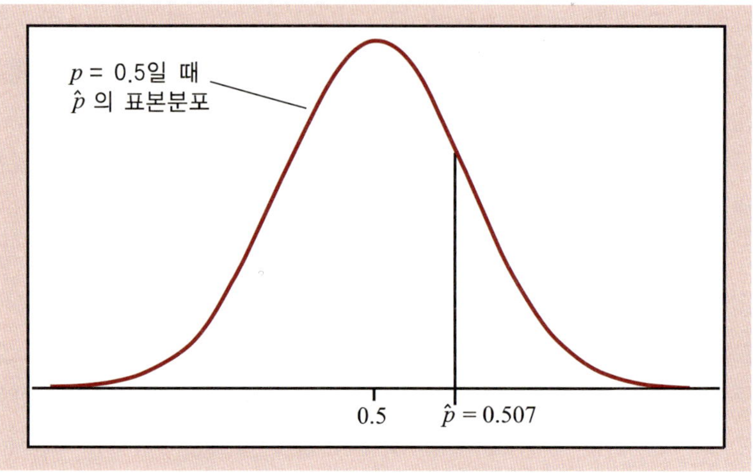

그림 23.1 하나의 공정한 동전을 4040회 던졌을 때 앞면이 나오는 비율에 대한 표본분포이다. Count Buffon의 실험 결과인 앞면의 비율 0.507이 표시되어 있다.

멀리 떨어져 있지 않으므로 p 의 참값이 0.5라는 가설에 반하는 충분한 증거가 되지 않는다. 0.37인 P-값은 이 사실을 뒷받침한다.

Buffon이 동전을 각각 1000번과 100,000번 던져서 같은 결과 $\hat{p}$ = 0.507을 얻었다고 가정하자. 귀무가설이 참일 때 $\hat{p}$의 표본분포의 평균은 항상 0.5이나, 표본의 크기 n 이 커짐에 따라 표준편차는 작아진다. 그림 23.2에서 표본의 크기가 n = 1000, n = 4040 및 n = 100,000일 때 각각의 표본분포를 그려보았다. 이 그림의 가운데 곡선이 그림 23.1의 정규곡선과 같으

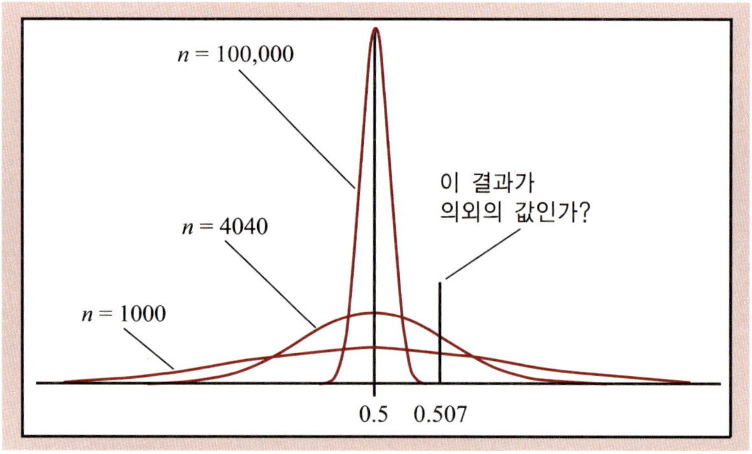

그림 23.2 공정한 동전을 1000, 4040 및 100,000번 던졌을 때, 앞면이 나오는 비율에 대한 표본분포. 표본비율 0.507은 던진 횟수가 1000번이나 4040번일 때는 일반적이지 않으나, 100,000번일 때는 일반적인 값이다.

며, $n = 100,000$의 경우는 위치는 같으나 매우 좁은 형태의 곡선이 되었다. 3개 곡선 위에 표본으로부터 얻은 값 $\hat{p} = 0.507$을 위치시켰는데, 같은 값이라도 표본의 크기에 따라 영향을 많이 받음을 알 수 있다.

P-값은 $n = 1000$일 때 $P = 0.66$, $n = 4040$일 때 $P = 0.37$이고 $n = 100,000$일 때 $P = 0.000009$이다. 공정한 동전을 1000번 반복해서 던졌을 때, 반복시행 횟수의 약 2/3 정도는 Buffon의 0.507이 1/2과 최소한 떨어져 있다는 결과를 얻을 수 있으나 100,000번 반복 시행에서는 100만 번에 9번 정도만 공정하다는 결과를 얻는다.

표본으로부터 얻은 값 $\hat{p} = 0.507$은 만약 1000번과 4040번 반복 시행에서는 동전이 공정하다는 귀무가설에 반하는 증거를 주지 않으나, 100,000번 반복 시행에서는 귀무가설에 반하는 완벽한 증거를 준다.

P-값만 나와 있으면 이를 경계하라

유의성검정에서 P-값은 표본의 크기 뿐 아니라 표본이 모집단과 얼마나 유사한가에 매우 관계 있다.

표본의 크기가 주어지지 않거나 표본으로부터 얻은 통계량이 명시되지 않은 채 P-값만 이용한 보고서는 경계해야 한다.

독자들에게

비만탈출 프로그램은 임의의 실험자들을 대상으로 8주 동안 프로그램을 운영한 후 참가자의 몸무게가 줄었는가의 여부를 판단하도록 관리된다. 프로그램 운영자들은 연구에 참여한 피실험자들의 평균 몸무게가 감소하였고, 감소된 평균값의 P-값이 0.008임을 근거로 통계적으로 유의하다는 주장을 하였다.

이 결과를 신뢰할 수 있겠는가? 신뢰할 수 있다면 그 이유는 무엇인가? 만약 신뢰할 수 없다면 다른 정보가 있어서인가?

신뢰구간의 이점

예제 1은 통계학을 이용한 과제를 이해할 때 유의성으로만 해결해서는 안 된다는 것을 시사한다. 표본비율이 $\hat{p} = 0.507$임을 안다는 것을 이용하여 많은 것을 해결할 수 있다. 이 값이 1/2과의 편차가 충분히 큰가를 결정할 수 있는데, 물론 $\hat{p} = 0.507$도 동전을 이용해서 구할 수 있는 정확한 값은 아니라 동전을 던져 얻을 수 있는 우연한 값 중에 하나이다. 따라서 동전에 대한 참값을 자세히 추정할 수 있는 방법인 신뢰구간을 이해하는 것이 도움이 될 것이다. 예제 1에서 세 가지 표본의 크기에 대한 95% 신뢰구간을 나타내었다. 21장에서 소개했던 방법을 이용하여 구할 수 있다.

던진 횟수	95% 신뢰구간
n=1000	0.507±0.031, 또는 0.476부터 0.538
n=4040	0.507±0.015, 또는 0.492부터 0.522
n=100,000	0.507±0.003, 또는 0.504부터 0.510

신뢰구간은 참값 p에 대해 우리가 알고자 하는 것을 명확히 해준다. 1000번과 4040번 던지는 실험에 대해 신뢰구간은 0.5를 포함하고 있어 동전이 공정하지 않다는 확신을 주지 못한다. 그러나 100,000번 던지는 실험에서 참값 p는 0.504와 0.510 사이에 존재한다는 것이 입증되었으므로, p가 0.5가 아님을 확신한다.

신뢰구간을 구하자

신뢰구간은 모수를 실제적으로 추정하므로 검정보다 더 많은 정보를 가지며 쉽게 해석할 수 있다. 구할 수 있을 때마다 신뢰구간을 구한다는 것은 좋은 습관이다.

5% 수준에서의 유의성은 마술이 아니다

유의성검정의 목적은 귀무가설에 반하는 증거의 정도를 표본의 정보를 이용하여 결정하는데 있다. 그 증거의 정도가 P-값이다. 그러나 P-값이 얼마나 작아야 귀무가설에 기각하는 확실한 증거가 되겠는가? 이것은 다음 두 가지 조건에 주로 달려있다.

- *H_0가 얼마나 그럴 듯 한가?* 여러분이 납득시켜야만 하는 사람이 믿는 것이 H_0이라면, 그 사람을 납득시키기에 필요한 강한 증거가 필요하다.
- *H_0를 기각한 결과는 무엇인가?* H_a을 선호하여 H_0를 기각한다는 것은 업무의 형태를 다른 것으로 바꾸는데 값비싼 대가를 치르므로, 이를 위해서는 새로운 업무가 판매를 증대시킨다는 강한 증거가 필요하다.

위와 같은 설명은 다소 주관적이다. 사람에 따라 서로 다른 유의수준을 필요로 하는데, 앞에서 말한 증거가 충분히 강하다면 주어진 P-값을 개인에 알맞게 해석해도 무리가 없다.

통계학을 이용하는 사람들은 10%, 5% 및 1%와 같은 표준화된 유의수준을 강조하기도 한다. 예를 들어, 어떤 사람이 판별분석을 할 때 앞에서 언급했던 표준화된 유의수준 가운데 하나인 5%를 택하려고 생각하고 있다고 하자. 이것은 컴퓨터 소프트웨어보다 임계값이 수록된 표가 오히려 통계적 문제를 해결하는데 수월하다고 판단될 때 사용하는 것이다. 5% 수준($\alpha = 0.05$)은 특히 많이 쓰는 값이다. **"유의함"과 "유의하지 않음" 사이를 가르는 날카로운 경계선은 없으며, 단지 P-값이 감소한다는 강한 증거가 증가할 뿐이다.** P-값 0.049와 0.051사이에는 별다른 차이는 없다. 유의하다는 것을 판정하는 보편적인 규칙인 $P \le 0.05$라는 의미없는 기준만이 있을 뿐이다.

예제 2 직업훈련생의 성공예감

비싼 훈련비용을 들여 직업훈련을 받고 난 후 성공하지 못하고 회사를 떠나는 사람과 최종적으로 관리자가 되는 사람을 구분하는 방법을 배우고 싶어 한다. 이를 위해 인성과 목표, 대학 진학을 위한 준비단계 및 학업과정, 가정환경과 취미 등 훈련생들에 대한 많은 과거 자료를 취득하여 활용할 필요가 있다. 통계 소프트웨어를 이용해 성공을 가장 최적하게 예감할 수 있는 사람들을 선택하기 위해 수십 개의 변수에 대해 수십 번의 유의성 검정을 실시할 수 있다.

이런 선택을 통해 앞으로 사람을 채용하기 전에, 귀무가설 H_0이 사실일 때 100번 시행에서 5번 오류가 일어나는 유의수준 5%인 결과를 생각할 것이다. 유의수준 5% 하에서 수십 번의 검정을 실행할 때, 실행 중 극소수 일지라도 우연에 의해 유의성이 인정될 수도 있을 것이다. 유의수준 $\alpha = 0.05$로 한 번 검정하여 얻은 결과가 오히려 더 좋은 증거가 된다.

유의성을 검정할 때 주의하라

통계적 유의성은 찾고자 하는 결과를 찾았는가를 의미한다. 찾고자 하는 것에 대한 연구를 잘 계획하고, 취하고자 하는 증거를 고찰하기 위해 유의성검정을 실시한 후, 찾는 결과가 "이것이다"라는 결정을 내린다면, 통계적 유의성 뒤에 가려진 것을 잘 이해하는 것이 된다. 다른 각도에서 보면 유의성이라는 것이 의미없는 것일 수도 있다. 이 장을 시작할 때 예를 하나 본 것이 있다: 10,000개의 개방형 투자신탁 상품에서 가장 높은 수익을 올리는 것을 찾는다고 하면, 이 상품이 "유의적으로" 평균을 능가하는가에 대하여 질의한 것이 얼마나 실속이 없었던가?

통계적 논쟁거리들
유의성검정을 금지해야 하는가?

많은 분야에서 조사 연구를 할 때 유의성검정이 필요하며, 가끔 그 결과를 과신할 때도 있다. 통계를 이용한 업적으로 유명한 하버드대학의 심리학자인 Robert Rosenthal은 "우리들 중 다수는 자료를 주의 깊게 살피지 않으리라 생각된다. 통계적 검정을 실시하고자 마음먹고 가설을 설정한 후 검정을 하게 되는데, 만약 여러분들이 내린 결론이 유의수준 0.05에서 가능하다면 가설검정을 옹호할 수도 있을 것이다. 그러나 그렇지 않다면, 자료를 모두 서랍에 넣어두고 말 것이며 쳐다보지도 않을 것이다."

이 말에 충격을 받을지도 모르겠다. "여러분들이 가진 자료를 이용해 항상 뭔가를 해라"라는 말은 "자료를 어디서 구했는가?"라는 말과 함께 우리들이 생각해야 할 지침이다. 심리학자들은 그들이 가진 자료가 어떻게 생겨났을까 하는 생각을 늘 하고 있다. 많은 심리학자들이 자료를 한 번 훑어보고 마는데 어떻게 그럴 수 있을까? 일부 심리학자들은 유의성검정의 절차를 무시하고 마술의 징표인냥 0.05만을 중요시하는 경우도 있다. 특히, 보고서에 자주 등장하는 것처럼 "수준 5%에서 유의한 결과가 아니다"라는 관습적인 말들은 Robert Rosenthal의 지적과 같이 좋은 습관이 아니다. 5%에서 유의한 것은 성공이고, 5%에서 유의하지 않은 것은 실패인가? 검정을 제한하는 것이 너무 중차대한 일이고, 잘못 이해하는 것의 위험성은 너무 높기만 하고, 그렇게 물든 나쁜 습관자체도 비판의 대상이 되므로, 심리학 연구에서 유의성 검정을 금지하자는 주장이 나올지도 모르겠다.

이에 대해, 미국심리학회는 통계적 추론을 연구하는 특별전문위원회를 구성하였다. Robert Rosenthal은 이 위원회 공동 의장 가운데 한사람이다. 이 특별전문위원회는 검정의 금지를 원하지 않았다. 이 위원회의 보고서에는 좋은 통계적 습관이 무엇인가에 대해 다음과 같이 잘 요약하였다. 모집단을 명확히 정의하여라. 자료를 어떻게 얻었는지 기술하고, 가급적이면 확률화된 방법을 사용하여라. 사용하고자 하는 변수들을 잘 정의하고 어떻게 계량화하는지 기술하여라. 표본의 크기를 결정하고 크기를 그렇게 결정한 이유를 설명하여라. 만약 자료를 누락하였거나 다른 문제가 발생하면 그것에 대해서도 언급하여라. "가급적이면 빨리 자료를 취득하고, *어떤* 통계량이든 계산하기 전에 *자료를 다시 한 번 검토하여라.*" 계산된 결과에 대해 내가 얻고자 했던 것인가를 반문해 보아라. "확률화되지 않은 설계로부터 우연히 추론된 것은 위험천만한 것이다."라는 사실을 기억하여라.

통계적 검정에 대해 핵심이 되는 말을 하나 소개하고자 한다: "채택-기각의 결정이라는 이분법적인 것이 실제 p값을 구한다거나 신뢰구간을 구하는 일보다 더 좋지 않겠는가 라고 생각하는 것은 참 어려운 일이다. 가설검정의 어려움은 P-값을 보고할 때 유용한 크기의 추정량이 얼마나 되는가를 항상 알려야 한다는데 있다." 검정을 금지해 버릴까? "비록 이렇게 하는 것이 일부 남용을 근절시킬지는 몰라도, 특별전문위원회는 정당한 인내에 대해서는 충분한 보상이 있다고 생각하고 있다."

요약

통계적 추론은 자료에 대한 탐색적 분석에 비해 상대적으로 널리 이용되지 않고 있다. 어떤 추론 방법이라도 임의표본이나 확률화된 실험으로부터 올바른 설계가 필요하다. 신뢰수준과 통계적 유의성의 개념을 이해해야만 부적절한 결론을 내리지 않게 된다. 관측치의 수를 늘리면 같은 신뢰수준에 대해 구간의 길이가 짧아지므로 신뢰구간 추정의 유효성 향상에 도움이 된다. 가끔 관측치의 수가 너무 많은 것이 P-값을 너무 작게 하여 신뢰구간 추정보다 검정 결과의 해석을 더 어렵게 할 때도 있다. 만약 표본이 크다면 작은 P-값을 도출하는 것이 유익하지 않을 수도 있으며, 표본이 너무 작다면 모집단에 대한 중요한 사실에 대한 유의성을 찾지 못할 수도 있다. 결정을 하기 위해 5%와 같은 유의수준을 고정하는 것에 의지하려는 마음을 버려라.

EESEE

"Visibility of Highway Sings"는 문자와 기호로 표현된 다양한 고속도로 신호를 인식하는 능력을 조사하기 위한 연구에 관하여 설명하고 있다. 이 글을 읽고 4번 질문에 답하여라.

EXERCISES

23.1 TV 여론조사 TV 뉴스 프로그램에서 어떤 도시에서 권총 소지를 금지하는 것에 대해 전화여론조사를 실시하였다. 2372통의 전화 가운데 1921통의 전화를 한 사람들은 권총소지 금지를 반대하였다. 조사를 실시한 방송국에서는 "채널 13에서 실시한 전화여론조사에 참여했던 표본들의 81%가 금지에 반대했다. 총기소지를 반대한 시민들의 실제 비율이 표본 결과의 1.6% 이내에 있다고 95% 신뢰할 수 있다"고 방송했다. 신뢰구간은 옳다. 그러나 그 결과는 정당하지 못하다. 그 이유를 설명하여라.

23.2 대통령의 나이 Joe는 미국 대통령들을 주제로 보고서를 작성하였다. 그는 43명에 달하는 모든 대통령들이 백악관에 입성할 당시의 나이에 관심이 있었다. 그는 대통령이 된 모든 사람들의 나이에 대한 평균값을 구하고, 그 평균에 대한 95% 신뢰구간을 구하였다. 여기서 모순점이 무엇인가?

23.3 누가 이길 것인가? 선거 직전에 실시한 여론조사에서 유권자의 52%가 Snort

후보보다 Shrub 후보를 더 선호하는 것으로 나타났다. 이 조사 결과는 95% 신뢰수준에 ±3%의 표본오차를 가지고 있다. 이 결과를 본 전문가들은 이 선거의 결과를 예측할 수 없다고 진단했다. 그 이유를 설명하여라.

23.4 **부모님들이 얼마나 부자일까?** 학생들이 교육을 받은 정도와 그들 부모들의 금전적 사회적 상태와 관계 있을까? 사회과학자들이 쓰는 통어로 이것을 "사회경제적 상태(Socioeconomic Statue : SES)"라 한다. 그러나 SES는 대학 교육을 받고 또 그 이상의 교육을 받았던 간에 별로 영향을 미치지 못한다. 대학 졸업 여부를 물은 어느 연구에서는 경영학, 법학 및 다른 분야의 졸업 프로그램에 대한 졸업 자격시험을 다루었다. 법학 대학원에 진학하기 위한 LSAT를 치르는데 있어 부모의 SES 효과들은 "통계적으로 유의하지 않거나 매우 적었다."

(a) "통계적으로 유의하지 않다"는 말의 의미는 무엇인가?

(b) 효과가 작을 뿐 아니라 유의하지 못하다는 것이 중요하게 취급되는 이유를 설명하여라.

23.5 **ESP 찾기** 연구자는 500명의 실험대상으로부터 초감각적 지각(Extrasensory Perception : ESP)에 대한 증거를 찾으려 하고 있다. 이들 가운데 4명이 일반적인 기준보다는 유의적으로 우수하게($P<0.01$) 나왔다.

(a) 이들 4명이 ESP를 가졌다고 결론 내리는 것이 적절한 판단인가?

(b) 이들 4명 가운데 누가 ESP를 가졌는가를 검정하기 위해 연구자는 어떻게 해야 하는가?

23.6 **포장 디자인을 비교하기** 회사에서는 합성세제에 대한 두 가지 서로 다른 포장 디자인이 구매효과에 미치는 영향을 조사하고 있다. 수퍼마켓에 두 종류의 제품을 진열한 후 팔려 나간 5000병의 세제를 조사해 본 결과 디자인 A가 디자인 B에 비해 더 많이 판매된 것으로 알려졌다. 이 차이가 통계적으로 유의($P=0.02$)하였다면, 소비자들이 디자인 A를 더 선호한다고 결론 내릴 수 있는가?

23.7 **Africa에서의 색맹** 정착하여 농사만 짓는 농업사회보다 사냥을 하고 채집을 하면서 사는 사회에서 색맹이 덜하였을 것이라고 어느 고고학자는 추정하였다. 그는 아프리카 어느 곳에서 각 집단에 사는 다수의 성인들을 모집단으로 하여 검정한 결과, 사냥-채집 모집단에 속한 사람들의 색맹일 비율이 유의적으로 낮았다($P<0.05$). 색맹에 관한 이 주장을 받아들이는지를 결정하기 위해 어떤 부가적인 정보가 더 필요한가?

23.8 동남아시아 지역에서의 혈액형 두 개의 인간그룹들이 서로 분리된 모집단인가의 여부를 판단하는 방법 중 하나는 구성원들의 혈액형에 대한 분포를 비교하는 것이다. 어떤 고고학자는 중부 말레이시아에서 서로 다른 부족들의 혈액형(A, B, O, AB)의 비율이 유의적으로 다름($P=0.01$)을 발견하였다. 이들 부족들이 서로 다른 모집단이라는데 동의하기 위해서는 어떤 정보들이 더 필요한가?

23.9 유의성을 찾는 이유 연구 보고서에서 통계적 유의성이 자주 나오는가의 이유를 물었더니, "결과들이 유의하다는 것은 결과들이 우연한 변동에 의해 쉽게 설명되어지지 않기 때문이다"라고 대답했다. 이 말이 근본적으로 옳은가에 대해 생각해 보아라.

23.10 유의성이 유익한 이유는? 주어진 질문들 가운데 어느 것이 유의성검정에 관한 답인가?

(a) 표본이나 실험이 적절하게 설계되었는가?

(b) 관측된 효과가 우연에 기인한 것인가?

(c) 관측된 효과가 중요한가?

23.11 어떻게 정신분열증 환자를 구분할 것인가? 심리학자들이 정신분열증을 가진 사람들과 정신분열증이 아니라고 말하는 사람들을 표본으로 하여 77개 변수들을 측정하였다. 그들은 77개의 분리된 유의성검정을 사용하여 두 개의 표본을 비교하였다. 이 검정들 가운데 2개는 5% 수준에서 유의하였다. 성인 모집단에서 정신 분열증이 있는 사람들과 정신분열증이 아니라고 생각하는 사람들 사이의 77개 변수들이 서로 차이가 없다고 가정하자. 즉, 77개 귀무가설 모두가 참이라는 가정이다.

(a) 어떤 특정한 검정이 유의수준 5%에서 다른 결과를 보일 확률은 얼마인가?

(b) 77개 검정 가운데 2개가 유의수준 5% 하에서 유의하다는 것이 놀랄 만한 사실이 아닌 이유는 무엇인가?

23.12 대표본이 더 좋은 이유는? 통계학자들은 대표본을 더 선호한다. 주어진 각 경우에서 표본의 크기가 증가하기 때문에 얻는 효과를 간단히 설명하여라.

(a) 95% 신뢰구간에 대한 오차한계

(b) H_0가 거짓이고 n이 커짐에 따라 모집단에 대한 모든 것이 변화하지 않은 채 남아있을 때, 검정의 P-값

23.13 이것을 확신하는가? 지금 백신이 없는 바이러스에 대한 새로운 바이러스를 검

정하려고 계획하고 있다. 부작용이 심각하지 않기 때문에 100명의 자원봉사자들을 바이러스에 노출시켰다. 얼마가 지난 후, 자원봉사자들이 바이러스에 감염이 되었는지의 여부를 기록하였다.

(a) 백신을 검정하기 위해 설계된 실험에서 100명의 자원봉사자들을 어떻게 이용할 것인가를 설명하여라. 실험을 설계할 때 고려하는 중요한 사항들을 자세히 기술하여라(그러나 실제로 어떤 임의 할당은 하지 말아라).

(b) 백신이 위약보다는 우수하다는 것을 보이고 싶다. H_0과 H_a을 설정하여라(이 검정이 두 개의 모비율을 비교하도록 정의하여라).

(c) 실험의 결과로부터 $P-$값$=0.25$를 얻었다. 이 값이 의미하는 바를 설명하여라.

(d) 동료 연구자들이 백신의 정상적인 사용을 권고하기에 매우 충분한 이 증거를 고려하지 않고 있다. 동의하는가?

23.14 운동선수들이 졸업했나? 연습문제 22.12에서 언급했던 내용들을 다시 보자. 어느 큰 규모의 대학교의 경우 1994년에 입학했던 전체 학생들 중 69%만이 6년 이내에 졸업하였다. 같은 기간 동안에 체육 특기자로 입학한 152명 가운데 96명이 졸업을 했다. 체육 특기자들의 졸업비율은 전체 학생들의 졸업비율인 69%보다 유의하게 낮았다($P=0.060$). 체육특기자들의 졸업 비율에 대한 95% 신뢰구간으로부터 더 많은 정보를 얻을 수도 있다. 이를 구하라.

23.15 부자가 되길 원해 연습문제 22.13에서 언급했던 내용들을 다시 보자. 최근 전국적인 조사에서 대학교 1학년 학생들 가운데 73%가 인생의 중요한 목표로서 "돈 걱정을 하지 않는 것"이라 응답했다. 어느 대학교에서 임의로 추출된 200명의 1학년 학생들 가운데 128명이 이 목표가 중요하다고 응답했다. 돈이 중요하다고 생각하는 이 학교 1학년 학생들의 비율이 73%와 유의적인 차이가 있었다($P-$값$=0.004$). 돈이 중요하다고 생각하는 이 학교 1학년 학생들의 비율에 대한 95% 신뢰구간으로부터 더 많은 정보를 얻을 수도 있다. 이를 구하라.

23.16 유의한가? 여러 해에 걸쳐 수천 명의 학생들 가운데 대도시 고등학생의 89%가 졸업에 필요한 자격시험에 합격하였다. 개혁론자들은 수학과목의 새로운 교육과정이 합격할 비율을 높일 것이라는 주장을 하였다. 1000명의 학생들을 확률추출 하여 새로운 교육과정을 이수하게 하였다. 학교에서는 모든 학생들에게 새로운 교육과정을 적용하기 전에 실시하는 유의수준 5%의 검정에서 개선된 교육과

정이 의미가 있기를 원하고 있다.

만약 p를 새로운 교육과정을 채택한 후 시험에 통과하는 모든 학생들의 비율이라 하면, 다음 가설에 대해 검정해보자.

$$H_0:\ p = 0.89$$
$$H_a:\ p > 0.89$$

(a) 표본에서 1000명 가운데 906명이 시험을 통과했다고 하자. 이것은 유의수준 5%에서 유의하지 않음을 보여라(22장의 예제 3에서 사용한 방법을 참고하여라).

(b) 표본에서 1000명 가운데 907명이 시험을 통과했다고 하자. 이것은 유의수준 5%에서 유의함을 보여라.

(c) 1000명에서 906명이 통과하는 것과 907명이 통과하는 것 사이에 특별한 차이가 있는가? 고정된 유의수준의 중요성에 대해 견해를 말하여라.

23.17 신뢰구간을 좋아해 연습문제 23.16에서는 1000명의 확률표본 가운데 906명 또는 907명이 통과한 자료를 근거로 자격시험에 통과하기를 원하는 모든 학생들의 비율 p에 대한 유의성 검정을 비교하였다. 두 가지 경우에 대해 p에 대한 95% 신뢰구간을 구하여라.

23.18 Web을 이용하기 통계적으로 중요한 결과에 대한 예를 찾아보는 것도 의미가 있다. 관심있는 분야에 대해 생각해 보고 그것에 대한 결론을 말해 보아라. 필요하면 Web 사이트 "www.dartmouth.edu/~chance/chance_news/news.html"을 참조하여라.

웹탐색

미국심리학회의 통계적 추론을 연구하는 특별전문위원회의 보고서는 추론의 현명한 사용에 대한 우수한 개론서이다. 그 보고서는 1999년 저널 American Psychologist에 수록되었다. 여러분들은 www.apa.org/journals/amp.html로부터 이 보고서를 열람할 수 있다.

CHAPTER 24

이원분류표 및 카이제곱검정

여자 교수들

퍼듀 대학은 공학, 자연과학 및 기술분야가 유명한 "Big Ten"에 속하는 대학교들 중 하나이다. 2001~2002학년도 퍼듀에 재직했던 1593명의 교수들 가운데 357명이 여성이었다. 그 비율은 22%를 넘었고, 5명 가운데 1명은 여자 교수인 셈이다. 이 숫자는 전임교수 사회에서 여성이라는 성적 특성에 대해 크게 시사하는 바는 없다. 오히려, 여자 교수들이 농업분야 보다는 인문학 분야에 더 많이 재직하고 있다든가 하는 성별 이외의, 다른 변수들을 고려하는 것이 옳다.

교수들에게는 특별히 중요한 변수인 교수의 직급과 성별과의 관계에 대해 알아보자. 교수들은 조교수에서 시작하여 부교수를 거쳐 정교수가 된다. 다음 이원분류표는 퍼듀에 재직 중인 1593명의 교수들을 성별과 직급으로 분류한 표이다.

	여성	남성	합 계
조교수	125	227	352
부교수	151	362	513
정교수	81	647	728
합 계	357	1236	1593

위의 표를 통해 여성 교수들의 입지를 잘 이해할 수 있다. 남자교수들은 직급이 올라갈수록 인원수가 늘어나는데 비해 여자 교수들은 오히려 줄어들고 있다. 이것에 대한 관계를 더 명쾌하게 보기 위해서는 이들의 백분율을 구하는 것이 도움이 된다. 조교수의 35%가 여성인데 비해, 부교수는 약 29%만이 여성이며 정교수의 겨우 11%만이 여자 교수이다. 여자 교수의 숫자는 직급이 높아질수록 꾸준히 줄어들고 있다. 조교수에서 부교수로의 진급은 약 6년 정도 소요되고 정교수는 그것보다 좀 더 오래 걸린다. 여자 교수들의 숫자가 적은 것은 여자 교수들이 남자 교수들에 비해 나이가 더 어릴 수도 있으며, 진급하기가 더 까다로워 그럴 수도 있다. 더 자세한 이유를 알기 위해서는 더 많은 자료가 필요하다.

이원분류표

대학교수들의 직급과 성별은 모두 *범주형 자료*이다. 즉, 그들 각자는 범주들 속에 놓여져 있으나 점도표, 상관관계 및 회귀직선 등을 구하는데 필요한 숫자로 된 값은 없다. 두 범주형 변수들의 관계를 나타내기 위해서는 퍼듀 교수들을 성별별로 직급 사이의 표와 같은 **이원분류표**를 사용한다. 표에 있는 각 행이 교수들의 직급을 나열한 것이므로 **행변수**라 하고, 각 열이 개인의 성별을 나타내므로 **열변수**라 한다. 표에 기재된 사항들은 각 성별에 의한 직급에 속한 교수들의 수이다. 비록 성별과 직급 모두가 범주형 자료이기는 하나, 직급은 낮은 것에서부터 높은 것으로 순위화 되어있다. 표에서 행의 순위는 범주의 순서를 반영한 것이다.

이 표에 내재된 정보를 가장 잘 이끌어 내기 위해서 어떻게 하면 좋을까? 우선, *각 변수들의 분포를 분리하여 관찰한다.* 범주형 변수의 분포는 그것이 얼마나 자주 관측되는가를 말한다. 표의 오른쪽에 있는 "합계"열은 각 행들의 합을 나타낸다. 이 행의 합들은 남녀 관계없이 교수들의 직급의 분포이다. 표의 아래쪽에 있는 "합계"행은 각 열들의 합을 나타낸다. 이 열의 합들은 직급에 관계없이 교수들의 성별의 분포이다. 이들 분포를 더 명확하게 보기 위해서는 백분율을 사용하는 것이 좋다. 성별의 분포를 다음과 같이 나타낼 수 있다.

$$\text{여성의 백분율} = \frac{357}{1593} = 0.224 = 22.4\%$$

$$\text{남성의 백분율} = \frac{1236}{1593} = 0.776 = 77.6\%$$

이원분류표는 성별 및 직급만을 나타내는 두 개의 분포들보다 더 많은 정보를 가지고 있다. 성별과 직급 사이의 관계의 성질은 분리된 분포들로부터는 이끌어 낼 수 없으나, 완성된 표로부터는 가능하다. **범주형 변수들 사이의 관계를 나타내기 위해서는 취득한 숫자들을 이용하여 정확한 백분율을 계산하는 것이 좋다.**

예제 1 교수들의 직급과 성별

성별이 두 개밖에 없으므로, 성별과 직급과의 관계를 3개 직급에 속한 여성들의 백분율을 비교함으로써 볼 수 있다:

조교수	부교수	정교수
$\frac{125}{352} = 35.5\%$	$\frac{151}{513} = 29.4\%$	$\frac{81}{728} = 11.1\%$

백분율을 이용하면 상위직급에서 여성들의 숫자가 매우 적음을 확실히 볼 수 있다. 그것이 성별과 직급사이에 존재하는 연관의 성질이다.

이원분류표를 이용하여 작업을 하면 수많은 백분율을 계산해야 한다. 예제 1에서 여성들이 가지는 각 직급의 백분율을 구하기 위해 각 열의 합을 분모로 사용하였음을 주의 깊게 보자.

심슨의 모순(Simpson's paradox)

정량적 변수를 가진 것과 같이, 잠재변수들의 효과로 인해 두 범주형 변수들 사이의 관계가 바뀌거나 거꾸로 될 수도 있다. 예제에서 보듯 성별과 고학력을 주제로 계속 진행하여 보자. 여기에 있는 숫자들은 간단히 보면 인공적인 것처럼 보이지만, 실제 자료에서 자주 나타나는 현상의 예이다.

예제 2 입학 허가에서 성차별?

어느 대학교는 전자공학과 영문학의 두 개 학위과정만 있다. 이들 두 과정에 입학하는 데는 많은 경쟁을 거쳐야 하는데 여성정책을 담당하는 간부들은 여성들이 입학허가를 받는데 차별을 받고 있다고 생각한다. 간부회의는 대학교 측으로부터 다음과 같은 자료를 넘겨 받았는데, 모든 응시자들을 성별과 입학결정에 따라 분할한 이원분류표이다.

	남성	여성
합격	35	20
불합격	45	40
합계	80	60

이 자료는 응시자들의 성별과 그들의 당락 여부 사이의 연관성을 보여 주고 있다. 이러한 연관 관계를 더 정확하게 보기 위해서는 자료를 이용하여 백분율을 구하는 것이 좋다.

$$\text{남성 합격자들의 백분율} = \frac{35}{80} = 44\%$$

$$\text{여성 합격자들의 백분율} = \frac{20}{60} = 33\%$$

"아하! 지원했던 남성들 가운데 거의 절반 정도가 합격했으나 여성들은 1/3 정도만 합격했구나."

비록 관측된 연관성이 옳다고 해도 차별에 의한 것은 아니다고 답변했다. 이러한 사실을 입증하기 위해, 대학 측에서는 성별, 입학 결정 및 두 개의 학위 프로그램 별로 응시생들을 분류한 삼원분류표를 제시하였다. 보기 쉽게 하기 위하여 3개 변수별로 이원분류표를 나란히 놓는 방법으로 삼원분류표를 작성하였다.

전자공학		
	남성	여성
합격	30	10
불합격	30	10
합계	60	20

영문학		
	남성	여성
합격	5	10
불합격	15	30
합계	20	40

이 기재 사항들과 이원분류표에 있는 기재 사항들을 합하여 보자. 대학교 측에서는 단순히 학과별로 표를 나누었다. 표에서 보는 것처럼 보다시피 전자공학과는 남녀별로 정확히 절반을 합격시켰고, 영문학과에서는 남녀 각각 1/4을 합격시켰다. 각 학위과정별로 볼 때 입학결정과 성별 사이에는 *아무런 연관관계가 존재하지 않는다.*

각 학위과정으로 볼 때 전혀 연관성이 없는 것이 두 개가 결합하였을 때 전혀 예측할 수 없는 방향으로 강한 연관성이 나타날 수 있다는 사실을 어떻게 하면 보여 줄 수 있을까? 자료를 보자 : 영문학과는 합격점수가 높고 주로 여학생 응시자들이 지원하는 학과이다. 전자공학과는 입학이 상대적으로 쉬우며 주로 남학생 응시자들이 관심을 나타낸다. 영문학과는 40명의 여학생과 20명의 남학생이 지원한 반면, 전자공학과는 60명의 남학생과 20명만의 여학생이 지원하였다. 각 학위과정별 차이를 생각해 내지 못했던 원래 이차원 분류표는 잘못된 것이다. 이것이 심슨의 모순의 예이다.

직장에서 심슨의 모순 찾인가

"아니오, 나는 Homer Simpson이 **아니란** 말이오"

심슨의 모순

두 집단의 특성에 따라 여러 범주로 분류하면 전체적으로 높은 비율을 갖는 집단이 각 범주 내에서는 낮은 비율을 가질 수도 있다.

심슨의 모순은 관측된 연관성이 잠재변수로

인해 오도될 수 있는 극단적인 경우의 예이다. 15장에서 이야기 한 바 있는 경고를 기억하자 : "잠재변수를 경계하여라."

예제 3 저당권 대여에서의 차별성?

은행으로부터 가계 융자를 위한 신청서를 분석해 보니 인종에 따라 큰 차이가 있었다. 즉, 은행은 백인보다 흑인이 신청한 서류를 더 많이 기각했다. Washington D.C. 지역에서 소송이 제기 되었는데, 한 은행이 흑인에게는 17.5%를 기각하였는데 반해 백인에게는 3.3%만 기각했을 뿐이라는 것이다.

은행측은 기각비율이 서로 다른 이유를 잠재변수의 작용에 있다고 해명하고 하였다. 흑인들은 백인에 비해 평균적으로 임금이 낮고, 신용등급이 낮으며 직장의 안정성이 낮다는 것이다. 인종과는 상관없이 이러한 문제들이 대출 신청의 채택 여부를 결정하는 요인이 된다고 하였다. 이러한 잠재변수들이 인종문제와 복합되어 나타난 것이고, 은행은 흑인 신청자들에 대해 기각 결정을 더 많이 내릴 수밖에 없다고 하였다. 이것도 일종의 심슨의 모순이라 생각할 수 있는데, 같은 수입과 같은 신용을 가지고 있는 상황에서 이런 일이 일어났다면 은행측에서도 백인보다 흑인의 기각률이 높다는 사실을 인정했을 것이다.

어느 쪽이 옳은가? 양쪽은 모두 통계학자들에게 잠재 변수의 효과에 대한 분석을 의뢰해야 할 것이며, 법원도 결국은 통계학자들의 의견을 듣고 결정을 내려야 할 것이다.

이원분류표에 대한 추론

두 개의 범주형 변수들이 서로 관계가 있는가의 여부를 알아보기 위해 자료를 수집한 후 이차원 분류표를 작성한다. 표본 자료들의 조사는 쉽다. 자료들의 백분율을 구하여 행변수와 열변수 사이의 관계를 관찰한다. 표본에서의 연관성 여부가 완전한 모집단에서의 연관성에 대한 증거가 될 수 있는가? 다음은 유의성검정에 대한 질문이다.

예제 4 코카인 중독자에 대한 처방

코카인 중독자들은 쾌락을 즐기기 위해 약물을 필요로 한다. 그들에게 무력감과 싸울 수 있는 약을 투여하는 것이 코카인을 멀리하는데 아마 도움이 될 것이다. Desipramine이라 부르는 항울약(불안을 제거하는 약)과 lithium(코카인 중독을 치료하는데 사용하는 표준 처방) 및 위약(placebo)을 3년 동안 비교 연구하였다. 실험 대상자는 코카인 중독에서 해방되기를 원하는 72명의 만성 중독자들이다. 실험 대상자들에 대해 24명씩 임의로 할당하여 각 처방을 사용하였다.

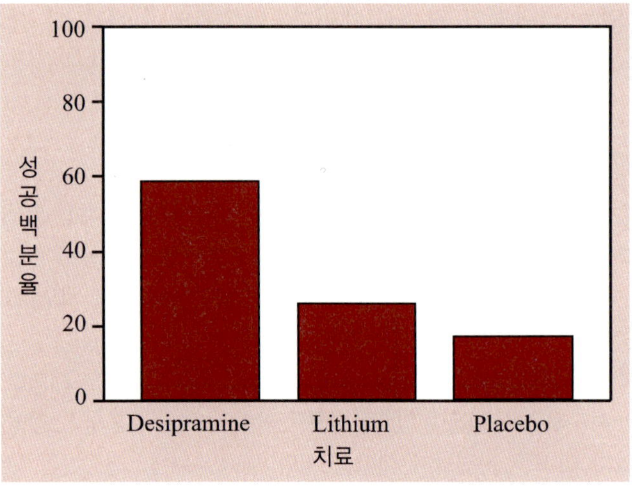

그림 24.1 코카인 중독에 대한 세 가지 처방의 성공률을 비교한 막대그래프

연구 기간 중 코카인을 멀리하는데 성공한 실험 대상자들의 수와 백분율은 아래와 같다.

그룹	처 리	실험대상자	성공한 사람의 수	백분율
1	Desipramine	24	14	58.3%
2	Lithium	24	6	25.0%
3	Placebo	24	4	16.7%

코카인을 멀리한 실험대상자들의 단순 비율은 매우 다르다. 특히, desipramine은 lithium이나 위약에 비해 매우 성공적인 처방이었다. 그림 24.1에 그린 막대그래프를 이용하여 결과들을 시각적으로 볼 수 있다.

이 자료들은 모든 코카인 중독자들의 모집단에서 발생과 처방 사이의 관계에 대한 좋은 증거가 되는가?

이원분류표를 사용하여 질문에 대한 답을 얻기 위한 검정 작업을 시작하자. 예제 4의 자료를 이용하여 이원분류표를 아래와 같이 작성하였다.

	성공	실패	합계
Desipramine	14	10	24
Lithium	6	18	24
Placebo	4	20	24
합계	24	48	72

다른 경우와 마찬가지로 귀무가설은 "처방들은 효과가 없다."이다. 즉, 중독자들은

세 가지 처방들 중 어느 것에도 같은 치료효과를 본다는 의미이며, 표본에서 차이가 나는 것은 우연에 의해서일 뿐이다. 우리가 설정한 귀무가설은 다음과 같다.

H_0: 처방과 모든 코카인 중독자들의 모집단에서 치료 성공은 아무런 연관성이 없다.

모집단 모수의 관점에서 이 가설을 표현하는 것이 약간 어색해서 문어체로 나타내게 되었다. 대립가설은 "그래, 중독자들이 받은 처방과 지속적으로 코카인을 멀리하게 되었는가 사이에는 약간의 연관 관계가 있다."라고 말하자. 대립가설은 관계의 성질을 명시하지는 않았다. 예를 들어, "desipramine을 복용한 중독자들이 lithium 및 placebo를 복용한 중독자들 보다 더 성공적이었다."와 같은 가설을 사용하지 않는다는 것이다.

H_0을 검정하기 위해 *기대도수*와 표에서 관측된 *관측도수*를 비교해야 하는데, 기대도수란 만약 귀무가설이 참일 경우에 기대할 수 있는 관측치의 개수이다. 이 코카인에 대한 연구에서도 기대도수를 구할 수 있다. 전체적으로 볼 때, 72명의 실험대상자들 가운데 24명만 이 성공해 성공률은 1/3이다. 만약 귀무가설이 참이라면 세 개 처방들 사이의 차이는 없을 것이다. 따라서 각 그룹에서 실험대상자들의 1/3이 성공했으리라 기대한다. 각 그룹마다 24명의 실험대상자들이 있으므로 8명이 성공하고 16명은 실패한다고 기대할 수 있다. 각 그룹에서 성공에 대한 비율이 같다고 기대해도, 만약 처방 그룹의 크기가 다르다면 기대도수도 역시 다를 것이다. 다행스럽게도, 기대도수를 쉽게 구하는 다음과 같은 공식이 있다.

기대도수들

H_0이 참일 때 이차원 분류표의 어떤 칸에서 기대도수는 다음과 같다.

$$\text{기대도수} = \frac{\text{행의 합계} \times \text{열의 합계}}{\text{총합}}$$

이것을 이용해 보자. 예를 들어, desipramine 그룹에서 성공의 기대도수는

$$\text{기대도수} = \frac{\text{1행의 합계} \times \text{1열의 합계}}{\text{총합}} = \frac{(24)(24)}{72} = 8$$

이다. 처방에 차이가 없다는 귀무가설이 사실이라면, desipramine을 처방한 24명의

실험대상자들 가운데 8명이 성공했다고 기대한다. 이것이 추측하고자 하는 것이다.

독자들에게

흡연과 생존 사이의 관계를 연구하기 위해 관측연구가 필요하다. 1972년에서 1974년 사이에 영국에서 실시한 바 있는 1314명의 여성들을 흡연과 비흡연으로 분류하여 실시했던 연구를 보자. 1996년에 연구자들이 연구대상이었던 여성들 가운데 생존해 있는 사람들을 조사하였다. 다음 표는 처음 조사 시점에서의 흡연여부와 1996년에 생존여부에 대해 분류해 놓은 것이다.

	흡연	비흡연	합계
생존	139	230	369
사망	443	502	945
합계	582	732	1314

흡연과 생존사이에 관련이 없다는 귀무가설을 검정하기 위해 흡연 여성들에 대해 1996년 시점에서 생존해 있는 사람들에 대한 기대도수를 계산하여라. 표본은 영국에 거주하고 있는 여성들로부터 추출한 확률표본이라 가정한다.

카이제곱검정

"관계가 없다"라는 귀무가설에 반하는 증거를 보기 위해 이차원 분류표 상의 관측된 개수를 실제로 관계가 없다는 가정 하에 우리가 기대하는 개수와 비교한다. 만약 관측도수들이 기대도수와 많이 동떨어진 값이라면, 그것이 우리가 찾고자 하는 증거인 것이다. 검정은 관측도수와 기대도수가 얼마나 멀리 있는가를 측정한 통계량을 사용하는데 다음과 같다.

카이제곱통계량

카이제곱통계량은 이차원 분류표 상에서 관측도수와 기대도수가 얼마나 멀리 있는가를 측정한 것이다. 통계량을 구하기 위한 공식은 다음과 같다.

$$\chi^2 = \sum \frac{(\text{관측도수} - \text{기대도수})^2}{\text{기대도수}}$$

$\sum$은 "표에 있는 모든 칸에 있는 값을 합한다."는 뜻이다.

카이제곱통계량은 표에 있는 각 칸에 대해 항들의 합의 개념이다. 코카인 예에서

desipramine 그룹 중 14명이 성공하였다. 이 칸에 대해 기대도수는 8이다. 따라서 이 칸으로부터 카이제곱통계량은

$$\frac{(\text{관측도수} - \text{기대도수})^2}{\text{기대도수}} = \frac{(14-8)^2}{8} = \frac{36}{8} = 4.5$$

이다.

좀 더 검정을

"관계가 없다"라는 것보다 더 명확한 가설에 대한 검정도 할 수 있다. 사회적 상태(상류층, 중산층 등)에 따라 사람들을 분류한 후, 10년이 지나 같은 사람들을 대상으로 다시 분류하자. 행과 열 변수들은 두 번에 걸쳐 나누어 진 것이다. "사회적 상태의 전체 분포가 바뀌지 않고 있다."는 가설을 검정할 수 있다. 혹은 상태의 이동이 결과적으로 균형을 이루게 되었는가에 대해서도 물을 수 있다. 이것들과 다른 가설들에 대해서도 통계적 검정을 할 수 있다.

예제 5 코카인 연구

코카인에 대한 관측 및 기대도수를 나란히 소개하였다.

	관측도수		기대도수	
	성 공	실 패	성 공	실 패
Desipramine	14	10	8	16
Lithium	6	18	8	16
Placebo	4	20	8	16

이원분류표에서 6개 칸에 대해 6개 항들을 더하여 카이제곱통계량을 구하여 보자.

$$\chi^2 = \frac{(14-8)^2}{8} + \frac{(10-16)^2}{16} + \frac{(6-8)^2}{8} + \frac{(18-16)^2}{16} + \frac{(4-8)^2}{8} + \frac{(20-16)^2}{16}$$

$$= 4.50 + 2.25 + 0.50 + 0.25 + 2.00 + 1.00 = 10.50$$

독자들에게

흡연과 생존 사이의 관계를 연구하기 위해 관측연구가 필요하다. 1972년에서 1974년 사이에 영국에서 실시한 바 있는 1314명의 여성들을 흡연과 비흡연으로 분류하여 실시했던 연구를 보자. 1996년에 연구자들이 연구대상이었던 여성들 가운데 생존해 있는 사람들을 조사하였다. 다음 표는 처음 조사 시점에서의 흡연여부와 1996년에 생존여부에 대해 분류해 놓은 것이다. 관측도수와 기대도수를 나란히 표시하였다.

	관측		기대	
	흡연	비흡연	흡연	비흡연
생존	139	230	163.4	205.6
사망	443	502	418.6	526.4

χ^2 통계량을 구하여라.

H_0이 사실이라면, χ^2값은 기대도수와 관측도수 사이의 거리가 얼마나 떨어져 있는가에 대한 측정치이다. $\chi^2=10.5$는 큰 값인가? 이것에 대한 의사결정은 $\chi^2=10.5$가 얼마나 변동성이 있는가를 판단하기 위해 표본분포와의 비교함으로서 판단할 수 있는데, 여기서 필요한 표본분포는 χ^2분포이다. χ^2값이 절대 음수가 될 수 없으므로 우측 비대칭을 하는 모양의 분포를 한다. 더욱이, 판단의 기준은 서로 다른 크기의 이원분류표에 따라 달라진다.

카이제곱분포

연관성이 없다는 귀무가설이 참일 때, 카이제곱통계량 χ^2의 표본분포를 **카이제곱분포**라 한다.

카이제곱분포들은 양의 값만 갖고 오른쪽으로 기울어져 있는 모양을 가진 분포의 집합이다. 카이제곱분포는 그것의 **자유도(degree of freedom: df)**에 따라 그 모양이 결정된다.

r개의 행과 c개의 열로 이루어진 이차원 분할표에 대한 카이제곱검정은 자유도 $(r-1)(c-1)$을 가진 카이제곱분포에서 얻어진 임계값을 사용한다.

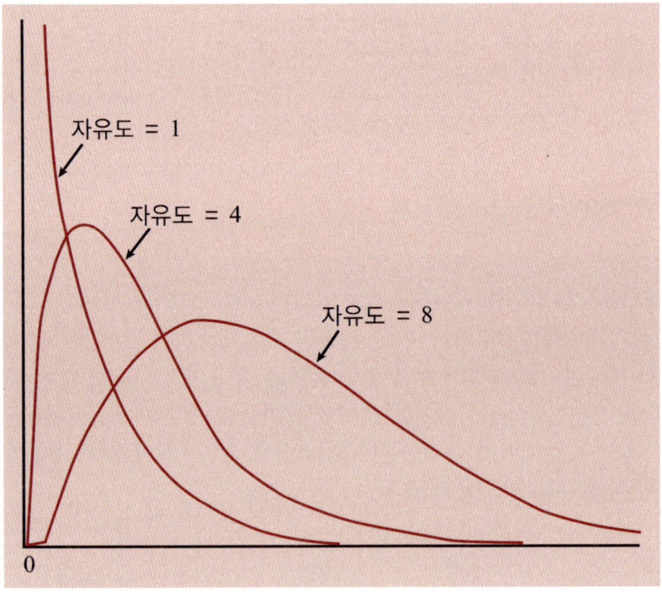

그림 24.2 3개의 서로 다른 자유도를 가진 카이제곱분포 족의 밀도곡선. 카이제곱통계량의 표본분포들도 이 족(family)에 속한다.

표 24.1 수준 α에서 유의하기 위해 카이제곱통계량은 α에 대해 표에 제시된 값보다 커야 한다.

	유의수준 α						
자유도	0.25	0.20	0.15	0.10	0.05	0.01	0.001
1	1.32	1.64	2.07	2.71	3.84	6.63	10.83
2	2.77	3.22	3.79	4.61	5.99	9.21	13.82
3	4.11	4.64	5.32	6.25	7.81	11.34	16.27
4	5.39	5.99	6.74	7.78	9.49	13.28	18.47
5	6.63	7.29	8.12	9.24	11.07	15.09	20.51
6	7.84	8.56	9.45	10.64	12.59	16.81	22.46
7	9.04	9.80	10.75	12.02	14.07	18.48	24.32
8	10.22	11.03	12.03	13.36	15.51	20.09	26.12
9	11.39	12.24	13.29	14.68	16.92	21.67	27.88

그림 24.2는 3개의 서로 다른 자유도를 가진 카이제곱분포 족의 밀도곡선을 나타내고 있다. 자유도가 증가함에 따라 밀도곡선은 기울어짐이 적은 모양이 된다. 카이제곱곡선 밑의 영역으로 표시된 P-값은 직접 구하는 것은 불가능하며 소프트웨어를 이용하여 구할 수 있다. 표 24.1은 그 값의 일부를 나타낸 것이다. 이 표에 의하면 카이제곱통계량 χ^2의 값이 큰 경우 어느 수준에서도 유의하다는 것을 알 수 있다. 이것은 실제 P-값에서도 항상 그런 것이 아니라 충분히 그럴 가능성이 높다는 의미이다. 각 자유도를 나타내는 숫자는 표에서 열로 구분되어 있다. 예를 들어, 자유도가 3인 카이제곱통계량은 그 값이 7.81보다 크다면 5% 수준에서 유의하고, 그 값이 11.34보다 크다면 1% 수준에서 유의하다.

예제 6 코카인 연구, 결론

Desipramine을 사용하는 것이 lithium이나 위약을 사용하는 것보다 훨씬 더 많은 성공을 한다는 것을 보았다. 관측도수와 기대도수를 비교하여 카이제곱통계량 $\chi^2 = 10.5$를 얻었다. 마지막 단계는 유의성을 산출해 내는 것이다.

코카인 연구에 대해 2개 출현에 대한 3개 처방의 이원분류표는 3개의 행과 2개의 열을 갖는다. 즉, $r = 3$, $c = 2$이므로, 카이제곱통계량은 자유도

$$(r-1)(c-1) = (3-1)(2-1) = 2 \cdot 1 = 2$$

를 갖는다.

표 24.1에서 자유도=2인 열을 보자. $\chi^2 = 10.5$는 유의수준 $\alpha = 0.01$에서 유의성에 필요한 임계값 9.21보다는 크나, $\alpha = 0.001$에 대한 임계값 13.82보다는 작다. 코카인 연구는 처방과 성공 사이에 유의한 관계($P < 0.01$)가 있다는 것을 보여 주고 있다.

유의성검정은 처방과 성공 사이에 어느 정도 연관관계가 있다는 강한 증거를 갖고 있다는 것만 보여 줄 뿐이다. 즉, 관계의 성질을 보기 위해 이원분류표를 보아야 한다.

독자들에게

흡연과 생존 사이의 관계를 연구하기 위해 관측연구가 필요하다. 1972년에서 1974년 사이에 영국에서 실시한 바 있는 1314명의 여성들을 흡연과 비흡연으로 분류하여 실시했던 연구를 보자. 1996년에 연구자들이 연구대상이었던 여성들 가운데 생존해 있는 사람들을 조사하였다. 다음 표는 처음 조사 시점에서의 흡연여부와 1996년에 생존여부에 대해 분류해 놓은 것이다. 관측도수와 기대도수를 나란히 표시하였다.

	관측		기대	
	흡연	비흡연	흡연	비흡연
생존	139	230	163.4	205.6
사망	443	502	418.6	526.4

이 결과로부터 χ^2 통계량은 9.09로 계산된다. 이 연구결과로 보아 흡연상태와 생존 사이에는 통계적으로 유의한 관계가 있는가?

카이제곱검정의 사용

모비율에 대해 검정한 것과 같이 카이제곱은 얼마나 많은 자료를 이용하는가에 따라 그 정확성이 가려진다. 이 검정을 안전하게 사용하기 위한 규칙을 소개하고자 한다.

카이제곱검정에 필요한 칸 별 관측치의 개수

모든 칸의 적어도 20% 미만인 칸의 기대도수가 5보다 작고 모든 칸의 개별 기대도수들이 1 이상일 때 카이제곱검정을 안전하게 사용할 수 있다.

코카인 연구의 예는 이 기준을 쉽게 통과한다: 모든 칸에 대해 기대도수가 8이나 16이었다. 다음은 이차원 분할표에 대한 마지막 예제이다.

예제 7 화를 잘 내는 사람들이 심장병에 더 잘 걸릴까?

쉽게 화를 내는 사람들은 심장병에 더 잘 걸리는 경향이 있다. 다음은 4년 동안 3곳에 사는 사람 12,986명을 임의표본으로 하여 연구한 결과이다. 모든 실험대상자들은 연구를 시작할 때는 심장병과는 아무런 관련이 없는 상태였다. 실험대상자들은 어떤 사람이 갑자기 화를 내기 위해 움츠리는 정도를 측정한 값 Spielberger Trait Anger Scale을 갖는다. 다음은 표본에서 정상적인 혈압을 가진 8474명에 대한 자료이다. CHD는 "관상동맥질환(coronary heart disease)"을 의미한다. 여기에는 심장병을 앓고 있는 사람들과 심장질환을 위해 처방이 필요한 사람을 포함된다.

	화냄 점수		
	낮 음	보 통	높 음
표본의 크기	3110	4731	633
CHD 사람수	53	110	27
CHD 백분율	1.7%	2.3%	4.3%

이 자료는 명백한 추세를 가지고 있다 : 화냄 점수가 높아짐에 따라 심장질환을 겪는 사람의 퍼센트도 높아지고 있다. 화를 내는 것과 심장질환의 관계는 통계적으로 유의한가?

첫 번째 단계는 심장질환을 겪지 않은 사람들의 숫자를 더하여 이원분포표의 자료로 쓰는 것이다. 또한 기대도수를 구할 때 사용하기 위해 해의 합과 열의 합을 구하였다.

	화를 적게 냄	화를 보통 냄	화를 많이 냄	합 계
CHD	53	110	27	190
No CHD	3057	4621	606	8284
합 계	3110	4731	633	8474

22장에서 했던 것처럼, 유의성검정을 위해 다음 단계를 진행하자.

가설 다음 가설에 대해 카이제곱검정을 실시하자.

H_0 : 화를 내는 것과 CHD 사이에는 아무런 관계가 없다.

H_a : 화를 내는 것과 CHD 사이에는 어떤 관계가 있다.

표본분포 모든 칸의 기대도수가 5 이상이므로 카이제곱검정을 실시한다. 화를 냄과 CHD 사이의 이차원 분할표는 2개의 행과 3개의 열을 갖는다. 따라서 자유도 = (2−1)(3−1) = 2을 가진 카이제곱분포로부터 얻은 임계값을 사용한다.

자료 우선 각 칸의 기대도수를 계산한다. 예를 들어, CHD를 가진 화를 잘 내는 사람의 기대도수는

$$\text{기대도수} = \frac{\text{1행의 합계} \times \text{3열의 합계}}{\text{총합}}$$

$$= \frac{(190)(633)}{8474} = 14.19$$

이다. 다음은 관측도수와 기대도수의 완성된 표를 나란히 나타내었다.

	관측도수			기대도수		
	낮음	보통	높음	낮음	보통	높음
CHD	53	110	27	69.73	106.08	14.19
No CHD	3057	4621	606	3040.27	4624.92	618.81

이 도수들을 보면, 화를 잘 내는 그룹은 기대도수보다 CHD가 더 높고, 화를 적게 내는 그룹은 기대도수보다 CHD가 낮다. 이것은 예제 7에서 퍼센트가 보여주는 것과 일치한다. 카이제곱통계량은 아래와 같다.

$$\chi^2 = \frac{(53-69.73)^2}{69.73} + \frac{(110-106.08)^2}{106.08} + \frac{(27-14.19)^2}{14.19}$$
$$+ \frac{(3057-3040.27)^2}{3040.27} + \frac{(4621-4624.92)^2}{4624.92} + \frac{(606-618.81)^2}{618.81}$$
$$= 4.014 + 0.145 + 11.564 + 0.092 + 0.003 + 0.265 = 16.083$$

실제로, 통계용 소프트웨어를 사용하면 이 값을 쉽게 구할 수 있다. χ^2을 구하기 위해 더했던 6개의 항을 살펴보자. 합의 대부분은 하나의 칸으로부터 얻어진 것임을 알 수 있다 : 즉, 화를 잘 내는 사람들이 기대도수보다 높은 CHD를 가진 것이 원인인 것이다.

유의성? 표 24.1의 자유도=2인 줄을 보자. 계산된 $\chi^2 = 16.077$은 유의수준 $\alpha = 0.001$에서 임계값 13.82보다 크다. 화를 잘 내는 것과 심장질환 사이에는 관계가 있다는 높은 유의적인 증거(P-값 <0.001)가 있음을 알았다. 통계용 소프트웨어를 이용하여 P-값을 구하면 $P = 0.0003$이다.

화를 내기 위해 움츠리는 것이 심장병과 관계가 있다고 결론지을 수 있는가? 이 문제는 실험이 아니라 관측을 이용한 과제이다. 일부 잠재변수들이 화를 내는 것과 혼합되어 있다는 것은 놀랄 일이 아니다. 예를 들어, 화를 잘 내는 사람들 가운데는 일반 사람들보다 음주나 흡연을 하는 사람들이 더 많다.

요약

범주형 변수들은 개체들을 계급들로 그룹화 한다. 두 개의 범주형 변수들 사이의 관계를 나타내기 위해 계급들 사이의 **이원분류표**를 사용한다. 범주형 변수들 사이에 존재하는 연관성의 성질은 백분율을 비교하여 설명할 수 있다. 잠재변수들이 관측된 연관성을 잘못 이해하게 만들 수도 있다. 어떤 경우, 모든 수준들을 하나로 묶었을 때, 잠재변수들을 간과함으로서 연관성의 방향이 바뀌거나 연관성 자체가 없어지기도 한다. 이것이 **심슨의 모순**이다.

카이제곱검정은 이원분류표에서 관측된 연관성이 통계적으로 유의한가의 여부를 알고자할 때 사용한다. **카이제곱통계량**은 표에 나타난 관측값의 도수와 행과 열 변수들 사이의 연관성이 없다고 가정한 후 구한 기대도수를 비교한다. 이 때, 표본분포는 정규분포가 아니라 **카이제곱분포**라는 새로운 분포이다.

EESEE

"Surviving the Titanic"은 타이타닉호가 가라앉았을 때 사망자와 생존자에 대한 정보를 알려주고 있다. 이 글을 읽고 1번과 2번 질문에 답하여라.

EXERCISES

24.1 **과외활동과 학점** 노스캐롤라이나 주립대학은 화학공학 전공의 한 과정으로 전공과 관련된 학생활동을 권장하고 있다. 관심이 있는 것은 과외활동에 보낸 시간과 학생들이 C학점 이상을 취득하였는가의 관계이다. 다음은 과외활동에 대해 질문에 응답한 119명의 학생들에 대한 자료이다.

	과외활동(주당 시간)		
	2시간 미만	2시간~12시간	12시간 이상
C학점 이상	11	68	3
D학점이나 F학점	9	23	5

과외활동에 보낸 시간과 학업이수 사이에 관계의 성질을 알아보기 위해 백분율을 계산하여라.

24.2 **학생들과 학부모들의 흡연** 학생들의 흡연 습관이 그들 부모들의 흡연과 얼마나 관계가 있는가? 다음은 8개의 애리조나 지역 고등학교 학생들을 대상으로 조사한 결과이다.

	학생 흡연	학생 비흡연
양친 모두 흡연	400	1380
부모 중 한사람만 흡연	416	1823
양친 모두 비흡연	188	1168

24.3 **비단뱀의 알** 물비단뱀의 알의 부화가 뱀 둥지 내의 온도에 얼마나 영향을 받는가? 연구자들은 알이 든 둥지들에 대해 세 가지 온도(더움, 중간, 서늘함)를 유지시켰다. 더움은 알을 어미가 품고 있는 상태이며, 서늘한 온도는 어미를 알에서 떼어 논 상태이다. 다음은 여러 개의 알을 대상으로 조사한 결과인데, 각 온도별 부화상태를 나타낸 것이다.

	알	부화
서늘함	27	16
중간	56	38
더움	104	75

(a) 결과(부화의 여부)와 온도에 따라 이원분류표를 작성하여라.

(b) 각 그룹에서 부화된 알의 퍼센트를 계산하여라. 연구자들은 서늘한 상태에서는 알이 부화되지 않을 것이라 예측했다. 이 자료를 통해 볼 때 그들의 예측이 맞았는가?

24.4 **총기에 의한 사망** 총기에 의한 사망은 미국에서 자동차 사고 다음으로 많은 사망원인을 차지한다. 다음은 2000년과 2002년 사이에 위스콘신 주의 Milwaukee 지역에서 일어난 총기와 관련된 모든 사망 사건에 대한 연구이다. 우리는 총기에 의한 살인과 자살의 비교에 관심이 있다. 장총(엽총 및 라이플총)은 많은 사람들이 사냥용으로 가정에 지니고 있으므로, 자살에 주로 사용되었으리라 추측한다. 막대그래프를 사용하여 살인과 자살을 자세히 비교해 보자. 장총과 권총에 대해 어떤 사실을 알 수 있는가?

	권총	장총	합계
살인	106	17	123
자살	59	107	166

24.5 **누가 학위를 취득했는가?** 학위를 취득한 남성과 여성들의 수를 어떻게 비교하겠는가? 학위와 관련된 2001년의 통계연감으로부터 학위 종류와 성별에 따른 학위 취득자의 분류 결과를 아래 표에서 나타내었다(단위: 1000명).

	학사	석사	전문가	박사
여 성	712	274	37	20
남 성	532	194	43	25
합 계	1244	468	80	45

(a) 얼마나 많은 사람들이 학사학위를 취득했는가? 학사학위 취득자들의 합계가 여성과 남성의 합계와 다른 이유가 무엇이겠는가?

(b) 여성이 취득한 학위들에 대해 학위별로 퍼센트를 구하여라. 학위와 성별과의 관계에 대해 위의 자료로부터 얻을 수 있는 정보를 설명하여라.

24.6 경영대학에서 성별과 전공 일리노이 대학의 경영대학에서는 젊은 남녀의 직업에 대한 연구를 위해 4학년 전체 722명에게 설문지를 보내었다. 그 중 하나의 질문은 "경영대학에서 어느 전공을 선택하겠는가?"이다. 다음은 응답한 학생들로부터 취득한 자료이다.

	여성	남성
회계학	68	56
경영학	91	40
경제학	5	6
재정학	61	59

여성들과 남성의 전공의 분포들 사이에 존재하는 차이점들을 백분율과 그래프로 및 말로 설명하여라.

24.7 합은 충분하지 않아 두 개의 행과 두 개의 열을 가진 이원분할표에 대해 행합계와 열합계를 구하였다.

a	b	50
c	d	50
60	40	100

이와 같은 합이 얻어지는 표에 대해 도수 a, b, c 및 d의 서로 다른 두 개의 집합을 구하여라. 이것은 두 변수들 사이의 관계가 변수의 주변합으로부터 얻어지지 않음을 보여준다.

24.8 비행기 편 지연 다음은 한 달 동안 두 개의 항공사가 5개의 공항에서 정시 도착 및 지연 도착한 편수에 관한 자료이다. 각 항공사에 대해 정시에 도착하는 전체 편수에 대한 백분비는 자주 뉴스에 보도된다. 운항을 관재하는 공항은 다

음과 같은 보도로 다른 사람들을 오해하게 만드는 일종의 잠재변수이다.

	알래스카 항공사		America West	
	정 시	지 연	정 시	지 연
Los Angeles	497	62	694	117
Phoenix	221	12	4840	415
San Diego	212	20	383	65
San Francisco	503	102	320	129
Seattle	1841	305	201	61

(a) 모든 알래스카 항공사편이 지연될 사건의 백분율은 얼마인가? 모든 America West편이 지연될 사건의 백분율은 얼마인가? 이것들이 주로 언론에 보도되는 숫자이다.

(b) 이제 5개 공항 각각에서 알래스카 항공사에 대한 지각 편수의 백분율을 구해보자. America West에 대해서도 같이 구해보자.

(c) America West는 5개 공항의 대부분에서 알래스카 항공사보다 나쁘나, 전체적으로는 우수하다. 그것은 불가능하다. 자료를 곰곰이 살펴보고 어떻게 이런 일이 일어났는지 설명하여라(Phoenix와 Seattle의 기후가 심슨의 모순에 관한 이 예제의 배후에 숨어 있다).

24.9 인종과 사형 살인자가 사형을 언도 받는가의 여부는 희생자의 인종에 의해 영향을 받는다. 다음은 피고인이 살인자라고 확신하는 326개 경우들에 대한 자료이다.

	백인 피고인	
	백인 희생자	흑인 희생자
사형언도	19	0
사형면함	132	9

	흑인 피고인	
	백인 희생자	흑인 희생자
사형언도	11	6
사형면함	52	97

(a) 이 자료를 이용하여 사형(언도, 면함)과 피고인의 인종(흑인, 백인)에 관한 이원분류표를 작성하여라.

(b) 심슨의 모순이 있음을 보여라: 백인 피고인의 퍼센트가 높을 때는 모두 사형을 언도 받았으나, 흑인과 백인 희생자들에 대해 흑인 피고인의 비율이 높은 곳에서는 사형을 언도 받았다.

(c) 자료를 사용하여 판사가 이해할 수 있도록 모순에 대해 설명하여라.

24.10 경영대학에서의 성별 전공 연습문제 24.6에서 젊은 남녀의 직업에 대한 연구를 위해 4학년 전체 722명에게 설문지를 보내었다.

(a) 관측된 칸 도수 중 두 개는 작은 수이다. 이 자료는 카이제곱검정의 안정성 에 관한 지침을 만족시키는가?

(b) 경영대학에 재학 중인 학생들의 성별과 전공사이에는 통계적으로 유의한 관계가 존재하는가?

(c) 몇 %의 학생들이 질문에 응하지 않았는가? 무응답으로 인해 결론이 오도되었을 가능성을 이 자료를 이용하여 설명하여라.

24.11 과외활동과 학점 연습문제 24.1에서 여러분들은 과외활동과 학업 이수 사이의 관계에 대해 학습하였다. 이 두 변수들 사이의 관계는 통계적으로 유의한가? 아래 절차를 통해 입증하여 보자.

(a) 연습문제 24.1에 제시된 이원분류표에서 행과 열의 합을 구하자. 기대도수와 가장 멀리 떨어진 관측도수는 어느 것인가?

(b) 카이제곱통계량을 구하여라. 어떤 값이 이 통계량에 가장 큰 영향을 미쳤는가?

(c) 자유도는 얼마인가? 표 24.1을 이용하여 이 카이제곱검정을 실시한 결과 유의성 여부를 설명하여라. 이 검정에 대한 결론을 간단히 설명하여라.

24.12 학생들과 학부모들의 흡연 연습문제 24.2에서 학생들의 흡연습관이 그들 부모들의 흡연과 얼마나 관계가 있는가에 대해 보았다. 어린이들은 그들 부모의 흡연율이 높을수록 담배를 많이 피우는 경향이 있다. 이러한 연관관계가 통계적으로 유의한가 알고 싶다.

(a) 카이제곱검정의 가설을 설정하여라. 모집단이 무엇인가?

(b) 칸의 기대도수를 구하여라. "기대도수"란 무엇인가에 대해 간단히 설명하여라.

(c) 카이제곱통계량과 자유도를 구하여라. 유의성에 대한 결론을 쓰시오.

24.13 비단뱀 알 연습문제 24.3에서 물비단뱀의 알의 부화가 뱀 둥지 내의 온도에 얼마나 영향을 받는가를 알기 위해 둥지 내에 놓여진 알에 3가지 종류의 온도(더움, 중간, 서늘함)를 유지시켰다. 이 온도가 부화에 유의한 효과가 있었는가? 이를 검정하고 결론을 말하여라.

24.14 스트레스와 심장병 스트레스를 잘 관리하는 것이 심장병을 감소시키는데 효과가 있다는 연구가 신문에 보도되었다. 3개의 그룹에 임의로 할당된 107명의 실험대상자 모두가 심장으로 흐르는 피의 양을 감소시켰고, 그 결과 심장병의 위험성이 줄었다는 것이다. 신문 기사를 간단히 소개하면 다음과 같다.

첫 번째 그룹은 4개월짜리 스트레스 관리 프로그램을 이수했고, 두 번째 그룹은 4개월짜리 운동 프로그램을, 세 번째 그룹은 주치의로부터 일상적인 심장병 치료를 받았다.
그로부터 3년 이내에, 스트레스 관리그룹에 속한 33명 중 3명만이 심각한 정도의 "심장질환"을 앓았다. 같은 기간 동안 운동그룹에 속한 34명 중 7명과 일상적인 치료를 받은 40명 중 12명이 동일한 정도의 심장질환을 앓았다.

(a) 신문에서의 정보를 사용하여 이원분류표를 만들어라.
(b) 심장질환을 피한다는 의미에서 세 가지 처방들의 성공률을 구하여라.
(c) 처방들 사이에 차이가 없다는 귀무가설 하에서 칸의 기대도수를 구하여라.
(d) 이들 3개 처방들에 대한 성공률 사이에 유의한 차이가 있는가?

24.15 Web을 이용하기 Purdue 대학교에서는 2001~2002 학년도 교수들의 직급과 성별에 대한 자료를 공개하였다. 다른 대학교에도 유사한 자료가 있다. Web 사이트를 이용하여 등급과 성별에 대한 다른 학교의 자료를 검색해 보아라. Purdue 대학교의 자료와 유사한 형태인가? Google에서 "faculty headcount by rank and gender"을 입력해 보아라.

PART IV

Review

통계적 추론은 표본을 이용하여 모집단에 대한 결론을 도출하고 이 결론들이 얼마나 믿을만 한가에 대한 척도로 확률을 사용한다. 신뢰구간은 미지의 모수를 추정한다. 유의성검정은 모수에 대한 어떤 주장에 대한 증거가 얼마나 강한가를 보여준다. 21장과 22장에서 신뢰구간 및 검정의 원리를 제시하였고, 모비율 p의 추론에 대해 상세하게 다루었다.

신뢰수준은 신뢰구간이 실제로 모수를 얼마나 많이 포함하고 있는가에 대한 확률값이며, 95% 신뢰구간은 무수히 많이 반복 실험했을 때, 실행횟수의 95%만이 정확한 결과를 준다는 의미다. 그림 IV.1은 모비율 p에 대한 근사 95% 신뢰구간을 사용하는 이유를 예시하고 있다.

관측된 검정통계량의 유의확률을 P-값이라고 하는데, 이 값은 그 관측치에 의하여 H_0를 기각시킬 수 있는 검정법들의 유의수준 α값 가운데 최소값이다. 그림 IV.2는 *만약 귀무가설이 참이라면*, $\hat{p}$ 가 모든 가능한 표본들에서 얼마나 다양한가를 보여주는 정규곡선 상의 하나의 표본으로부터 표본비율 $\hat{p}$가 위치한 것을 예시하고 있다. P-값은 측정된 결과가 얼마나 의외인 것인가를 말해준다. 매우 의외의 결과들(작은 P-값)은 귀무가설이 참이 아니라는 좋은 증거이다.

추론의 사용이 충분하거나 불충분하거나 간에, 기본적인 개념은 알아야 하며, 일부 분명하지 않은 점들이나 함정을 조심해야 한다. 23장이 도움이 될 것이다. 선택 내용인 24

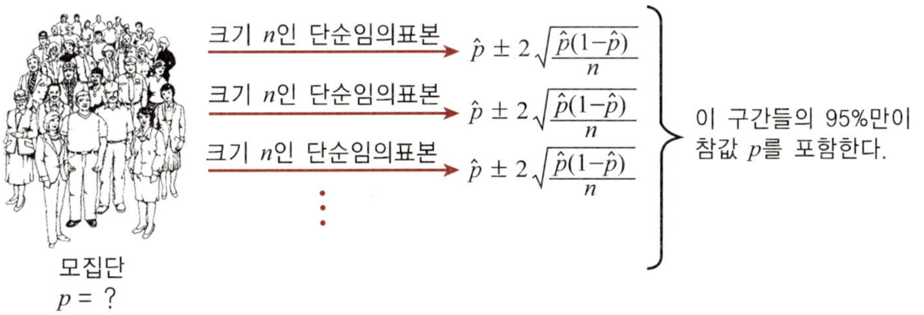

그림 IV.1 신뢰구간의 개념

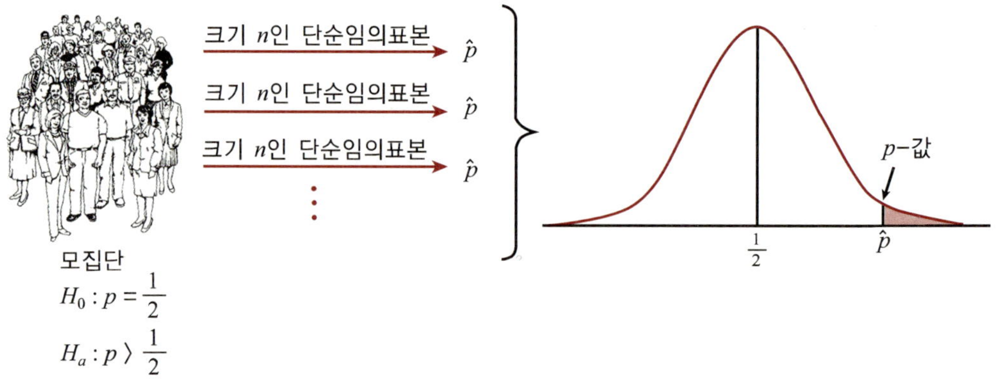

그림 IV.2 유의성검정의 개념

장과 25장에서 추론 절차에 대해 더 깊이 다루었다. 특히 24장에서는 추론과 서술적 정리를 함께 하기 위해 이원분류표를 학습하였다. 25장에서는 모평균의 추론을 다루었다.

요약

다음은 21장에서 25장까지 학습한 내용 가운데 가장 중요하다고 생각되는 부분들을 기술하였다.

A. 표본분포

1. 표본분포의 개념을 이해하려면, 그림 21.1을 보자.
2. $\hat{p}$를 포함하는 확률을 구하기 위해 표본비율 $\hat{p}$의 표본정규분포와 68−95−99.7 법칙을 이용한다.
3. $\bar{x}$를 포함하는 확률을 찾기 위해 표본평균 $\bar{x}$의 표본정규분포를 이용한다.

B. 신뢰구간

1. 신뢰구간의 개념을 이해하려면, 그림 IV.1을 보자.
2. "95% 신뢰구간"이 의미하는 것과 통계를 이용한 보고서에서 신뢰의 다른 의미를 전문용어가 아닌 말로 이야기해보자.
3. 모비율 p에 대한 근사 95% 신뢰구간을 구하기 위해 기본 공식 $\hat{p} \pm 2\sqrt{\hat{p}(1-\hat{p})/n}$

를 사용한다.

4. 신뢰구간의 오차한계가 표본의 크기와 신뢰구간에 따라 어떻게 결정되어지는가를 이해하자.
5. 부적합한 자료의 생성, 무응답 자료의 무시, 이상점 자료의 무시 등과 같은 추론을 적용할 때 생길 수 있는 중요한 실수를 찾아내자.
6. 모비율 p에 대한 신뢰구간을 구하기 위해 정규분포를 이용하여 작은 값까지 구할 수 있는 공식 $\hat{p} \pm z^* \sqrt{\hat{p}(1-\hat{p})/n}$과 임계값 z^*를 사용한다.
7. 모평균 μ에 대한 신뢰구간을 구하기 위해 공식 $\overline{x} \pm z^* s / \sqrt{n}$을 이용한다.

C. 유의성검정

1. 유의성검정의 개념을 이해하기 위해 그림 IV.2를 보자.
2. 구하고자 하는 모수가 모비율 p일 때, 실제 검정상황에서 귀무가설과 대립가설을 말해보자.
3. 검정에서 P-값이 주어진 값일 때, P-값의 의미를 전문적 용어가 아닌 말로 설명해 보자.
4. 유의수준 "5%에서 통계적으로 유의하다는 말의 의미"를 P-값과 연관지어 말해보자.
5. 유의성검정이 유효성의 크기나 부적절함을 측정하지 않는다는 것을 인식하자.
6. 결과의 유의성과 표본의 크기와의 관련성에 대해 말해보고, 그 의미를 깨닫자.
7. 모비율 p에 대한 검정을 위해 P-값을 사용하자. 이 값을 알기 위해 표 B에서 정규분포의 백분율을 찾아보자.
8. 표본평균 $\overline{x}$와 표 B를 이용하여 모평균 μ에 대한 단측 및 양측검정을 실시해보자.

D. 이원분류표

1. 관측치들을 범주형 변수에 따라 이원분류표에 배치하여 보자.
2. 두 범주형 변수들 사이의 관계를 알아보기 위해 이원분류표 상에 있는 숫자들로부터 백분율을 계산하자.
3. 이원분류표를 이용하여 카이제곱검정을 실시할 때, 귀무가설을 설정하여라.
4. 이원분류표로부터 칸의 기대도수, 카이제곱통계량 및 자유도를 계산하여라.
5. 유의성 계산을 위해 카이제곱분포에 대한 표 24.1을 이용하자. 가설검정을 실시한 결과에 대해 이야기하자.

EXERCISES

연습문제들은 이 책의 각 부에서 기본 개념의 능숙한 이해를 돕기 위한 간단하고 직설적인 문제들이다.

IV.1 **큰 사건들** 489명의 성인들을 단순임의추출하여 조사한 결과, 그들 가운데 347명이 20세기 일어났던 가장 중요한 사건으로 제2차 세계 대전을 택했다. 모든 성인들 가운데 제2차 세계 대전을 20세기의 가장 중요하다고 생각하는 사람들의 비율에 대한 95% 신뢰구간을 구하여라.

IV.2 **음주문제** 1039명의 성인들을 단순임의추출하여 조사한 결과 374명이 그들 가정의 가장 큰 문제점으로 음주문제를 들었다. 모든 성인들 가운데 음주관련 문제가 그들 가정의 가장 큰 문제라고 생각하는 사람들의 비율에 대한 95% 신뢰구간을 구하여라.

IV.3 **큰 사건들** 연습문제 IV.1에서 489명의 성인들에 대한 단순임의추출의 결과를 보았다. 모든 성인들의 정확히 70%가 20세기의 가장 중요한 사건으로 제2차 세계대전을 꼽았다고 하자. 이 모집단으로부터 크기 489명인 단순임의표본을 매우 많이 선택한 후, 각 표본에서 제2차 세계대전을 선택한 사람들의 백분율을 기록하였다고 생각하자. 이 모든 퍼센트 값의 '중앙에서의 95%'는 어느 구간에 놓였는가?

IV.4 **음주문제** 연습문제 IV.2에서 1039명의 성인들에 대한 단순임의추출의 결과를 보았다. 모든 성인들을 모집단으로 했을 때, 정확히 35%가 그들 가정의 가장 큰 문제점으로 음주문제를 들었다고 가정하자. 이 모집단으로부터 크기 1039명인 단순임의표본을 매우 많이 선택한 후, 각 표본에서 음주문제를 선택한 사람들의 비율 $\hat{p}$를 기록하였다고 생각하자.

(a) $\hat{p}$에 대한 표본분포를 구하여라.

(b) 응답자들의 36.5% 이상이 그들 가정의 가장 큰 문제점으로 음주문제를 꼽은 모든 표본의 근사 퍼센트를 구하기 위해 이 분포와 68-95-99.7 규칙을 사용하여라.

IV.5 **술을 너무 많이 마셨어** 음료를 마시는 684명의 성인들을 단순임의추출 하여 조사한 결과 164명이 "가끔은 불필요하게 알콜 음료를 자주 마시게 된다"고 응답했다. 가끔은 불필요하게 알콜 음료를 자주 마시게 되는 모든 음주자들의 비율에 대한 95% 신뢰구간을 구하여라.

IV.6 룰렛 룰렛 휠은 38개 슬롯 가운데 18개가 빨간색 슬롯이다. 여러분들이 여러 번 휠을 돌려 빨간색이 나타나는 횟수를 기록하여 보자. 룰렛 휠로부터 빨강이 출현한 확률 p를 계산하여 공정하게 빨강이 출현했는가에 대한 검정을 하기 위해 이 자료를 사용하자. 이 검정에서 가설 H_0와 H_a를 설정하여라.

IV.7 왜 안되나요? 50개 주 각각에서 65세 이상인 주민들의 백분율을 표 11.1에 나타내었다. 이 표에 따르면, 8개의 주에서 이 백분율이 14% 이상이었다. 따라서 50개 주를 표본으로 하면 표본비율은 $\hat{p}=8/50=0.16$이다. 모비율 p에 대한 95% 구간추정을 구하기 위해서는 이 자료가 적절하지 않다. 그 이유를 설명하여라.

IV.8 생활보조금을 받는 어머니들을 돕자 2년 전에 생활보조금을 받은 어린 자녀를 둔 두 그룹의 어머니들을 비교하여 보자. 첫 번째 그룹은 지방 직업학교에서 무료로 자원봉사자 과정을 수료하여 지방 뉴스에 소개된 사람들이고, 두 번째 그룹은 그 교육과정에 참가하지 않은 사람들이다. 두 그룹에 속한 어머니들 가운데 아직도 생활보조금을 받는 사람들 사이에 비율의 차이가 유의하게($P<0.001$) 존재하는가를 연구하는 것이다. 차이는 유의하지도 않을 뿐 아니라 그리 크지도 않았다. 연구 결과의 보고서에 의하면 교육에 불참한 그룹이 참석한 그룹에 비해 여전히 보조금을 받는 비율이 21%±4% 더 높게 나타났다는 사실을 95% 신뢰한다고 했다.

(a) "차이가 유의하게($P<0.001$) 존재"라는 말의 의미를 간단하게 설명하여라.

(b) "95% 신뢰"라는 말의 의미는 무엇인가?

(c) 이 연구는 생활보조금을 받는 모든 어머니들의 직업 훈련에 대한 필요성이 생활보조금을 여전히 받고 있는 상태의 백분율을 크게 감소시킨다는 좋은 증거가 못된다. 이것을 국회의원에게 설명하여라.

IV.9 시스템을 고치다 일부 의사들은 건강에 대한 규칙들이 그들 환자들에 대한 치료 능력을 제한한다고 생각한다. 따라서 그들은 규칙을 변칙 적용하여 환자들의 건강을 다시 회복하도록 돕고 있다. 다음은 이 주제에 대한 연구 내용 중 일부이다: "오늘날 양질의 치료를 제공하기 위한 시스템을 갖추는 것이 필요하다"라는 말에 동의하는 의사들은, 동의하지 않는 의사들에 비해 건강을 재회복시키는 시스템을 능숙하게 다룬다고 보고되었다(64.3% 대 35.7%; P-값<0.01).

(a) 이 연구 보고서의 내용 가운데서 'P-값 <0.01'의 의미가 무엇인가를 의사에게 설명하여라.

(b) 통계적으로 유의하다는 이 결과는 여전히 환자들의 실제적인 관심을 끌기에는 너무 작다. 이것이 여기서는 사실이 아니라는 사실을 어떻게 알 수 있는가?

IV.10 대체의학 1500명의 성인들을 대상으로 한 전국적인 여론조사에서 침술, 마사지 요법 및 약초 요법 등과 같은 '대체의학'에 대한 태도를 조사하였다. 응답자들 중 660명은 전통적인 치료 방법이 원하는 결과를 주지 않는다면 이러한 대체요법을 사용하겠다고 말했다.

(a) 대체요법을 사용할 생각이 있는 모든 성인들의 비율에 대한 95% 신뢰구간을 구하여라.

(b) 이 조사결과를 근거로 뉴스용 기사를 간략히 작성하여 보아라.

IV.11 언제 전화할까요? 알고 있다시피, 전화여론조사는 평일 낮 시간보다는 밤 시간의 응답률이 더 좋다. 어떤 사람은 평일 아침에 2304명을 임의추출하여 전화여론조사를 실시하였는데, 1313명과 통화하였고, 그들 중 207명만을 인터뷰할 수 있었다. 평일 저녁에 2454명에게 전화하여 1840명과 통화하였으며, 그들 중 712명과 인터뷰를 하였다. 평일 아침과 저녁에 통화한 모든 전화들의 비율에 대한 2개의 신뢰구간을 구하여라. 비율이 저녁에 더 높다고 확신할 수 있는가?

IV.12 대체의학 연습문제 IV.10의 조사결과는 전통적인 치료방법이 원하는 결과를 주지 않는다면 모든 성인의 1/3 이상이 대체의학을 이용한다는 좋은 증거가 되는가?

(a) 검정을 하기 위해 가설을 설정하여라.

(b) 귀무가설이 사실이라면, 표본비율 $\hat{p}$의 표본분포는 무엇인가? 이 분포를 그려보아라.

(c) 곡선 위에 $\hat{p}$의 실제값을 표시하여라. 이것은 귀무가설을 기각하는데 매우 좋은 증거가 되지 않는가?

IV.13 언제 전화할까요? 평일 아침에 표본으로 선택된 모든 가정 가운데 57% 정도가 통화할 수 있었다고 가정하자. 평일 저녁에 임의로 선택된 2454개의 전화번호에 통화를 시도한 결과 1840개의 번호에 통화할 수 있었다. 이 자료가 저녁에 하는 전화가 더 높은 통화성공률을 가진다고 말할 수 있는 증거가 되는가?

(a) 검정을 하기 위해 가설을 설정하여라.

(b) 만약 귀무가설이 사실이라면, 표본비율 $\hat{p}$의 표본분포는 무엇인가? 이 분포를 그려보아라.

(c) 곡선 위에 $\hat{p}$의 실제 값을 표시하여라. 이것은 귀무가설에 반하는 놀랍도록 좋은 증거가 되지 않는가?

IV.14 유의하지 않음 연습문제 IV.9에서 인용했던 연구 결과는 의사들이 규칙을 변칙 적용할 것인가의 여부를 결정하는데 영향을 미칠 것이다. 의사들은 자주 규칙을 어기는데 대해 불안해 할 것이다. 연구보고서에 의하면, "규칙에 위반하는 것에 대한 더 현저하고, 더 큰 걱정은 의사들이 이러한 편법을 사용하는데 영향을 미치지 않는다는데 있다($P=0.34$)." $P=0.34$가 의사들이 이러한 편법을 사용하는데 영향을 미치지 않는다고 결론 내리는데 어떤 근거를 제공하는가에 대해 설명하여라.

IV.15 종교활동 여론조사에 의하면 미국인들의 40% 정도가 지난 주말에 종교활동을 하고 있는 것으로 나타났다. 이 결과는 지난 10년 간에도 꾸준히 유지된 수치이다. 사실은 그들이 말하는 것과는 달리 실제로 교회에 간 사람의 비율은 더 낮을 것이라 추측된다. 시카고 지역을 예로 들면, 여론조사에서 매주 미사에 참석한다는 가톨릭 신자의 비율에 대한 95% 신뢰구간은 45.7%에서 51.3% 사이였는데, 실제 참석자들을 기준으로 95% 신뢰구간을 계산한 결과 매주 참석자는 25.7%에서 28.9% 사이였다.

(a) 교회 참석자들에 대한 여론조사에서 실제 참석한 비율보다 과대 추정되는 현상이 나타나는 이유는 무엇이겠는가?

(b) 시카고 지역에서의 조사 결과 매주 미사에 참석하는 가톨릭 신자의 비율은 48.5%였다. 우리가 "시카고 지역에서 매주 미사에 참석하는 가톨릭 신자의 비율은 48.5%였다."라 말하지 않고, 구간 45.7%에서 51.3% 사이라 말하는 이유는 무엇인가?

(c) 보고된 결과와 실제결과 사이에는 많은 차이가 있다. 두 개의 주어진 구간 각각에 "95% 신뢰"라고 설명을 단 이유는 무엇이겠는가?

다음 연습문제들은 21장에서 22장까지에 관련된 문제이다.

IV.16 큰 사건들 489명의 성인들을 단순임의추출하여 조사한 결과, 그들 가운데 347명이 20세기 일어났던 가장 중요한 사건으로 제2차 세계대전을 선택했다. 모든 성인들이 제2차 세계대전을 20세기의 가장 중요한 사건으로 꼽을 비율에 대한 90% 및 99% 신뢰구간을 구하여라. 이들 두 개의 신뢰구간 및 복습문제 IV.1에서 구한 95% 신뢰구간의 비교에서 가장 중요시 되어야 할 요소들을 간단히 설명하여라.

IV.17 음주문제들 1039명의 성인들을 단순임의추출하여 조사한 결과 374명이 그들 가정의 가장 큰 문제점으로 음주문제를 들었다. 이 결과는 미국 성인들의 1/3 이상이 음주를 가정의 가장 큰 문제라 생각한다는 증거가 되는가? 가설검정의 5단계(가설, 표본분포, 자료, P-값 및 결론)를 통해 명백히 증명하여라.

IV.18 술을 너무 많이 마셨어 음료를 마시는 684명의 성인들을 단순임의추출하여 조사한 결과 164명이 "가끔은 불필요하게 알콜 음료를 자주 마시게 된다"고 응답했다. 가끔은 불필요하게 알콜 음료를 자주 마시게 된다고 생각하는 사람들에 대한 90% 신뢰구간을 구하여 95% 신뢰구간과 비교하여 보아라. 90% 신뢰구간이 흥미를 덜 끄는 이유는 무엇인가?

IV.19 선거 여론조사 여러분들이 국회의원의 여론조사 담당 보좌관이라 하자. 단순임의표본으로 뽑은 500명 가운데 32%가 가장 중요한 국가적 문제를 "환경 문제"라고 했다. 이 의견에 동의하는 모든 유권자들에 대한 90% 신뢰구간을 구하여라. 유권자들이 어떤 생각을 가지고 있는가에 대해 국회의원에게 설명하여라.

IV.20 대체의학 연습문제 IV.12의 결과를 이용하여 유의성검정을 실시하고자 한다. 가설검정의 5단계(가설, 표본분포, 자료, P-값 및 결론)를 통해 증명하여라.

IV.21 언제 전화할까요? 연습문제 IV.13의 결과를 이용하여 유의성검정을 실시하고자 한다. 가설검정의 5단계(가설, 표본분포, 자료, P-값 및 결론)를 통해 증명하여라.

IV.22 CEO의 봉급 104개의 상장회사에 대해 조사한 결과 계약기간 동안 최고경영자(CEO)들의 봉급이 해마다 평균 $\bar{x} = 6.9\%$씩 증가하였으며, 퍼센트 증가치에 대한 표준편차는 $s = 17.4\%$였다.

(a) 104개의 개별 퍼센트 증가는 오른쪽으로 기운 분포를 한다. 그럼에도 불구하고, 중심극한정리에 의해 평균 증가가 정규분포를 따른다고 말할 수 있는가?

(b) 모든 상장회사 CEO들이 받는 봉급의 평균 퍼센트 증가치에 대한 95% 신뢰

구간을 구하여라.

(c) (b)에서 실시한 추론이 정당하게 인정을 받으려면 104개 상장회사에 대한 어떤 정보를 알아야 하겠는가?

IV.23 수질 환경주의자 그룹은 하천을 따라 45개 임의지점에서 시료를 채취하여 각 시료에 대해 산소 용해량을 측정하였더니, 평균 4.62mg이고, 표준편차는 0.92mg이었다. 이 결과는 하천의 평균 산소 용해량이 리터당 5mg보다 낮다는 강한 증거가 되는가?

IV.24 꽃 냄새 꽃 냄새가 일을 더 빨리 진행시키는데 도움이 되는가? 21명의 실험 대상자들이 문구류 공장에서 아무런 냄새가 나지 않는 마스크와 꽃향기가 나는 마스크를 쓰고 일을 하였다. 각 실험 대상자들은 공장에서 임의의 순서로 각 마스크를 세 번씩 쓰고 일을 하였다. 다음은 냄새가 나지 않는 것과 냄새가 나는 경우와의 평균 작업시간 차이(단위: 초)를 나타낸 자료이다. 만약 꽃향기가 일의 진행 속도에 도움을 주었다면 향기 나는 경우의 수가 작으므로 양수가 된다.

−7.37	−3.14	4.10	−4.40	19.47	−10.80	−0.87
8.70	2.94	−17.24	14.30	−24.57	16.17	−7.84
8.60	−10.77	24.97	−4.47	11.90	−6.26	6.67

(a) 연구자는 꽃 냄새가 나는 마스크를 쓰고 일하는 것의 작업 속도가 빠르기를 원한다. 모든 성인들의 모집단에 대해 횟수에 대한 평균차이 μ에 대한 귀무가설과 대립가설을 설정하여라.

(b) 계산기를 사용하여, 21개 관측치들의 평균과 표준편차를 계산하여라. 꽃 냄새가 나는 마스크를 쓰고 일하는 연구 대상자들의 속도가 더 빠르다고 할 수 있는가?

(c) 자료에 대한 줄기-잎 그림을 그려라(소숫점은 반올림하여라). 추정에 방해가 되는 이상점이나 다른 문제점들을 찾을 수 있는가?

(d) (a)에서 세운 가설에 대해 검정을 실시하여라. 개선점은 통계적으로 유의한가?

IV.25 상어 백상어들은 대단히 크고 또 식성이 좋다. 다음은 44마리의 백상어의 길이(단위: 피트)를 단위로 잰 자료이다.

18.7	12.3	18.6	16.4	15.7	18.3	14.6	15.8	14.9	17.6	12.1
16.4	16.7	17.8	16.2	12.6	17.8	13.8	12.2	15.2	14.7	12.4

13.2	15.8	14.3	16.6	9.4	18.2	13.2	13.6	15.3	16.1	13.5
19.1	16.2	22.8	16.8	13.6	13.2	15.7	19.7	18.7	13.2	16.8

(a) 주어진 자료를 이용하여 줄기-잎 그림을 그려라. 각 방향으로 2개의 이상점들이 있다. 이 이상점들은 평균 $\bar{x}$ 에는 영향을 미치지 않으나 표준편차 s 에는 다소 영향을 미친다.

(b) 모든 백상어들의 평균 길이에 대한 90% 신뢰구간을 구하여라(이 구간 길이는 표준편차 s 의 영향에 의해 다소 길게 나타난다).

(c) (b)에서 얻은 결과를 해석하기 위해 이들 상어에 대해 꼭 알아야 되는 것은 무엇인가?

IV.26 꽃 냄새 연습문제 IV.24의 자료를 다시 보자. 꽃향기가 나는 마스크를 했을 때, 평균 개선 시간에 대한 95% 신뢰구간을 구하여라. 여러분은 냄새가 평균 시간 개선에 효과가 있다고 믿는가?

IV.27 상어 연습문제 IV.25의 자료를 다시 보자. 이 자료는 모집단에서 상어의 평균 길이가 15피트 이상이 된다는 좋은 증거가 되는가?

IV.28 심슨의 모순 평균 NAEP 점수를 비교해보면, 네브라스카지역의 중학교 2학년 학생들이 뉴져지 지역의 중학교 2학년 학생들보다 더 우수하다는 것을 알 수 있다. 그러나 백인 학생들만 놓고 보면, 뉴져지 지역이 더 우수하며, 소수민족 학생들도 뉴져지 지역이 더 우수하다. 이것은 심슨의 모순이다 : 모든 학생들을 한 집단으로 묶은 상태에서 역으로 생각해 보자. 네브라스카 지역의 중학교 2학년 학생들은 백인의 비율이 더 높다는 사실을 이용하여 이런 결과가 발생하는 이유에 대해 설명하여라.

IV.29 언제 전화할까요? 연습문제 IV.11에서, 하루 가운데 두 시기에 임의로 전화한 결과를 이용하여 학습한 바 있다. 평일 아침 2304명에게 전화하여 1313명과 통화하였으며, 평일 밤 2454명에게 전화하여 1840명과 통화하였다.

(a) 전화를 한 시간과 통화 여부에 대해 이원분류표를 작성하여라. 각 시간에 대한 통화 여부를 백분율로 나타내어라.

(b) 전화를 한 시간과 통화 여부는 매우 높은 관계를 가진다. 그 이유를 설명하여라.

(c) 그럼에도 불구하고, 카이제곱검정을 실시하여라. 얻은 결론은 무엇인가?

PROJECTS

연구과제는 정보를 수집하거나 자료를 생성해야 하고 과제 수행 결과를 설명하는 보고서를 작성해야 하는 학생들이 팀을 이뤄 풀기에 적당한 장기적인 연습문제이다.

과제 1 **의학 연구 보고서** 대부분의 의학 관계 일급 저널들은 통계학을 응용한 연구 및 P-값이나 95% 신뢰구간을 이용한 추론의 결과를 이용한 논문들을 게재하고 있다. 여러분들은 *Journal of American Medicine Association*(jama.ama-assn.org)나 *New England Journal of Medicine*(www.nejm.org)의 웹사이트 상에 현재 게재된 요약문들을 쉽게 찾을 수 있을 것이다. 완전한 논문들은 수수료를 내거나 도서관을 방문하면 얻을 수 있다. 여러분들이 이해할 수 있는 주제-21장과 22장에서 사용했던 예제인 화를 내는 것과 심장병, 콜레스테롤을 줄이기 위한 다이어트 등-를 다룬 실험 자료가 있는 의학 논문을 하나 선택하여라. 선택한 후, 논문에서 연구 결과를 요약하여 보아라.

새로 요약한 논문에 실을 내용과 싣지 않은 내용을 어떤 기준으로 결정하였는가에 대해 간단히 언급하여라. 예를 들어, 만약 여러분들이 통계적 유의성에 관한 세부 내용이나 신뢰구간의 내용을 생략하였다면, 그 이유를 설명하여라. 연구 계획에 대해 나름대로의 소신을 설명하여라. 신문 기자들은 이와 같은 결정을 정기적으로 내려야 한다.

과제 2 **추론의 이용과 오용** 실제로 복잡한 통계적 문제들에 대해 조금만 생각한다면 많은 훈련을 하지 않아도 읽을 수 있다. 통계적 추론의 오용에 대해 쓴 훌륭한 수필 가운데 하나가 Stephen Jay Gould가 쓴 The Mismeasure of Man (W.W. Nortan, 1981)인데, 그 속에 "The Real Error of Cyril Burt"라는 장이 있다. 이미 연습문제 9.20에서 의심 많은 상황 하에서 Cyril Burt를 다룬 적이 있다. Gould가 쓴 긴 내용의 이야기는 Burt와 동료들이 복잡한 통계학을 이용하여 미심쩍은 상황을 극복해 나가는 것을 보여 주고 있다. 그 책을 읽고, 고정된 그림으로 정신력의 구조를 나타내기에 "요인분석"이 부적절한 이유를 설명하여라.

과제 3 **스스로 수집한 자료를 분석하자.** 서로의 관계에 관심이 있는 두 개의 범주형 변수를 포함한 자료를 수집해 보자. 예를 들어, 학생의 성별과 선호하는 정당과 같은 경우, 혹은 학부 학생들의 학년과 졸업 후 진로(취업, 학업계속 및 시간적 여유를 가짐) 등을 들 수 있다. 나는 적당한 단순임의표본만을 고집하지 않는다.

수집한 자료를 이용하여 이원분류표를 작성하여라. 두 개 변수들 사이의 관계를 설명하기 위해 백분율을 비교하고, 그것의 유의성을 알아보기 위해 카이제곱통계량을 사용하여라.

과제 4 차의 색상? 흰색의 차들이 다른 색깔들에 비해 더 많이 판매되었다. 재학 중인 학교 학생들이 탄 차의 몇 %가 흰색인가? 이 물음에 답하기 위해 자료를 수집하고, 흰색 차 비율에 대한 신뢰구간을 구하여 보자. 그 방법으로 학생 주차장 앞에 서서 출입하는 차들을 조사하여라. 그 이외의 방법으로 자료를 수집하였으면, 그 방법을 설명하고 이 자료가 단순임의표본인지 설명하여라.

독자들에게 해답

Chapter 1

page 10 *모집단* : 모집단은 명확하게 정의되어있지 않으나 *선거* 여론조사이므로 모집단은 미국 내 등록된 유권자라고 가정할 수 있다.

표 본 : 임의로 선택된 1345명의 성인

Chapter 2

page 24 **단계 1. 번호 매기기** 각 조교를 다음과 같이 번호를 매긴다.

01	Bautista	11	Nemeth
02	Bolen	12	Podboy
03	Clottey	13	Ray
04	Counts	14	Schumacher
05	Draper	15	Tower
06	Hoffman	16	Walters
07	Kumar	17	Wang
08	Li	18	Weimer
09	Lovesky	19	Yu
10	marin	20	Zhang

단계 2. 소프트웨어 이용 'Research Randomizer'를 이용한다. 숫자의 범위는 1부터 20까지로 제한하였다. 각 숫자들은 중복되지 않으며 작은 수에서 큰 수의 순으로 정렬하도록 명령하였다. "Randomized Now!" 버튼을 눌러 얻은 수는 1, 5, 14이었다. 따라서 선택된 표본은 1번, 5번, 14번인 Bautista, Draper, Schumacher이다. 여러분들은 다른 결과를 얻을 수 있다.

표 이용 표 A 116줄에서 처음 13개의 두 자리 숫자는 다음과 같다.

14 45 92 90 56 14 24 80 37 16 51 03

01부터 20까지의 번호 중 중복되지 않는 숫자를 사용하여 선택된 표본은 03번, 14번, 16번인 Clottey, Schumacher, Walters이다.

Chapter 3

page 41 95% 신뢰의 오차한계는 $\frac{1}{\sqrt{1633}} = \frac{1}{40.41} = 0.025\,(2.5\%)$이다.

Chapter 4

page 60 긍정적 반응으로 기울어져 있다.

Chapter 5

page 82

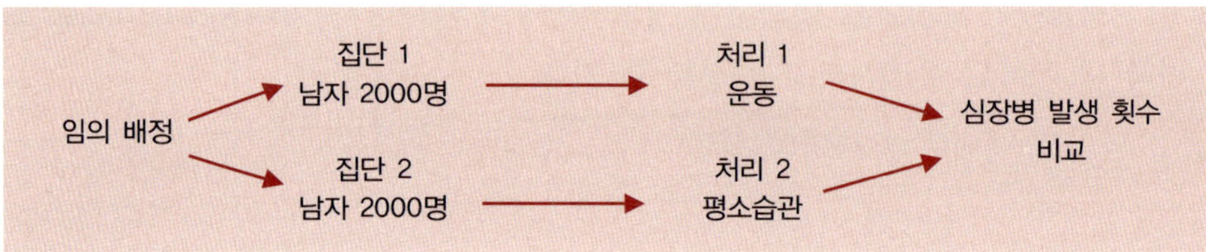

Chapter 6

page 104 설명변수는 빵 굽는 온도(300°, 320°, 340°)와 시간(1시간, 1시간 15분)이다. 반응변수는 각 케이크의 맛과 감촉에 대한 감별사들의 점수이다. 세 종류의 온도와 두 종류의 시간의 조합으로 6개의 처리가 있다. 각 처리마다 10개의 케이크를 굽기 위해서는 60개의 케이크가 필요하다.

		굽는 온도		
		300°	320°	340
굽는 시간	1시간	처리 1	처리 2	처리 3
	1시간 15분	처리 4	처리 5	처리 6

page 107

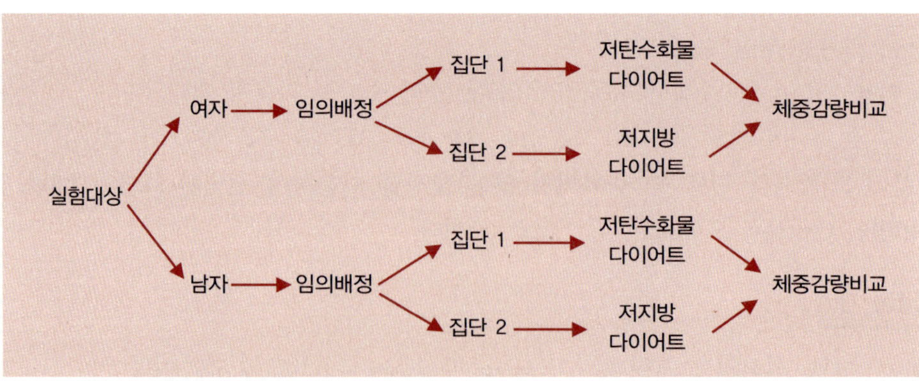

Chapter 7

page 118 이 환자의 근본적인 병은 의사결정능력 손상으로 보인다. 의식이 명료한 상태 동안 환자의 결정에 일관성이 있다면 환자의 선택이 진정한 동의라고 할 수 있겠다. 그러나 이 환자는 의사결정능력에 문제가 있는 것으로 보이므로 대리인이 환자의 진정한 의도가 무엇인지 파악하는데 도움을 줄 수 있을 것이다.

Chapter 8

page 140 오후 1시부터 2시 사이보다 러시아워인 오후 5시부터 6시 사이에 더 많은 사람들이 운전을 한다. 따라서 오후 5시부터 6시 사이에 더 많은 교통사고가 발생할 것으로 기대할 수 있다. 교통사고의 수가 이른 오후보다 늦은 오후에 더 많은 것은 놀라운 일이 아니다. 실제 사고의 횟수보다 사고의 비율이 더 의미 있는 측도가 되는 예이다.

page 144 매년 순위 측정에서 나타나는 변이성은 발표된 순위를 신뢰할 수 없음을 의미한다.

Chapter 9

page 159 인구조사국의 추정에 의하면 1976년 7월 1일 미국 인구는 218,035,164명이었다. 만약 침례교인이 8천만 명이며 로마가톨릭교인은 이보다 더 많다면 1976년 침례교인과 로마가톨교인의 수는 160,000,000명 이상이 되며 다른 종교인들의 수는 58,035,164명보다 적게 된다. 이 결과가 가능할 수는 있겠으나 믿을만하지는 않다. 사실 2000년 침례교인의 수는 3천만 명이었다. New York Times의 보도된 숫자는 오타일 가능성이 높다.

page 162 첫 번째 퀴즈 점수에서 두 번째 퀴즈점수로의 퍼센트 증가는 다음과 같다.

$$\begin{aligned}\text{퍼센트 변화} &= \frac{\text{변화한 양}}{\text{기준값}} \times 100 \\ &= \frac{10-5}{5} \times 100 \\ &= \frac{5}{5} \times 100 = 1.0 \times 100 = 100\%\end{aligned}$$

두 번째 퀴즈점수에서 세 번째 퀴즈점수로의 퍼센트 감소는 다음과 같다.

$$\begin{aligned}\text{퍼센트 변화} &= \frac{\text{변화한 양}}{\text{기준값}}\times 100\\ &= \frac{10-5}{10}\times 100\\ &= \frac{5}{10}\times 100 = 0.5\times 100 = 50\%\end{aligned}$$

Chapter 10

page 191 주(state)는 범주형 변수. 막대그래프를 사용하여 자료의 분포를 나타낼 수 있다. 주에 대한 자료는 전체의 일부가 아니기 때문에 파이 도표를 사용할 수 없다.

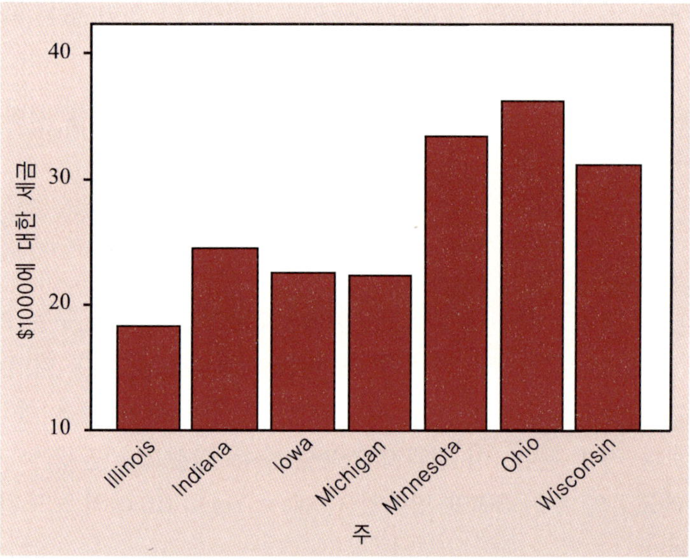

Chapter 11

page 213 **단계 1. 같은 폭의 계급들로 자료의 범위를 나눈다.** 자료의 범위는 39.9에서 46.7까지이므로 다음과 같이 계급들을 선택할 수 있다.

39.0≤15세에서 44세까지의 백분율<40.0
40.0≤15세에서 44세까지의 백분율<41.0
⋮
46.0≤15세에서 44세까지의 백분율<47.0

자료 각각의 값들이 정확하게 한 계급에만 포함되도록 계급을 명확하게 지정해야 한다. 15세에서 44세까지 거주자의 비율이 39.9%인 주는 첫 번째 계급에 포함되지만, 40.0%인 주는 두 번째 계급에 포함된다.

단계 2. 각 계급에 포함된 자료의 개수를 센다. 각 계급에 포함된 자료의 개수는 아래와 같다.

계급	개수	개급	개수
39.0에서 39.9까지	2	43.0에서 43.9까지	14
40.0에서 40.9까지	3	44.0에서 44.9까지	2
41.0에서 41.9까지	9	45.0에서 45.9까지	2
42.0에서 42.9까지	16	46.0에서 46.9까지	2

단계 3. 히스토그램을 그린다. 가로축에 나타내고자하는 분포의 변수에 대한 눈금을 만든다. 이 예제에서는 "15세에서 44세까지 거주자의 백분율"이 된다. 선택한 계급들의 범위 때문에 눈금은 38에서 48까지가 된다. 세로축의 눈금은 개수가 된다. 각 막대는 계급을 나타내고 있다. 막대의 밑 부분은 계급 구간이 되고, 높이는 계급에 속한 자료의 개수가 된다. 어떤 계급이 자료를 하나도 포함하지 않아서 막대의 높이가 영인 경우를 제외하고는 막대들 사이에 간격은 없다. 완성된 히스토그램은 아래와 같다.

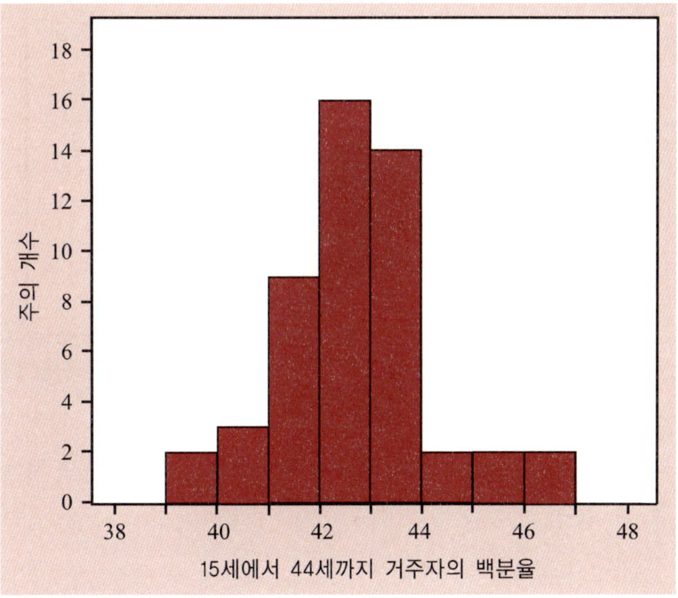

page 219 분포는 대략 대칭이다. 중심은 1.6에서 1.8사이에 있고, 퍼짐은 약 0.4에서 2.6까지이다. 가로축 0.4에 있는 막대가 이상점이다.

Chapter 12

page 235 자료의 개수가 12개 이므로 크기 순서로 6번째와 7번째 자료인 16과 23의 평균이 중앙값이 된다. 즉,

$$M = \frac{16+23}{2} = \frac{39}{2} = 19.5$$

중앙값의 왼쪽에는 6개의 자료가 있으므로 제1사분위수는 크기 순서로 3번째와 4번째 자료의 평균이 된다. 즉,

$$Q_1 = \frac{9+13}{2} = \frac{22}{2} = 11$$

제3사분위수는 중앙값의 오른쪽에 있는 자료의 중앙값으로

$$Q_3 = \frac{28+33}{2} = \frac{61}{2} = 30.5$$

이 된다.

page 237 Maris의 홈런 수에 대한 상자 그림은 아래와 같다.

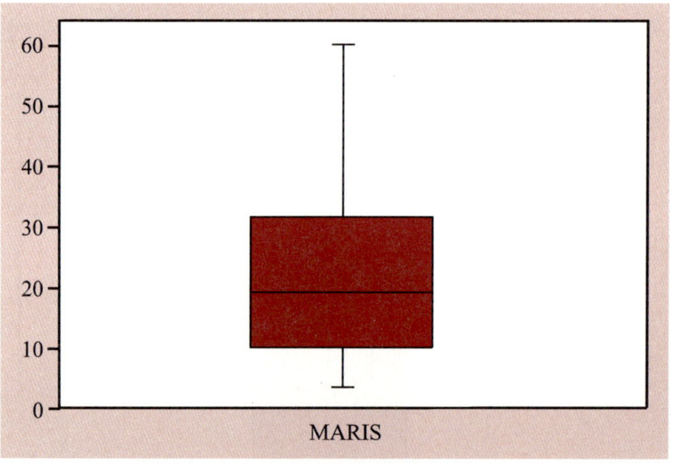

상자를 나누는 중앙값을 이용하여 비교하면 Bonds와 McGwire가 Maris보다 홈런을 더 잘 쳤다고 할 수 있다.

Chapter 13

page 265 어떤 정규분포도 가운데 95%의 자료는 평균으로부터 두 배의 표준편차 사이에 있다. 두 배의 표준편차는 5인치이므로 가운데 95%에 속하는 남성의 키는 65

(즉, 70−5)인치와 75(70+5)인치 사이이다.

page 268 상위 20% 안에 들기 위해서는 점수가 80백분위수 이상이어야 한다. 표 B로부터 80에 가장 근접하는 백분위수를 찾으면 표준점수 0.8은 78.81백분위수 그리고 표준점수 0.9는 81.59백분위수 이므로 표준점수 0.8을 사용하여 SAT 점수를 구하면

$$\text{SAT 점수} = \text{평균} + \text{표준점수} \times \text{표준편차}$$
$$= 500 + (0.8)(100) = 580$$

점수가 580점 이상이면 상위 20% 안에 포함될 수 있다.

Chapter 14

page 283 연구자는 뇌의 크기로부터 IQ 점수를 예측하려한다. 따라서 설면변수는 뇌의 크기이고 반응변수는 IQ 점수이다. 다음은 자료에 대한 산점도이다.

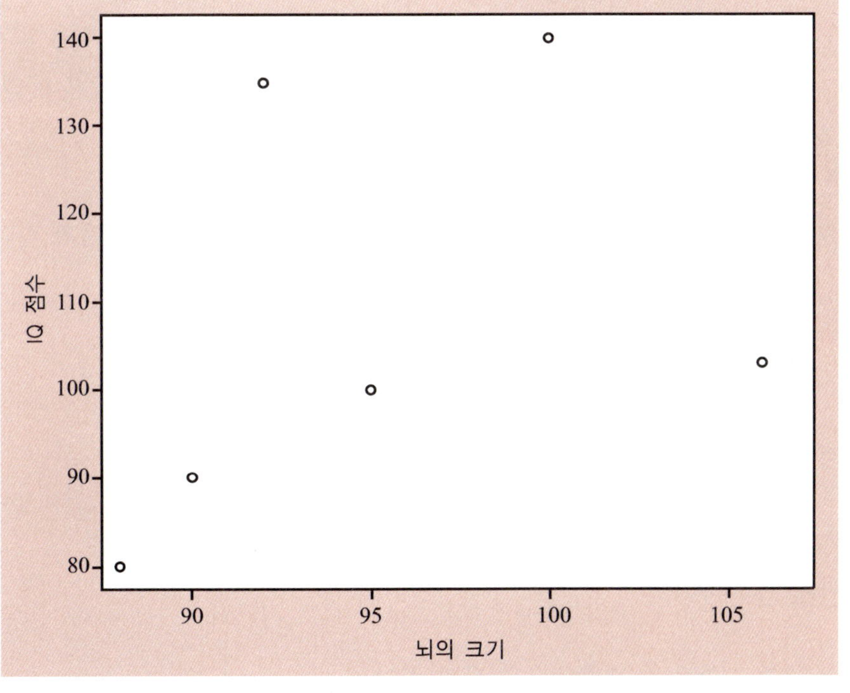

산점도를 통해서 약간의 양의 상관이 있다는 것 외에 특별한 특징은 없으며, 그리고 이상점은 없다는 것을 알 수 있다.

Chapter 15

page 304 넓적다리가 70Cm인 화석에서 예측된 상박부의 길이는

$$\text{상박부 길이} = -3.66+(1.197)(70) = 80.1\text{Cm}$$

이다.

Chapter 16

page 331 $2003 \text{ 달러} = \$6.84 \times \frac{184.0}{82.4} = \$15.27$

실제 소득은 단지 0.5% 증가했다.

Chapter 17

Page 372 정확한 문장은 아마도 다음과 같을 것이다. "만약 당신이 동전을 10억번 던진다면, 당신은 아마도 앞면과 뒷면의 비율이 완벽하게 같아진다고 예측할 수 있다."

Chapter 18

Page 386 주사위를 두 번 던졌을 때, 윗면의 숫자 합이 7일 확률은 다음과 같다.

$$\begin{aligned} P(\text{합이 } 7) &= P(1,6)+P(2,5)+P(3,4)+P(4,3)+P(5,2)+P(6,1) \\ &= 1/36 + 1/36 + 1/36 + 1/36 + 1/36 + 1/36 \\ &= 6/36 = 0.167 \end{aligned}$$

숫자의 합이 11일 확률은 다음과 같다.

$$\begin{aligned} P(\text{합이 } 11) &= P(5,6)+P(6,5) \\ &= 1/36 + 1/36 \\ &= 2/36 = 0.056 \end{aligned}$$

숫자의 합이 7 혹은 11일 확률은 다음과 같다.

$$\begin{aligned} P(\text{합이 7 혹은 } 11) &= P(\text{합이 } 7) + P(\text{합이 } 11) \\ &= 6/36 + 2/36 \\ &= 0.222 \end{aligned}$$

Chapter 19

Page 403 52장의 카드에는 25%의 스페이드, 25%의 하트, 25%의 다이아몬드 및 25%의 클럽이 있다. 모의실험을 위해 2자리의 숫자를 할당한다.

00, 01, 02, ⋯ , 24 = 스페이드
25, 26, 27, ⋯ , 49 = 하트
50, 51, 52, ⋯ , 74 = 다이아몬드
75, 76, 77, ⋯ , 99 = 클럽

Chapter 20

Page 420 기대값은 다음과 같다.

$$\text{기대값} = (0)(0.52) + (1)(0.20) + (2)(0.18) + (3)(0.07) + (4)(0.02) + (5)(0.01) = 0.90$$

Chapter 21

Page 450 조사대상 기간 중에 복권을 구입했던 모든 성인 미국인의 비율에 대한 95% 신뢰구간은 다음과 같다.

$$\hat{p} \pm 2\sqrt{\frac{\hat{p}(1-\hat{p})}{n}} = 0.57 \pm 2\sqrt{\frac{(0.57)(0.43)}{1523}}$$
$$= 0.57 \pm (2)(0.013) = 0.57 \pm 0.026$$
$$= 0.544 \text{ 에서 } 0.596$$

이 표본을 이용하여 미지 모비율이 속할 확률이 95%인 구간을 구해 본 결과(0.544, 0.596)이다. 즉, 조사대상 기간 중에 모든 성인 미국인들이 복권을 구입했을 확률은 54.4%에서 59.6%의 구간 내에 있다고 95% 신뢰할 수 있다.

Page 459 표 21.1에서 얻은 임계값 $z^* = 1.96$ 을 이용하여 μ 에 대한 95% 신뢰구간을 구하면 다음과 같다.

$$\bar{x} \pm z^* \frac{s}{\sqrt{n}} = 126.1 \pm 1.96 \frac{15.2}{\sqrt{72}}$$
$$= 126.1 \pm (1.96)(1.79) = 126.1 \pm 3.5$$

이 회사의 모든 임원들의 평균 혈압의 평균은 122.6에서 129.6 사이에 있다고 95% 신뢰할 수 있다.

Chapter 22

Page 476 가설. 동전이 공정하다(p=0.5)는 것을 귀무가설로 두고, 동전이 공정하지 않다는 것을 대립가설로 둔다. 즉, 2개의 가설은 다음과 같다.

$$H_0 : p = 0.5$$
$$H_a : p \neq 0.5$$

표본분포 *만약 귀무가설이 사실이라면*, 앞면의 표본비율은

$$\text{평균} = p = 0.5$$
$$\text{표준편차} = \sqrt{\frac{p(1-p)}{n}}$$
$$= \sqrt{\frac{(0.5)(0.5)}{50}} = 0.0707$$

인 정규분포에 근사한다.

Page 482 **가설** 모집단의 평균 100과 "다르지 않다"는 것을 귀무가설로 한다. 대립가설은 자료를 시험하기 전에 마음 속으로 특정한 방향을 잡지 않았으므로 양측으로 설정한다. 따라서 이 지역에 있는 여자 중학생들의 미지의 평균 μ에 대한 가설은 다음과 같다.

$$H_0 : \mu = 100$$
$$H_a : \mu \neq 100$$

표본분포 만약 귀무가설이 사실이라면 표본평균 $\bar{x}$는 평균 $\mu = 100$, 표준편차

$$\frac{s}{\sqrt{n}} = \frac{14.3}{\sqrt{31}} = 2.57$$

인 정규분포에 근사한다.

자료 표본평균 $\bar{x}$=105.8이므로, 이 결과에 대한 표준점수는 다음과 같다.

$$\text{표준점수} = \frac{\text{측정값} - \text{평균}}{\text{표준편차}}$$
$$= \frac{105.8 - 100}{2.57} = 2.26$$

***P*-값** 대략적인 표준점수가 2.3이므로 표 B를 이용하면, 정규분포의 98.93 백분위

수에 해당한다. 따라서 2.3의 우측 영역의 면적은 0.0107이고, −2.3의 좌측 영역의 면적은 2.3의 우측영역의 면적과 좌우대칭이므로 역시 0.0107이어서, 근사적인 P−값은 0.0214이다.

결론 P−값이 상대적으로 작은값(유의수준 0.05에 비해)이므로 이 지역에 거주하는 여자 중학생의 평균 IQ 점수는 100이라 할 수 없다.

Chapter 23

Page 499 확실한 결론을 판단하기 전에 표본의 크기와 감소된 실제평균 체중을 알아야 한다. 그렇게 해도 좋지만, 연구가 어떤 방법에 의해 행해지는 가와 실제 자료를 가지고 행해지는 가에 대해 정확히 아는 것이 좋다. 불행하게도, 대부분의 연구의 경우, 연구자로부터 실제 자료를 얻기란 거의 불가능 하다.

Chapter 24

Page 516 흡연그룹에서 1996년 시점에 생존해 있는 여성들의 기대도수는 다음과 같다.

$$\text{기대도수} = \frac{\text{2행의 합계} \times \text{1열의 합계}}{\text{총 합}} = \frac{(945)(582)}{1314}$$

Page 517 χ^2 통계량을 구하기 위해, 이원분류표에서 4개의 칸에 대한 4개의 항을 더하면 다음과 같다.

$$\begin{aligned}\chi^2 &= \frac{(139-163.4)^2}{163.4} + \frac{(230-205.6)^2}{205.6} \\ &\quad + \frac{(443-418.6)^2}{418.6} + \frac{(502-526.4)^2}{526.4} \\ &= 3.64 + 2.90 + 1.42 + 1.13 = 9.09\end{aligned}$$

Page 520 통계적 유의성을 계산하기 위해 2행 2열을 가진 이원분류표를 이용해 보자. 즉, $r=2$, $c=2$ 이다. χ^2 통계량을 구하기 전에 자유도를 계산하면 다음과 같다.

$$(r-1)(c-1) = (2-1)(2-1) = (1)(1) = 1$$

표 24.1에서 자유도가 1인 경우를 보자. $\chi^2 = 9.09$ 는 유의수준 $\alpha = 0.01$ 에서 임계값 6.63보다 크고, 유의수준 $\alpha = 0.001$ 에서 임계값 10.83보다 작은 값이다. 흡연상태

와 생존 사이에 유의한 관계($P < 0.01$)가 있음을 알 수 있다.

유의성 검정은 흡연상태와 생존 사이에 어느 정도 관련되었는가에 대한 강력한 증거를 보여 줄 뿐이다. 흡연자들이 생존율이 낮은 것 같다는 자연적 관계를 이원분류표를 통해 볼 수 있다.

해 답

Chapter 1

1.1 (a) 자동차 (b) 회사명/모형, 차종, 트랜스미션 타입, 실린더 수, 시내 연비, 고속도로 연비. 마지막 3변수가 숫자 변수이다.

1.3 예를 들어, 한 가정이 재활용 상자를 사용하는지에 대한 여부.

1.5 영화, 텔레비전 쇼, 그리고 음악에서 성과 폭력의 분량에 대한 의견. 미국내 성인. 인터뷰한 1008명의 성인

1.7 (a) 미국에 거주하는성인 (b) 상자에 들어 있는 비디오 어댑터 케이블 (c) 미국의 모든 가구

1.9 모든 기록을 검토하여 자료를 수집하였기 때문에 관측연구이다.

1.11 (a) 의사들이 환자 각각에 대한 치료법을 선택했다. (b) 각 환자들에게 임의로 치료법을 할당한다.

1.13 (a) 아니오. 실험대상은 체력 상태에 따라 분류된다. (b) 모집단: 예를 들어, "경영간부"나 "지도층"에 있는 사람들 혹은 "성인". 변수: 체력 상태와 지도력

1.15 (a) 관측연구 (b) 실험 (c) 표본조사

Chapter 2

2.1 자발적 반응표본은 모집단을 대표하지 않을 수 있다.

2.3 자발적 반응 표본들은 일반적으로 편의되어 있다. 72%는 매우 높다.

2.5 가능한 답 (a) 전화여론조사 (b) 학생회관에 들어가는 학생들을 인터뷰하는 것

2.7 01에서 32까지의 번호를 부여한다. 표 A 행 137에서 시작하여 12, 14, 11, 16, 08,22을 선택한다.

2.9 (a) 000부터 479까지 번호를 부여한다. 최대구역 수는 1000
(b) 395, 020, 475, 118, 167, 300, 360, 241, 065, 188, 365, 154, 123, 453, 468, 168, 348, 384, 338, 246.

2.11 (a) 00000부터 12303까지 학생들에게 번호를 부여한다. (b) 표 A 행 125에서 처음 5명을 선택한다. 12149, 06565, 00795, 08727, 09517.

2.13 (a) 사실 (b) 거짓 (c) 거짓

2.15 "전화 응답자"와 "전화 비응답자"는 아마 다른 특징을 가지고 있을 것이다. 표본에는 두 집단 모두 포함되어야 한다.

2.17 (a) 임의 선택이 적당한 것 같다. (b) 임의 선택은 적당하지 않은 것 같다. (c) 임의 선택이 최선인 것 같다.

Chapter 3

3.1 통계량

3.3 모수, 통계량.

3.5 (a) 19, 22, 39, 50, 34를 선택; $\hat{p}=0.5$ (b) 0.5, 0.5, 0.75, 0.75, 1, 0.5, 0.75, 0, 0.75, 0.5 (d) 네 개의 표본은 $\hat{p}=0.5$을 갖는다.

3.7 (a) 모집단: 온타리오 거주자, 표본: 인터뷰한 61,239명 (b) 그렇게 큰 표본은 남자와 여자를 잘 대표 할 것이다.

3.9 51%는 놀라운 결과가 아니지만, 37%는 놀라운 것이다.

3.11 (a) 높은 편의, 높은 변동성 (b) 낮은 편의, 낮은 변동성 (c) 낮은 편의, 높은 변동성 (d) 높은 편의, 낮은 변동성

3.13 편의를 줄이지 않는다. 오차한계를 줄여준다.

3.15 (a) 아니다. 모집단 크기가 표본보다 최소 100배 이상이므로 표본 비율의 변이성은 모집단의 크기와 상관없다. (b) 그렇다. 표본 비율의 변이성은 모집단의 크기가 아니라 표본의 크기에 따라 달라진다.

3.17 같은 표본조사 방법을 반복하면 95%는 참값에 이 정도 근접한 결과를 얻게 된다.

3.19 아니오. 95%는 같은 표본조사 방법을 반복하였을 때 이 정도 근접한 결과를 얻게 되는 비율을 나타낸다.

3.21 0.0439 (약 4.4%)

3.23 0.004.

3.25 범죄 때문에 밤 외출을 두려워하는 전체 성인의 비율은 95% 신뢰에서 42.4%와 47.6%사이다.

3.27 (a) 더 커질 것이다. (b) 표본의 크기를 늘린다.

3.29 Harris Poll 여론조사 결과 월스트리트에 근무하는 사람들을 신뢰하는 표본비율은 16.96%(173/1020)이다. 추정된 오차한계는 3.13%($1/\sqrt{1020}=0.0313$)이므로 월스트리트에 근무하는 사람들을 믿는 비율은 13.83%에서 20.09% 사이라고 95% 신뢰한다.

Chapter 4

4.1 예를 들어, 누락추출, 혹은 무응답

4.3 (a) 표본오차 (b) 비표본오차 (c) 표본오차

4.5 오차한계에서 고려된 (임의) 표본오차이다

4.7 "맞서 싸운다"와 "계속 수행"은 감정적으로 다른 응답을 이끌어 낼 지 모른다.

4.9 첫 번째 설문

4.13 여론조사는 New York Times/CBS News에 의해 수행되었다. 표본은 미국에 거주

하는 성인 모집단으로부터 임의로 추출되었고, 1999년 11월 4일에서 7일 사이에 전화 인터뷰를 통해 1162명의 사람들을 조사하였다. 응답률이나 제시된 정확한 질문은 주어지지 않았다.

4.15 (a) 익명성 때문에 정직하게 대답한 마지막 결과가 가장 정확 할 것이다.

4.17 모든 학생이 표본으로 추출될 가능성은 1/10 이지만, 각 표본은 21살 이상인 학생 2명과 21세 미만인 학생 4명을 포함해야 한다.

4.19 (a) 남자는 000부터 999로 표시하고, 여자는 000부터 499로 표시한 후 표를 두 번 사용한다. 처음 5명의 여자는 138, 159, 052, 087, 359이며 처음 5명의 남자는 275, 186, 871, 369, 576이다. (b) 남자: 0.2, 여자: 0.4

4.21 오차한계는 모집단의 크기가 아닌 표본의 크기에 의존한다.

4.23 (a) 여러 단계를 거쳐 표본을 추출하는 인구조사와 비슷한 방법으로 표본이 추출되었다. (b) 계층은 17개 나라이다. (c) 표본을 선택하는 여러 단계 중 적어도 한 단계는 임의 추출 과정을 포함하고 있다.

4.25 방 35, 75, 115, 155, 195 선택

4.27 (a) 0001부터 5000까지 번호를 부여하고 난수를 사용하여라. (b) 처음 20명의 학생 중 한 명을 임의로 선택하고, 그 번호로부터 20번째, 40번째, 60번째, … 인 학생들을 택한다. (c) 각 그룹에서 크기가 200과 50인 단순임의표본을 선택

4.29 백화점에서 하는 인터뷰는 어떤 모집단으로부터도 표본을 임의로 선택하지 않는다. 그들은 백화점에 쇼핑하러 온 사람들만 대표한다.

Chapter 5

5.1 (a) 설명변수: 치료방법, 반응변수: 생존기간 (b) 여성들(혹은 의사들)이 사용할 치료법을 선택하였다. (c) 의사들은 환자의 암 진행 상태에 따라 치료법을 추천할 것이다.

5.3 산모들의 자신들의 아기에 대한 사전 태도가 잠재변수이며 수유방법 선택과 교락되었을 것이다.

5.5 (a) 실험대상 : 내과 의사들, 설명변수 : 처방(아스피린, 혹은 위약), 반응변수 : 건강(심장마비인가 아닌가)

5.7 태도 변화가 얼마만큼 설명변수(선전을 읽는 것)에 의한 것이고 얼마만큼이 그 당시의 역사적 사건에 의한 것인지 알 수 없다.

5.9 과목에 등록한 학생들을 강의실 수업과 온라인 수업에 임의로 배정한다. 표준화된 시험 점수를 채점 후 비교한다.

5.11 만일 올해가 작년과 다소 차이가 있다면(예를 들어, 작년보다 더 더웠다), 전기소비를 비교할 수 없다. 그러한 차이는 처리효과와 교락될 수 있다.

5.13 (a) 포장용기 (b) 설명변수: 온도(화씨 250°, 275°, 300°, 325°) (c) 반응변수: 포장을 열기 위해 필요한 힘

5.15 두 자리 번호를 선택; 집단 1은 16, 04, 19, 07, 10; 집단 2는 13, 15, 05, 09, 08; 집단 3은 18, 03, 01, 06, 11이다. 나머지는 집단 4이다.

5.17 인지력의 차이는 우연히 나타난 것이 라고 볼 수 없을 만큼 크다.

5.19 (a) 모든 실험대상의 인지력을 측정한 후 절반을 임의로 선택하여 memantine을 투여하고, 나머지 반은 위약을 투여한다. 일정 기간이 흐른 뒤, 인지력의 변화를 관찰한다. (b) 01부터 50까지 번호를 부여하고 05, 32, 19, 41, 48, 04, 45, 25, 29, 20, 43, 16, 37, 39, 31, 50, 18, 07, 13, 33, 02, 36, 23, 47, 27을 선택한다.

5.21 비물질적 치료이외의 다른 요인의 효과가 고려되거나 제거되어 실험대상으로부터 관측된 효과의 차이는 처리로 인한 차이라고 할 수 있다.

5.23 병의 본질과 심각성 그리고 환자의 전체적인 건강 상태는 마취제 선택과 사망률에 영향을 미칠 것이다. 우리는 수술 종류와 나이, 성별, 환자의 상태를 고려해야만 한다.

Chapter 6

6.1 어떤 실험대상에게는 위약을 줌으로써 단순히 처리를 받았다는 사실만으로 증세가 호전되는 사실을 제어하며 연구 할 수 있다. "이중눈가림"은 실험대상과 실험자 모두 실험대상이 어떤 처리를 받았는지 모르는 것을 의미한다. 처리 방법이 실험대상의 상태를 진단하는 연구자의 태도에 영향을 주는 것을 막는다.

6.3 실험대상이 어느 쪽 얼굴에 처리를 하였는지 알기 때문에 눈가림 실험은 가능하지 않다. 그러나 여드름을 평가하는 연구자는 어느 쪽 얼굴이 처리를 받았는지 모르게 할 수 있다. 이것이 단일눈가림 실험을 의미한다.

6.5 예를 들어, 상대적으로 짧은 기간동안 많은 양의 약품으로 얻은 쥐의 악성종양이 오랜 기간 동안 적은 양의 약품으로부터 인간도 암을 얻을 것이라는 것을 의미하는가?

6.7 (a) 위약 효과 (b) 세 종류의 처리와 완전임의계획을 사용 (c) 아니오. 위약 효과를 제어하기 위해 환자는 위약을 처방 받았는지 알면 안 된다. (d) 환자들 스스로 효과를 판단하기 때문에 이중눈가림은 필요 없다.

6.9 위약은 실제로 고통을 경감시킬 수 있다.

6.11 (a) 개체: 병아리, 반응변수: 체중 증가 (b) 두 개의 설명변수(옥수수 종류와 단백질 %), 9가지의 처리. 90마리의 병아리가 필요하다. (c) 도형은 3×3 형태이어야 한다.

6.13 각자 어느 쪽 손을 먼저 사용 할 것인지 동전을 던져 결정한다. 손힘의 차이를 기록한다.

6.15 (a) 그림 5.2와 같은 도형을 만들어라. (b) 작업할 온도의 순서를 임의로 결정 한 후 각 온도에서 한 번씩 작업을 한다. 두 온도 상태에서 각 실험대상의 작업 능률 차이를 계산한다.

6.17 (a) 블록 1 : Birnbaum, Deng, Cruz, Hernandez
블록 2 : Santiago, Kendall, Nevesky, Wilansky
블록 3 : Brunk, Obrach, Rodriguez, Loren
블록 4 : Jackson, Stall, Brown, Moses
블록 5 : Tran, Williams, Mann, Smith
(b) 각 블록의 실험대상을 1부터 4까지 번호를 매긴다. 각 블록에 있는 실험대상을 다른 체중 감량 방법에 배정한다.

6.19 예를 들어, 변이성을 제거하기 위해 모든 편지들의 주소는 정자로 쓰고 표준 규격의 봉투를 사용하며 같은 우체국에서 같은 요일, 같은 시간에 발송한다. 반응변수는 배송기간이다. 일부 우편물은 우편번호 5자리를 사용하고, 나머지는 9자리를 사용한다. 우편물 도착지가 가능한 잠재변수이다.

Chapter 7

7.1 (a) 다양한 의견이 가능하다. (b) 최소위험으로 간주 할 수 있다. (c) 과도한 것 같다.

7.9 이름을 밝히지 않으므로 익명성을 제공한다.

7.17 (a) 어떤 종류의 질문을 물을 것인지, 조사가 얼마나 오래 걸릴지 알려주어야 한다. (b) 예를 들어, 응답자가 인터뷰 진행자로부터 정당하지 않게 대우 받았다고 느낀다면 조사기관에 연락을 취하길 원할지도 모른다. (c) 응답자는 여론조사의 스폰서가 누구인지 알아서는 안 되지만(응답에 영향을 줄지 모르므로) 결과가 발표될 때는 밝혀야 한다.

Chapter 8

8.1 총계는 노동가능 인구의 증가를 고려하지 않았다.

8.3 사망 비율(버스와 자동차의 사망자 수를 각 탑승객 수로 나눈)을 비교한다.

8.5 아니다. 백만명당 15.49명의 사형집행으로 텍사스는 3위, 플로리다는 백만명당 3.69명으로 최하위였다.

8.9 (a) 암으로 인한 사망은 사회가 고령화 되면서 늘어난다. (b) 사람들의 건강상태가 좋아지고 다른 원인으로 인한 사망이 줄어들면서 암으로 인한 사망률은 늘어난다. (c) 병을 초기에 발견한다면, 즉 진단이 더 효과적으로 이루어진다면 생존기간은 길어질 수 있다.

8.13 (a) 편의되지 않았다면 오차가 규칙적으로 0보다 크거나 작지 않을 것이다. (b)

완전히 신뢰할 만 하다는 것은 같은 크기의 줄을 반복해서 측정하였을 때 정확하게 같은 추측을 한다는 것을 의미한다.

8.15 (a) 편의 (b) 예를 들어, 노동자들이 스스로 참여 여부를 결정하기 보다 임의로 훈련 프로그램에 배정한다.

8.17 경찰서들이 범죄를 축소 보고하였거나 기록을 신중히 보관하지 않은 것일 수 있다. 여론조사 응답자가 날짜를 부정확하게 기억하거나, 거짓말을 하거나, 혹은 어떤 것이 범죄에 해당하지는 이해하지 못한 것일 수 있다.

8.19 이 방법은 측정한 맥박과 주어진 마지막 시간 사이에 있는 "나머지 맥박"을 생략한다. 그 나머지 맥박의 10배가 결과에서 누락되게 되어 맥박이 항상 일정하다 할지라도 측정한 맥박은 10회의 차이를 보일 수 있다.

8.21 업무 수행 능력을 평가하는 측도로서의 타당성

8.23 그렇다.

Chapter 9

9.1 금요일부터 일요일까지는 일주일의 42.8%이다.

9.3 Anacin과 Bufferin 모두 아스피린의 상표이다.

9.5 예를 들어, 20년 동안 150,000명이 자살했다는 것은 하루에 평균 20명씩 자살했다는 의미가 되며 이것이 사실이라면 사회적으로 무시하기 어려운 것이다.

9.7 11.4개(57%)의 연구에서 유의한 결과를 보고하였다. 한 이론에 동의한 연구는 4.8개(11.4의 42%)이다.

9.9 (a) 이천백만 명이 아니라 이백십만 명이다. (b) 이 조사는 사건의 수가 아닌 사례의 수를 조사하였다. 학대당하는 여성(한 사례)은 일 년에 한 번 이상 폭행(여러 사건)을 당한다.

9.11 7.13%

9.13 이것의 의미는 잃어버린 수화물이 없다는 것이다.

9.15 다른 그룹의 퍼센트를 단순히 더할 수는 없다. 예를 들어, 만약 여학생의 60%, 남학생의 60%가 회원이라면 학생들의 120%가 회원이라는 의미인가?

9.17 1300개의 동서 횡단 고속도로. 이치에 맞지 않을 정도로 높다.

9.19 미혼 여성이 미혼 남성의 두 배 이상이라는 것은 너무 높다.

9.21 1994년부터 2002년까지 9.5% 증가. 1998년부터 2002년까지 1.02% 감소

9.23 사망의 경우 대부분 보고되기 때문에 사망자 수는 정확하다. 1980년부터 2000년까지 부상자 수가 증가한 것은 실제 부상자가 증가한 것이 아니라 부상자 보고가 증가하였기 때문일 것이다.

PART I Review

I.3 편리표본이다.

I.5 20, 11, 07, 24, 17

I.7 표본오차. 아니다.

I.9 I.8에 있는 오차만이 감소될 것이다.

I.11 (a) 인터넷을 사용했던 성인 (b) 약 4.1%

I.13 각각의 학생들을 인터뷰할 가능성은 1/10이지만 각 표본은 21세 이상인 학생을 정확히 세 명, 21세 미만인 학생을 두 명 포함하여야 한다. 층화표본이다.

I.15 임의로 10명의 실험대상을 선택하여 한 방법을 시도하고 나머지 10명으로 다른 방법을 시도한 후 성공률을 비교한다.

I.17 실험대상은 18세 이상 64세 이하인 4561명의 건강한 직장인이다. 설명변수는 백신을 받았는지 혹은 위약을 받았는지 이다. 반응변수는 결근일, 결근한 이유, 간병인 방문 횟수, 그리고 간병인이 방문한 이유이다.

I.21 신뢰성은 반복측정에서 비슷한 결과를 얻는 것을 의미한다. 여러 번 측정하여 그것들의 평균을 내어 사용하면 신뢰성을 증가시킬 수 있다.

I.23 (a) 처리를 하지 않았기 때문에 관측연구이다. (b) 건강이 우수한 집단은 더 젊을 수 있다.

I.25 6.8% 하락

Chapter 10

10.1 범주형 변수이기 때문에 파이 도표가 사용될 수 있다.

10.3 (a) 53,469,000 (c) 범주형 변수이기 때문에 파이 도표가 사용될 수 있다.

10.5 이것은 그림 그래프이며 따라서 눈금이 잘못 사용되었다.

10.7 (a) 오렌지의 공급이 변함에 따라 매년 가격은 규칙적으로 오르내리다 한다.
(b) 전체적으로 십년 동안 가격이 서서히 올랐다.

10.9 (a) 이것은 그림 그래프이며 따라서 눈금이 잘못 사용되었다.

10.11 비율을 조정하고 수직축에 최대값과 최소값을 나타낸다.

10.13 (a) 감소추세 (b) 증가추세 (c) 뚜렷한 추세가 없다.

10.15 아마도 계절변동(휴일 판매) 때문에 판매액이 증가했을 것이다.

10.17 순환은 대략 10에서 11년이다. 봉우리는 세기 중간과 말에 높아지는 추세를 가질 것이다.

10.19 올바르게 표현되었다.

10.21 꺾은선 그래프를 사용하라.

10.23 집단들이 겹쳐있다. 아마도 2개 이상의 나쁜 버릇이 있는 사람들이 있다.

10.25 (a) 봉우리는 1974, 1981, 1989 그리고 1995년에 발생했다. (b) 최고로 높은 봉우리는 1981년에 발생했다. 1981년부터 일반적으로 하향하는 추세이다.

Chapter 11

11.1 대략적으로 대칭이고, 중심은 대략 정오이며 퍼짐은 오전 6:30에서 오후 5:30이다. 이상점은 없다.

11.3 매우 오른쪽으로 비대칭이며 봉우리로부터 빠르게 꼬리가 떨어지고 퍼짐은 0에서 50이다. 소수의 대학만이 소수민족 학생 15명 이상에게 박사학위를 수여했다.

11.5 줄기그림이 더 많은 정보를 제공해준다.

11.7 히스토그램 또는 줄기그림을 사용하라. 분포는 대략적으로 대칭이나 아마도 약간 왼쪽으로 비대칭이며 퍼짐은 14.1%에서 25.9%까지이고 중심은 대략 20%이다.

11.9 (a) 매우 오른쪽으로 비대칭이다. 중심은 대략 4단어이다. 퍼짐은 1단어부터 15단어까지 이다. (b) 셰익스피어는 짧은 단어(특히 3개 그리고 4개 문자)들을 더 많이 사용했으며 매우 긴 단어는 거의 없다.

11.11 대략적으로 대칭인 것처럼 보이지만 아마도 약간 오른쪽으로 비대칭이다.

11.13 분포는 불규칙적인 모양이다. 두 개의 서로 다른 집단이 있으며 하나의 이상점이 있다.

11.15 대략적으로 대칭이며 중심은 46이고 60은 이상점이 아니다.

11.17 히스토그램 또는 줄기그림을 사용하라. 분포는 오른쪽으로 비대칭이며 10과 12사이에 봉우리가 있다.

Chapter 12

12.1 가구의 반은 중앙값보다 더 많은 수입을 갖고 나머지 반은 중앙값보다 더 적은 수입을 갖는다.

12.3 (a) 수입이 오른쪽으로 비대칭이므로 평균이 더 크다. (b) 수입이 과장되었을 것이다.

12.5 (a) 분포는 대략적으로 대칭이다. (b) $\overline{x}$=10.128% 그리고 M=10.0%.

12.7 분포는 오른쪽으로 비대칭이므로 평균($6.35백만)은 중앙값($3.10백만)보다 크다.

12.9 다섯 숫자 요약: 107, 138.5, 153, 180.5, 195. 분포는 불규칙적: 두 개의 집단이 있으며 하나의 이상점이 있다.

12.11 (a) 1, 38.5, 76.5, 114.5, 152. (b) 다섯 숫자 요약: 1에서 5, 1에서 5, 1에서 5, 6에서 10, 46에서 50. 상위 25%는 약 6명 이상

12.13 분포는 적어도 두 개의 이상점을 가지고 있고 매우 오른쪽으로 비대칭이다. 다섯 숫자 요약: 0.7, 2.6, 10.3, 22.1, 114.1

12.15 두 개 또는 3개의 봉우리가 있기 때문에 하나의 중심은 타당하지 않다.

12.17 (a) 평균 (b) 중앙값

12.19 다섯 숫자 요약: SATV: 487, 501, 527, 565, 594; SATM: 476, 510, 528, 557, 602. SATM 성적이 조금 높다. SATM이 더 넓게 퍼져있다.

12.21 닭고기 핫도그가 돼지고기 또는 쇠고기 핫도그보다 열량이 적다.

12.23 두 개 모두 평균은 3으로 같으나 s=2.19인 (a)가 s=1.41인 (b)보다 더 퍼져 있다.

12.25 승용차: $\bar{x}$=26.6 그리고 s=3.86. 스포츠형 자동차: $\bar{x}$=20.0 그리고 s=2.68.

12.27 평균과 표준편차는 각각 7.50 그리고 2.03으로 같다. 자료A는 왼쪽으로 비대칭이고 자료B는 하나의 이상점을 갖는다.

12.29 퍼짐의 두 측도는 모두 증가할 것이다.

Chapter 13

13.3 (a) 곡선은 정사각형이다. (b) 0.5 (c) 60%

13.5 16%

13.7 (a) 234에서 298일까지 (b) 298일 보다 길다.

13.9 (a) 327에서 345일까지 (b) 16%.

13.11 (a) Sarah: z=0.8; 그녀의 어머니: z=1 (b) Sarah의 어머니; Sarah

13.13 (a) 2.5% (b) 67.5에서 72.5인치까지 (c) 16%

13.15 아니다; 두 개의 서로 다른 그룹 때문에 두 개의 봉우리를 갖는다.

13.17 16%

13.19 약 7%

13.21 약 38%

13.23 약 제76백분위수

13.25 약 ±0.7

13.27 약 127 또는 그 이상

Chapter 14

14.1 (a) −1에서 1까지 (b) 임의의 양수

14.3 (b) 대략 양의 직선관계 (b) 약 103과 0.5 (c) A, B: 낮은 학교 성적의 평균 그러나 보통의 IQ. C; 낮은 IQ 그러나 보통의 학교 성적의 평균

14.5 확실히 양수 그러나 1에 가깝지 않다.

14.7 그림 14.9; 매우 직선적 관계를 보이고 있다.

14.9 (a) 설명변수는 시간 (b) 음의 연관성; 짧은 시간은 더 많은 맥박 수를 요구한다. (c) 직선적; 보통

14.11 r=1

14.13 (a) r=−0.746 (b) 상관계수는 변하지 않는다.

14.15 관계가 직선적이지 않기 때문이다.

14.17 (a) 년 (b) 초 (c) 단위가 없다. (d) 년

14.19 (a) 성별은 양적변수가 아니기 때문에 상관계수를 계산 할 수 없다. (b) r은 1보다 클 수 없다. (c) r은 단위를 갖지 않는다.

14.21 (a) 음의 상관계수 (b) 음의 상관계수 (c) 양의 상관계수 (d) 낮은 상관계수

14.23 관계는 약하게 양의 상관이다. 특이한 이상점은 없다.

14.25 (a) 파종비율 (c) 곡선; 양의 연관성도 음의 연관성도 아니다. 옥수수나무가 너무 모여 있으면 수확이 감소된다.

Chapter 15

15.1 활동적이지 않은 여자아이들이 아마도 더 비만이 될 것이다. 3.2%

15.3 40.2%; 59.8%

15.5 IQ 점수가 1점 증가 할 때마다 학교 성적 평균은 0.101점 증가한다.; 8.055

15.7 (b) 강한 음의 연관성, 직선 또는 약간 곡선 (c) r이 음수이고 −1에 가깝기 때문이다.

15.9 (a) 그루터기는 설명변수이고 양의 직선관계 (b) x=1 그리고 x=5일 때 각각 y=10.6 그리고 y=58.2이다. (c) r^2=83.9% (d) 그렇다.

15.11 (b) 변수들이 직선적 관계를 갖지 않기 때문에 회귀선은 의미가 없다.

15.13 기울기가 0이라는 것은 y의 예측값이 상수라는 것을 의미한다. x가 y의 예측값을 변화시킬 수 없다.

15.15 (b) x=20일 때 y=\$3000이다. (c) y=1000+200x

15.17 아니다.

15.19 r=0.40

15.21 100,000명당 y=−3184.9명 사망

15.23 좋은 학교생활이 높은 자부심을 갖게 하는 할 수 있다.

15.25 높은 수입은 건강관리에 더 많은 지출을 할 수 있게 하기 때문이다.

15.27 체중이 많이 나가는 사람들은 단 음식 좋아하는 경향이 있다.

15.29 r=−0.843

15.31 y=260.56−22.97x

Chapter 16

16.1 112, 100, 143

16.3 (a) 31.53증가(28%) (b) 43.2증가(43%)
16.5 (b) 전체적으로 증가하는 추세. 아니다. (c) 1978년과 1980년 사이에 가장 빠르게 증가했고, 1996년과 1998년 사이에 가장 느리게 증가했다.
16.7 126
16.9 $1,180,625
16.11 $41,040.89
16.13 2004년 화폐가치로 Snead는 $143,766 그리고 Nicklaus는 $884,739
16.15 1976년과 2004년 사이에 통화료는 63%까지 감소했다.
16.17 $1.00, $1.17, $1.22, $1.16, $1.11, $0.92, $0.86, $0.825, $0.828. 1960년부터 최소임금은 17.2%까지 감소했다.
16.19 1982년부터 2004년까지 달러가치는 50.5%까지 감소했다. 1982년에 1달러는 2004년에 50센트와 같다. 따라서 2004년 말에 1달러로는 1982년에 1달러로 구매할 수 있는 것의 반 정도 구매할 수 있다는 주장은 맞다.
16.21 아마도 CPI는 증가 했어도 실제 시청료는 거의 오르지 않은 것으로 계산되기 때문이다.
16.23 (a) 목장은 도시에 있지 않다. (b) Jim은 모집단의 80%안에 포함되지 않는다. (c) 그들은 도시 소비자들처럼 생활 수 없었다.
16.25 지방 CPI는 지방을 기본으로 하여 조사하기 때문에 전국을 기본으로 하는 경우보다 표본의 크기가 작다. 표본의 크기가 작으면 작을수록 CPI도 다양하다.
16.27 (a) 임금의 33%가 제33백분위수 아래에 있고 나머지는 위에 있다. (b) 실제임금은 조정된 임금을 의미한다.
16.29 정확한 정보를 얻기 위해서이다.

PART II Review

II.1 이상점없이 대략적으로 대칭
II.3 5.6, 8.7, 10.3, 13.1, 17.6
II.5 평균=11.1%. Mississippi를 포함하고 평균=10.7%
II.7 (a) 500 (b) 68%
II.9 (a) Cm (b) Cm (c) Cm (d) 단위 없음
II.11 돌고래: 180kg, 1600g. 하마: 1400kg, 600g
II.13 (a) 감소 (b) 증가
II.15 약 800g.
II.17 대략 직선적이고 −1에 가깝다.
II.19 −56.1g; 자료의 범위를 벗어난 예측은 위험하다.

II.21 약 $48,580.86

II.23 좋지 않은 투자다. 1985년도 달러로 2003년도 1온스의 금의 가치는 $242이다.

II.25 (a) 대략적으로 대칭; 두 개의 긴 시간과 하나의 짧은 시간은 이상점들로 고려할 수 있다.

II.27 평균은 높다.

II.29 (a) Fidelity Technology 투자신탁 (b) 아니다.

Chapter 17

17.1 이 실험을 오랫동안 계속하면 앞면이 약 40% 정도 출현할 것이라 추측된다.

17.3 표 A로부터의 비율은 0.105이다.

17.5 분명한 것은 압정의 모양에 따라 다양한 결과를 얻을 수 있다.

17.7 (a) 0 (b) 1 (c) 0.01 (d) 0.6

17.9 (b) 개인적 확률은 여러분들의 운전습관에 대한 다양한 정보를 고려해야 한다.
(c) 대부분의 사람들은 그들이 평균적인 운전자들 보다 우수하다고 생각한다.

17.15 만약 두 사람이 길게 이야기한다면, 궁극적으로는 공통점을 발견할 수 있을 것이다.

17.17 0, 0.47, 0.497, 0.4997

17.19 "평균의 법칙"은 다른 것들을 예측하는 것보다 기후의 예측에서 신뢰도가 덜하다.

17.23 51, 510, 5100 및 51,000번 앞면. 1, 10, 100 및 1000번의 앞면이 던진 횟수의 절반과 멀어진다.

Chapter 18

18.1 0.54

18.3 (a) 0.55 (b) 0.48 (c) 0.52

18.5 모형 1, 3 및 4에서, 확률의 합은 1이 되지 않음; 모형 4는 1보다 큰 확률을 가짐. 모형 2는 적절하다.

18.7 각 가능한 값(1, 2, 3, 4)은 확률 1/4을 갖는다.

18.9 가능한 합: 2부터 8, 확률 1/16, 2/16, 3/16, 4/16, 3/16, 2/16, 1/16

18.11 (a) 0.24 (b) 0.23 (c) 0.47; 0.5

18.13 (a) 0.438에서 0.502 (b) 16%

18.15 0.62%

18.17 (a) 약 50% (b) 약 68% (c) 약 32%.

18.19 (a) 69.4 (b) 해답은 다양하다. (c) 해답은 다양하다.

Chapter 19

19.1 (a) 0-4 민주당, 5-9 공화당 (b) 0-5 민주당, 6-9 공화당 (c) 0-3 민주당, 4-7 공화당, 8-9 미결정 (d) 00-52 민주당, 53-99 공화당

19.3 (a) 4명 민주당, 6명 공화당 (b) 3명 민주당, 7명 공화당 (c) 2명 민주당, 4명 공화당, 4명 미결정 (d) 6명 민주당, 4명 공화당

19.5 (a) 0.2 (b) 0과 1은 A, 2-4는 B, 5-7은 C, 8과 9는 D/F

19.7 표 A의 어느 지점에서 출발하는가에 따라 결과가 다양하다.

19.11 (a) 0과 1은 통과, 2-9는 실패 (b) 0.5 (c) 아니오

19.13 (a) 0은 좁은 편평한 면, 1-4는 넓은 오목한 면, 5-8은 넓은 볼록한 면, 9는 좁은 오목한 면 (b) 표 A의 어느 지점에서 출발하는가에 따라 결과가 다양하다.

19.15 (a) 0-8은 시스템 A가 작동 (b) 0-7은 시스템 B가 작동 (c) 표 A의 어느 지점에서 출발하는가에 따라 결과가 다양하다.

19.17 00-24는 승객이 나타나지 않는 경우를 의미. 표 A의 어느 지점에서 출발하는가에 따라 결과가 다양하다.

19.19 0-5는 밴을 이용할 수 있음을 의미

19.21 (a) BBB, BBG, BGB, GBB, GGB, GBG, BGG, GGG. 첫 번째는 0.132651; 다음 세 번은 0.127449; 다음 세 번은 0.122451; 마지막은 0.117649 (b) 0.867349

Chapter 20

20.1 60센트

20.3 P(검정)=18/38, P(빨강)=18/38, P(초록)=2/38, 약 0.9474$

20.5 약 0.9474$(20.3과 동일)

20.7 (a) 첫 번째 순열 (b) 두 번째 순열이 "더 확률적"으로 보임

20.9 (a) 0.75$ (b) 0.72$

20.11 (a) 1.3 마리 암컷 (b) 모든 세대는 앞의 세대에 비해 (평균)1.3배 많은 암컷을 갖는다.

20.13 0-1은 0마리 암컷, 2-4는 1마리 암컷, 5-9는 2마리. 표 A의 어느 지점에서 출발하는 가에 따라 결과가 다양하다.

20.15 (a) 2.53 (b) 264, 737 (c) 세대 규모별 사람수:

1	2	3	4	5	6	7
264	664	486	580	315	132	91

따라서 총합은 2532명

(d) (1) 0.104, (2) 0.262, (3) 0.192, (4) 0.229, (5) 0.124, (6) 0.052, (7) 0.036

20.17 00-48은 딸, 49-99는 아들. 표 A의 어느 지점에서 출발하는가에 따라 결과가 다

양하다.

20.19 0과 1은 올바른 답, 2-9는 잘못된 답. 표 A의 어느 지점에서 출발하는가에 따라 결과가 다양하다.

20.21 $np = 0.5$; 모의실험 결과 0.502.

PART III Review

III.1 (b) 모든 가능성이 같다면, 그것은 30%이다.

III.3 (a) 0.1 (b) 0-3은 O형, 4-6은 A형, 7과 8은 B형, 9는 AB형

III.5 표 A의 어느 지점에서 출발하는가에 따라 결과가 다양하다.

III.7 3.5

III.9 0.03

III.11 (a) 모든 확률들은 0과 1사이에 존재하고, 그 합은 1이다. (b) 0.41 (c) 0.38

III.13 (a) 0.27 (b) 0.57

III.15 (a) 68% (b) 95%

III.17 0.70%

III.19 미시간, 오하이오 주립대학, 퍼듀: 0.1556; 일리노이, 인디애나, 위스콘신: 0.0778.

Chapter 21

21.1 (a) 기숙사에 살고 있는 175명 (b) 음식을 좋아하는 비율 (c) $\hat{p} = 0.28$

21.3 이 구간은 95번 실험에서 결과의 95%가 옳다는 것을 의미

21.5 (a) 그들 스스로를 위해 충분한 시간을 갖지 못한다는 모든 여성들의 비율 (b) 0.439부터 0.501까지

21.7 (a) 0.564에서 0.636 (b) 0.575에서 0.625 (c) 0.582에서 0.618 (d) 구간은 표본의 크기가 커질수록 좁아진다.

21.9 결과는 압정의 종류에 따라 다르다.

21.11 0.491에서 0.523; 0.5는 이 구간 내에 있으므로, 동전은 공정하다.

21.13 (a) 평균 0.14와 표준편차 0.0142인 정규분포 (b) 18.2% 이상인 표본과는 다르다(0.15%).; 11.2%이상과는 유사하다(97.5%)

21.15 빠른 방법: 0.0447; 새 방법: 0.307.

21.17 (a) 0-5를 선거구를 선호하는 사람으로 사용. (b)와 (c) 표 A의 어느 지점에서 출발하는 가에 따라 결과가 다양하다.

21.19 0.43에서 0.51; 이 구간이 더 길다.

21.21 0.0665에서 0.1026

21.23 $\hat{p}=0.5$일 때, $\hat{p}(1-\hat{p})=0.25$; 다른 모든 값들은 작다.

21.25 (a) 공평하게 정규분포를 하나, 2개의 작은 이상값을 가짐; $\bar{x}=105.84$이고 $s=14.27$ (b) 100.8에서 110.9 (c) 신뢰구간을 이용한 방법은 숫자들이 확률적임을 가정한다.

21.27 (a) 6에서 30. (b) 15.6에서 20.4.

21.29 0.485에서 0.587.

21.31 매우 개략적으로 정규분포를 따름

21.33 (a) $\bar{x}=0.496$, 이 값은 0.5에 가깝다. (b) $\sigma=0.3251$로 추정한다.

Chapter 22

22.1 만약 교회신도들이 신도가 아닌 사람들보다 덜 민족중심주의적이라면, 문제에서 제시한 관측치와 같은 표본 결과들은 좀처럼 일어나지 않는다.

22.3 2%와 같은 소량은 우연에 의해 발생한 일이다.

22.5 만약 돼지의 두개골이 특별한 의미를 갖지 않는다면, 관측값의 차이는 시행횟수의 1% 이하에서 일어난다.

22.7 (a) 그것은 편리표본이다. (b) "유의성"의 의미는 "매우 조금"이다. (c) 만약 사람들이 실제로 더 이상 돈을 원하지 않는다면, 관측치와 같은 결과는 시행횟수의 1% 이하에서 일어난다.

22.9 (a) 체온이 37℃ 아래인 모든 사람들의 비율 (b) $H_0: p=0.5$; $H_a: p>0.5$

22.11 $H_0: p=0.30$, $H_a: p\neq 0.30$

22.13 (a) 부자가 되기를 원하는 이 학교 모든 대학생들의 비율 (b) $H_0: p=0.73$, $H_a: p\neq 0.73$ (c) 0.64 (d) 만약 H_0가 참이라면, 시행횟수의 0.4%에서만 $\hat{p}$의 값이 0.64와 같이 된다.

22.15 5%수준에서는 유의하나 1%수준에서는 유의하지 않다.

22.17 옳지 않다. 이 문장은 만약 H_0이 참이라면, 시행횟수의 5%이하에서 일어나는 관측된 결과들을 우리가 가지고 있다는 의미이다.

22.19 (a) $H_0: p=0.2$; $H_a: p>0.2$ (b) 0 혹은 1을 옳다고 추측하는데 사용, 2-9를 옳지 않다고 추측하는데 사용 (c) 0번 옳음은 1차례, 1번 옳음은 4차례, 2번 옳음은 9차례, 3번 옳음은 5차례, 6번 옳음은 1차례 (d) 사건 "$\hat{p}>0.5$". P=0.05로 추정함.

22.21 표준점수 10.38; $p<0.0003$

22.23 $p>0.4$, 따라서 이것은 강한 증거가 아니다.

22.25 (a) 평균이 115이고 표준편차가 6인 정규분포 (b) 귀무가설이 사실이라면 118.6은 곡선의 중심에 상당히 가깝고, 너무 놀랄만한 일이 아니다. 동시에, 125.7은 곡선의 윗부분에 위치하며 $\mu=115$일 때는 좀처럼 일어나지 않는 값이다.

22.27 $H_0: \mu=2.6$; $H_a: \mu\neq 2.6$.

22.29 $H_0: \mu = 0$; $H_a: \mu > 0$; 표준점수 = 43.69; 유의수준 1%에서 유의함.

Chapter 23

23.1 우리가 사용한 신뢰구간을 구하는 방법은 단순임의표본을 근거로 해야만 한다.

23.3 우리가 얻은 신뢰구간은 Snort에 대한 지지율 p를 포함하고, 실제 추정오차는 더 커질 수 있다.

23.5 (a) 표본의 크기가 500에서 약 5명을 볼 수 있으리라 생각한다($P<0.01$)
(b) 4번 반복해서 검정한다.

23.7 이것들이 확률표본인가? 표본들이 얼마나 큰가?

23.9 이 말은 근본적으로 옳다.

23.11 (a) 5% (b) 일부는 우연하게 유의한 차이를 보인다.

23.13 (a) 백신을 투여하기 위해 50명을 선택하여 감염비율을 비교한다. (b) $H_0: p_1 = p_2$, $H_a: p_1 > p_2$. (c) 이렇게 관측된 것과 같은 차이는 우연에 의해 시행횟수의 25%가 발생한다. (d) 동의한다.

23.15 0.5735에서 0.7065

23.17 906명이 통과할 경우 0.888에서 0.924, 907명이 통과할 경우 0.889에서 0.925

Chapter 24

24.1 각 그룹에서, C 학점 이상의 퍼센트는 55%, 74.7% 및 37.5%이다.

24.3 (a) 부화: 16, 38, 75 부화 못함: 11, 18, 29 (b) 서늘함: 59.3%; 중간, 67.9%, 더움: 72.1%. 서늘한 상태가 부화를 막지는 못하나, 감소시키기는 한다.

24.5 (a) 1,837,000명; 표에 나타난 숫자는 천 단위에서 반올림한 것이므로 (b) 57.2%, 58.5%, 46.3%, 44.4% . 여성들의 대부분은 학사학위나 석사학위를 취득하였으나, 소수의 여성들은 전문가나 박사학위도 취득하였다.

24.7 10에서 50사이의 어떤 수와 같아지도록 a 를 맞춘다.

24.9 (a) 백인 피고인: 19명 사형, 141명 사형 면함. 흑인 피고인 17명 사형, 149명 사형 면함. (b) 전체에서의 사형: 백인 피고인의 11.9%, 흑인 피고인의 10.2%. 백인 희생자들에 대해 12.6%와 17.5%; 흑인 희생자들에 대해 0%와 5.8%. (c) 사형은 희생자들이 흑인(5.4%)일 때보다는 오히려 백인(14%)일 경우가 더 높다. 백인 피고인은 횟수의 93%를 백인을 살해했으나, 흑인이 백인을 살해한 경우보다 사형언도율은 낮았다.

24.11 (a) 행의 합: 82, 37. 열의 합: 20, 91, 8. 총합: 119. 기대도수: 13.8, 62.7, 5.5, 6.2, 28.3, 2.5. 중간 열 도수가 가장 다르다. (b) 6.93. (c) 자유도=2; $\alpha = 0.05$에서는 유의하나, 0.01에서는 유의하지 않다.

24.13 $\chi^2 = 1.703$, 자유도=2, 유의하지 않음.

PART IV Review

IV.1 0.669에서 0.750

IV.3 약 66%에서 74%

IV.5 0.208에서 0.272

IV.7 모든 주에 대한 정보를 가지고 있다. 표본이 아님.

IV.9 (a) 두 그룹의 의사들 사이에 차이가 없다면, 이와 같은 결과는 매우 드물게 나타남. (b) 두 비율들은 비교를 위해 주어졌음.

IV.11 아침: 0.550에서 0.590. 저녁: 0.733에서 0.767. 저녁의 비율이 눈에 띄게 높다.

IV.13 (a) H_0 : $p = 0.57$; H_a : $p > 0.57$. (b) 평균 0.57, 표준편차 0.01인 정규분포. (c) 증거가 된다.

IV.15 (a) 사람들은 참석하지 않는 것보다는 참석하는 것을 도덕적이라 생각하며, 또 실제로 참석했던 것보다 더 많이 참석한 것처럼 생각된다. (b) 표본의 결과는 모집단의 값에 따라 다양하다. (c) 두 개의 구간들은 시행횟수의 95%가 일어나는 방법을 택했다.

IV.17 H_0 : $p = 1/3$; H_a : $p > 1/3$; 표준점수는 1.82이다; $\alpha = 0.05$에서는 유의하나 0.025에서는 유의하지 않다.

IV.19 0.286에서 0.354

IV.21 H_0 : $p = 0.57$; H_a : $p > 0.57$; 표준점수는 17.99; α를 적절히 선택하면 유의하다.

IV.23 표준점수는 −2.77; $\alpha = 0.005$하에서 유의하다.

IV.25 (b) $\bar{x} = 15.59$피트이고 $s = 2.550$피트; 15.0에서 16.2피트 (c) 모수가 무엇인가?: 충분히 자란 상어들인가?: 상어가 수컷인가?

IV.27 표준점수 1.53; $\alpha = 0.10$에서는 유의하나 0.05에서는 유의하지 않다.

IV.29 (a) 행: 1313, 1480; 991, 614. 아침: 57.0%, 저녁: 75.0% (b) 매우 다양한 비율을 가진 매우 다양한 표본을 가지고 있다. (c) $\chi^2 = 172$ 자유도=1 ; 매우 유의하다.

표 A 난수표

Line								
101	19223	95034	05756	28713	96409	12531	42544	82853
102	73676	47150	99400	01927	27754	42648	82425	36290
103	45467	71709	77558	00095	32863	29485	82226	90056
104	52711	38889	93074	60227	40011	85848	48767	52573
105	95592	94007	69971	91481	60779	53791	17297	59335
106	68417	35013	15529	72765	85089	57067	50211	47487
107	82739	57890	20807	47511	81676	55300	948383	14893
108	60940	72024	17868	24943	61790	90656	87964	18883
109	36009	19365	15412	39638	85453	46816	83485	41979
110	38448	48789	18338	24697	39364	42006	76688	08708
111	81486	69487	60513	09297	00412	71238	27649	39950
112	59636	88804	04634	71197	19352	73089	84898	45785
113	62568	70206	40325	03699	71080	22553	11486	11776
114	45149	32992	75730	66280	03819	56202	02938	70915
115	61041	77684	94322	24709	73698	14526	31893	32592
116	14459	26056	31424	80371	65103	62253	50490	61181
117	38167	98532	62183	70632	23417	26185	41448	75532
118	73190	32533	04470	29669	84407	90785	65956	86382
119	95857	07118	87664	92099	58806	66979	98624	84826
120	35476	55972	39421	65850	04266	35435	43742	11937
121	71487	09984	29077	14863	61683	47052	62224	51025
122	13873	81598	95052	90908	73592	75186	87136	95761
123	54580	81507	27102	56027	55892	33063	41842	81868
124	71035	09001	43367	49497	72719	96758	27611	91596
125	96746	12149	37823	71868	18442	35119	62103	39244
126	96927	19931	36809	74192	77567	88741	48409	41903
127	43909	99477	25330	64359	40085	16925	85117	36071
128	15689	14227	06565	14374	13352	49367	81982	87209
129	36759	58984	628288	22913	18638	54303	00795	08727
130	69051	64817	87174	09517	84534	06489	87201	97245
131	05007	16632	81194	14873	04197	85576	45195	96565
132	68732	55259	84292	08796	43165	93739	31685	97150
133	45740	41807	65561	33302	07051	93623	18132	09547

표 A 난수표(계속)

Line								
134	27816	78416	18329	21337	35213	37741	04312	68508
135	66925	55658	39100	78458	11206	19876	87151	31260
136	08421	44753	77377	28744	75592	08563	79140	92454
137	53645	66812	61421	47836	12609	15373	98481	14592
138	66831	68908	40772	21558	47781	33586	79177	06928
139	55588	99404	70708	41098	43563	56934	48394	51719
140	12975	13258	13048	45144	72321	81940	00360	02428
141	96767	35964	23822	96012	94591	65194	50842	53372
142	72829	50232	97892	63408	77919	44575	24870	04178
143	88565	42628	17797	49376	61762	16953	88604	12724
144	62964	88145	83083	69453	46109	59505	69680	00900
145	19687	12633	57857	95806	09931	02150	43163	58636
146	37609	59057	66967	83401	60705	02384	90597	93600
147	54973	86278	88737	74351	47500	84552	19909	67181
148	00694	05977	19664	65441	20903	62371	22725	53340
149	71546	05233	53946	68743	72460	276601	45403	88692
150	07511	88915	41267	16853	84569	79367	32337	03316

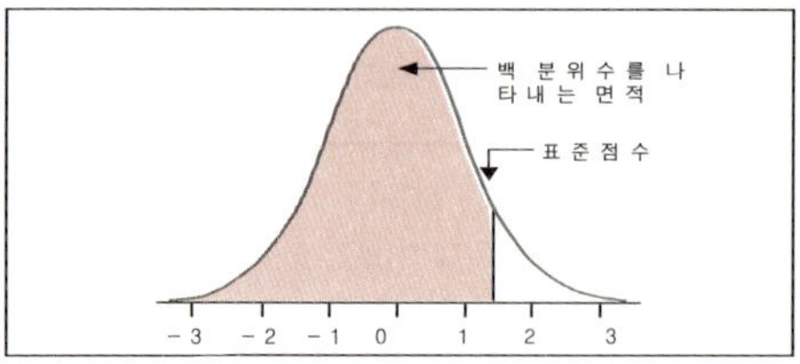

표 B 정규분포의 백분위수

표준점수	백분위수	표준점수	백분위수	표준점수	백분위수
−3.4	0.03	−1.1	13.57	1.2	88.49
−3.3	0.05	−1.0	15.87	1.3	90.32
−3.2	0.07	−0.9	18.41	1.4	91.92
−3.1	0.10	−0.8	21.19	1.5	93.32
−3.0	0.13	−0.7	24.20	1.6	94.52
−2.9	0.19	−0.6	27.42	1.7	95.54
−2.8	0.26	−0.5	30.85	1.8	96.41
−2.7	0.35	−0.4	34.46	1.9	97.13
−2.6	0.47	−0.3	38.21	2.0	97.73
−2.5	0.62	−0.2	42.07	2.1	98.21
−2.4	0.82	−0.1	46.02	2.2	98.61
−2.3	1.07	0.0	50.00	2.3	98.93
−2.2	1.39	0.1	53.98	2.4	99.18
−2.1	1.79	0.2	57.93	2.5	99.38
−2.0	2.27	0.3	61.79	2.6	99.53
−1.9	2.87	0.4	65.54	2.7	99.65
−1.8	3.59	0.5	69.15	2.8	99.74
−1.7	4.46	0.6	72.58	2.9	99.81
−1.6	5.48	0.7	75.80	3.0	99.87
−1.5	6.68	0.8	78.81	3.1	99.90
−1.4	8.08	0.9	81.59	3.2	99.93
−1.3	9.68	1.0	84.13	3.3	99.95
−1.2	11.51	1.1	86.43	3.4	99.97

찾아보기

[ㅎ]

역자 약력

심규박 동국대학교 통계학과 학사
동국대학교 통계학과 박사
현, 동국대학교 정보통계학과 교수

조태경 동국대학교 수학과 학사
Oklahoma State University 통계학 박사
현, 동국대학교 정보통계학과 교수

신미영 성심여자대학교 수학과 학사
University of Iowa 통계학 박사
가톨릭대학교 수학과 부교수

정가 25,000원

논쟁거리로 배우는 통계학 Sixth Edition

2009년 8월 25일 초판 인쇄
2009년 9월 1일 초판 발행

공역자 : 심규박 · 조태경 · 신미영
발행자 : 우명찬 · 송 준
발행처 : 홍릉과학출판사
주 소 : ㊄142-885 서울시 강북구 인수동 455-60
등 록 : 1976년 10월 21일 제5-66호
전 화 : 999−2274~5, 996−8341, 903−7037
팩 스 : 905-6729

역자와의 협의하에 인지생략

ISBN : 978-89-7283-770-1
hongpub@hongpub.co.kr
www.hongpub.co.kr